核爆炸地震效应与地震监测

靳 平 编著

科 学 出 版 社

北 京

内 容 简 介

核爆炸地震学是现代地震学的重要分支。本书系统阐述核爆炸地震学的基本概念、理论和方法，主要内容包括：地震学基础知识、地下核爆炸震源物理概述、一维球对称震源理论与模型、地下核爆炸中的非球对称震源机制、空腔爆炸地震效应、地震信号检测分析方法与事件检测方法、地震定位方法、地震事件震级测量与地下爆炸当量估算方法、地震事件识别方法等。本书在系统梳理和归纳国内外核爆炸地震监测技术研究成果的同时，介绍了作者的许多研究成果，对深入理解、掌握核爆炸地震效应规律和监测技术具有很好的参考价值。

本书对基本概念、原理的阐述清晰，分析深入浅出，可供从事核爆炸地震监测及其相关技术研究的科技人员参考，也可供对该技术领域感兴趣的读者参考使用。

图书在版编目（CIP）数据

核爆炸地震效应与地震监测 / 靳平编著. —北京：科学出版社，2022.6
ISBN 978-7-03-071038-3

Ⅰ. ①核… Ⅱ. ①靳… Ⅲ. ①核爆炸-地震学②核爆炸-地震监测
Ⅳ. ①TL91②P315

中国版本图书馆 CIP 数据核字（2021）第 273633 号

责任编辑：宋无汗 / 责任校对：任苗苗
责任印制：师艳茹 / 封面设计：迷底书装

科学出版社 出版
北京东黄城根北街 16 号
邮政编码：100717
http://www.sciencep.com
北京画中画印刷有限公司 印刷
科学出版社发行 各地新华书店经销
*
2022 年 6 月第 一 版 开本：720×1000 1/16
2022 年 6 月第一次印刷 印张：26 1/4 插页：4
字数：529 000

定价：265.00 元

（如有印装质量问题，我社负责调换）

前　言

核爆炸监测与禁核试核查是现代地震学的重要应用方向。早在20世纪50年代末，当时仅有的三个拥有核武器的国家——美国、英国和苏联就开始为缔结一项全面禁止核试验条约进行谈判。这一谈判持续了近40年，期间先后达成了《部分禁止核试验条约》《限当量核试验条约》和《和平利用核试验条约》，参与谈判的国家从最早的美、英、苏三国增至几乎所有的联合国成员国，并最终于1996年达成了《全面禁止核试验条约》(CTBT)。作为各种核试验方式中最具隐蔽性且最难监测的地下核试验的主要监测手段，核爆炸地震监测技术在这一过程中取得了巨大进步，并在禁核试之后继续发展，为CTBT的达成和未来条约生效后的核查提供了重要的技术支撑。如今，核爆炸地震学已经成为现代地震学的重要分支之一，它在传统地震学和地震监测技术的基础上，针对核爆炸地震监测面临的特殊问题和特殊条件，发展出一系列特殊的理论、方法和技术。这些理论、方法和技术又反过来促进了现代地震学和地震监测技术的发展。本书旨在系统阐述核爆炸地震学的基本概念、理论和方法，以方便感兴趣的读者深入理解和系统掌握核爆炸地震监测理论基础和技术方法。

本书内容分为三部分共9章。第一部分为第1章，阐述核爆炸地震监测涉及的地震学基础知识，以方便没有地震学背景的读者阅读参考。第二部分为第2～5章，主要介绍地下核爆炸的震源理论和效应规律。其中，第2章重点阐述地下核爆炸的震源物理过程，以帮助读者建立关于核爆炸地震波激发过程的物理图像；第3章阐述地下爆炸一维球对称震源理论，相关理论构建起关于地下爆炸地震耦合、信号源频谱特征及其与当量、埋深、源区介质之间关系的基本模型；第4章阐述地下核爆炸伴随的非球对称震源机制，相关机制可以帮助(至少是部分地)解释地下核爆炸时实际观测到却无法用经典球对称震源模型解释的系列现象，如为什么核爆炸地震波中会存在质点做横向运动的SH波和勒夫波，为什么瑞利波的辐射不是圆对称的等；第5章阐述空腔爆炸地震效应。前人在这一方面的研究成果是核爆炸震源理论和效应规律的重要组成部分，是准确分析、判断地下核爆炸地震监测结果不可缺少的内容。第三部分为第6～9章，主要介绍核爆炸地震监测的技术原理和方法。其中，第6章阐述与地震事件检测有关的概念和方法，以帮助读者总体了解现代地震观测方法，特别是信号处理分析方法；第7章系统阐述地震定位方法，使读者对现代地震定位技术有较为全面深入的了解；第8章阐述地震事件震级测量方法和地下爆炸当量估算技术，其中除了介绍相关的测量和估算技术以外，还详细解释不同类型震级之间以及震级和当量之间复杂关系背后的原因和物理机制，使读者不仅能知其然，而且能知其所以然；第 9 章系统阐述地震事件识别技术，其中除了介绍主要的识别判据方法以外，同时介绍 CTBT 核查场景下事件识别需要遵循的原则、要求及历史上曾经发生的特殊案例，以帮助读者对相关技术有一个全面系统的了解。

在撰写本书时考虑到了两类读者的不同需求。其中一类读者是从事核爆炸地震监测或相关技术研究的专业技术人员。对这一类读者，本书可帮助他们系统深入地理解和掌握相关的理论和技术方法。为此，本书对许多重要内容的物理图像和数学过程进行了较为详细的阐述和分析，并以附录的方式对一些重要公式进行详细推导，其中的一些推导可能很难在别处找到。另外一类读者包括核军控核查监测技术领域的专家或项目管理人员，他们可能不具体从事核爆炸地震监测方面的技术研究，但在工作中会经常遇到与之有关的科学技术问题。对这一类读者，本书尽可能通俗地解释核爆炸地震监测有关的各种基本概念，为此集中对有关的基本概念进行阐释，一般是各章的第一节。

本书的撰写得到了钱绍钧和许绍燮两位院士的积极鼓励和支持。初稿完成后，曾和西北核技术研究所研究团队的同事进行交流，在此过程中得到了很多有益的意见反馈，朱号峰、韩业丰、徐恒磊、徐雄、王红春等同志对书中文字和内容做了认真核对，在此一并表示衷心的感谢。

由于本书涉及的技术内容较多，限于作者水平，书中难免存在疏漏和不妥之处，恳请读者不吝指正。

目　录

第 1 章　地震学基础

1.1　术语和概念

地震波是在地球内部传播的弹性波。地震学中，将引起地震波的波源称为震源。震源在地球上的位置称为震央(hypocenter)，震央在地球表面上的投影点位置称为震中(epicenter)，震央到地表的垂直距离称为震源深度(focal depth)，震中到记录台站的距离称为震中距(epicentral distance)，习惯用符号 Δ 来表示。地震学中，震中距除了以千米(km)为单位来计算外，更习惯以度(°)为单位来计算。1°约为 111.1949km。

天然地震和人工爆炸是最常见的两种震源类型。除此以外，火山喷发、岩崩、矿区塌陷等形式的震源也不罕见。在震源的作用下，地下岩石中的质点可能偏离其原本的平衡位置并围绕平衡位置振荡。振荡以弹性波的形式在地球内部传播，从而形成地震波。地震波所到之处会造成岩石的摇晃和运动。用专门的仪器，即地震仪(seismograph)来记录这种运动，就可以得到相应的信号。

P 波和 S 波是两种最基本的地震波，它们具有不同的偏振特性。偏振(polarization)指地震波引起的质点运动方式。在均匀和各向同性介质中，P 波和 S 波的偏振都是线性的，即质点做直线往复运动。P 波的偏振方向，即质点运动方向与波的传播方向重合，而 S 波的偏振方向垂直于波的传播方向(图 1.1.1)。

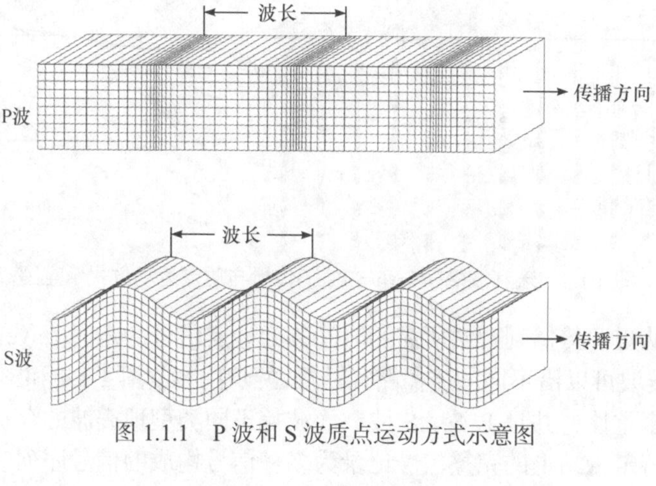

图 1.1.1　P 波和 S 波质点运动方式示意图

通常情况下，地球被看成是球对称或仅仅在竖向上是非均匀的。此时，地震波的传播路径都局限在通过震源和接收台站的大圆面或铅垂面内。该大圆面或铅垂面称为地震波的传播面。可以将 S 波引起的质点运动进一步分解为分别垂直和平行于传播面的两个分量(图 1.1.2)。前者称为 SH 波，是地震波的横向运动分量；后者称为 SV 波。SH 波在地球内部的传播是独立的，而 SV 波则是和 P 波耦合在一起。在地球表面和地球内部的介质分界面上，SV 波和 P 波可以相互转换。

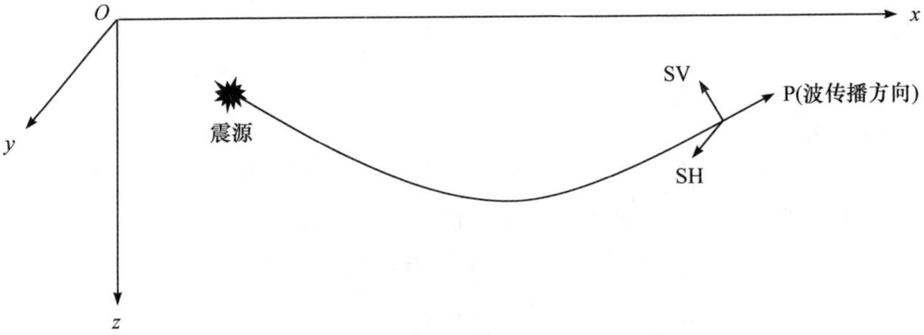

图 1.1.2　P 波、SV 波和 SH 波质点运动方向与波传播方向关系示意图

P 波和 S 波都属于体波(body wave)，即能深入到介质内部传播的波。与体波相对应的是面波(surface wave)。地震面波的产生与地表及地球内部的介质分层有关。它只能沿适当的界面，如地球表面传播，引起的质点运动的振幅总体上随深度(或是到相关表面的距离)的增加而指数式地衰减。瑞利波(Rayleigh wave)和勒夫波(Love wave)是最为常见的两种地震面波。在瑞利波的情况下，介质质点做椭圆偏振运动；而在勒夫波的情况下，介质质点与 SH 波一样做水平方向的横向运动(图 1.1.3)。

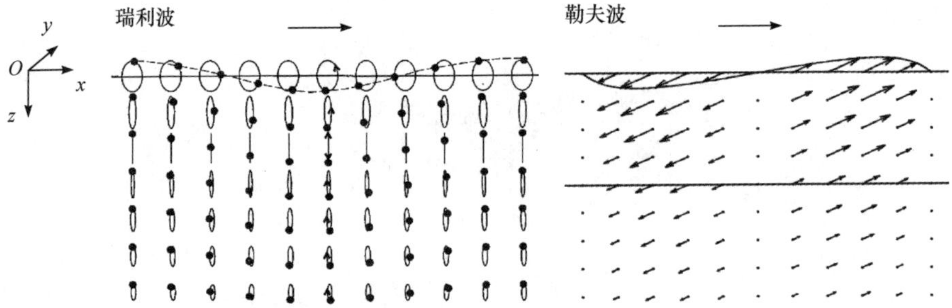

图 1.1.3　瑞利波(左)和勒夫波(右)传播与质点运动方式示意图

地震波从震源传播到台站所需的时间称为地震信号的走时(travel time)。通常情况下，地震波可以沿不同的传播路径从震源到达台站(图 1.1.4 和图 1.1.5)。因为传播路径的多重性，并且 P 波、S 波、面波等不同类型地震波的存在，使得一个地震事件在特定台站上的完整信号记录为多种信号构成的信号序列或波列。地震

学中将具有特定类型、以特定方式传播的单一地震信号称为震相(seismic phase)，而将地震信号的记录称为地震图(seismogram)。每种震相都有自己独特的信号传播规律，包括走时、幅值各自随震中距的变化等。其中，走时与震中距和震源深度的关系，即走时表是地震定位的基础，而幅值的类似关系则是计算震级的基础。

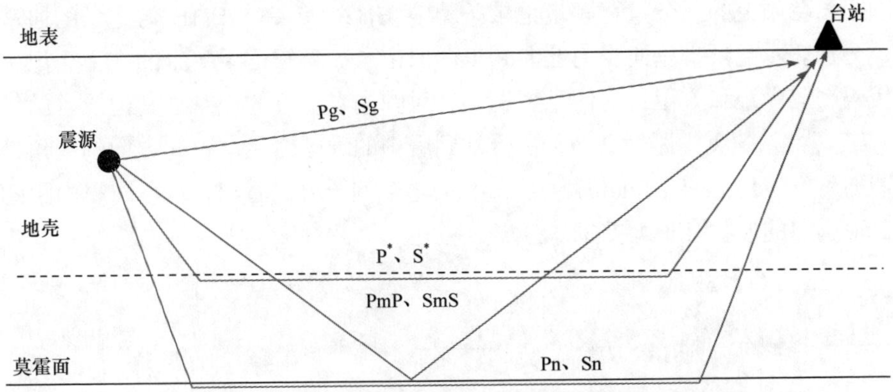

图 1.1.4　地方震和区域震主要震相传播路径示意图

图中黑线代表介质分界面，灰线代表不同震相传播路径，英文标注为相应的震相名称

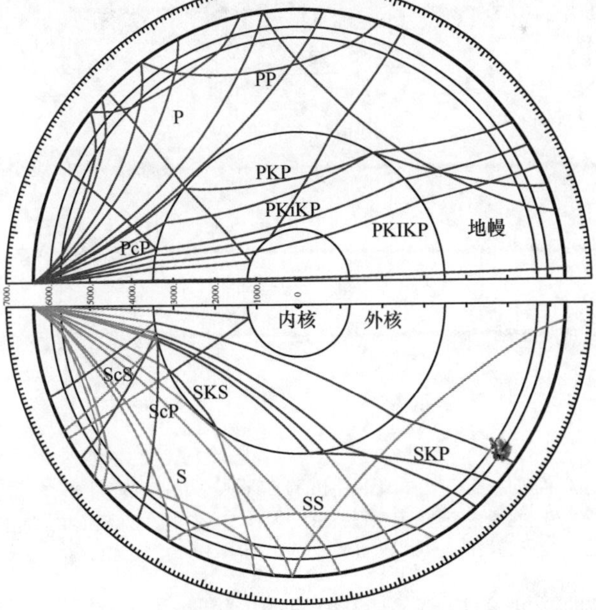

图 1.1.5　远震震相传播路径示意图(Kennett, 2005)(后附彩图)

图中英文标注为震相名称，相关传播路径中的红色部分表示信号以 P 波方式传播，绿色部分表示信号以 S 波方式传播

除了各种能够明确震相类型的信号外，地震图中通常还包含因散射而形成的尾波(coda wave)信号。总的来说，实际地震图一般由多种震相及它们的尾波构成，其具体形状与震级和震中距大小、震源深度、记录仪器响应、事件类型、传播路径地质结构等多种因素有关。例如，图 1.1.6 是 2017 年 9 月 3 日朝鲜地下核试验在不同距离台站上的三分量宽频带记录。图中 BHZ、BHN、BHE 为记录的通道名称，分别表示宽频带垂向、南北向和东西向记录。每组记录上方的文字为记录台站代码、震中距和方位角的信息。例如，对图中左上方的记录，其记录台站代码为 CBT，台站的震中距为 0.7°，从台站到震中的大圆路径与正北方向的夹角，即所谓的后方位角(backazimuth)为 98.5°。从这个例子可以看出，对不同震中距的台站，地震图的形状有很大差别。

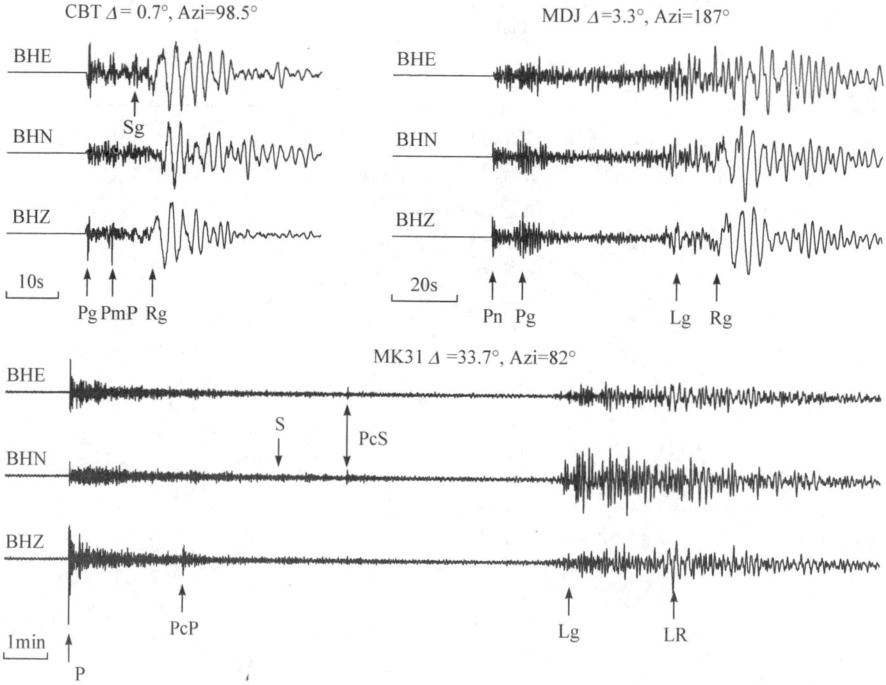

图 1.1.6 2017 年 9 月 3 日朝鲜地下核试验在不同距离台站上的三分量宽频带记录
图中每组波形正上方标注的是记录台站代码(如 CBT、MDJ、MK31)和震中距(Δ)、方位角(Azi)的大小，每道波形左边的标注(如 BHZ、BHN、BHE)为通道名称

地震监测和地震研究中常按震中距的远近将地震分为地方震、区域震、远震。关于这些术语所对应的确切距离范围，国内外没有严格统一的标准。另外准确地讲，这不是对地震本身的分类，而是对地震图的分类。通常，地方震(local earthquake)的震中距范围在 100km 或 150km 以内，区域震(regional earthquake)的

震中距在 10°或 20°以内，更大的震中距范围都属于远震(teleseismic earthquake)距离。另外一种更直观的理解是，地方震记录的主要震相在地壳内传播；区域震记录的主要震相在地壳和上地幔传播；远震记录的主要震相穿透深度达到下地幔甚至地核。

1935 年 Richter 提出震级的概念并将其引入地震观测中以来，震级就被习惯性地用来描述地震的强弱。震级的一般定义可表述为

$$M = \lg A + R(h, \varDelta) \tag{1.1.1}$$

式中，A 为地震信号幅值(位移或速度)；$R(h,\varDelta)$ 为关于震中距 $\varDelta$ 和震源深度 h 的校正项，称为震级度规函数(magnitude calibration function)。因为各种复杂原因，地震学中有多种不同定义的震级，常用的包括近震(里式)震级 M_L，面波震级 M_s 和体波震级 m_b 等。不同类型的震级适用于不同的震中距范围和震相类型，采用的幅值测量方法，特别是频率窗口往往也各不相同。对具有不同源强度的地震，不同频率的信号幅值之间并非简单的线性比例关系，使得不同定义的震级即使在理论上也不可能在数值上总是保持一致。关于常用的震级定义和具体测量方法，参见第 8 章的内容。

理论上，地震震级只是对震源强度的相对描述。地震学中，真正反映震源绝对强度的物理量称为地震矩(seismic moment)。地震矩通常用符号 M_0 表示，其单位为牛 · 米(N · m)。地震事件的地震矩大小取决于发震时的源物理参数。例如，天然地震时，

$$M_0 = \mu \bar{D} A \tag{1.1.2}$$

式中，μ 为岩石的剪切模量；A 为地震时发生位错的断层面面积；$\bar{D}$ 为断层两侧岩石的平均位错大小。至于不可压缩介质中的填实地下爆炸，则

$$M_0 = \rho \alpha^2 V_\mathrm{c} \tag{1.1.3}$$

式中，ρ 为介质密度；α 为 P 波波速；V_c 为爆炸形成的空腔体积大小。关于地震矩的概念，本章后面还有更详细的介绍。

顺便介绍一下地震烈度(intensity)的概念。不同于震级是地震震源强度的反映，烈度是地震对具体地点所造成效应的反映。一个地方的烈度不仅和地震的震级有关，还和它到震央的距离、当地的地质条件和地形地貌等多种因素有关。

1.2　地震波运动方程和波动方程

地震波运动方程可由连续弹性介质中的质点运动方程及应力-应变关系得到

(傅淑芳等，1991；Aki et al., 1980)。在任何连续介质中，位于 $\boldsymbol{x}$ 处的质点运动方程为

$$\rho\ddot{\boldsymbol{u}}(\boldsymbol{x},t)=\boldsymbol{f}+\nabla\cdot\boldsymbol{\sigma} \tag{1.2.1}$$

式中，$\boldsymbol{f}$ 为 $\boldsymbol{x}$ 处的体力；$\boldsymbol{\sigma}$ 为介质中的应力；ρ 为介质密度；∇ 为哈密顿算子。式(1.2.1)的分量形式为

$$\rho\ddot{u}_i(\boldsymbol{x},t)=f_i+\sigma_{ji,j} \tag{1.2.2}$$

式中，符号上方加点表示时间微商(如 $\dot{\boldsymbol{u}}$ 和 $\ddot{\boldsymbol{u}}$ 分别表示 $\partial\boldsymbol{u}/\partial t$ 和 $\partial^2\boldsymbol{u}/\partial t^2$)；逗号分隔开的下标表示空间偏微商。同时，本书采用重复下标求和约定，即 $\sigma_{ji,j}$ 实际表示 $\sum_j\dfrac{\partial\sigma_{ji}}{\partial x_j}$。

对弹性介质：

$$\sigma_{ij}=C_{ijkl}\varepsilon_{kl} \tag{1.2.3}$$

式中，

$$\varepsilon_{kl}=\frac{1}{2}(u_{k,l}+u_{l,k}) \tag{1.2.4}$$

为介质应变张量；C_{ijkl} 为介质弹性系数。在各向同性情况下：

$$C_{ijkl}=\lambda\delta_{ij}\delta_{kl}+\mu(\delta_{ik}\delta_{jl}+\delta_{il}\delta_{jk}) \tag{1.2.5}$$

式中，λ、μ 为 Lamé 常数；δ_{ij} 为 Kronecker 符号。$i\neq j$ 时，$\delta_{ij}=0$；$i=j$ 时，$\delta_{ij}=1$。此时，应力-应变关系简化为

$$\sigma_{ij}=\lambda\mathrm{tr}(\boldsymbol{\varepsilon})\delta_{ij}+2\mu\varepsilon_{ij} \tag{1.2.6}$$

式中，

$$\mathrm{tr}(\boldsymbol{\varepsilon})=\varepsilon_{11}+\varepsilon_{22}+\varepsilon_{33}=\nabla\cdot\boldsymbol{u} \tag{1.2.7}$$

将式(1.2.6)和式(1.2.4)代入式(1.2.2)，可以得到，在各向同性介质中：

$$\rho\ddot{\boldsymbol{u}}=\boldsymbol{f}+(\lambda+2\mu)\nabla\nabla\cdot\boldsymbol{u}-\mu\nabla\times\nabla\times\boldsymbol{u} \tag{1.2.8}$$

式(1.2.8)为地震波的运动方程。通常，除源区外，可以认为 $\boldsymbol{f}=0$①，此时有

$$\rho\ddot{\boldsymbol{u}}=(\lambda+2\mu)\nabla\nabla\cdot\boldsymbol{u}-\mu\nabla\times\nabla\times\boldsymbol{u} \tag{1.2.9}$$

① 虽然地球岩石总是受到重力的作用，但对地震波来说，实际关心的位移场一般是由重力之外的某种瞬态扰动源引起的。这种瞬态扰动源引起的位移场叠加在重力场造成的静态位移场之上，但不包括这种静态位移场本身。因此，重力及其他类似的静态力或准静态力在地震波运动方程中都可以忽略。

对式(1.2.9)两边同时取散度和旋度，利用哈密顿算子∇的性质，可以得到：

$$\frac{\partial^2(\nabla\cdot\boldsymbol{u})}{\partial t^2}=\frac{(\lambda+2\mu)}{\rho}\nabla^2(\nabla\cdot\boldsymbol{u}) \tag{1.2.10}$$

$$\frac{\partial^2(\nabla\times\boldsymbol{u})}{\partial t^2}=\frac{\mu}{\rho}\nabla^2(\nabla\times\boldsymbol{u}) \tag{1.2.11}$$

上述关于$\nabla\cdot\boldsymbol{u}$和$\nabla\times\boldsymbol{u}$的方程具有标准的波动方程形式，记

$$\alpha=\sqrt{(\lambda+2\mu)/\rho}\,,\quad \beta=\sqrt{\mu/\rho} \tag{1.2.12}$$

则式(1.2.10)和式(1.2.11)表示地震位移场的散度和旋度分别以α、β的速度在介质中独立传播。因为位移场散度对应介质的体积变化，旋度对应纯剪切变形，所以前者对应P波，后者对应S波。

更一般的地震波动方程可以通过势函数分解得到。根据Helmhotz定理，任何矢量场都可以分解成一个标量势的梯度场和一个无散的矢量势的旋度场之和，因此

$$\boldsymbol{u}=\nabla\phi+\nabla\times\boldsymbol{\psi}\,,\ \text{其中}\ \nabla\cdot\boldsymbol{\psi}=0 \tag{1.2.13}$$

将式(1.2.13)代入式(1.2.9)，有

$$\ddot{\phi}=\alpha^2\nabla^2\phi\,,\quad \ddot{\boldsymbol{\psi}}=\beta^2\nabla^2\boldsymbol{\psi} \tag{1.2.14}$$

式(1.2.14)为无源时的势函数波动方程，其中势函数ϕ和$\boldsymbol{\psi}$分别对应于P波和S波，称为P波势函数和S波势函数。

当$\boldsymbol{f}\neq 0$时，对$\boldsymbol{f}$也可以做类似的势函数分解，即

$$\boldsymbol{f}=\nabla\boldsymbol{\varPhi}+\nabla\times\boldsymbol{\varPsi}\,,\ \text{其中}\ \nabla\cdot\boldsymbol{\varPsi}=0 \tag{1.2.15}$$

此时，可以得到有源时的势函数波动方程，即

$$\ddot{\phi}=\frac{\boldsymbol{\varPhi}}{\rho}+\alpha^2\nabla^2\phi\,,\quad \ddot{\boldsymbol{\psi}}=\frac{\boldsymbol{\varPsi}}{\rho}+\beta^2\nabla^2\boldsymbol{\psi} \tag{1.2.16}$$

为从$\boldsymbol{f}$得到$\boldsymbol{\varPhi}$、$\boldsymbol{\varPsi}$，利用$\nabla^2\boldsymbol{Z}=\nabla(\nabla\cdot\boldsymbol{Z})-\nabla\times\nabla\times\boldsymbol{Z}$，可以先求解泊松方程：

$$\nabla^2\boldsymbol{Z}=\boldsymbol{f} \tag{1.2.17}$$

然后令

$$\boldsymbol{\varPhi}=\nabla\cdot\boldsymbol{Z}\,,\quad \boldsymbol{\varPsi}=-\nabla\times\boldsymbol{Z} \tag{1.2.18}$$

式(1.2.17)的解非常简单，即

$$Z(x)=-\iiint_V\frac{\boldsymbol{f}(\boldsymbol{\xi})}{4\pi|\boldsymbol{x}-\boldsymbol{\xi}|}\mathrm{d}V(\xi) \tag{1.2.19}$$

式中，积分区域 V 为源区，即 $\boldsymbol{f} \neq 0$ 的区域。

1.3 震源表示方法

1.3.1 格林函数和表示定理

格林函数是理论地震学中非常有用的一个概念，即某一点上沿特定坐标轴方向的单位集中力在介质中产生的位移场。地震学中一般用 $G_{in}(\boldsymbol{x},t;\boldsymbol{\xi},\tau)$ 表示位于 $\boldsymbol{\xi}$ 、发生在时间 τ 、沿方向 $\hat{\boldsymbol{e}}_n$ 的单位集中力所对应的格林函数在第 i 个坐标轴方向的分量。根据式(1.2.1)和应力-应变关系，它应该满足方程：

$$\rho\frac{\partial^2}{\partial t^2}G_{in} = \delta_{in}\delta(\boldsymbol{x}-\boldsymbol{\xi})\delta(t-\tau)+\frac{\partial}{\partial x_j}\left(C_{ijkl}\frac{\partial}{\partial x_l}G_{kn}\right) \tag{1.3.1}$$

并满足相应的边界条件。

根据弹性力学唯一性定理和互易性定理，可以证明(Aki et al., 1980)格林函数的一系列性质。首先，在边界条件不随时间变化的情况下，格林函数对时间的依赖仅仅依赖于 $t-\tau$ ，即有

$$G_{in}(\boldsymbol{x},t;\boldsymbol{\xi},\tau) = G_{in}(\boldsymbol{x},t-\tau;\boldsymbol{\xi},0) = G_{in}(\boldsymbol{x},-\tau;\boldsymbol{\xi},-t) \tag{1.3.2}$$

在齐次边界条件，即边界 S 上的应力或位移总是为 0 时，进一步有

$$G_{ij}(\boldsymbol{x},t;\boldsymbol{\xi},\tau) = G_{ji}(\boldsymbol{\xi},t;\boldsymbol{x},\tau) \tag{1.3.3}$$

$$G_{ij}(\boldsymbol{x},t;\boldsymbol{\xi},\tau) = G_{ji}(\boldsymbol{\xi},-\tau;\boldsymbol{x},-t) \tag{1.3.4}$$

任意力源分布引起的地震波位移场都可以表示为格林函数的积分，即

$$\begin{aligned} u_n(\boldsymbol{x},t) = &\int_{-\infty}^{\infty}\mathrm{d}\tau\iiint_V f_i(\boldsymbol{\xi},\tau)G_{ni}(\boldsymbol{x},t-\tau;\boldsymbol{\xi},0)\mathrm{d}V(\boldsymbol{\xi}) \\ &+\int_{-\infty}^{\infty}\mathrm{d}\tau\iint_S \{G_{ni}(\boldsymbol{x},t-\tau;\boldsymbol{\xi},0)T_i(\boldsymbol{u}(\boldsymbol{\xi},\tau),\hat{\boldsymbol{n}}) \\ &-u_i(\boldsymbol{\xi},\tau)C_{ijkl}(\boldsymbol{\xi})\hat{n}_j\frac{\partial}{\partial\xi_l}G_{nk}(\boldsymbol{x},t-\tau;\boldsymbol{\xi},0)\}\mathrm{d}S(\boldsymbol{\xi}) \end{aligned} \tag{1.3.5}$$

式(1.3.5)称为地震波表示定理。式中，$T_i(\boldsymbol{u}(\boldsymbol{\xi},\tau),\hat{\boldsymbol{n}})$ 为需要求解的位移场在边界 S 上的牵引力分布；体积分项为体力对位移场的贡献；面积分项中的第一项为 S 上牵引力分布的贡献，第二项为边界上位移分布的贡献。需要指出的是，在式(1.3.5)中，理论上格林函数 $\boldsymbol{G}(\boldsymbol{x},t-\tau;\boldsymbol{\xi},0)$ 并不需要满足和 $\boldsymbol{u}(\boldsymbol{x},t)$ 相同的边界条件，即可以选择不同于 $\boldsymbol{u}(\boldsymbol{x},t)$ 的边界条件来求解格林函数。常见的两种格林函数边界条件

的选择分别是自由边界条件(即边界上的应力为 0)和刚性边界条件(即边界上的位移为 0)。分别用 $\boldsymbol{G}^{(\mathrm{F})}(\boldsymbol{x},t-\tau;\boldsymbol{\xi},0)$ 和 $\boldsymbol{G}^{(\mathrm{R})}(\boldsymbol{x},t-\tau;\boldsymbol{\xi},0)$ 来区分这两种情况下的格林函数解。在前者的情况下，有

$$\begin{aligned}u_n(\boldsymbol{x},t)=&\int_{-\infty}^{\infty}\mathrm{d}\tau\iiint_V f_i(\xi,\tau)G_{ni}^{(\mathrm{F})}(\boldsymbol{x},t-\tau;\boldsymbol{\xi},0)\mathrm{d}V(\boldsymbol{\xi})\\&+\int_{-\infty}^{\infty}\mathrm{d}\tau\iint_S G_{ni}^{(\mathrm{F})}(\boldsymbol{x},t-\tau;\boldsymbol{\xi},0)T_i(\boldsymbol{u}(\xi,\tau),\hat{\boldsymbol{n}})\mathrm{d}S(\boldsymbol{\xi})\end{aligned}\tag{1.3.6}$$

而在后者的情况下，有

$$\begin{aligned}u_n(\boldsymbol{x},t)=&\int_{-\infty}^{\infty}\mathrm{d}\tau\iiint_V f_i(\xi,\tau)G_{ni}^{(\mathrm{R})}(\boldsymbol{x},t-\tau;\boldsymbol{\xi},0)\mathrm{d}V(\boldsymbol{\xi})\\&-\int_{-\infty}^{\infty}\mathrm{d}\tau\iint_S u_i(\xi,\tau)C_{ijkl}(\boldsymbol{\xi})\hat{n}_j\frac{\partial}{\partial\xi_l}G_{nk}^{(\mathrm{R})}(\boldsymbol{x},t-\tau;\boldsymbol{\xi},0)\mathrm{d}S(\boldsymbol{\xi})\end{aligned}\tag{1.3.7}$$

1.3.2　力偶与地震矩张量

假定地震波场的力源是大小相同、方向相反、作用点位置相差 $\Delta\boldsymbol{l}$ 的一对作用力，即

$$\boldsymbol{f}(\boldsymbol{x},t)=\boldsymbol{F}(t)\left[\delta\left(\boldsymbol{x}-\left(\boldsymbol{\xi}+\frac{1}{2}\Delta\boldsymbol{l}\right)\right)-\delta\left(\boldsymbol{x}-\left(\xi-\frac{1}{2}\Delta\boldsymbol{l}\right)\right)\right]$$

进一步假定

$$\lim_{|\Delta l|\to 0}|\boldsymbol{F}(t)||\Delta\boldsymbol{l}|=M(t)\tag{1.3.8}$$

则这样的一对作用力称为力偶(force couple)。上述定义中，$\Delta\boldsymbol{l}$ 为力偶的力臂。如图 1.3.1 所示，假定 $\boldsymbol{F}$ 和 $\Delta\boldsymbol{l}$ 分别沿不同的坐标轴方向，可以得到 9 个不同的基本力偶组合。能够证明它们构成一个二阶张量 $\boldsymbol{M}$：

$$\boldsymbol{M}=\begin{pmatrix}M_{11}&M_{12}&M_{13}\\M_{21}&M_{22}&M_{23}\\M_{31}&M_{32}&M_{33}\end{pmatrix}\tag{1.3.9}$$

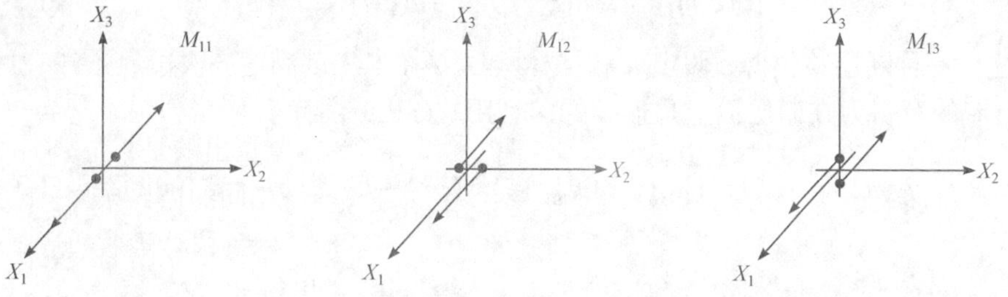

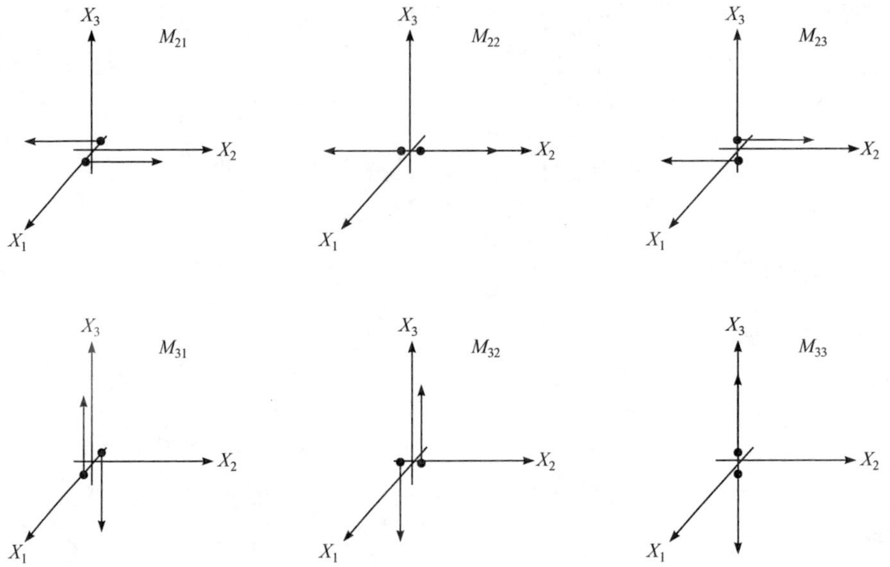

图 1.3.1 不同地震矩张量元素对应的力偶示意图

该张量称为地震矩张量(moment tensor)，其中元素 M_{pq} 对应于作用力和力臂分别沿第 p 个和第 q 个坐标轴方向的力偶。$p=q$ 时相应的力偶，如 M_{11}、M_{22}、M_{33}，又称为矢量偶极子(vector dipole)。根据格林函数的定义，M_{pq} 引起的位移场为

$$u_i(x,t)=\lim_{\Delta l\to 0}\int_{-\infty}^{+\infty}\frac{M_{pq}(\tau)}{\Delta l}\times\left[G_{ip}\left(\boldsymbol{x},t-\tau;\boldsymbol{\xi}+\frac{1}{2}\Delta l\hat{\boldsymbol{e}}_q,0\right)-G_{ip}\left(\boldsymbol{x},t-\tau;\boldsymbol{\xi}-\frac{1}{2}\Delta l\hat{\boldsymbol{e}}_q,0\right)\right]\mathrm{d}\tau$$
$$=M_{pq}(t)\otimes\frac{\partial}{\partial\xi_q}G_{ip}(\boldsymbol{x},t;\boldsymbol{\xi},0) \tag{1.3.10}$$

1.3.3 断层位错源的地震矩张量表示

多数情况下，地震波由地震、地下爆炸等内源引起。其中，天然地震一般被认为是岩石沿某一个断层面上的位置错动造成的。如图 1.3.2 所示，沿断层面 Σ 两侧，有位移间断

$$[\boldsymbol{u}(\boldsymbol{\xi},t)]|_{\xi\in\Sigma}\equiv\boldsymbol{u}(\boldsymbol{\xi},t)|_{\xi\in\Sigma_+}-\boldsymbol{u}(\boldsymbol{\xi},t)|_{\xi\in\Sigma_-}\neq 0 \tag{1.3.11}$$

对这样一种断层位错源，假定 $\boldsymbol{u}$ 和格林函数 $\boldsymbol{G}$ 在 S 上都满足齐次边界条件，加上 $\boldsymbol{u}$ 对应的牵引力在断层面上是连续的，利用式(1.3.5)，有

$$u_n(\boldsymbol{x},t)=\int_{-\infty}^{\infty}\mathrm{d}\tau\iint_{\Sigma}[u_i(\boldsymbol{\xi},\tau)]C_{ijkl}(\boldsymbol{\xi})\hat{v}_j(\boldsymbol{\xi})\frac{\partial}{\partial\xi_l}G_{nk}(\boldsymbol{x},t-\tau;\boldsymbol{\xi},0)\mathrm{d}\Sigma(\boldsymbol{\xi}) \tag{1.3.12}$$

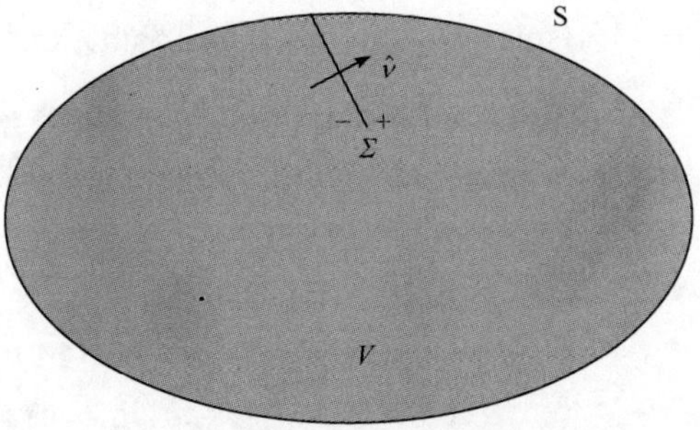

图 1.3.2　位错源示意图

令

$$m_{kl}(\xi,t)=C_{ijkl}(\xi)[u_i(\xi,t)]\hat{\nu}_j(\xi) \tag{1.3.13}$$

则

$$u_n(\boldsymbol{x},t)=\iint_{\Sigma} m_{kl}(\xi,t)\otimes\frac{\partial}{\partial\xi_l}G_{nk}(\boldsymbol{x},t;\xi,0)\mathrm{d}\Sigma(\xi) \tag{1.3.14}$$

比较式(1.3.14)与式(1.3.11)可以看出，断层位错源产生的地震波可以看成是具有面分布的力偶源所产生的地震波的叠加，其中 m_{kl} 是相应的矩张量面密度。在地震波波长和台站距离都远大于源区尺度的情况下，由于 $\partial G_{nk}(\boldsymbol{x},t;\xi,0)/\partial\xi_l$ 随震源位置的变化非常缓慢，可将震源当作点源，得到：

$$u_n(\boldsymbol{x},t)=M_{kl}(t)\otimes\frac{\partial}{\partial\xi_l}G_{nk}(\boldsymbol{x},t;\xi,0) \tag{1.3.15}$$

式中，

$$M_{kl}(t)=\iint_{\Sigma} m_{kl}(\xi,t)\mathrm{d}S(\xi) \tag{1.3.16}$$

假定断层面内的岩石性质及错动位移都是均匀的，则

$$M_{kl}(t)=C_{ijkl}[u_i(t)]\hat{\nu}_j A \tag{1.3.17}$$

各向同性时，

$$M_{kl}(t)=\left\{\lambda\hat{\nu}_i[u_i(t)]\delta_{kl}+\mu(\hat{\nu}_k[u_l(t)]+\hat{\nu}_l[u_k(t)])\right\}A \tag{1.3.18}$$

式中，A 为断层面面积。由于对剪切位错，$\hat{\nu}_i[u_i(t)]=0$，进一步有

$$M_{kl}(t)=\left\{\mu(\hat{\nu}_k[u_l(t)]+\hat{\nu}_l[u_k(t)])\right\}A \tag{1.3.19}$$

利用式(1.3.19)可以将天然地震的地震矩张量用断层的空间取向参数，即断层面的走向、倾角和滑动角来表示。如图 1.3.3 所示，选择正北(N)、正东(E)和垂直向下(Z)为坐标轴 X_1、X_2、X_3 的方向来建立直角坐标系，则有

$$
\begin{cases}
M_{11} = -M_0(\sin\delta\cos\lambda\sin 2\phi_f + \sin 2\delta\sin\lambda\sin^2\phi_f) \\
M_{22} = M_0(\sin\delta\cos\lambda\sin 2\phi_f - \sin 2\delta\sin\lambda\cos^2\phi_f) \\
M_{33} = M_0\sin 2\delta\sin\lambda = -(M_{11} + M_{22}) \\
M_{12} = M_0(\sin\delta\cos\lambda\cos 2\phi_f + \dfrac{1}{2}\sin 2\delta\sin\lambda\sin 2\phi_f) \\
M_{13} = -M_0(\cos\delta\cos\lambda\cos\phi_f + \cos 2\delta\sin\lambda\sin\phi_f) \\
M_{23} = -M_0(\cos\delta\cos\lambda\sin\phi_f - \cos 2\delta\sin\lambda\cos\phi_f)
\end{cases}
\tag{1.3.20}
$$

式中，

$$
M_0 = \mu[u(t)]A \tag{1.3.21}
$$

ϕ_f、δ、λ 分别为断层面的走向、倾角和滑动角。它们的定义见图 1.3.3。其中，ϕ_f 为从正北方向顺时针旋转到断层面与地表交线的夹角；δ 为水平方向与断层面之间的夹角。为了唯一定义 ϕ_f 和 δ，要求 $\delta \leqslant 90°$，并要求走向和倾向符合右手法则，即当右手大拇指朝着走向，其余四指从地表向下旋转到断层面时，旋转的角度不超过 90°。滑动角 λ 是断层面内从走向逆时针旋转到错动方向的角度，而错动方向为上盘，即断层面上方岩石相对于下盘，断层面下方岩石的运动方向。$0<\lambda<\pi$ 的断层称为逆断层，$0>\lambda>-\pi$ 的断层称为正断层，而 $\delta=\pi/2$，$\lambda=0$ 或 π 的断层称为走滑断层。其中，$\lambda=0$ 的断层称为左旋断层；$\lambda=\pi$ 的断层称为右旋断层。此外，$\delta=\pi/2$，$\lambda=\pm\pi/2$ 的断层称为倾滑断层。为避免此时走向定义的不确定性，规定下盘总是向下运动的岩块，面向走向时上盘总是在右侧。按照这样的约定，倾滑断层的滑动角始终为 $\pi/2$，即 90°。

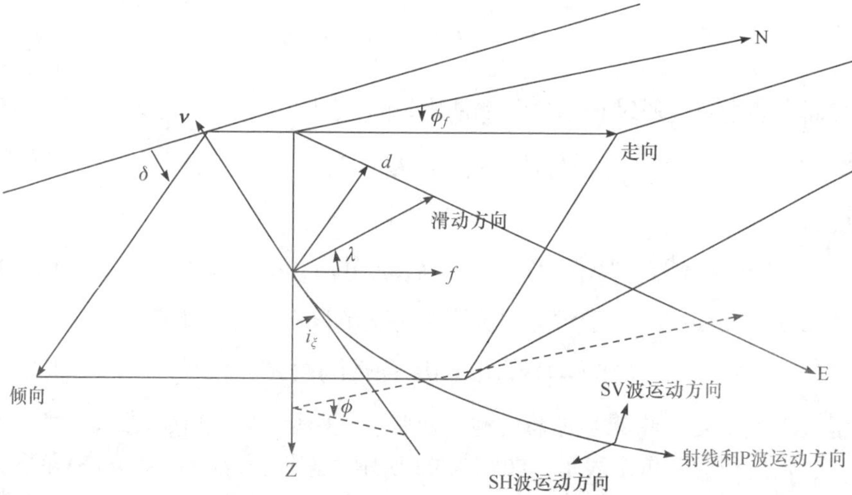

图 1.3.3　断层面走向、倾角和滑动角的定义

1.3.4　体积源的地震矩张量表示

与天然地震的位错源不同，地下爆炸及地下岩石快速相变所引起的地震波可以用具有转换应变或者称为无应力应变的体积源来描述。无应力应变为不产生应力的应变，如材料在不受约束的情况下由于受热而发生的膨胀等。如图 1.3.4 所示，假定物体 V 中的一部分 ΔV 经历了某种物理过程，如果 ΔV 没有镶嵌在 V 中，这种物理过程将会导致 ΔV 中的岩石发生无应力应变 Δe_{pq}。但 ΔV 实际上是镶嵌在 V 中的，ΔV 内的变形会受到外围岩石的约束，并引起整个 V 内的质点发生位移和变形。对于这样的问题，Eshelby(1957)巧妙地通过假想的切割、变形和焊接操作得出静态无应力应变引起的位移场的理论表达式。Aki 等(1980)对这一方法进行了推广，进一步得出了动态无应力应变在 V 中产生的位移场。

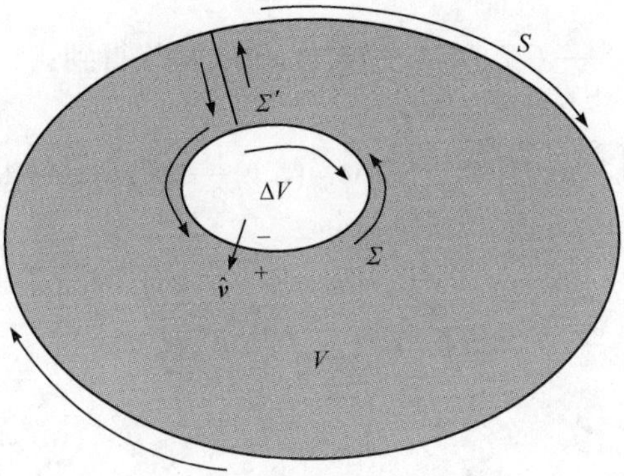

图 1.3.4　体积源示意图

首先假设初始时整个 V 处于自由松弛状态。设想将 ΔV 从 V 中取出，不会引起 V 内质点的位移和变形，让取出后的 ΔV 经历无应力应变 Δe_{pq}。然后通过在其内部施加一个应力场 $\tau_{kl}=-C_{klpq}\Delta e_{pq}$，使其恢复原状。因为 τ_{kl} 是静态场，所以 $\tau_{kl,l}=0$。τ_{kl} 的产生可以通过在 ΔV 的边界 $\varSigma$ 施加外加的约束力 $\boldsymbol{T}(\Delta e_{pq},\hat{\boldsymbol{\nu}})=-C_{klpq}\Delta e_{pq}\hat{\nu}_l\hat{\boldsymbol{e}}_k$ 来实现。这里 $\hat{\nu}_l$ 是 ΔV 边界 $\varSigma$ 的外法向方向余弦。设想保持上述外加约束不变，将 ΔV 放回原来的位置，并将其和周围的岩石重新焊接到一起，然后解除外加的约束力，在 $\varSigma$ 内外两侧的岩石将发生位移，产生应力和应变。因为内外两侧岩石之间的作用力大小必须相等，所以解除约束后，在都以 $\hat{\boldsymbol{\nu}}$ 为法向的情况下，$\varSigma_-$ 和 $\varSigma_+$ 上实际受到的牵引力应该是连续的，这里记为 $\boldsymbol{T}(\boldsymbol{u},\hat{\boldsymbol{\nu}})$。对 $\varSigma$ 内侧的岩石，从解除约束之前的 $\boldsymbol{T}(\Delta e_{pq},\hat{\boldsymbol{\nu}})$ 到最后的 $\boldsymbol{T}(\boldsymbol{u},\hat{\boldsymbol{\nu}})$，牵引力的增量为 $\boldsymbol{T}(\boldsymbol{u},\hat{\boldsymbol{\nu}})-\boldsymbol{T}(\Delta e_{pq},\hat{\boldsymbol{\nu}})$；而对 $\varSigma$ 外侧的岩石，解除外力约束之前受到的牵引力为 0，因此牵引力的增量只是 $\boldsymbol{T}(\boldsymbol{u},\hat{\boldsymbol{\nu}})$。注意在解除约束之前，整个 V 内介质的位移和应

变都等于 0，因此最终的位移场可视为Σ_-和Σ_+上解除约束后新增加的牵引力，即牵引力增量造成的。这种牵引力增量在Σ上的间断为$[\boldsymbol{T}(\boldsymbol{u},\hat{\boldsymbol{v}})]=\boldsymbol{T}(\Delta e_{pq},\hat{\boldsymbol{v}})=-C_{klpq}\Delta e_{pq}\hat{v}_l\hat{\boldsymbol{e}}_k$。将包括$\Delta V$在内的整个$V$区域的边界看成是$\Sigma_-+\Sigma_++\Sigma'_++S+\Sigma'_-$ (图 1.3.4)，对其应用式(1.3.5)求解位移场，注意到Σ'两侧的牵引力和位移连续，Σ两侧的位移连续，S上格林函数以及待求解的位移场$\boldsymbol{u}$满足齐次边界条件，则类似于式(1.3.13)，有

$$\begin{aligned}u_n(\boldsymbol{x},t)&=-\int_{-\infty}^{+\infty}\mathrm{d}\tau\iint_{\Sigma}[T(\boldsymbol{u},\hat{\boldsymbol{v}})]G_{nk}(\boldsymbol{x},t-\tau;\boldsymbol{\xi},0)\mathrm{d}\Sigma(\boldsymbol{\xi})\\&=\int_{-\infty}^{+\infty}\mathrm{d}\tau\iint_{\Sigma}C_{klpq}(\boldsymbol{\xi})\Delta e_{pq}(\boldsymbol{\xi},\tau)G_{nk}(\boldsymbol{x},t-\tau;\boldsymbol{\xi},0)\hat{v}_l\mathrm{d}\Sigma(\boldsymbol{\xi})\end{aligned}\tag{1.3.22}$$

应用高斯定理，以及$\dfrac{\partial}{\partial\xi_l}C_{klpq}(\boldsymbol{\xi})\Delta e_{pq}(\boldsymbol{\xi},\tau)=0$，最终得到：

$$u_n(\boldsymbol{x},t)=\int_{-\infty}^{+\infty}\mathrm{d}\tau\iiint_{\Delta V}C_{klpq}(\boldsymbol{\xi})\Delta e_{pq}(\boldsymbol{\xi},\tau)\frac{\partial}{\partial\xi_l}G_{nk}(\boldsymbol{x},t-\tau;\boldsymbol{\xi},0)\mathrm{d}V(\boldsymbol{\xi})\tag{1.3.23}$$

定义：

$$m_{kl}(\boldsymbol{\xi},\tau)=C_{klpq}(\boldsymbol{\xi})\Delta e_{pq}(\boldsymbol{\xi},\tau)\tag{1.3.24}$$

得到：

$$u_n(\boldsymbol{x},t)=\iiint_{\Delta V}m_{kl}(\boldsymbol{\xi},t)\otimes\frac{\partial}{\partial\xi_l}G_{nk}(\boldsymbol{x},t;\boldsymbol{\xi},0)\mathrm{d}V(\boldsymbol{\xi})\tag{1.3.25}$$

式(1.3.25)表明，无应力应变体积源产生的地震波可以表示为体分布的地震矩张量所产生地震波的叠加。类似于式(1.3.16)，在地震波波长和台站距离都远大于源区尺度的情况下，可将其当作点源，得到：

$$u_n(\boldsymbol{x},t)=M_{kl}(t)\otimes\frac{\partial}{\partial\xi_l}G_{nk}(\boldsymbol{x},t;\boldsymbol{\xi},0)$$

其中，

$$M_{kl}(t)=\iiint_{\Delta V}m_{kl}(\boldsymbol{\xi},t)\mathrm{d}V(\boldsymbol{\xi})\tag{1.3.26}$$

在Δe_{pq}均匀的情况下，

$$M_{kl}(t)=C_{klpq}\Delta e_{pq}(t)\Delta V\tag{1.3.27}$$

各向同性时，

$$M_{kl}(t)=\left\{\lambda\Delta e_{ii}(t)\delta_{kl}+2\mu\Delta e_{kl}(t)\right\}\Delta V \tag{1.3.28}$$

1.3.5 地震矩张量分解

地震矩张量作为一个二阶张量，和普通二阶张量一样，至少存在三个相互正交方向 $\hat{\boldsymbol{a}}_i=(a_{i1},a_{i2},a_{i3})^{\mathrm{T}}$ $(i\text{=}1,2,3)$，其中 a_{ij} 为 $\hat{\boldsymbol{a}}_i$ 和 $\hat{\boldsymbol{e}}_j$ 之间的方向余弦，使得

$$\boldsymbol{M}\boldsymbol{a}_i=M_i\hat{\boldsymbol{a}}_i \tag{1.3.29}$$

式中，$\hat{\boldsymbol{a}}_i$ 为 $\boldsymbol{M}$ 的本征方向；M_i 为 $\hat{\boldsymbol{a}}_i$ 对应的本征值。

以 $\boldsymbol{M}$ 的三个本征方向为坐标轴，在新的直角坐标系中，$\boldsymbol{M}$ 具有以下对角化形式，即

$$\boldsymbol{M}=\begin{pmatrix} M_1 & 0 & 0 \\ 0 & M_2 & 0 \\ 0 & 0 & M_3 \end{pmatrix} \tag{1.3.30}$$

可以将 $\boldsymbol{M}$ 分解为

$$\boldsymbol{M}=M_{\mathrm{ISO}}\begin{pmatrix} 1 & 0 & 0 \\ 0 & 1 & 0 \\ 0 & 0 & 1 \end{pmatrix}+M_{\mathrm{DC}}\begin{pmatrix} -1 & 0 & 0 \\ 0 & 1 & 0 \\ 0 & 0 & 0 \end{pmatrix}+M_{\mathrm{CLVD}}\begin{pmatrix} -0.5 & 0 & 0 \\ 0 & -0.5 & 0 \\ 0 & 0 & 1 \end{pmatrix} \tag{1.3.31}$$

其中，

$$M_{\mathrm{ISO}}=\frac{1}{3}(M_1+M_2+M_3) \tag{1.3.32a}$$

$$M_{\mathrm{DC}}=\frac{1}{2}(M_2-M_1) \tag{1.3.32b}$$

$$M_{\mathrm{CLVD}}=\frac{2M_3-(M_1+M_2)}{3} \tag{1.3.32c}$$

式(1.3.31)等号右边的第一项为地震矩张量的各向同性成分；第二项为双力偶(double couple, DC)源，也就是普通的剪切位错源；最后一项被称为补偿线性向量偶极子(compensated linear vector dipole, CLVD)源。CLVD 源可以等效为以 $\hat{\boldsymbol{a}}_3$ 为对称轴、倾角为 45°的圆锥面上滑动的地震矩张量(图 1.3.5)，或等效为走向相互垂直的两个 45°倾向滑动断层(假定 $\hat{\boldsymbol{a}}_3$ 与垂向重合)。注意式(1.3.31)中的分解并非唯一。除了以 $\hat{\boldsymbol{a}}_1$ 或 $\hat{\boldsymbol{a}}_2$ 为 CLVD 源的对称轴来进行类似分解外，即便是以 $\hat{\boldsymbol{a}}_3$ 为 CLVD 源的对称轴，对 DC 源的不同选择也会产生不同结果(参见 9.7.2 小节中以 $\hat{\boldsymbol{a}}_3$ 为对称轴时的另外一种分解结果)。

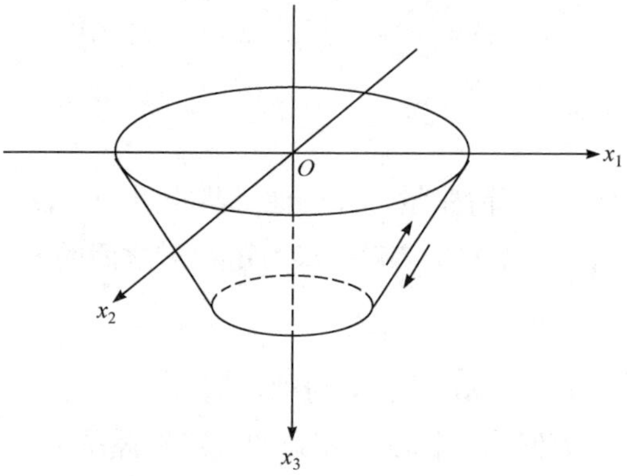

图 1.3.5　CLVD 源模型示意图

1.4　点源辐射的地震波

1.4.1　点力源辐射的地震波

对于位于坐标系原点，沿 $\hat{\boldsymbol{e}}_j$ 方向的点力源 $\boldsymbol{f}=F(t)\delta(\boldsymbol{x})\hat{\boldsymbol{e}}_j$，按 1.2 节中的方法进行势函数分解，将分解结果代入波动方程[式(1.2.16)]，可以求得(Aki et al., 1980)，在均匀无限空间中，相应的位移场为

$$
\begin{aligned}
u_i(\boldsymbol{x},t)&=F(t)\otimes G_{ij}(\boldsymbol{x},t,0,0)\\
&=\frac{1}{4\pi\rho}(3\gamma_i\gamma_j-\delta_{ij})\frac{1}{r^3}\int_{r/\alpha}^{r/\beta}\tau F(t-\tau)\mathrm{d}\tau+\frac{1}{4\pi\rho\alpha^2}\gamma_i\gamma_j\frac{1}{r}F\left(t-\frac{r}{\alpha}\right)\\
&\quad-\frac{1}{4\pi\rho\beta^2}(\gamma_i\gamma_j-\delta_{ij})\frac{1}{r}F\left(t-\frac{r}{\beta}\right)
\end{aligned}
\tag{1.4.1}
$$

式中，$r=|\boldsymbol{x}|$；$\gamma_i=x_i/r$ 为 $\hat{\boldsymbol{e}}_r=\boldsymbol{x}/r$ 的方向余弦，它与 $\hat{\boldsymbol{e}}_\theta$ 、$\hat{\boldsymbol{e}}_\phi$(图 1.4.1)的方向余弦可由矢量变化关系：

$$
\begin{pmatrix}\hat{\boldsymbol{e}}_r\\ \hat{\boldsymbol{e}}_\theta\\ \hat{\boldsymbol{e}}_\phi\end{pmatrix}=\begin{pmatrix}\sin\theta\cos\phi & \sin\theta\sin\phi & \cos\theta\\ \cos\theta\cos\phi & \cos\theta\sin\phi & -\sin\theta\\ -\sin\phi & \cos\phi & 0\end{pmatrix}\begin{pmatrix}\hat{\boldsymbol{e}}_1\\ \hat{\boldsymbol{e}}_2\\ \hat{\boldsymbol{e}}_3\end{pmatrix}
\tag{1.4.2}
$$

得到。

根据式(1.4.1)可知，点力源在均匀无限介质中激发的地震波由三项组成，其中第一项为近场项，一般地震教科书中认为它近似以 r^{-2} 衰减；另外两项为远场

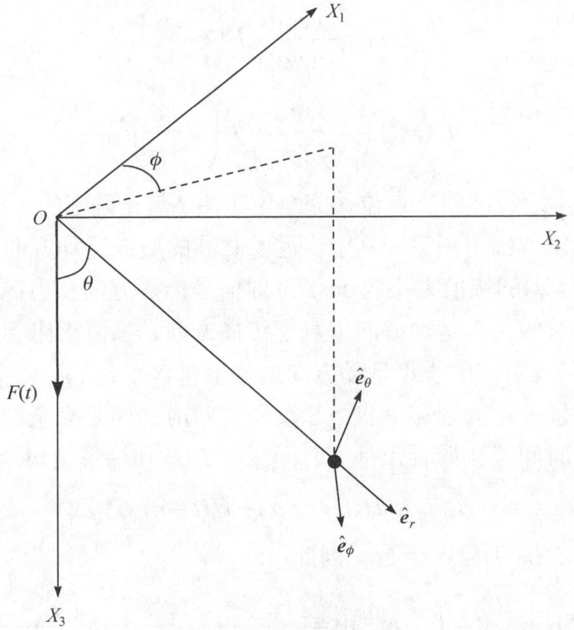

图 1.4.1　位移分解坐标系示意图

项，以 r^{-1} 衰减。显然，两个远场项的时间域位移波形都和力源的时间域波形相同，但分别有 $t_{\mathrm{P}}=r/\alpha$ 和 $t_{\mathrm{S}}=r/\beta$ 的时延，表明两者分别是以 P 波速度 α 和 S 波速度 β 在介质中传播，记

$$u_i^{\mathrm{N}}(\boldsymbol{x},t)=\frac{1}{4\pi\rho}(3\gamma_i\gamma_j-\delta_{ij})\frac{1}{r^3}\int_{r/\alpha}^{r/\beta}\tau F(t-\tau)\mathrm{d}\tau \tag{1.4.3}$$

$$u_i^{\mathrm{P}}(\boldsymbol{x},t)=\frac{1}{4\pi\rho\alpha^2}\gamma_i\gamma_j\frac{1}{r}F\left(t-\frac{r}{\alpha}\right) \tag{1.4.4}$$

$$u_i^{\mathrm{S}}(\boldsymbol{x},t)=-\frac{1}{4\pi\rho\beta^2}(\gamma_i\gamma_j-\delta_{ij})\frac{1}{r}F\left(t-\frac{r}{\beta}\right) \tag{1.4.5}$$

为更直观地得出点力源产生的地震波引起的质点运动方向和幅值大小与波的传播方向之间的关系。不失一般性，如图 1.4.1 所示，假设作用力的方向平行于垂向，并以该方向为极轴建立球坐标系，将地震波引起的质点位移重新分解到 $\hat{\boldsymbol{e}}_r$、$\hat{\boldsymbol{e}}_\theta$、$\hat{\boldsymbol{e}}_\phi$ 方向上，得到：

$$\boldsymbol{u}^{\mathrm{N}}(\boldsymbol{x},t)=\left[\frac{1}{4\pi\rho r^3}\int_{r/\alpha}^{r/\beta}\tau F(t-\tau)\mathrm{d}\tau\right](2\cos\theta\hat{\boldsymbol{e}}_r+\sin\theta\hat{\boldsymbol{e}}_\theta) \tag{1.4.6}$$

$$\boldsymbol{u}^{\mathrm{P}}(\boldsymbol{x},t)=\frac{\cos\theta}{4\pi\rho\alpha^{2}r}F\left(t-\frac{r}{\alpha}\right)\hat{\boldsymbol{e}}_{r} \tag{1.4.7}$$

$$\boldsymbol{u}^{\mathrm{S}}(\boldsymbol{x},t)=-\frac{\sin\theta}{4\pi\rho\beta^{2}r}F\left(t-\frac{r}{\beta}\right)\hat{\boldsymbol{e}}_{\theta} \tag{1.4.8}$$

因此，点力源产生地震波的质点位移完全位于由 $\boldsymbol{f}$ 与 $\boldsymbol{x}$ 确定的平面内。图 1.4.2 是点力源的远场地震波辐射图案。其中，远场 P 波的质点运动方向平行于 $\hat{\boldsymbol{e}}_r$，即地震波传播方向，运动的幅值大小与 $\cos\theta$，即信号传播方向和力源方向夹角的余弦成正比。远场 S 波的质点运动方向垂直于传播方向，幅值正比于 $\sin\theta$。此外，值得注意的是，近场项对应的质点运动方向虽然也包含了 $\hat{\boldsymbol{e}}_r$、$\hat{\boldsymbol{e}}_\theta$ 两个分量上的运动，但它们并非如远场一样分别和 P 波、S 波一一对应，而是完全同步的。实际上，可以将近场项的时间域波形看作是力时间函数 $F(t)$ 和梯形窗口函数：

$$B(t)=t[H(t-r/\alpha)-H(t-r/\beta)] \tag{1.4.9}$$

的卷积。式中，$H(t)$ 为阶跃函数。因此

$$B(\omega)=\int_{-\infty}^{\infty}B(t)\mathrm{e}^{\mathrm{i}\omega t}\mathrm{d}t=\int_{r/\alpha}^{r/\beta}t\mathrm{e}^{\mathrm{i}\omega t}\mathrm{d}t=\left(\frac{r\mathrm{e}^{\mathrm{i}\omega r/\beta}}{\mathrm{i}\omega\beta}-\frac{r\mathrm{e}^{\mathrm{i}\omega r/\alpha}}{\mathrm{i}\omega\alpha}\right)+\left(\frac{\mathrm{e}^{\mathrm{i}\omega r/\beta}}{\omega^{2}}-\frac{\mathrm{e}^{\mathrm{i}\omega r/\alpha}}{\omega^{2}}\right)$$

所以

$$\begin{aligned}u^{\mathrm{N}}(\boldsymbol{x},\omega)=B(\omega)F(\omega)&=\left(-\frac{1}{\mathrm{i}\omega\alpha r^{2}}-\frac{1}{\omega^{2}r^{3}}\right)F(\omega)\mathrm{e}^{\mathrm{i}\omega r/\alpha}\\&+\left(\frac{1}{\mathrm{i}\omega\beta r^{2}}+\frac{1}{\omega^{2}r^{3}}\right)F(\omega)\mathrm{e}^{\mathrm{i}\omega r/\beta}\end{aligned} \tag{1.4.10}$$

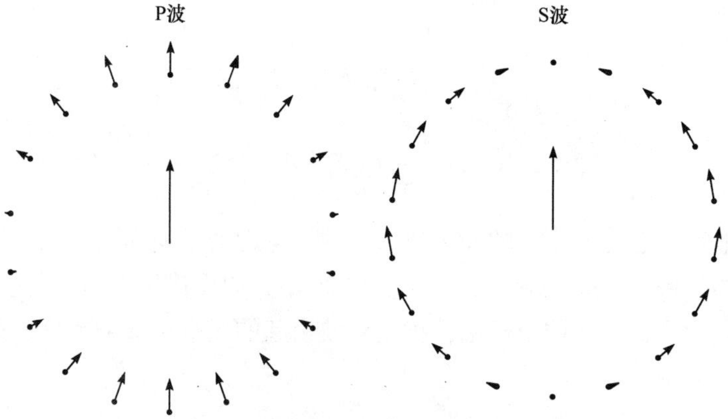

图 1.4.2　点力源的远场地震波辐射图案

从式(1.4.10)可以看出，近场项也可以分解为 P 波和 S 波的叠加。因为 $F(\omega)/\mathrm{i}\omega$ 在

时间域中对应于 $F(t)$ 的积分，$F(\omega)/\omega^2$ 对应于 $F(t)$ 的二次积分，所以近场 P 波和 S 波都可以表示为 $F(t)$ 的一次积分信号和二次积分信号的叠加。其中，一次积分信号以 r^{-2} 的方式衰减；二次积分信号以 r^{-3} 的方式衰减。

1.4.2 力偶源辐射的地震波

利用点力源的位移场解，由式(1.3.12)可以得出位于坐标原点的力偶 $M_{pq}(t)$ 的位移场表达式为(Aki et al., 1980)

$$
\begin{aligned}
u_n(\boldsymbol{x},t) &= M_{pq}(t)\otimes G_{np,q}(\boldsymbol{x},t,\xi,0)|_{\xi=0}\\
&=\left(\frac{15\gamma_n\gamma_p\gamma_q-3\gamma_n\delta_{pq}-3\gamma_p\delta_{nq}-3\gamma_q\delta_{np}}{4\pi\rho}\right)\frac{1}{r^4}\int_{r/\alpha}^{r/\beta}\tau M_{pq}(t-\tau)\mathrm{d}\tau\\
&\quad+\left(\frac{6\gamma_n\gamma_p\gamma_q-\gamma_n\delta_{pq}-\gamma_p\delta_{nq}-\gamma_q\delta_{np}}{4\pi\rho\alpha^2}\right)\frac{1}{r^2}M_{pq}\left(t-\frac{r}{\alpha}\right)\\
&\quad-\left(\frac{6\gamma_n\gamma_p\gamma_q-\gamma_n\delta_{pq}-\gamma_p\delta_{nq}-2\gamma_q\delta_{np}}{4\pi\rho\beta^2}\right)\frac{1}{r^2}M_{pq}\left(t-\frac{r}{\beta}\right)\\
&\quad+\frac{\gamma_n\gamma_p\gamma_q}{4\pi\rho\alpha^3}\frac{1}{r}\dot{M}_{pq}\left(t-\frac{r}{\alpha}\right)\\
&\quad-\left(\frac{\gamma_n\gamma_p-\delta_{np}}{4\pi\rho\beta^2}\right)\frac{1}{r}\dot{M}_{pq}\left(t-\frac{r}{\beta}\right)
\end{aligned}
\tag{1.4.11}
$$

式中，第二个等号右边第一项为近场项，类似于点力源的近场项，由以 r^{-3} 方式衰减的 $M_{pq}(t)$ 的一次积分项和以 r^{-4} 方式衰减的 $M_{pq}(t)$ 的二次积分项构成；第二、三两项分别为对应于 P 波和 S 波的中间项，以 r^{-2} 的方式衰减；第四、五两项分别为远场 P 波和 S 波，以 r^{-1} 的方式衰减。可以看出，其中远场 P 波、S 波的波形为 $M_{pq}(t)$ 的时间导数，中间项的 P 波、S 波的波形等同于 $M_{pq}(t)$ 本身。

类似于式(1.4.6)～式(1.4.8)，可以给出式(1.4.9)中不同成分的地震波与传播方向的关系。为此，将式(1.4.11)改写为

$$
\begin{aligned}
\boldsymbol{u}(\boldsymbol{x},t) &= \frac{\boldsymbol{U}^{\mathrm{N}}}{4\pi\rho r^4}\int_{r/\alpha}^{r/\beta}\tau M_{pq}(t-\tau)\mathrm{d}\tau\\
&\quad+\frac{\boldsymbol{U}^{\mathrm{IP}}}{4\pi\rho\alpha^2 r^2}M_{pq}\left(t-\frac{r}{\alpha}\right)+\frac{\boldsymbol{U}^{\mathrm{IS}}}{4\pi\rho\beta^2 r^2}M_{pq}\left(t-\frac{r}{\beta}\right)\\
&\quad+\frac{\boldsymbol{U}^{\mathrm{FP}}}{4\pi\rho\alpha^3 r}\dot{M}_{pq}\left(t-\frac{r}{\alpha}\right)+\frac{\boldsymbol{U}^{\mathrm{FS}}}{4\pi\rho\beta^3 r}\dot{M}_{pq}\left(t-\frac{r}{\beta}\right)
\end{aligned}
\tag{1.4.12}
$$

式中，$\boldsymbol{U}^{\mathrm{N}}$、$\boldsymbol{U}^{\mathrm{IP}}$、$\boldsymbol{U}^{\mathrm{IS}}$、$\boldsymbol{U}^{\mathrm{FP}}$、$\boldsymbol{U}^{\mathrm{FS}}$在第 n 个坐标轴方向上的投影分别为

$$\begin{cases} U_n^{\mathrm{N}} = 15\gamma_n\gamma_p\gamma_q - 3\gamma_n\delta_{pq} - 3\gamma_p\delta_{nq} - 3\gamma_q\delta_{np} \\ U_n^{\mathrm{IP}} = 6\gamma_n\gamma_p\gamma_q - \gamma_n\delta_{pq} - \gamma_p\delta_{nq} - \gamma_q\delta_{np} \\ U_n^{\mathrm{IS}} = -\left(6\gamma_n\gamma_p\gamma_q - \gamma_n\delta_{pq} - \gamma_p\delta_{nq} - 2\gamma_q\delta_{np}\right) \\ U_n^{\mathrm{FP}} = \gamma_n\gamma_p\gamma_q \\ U_n^{\mathrm{FS}} = -(\gamma_n\gamma_p - \delta_{np}) \end{cases} \tag{1.4.13}$$

将$\boldsymbol{U}^{\mathrm{N}}$、$\boldsymbol{U}^{\mathrm{IP}}$、$\boldsymbol{U}^{\mathrm{IS}}$、$\boldsymbol{U}^{\mathrm{FP}}$、$\boldsymbol{U}^{\mathrm{FS}}$分别分解为$\hat{\boldsymbol{e}}_r$、$\hat{\boldsymbol{e}}_\theta$、$\hat{\boldsymbol{e}}_\phi$分量，得到：

$$\begin{cases} \boldsymbol{U}^{\mathrm{N}} = (9\gamma_p\gamma_q - 3\delta_{pq})\hat{\boldsymbol{e}}_r - 3(\gamma_p\nu_q + \gamma_q\nu_p)\hat{\boldsymbol{e}}_\theta - 3(\gamma_p\chi_q + \gamma_q\chi_p)\hat{\boldsymbol{e}}_\phi \\ \boldsymbol{U}^{\mathrm{IP}} = (4\gamma_p\gamma_q - \delta_{pq})\hat{\boldsymbol{e}}_r - (\gamma_p\nu_q + \gamma_q\nu_p)\hat{\boldsymbol{e}}_\theta - (\gamma_p\chi_q + \gamma_q\chi_p)\hat{\boldsymbol{e}}_\phi \\ \boldsymbol{U}^{\mathrm{IS}} = -(3\gamma_p\gamma_q - \delta_{pq})\hat{\boldsymbol{e}}_r + (\gamma_p\nu_q + 2\gamma_q\nu_p)\hat{\boldsymbol{e}}_\theta + (\gamma_p\chi_q + 2\gamma_q\chi_p)\hat{\boldsymbol{e}}_\phi \\ \boldsymbol{U}^{\mathrm{FP}} = \gamma_p\gamma_q\hat{\boldsymbol{e}}_r \\ \boldsymbol{U}^{\mathrm{FS}} = \nu_p\gamma_q\hat{\boldsymbol{e}}_\theta + \chi_p\gamma_q\hat{\boldsymbol{e}}_\phi \end{cases} \tag{1.4.14}$$

式中，ν_p、χ_p分别为$\hat{\boldsymbol{e}}_\theta$、$\hat{\boldsymbol{e}}_\phi$在第 p 个坐标轴方向的方向余弦。可以看出，在力偶源的情况下，远场 P 波引起的质点运动方向仍平行于传播方向，S 波引起的质点运动方向也依然与传播方向垂直。与之相对照，尽管近场项和中间项对应的扰动也分别以 P 波、S 波速度进行传播，但对应的质点运动方向并不完全与传播方向平行或垂直。

假定地震矩的各个分量具有相同的源时间函数，即 $M_{pq}(t) = m_{pq}M_0(t)$，令 $\mathcal{F}^{\mathrm{P}} = \gamma_p\gamma_q m_{pq}$，$\mathcal{F}^{\mathrm{SV}} = \nu_p\gamma_q m_{pq}$，$\mathcal{F}^{\mathrm{SH}} = \chi_p\gamma_q m_{pq}$，可以将式(1.4.11)中的远场项表示为

$$\boldsymbol{u}(\boldsymbol{x},t) = u^{\mathrm{P}}\boldsymbol{e}_r + u^{\mathrm{SV}}\boldsymbol{e}_\theta + u^{\mathrm{SH}}\boldsymbol{e}_\phi \tag{1.4.15}$$

其中，

$$\begin{cases} u^{\mathrm{P}}(\boldsymbol{x},t) = \dfrac{\mathcal{F}^{\mathrm{P}}}{4\pi\rho\alpha^3 r}\dot{M}_0\left(t - \dfrac{r}{\alpha}\right) \\ u^{\mathrm{SV}}(\boldsymbol{x},t) = \dfrac{\mathcal{F}^{\mathrm{SV}}}{4\pi\rho\beta^3 r}\dot{M}_0\left(t - \dfrac{r}{\beta}\right) \\ u^{\mathrm{SH}}(\boldsymbol{x},t) = \dfrac{\mathcal{F}^{\mathrm{SH}}}{4\pi\rho\beta^3 r}\dot{M}_0\left(t - \dfrac{r}{\beta}\right) \end{cases} \tag{1.4.16}$$

分别对应于 P 波、SV 波和 SH 波。$\mathcal{F}^{\mathrm{P}}$ 、$\mathcal{F}^{\mathrm{SV}}$ 和 $\mathcal{F}^{\mathrm{SH}}$ 称为相应的辐射图案或辐射花样。下面是不同震源机制的点源对应的地震波辐射图案。

(1) 各向同性体积源：

$$\mathcal{F}^{\mathrm{P}}=1,\quad \mathcal{F}^{\mathrm{SV}}=\mathcal{F}^{\mathrm{SH}}=0 \tag{1.4.17}$$

(2) z 轴方向的偶极子：

$$\boldsymbol{M}=M_0\begin{pmatrix}0&0&0\\0&0&0\\0&0&1\end{pmatrix}$$

$$\begin{cases}\boldsymbol{U}^{\mathrm{N}}=(9\cos^2\theta-3)\hat{\boldsymbol{e}}_r+3\sin 2\theta\hat{\boldsymbol{e}}_\theta\\ \boldsymbol{U}^{\mathrm{IP}}=(4\cos^2\theta-1)\hat{\boldsymbol{e}}_r+\sin 2\theta\hat{\boldsymbol{e}}_\theta\\ \boldsymbol{U}^{\mathrm{IS}}=-(3\cos^2\theta-1)\hat{\boldsymbol{e}}_r+\dfrac{3}{2}\sin 2\theta\hat{\boldsymbol{e}}_\theta\\ \boldsymbol{U}^{\mathrm{FP}}=\cos^2\theta\hat{\boldsymbol{e}}_r\\ \boldsymbol{U}^{\mathrm{FS}}=-\dfrac{1}{2}\sin 2\theta\hat{\boldsymbol{e}}_\theta\end{cases} \tag{1.4.18}$$

$$\mathcal{F}^{\mathrm{P}}=\cos^2\theta,\quad \mathcal{F}^{\mathrm{SV}}=-\frac{1}{2}\sin 2\theta,\quad \mathcal{F}^{\mathrm{SH}}=0 \tag{1.4.19}$$

(3) z 轴对称的 CLVD 源：

$$\boldsymbol{M}=M_0\begin{pmatrix}-0.5&0&0\\0&-0.5&0\\0&0&1\end{pmatrix}$$

$$\begin{cases}\boldsymbol{U}^{\mathrm{N}}=\dfrac{9}{4}(1+3\cos\theta)\hat{\boldsymbol{e}}_r+\dfrac{9}{2}\sin 2\theta\hat{\boldsymbol{e}}_\theta\\ \boldsymbol{U}^{\mathrm{IP}}=(1+3\cos 2\theta)\hat{\boldsymbol{e}}_r+\dfrac{3}{2}\sin 2\theta\hat{\boldsymbol{e}}_\theta\\ \boldsymbol{U}^{\mathrm{IS}}=-\dfrac{3}{4}(1+3\cos 2\theta)\hat{\boldsymbol{e}}_r-\dfrac{9}{4}\sin 2\theta\hat{\boldsymbol{e}}_\theta\\ \boldsymbol{U}^{\mathrm{FP}}=\dfrac{1+3\cos 2\theta}{4}\hat{\boldsymbol{e}}_r\\ \boldsymbol{U}^{\mathrm{FS}}=-\dfrac{3}{4}\sin 2\theta\hat{\boldsymbol{e}}_\theta\end{cases} \tag{1.4.20}$$

$$\mathcal{F}^{\mathrm{P}}=(1+3\cos 2\theta)/4,\quad \mathcal{F}^{\mathrm{SV}}=-\frac{3}{4}\sin 2\theta,\quad \mathcal{F}^{\mathrm{SH}}=0 \tag{1.4.21}$$

(4) 剪切位错源：对任意机制的剪切位错源，其辐射图案为(Aki et al., 1980)

$$\begin{aligned}\mathcal{F}^{\mathrm{P}} &= \cos\lambda\sin\delta\sin^2\theta\sin 2(\phi-\phi_f) - \cos\lambda\cos\delta\sin 2\theta\cos(\phi-\phi_f) \\ &\quad + \sin\lambda\sin 2\delta[\cos^2\theta - \sin^2\theta\sin^2(\phi-\phi_f)] + \sin\lambda\cos 2\delta\sin 2\theta\sin(\phi-\phi_f)\end{aligned} \tag{1.4.22a}$$

$$\begin{aligned}\mathcal{F}^{\mathrm{SV}} &= \sin\lambda\cos 2\delta\cos 2\theta\sin(\phi-\phi_f) - \cos\lambda\cos\delta\cos 2\theta\cos(\phi-\phi_f) \\ &\quad + \frac{1}{2}\cos\lambda\sin\delta\sin 2\theta\sin 2(\phi-\phi_f) - \frac{1}{2}\sin\lambda\sin 2\delta\sin 2\theta[1+\sin^2(\phi-\phi_f)]\end{aligned} \tag{1.4.22b}$$

$$\begin{aligned}\mathcal{F}^{\mathrm{SH}} &= \cos\lambda\cos\delta\cos\theta\sin(\phi-\phi_f) + \cos\lambda\sin\delta\sin\theta\cos 2(\phi-\phi_f) \\ &\quad + \sin\lambda\cos 2\delta\cos\theta\cos(\phi-\phi_f) - \frac{1}{2}\sin\lambda\sin 2\delta\sin\theta\sin 2(\phi-\phi_f)\end{aligned} \tag{1.4.22c}$$

利用上述关系和式(1.3.20)，可以得到几种特殊情况下的地震矩张量及对应远场 P 波和 S 波的辐射图案。

(1) 纯逆断层和正断层($\delta=\pi/4, \lambda=\pm\pi/2$)：

$$\boldsymbol{M} = M_0\begin{pmatrix} \mp\sin^2\phi_f & 0 & 0 \\ 0 & \mp\cos^2\phi_f & 0 \\ 0 & 0 & \pm 1\end{pmatrix} \tag{1.4.23}$$

$$\begin{cases}\mathcal{F}^{\mathrm{P}} = \pm[\cos^2\theta - \sin^2\theta\sin^2(\phi-\phi_f)] \\ \mathcal{F}^{\mathrm{SV}} = \mp\dfrac{1}{2}\sin 2\theta[1+\sin^2(\phi-\phi_f)] \\ \mathcal{F}^{\mathrm{SH}} = \mp\dfrac{1}{2}\sin\theta\sin 2(\phi-\phi_f)\end{cases} \tag{1.4.24}$$

(2) 纯走滑断层($\delta=\pi/2, \lambda=0$)：

$$\boldsymbol{M} = M_0\begin{pmatrix} -\sin 2\phi_f & \cos 2\phi_f & 0 \\ \cos 2\phi_f & \sin 2\phi_f & 0 \\ 0 & 0 & 0\end{pmatrix} \tag{1.4.25}$$

$$\begin{cases}\mathcal{F}^{\mathrm{P}} = \sin^2 i_\xi\sin 2(\phi-\phi_f) \\ \mathcal{F}^{\mathrm{SV}} = \dfrac{1}{2}\sin 2i_\xi\sin 2(\phi-\phi_f) \\ \mathcal{F}^{\mathrm{SH}} = \sin i_\xi\cos 2(\phi-\phi_f)\end{cases} \tag{1.4.26}$$

(3) 倾滑断层($\delta=\pi/2, \lambda=\pi/2$):

$$\boldsymbol{M}=\begin{pmatrix} \sin^2\phi_f & -\frac{1}{2}\sin 2\phi_f & \sin\phi_f \\ -\frac{1}{2}\sin 2\phi_f & \cos^2\phi_f & \cos\phi_f \\ \sin\phi_f & \cos\phi_f & -1 \end{pmatrix} \tag{1.4.27}$$

$$\begin{cases} \mathcal{F}^{\mathrm{P}}=-\sin 2i_\xi \sin(\phi-\phi_f) \\ \mathcal{F}^{\mathrm{SV}}=-\cos 2i_\xi \sin(\phi-\phi_f) \\ \mathcal{F}^{\mathrm{SH}}=-\cos i_\xi \cos(\phi-\phi_f) \end{cases} \tag{1.4.28}$$

1.5　体波在地球内部的传播

1.5.1　地震射线和射线参数

在高频近似条件①下，可以将地震波直观地看作是以射线的方式在地球内部传播。射线通过之处就是地震波的传播路径。它除了依赖于源和台站的位置外，还强烈地依赖于地震波波速在地球内部的分布。

对于一般地震监测，地球可被近似地看作是由地壳、地幔、地核等一系列同心球层构成的一维球对称体。在不同球层之间的分界面上，岩石密度和地震波波速会发生突变。同时，在各个球层内部，岩石密度和地震波波速也可能随深度而连续变化，总体上呈现出随深度增加而增加的状态(图 1.5.1)。由于地球内部速度结构的特性，地震波在地球内部几乎不可能以直线的方式传播，总是会发生路径弯曲，并且在传播路径遇到地球内部分界面时，会发生反射、折射和波型转换等一系列现象。

地震波的实际射线路径理论上可以通过射线微分方程来求解。在波速缓慢变化的介质中可以证明(Aki et al., 1980)，射线路径满足：

$$\frac{\mathrm{d}}{\mathrm{d}s}\left(\frac{1}{c}\frac{\mathrm{d}\boldsymbol{x}}{\mathrm{d}s}\right)=\nabla\left(\frac{1}{c}\right) \tag{1.5.1}$$

式中，$\boldsymbol{x}=(x,y,z)$ 为沿射线的空间位置；s 为从某个参考点开始计算的射线路径长度；c 为波速。对垂向非均匀介质，$c=c(z)$，式(1.5.1)等号右边仅有 z 方向的分

① 高频近似条件是指在一个波长范围内，波速梯度的变化乘以波长远小于波速本身，即地震波波长应远小于波速出现明显变化的空间尺度。

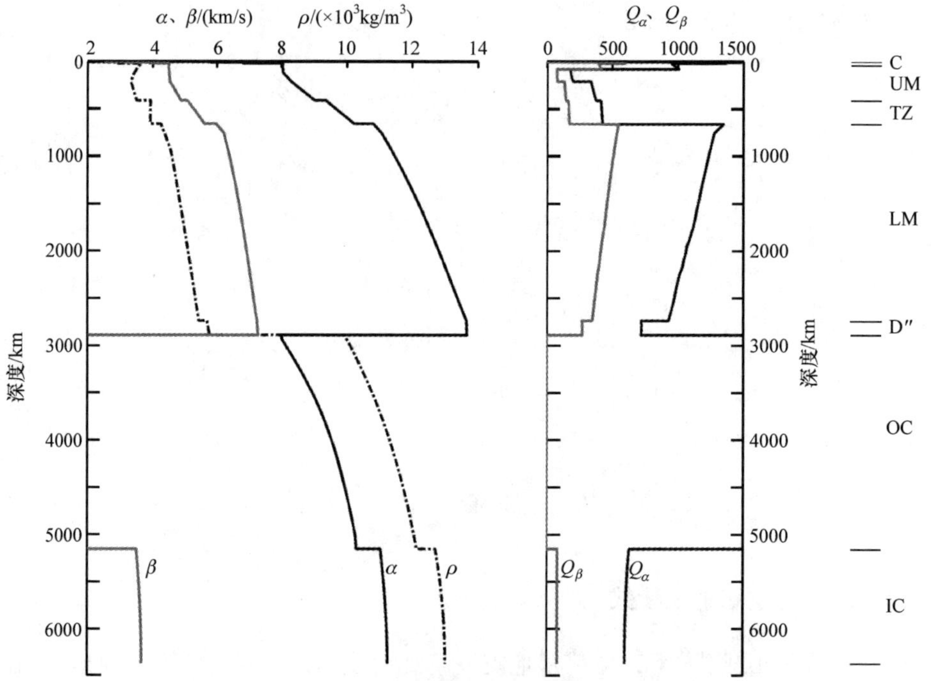

图 1.5.1　AK135 一维地球模型下地震波参数随深度的变化

根据 Bormann(2002)数据绘制。图中ρ为密度；α、β分别为 P 波和 S 波的传播速度；Q_α、Q_β分别为 P 波和 S 波的品质因子。右边字母 C 代表地壳；UM 代表上地幔；TZ 代表过渡区；LM 代表下地幔；D″为 D″层；OC 代表外核；IC 代表内核

量不为 0。因此

$$\hat{\boldsymbol{e}}_z \times \frac{\mathrm{d}}{\mathrm{d}s}\left(\frac{1}{c}\frac{\mathrm{d}\boldsymbol{x}}{\mathrm{d}s}\right) = \frac{\mathrm{d}}{\mathrm{d}s}\left(\hat{\boldsymbol{e}}_z \times \frac{1}{c}\frac{\mathrm{d}\boldsymbol{x}}{\mathrm{d}s}\right) = 0$$

即沿射线路径

$$\hat{\boldsymbol{e}}_z \times \frac{1}{c}\frac{\mathrm{d}\boldsymbol{x}}{\mathrm{d}s} = \boldsymbol{Q} \tag{1.5.2}$$

为常量。根据这一结果，可以得出以下推论：在垂向非均匀介质中，沿射线路径，$\frac{\mathrm{d}y}{\mathrm{d}x} = C_1$ 和 $\frac{1}{c}\frac{\mathrm{d}h(s)}{\mathrm{d}s} = C_2$ 都保持不变，其中 $h = \sqrt{x^2 + y^2}$ 。$\frac{\mathrm{d}y}{\mathrm{d}x}$ 保持不变，即射线位于同一铅垂面内的数学表示，而 $\frac{1}{c}\frac{\mathrm{d}h(s)}{\mathrm{d}s}$ 保持不变，即为 Snell 定律。如图 1.5.2(a) 所示，因为 $\frac{\mathrm{d}h(s)}{\mathrm{d}s} = \sin i$ ，所以沿射线路径，参量

$$p \equiv \frac{\sin i}{c(z)} \tag{1.5.3}$$

保持不变。参量 p 称为地震射线参数，它是地震波在水平方向视速度的倒数，地震学中称为地震波在水平方向上的慢度，是可以直接观测的一个物理量。

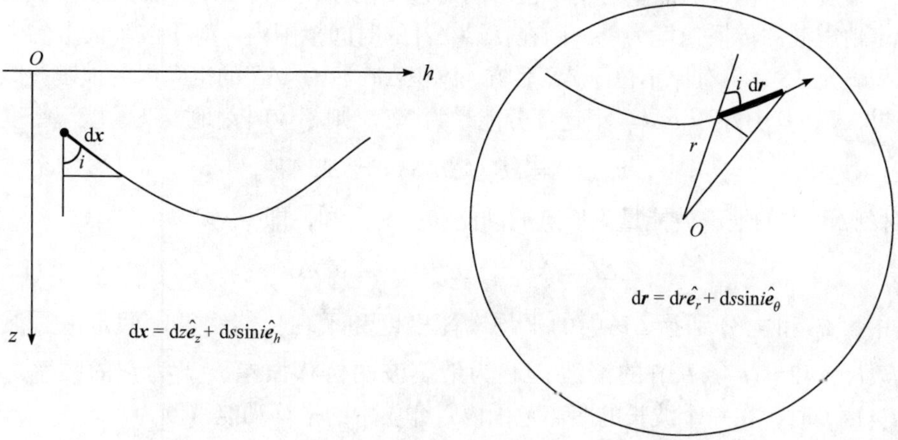

(a) 垂向非均匀介质　　(b) 球对称介质

图 1.5.2　射线参数示意图

球对称介质也存在类似结果。此时，$c = c(r)$，其中 r 为接收点位置到球心的距离。采用以球心为坐标原点的球极坐标系，记 $\boldsymbol{x} = \boldsymbol{r} = (r, \theta, \varphi)$。由于

$$\boldsymbol{r} \times \frac{\mathrm{d}}{\mathrm{d}s}\left(\frac{1}{c}\frac{\mathrm{d}\boldsymbol{x}}{\mathrm{d}s}\right) = \frac{\mathrm{d}}{\mathrm{d}s}\left(\boldsymbol{r} \times \frac{1}{c}\frac{\mathrm{d}\boldsymbol{r}}{\mathrm{d}s}\right) - \frac{\mathrm{d}\boldsymbol{r}}{\mathrm{d}s} \times \frac{1}{c}\frac{\mathrm{d}\boldsymbol{r}}{\mathrm{d}s} = \boldsymbol{r} \times \nabla\left[\frac{1}{c(r)}\right]$$

类似于式(1.5.2)，可得

$$\boldsymbol{r} \times \frac{1}{c}\frac{\mathrm{d}\boldsymbol{r}}{\mathrm{d}s} = \boldsymbol{Q} \tag{1.5.4}$$

沿射线路径为常量。式(1.5.4)表明，对于路径上的任一点，$\boldsymbol{r}$ 都在以 $\boldsymbol{Q}$ 为法向的同一个大圆面内。如图 1.5.2(b)，利用

$$\frac{\mathrm{d}\boldsymbol{r}}{\mathrm{d}s} = \frac{\mathrm{d}r}{\mathrm{d}s}\hat{\boldsymbol{e}}_r + \sin i\,\hat{\boldsymbol{e}}_\theta$$

则沿射线，参量

$$p \equiv \frac{r \sin i(r)}{c(r)} \tag{1.5.5}$$

保持不变。此时，参量 p 仍然称为射线参数。事实上，式(1.5.2)可看作是式(1.5.5)的特殊情况。一般，在震中距较小时，地震波主要在距地表很小的深度范围内传

播。因为地球的半径远远大于地震射线的穿透深度，所以沿射线 r 可以看成是固定的，并近似等于地球半径，式(1.5.5)就退化成了式(1.5.2)。

1.5.2 地震波的能量

地震波所携带的能量可用单位时间通过单位面积波阵面的能流密度来表示。假定地震波的传播速度为 c，则在 $[t,t+\Delta t]$ 的时间范围内，对于波阵面上的一个面积微元 ΔS，将有原本位于 ΔS 后方、体积 $\Delta V=\Delta L\times\Delta S$ 的空间内的地震波能量流过 ΔS，其中 $\Delta L=c\Delta t$。记这部分能量为 ΔE，则相应时刻地震波的能流密度为

$$\varepsilon_{\text{flux}}(t)=\Delta E/(\Delta t\Delta S)=c\Delta E/\Delta V \tag{1.5.6}$$

t 时刻 ΔV 中的地震波能量为质点的动能和势能之和，即

$$\Delta E=\Delta E_{\text{k}}+\Delta E_{\text{p}}=(\overline{e}_{\text{k}}+\overline{e}_{\text{p}})\Delta V \tag{1.5.7}$$

式中，$\overline{e}_{\text{k}}$ 和 $\overline{e}_{\text{p}}$ 分别为 ΔV 中的平均动能密度和平均势能密度。假定地震波为 $u=A\cos[2\pi f(t-x/c)]$ 的谐波，A 为地震波的位移振幅，f 为它的频率。当 $\Delta t\geqslant 1/f$ 时，在一个波长的距离范围内，介质中的平均动能密度为

$$\overline{e}_{\text{k}}=\frac{1}{4}\rho\omega^2A^2 \tag{1.5.8}$$

而各向同性时，介质中的平均势能密度等于平均动能密度，故 $\Delta E=\dfrac{1}{2}\rho\omega^2A^2\Delta V$。将其代入式(1.5.6)，可得到单位面积和单位时间内的平均能流密度：

$$\overline{\varepsilon}_{\text{flux}}=\frac{1}{2}c\rho\omega^2A^2 \tag{1.5.9}$$

一般情况下，利用傅里叶变换可将地震波分解为

$$u(x,t)=\frac{1}{2\pi}\int_{-\infty}^{\infty}U(x,\omega)\text{e}^{\text{i}\omega t}\text{d}\omega=\int_{0}^{\infty}2[\text{Re}(U)\cos\omega t-\text{Im}(U)\sin\omega t]\text{d}f$$

因为相同幅值条件下，正弦分量对应的平均能流密度和余弦分量对应的平均能流密度相同，所以总的能流密度为

$$\begin{aligned}E_{\text{flux}}&=2\rho c\int_0^{\infty}\omega^2\{[\text{Re}(U)]^2+[\text{Im}(U)]^2\}\text{d}f=2\rho c\int_0^{\infty}\omega^2|U(\omega)|^2\text{d}f\\&=\rho c\int_{-\infty}^{\infty}\omega^2|U(\omega)|^2\text{d}f\end{aligned} \tag{1.5.10}$$

1.5.3 体波的几何扩散

地震波在传播过程中，波阵面的面积会随着传播距离的增加而不断扩大，使

得通过单位面积的能流密度和信号幅值随距离增加而下降。单纯因为波阵面面积增加而引起的信号幅值减小称为地震波的几何扩散，其影响可用几何扩散因子来表示。如图 1.5.3 所示，对于从源 $\boldsymbol{\xi}$ 处发出，通过接收点 $\boldsymbol{x}$ 的体波，其几何扩散因子的定义为

$$\mathcal{R}^2(\boldsymbol{x},\boldsymbol{\xi})=\frac{\mathrm{d}S(\boldsymbol{x})}{\mathrm{d}\Omega_\xi} \tag{1.5.11}$$

式中，$\mathrm{d}S(\boldsymbol{x})$ 为 $\boldsymbol{x}$ 处的波阵面微元；$\mathrm{d}\Omega_\xi$ 为该波阵面微元所对应的立体角微元。在均匀的无限介质中，$\mathrm{d}S/\mathrm{d}\Omega_\xi=r^2$，因此点源产生的远场地震波幅值以 r^{-1} 的方式几何扩散，即 $\mathcal{R}(\boldsymbol{x},\boldsymbol{\xi})=1/|\boldsymbol{x}-\boldsymbol{\xi}|$。在一般非均匀介质的情况下，地震波的几何扩散因子非常复杂。接下来对于球对称介质，讨论几何扩散因子与震中距 Δ 的关系。

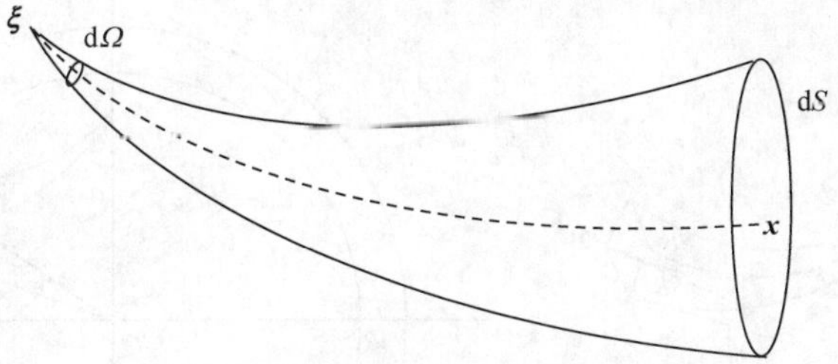

图 1.5.3　地震波几何扩散示意图

如图 1.5.4 所示，在球对称介质的情况下，设从源点 $\boldsymbol{\xi}$ 出发，通过接收点 $\boldsymbol{x}$ 的射线的离源角和方位角分别为 i_ξ 和 ϕ_ξ。在离源方向(i_ξ,ϕ_ξ)附近，离源角和方位角的微小变化对应立体角 $\mathrm{d}\Omega_\xi=\sin i_\xi \mathrm{d}i_\xi \mathrm{d}\phi_\xi$，在接收点 $\boldsymbol{x}$ 处对应的波阵面微元为 $\mathrm{d}S(\boldsymbol{x})=S_{RR'Q'Q}$。根据图 1.5.4(a)，$\overline{RQ}=r_x\sin\Delta d\phi_\xi$。根据图 1.5.4(b)，$\overline{RR'}=r_x\mathrm{d}\Delta\cos i_x$，$\Delta$ 为以度为单位的从 $\boldsymbol{\xi}$ 到 $\boldsymbol{x}$ 的震中距大小，$\mathrm{d}\Delta$ 为离源角从 i_ξ 增加到 $i_\xi+\mathrm{d}i_\xi$ 时震中距的增量。对于球对称介质，$\Delta=\Delta(i_\xi,r_\xi,r_x)$，其中 r_ξ 和 r_x 分别为 $\boldsymbol{\xi}$ 和 $\boldsymbol{x}$ 到地球球心的距离。利用

$$\mathrm{d}\Delta=\frac{\partial\Delta}{\partial i_\xi}\mathrm{d}i_\xi=\frac{\partial\Delta}{\partial p}\frac{\mathrm{d}p}{\partial i_\xi}\mathrm{d}i_\xi=\frac{r_\xi\cos i_\xi}{c(r_\xi)}\frac{\partial\Delta}{\partial p}\mathrm{d}i_\xi$$

得到：

$$\mathrm{d}S=S_{RR'Q'Q}=\frac{r_x^2 r_\xi\cos i_\xi\cos i_x\sin\Delta}{c(r_\xi)}\frac{\partial\Delta}{\partial p}\mathrm{d}i_\xi\mathrm{d}\phi_\xi$$

将上述结果代入式(1.5.11)，并利用式(1.5.5)，得到：

$$\mathcal{R}(\boldsymbol{x},\boldsymbol{\xi})=\frac{r_x r_\xi}{c(r_\xi)}\left(\frac{\cos i_\xi \cos i_x \sin \varDelta}{p}\frac{\partial \varDelta}{\partial p}\right)^{1/2} \tag{1.5.12}$$

式(1.5.12)可以重新表示为

$$\mathcal{R}(\boldsymbol{x},\boldsymbol{\xi})c(r_\xi)=r_x r_\xi\left(\frac{\cos i_\xi \cos i_x \sin \varDelta}{p}\frac{\partial \varDelta}{\partial p}\right)^{1/2}$$

注意新的表达式等号右边，$\boldsymbol{\xi}$ 和 $\boldsymbol{x}$ 完全对称，因此有

$$\mathcal{R}(\boldsymbol{x},\boldsymbol{\xi})c(r_\xi)=\mathcal{R}(\boldsymbol{\xi},\boldsymbol{x})c(r_x) \tag{1.5.13}$$

这一结果是地震互易性定理在几何扩散因子方面的体现，它对一般非均匀各向同性介质也成立，即在一般非均匀各向同性介质中，也有 $\mathcal{R}(\boldsymbol{x},\boldsymbol{\xi})c(\boldsymbol{\xi})=\mathcal{R}(\boldsymbol{\xi},\boldsymbol{x})c(\boldsymbol{x})$ 。

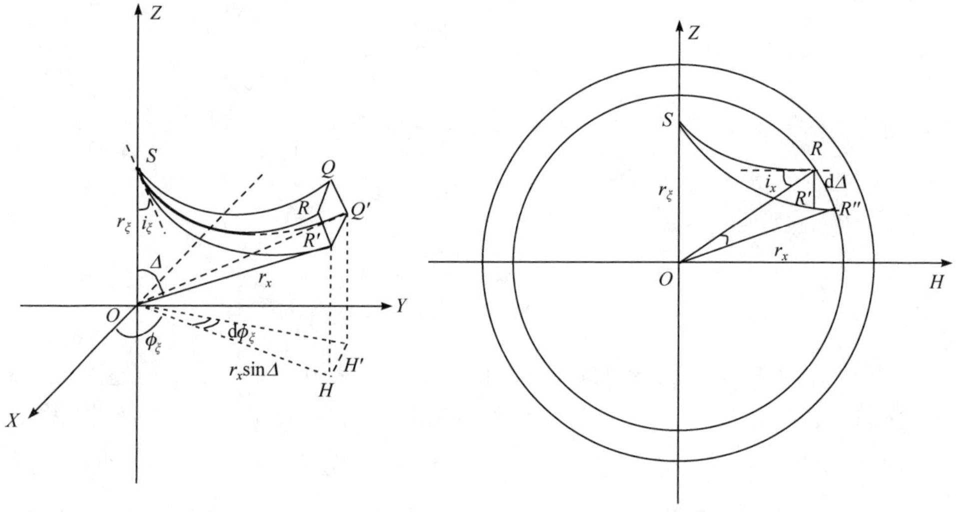

(a)　　　　(b)

图 1.5.4　球对称介质中几何扩散因子示意图

利用上述几何扩散因子的概念，可以将式(1.4.14)中的远场表达式推广到一般非均匀介质的情况。类似于式(1.4.13)，令

$$\boldsymbol{U}=\mathcal{F}^{\mathrm{P}}\hat{\boldsymbol{u}}^{\mathrm{P}}+\mathcal{F}^{\mathrm{SV}}\hat{\boldsymbol{u}}^{\mathrm{SV}}+\mathcal{F}^{\mathrm{SH}}\hat{\boldsymbol{u}}^{\mathrm{SH}} \tag{1.5.14}$$

式中，$\mathcal{F}^{\mathrm{P}}$ 、$\mathcal{F}^{\mathrm{SV}}$ 和 F^{SH} 仍为源辐射图案，且 1.4 节中有关的表达式依然成立，只需将其中的 θ 、ϕ 替换为离源角 i_ξ 和离源时的方位角 ϕ_ξ (如果只是一维介质，$\phi_\xi=\phi$)。式(1.5.14)中，$\hat{\boldsymbol{u}}^{\mathrm{P}}$ 、$\hat{\boldsymbol{u}}^{\mathrm{SV}}$ 、$\hat{\boldsymbol{u}}^{\mathrm{SH}}$ 分别为 P 波、SV 波和 SH 波对应的质点运动方向。可以证明，对不存在结构间断的非均匀介质，远场地震波的幅值正比于 $[\rho(\boldsymbol{x})\rho(\boldsymbol{\xi})c(\boldsymbol{x})c^5(\boldsymbol{\xi})]^{-1/2}$ (Aki et al., 1980)。这里 c 为 P 波或 S 波波速。因此，对

应于式(1.4.16)，分别用 P 波、S 波的走时 t_P、t_S 替换式(1.4.16)中的 r/α 和 r/β；用 $1/\mathcal{R}(\boldsymbol{x},\xi)$ 代替 $1/r$；用 $[\rho(\boldsymbol{x})\rho(\xi)\alpha(\boldsymbol{x})\alpha^5(\xi)]^{1/2}$ 和 $[\rho(\boldsymbol{x})\rho(\xi)\beta(\boldsymbol{x})\beta^5(\xi)]^{1/2}$ 分别替换 $\rho\alpha^3$ 和 $\rho\beta^3$，则得到在一般非均匀介质中：

$$\begin{cases} \boldsymbol{u}^{\mathrm{P}}(\boldsymbol{x},t)=\dfrac{\mathcal{F}^{\mathrm{P}}}{4\pi[\rho(\boldsymbol{x})\rho(\xi)\alpha(\boldsymbol{x})\alpha^5(\xi)]^{1/2}\mathcal{R}(\boldsymbol{x},\xi)}\dot{M}_0(t-t_{\mathrm{P}})\hat{\boldsymbol{u}}^{\mathrm{P}} \\ \boldsymbol{u}^{\mathrm{SV}}(\boldsymbol{x},t)=\dfrac{\mathcal{F}^{\mathrm{SV}}}{4\pi[\rho(\boldsymbol{x})\rho(\xi)\beta(\boldsymbol{x})\beta^5(\xi)]^{1/2}\mathcal{R}(\boldsymbol{x},\xi)}\dot{M}_0(t-t_{\mathrm{S}})\hat{\boldsymbol{u}}^{\mathrm{SV}} \\ \boldsymbol{u}^{\mathrm{SH}}(\boldsymbol{x},t)=\dfrac{\mathcal{F}^{\mathrm{SH}}}{4\pi[\rho(\boldsymbol{x})\rho(\xi)\beta(\boldsymbol{x})\beta^5(\xi)]^{1/2}\mathcal{R}(\boldsymbol{x},\xi)}\dot{M}_0(t-t_{\mathrm{S}})\hat{\boldsymbol{u}}^{\mathrm{SH}} \end{cases} \tag{1.5.15}$$

1.5.4　地震波在地球内部界面上的反射、透射及波型转换

地震波除了在波速和波阻抗连续变化的介质中发生射线弯曲外，在遇到波阻抗发生间断性变化的内部分界面时，还会发生反射、透射(折射)和波型转换。图 1.5.5 归纳了不同类型介质分界面和入射波情况下地震波发生反射、透射和波

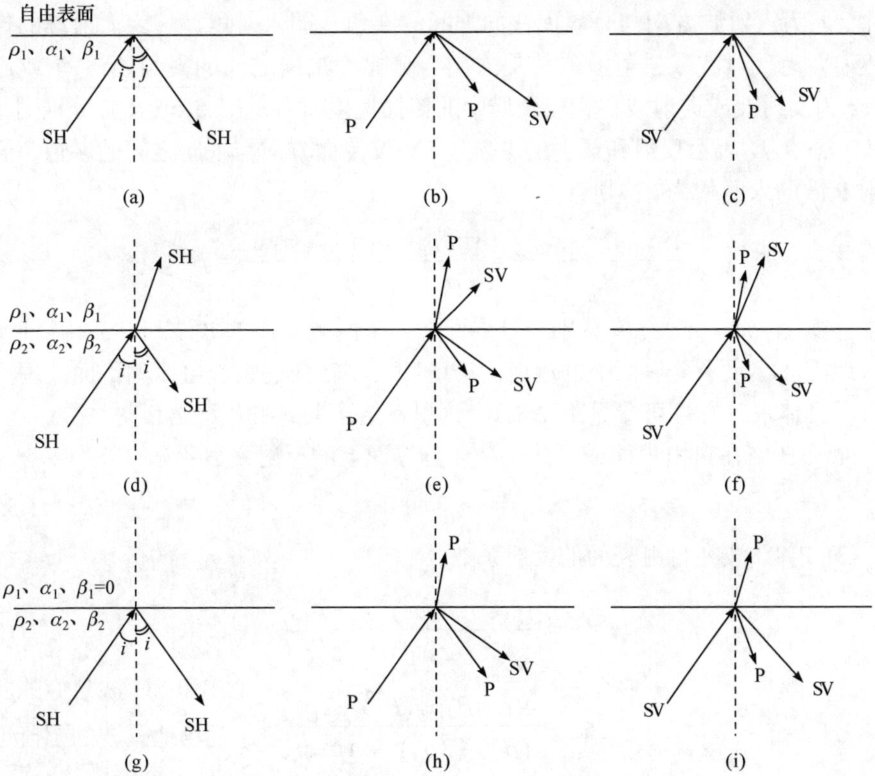

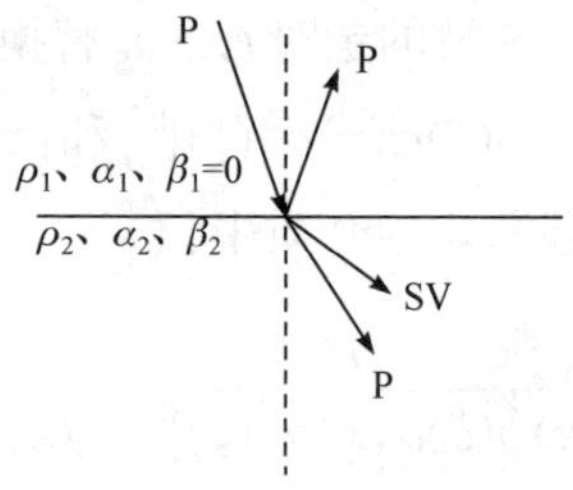

(j)

图 1.5.5　地震波在不同类型介质分界面和入射波情况下的反射、透射和波型转换

型转换的情况。其中，SH 波的传播是完全独立的，而 P 波和 SV 波在遇到介质分界面时可以相互转换。

地震波在内部分界面上的反射、折射和波型转换仍然遵守 Snell 定律，即无论是反射波还是透射波，也无论反射波或透射波的波型是否与入射波的波型相同，都有

$$\frac{\sin j}{c} = \frac{\sin i}{c_i} \tag{1.5.16}$$

式中，i 为入射波方向与分界面法向之间的夹角，即入射角；c_i 为入射波的传播速度；j 为反射波或透射波的传播方向与分界面法向之间的夹角(反射角或透射角)；c 为反射波或透射波在相应介质中的传播速度。以图 1.5.5(e)为例，分别用 j_{rP}、j_{rS}、j_{tP}、j_{tS} 表示反射和透射的 P 波、SV 波传播方向与垂向之间的夹角，假定入射 P 波的入射角为 i，则有

$$\frac{\sin j_{\mathrm{rP}}}{\alpha_2} = \frac{\sin j_{\mathrm{rS}}}{\beta_2} = \frac{\sin j_{\mathrm{tP}}}{\alpha_1} = \frac{\sin j_{\mathrm{tS}}}{\beta_1} = \frac{\sin i}{\alpha_1} = p$$

式中，α_1、β_1、α_2、β_2 分别为分界面上、下两侧介质的 P 波和 S 波传播速度。

地震波在水平分界面上的反射、透射和波型转换的系数可以用平面波理论来求解。具体求解方法可参见附录 1.1，这里仅给出最终的位移透反射系数。

(1) SH 波在自由表面或固体—液体分界面上的反射系数：

$$r_{\mathrm{SH}} = 1 \tag{1.5.17}$$

(2) P-SV 波在自由表面的反射系数：

$$r_{\mathrm{PP}} = \frac{-(\beta^{-2} - 2p^2)^2 + 4p^2\xi\eta}{(\beta^{-2} - 2p^2)^2 + 4p^2\xi\eta} \tag{1.5.18}$$

$$r_{\mathrm{PS}} = \frac{4(\alpha/\beta)p\xi(\beta^{-2} - 2p^2)}{(\beta^{-2} - 2p^2)^2 + 4p^2\xi\eta} \tag{1.5.19}$$

$$r_{\mathrm{SP}}=\frac{4(\beta/\alpha)p\eta(\beta^{-2}-2p^2)}{(\beta^{-2}-2p^2)^2+4p^2\xi\eta} \tag{1.5.20}$$

$$r_{\mathrm{SS}}=\frac{(\beta^{-2}-2p^2)^2-4p^2\xi\eta}{(\beta^{-2}-2p^2)^2+4p^2\xi\eta} \tag{1.5.21}$$

式中，$\xi=\sqrt{\alpha^{-2}-p^2}=\dfrac{\cos i}{\alpha}$，$\eta=\sqrt{\beta^{-2}-p^2}=\dfrac{\cos j}{\beta}$分别为 P 波和 S 波在垂向上的慢度，$i$、$j$ 分别为它们的传播方向与垂向的夹角。

(3) SH 波在固体—固体分界面上的反射系数和透射系数：

$$r_{\mathrm{SH}}^{(11)}=\frac{\rho_1\beta_1^2\eta_1-\rho_2\beta_2^2\eta_2}{\rho_1\beta_1^2\eta_1+\rho_2\beta_2^2\eta_2}=\frac{\rho_1\beta_1\cos j_1-\rho_2\beta_2\cos j_2}{\rho_1\beta_1\cos j_1+\rho_2\beta_2\cos j_2} \tag{1.5.22}$$

$$t_{\mathrm{SH}}^{(12)}=\frac{2\rho_1\beta_1^2\eta_1}{\rho_1\beta_1^2\eta_1+\rho_2\beta_2^2\eta_2}=\frac{2\rho_1\beta_1\cos j_1}{\rho_1\beta_1\cos j_1+\rho_2\beta_2\cos j_2} \tag{1.5.23}$$

式中，入射一侧的介质为介质 1；透射一侧的介质为介质 2。

(4) P-SV 波在固体—固体分界面上的反射系数和透射系数：

此时，用散射矩阵

$$\boldsymbol{D}=\begin{pmatrix}\boldsymbol{R}^{(11)} & \boldsymbol{T}^{(21)}\\ \boldsymbol{T}^{(12)} & \boldsymbol{R}^{(22)}\end{pmatrix} \tag{1.5.24a}$$

来表示反射系数和透射系数，其中

$$\boldsymbol{R}^{(11)}=\begin{pmatrix}r_{\mathrm{PP}}^{(11)} & r_{\mathrm{SP}}^{(11)}\\ r_{\mathrm{PS}}^{(11)} & r_{\mathrm{SS}}^{(11)}\end{pmatrix},\quad \boldsymbol{T}^{(12)}=\begin{pmatrix}t_{\mathrm{PP}}^{(12)} & t_{\mathrm{SP}}^{(12)}\\ t_{\mathrm{PS}}^{(12)} & t_{\mathrm{SS}}^{(12)}\end{pmatrix} \tag{1.5.24b}$$

$$\boldsymbol{T}^{(21)}=\begin{pmatrix}t_{\mathrm{PP}}^{(21)} & t_{\mathrm{SP}}^{(21)}\\ t_{\mathrm{PS}}^{(21)} & t_{\mathrm{SS}}^{(21)}\end{pmatrix},\quad \boldsymbol{R}^{(22)}=\begin{pmatrix}r_{\mathrm{PP}}^{(22)} & r_{\mathrm{SP}}^{(22)}\\ r_{\mathrm{PS}}^{(22)} & r_{\mathrm{SS}}^{(22)}\end{pmatrix} \tag{1.5.24c}$$

式中，下标中的第一个字母为入射波类型，第二个字母为反射波或透射波类型；上标中的第一个数字为入射波所在介质，第二个数字为反射波或透射波所在介质。根据附录 1.1，有

$$\boldsymbol{D}=\boldsymbol{M}^{-1}\boldsymbol{N} \tag{1.5.25}$$

其中，

$$\boldsymbol{M}=\begin{pmatrix}-\alpha_1 p & -\beta_1\eta_1 & \alpha_2 p & \beta_2\eta_2\\ \alpha_1\xi_1 & -\beta_1 p & \alpha_2\xi_2 & -\beta_2 p\\ 2\rho_1\alpha_1\beta_1^2 p\xi_1 & \rho_1\beta_1(1-2\beta_1^2p^2) & 2\rho_2\alpha_2\beta_2^2 p\xi_2 & \rho_2\beta_2(1-2\beta_2^2p^2)\\ -\rho_1\alpha_1(1-2\beta_1^2p_1^2) & 2\rho_1\beta_1^3\eta_1 p & \rho_2\alpha_2(1-2\beta_2^2p^2) & -2\rho_2\beta_2^3\eta_2 p\end{pmatrix}$$

$$
\boldsymbol{N}=\begin{pmatrix}
\alpha_1 p & \beta_1\eta_1 & -\alpha_2 p & -\beta_2\eta_2 \\
\alpha_1\xi_1 & -\beta_1 p & \alpha_2\xi_2 & -\beta_2 p \\
2\rho_1\alpha_1\beta_1^2 p\xi_1 & \rho_1\beta_1(1-2\beta_1^2p^2) & 2\rho_2\alpha_2\beta_2^2 p\xi_2 & \rho_2\beta_2(1-2\beta_2^2p^2) \\
\rho_1\alpha_1(1-2\beta_1^2p_1^2) & -2\rho_1\beta_1^3\eta_1 p & -\rho_2\alpha_2(1-2\beta_2^2p^2) & 2\rho_2\beta_2^3\eta_2 p
\end{pmatrix}
$$

地震波在介质分界面上的透射和反射应遵守能量守恒，即入射到分界面上的平均能流密度等于因反射和透射而向外辐射的平均能流密度。在 SH 波的情况下，有

$$
\beta_1\rho_1(H_1^{(\mathrm{D})})^2\cos j_1+\beta_2\rho_2(H_2^{(\mathrm{U})})^2\cos j_2=\beta_1\rho_1(H_1^{(\mathrm{U})})^2\cos j_1+\beta_2\rho_2(H_2^{(\mathrm{D})})^2\cos j_2 \tag{1.5.26}
$$

而在 P-SV 波的情况下，有

$$
\begin{aligned}
&\alpha_1\rho_1(P_1^{(\mathrm{D})})^2\cos i_1+\beta_1\rho_1(S_1^{(\mathrm{D})})^2\cos j_1+\alpha_2\rho_2(P_2^{(\mathrm{U})})^2\cos i_2+\beta_2\rho_2(S_2^{(\mathrm{U})})^2\cos j_2\\
&=\alpha_1\rho_1(P_1^{(\mathrm{U})})^2\cos i_1+\beta_1\rho_1(S_1^{(\mathrm{U})})^2\cos j_1+\alpha_2\rho_2(P_2^{(\mathrm{D})})^2\cos i_2+\beta_2\rho_2(S_2^{(\mathrm{D})})^2\cos j_2
\end{aligned} \tag{1.5.27}
$$

式中，$P_1^{(\mathrm{D})}$、$S_1^{(\mathrm{D})}$、$H_1^{(\mathrm{D})}$、$P_1^{(\mathrm{U})}$、$S_1^{(\mathrm{U})}$、$H_1^{(\mathrm{U})}$ 分别为介质 1 中下行或上行 P 波、SV 波和 SH 波的幅值；类似地，$P_2^{(\mathrm{D})}$、$S_2^{(\mathrm{D})}$、$H_2^{(\mathrm{D})}$、$P_2^{(\mathrm{U})}$、$S_2^{(\mathrm{U})}$、$H_2^{(\mathrm{U})}$ 表示介质 2 中的幅值。

1.5.5 首波、非均匀波和全反射波

假定地震波从低波速介质 1 向高波速介质 2 入射，如果介质 1 中的入射角 i_1 和临界角 i_c 相等，其中

$$
i_c=a\sin\frac{c_1}{c_2} \tag{1.5.28}
$$

则介质 2 中透射波的透射角为 90°，使得透射波成为高波速介质中沿介质分界面滑行的地震波，该地震波称为地震首波。最常见的地震首波是在上地幔顶部沿莫霍面传播的 Pn 波和 Sn 波①，它们都是区域震距离上的主要震相(图 1.1.4)。除了出现首波外，当地震波的入射角超过上述临界角时，在高波速介质中还可能出现所谓的非均匀波。另外，在 $i_1 \geqslant i_c$ 时，介质 1 中的地震波反射系数将等于 1，此时的反射波称为全反射波。

下面以 SH 波为例来做进一步的说明。如图 1.5.6 所示，假定 $\alpha_1<\alpha_2$，$\beta_1<\beta_2$。

① Pn 波和 Sn 波传统上被看作是沿莫霍面滑行的首波，但现代地震学更多地将它们看作是在上地幔顶部的回折波。

当 SH 波以 $j_1 = j_c = a\sin(\beta_1 / \beta_2)$ 从介质 1 入射到介质分界面上时，$j_2 = 90°$。此时透射波将沿水平方向传播。当 $j_1 > j_c$ 时，由于对应的水平方向上的慢度 $p > 1/\beta_2$，介质 2 中的透射波在垂向上的慢度 $\eta = \sqrt{\beta_2^{-2} - p^2} = \pm \mathrm{i}\nu$ 为虚数(频率 $\omega>0$ 时取正；$\omega<0$ 时取负)，其中 $\nu = \sqrt{p^2 - \beta_2^{-2}} > 0$。此时，透射波的幅值将具有 $\mathrm{e}^{-\mathrm{i}\omega(t-px)-|\omega|\nu z}$ 的形式，即透射波仍沿水平方向传播，但幅值随深度的增加而呈指数式下降。这样的地震波被称为非均匀波，而一般的 η 为实数、幅值为 $\mathrm{e}^{-\mathrm{i}\omega(t-px-\eta z)}$ 形式的地震波被称为均匀波。根据式(1.5.22)和式(1.5.23)，当 $j_1 = j_c$ 时，SH 波的反射系数 $r_{\mathrm{SH}} = 1$，透射系数 $t_{\mathrm{SH}} = 2$；而在 $j > j_c$ 的情况下，SH 波的反射系数和透射系数都为复数，其中对反射系数有 $|r_{\mathrm{SH}}| = 1$。

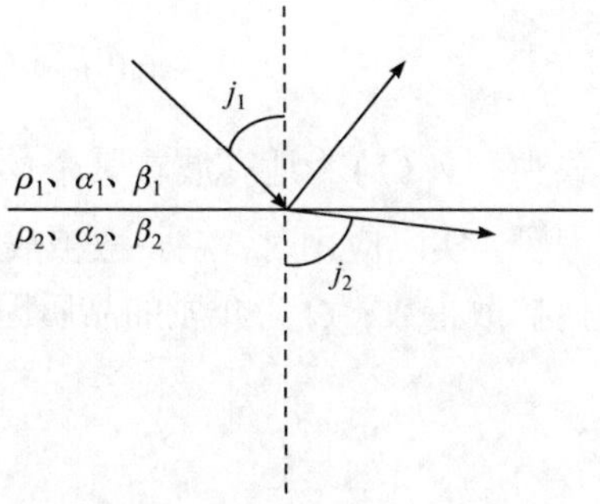

图 1.5.6　以临界角入射的 SH 波

上述结果似乎和能量守恒定律相矛盾，但实际并非如此。假定入射波的幅值为 A，根据式(1.5.9)，介质 1 中入射到分界面上的 SH 波的能流密度为 $\frac{1}{2}\beta_1\rho_1\omega^2 A^2 \cos j_1$，随反射波流出分界面的能流密度为 $\frac{1}{2}\beta_1\rho_1\omega^2 |r_{\mathrm{SH}}|^2 A^2 \cos j_1$，按能量守恒的要求，应有

$$\frac{1}{2}\beta_1\rho_1\omega^2 \cos j_1 = \frac{1}{2}\beta_1\rho_1\omega^2 |r_{\mathrm{SH}}|^2 \cos j_1 + \varepsilon_{\mathrm{flux}}^{(2)} \tag{1.5.29}$$

式中，$\varepsilon_{\mathrm{flux}}^{(2)}$ 为随介质 2 中的透射波流出分界面的能流密度。当 $j_1 < j_c$ 时，$j_2 < 90°$，$\varepsilon_{\mathrm{flux}}^{(2)} = \frac{1}{2}\beta_2\rho_2\omega^2 |t_{\mathrm{SH}}|^2 A^2 \cos j_2 > 0$，$|r_{\mathrm{SH}}| < 1$。当 $j_1 = j_c$ 时，$j_2 = 90°$，$|r_{\mathrm{SH}}| = 1$，$\cos j_2 = 0$，$\varepsilon_{\mathrm{flux}}^{(2)} = 0$，即随反射波离开的能流密度等于随入射波进入的能流密度，而随透射波离开的能流密度为 0，能量守恒关系式(1.5.29)依然成立，尽管此时 $|t_{\mathrm{SH}}| \neq 0$。同样的情况发生在 $j_1 > j_c$ 时，因为透射波是以非均匀波的形式沿分界面传播，所以随透射波流出分界面的能流密度仍然为 0，并且 $|r_{\mathrm{SH}}| = 1$，使得能量守恒关系得以继续保持。

1.5.6　地震波的衰减

地震波的幅值随传播距离的减小除了与几何扩散有关外，岩石非弹性而造成的能量损失也是重要原因。频率域中，地震波的幅值大小可以表示为

$$A(f,r)=A_0(f)G(r)\cdot\exp\left(-\frac{\pi f}{Qc}r\right) \tag{1.5.30}$$

式中，$A_0(f)$为地震波在某个参考距离r_0上的幅值；f为频率；$G(r)$为几何扩散因子，实际应用时，它一般被表示为$(r/r_0)^{-n}$的形式，其中r_0为参考距离，n为几何扩散指数；Q为介质的品质因子，其定义为

$$\frac{1}{Q}=\frac{-\Delta E}{2\pi E} \tag{1.5.31}$$

式中，ΔE为能量为E的地震波通过一个波长的距离时损失的能量。

不同类型的地震波具有不同的品质因子。理论上，P 波和 S 波的品质因子(Bormann et al., 2002)分别为

$$Q_\beta=Q_\mu，\quad \frac{1}{Q_\alpha}=\frac{4\beta^2}{3\alpha^2}\frac{1}{Q_\mu}+\left(1-\frac{4\beta^2}{3\alpha^2}\right)\frac{1}{Q_\kappa} \tag{1.5.32}$$

式中，Q_μ和Q_κ为岩石做纯剪切或纯体积压缩运动时对应的品质因子。因为通常情况下$Q_\kappa>>Q_\mu$，所以$Q_\alpha\approx\frac{3\alpha^2}{4\beta^2}Q_\beta\approx\frac{9}{4}Q_\beta$，使得 S 波的衰减速度远快于 P 波的衰减速度。

上述介质非弹性引起的衰减称为地震波的非弹性衰减或内禀衰减。除非弹性衰减外，地震波在非均匀介质中的散射也可以造成特定震相地震信号能量的损失(但此时整个空间中的波场能量不变)，这样的衰减称为地震信号的散射衰减。散射衰减的大小同样通过品质因子来表示，而实际观测地震波的衰减同时包括了非弹性衰减和散射衰减。因此，对综合的品质因子Q，有

$$\frac{1}{Q}=\frac{1}{Q_{\text{NE}}}+\frac{1}{Q_{\text{SC}}} \tag{1.5.33}$$

式中，Q_{NE}、Q_{SC}分别为单纯非弹性衰减和单纯散射衰减对应的品质因子。

大量的实际观测表明，在非常宽的频带范围(0.001～1Hz)，岩石的非弹性衰减品质因子Q值的大小基本上与频率无关，而在更高的频率范围内，Q值为频率的函数，且一般情况下随频率的增加而增加。

和地震波波速存在不均匀性一样，地震波的品质因子也具有不均匀性。此时地震波的非几何扩散衰减常用下面定义的时间常数，即

$$t^*=\int_{\text{Path}}\frac{\text{d}s}{Qc}=\int_{\text{Path}}\frac{\text{d}t}{Q} \tag{1.5.34}$$

来表示，而式(1.5.30)则可以表示为

$$A(f,r)=A_0(f)G(r/r_0)\mathrm{e}^{-\pi f t^*} \tag{1.5.35}$$

观测结果表明，对周期超过 1s 的地震体波，在震中距 $30°<\Delta<95°$ 时，t^* 近似为常数，其中 $t_\alpha^*\approx 1\mathrm{s}$，而 $t_\beta^*\approx 4\mathrm{s}$。

需要指出的是，存在非弹性衰减的介质中，理论上也必然存在频散。有关这方面的详细理论可参见 Aki 等(1980)。尽管如此，对于实际的地震体波，这种与非弹性衰减相联系的频散一般很微弱，可以忽略不计。

1.6 地 震 面 波

1.6.1 均匀半空间中的瑞利波

考虑均匀半空间中以慢度 $p>1/\beta$ 沿水平方向传播的 P-SV 波，令介质中的位移 $\boldsymbol{u}=(u,0,w)$，并假定

$$u=r_1(z)\mathrm{e}^{-\mathrm{i}\omega(t-px)},\quad w=\mathrm{i}r_2(z)\mathrm{e}^{-\mathrm{i}\omega(t-px)},\quad \sigma_{xz}=r_3(z)\mathrm{e}^{-\mathrm{i}\omega(t-px)},\quad \sigma_{zz}=\mathrm{i}r_4(z)\mathrm{e}^{-\mathrm{i}\omega(t-px)} \tag{1.6.1}$$

则与附录 1.1 类似，有

$$\begin{pmatrix} r_1\\ r_2\\ r_3\\ r_4\end{pmatrix}=\boldsymbol{F}\begin{pmatrix} P^{(\mathrm{D})}\\ S^{(\mathrm{D})}\\ P^{(\mathrm{U})}\\ S^{(\mathrm{U})}\end{pmatrix} \tag{1.6.2}$$

式中，$P^{(\mathrm{D})}$、$S^{(\mathrm{D})}$、$P^{(\mathrm{U})}$、$S^{(\mathrm{U})}$ 分别为下行和上行 P 波、SV 波的幅值;

$$\boldsymbol{F}=\boldsymbol{E}\boldsymbol{\Lambda}, \tag{1.6.3a}$$

$$\boldsymbol{E}=\begin{pmatrix} \alpha p & \beta\nu & \alpha p & \beta\nu\\ \alpha\gamma & \beta p & -\alpha\gamma & -\beta p\\ -2\omega\alpha\mu p\gamma & -\omega\beta\mu(p^2+\nu^2) & 2\omega\alpha\mu p\gamma & \omega\beta\mu(p^2+\nu^2)\\ -\omega\alpha\mu(p^2+\nu^2) & -2\omega\beta\mu p\nu & -\omega\alpha\mu(p^2+\nu^2) & -2\omega\beta\mu p\nu \end{pmatrix} \tag{1.6.3b}$$

$$\boldsymbol{\Lambda}=\begin{pmatrix} \mathrm{e}^{-|\omega|\gamma z} & 0 & 0 & 0\\ 0 & \mathrm{e}^{-|\omega|\nu z} & 0 & 0\\ 0 & 0 & \mathrm{e}^{|\omega|\gamma z} & 0\\ 0 & 0 & 0 & \mathrm{e}^{|\omega|\nu z}\end{pmatrix} \tag{1.6.3c}$$

因为此时 $\gamma=\sqrt{p^2-\alpha^{-2}}>0$，$\nu=\sqrt{p^2-\beta^{-2}}>0$，为使 $z=+\infty$ 处地震波的位移为有限值，应有 $P^{(\mathrm{U})}=S^{(\mathrm{U})}=0$。在 z=0，即自由表面处，应有 $r_3=r_4=0$，因此有

$$\begin{pmatrix}-2\omega\alpha\mu p\gamma & -\omega\beta\mu(p^2+\nu^2)\\ -\omega\alpha\mu(p^2+\nu^2) & -2\omega\beta\mu p\nu\end{pmatrix}\begin{pmatrix}P^{(\mathrm{D})}\\ S^{(\mathrm{D})}\end{pmatrix}=\mathbf{0} \tag{1.6.4}$$

式(1.6.4)存在非零解的充分必要条件是

$$\begin{vmatrix}-2\omega\alpha\mu p\gamma & -\omega\beta\mu(p^2+\nu^2)\\ -\omega\alpha\mu(p^2+\nu^2) & -2\omega\beta\mu p\nu\end{vmatrix}=0$$

即

$$R(p)=4p^2(p^2-\alpha^{-2})^{1/2}(p^2-\beta^{-2})^{1/2}-(2p^2-\beta^{-2})^2=0 \tag{1.6.5}$$

不难证明 $R(p)$ 在 (β^{-1},∞) 的区间范围内为单调增函数，在此范围内有唯一的一个实根，记该解为 p_R，则 $p=p_R$ 时，式(1.6.3)中的 $P^{(\mathrm{D})}$、$S^{(\mathrm{D})}$ 存在非零解，其中

$$P^{(\mathrm{D})}=-\frac{\beta(2p_R^2-\beta^{-2})}{2\alpha p_R(p_R^2-\alpha^{-2})^{1/2}}S^{(\mathrm{D})}$$

而介质中的位移解为

$$\begin{cases}u(z)=r_1(z)\mathrm{e}^{-\mathrm{i}\omega(t-px)}=(\alpha p_R\mathrm{e}^{-|\omega|\gamma_R z}P^{(D)}+\beta\nu_R\mathrm{e}^{-|\omega|\nu_R z}S^{(\mathrm{D})})\mathrm{e}^{-\mathrm{i}\omega(t-px)}\\ w(z)=\mathrm{i}r_2(z)\mathrm{e}^{-\mathrm{i}\omega(t-px)}=\mathrm{i}(\alpha\gamma_R\mathrm{e}^{-|\omega|\gamma_R z}P^{(D)}+\beta p_R\mathrm{e}^{-|\omega|\nu_R z}S^{(\mathrm{D})})\mathrm{e}^{-\mathrm{i}\omega(t-px)}\end{cases} \tag{1.6.6}$$

即相应的地震波将沿水平方向传播，地震波的振幅随深度的增加而呈指数式衰减，同时地震波引起的质点水平方向运动和垂向上的运动有 90°的相位差。这样一种类型的地震波为瑞利波，它是根据最先证明其存在的英国科学家 Rayleigh 的名字来命名的。

$c_{\mathrm{R}}=1/p_{\mathrm{R}}$ 是瑞利波传播的相速度。对泊松体，$p_{\mathrm{R}}=1.0877\beta^{-1}$，$c_{\mathrm{R}}=0.919\beta=0.531\alpha$。令 $A=\alpha p_{\mathrm{R}}P^{(\mathrm{D})}$，有

$$\begin{cases}u(z)=(\mathrm{e}^{-0.8475|\omega|p_{\mathrm{R}}z}-0.5774\mathrm{e}^{-0.3934|\omega|p_{\mathrm{R}}z})A\mathrm{e}^{-\mathrm{i}\omega(t-px)}\\ w(z)=\mathrm{i}(0.8475\mathrm{e}^{-0.8475|\omega|p_{\mathrm{R}}z}-1.4678\mathrm{e}^{-0.3934|\omega|p_{\mathrm{R}}z})A\mathrm{e}^{-\mathrm{i}\omega(t-px)}\end{cases} \tag{1.6.7}$$

在 z=0 的情况下，得到 $u(z)=0.42A\mathrm{e}^{-\mathrm{i}\omega(t-px)}$，$w(z)=-\mathrm{i}0.62A\mathrm{e}^{-\mathrm{i}\omega(t-px)}$，即瑞利波在垂向上的幅值约为水平向幅值的 1.5 倍，相位比水平向滞后 $\pi/2$。

1.6.2 勒夫波

与瑞利波在均匀半空间中就能存在不同，勒夫波要有低速波导才能存在。

如图 1.6.1 所示，设两层的介质结构，上面是一个厚度为 H 的低速层($\beta_1 < \beta_2$)，下面为半空间。假定有低速层中的震源产生的 SH 波，当其慢度 $p=\beta_1^{-1}\sin j_1 > \beta_2^{-1}$ 时，在低速层与半空间的分界面上将发生全反射。加上 SH 波在顶部的自由边界上的全反射，SH 波的能量将完全被限制在低速层中，在自由表面和上下两层介质分界面之间形成来回地多次反射波。将这些多次反射波看成是上行波和下行波的叠加，则对一定的慢度 p，具有某些特定频率成分的上、下行波会因为相互干涉而增强，而其他频率成分的上、下行波则因为相互干涉而抵消，使得对给定频率的 SH 波，只有特定慢度的 SH 波才能在低速层中水平向前传播，这样的地震波为勒夫波。

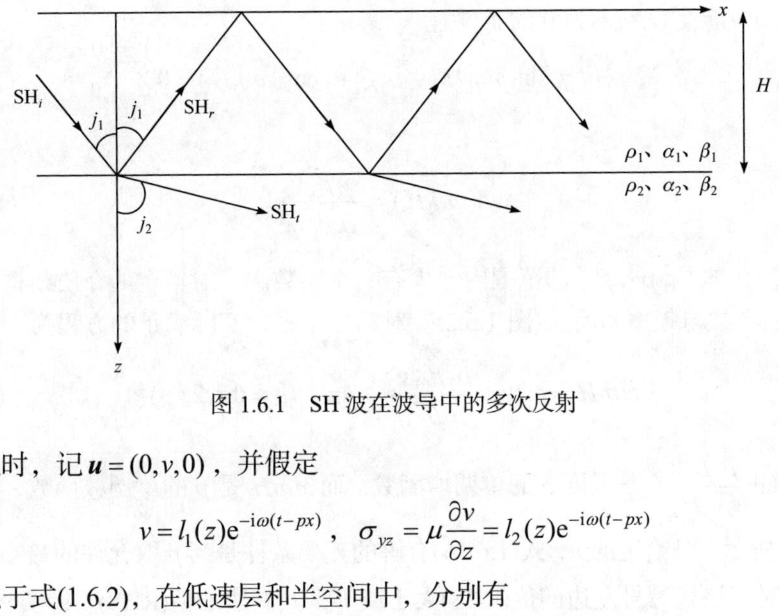

图 1.6.1　SH 波在波导中的多次反射

此时，记 $\boldsymbol{u}=(0,v,0)$，并假定

$$v=l_1(z)\mathrm{e}^{-\mathrm{i}\omega(t-px)}, \quad \sigma_{yz}=\mu\frac{\partial v}{\partial z}=l_2(z)\mathrm{e}^{-\mathrm{i}\omega(t-px)} \tag{1.6.8}$$

则类似于式(1.6.2)，在低速层和半空间中，分别有

$$\begin{pmatrix} l_1(z) \\ l_2(z) \end{pmatrix}=\begin{pmatrix} 1 & 1 \\ \mathrm{i}\omega\rho_1\beta_1^2\eta_1 & -\mathrm{i}\omega\rho_1\beta_1^2\eta_1 \end{pmatrix}\begin{pmatrix} \mathrm{e}^{\mathrm{i}\omega\eta_1 z} & 0 \\ 0 & \mathrm{e}^{-\mathrm{i}\omega\eta_1 z} \end{pmatrix}\begin{pmatrix} G_1^{(\mathrm{D})} \\ G_1^{(\mathrm{U})} \end{pmatrix} \quad (0 \leqslant z < H) \tag{1.6.9}$$

$$\begin{pmatrix} l_1(z) \\ l_2(z) \end{pmatrix}=\begin{pmatrix} 1 & 1 \\ -\omega\rho_2\beta_2^2\nu_2 & \omega\rho_2\beta_2^2\nu_2 \end{pmatrix}\begin{pmatrix} \mathrm{e}^{-\omega\nu_2 z} & 0 \\ 0 & \mathrm{e}^{\omega\nu_2 z} \end{pmatrix}\begin{pmatrix} G_2^{(\mathrm{D})} \\ G_2^{(\mathrm{U})} \end{pmatrix} \quad (z \geqslant H) \tag{1.6.10}$$

式中，$\eta_i=\sqrt{\beta_i^{-2}-p^2}=\mathrm{i}\sqrt{p^2-\beta_i^{-2}}=\mathrm{i}\nu_i$；$G_i^{(\mathrm{D})}$、$G_i^{(\mathrm{U})}$ 分别为第 i 层介质中下行和上行 SH 波的幅值。根据上述关系及边界面上的位移—应力连续条件，容易证明：

$$\begin{pmatrix} l_1(z) \\ l_2(z) \end{pmatrix}_{z=0} = \begin{pmatrix} \cos(\omega\eta_1 H) & \dfrac{-1}{\omega\rho_1\beta_1{}^2\eta_1}\sin(\omega\eta_1 H) \\ \omega\rho_1\beta_1{}^2\eta_1\sin(\omega\eta_1 H) & \cos(\omega\eta_1 H) \end{pmatrix} \\ \times\begin{pmatrix} 1 & 1 \\ -\omega\rho_2\beta_2{}^2\nu_2 & \omega\rho_2\beta_2{}^2\nu_2 \end{pmatrix}\begin{pmatrix} e^{-\omega\nu_2 H} & 0 \\ 0 & e^{\omega\nu_2 H} \end{pmatrix}\begin{pmatrix} G_2^{(D)} \\ G_2^{(U)} \end{pmatrix} \tag{1.6.11}$$

与瑞利波的情况相同，在自由表面上，$l_2(z)=0$。同时，为保证半空间中 SH 波的幅值为有限值，应有 $G_2^{(U)}=0$。于是有

$$l_2(0)=\{\omega\rho_1\beta_1^2\eta_1\sin(\omega\eta_1 H)-\omega\rho_2\beta_2^2\nu_2\cos(\omega\eta_1 H)\}e^{-\omega\nu_2 H}G_2^{(D)}=0 \tag{1.6.12}$$

式(1.6.12)中能使 $G_2^{(D)}$ 不为 0 的条件是

$$\rho_1\beta_1^2\eta_1\sin(\omega\eta_1 H)-\rho_2\beta_2^2\nu_2\cos(\omega\eta_1 H)=0 \tag{1.6.13a}$$

或

$$\tan(\omega\eta_1 H)=\frac{\rho_2\beta_2^2\nu_2}{\rho_1\beta_1^2\eta_1} \tag{1.6.13b}$$

式(1.6.13)在 $\beta_2^{-1}<p<\beta_1^{-1}$ 的范围内至少有一个实数解。对给定的介质结构参数，具体解的个数与频率 ω 有关(图 1.6.2)。对第 n 个根，实际满足的方程为

$$\omega\eta_1 H=\arctan\frac{\rho_2\beta_2{}^2\nu_2}{\rho_1\beta_1{}^2\eta_1}+n\pi \quad (n=0,1,2,\cdots) \tag{1.6.14}$$

因为 $\arctan\dfrac{\rho_2\beta_2{}^2\nu_2}{\rho_1\beta_1{}^2\eta_1}$ 是慢度 p 的单调增函数，而 $\omega\eta_1 H$ 是 p 的单调减函数，所以如图 1.6.2 所示，对给定的 n，式(1.6.14)有解的充要条件是当 p 取允许的最小值，即 $p=\beta_2^{-1}$ 时，该式等号左边的值(LHS)大于或等于其右边的值(RHS)，即要求

$$\omega(\beta_1^{-2}-\beta_2^{-2})^{1/2}H\geqslant n\pi \tag{1.6.15a}$$

也即

$$\omega>\omega_{cn}=\frac{n\pi\beta_1}{H}\Bigg/\left(1-\frac{\beta_1^2}{\beta_2^2}\right)^{\frac{1}{2}} \tag{1.6.15b}$$

式(1.6.14)中，n 对应的勒夫波解称为勒夫波的第 n 阶振型，其中 n=0 时的解称为基阶勒夫波，n≥1 时的解称为高阶勒夫波，ω_{cn} 为相应振型勒夫波的截止频率。对 $\omega_{cn}<\omega<\omega_{c(n+1)}$ 的频率，有 $k=0,1,\cdots,n$，共 n+1 个阶次的勒夫波。

根据式(1.6.9)和式(1.6.10)，并利用式(1.6.13b)，可以得到第 n 阶的勒夫波幅值随深度的变化为

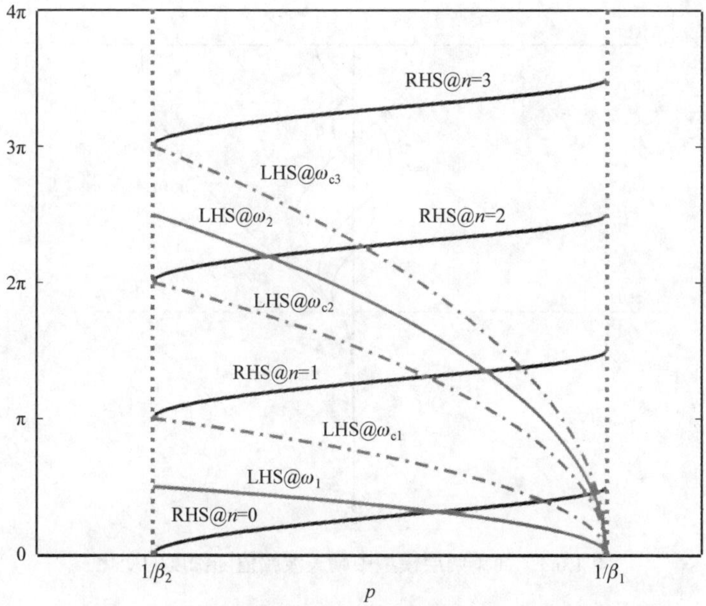

图 1.6.2　式(1.6.14)的根与频率和振型阶次 n 的关系示意图
图中 $\omega_1 < \omega_{c1}$，$\omega_{c2} < \omega_2 < \omega_{c3}$

$$l_1^{(n)}(z) = \begin{cases} \mathrm{e}^{-\omega\nu_2^{(n)}H} G_2^{(\mathrm{D})} \dfrac{\cos(\omega\eta_1^{(n)}z)}{\cos(\omega\eta_1^{(n)}H)} & (0 \leqslant z \leqslant H) \\ \mathrm{e}^{-\omega\nu_2^{(n)}H} G_2^{(\mathrm{D})} \mathrm{e}^{-\omega\nu_2^{(n)}(z-H)} & (z > H) \end{cases} \tag{1.6.16}$$

可以证明 $G_1^{(\mathrm{D})} = G_1^{(\mathrm{U})} = \dfrac{1}{2\cos(\omega\eta_1^{(n)}H)} \mathrm{e}^{-\omega\nu_2^{(n)}H} G_2^{(\mathrm{D})}$。将其代入式(1.6.16)，则

$$l_1^{(n)}(z) = \begin{cases} 2G_1^{(\mathrm{D})} \cos(\omega\eta_1^{(n)}z) & (0 \leqslant z \leqslant H) \\ 2G_1^{(\mathrm{D})} \cos(\omega\eta_1^{(n)}H) \mathrm{e}^{-\omega\nu_2^{(n)}(z-H)} & (z > H) \end{cases} \tag{1.6.17}$$

式(1.6.17)与 Aki 等 (1980)中的式(7.7)相同。根据上述结果，不同阶次勒夫波幅值 $l_1^{(n)}(z)$ 随深度的变化如图 1.6.3 所示。可以看出，在 $0 \leqslant z \leqslant H$，勒夫波在垂向上表现为驻波，是上、下行波相互干涉的结果。

1.6.3　一般竖向非均匀介质中的面波

以上关于面波的理论可以推广到一般的竖向非均匀介质中。分别采用式(1.6.1)和式(1.6.8)有关位移、应力分量的定义，在一般竖向非均匀介质的情况下，有

$$\frac{\mathrm{d}\boldsymbol{f}(z)}{\mathrm{d}z} = \boldsymbol{A}(z)\boldsymbol{f}(z) \tag{1.6.18}$$

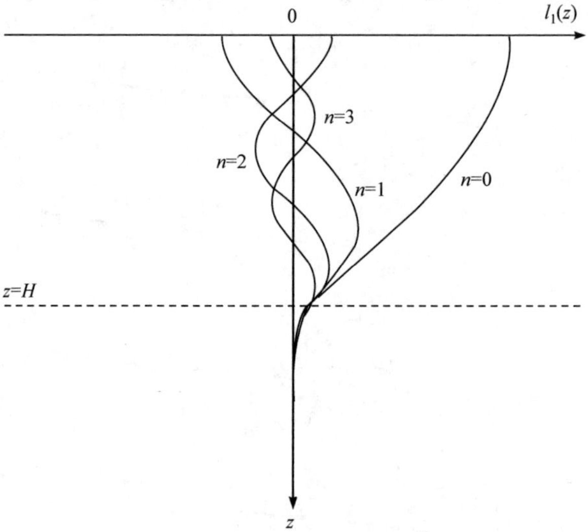

图 1.6.3　简单两层模型中勒夫波幅值随深度的变化

对瑞利波：

$$\boldsymbol{f}(z)=\begin{pmatrix} r_1 \\ r_2 \\ r_3 \\ r_4 \end{pmatrix},$$

$$\boldsymbol{A}(z)=\begin{pmatrix} 0 & k & \mu^{-1}(z) & 0 \\ -k\lambda(z)[\lambda(z)+2\mu(z)]^{-1} & 0 & 0 & [\lambda(z)+2\mu(z)]^{-1} \\ k^2\varsigma(z)-\omega^2\rho(z) & 0 & 0 & k\lambda(z)[\lambda(z)+2\mu(z)]^{-1} \\ 0 & -\omega^2\rho(z) & -k & 0 \end{pmatrix} \tag{1.6.19}$$

式中，$\varsigma(z)=4\mu(z)[\lambda(z)+\mu(z)]/[\lambda(z)+2\mu(z)]^{-1}$。

对勒夫波：

$$\boldsymbol{f}(z)=\begin{pmatrix} l_1 \\ l_2 \end{pmatrix},\quad \boldsymbol{A}(z)=\begin{pmatrix} 0 & \mu^{-1}(z) \\ k^2\mu(z)-\omega^2\rho(z) & 0 \end{pmatrix} \tag{1.6.20}$$

方程(1.6.18)的解一般可以表示为

$$\boldsymbol{f}(z)=\boldsymbol{P}(z,z_0)\boldsymbol{f}(z_0) \tag{1.6.21}$$

式中，$\boldsymbol{P}(z,z_0)$ 为地震波的传播矩阵，其详细性质和计算方法见附录 1.1。不失一般性，可用图 1.6.4 所示的水平分层介质模型来近似竖向非均匀介质，图中 $z>z_n$

为均匀半空间。此时有

$$f(z_n)=P(z_n,z_0)f(z_0) \tag{1.6.22}$$

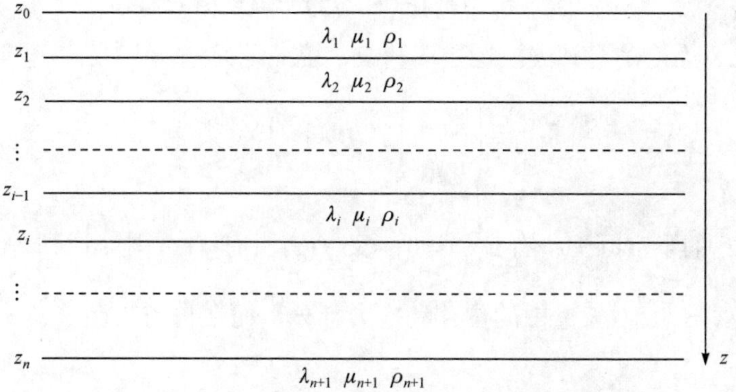

图 1.6.4　水平分层介质模型示意图

因为在 $z_i \leqslant z \leqslant z_{i+1}$ 的第 i 层中有

$$\boldsymbol{f}(z)=\boldsymbol{F}_i(z)\boldsymbol{w}_i$$

其中在瑞利波和勒夫波的情况下，分别有

$$\boldsymbol{w}_i^{(\mathrm{L})}=\begin{pmatrix} G_i^{(\mathrm{D})} \\ G_i^{(\mathrm{U})} \end{pmatrix},\quad \boldsymbol{w}_i^{(\mathrm{R})}=\begin{pmatrix} P_i^{(\mathrm{D})} \\ S_i^{(\mathrm{D})} \\ P_i^{(\mathrm{U})} \\ S_i^{(\mathrm{U})} \end{pmatrix}$$

$$\boldsymbol{F}_i^{(\mathrm{L})}(z)=\boldsymbol{E}_i^{(\mathrm{L})}\boldsymbol{\Lambda}_i^{(\mathrm{L})}\begin{pmatrix} 1 & 1 \\ \mathrm{i}\omega\rho_i\beta_i^2\eta_i & -\mathrm{i}\omega\rho_i\beta_i^2\eta_i \end{pmatrix}\begin{pmatrix} \mathrm{e}^{\mathrm{i}\omega\eta_1 z} & 0 \\ 0 & \mathrm{e}^{-\mathrm{i}\omega\eta_1 z} \end{pmatrix}$$

$$\begin{aligned}
\boldsymbol{F}_i^{(\mathrm{R})}(z)&=\boldsymbol{E}_i^{(\mathrm{R})}\boldsymbol{\Lambda}_i^{(\mathrm{R})}\\
&=\begin{pmatrix} \alpha_i p & \beta_i\nu_i & \alpha_i p & \beta_i\nu_i \\ \alpha_i\gamma_i & \beta_i p_i & -\alpha_i\gamma_i & -\beta_i p \\ -2\omega\alpha_i\mu_i p\gamma_i & -\omega\beta_i\mu_i(p^2+\nu_i^2) & 2\omega\alpha_i\mu_i p\gamma_i & \omega\beta_i\mu_i(p^2+\nu_i^2) \\ -\omega\alpha_i\mu_i(p^2+\nu_i^2) & -2\omega\beta_i\mu_i p\nu_i & -\omega\alpha_i\mu_i(p^2+\nu_i^2) & -2\omega\beta_i\mu_i p\nu_i \end{pmatrix}\\
&\quad\times\begin{pmatrix} \mathrm{e}^{-|\omega|\gamma_i z} & 0 & 0 & 0 \\ 0 & \mathrm{e}^{-|\omega|\nu_i z} & 0 & 0 \\ 0 & 0 & \mathrm{e}^{|\omega|\gamma_i z} & 0 \\ 0 & 0 & 0 & \mathrm{e}^{|\omega|\nu_i z} \end{pmatrix}
\end{aligned}$$

式中，上标“(L)”和“(R)”用于区分勒夫波和瑞利波。

由上述关系可以得到：

$$\boldsymbol{w}_{n+1}=\boldsymbol{F}_{n+1}^{-1}(z_n)\boldsymbol{P}(z_n,z_0)\boldsymbol{f}(z_0)=\boldsymbol{B}\boldsymbol{f}(z_0) \tag{1.6.23}$$

为方便起见，无论是对勒夫波还是瑞利波，统一记为

$$\boldsymbol{w}_{n+1}=\begin{pmatrix}\boldsymbol{w}_{n+1}^{(\mathrm{D})}\\ \boldsymbol{w}_{n+1}^{(\mathrm{U})}\end{pmatrix},\quad \boldsymbol{B}=\begin{pmatrix}\boldsymbol{B}_{11} & \boldsymbol{B}_{12}\\ \boldsymbol{B}_{21} & \boldsymbol{B}_{22}\end{pmatrix}$$

因为在 $z>z_n$ 的半空间中，有 $\boldsymbol{w}_{n+1}^{(\mathrm{U})}=\boldsymbol{0}$；又 $\boldsymbol{f}(z)$ 具有 $\boldsymbol{f}(z)=\begin{pmatrix}\boldsymbol{d}\\ \boldsymbol{\sigma}\end{pmatrix}$ 的形式，其中 $\boldsymbol{d}$、$\boldsymbol{\sigma}$ 分别为位移—应力矢量中的位移和应力部分，而在自由表面上，$\boldsymbol{\sigma}=\boldsymbol{0}$，所以可以得到：

$$\boldsymbol{B}_{21}\boldsymbol{d}(z_0)=\boldsymbol{0} \tag{1.6.24}$$

式(1.6.24)存在非零解的充分必要条件是

$$|\boldsymbol{B}_{21}|=0 \tag{1.6.25}$$

由式(1.6.25)可以求得相应面波的水平方向慢度 p。一般情况下，对给定的频率 ω，方程(1.6.25)的根不止一个，不同的根对应于不同阶次的面波振型。对于给定阶次的 n，相应的慢度解 $p_n=p_n(\omega)$ 是频率的函数，表明相应信号为频散信号。

1.6.4 面波的频散

面波是地震信号中具有较明显频散特性的信号，其频散比一般体波信号的频散明显很多。面波信号频散的起源与 1.5.6 小节中因为介质衰减的频散起源无关。瑞利波频散的主要原因是不同频率的信号具有不同的能量穿透深度。从式(1.6.6)可以看出，频率越高，瑞利波能量集中分布的深度范围越浅，反之越深。从因果性上,瑞利波的传播速度应该为其能量分布深度范围内介质波速的某种加权平均。因此，在介质波速本身随深度变化时，就会出现不同频率的瑞利波具有不同的传播速度，即频散的现象。至于勒夫波，其频散的起源又和瑞利波有所不同，主要与波导中形成驻波所需的水平方向慢度依赖于频率有关。

频散介质中地震波的时间域波形将随着波的传播而发生改变。假定第 n 阶面波的慢度为 $p=p_n(\omega)$，对应的波数为 $k_n(\omega)=\omega p_n(\omega)$，其信号的初始波形为 $f_0(t)$，则在经过距离 x 的传播之后，其波形为

$$\begin{aligned}f(x,t)&=\frac{1}{2\pi}\int_{-\infty}^{\infty}|F(\omega)|\,\mathrm{e}^{-\mathrm{i}\omega t+\mathrm{i}k_n(\omega)x+\mathrm{i}\phi(\omega)}\mathrm{d}\omega\\&=\frac{1}{\pi}\int_{0}^{\infty}|F(\omega)|\cos[\omega t-k_n(\omega)x-\phi(\omega)]\mathrm{d}\omega\end{aligned} \tag{1.6.26}$$

式中，$|F(\omega)|$ 和 $\phi(\omega)$ 分别为 $f_0(t)$ 的振幅谱和相位谱，即 $|F(\omega)|e^{i\phi(\omega)} = \int_{-\infty}^{\infty} f_0(t)e^{i\omega t}dt$。

具有频散特性的地震信号的能量传播速度一般不同于其相位传播速度，称为地震波的相速度(phase velocity)，而能力传播速度称为群速度(group velocity)。为理解这一点，不失一般性，假定 $f_0(t)$ 为在 $(\omega_0-\delta\omega, \omega_0+\delta\omega)$ 的窄带范围内具有单位振幅和零初始相位的信号，则有

$$
\begin{aligned}
f(x,t) &= \frac{1}{\pi}\int_{\omega_0-\delta\omega}^{\omega_0+\delta\omega} \cos[\omega t - k_n(\omega)x]d\omega \\
&\approx \frac{2\delta\omega}{\pi}\frac{\sin Y}{Y}\cos[\omega_0 t - k_n(\omega_0)x]
\end{aligned}
\tag{1.6.27}
$$

式中，

$$
Y = \delta\omega\left[t - \left(\frac{dk_n}{d\omega}\right)_{\omega_0} x\right]
$$

式(1.6.27)表明，窄带地震信号的相位以速度 $c_n(\omega_0) = \omega_0 / k_n(\omega_0) = 1/p_n(\omega_0)$ 传播，而整个波包的传播速度为

$$
U_n(\omega_0) = \left(\frac{d\omega}{dk_n(\omega)}\right)_{\omega_0} \tag{1.6.28}
$$

因此 $c_n(\omega)$ 为相速度，而 $U_n(\omega)$ 为群速度。图 1.6.5 是初始地球模型(PREM 模型)下基阶勒夫波和瑞利波的相速度、群速度曲线。

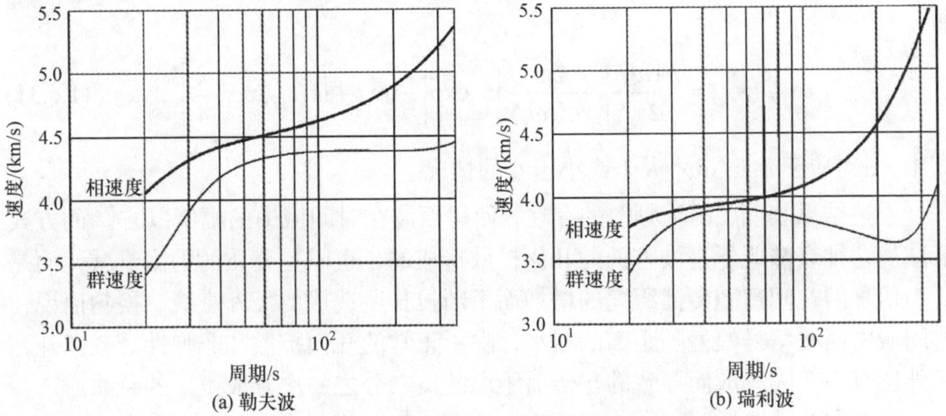

图 1.6.5　初始地球模型(PREM 模型)下基阶勒夫波和瑞利波的相速度、群速度曲线(Bormann et al., 2002)

因频散而导致时间域中的面波信号幅值随距离的衰减可用稳相法来估计。为此，将式(1.6.26)重新表示为

$$f(x,t)=\frac{1}{2\pi}\int_{-\infty}^{\infty}F(\omega)\exp[\mathrm{i}\theta(\omega,x)]\mathrm{d}\omega$$

式中，$\theta(\omega,x)=-\omega t+k(\omega)x$。假定$F(\omega)$变化缓慢，以至于通常情况下$\theta(\omega,x)$发生$2\pi$的变化时，$F(\omega)$的变化很小。此时，对上述积分的贡献将主要来自使$\mathrm{d}\theta(\omega,x)/\mathrm{d}\omega=0$，即

$$t-\frac{\mathrm{d}k(\omega)}{\mathrm{d}\omega}x=0 \tag{1.6.29}$$

的稳定点ω_s附近。这是由于除了在ω_s附近$\exp[\mathrm{i}\theta(\omega,x)]$近似保持不变以外，在远离$\omega_s$处，$\exp[\mathrm{i}\theta(\omega,x)]$快速振荡，使得$F(\omega)\exp[\mathrm{i}\theta(\omega,x)]$相互抵消。

将$\theta(\omega)$在ω_s附近做泰勒展开，则

$$\theta(\omega)=\theta(\omega_s)+\frac{1}{2}\theta''(\omega_s)(\omega-\omega_s)^2+\cdots\approx-[\omega_s t-k(\omega_s)x]+\frac{x}{2}k''(\omega_s)(\omega-\omega_s)^2$$

假设$F(\omega)$在ω_s附近的变化远比$\frac{x}{2}k''(\omega_s)(\omega-\omega_s)^2$缓慢(在$x$很大时自然成立)，则

$$f(x,t)\approx\frac{F(\omega_s)\exp[\mathrm{i}\theta(\omega_s)]}{2\pi}\int_{-\infty}^{\infty}\exp\left[\mathrm{i}\frac{x}{2}k''(\omega_s)(\omega-\omega_s)^2\right]\mathrm{d}\omega$$

利用定积分关系：

$$\int_0^{\infty}\sin\left(\frac{1}{2}a\omega^2\right)\mathrm{d}\omega=\int_0^{\infty}\cos\left(\frac{1}{2}a\omega^2\right)\mathrm{d}\omega=\frac{1}{2}\left(\frac{\pi}{a}\right)^{1/2}\quad(a>0) \tag{1.6.30}$$

得

$$f(x,t)=\frac{F(\omega_s)}{2\pi}\left[\frac{2\pi}{xk''(\omega_s)}\right]^{1/2}\exp\left[-\mathrm{i}\omega_s t+\mathrm{i}k(\omega_s)x\pm\mathrm{i}\frac{\pi}{4}\right] \tag{1.6.31}$$

式中，±对应于$\mathrm{d}^2k/\mathrm{d}\omega^2$大于或小于0的情况。

上述结果表明，因为频散的存在，使得面波在时间域中的幅值以$x^{-1/2}$的方式衰减。这种衰减既不是波阵面的几何扩散造成的，也不是介质的内禀衰减，而是因为信号的时间窗随传播距离的增加而不断拉长所造成的额外衰减。换句话说，时间域中面波信号幅值随距离的减小，除了正常的几何扩散和非弹性衰减以外，额外还有一个因频散而导致的与传播距离的负二分之一次方成正比的衰减。

当$k''(\omega_s)=0$时，式(1.6.31)不再成立。因为此时对应于群速度曲线为极值的情况，不同频率的面波信号几乎同时到达台站，使得相应的信号幅值呈现为极大值。地震学中将满足这一条件的频率附近的面波信号称为艾里(Airy)相。与其他频

率上频散面波的时间域幅值以 $x^{-1/2}$ 的方式随距离衰减不同，艾里相对应的波包幅值以 $x^{-1/3}$ 的方式衰减。这仍然可由稳相法得到。此时因为不仅 $\theta'(\omega_s)=0$，而且 $\theta''(\omega_s)=0$，使得 $\theta(\omega)$ 在 ω_s 附近的变化更加平缓。仍将 $\theta(\omega)$ 在 ω_s 附近进行泰勒展开，有

$$\theta(\omega)\approx\theta(\omega_s)+\frac{1}{6}xk'''(\omega)(\omega-\omega_s)^3$$

$$\begin{aligned}f(x,t)&\approx\frac{F(\omega_s)\exp[\mathrm{i}\theta(\omega_s)]}{2\pi}\int_{-\infty}^{\infty}\exp\left[\mathrm{i}\frac{1}{6}xk'''(\omega_s)(\omega-\omega_s)^3\right]\mathrm{d}\omega\\&=\frac{F(\omega_s)\exp[\mathrm{i}\theta(\omega_s)]}{2\pi}\left[\frac{2}{xk'''(\omega_s)}\right]^{1/3}\int_{-\infty}^{\infty}\exp\left(\mathrm{i}\frac{1}{3}s^3\right)\mathrm{d}s\end{aligned}$$

利用

$$\int_{-\infty}^{\infty}\exp\left(\mathrm{i}\frac{1}{3}s^3\right)\mathrm{d}s=2\int_{0}^{\infty}\cos\left(\frac{1}{3}s^3\right)\mathrm{d}s=2\pi\mathrm{Ai}(0)$$

得到：

$$f(x,t)=F(\omega_s)\exp[\mathrm{i}\theta(\omega_s)]\left[\frac{2}{xk'''(\omega_s)}\right]^{1/3}\mathrm{Ai}(0)\tag{1.6.32}$$

式中，常数 $\mathrm{Ai}(0)\approx0.355$ 为艾里函数 $\mathrm{Ai}(t)$ 在 t=0 时的取值，其中

$$\mathrm{Ai}(t)=\frac{1}{\pi}\int_{0}^{\infty}\cos\left(\frac{s^3}{3}+ts\right)\mathrm{d}s\text{。}$$

因此，在艾里相的情况下，频散引起的面波信号以 $x^{-1/3}$ 的方式衰减。由于艾里相的衰减相对比较缓慢，其信号在长周期地震图上通常较为突出。在大陆地壳的情况下，艾里相瑞利波的周期一般在 20s 左右，而在海洋地壳的情况下，艾里相的周期一般在 10～15s(Lay et al.，1995)。

1.6.5　竖向非均匀介质中点源激发的勒夫波和瑞利波

点源激发的勒夫波和瑞利波可通过分离格林函数中的面波项求得。详细的求解方法参见 Aki 等(1980)，这里直接在频率域中给出有关的结果。取如图 1.6.6 所示的坐标系，其中源的位置为(0, 0, h)，台站位置为(r, ϕ, z)，则在一般竖向非均匀介质中，点源激发的勒夫波和瑞利波的位移场在频率域中可以分别写为如下形式。

勒夫波：

$$\begin{cases} u_r = 0 \\ u_{\phi}^{(\mathrm{L})}(\boldsymbol{x},\omega) = \sum\limits_n \dfrac{l_1^{(n)}(k_n,z,\omega)}{8c_nU_nI_1^{(n)}}\left(\dfrac{2}{\pi k_nX}\right)^{1/2} \exp\left[\mathrm{i}\left(k_nX+\dfrac{\pi}{4}\right)\right]G_n^{(\mathrm{L})}(k_n,h,\phi) \\ u_z = 0 \end{cases} \tag{1.6.33}$$

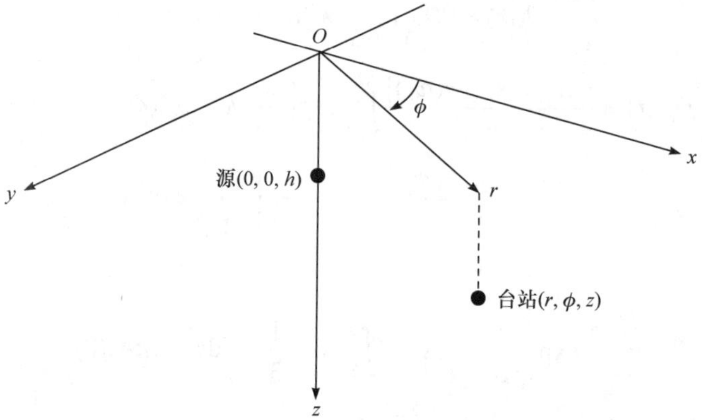

图 1.6.6　点源面波问题中的坐标系示意图

瑞利波：

$$\begin{cases} u_r^{(\mathrm{R})} = \sum\limits_n \dfrac{r_1^{(n)}(k_n,z,\omega)}{8c_nU_nI_1^{(n)}}\left(\dfrac{2}{\pi k_nX}\right)^{1/2} \exp\left[\mathrm{i}\left(k_nX-\dfrac{\pi}{4}\right)\right]G_n^{(\mathrm{R})}(k_n,h,\phi) \\ u_{\phi}^{(\mathrm{R})}(\boldsymbol{x},\omega) = 0 \\ u_z^{(\mathrm{R})} = \sum\limits_n \dfrac{r_2^{(n)}(k_n,z,\omega)}{8c_nU_nI_1^{(n)}}\left(\dfrac{2}{\pi k_nX}\right)^{1/2} \exp\left[\mathrm{i}\left(k_nX+\dfrac{\pi}{4}\right)\right]G_n^{(\mathrm{R})}(k_n,h,\phi) \end{cases} \tag{1.6.34}$$

式中，X 为震中距；n 为勒夫波或瑞利波的振型阶次；c_n 和 U_n 分别为对应的相速度和群速度；$l_1^{(n)}$、$r_1^{(n)}$ 和 $r_2^{(n)}$ 为相应的勒夫波或瑞利波的位移本征函数；$I_1^{(n)}$ 为勒夫波或瑞利波第一能量积分，其中对勒夫波：

$$I_1^{(n)} = \frac{1}{2}\int_0^{\infty} \rho(l_1^{(n)})^2\,\mathrm{d}z \tag{1.6.35}$$

对瑞利波：

$$I_1^{(n)} = \frac{1}{2}\int_0^{\infty} \rho[(r_1^{(n)})^2 + (r_2^{(n)})^2]\mathrm{d}z \tag{1.6.36}$$

$G_n^{(\mathrm{L})}(k_n,h,\phi)$ 和 $G_n^{(\mathrm{R})}(k_n,h,\phi)$ 分别为勒夫波和瑞利波的源辐射因子，在点力源时：

$$G_n^{(\mathrm{L})}(k_n,h,\phi)=(F_y\cos\phi-F_x\sin\phi)l_1^{(n)}(k_n,h,\omega) \tag{1.6.37}$$

$$G_n^{(\mathrm{R})}(k_n,h,\phi)=F_z r_2^{(n)}(k_n,h,\omega)+\mathrm{i}(F_x\cos\phi+F_y\sin\phi)r_1^{(n)}(k_n,h,\omega) \tag{1.6.38}$$

而在任意地震矩张量时：

$$\begin{aligned}G_n^{(\mathrm{L})}(k_n,h,\phi)=&\mathrm{i}k_n l_1^{(n)}(h)(M_{xx}\sin\phi\cos\phi-M_{yx}\cos^2\phi+M_{xy}\sin^2\phi-M_{yy}\sin\phi\cos\phi)\\&-\left.\frac{\mathrm{d}l_1^{(n)}}{\mathrm{d}z}\right|_h(M_{xz}\sin\phi-M_{yz}\cos\phi)\end{aligned} \tag{1.6.39}$$

$$\begin{aligned}G_n^{(\mathrm{R})}(k_n,h,\phi)=&k_n r_1^{(n)}(h)[M_{xx}\cos^2\phi+(M_{xy}+M_{yx})\cos\phi\sin\phi+M_{yy}\sin^2\phi]\\&+\mathrm{i}\left.\frac{\mathrm{d}r_1^{(n)}}{\mathrm{d}z}\right|_h[M_{xz}\cos\phi+M_{yz}\sin\phi]\\&-\mathrm{i}k_n r_2^{(n)}(h)[M_{zx}\cos\phi+M_{zy}\sin\phi]+\left.\frac{\mathrm{d}r_2^{(n)}}{\mathrm{d}z}\right|_h M_{zz}\end{aligned} \tag{1.6.40}$$

需要注意的是，根据式(1.6.33)和式(1.6.34)，点源激发的勒夫波和瑞利波的幅值似乎也是以 $X^{-1/2}$ 的方式随距离衰减。这一结果看上去和式(1.6.31)的结果相同，但两者存在本质区别。式(1.6.33)和式(1.6.34)中的 $X^{-1/2}$ 是单色地震面波的几何扩散因子，而式(1.6.31)中的 $x^{-1/2}$ 是时间域中面波波包因频散而导致的时间弥散。在不考虑非弹性衰减的情况下，时间域中观测的面波波包幅值随距离的衰减是两者综合作用的结果，即对非艾里相，应当以 X^{-1} 的方式衰减；而对于艾里相，则以 $X^{-5/6}$ 的方式衰减。另外，地球的形状对面波的几何扩散也有一定影响。在地球这样的球形体情况下，面波的几何扩散因子实际为 $(\sin\varDelta)^{-1/2}$ (Aki et al.，1980)，关于这一点可以直观地从图 1.6.7 中看出。如图 1.6.7(a)所示，在半无限空间中，面波的波阵面相当于柱面，其半径等于震中距 X，使得面波幅值与 $X^{-1/2}$ 成正比。然而在球体的情况下[图 1.6.7(b)]，圆柱的半径为 $r\sin\varDelta$，其中 r 为地球半径，$\varDelta$ 为以度(°)为单位的震中距，使得此时面波的几何扩散因子为 $(\sin\varDelta)^{-1/2}$。注意此时面波沿地球表面通过的实际距离为 $X=r\varDelta$，时间域中因频散引起的时间弥散因子分别与 $\varDelta^{-1/2}$ (非艾里相)或 $\varDelta^{-1/3}$ (艾里相) 成正比，而因非弹性能量耗散引起的衰减则正比于 $\exp(-\gamma\varDelta)$，其中 γ 为面波的非弹性衰减系数。

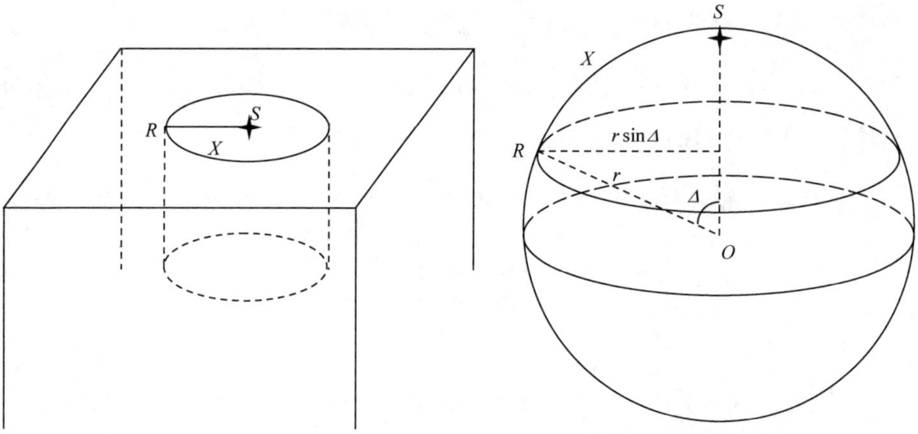

图 1.6.7　地球形状对面波几何扩散因子的影响

参 考 文 献

傅淑芳, 刘宝诚, 1991. 地震学教程[M]. 北京: 地震出版社.

AKI K, RICHARDS P G, 1980. Quantitative Seismology: Theory and Methods[M]. San Francisco: W. H. Freeman and Company.

BORMANN P, 2002. Global 1-D Earth Models[M]// BORMANN P. New Manual of Seismological Observatory Practice, DS2.1. Potsdam: GeoForschungsZentrum.

BORMANN P, ENGHDAHL E R, KIND R, 2002. Seismic Wave Propagation and Earth models[M]// BORMANN P. New Manual of Seismological Observatory Practice, Vol.1. Potsdam: GeoForschungsZentrum.

ESHELBY J D, 1957. The determination of the elastic field of an ellipsoidal inclusion and related problems [J]. Proc. R. Soc, A241: 376-396.

KENNETT B L N, 2005. Seismological Tables: Ak135[R]. Canberra: Research School of Earth Sciences, The Australian National University.

LAY T, WALLACE T C, 1995. Modern Global Seismology[M]. San Diego: Academic Press.

附　　录

附录 1.1　水平分层介质中平面地震波的传播矩阵方法与广义透反射系数

假设水平层状均匀介质中的平面 SH 波，其水平方向的慢度为 p。取水平传播方向为 x 轴，则对相应的质点位移有 $u_x = u_z = 0$， $u_y = u_y(x,z,t)$， 且 u_y 对 x 和 t 的依赖具有 $\exp[\mathrm{i}\omega(px - t)]$ 的形式。进一步，根据应变定义和应力-应变关系，对于介质中的应力张量，除了 $\sigma_{yz} = \sigma_{zy} = \mu\partial v(x,z,t)/\partial z$ 和 $\sigma_{xy} = \sigma_{yx} = \mu\partial v(x,z,t)/$

∂x 不为 0 以外，其余的应力张量元素都为 0。令 $u_y(x,z,t)=v(z)\exp[\mathrm{i}\omega(px-t)]$，$\sigma_{yz}(x,z,t)=\tau_{yz}(z)\exp[\mathrm{i}\omega(px-t)]$，则

$$\tau_{yz}(z)=\mu\frac{\mathrm{d}v(z)}{\mathrm{d}z} \tag{A1.1.1}$$

同时，利用运动方程 $\rho\ddot{u}_i=\sigma_{ij,j}$，有

$$-\rho\omega^2 v=-\omega^2 p^2\mu v+\frac{\mathrm{d}\tau_{yz}}{\mathrm{d}z} \tag{A1.1.2}$$

定义位移-应力向量：

$$\boldsymbol{f}=\begin{pmatrix} v(z) \\ \tau_{yz}(z) \end{pmatrix} \tag{A1.1.3}$$

式(A1.1.1)和式(A1.1.2)可统一写为

$$\frac{\mathrm{d}}{\mathrm{d}z}\boldsymbol{f}=\boldsymbol{A}\boldsymbol{f} \tag{A1.1.4}$$

式中，

$$\boldsymbol{A}=\begin{pmatrix} 0 & \mu^{-1} \\ \omega^2(\mu p^2-\rho) & 0 \end{pmatrix} \tag{A1.1.5}$$

类似结果可以推广至 P-SV 波。此时，

$$\boldsymbol{f}(z)=\begin{pmatrix} u_x(z) \\ u_z(z) \\ \tau_{zx}(z) \\ \tau_{zz}(z) \end{pmatrix} \tag{A1.1.6}$$

$$\boldsymbol{A}=\begin{pmatrix} 0 & -\mathrm{i}\omega p & \dfrac{1}{\mu} & 0 \\ -\dfrac{\mathrm{i}\omega p\lambda}{\lambda+2\mu} & 0 & 0 & \dfrac{1}{\lambda+2\mu} \\ \omega^2 p^2\dfrac{4\mu(\lambda+\mu)}{\lambda+2\mu}-\rho\omega^2 & 0 & 0 & -\dfrac{\mathrm{i}\omega p\lambda}{\lambda+2\mu} \\ 0 & -\rho\omega^2 & -\mathrm{i}\omega p & 0 \end{pmatrix} \tag{A1.1.7}$$

式中，$u_x(z)$、$u_z(z)$、$\tau_{zx}(z)$、$\tau_{zz}(z)$ 的含义由以下各式给出：

$$u_x(x,z,t)=u_x(z)\exp[\mathrm{i}\omega(px-t)],\quad u_z(x,z,t)=u_z(z)\exp[\mathrm{i}\omega(px-t)]$$

$$\sigma_{zx}(x,z,t)=\tau_{zx}(z)\exp[\mathrm{i}\omega(px-t)],\quad \sigma_{zz}(x,z,t)=\tau_{zz}(z)\exp[\mathrm{i}\omega(px-t)]$$

假定$\lambda^{(\alpha)}$和$\boldsymbol{v}^{(\alpha)}$为矩阵$\boldsymbol{A}$的本征值和本征矢量，即$\boldsymbol{A}\boldsymbol{v}^{(\alpha)}=\lambda^{(\alpha)}\boldsymbol{v}^{(\alpha)}$，对 SH 波，$\alpha=1,2$；对 P-SV 波，$\alpha=1,2,3,4$，则

$$\boldsymbol{f}^{(\alpha)}=\boldsymbol{v}^{(\alpha)}\exp[\lambda^{(\alpha)}(z-z_{\text{ref}})] \tag{A1.1.8}$$

为常微分方程(A1.1.4)的一个解，而该方程的任意解都可以表示为$\boldsymbol{f}^{(\alpha)}$的线性组合，即有

$$\boldsymbol{f}=\sum_{\alpha}w^{(\alpha)}\boldsymbol{v}^{(\alpha)}\exp[\lambda^{(\alpha)}(z-z_{\text{ref}})]=\boldsymbol{F}\boldsymbol{w} \tag{A1.1.9}$$

其中，

$$\boldsymbol{F}=[\boldsymbol{f}^{(1)},\cdots,\boldsymbol{f}^{(\alpha)}] \tag{A1.1.10}$$

$$\boldsymbol{w}=[w^{(1)},\cdots,w^{(\alpha)}]^{\text{T}} \tag{A1.1.11}$$

对 SH 波，容易证明矩阵$\boldsymbol{A}$的两个本征值为$\pm\mathrm{i}\omega\eta$，其中$\eta=\sqrt{\beta^{-2}-p^2}$相应的本征矢量为$\begin{pmatrix}1\\ \pm\mathrm{i}\omega\mu\eta\end{pmatrix}$，因此

$$\boldsymbol{F}=\begin{pmatrix}\exp[\mathrm{i}\omega\eta(z-z_{\text{ref}})] & \exp[-\mathrm{i}\omega\eta(z-z_{\text{ref}})]\\ \mathrm{i}\omega\eta\exp[\mathrm{i}\omega\eta(z-z_{\text{ref}})] & -\mathrm{i}\omega\eta\exp[-\mathrm{i}\omega\eta(z-z_{\text{ref}})]\end{pmatrix}$$

分别记

$$\boldsymbol{E}=\begin{pmatrix}1 & 1\\ \mathrm{i}\omega\mu\eta & -\mathrm{i}\omega\mu\eta\end{pmatrix},\quad \boldsymbol{\Lambda}=\begin{pmatrix}\exp[\mathrm{i}\omega\eta(z-z_{\text{ref}})] & 0\\ 0 & \exp[-\mathrm{i}\omega\eta(z-z_{\text{ref}})]\end{pmatrix} \tag{A1.1.12}$$

则

$$\boldsymbol{F}=\boldsymbol{E}\boldsymbol{\Lambda} \tag{A1.1.13}$$

显然，此时$\boldsymbol{f}^{(1)}=\begin{pmatrix}1\\ \mathrm{i}\omega\mu\eta\end{pmatrix}\exp[\mathrm{i}\omega\eta(z-z_{\text{ref}})]$为下行波$u_y(x,z,t)\sim\exp[\mathrm{i}\omega(px+\eta z-t)]$对应的位移-应力矢量，$\boldsymbol{f}^{(2)}=\begin{pmatrix}1\\ -\mathrm{i}\omega\mu\eta\end{pmatrix}\exp[-\mathrm{i}\omega\eta(z-z_{\text{ref}})]$为上行波$u_y(x,z,t)\sim\exp[\mathrm{i}\omega(px-\eta z-t)]$对应的位移-应力矢量，$H^{(\text{D})}=w^{(1)}$和$H^{(\text{U})}=w^{(2)}$分别代表下行波和上行波的幅值大小，而$\boldsymbol{f}$为上行波和下行波各自引起的位移-应力矢量的叠加。

对同一层介质中的两个不同深度z_1和z_2，由于$\boldsymbol{w}=\begin{pmatrix}H^{(\text{D})}\\ H^{(\text{U})}\end{pmatrix}$相同，而且

$\boldsymbol{f}(z_1)=\boldsymbol{F}(z_1)\boldsymbol{w}=\boldsymbol{E\Lambda}(z_1)\boldsymbol{w}$，$\boldsymbol{f}(z_2)=\boldsymbol{F}(z_2)\boldsymbol{w}=\boldsymbol{E\Lambda}(z_2)\boldsymbol{w}$，因此

$$\boldsymbol{f}(z_2)=\boldsymbol{F}(z_2)\boldsymbol{F}^{-1}(z_1)\boldsymbol{f}(z_1)=[\boldsymbol{E\Lambda}(z_2)\boldsymbol{\Lambda}^{-1}(z_1)\boldsymbol{E}^{-1}]\boldsymbol{f}(z_1)$$

令

$$\boldsymbol{P}(z_2,z_1)=[\boldsymbol{E\Lambda}(z_2)\boldsymbol{\Lambda}^{-1}(z_1)\boldsymbol{E}^{-1}] \tag{A1.1.14}$$

则

$$\boldsymbol{f}(z_2)=\boldsymbol{P}(z_2,z_1)\boldsymbol{f}(z_1) \tag{A1.1.15}$$

式中，$\boldsymbol{P}(z_2,z_1)$ 为传播矩阵，它具有下列性质：

$$\boldsymbol{P}(z,z)=\boldsymbol{I} \tag{A1.1.16}$$

$$\boldsymbol{P}(z_1,z_2)=\boldsymbol{P}^{-1}(z_2,z_1) \tag{A1.1.17}$$

$$\boldsymbol{P}(z_3,z_1)=\boldsymbol{P}(z_3,z_2)\boldsymbol{P}(z_2,z_1) \tag{A1.1.18}$$

利用介质在分界面上的位移-应力连续条件，可以将式(A1.1.14)推广至不在同一水平分层的两个深度之间，并保持式(A1.1.15)～式(A1.1.17)成立。假定 $z^{(k-1)}\leqslant z_1\leqslant z^{(k)}$ 位于第 k 层，$z^{(k+m)}\leqslant z_2\leqslant z^{(k+m+1)}$ 位于第 $k+m+1$ 层，这里 $z^{(k)}$ 代表介质的第 k 个分界面，其中 $z^{(0)}=0$ 为地表，则

$$\boldsymbol{P}(z_2,z_1)=\boldsymbol{P}(z_2,z^{(k+m)})\boldsymbol{P}(z^{(k+m)},z^{(k+m-1)})\cdots\boldsymbol{P}(z^{(k)},z_1) \tag{A1.1.19}$$

对于式(A1.1.19)等号右边的每一个因子，因为相应的两个深度都在同一层中，可以采用式(A1.1.13)来计算。对计算需要用到的 $\boldsymbol{E}^{-1}$，容易得到：

$$\boldsymbol{E}^{-1}=\begin{pmatrix}\dfrac{1}{2} & \dfrac{-\mathrm{i}}{2\omega\mu\eta}\\ \dfrac{1}{2} & \dfrac{\mathrm{i}}{2\omega\mu\eta}\end{pmatrix} \tag{A1.1.20}$$

式(A1.1.13)～式(A1.1.19)的结果可以推广至 P-SV 波的情况。此时矩阵 $\boldsymbol{A}$ 的 4 个本征值为 $\pm\mathrm{i}\omega\xi$ 和 $\pm\mathrm{i}\omega\eta$，其中 $\xi=\sqrt{\alpha^{-2}-p^2}$，相应的本征矢量对 z 的依赖分别具有 $\exp[\pm\mathrm{i}\omega\xi(z-z_{\mathrm{ref}})]$、$\exp[\pm\mathrm{i}\omega\eta(z-z_{\mathrm{ref}})]$ 的形式，并分别对应下行 P 波、上行 P 波、下行 SV 波和上行 SV 波的位移-应力矢量。采用图 A1.1.1 所示的位移正向的定义，有

$$\boldsymbol{E}=\begin{pmatrix}\alpha p & \beta\eta & \alpha p & \beta\eta\\ \alpha\xi & -\beta p & -\alpha\xi & \beta p\\ 2\mathrm{i}\omega\rho\alpha\beta^2 p\xi & \mathrm{i}\omega\rho\beta(1-2\beta^2p^2) & -2\mathrm{i}\omega\rho\alpha\beta^2 p\xi & -\mathrm{i}\omega\rho\beta(1-2\beta^2p^2)\\ \mathrm{i}\omega\rho\alpha(1-2\beta^2p^2) & -2\mathrm{i}\omega\rho\beta^3 p\eta & \mathrm{i}\omega\rho\alpha(1-2\beta^2p^2) & -2\mathrm{i}\omega\rho\beta^3 p\eta\end{pmatrix}$$

(A1.1.21a)

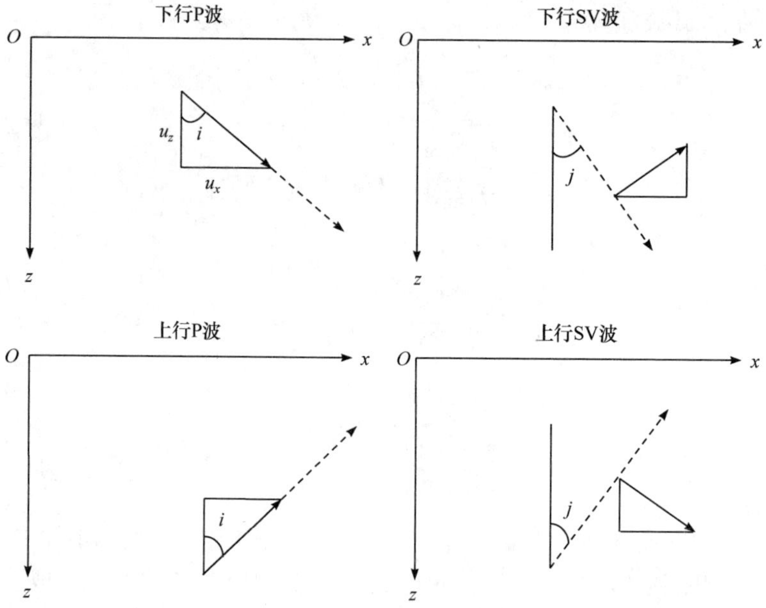

图 A1.1.1　不同行进方向 P 波和 SV 波位移正向示意图

$$\boldsymbol{\Lambda}=\begin{pmatrix} \exp[\mathrm{i}\omega\xi(z-z_{\mathrm{ref}})] & 0 & 0 & 0 \\ 0 & \exp[\mathrm{i}\omega\eta(z-z_{\mathrm{ref}})] & 0 & 0 \\ 0 & 0 & \exp[-\mathrm{i}\omega\xi(z-z_{\mathrm{ref}})] & 0 \\ 0 & 0 & 0 & \exp[-\mathrm{i}\omega\eta(z-z_{\mathrm{ref}})] \end{pmatrix} \tag{A1.1.21b}$$

对计算传播矩阵时需要用到的 $\boldsymbol{E}^{-1}$，此时可以得到：

$$\boldsymbol{E}^{-1}=\begin{pmatrix} \dfrac{\beta^2 p}{\alpha} & \dfrac{1-2\beta^2 p^2}{2\alpha\xi} & \dfrac{-\mathrm{i}p}{2\omega\rho\alpha\xi} & \dfrac{-\mathrm{i}}{2\omega\rho\alpha} \\ \dfrac{1-2\beta^2 p^2}{2\beta\eta} & -\beta p & \dfrac{-\mathrm{i}}{2\omega\rho\beta} & \dfrac{\mathrm{i}p}{2\omega\rho\beta\eta} \\ \dfrac{\beta^2 p}{\alpha} & \dfrac{-(1-2\beta^2 p^2)}{2\alpha\xi} & \dfrac{\mathrm{i}p}{2\omega\rho\alpha\xi} & \dfrac{-\mathrm{i}}{2\omega\rho\alpha} \\ \dfrac{1-2\beta^2 p^2}{2\beta\eta} & \beta p & \dfrac{\mathrm{i}}{2\omega\rho\beta} & \dfrac{\mathrm{i}p}{2\omega\rho\beta\eta} \end{pmatrix} \tag{A1.1.22}$$

利用上述传播矩阵的概念可以方便地计算地震波的广义透、反射系数。如图 A1.1.2 所示，对在不同层中的两个深度 $z_1 \leqslant z_2$，当 P-SV 波入射时，用 $P_1^{(\mathrm{D})}$、$S_1^{(\mathrm{D})}$ 分别表示 z_1 上方介质中的下行 P 波和下行 SV 波，用 $P_1^{(\mathrm{U})}$、$S_1^{(\mathrm{U})}$ 分别表示相应的上行 P 波和上行 SV 波，用 $P_2^{(\mathrm{D})}$、$S_2^{(\mathrm{D})}$、$P_2^{(\mathrm{U})}$、$S_2^{(\mathrm{U})}$ 分别表示 z_2 下方介质中

的下行、上行 P 波和 SV 波。当 SH 波入射时，记 z_1 上方介质中的下行和上行 SH 波为 $H_1^{(\mathrm{D})}$ 、$H_1^{(\mathrm{U})}$，记 z_2 下方介质中的下行和上行 SH 波为 $H_2^{(\mathrm{D})}$ 、$H_2^{(\mathrm{U})}$ 。由于

$$\boldsymbol{f}(z_1)=\boldsymbol{E\Lambda}(z_1)\boldsymbol{w}_1=\boldsymbol{P}(z_1,z_2)\boldsymbol{f}(z_2)=\boldsymbol{P}(z_1,z_2)\boldsymbol{E\Lambda}(z_2)\boldsymbol{w}_2$$

有

$$\boldsymbol{w}_1=\boldsymbol{\Lambda}_1^{-1}(z_1)\boldsymbol{E}_1^{-1}\boldsymbol{P}(z_1,z_2)\boldsymbol{E}_2\boldsymbol{\Lambda}_2(z_2)\boldsymbol{w}_2 \tag{A1.1.23a}$$

或

$$\boldsymbol{w}_2=\boldsymbol{\Lambda}_2^{-1}(z_2)\boldsymbol{E}_2^{-1}\boldsymbol{P}(z_2,z_1)\boldsymbol{E}_1\boldsymbol{\Lambda}_1(z_1)\boldsymbol{w}_1 \tag{A1.1.23b}$$

对 SH 波：

$$\boldsymbol{w}_1=\begin{pmatrix}H_1^{(\mathrm{D})}\\ H_1^{(\mathrm{U})}\end{pmatrix},\quad \boldsymbol{w}_2=\begin{pmatrix}H_2^{(\mathrm{D})}\\ H_2^{(\mathrm{D})}\end{pmatrix} \tag{A1.1.24}$$

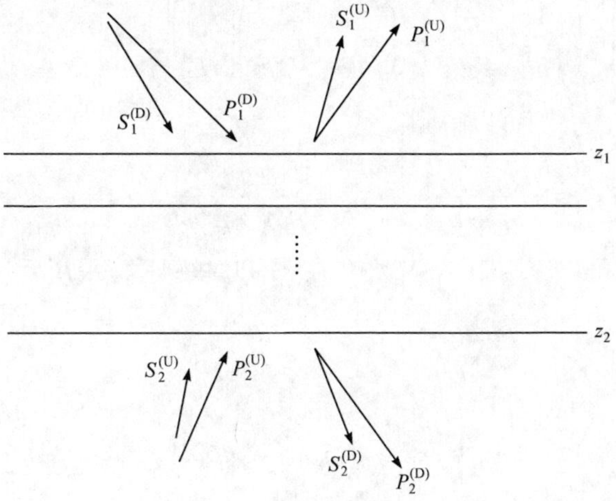

图 A1.1.2　广义透、反射系数计算方法示意图

令 $\boldsymbol{B}=\boldsymbol{\Lambda}_1^{-1}(z_1)\boldsymbol{E}_1^{-1}\boldsymbol{P}(z_1,z_2)\boldsymbol{E}_2\boldsymbol{\Lambda}_2(z_2)=\begin{pmatrix}b_{11} & b_{12}\\ b_{21} & b_{22}\end{pmatrix}$，则

$$\begin{pmatrix}H_1^{(\mathrm{D})}\\ H_1^{(\mathrm{U})}\end{pmatrix}=\begin{pmatrix}b_{11} & b_{12}\\ b_{21} & b_{22}\end{pmatrix}\begin{pmatrix}H_2^{(\mathrm{D})}\\ H_2^{(\mathrm{U})}\end{pmatrix} \tag{A1.1.25}$$

当 SH 波分别从 z_1 上方向下或 z_2 下方向上入射时，相应地令 $H_2^{(\mathrm{U})}=0$ 或 $H_1^{(\mathrm{D})}=0$，得到广义的透、反射系数为

$$r_{11}=\left.\frac{H_1^{(\mathrm{U})}}{H_1^{(\mathrm{D})}}\right|_{H_2^{(\mathrm{U})}=0}=\frac{b_{21}}{b_{11}},\quad t_{12}=\left.\frac{H_2^{(\mathrm{D})}}{H_1^{(\mathrm{D})}}\right|_{H_2^{(\mathrm{U})}=0}=\frac{1}{b_{11}} \tag{A1.1.26a}$$

$$t_{21}=\left.\frac{H_1^{(\mathrm{U})}}{H_2^{(\mathrm{U})}}\right|_{H_1^{(\mathrm{D})}=0}=\frac{b_{11}b_{22}-b_{12}}{b_{11}},\quad r_{22}=\left.\frac{H_1^{(\mathrm{U})}}{H_2^{(\mathrm{U})}}\right|_{H_1^{(\mathrm{D})}=0}=-\frac{b_{12}}{b_{11}}\tag{A1.1.26b}$$

当 $z_1=z_2=z_{\mathrm{s}}$ 时，取 $z_{\mathrm{ref}}=z_{\mathrm{s}}$，有 $\boldsymbol{B}=\boldsymbol{E}_1^{-1}\boldsymbol{E}_2$，$\boldsymbol{E}_1\boldsymbol{w}_1=\boldsymbol{E}_2\boldsymbol{w}_2$，写成分量形式为

$$H_1^{(\mathrm{D})}+H_1^{(\mathrm{U})}=H_2^{(\mathrm{D})}+H_2^{(\mathrm{U})},\quad \mathrm{i}\omega\mu_1\eta_1(H_1^{(\mathrm{D})}-H_1^{(\mathrm{U})})=\mathrm{i}\omega\mu_2\eta_2(H_2^{(\mathrm{D})}-H_2^{(\mathrm{U})})$$

将它们重新组织为

$$H_1^{(\mathrm{U})}-H_2^{(\mathrm{D})}=-H_1^{(\mathrm{D})}+H_2^{(\mathrm{U})},\quad \mu_1\eta_1H_1^{(\mathrm{U})}+\mu_2\eta_2H_2^{(\mathrm{D})}=\mu_1\eta_1H_1^{(\mathrm{D})}+\mu_2\eta_2H_2^{(\mathrm{U})}$$

或是相应的矩阵形式：

$$\begin{pmatrix}1 & -1\\ \mu_1\eta_1 & \mu_2\eta_2\end{pmatrix}\begin{pmatrix}H_1^{(\mathrm{U})}\\ H_2^{(\mathrm{D})}\end{pmatrix}=\begin{pmatrix}-1 & 1\\ \mu_1\eta_1 & \mu_2\eta_2\end{pmatrix}\begin{pmatrix}H_1^{(\mathrm{D})}\\ H_2^{(\mathrm{U})}\end{pmatrix}\tag{A1.1.27}$$

则

$$\begin{pmatrix}H_1^{(\mathrm{U})}\\ H_2^{(\mathrm{D})}\end{pmatrix}=\begin{pmatrix}1 & -1\\ \mu_1\eta_1 & \mu_2\eta_2\end{pmatrix}^{-1}\begin{pmatrix}-1 & 1\\ \mu_1\eta_1 & \mu_2\eta_2\end{pmatrix}\begin{pmatrix}H_1^{(\mathrm{D})}\\ H_2^{(\mathrm{U})}\end{pmatrix}=\begin{pmatrix}r_{11} & t_{21}\\ t_{12} & r_{22}\end{pmatrix}\begin{pmatrix}H_1^{(\mathrm{D})}\\ H_2^{(\mathrm{U})}\end{pmatrix}\tag{A1.1.28}$$

无论采用哪种方法，都可以得到：

$$r_{11}=-r_{22}=\frac{\mu_1\eta_1-\mu_2\eta_2}{\mu_1\eta_1+\mu_2\eta_2},\quad t_{12}=\frac{2\mu_1\eta_1}{\mu_1\eta_1+\mu_2\eta_2},\quad t_{21}=\frac{2\mu_2\eta_2}{\mu_1\eta_1+\mu_2\eta_2}\tag{A1.1.29}$$

同样的方法可以应用于 P-SV 波。在 $z_1=z_2=z_{\mathrm{s}}$ 时，采用后一种方法，有

$$\begin{pmatrix}\alpha_1p & \beta_1\eta_1 & \alpha_1p & \beta_1\eta_1\\ \alpha_1\xi_1 & -\beta_1p & -\alpha_1\xi_1 & \beta_1p\\ 2\mathrm{i}\omega\rho_1\alpha_1\beta_1^2p\xi_1 & \mathrm{i}\omega\rho_1\beta_1(1-2\beta_1^2p^2) & -2\mathrm{i}\omega\rho_1\alpha_1\beta_1^2p\xi_1 & -\mathrm{i}\omega\rho_1\beta_1(1-2\beta_1^2p^2)\\ \mathrm{i}\omega\rho_1\alpha_1(1-2\beta_1^2p^2) & -2\mathrm{i}\omega\rho_1\beta_1^3p\eta_1 & \mathrm{i}\omega\rho_1\alpha_1(1-2\beta_1^2p^2) & -2\mathrm{i}\omega\rho_1\beta_1^3p\eta_1\end{pmatrix}\begin{pmatrix}P_1^{(\mathrm{D})}\\ S_1^{(\mathrm{D})}\\ P_1^{(\mathrm{U})}\\ S_1^{(\mathrm{U})}\end{pmatrix}$$

$$=\begin{pmatrix}\alpha_2p & \beta_2\eta_2 & \alpha_2p & \beta_2\eta_2\\ \alpha_2\xi_2 & -\beta_2p & -\alpha_2\xi_2 & \beta_2p\\ 2\mathrm{i}\omega\rho_2\alpha_2\beta_2^2p\xi_2 & \mathrm{i}\omega\rho_2\beta_2(1-2\beta_2^2p^2) & -2\mathrm{i}\omega\rho_2\alpha_2\beta_2^2p\xi_2 & -\mathrm{i}\omega\rho_2\beta_2(1-2\beta_2^2p^2)\\ \mathrm{i}\omega\rho_2\alpha_2(1-2\beta_2^2p^2) & -2\mathrm{i}\omega\rho_2\beta_2^3p\eta_2 & \mathrm{i}\omega\rho_2\alpha_2(1-2\beta_2^2p^2) & -2\mathrm{i}\omega\rho_2\beta_2^3p\eta_2\end{pmatrix}\begin{pmatrix}P_2^{(\mathrm{D})}\\ S_2^{(\mathrm{D})}\\ P_2^{(\mathrm{U})}\\ S_2^{(\mathrm{U})}\end{pmatrix}$$

重新组织为

$$\boldsymbol{M}\begin{pmatrix}P_1^{(\mathrm{U})}\\ S_1^{(\mathrm{U})}\\ P_2^{(\mathrm{D})}\\ S_2^{(\mathrm{D})}\end{pmatrix}=\boldsymbol{N}\begin{pmatrix}P_1^{(\mathrm{D})}\\ S_1^{(\mathrm{D})}\\ P_2^{(\mathrm{U})}\\ S_2^{(\mathrm{U})}\end{pmatrix}\tag{A1.1.30}$$

的形式，其中，

$$
\boldsymbol{M}=\begin{pmatrix}
-\alpha_1 p & -\beta_1\eta_1 & \alpha_2 p & \beta_2\eta_2 \\
\alpha_1\xi_1 & -\beta_1 p & \alpha_2\xi_2 & -\beta_2 p \\
2\rho_1\alpha_1\beta_1^2 p\xi_1 & \rho_1\beta_1(1-2\beta_1^2 p^2) & 2\rho_2\alpha_2\beta_2^2 p\xi_2 & \rho_2\beta_2(1-2\beta_2^2 p^2) \\
-\rho_1\alpha_1(1-2\beta_1^2 p^2) & 2\rho_1\beta_1^3 p\eta_1 & \rho_2\alpha_2(1-2\beta_2^2 p^2) & -2\rho_2\beta_2^3 p\eta_2
\end{pmatrix}
$$

$$
\boldsymbol{N}=\begin{pmatrix}
\alpha_1 p & \beta_1\eta_1 & -\alpha_2 p & -\beta_2\eta_2 \\
\alpha_1\xi_1 & -\beta_1 p & \alpha_2\xi_2 & -\beta_2 p \\
2\rho_1\alpha_1\beta_1^2 p\xi_1 & \rho_1\beta_1(1-2\beta_1^2 p^2) & 2\rho_2\alpha_2\beta_2^2 p\xi_2 & \rho_2\beta_2(1-2\beta_2^2 p^2) \\
\rho_1\alpha_1(1-2\beta_1^2 p^2) & -2\rho_1\beta_1^3 p\eta_1 & -\rho_2\alpha_2(1-2\beta_2^2 p^2) & 2\rho_2\beta_2^3 p\eta_2
\end{pmatrix}
$$

而

$$
\boldsymbol{M}^{-1}\boldsymbol{N}=\begin{pmatrix}
\boldsymbol{R}^{(11)} & \boldsymbol{T}^{(21)} \\
\boldsymbol{T}^{(12)} & \boldsymbol{R}^{(22)}
\end{pmatrix}=\left(\begin{array}{cc|cc}
r_{\mathrm{PP}}^{(11)} & r_{\mathrm{SP}}^{(11)} & t_{\mathrm{PP}}^{(21)} & t_{\mathrm{SP}}^{(21)} \\
r_{\mathrm{PS}}^{(11)} & r_{\mathrm{SS}}^{(11)} & t_{\mathrm{PS}}^{(21)} & t_{\mathrm{SS}}^{(21)} \\
\hline
t_{\mathrm{PP}}^{(12)} & t_{\mathrm{SP}}^{(12)} & r_{\mathrm{PP}}^{(22)} & r_{\mathrm{SP}}^{(22)} \\
t_{\mathrm{PS}}^{(12)} & t_{\mathrm{SS}}^{(12)} & r_{\mathrm{PS}}^{(22)} & r_{\mathrm{SS}}^{(22)}
\end{array}\right) \tag{A1.1.31}
$$

第 2 章　地下核爆炸震源物理概述

2.1　核爆炸基本概念

核爆炸和普通炸药爆炸一样，都是从有限体积几乎瞬时释放出大量能量，并在周围介质中产生强烈冲击波的过程(乔登江，2003)。核爆炸的威力通常用 TNT 当量表示。所谓 TNT 当量，即释放相同能量所需的 TNT 炸药质量，常用单位为千吨(kt)。1kt 的 TNT 炸药爆炸释放的能量约为 4.2×10^{12}J。普通原子弹的当量在 10kt 的量级，而普通氢弹的当量在 1000kt 的量级。尽管威力非常巨大，但提供如此巨大威力所需的核材料质量却很小。例如，只需要大约 570g 的裂变材料(铀-235 或钚-239)全部裂变，就能释放出 10kt TNT 炸药爆炸时所释放的能量(春雷，2000；Glasstone et al., 1977)。

核爆炸按爆炸方式一般分为大气层核爆炸、水下核爆炸、地下核爆炸和高空核爆炸。不同方式的核爆炸具有不同的爆炸效应。一般而言，核爆炸发生后释放的能量分别转化为冲击波、热辐射、早期核辐射和剩余核辐射等形式。其中，早期核辐射为核反应过程中产生的中子和伽马射线，剩余核辐射为核爆炸裂变产物产生的延迟辐射。原子弹爆炸时，早期核辐射和剩余核辐射约占核爆炸释放总能量的 15%；氢弹爆炸时，它们约占总能量的 10%。剩下 85%～90%的能量都转化为冲击波和热辐射的能量。冲击波和热辐射之间的相对份额与爆炸方式和爆心周围的环境介质条件有关。爆心周围环境介质的密度越大，冲击波所占的能量份额越大。对高度在 10km 以下的大气层原子弹爆炸，空气冲击波的能量约占整个核爆炸能量的 50%，热辐射的能量约占 35%(Glasstone et al., 1977)。在地下核爆炸的情况下，绝大部分的热辐射能量和部分冲击波能量通过使岩石汽化、熔化的方式沉积到空腔中，还有一部分冲击波能量因岩石破坏和非弹性变形而被耗散在源区介质中，最终只有很小的一部分能量以地震波的形式辐射到远区。在硬岩的情况下，这部分能量的比例在 1%的量级。

2.2　地下核爆炸震源物理过程

综合相关文献所述(乔登江等，2002；吴忠良等，1994; Glenn，1993；Rodean,

1981；Glasstone et al.，1977)，如仅考虑地下核爆炸震源中占主要成分的膨胀体积源，而暂不考虑层裂、构造应力释放等次要震源，则如图 2.2.1 所示，与地下核爆炸地震波激发有关的源物理过程可以分为岩石汽化、岩石破坏与非弹性变形两个阶段。其中第一阶段又可分为以热辐射主导和以冲击波主导的前后两个过程，而第二阶段则包括冲击波衰减演化和空腔膨胀两个平行过程。

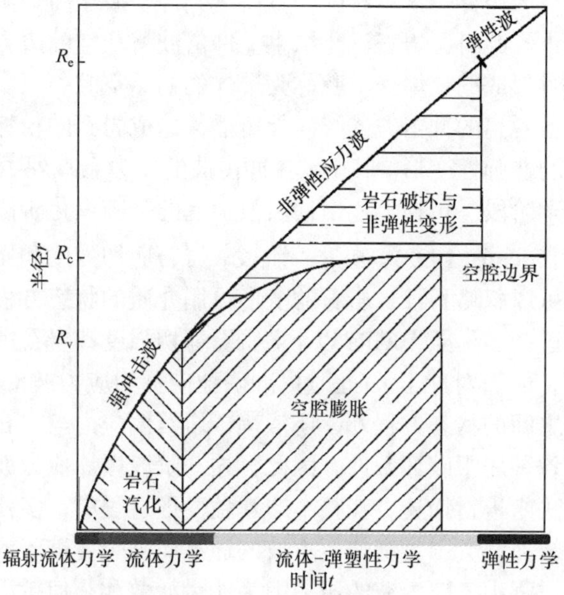

图 2.2.1　地下核爆炸基本源物理过程示意图(修改自 Rodean，1981)(后附彩图)

地下核爆炸时，核反应释放出的巨大能量使爆炸装置汽化和电离，产生强烈的热辐射和弹体波。热辐射先于弹体波照射并沉积到爆室壁后很薄的一层岩石中，使得岩石汽化，并因为汽化岩石的反冲作用和热应力两种机制(王道荣等，2013)产生高压的热击波。热击波一方面向外传播，在热应力机制占主导的情况下压缩爆室壁向内膨胀。但无论如何，都会通过向内运动的岩石蒸汽或爆室壁，压缩附近的空气，形成向内压缩的冲击波。弹体波与这样的冲击波相碰，形成一个更强的冲击波，并向岩土介质里传播，很快赶上前面的热击波，合成一个强冲击波传播出去。爆室内冲击波的多次反射和碰撞，使爆室内的温度、压力趋于平衡，形成一个充满高温、高压气体的原始空腔，更准确地说是气泡。其温度和压力因爆室具体条件不同可能有所差异。在通常情况下，温度可达 10^6～10^7K，压力可达 10^3～10^4GPa。这一过程的持续时间小于 10μs/kt$^{1/3}$。由于不能忽略热辐射对爆室中能量和压力的贡献，其细节需要采用辐射流体力学的方法来进行模拟，此阶段为地下核爆炸震源过程的辐射流体力学阶段。

在空腔中高温高压气体的作用下，爆室壁高速向外膨胀，并在岩石中引起强烈的冲击波。刚开始时，冲击波的压力高达 10^2～10^3GPa，波阵面扫过之处岩石直接汽化。其中，对花岗岩这样的硅质密实岩石，汽化所需的冲击波压力约为 2 百万个大气压，即大约 2×10^2GPa；而对凝灰岩、冲积土这样的硅质多孔介质，汽化所需的冲击波压力为密实介质时的 1/3～1/2(Butkovich, 1967)。显然，此时冲击波的波阵面就是空腔边界。这一状况一直持续到冲击波压力降至不足以使空腔壁处的岩石汽化为止。此时，岩石汽化结束，冲击波将从空腔边界上脱离。一般，将岩石汽化结束时形成的核爆炸空腔称为爆炸的初始空腔。

从空腔边界上脱离的冲击波继续向外传播，造成岩石的粉碎、压实、破裂、破碎等各种形式的非弹性变形。其中，在冲击波的压力衰减到 10GPa 之前为爆炸源过程的流体力学阶段。包括上述由冲击波引起的空腔汽化阶段在内，其持续时间约为 $1\text{ms}/\text{kt}^{1/3}$ (Glenn，1993)。在这一阶段，岩石剪切强度和岩石中的围压与冲击波的压力相比可以忽略不计，岩石的变形可用介质的状态方程来很好的描述。随着冲击波压力进一步降至 10GPa 以下，岩石剪切强度和岩石中的围压影响不能再被忽略。此时，岩石对冲击波(此时更准确地应称为应力波)的响应除了依赖于压力与体积变形之间的状态方程外，还依赖于岩石偏应力与岩石剪切变形之间的本构关系，包括各种屈服破坏条件。因此，这一阶段爆炸应力波的传播需要采用弹塑性力学的方法来进行描述。在整个非弹性变形过程中，多孔介质会被不同程度地压实，所有岩石都会因为爆炸应力波的通过而破裂、破碎或发生其他形式的塑性变形。在此过程中，应力波的压力因为能量耗散和几何扩散不断下降，并从一定距离开始，其幅值不再引起岩石的非弹性变形，使得岩石的响应可用弹性力学的方法来描述。核爆炸地震学中，将上述应力波转变为弹性波的距离称为爆炸的弹性半径。在第 3 章将看到，由该半径上的压力时间函数可以确定地下爆炸的源时间函数和源频谱。

在冲击波脱离空腔表面之后，空腔在内部巨大压力的作用下继续膨胀，造成整个源区的体积向外膨胀，同时腔内压力逐渐降低。当降低到与岩石的围压相平衡时，由于惯性会继续膨胀，达到最大值，然后在岩层压力的作用下发生回弹，并最终达到稳定值。这一膨胀过程与冲击波衰减演化为弹性波的过程在时间上是同步的。弹性边界上的压力时间函数包含了二者共同的贡献。而且，在第 3 章中可以看到，地下爆炸的震源强度主要取决于空腔的膨胀程度。

上述源过程并未考虑地表层裂和岩石中的构造应力释放对地下爆炸地震波的影响。对于一般的封闭式地下爆炸，向上传播的呈压缩性质的应力波到达地表后被反射成为拉伸波。反射的拉伸波与继续向上传播的压缩波波尾相叠加。若叠加后的净拉应力超过岩石中的地层压力和岩石的抗拉强度之和，则相应深度之上的表层岩石会被剥离，并在经过短暂的上抛和自由落体运动后，重新拍打在地上。地下岩石在地表反射应力波作用下的剥离—拍打现象称为层裂，它与伴随这一过程的晚期岩石损伤是地下核爆炸时重要的次要震源机制之一。除此以外，由于地下核爆炸在较大范围内造成岩石的破坏，使得岩石中积累的构造应力被释放出来，这一机制是地下核爆炸的另一种重要次要震源机制，对核爆炸地震波的产生也具有重要影响。

以上对地下核爆炸地震源区力学过程的描述主要针对封闭式填实地下爆炸而言。在非封闭地下爆炸的情况下，爆炸的部分能量进入大气，形成空气冲击波。空气冲击波和地下冲击波的相对大小，与地下爆炸的比例埋深有关。同时，对于非封闭地下爆炸，因为爆炸的比例埋深较小，爆炸空腔会因弹坑的形成而被过早地卸压，使得空腔膨胀提前结束，从而降低远区地震信号的幅值。降低的程度与卸压的时间和卸压的速率有关，实际也和比例埋深有关。

另外一种特殊方式的地下核爆炸是大空腔解耦爆炸。此时爆炸释放的巨大能量使空腔中的温度、压力大幅升高，并在空腔中形成来回振荡的空气冲击波。突然增加的空腔压力及冲击波超压一起作用在腔壁上，形成岩石中的应力波。在空腔半径足够大的情况下，岩石对上述空腔压力的响应是完全弹性的。此时，空腔半径就是爆炸的弹性半径，对应的爆炸称为完全解耦空腔爆炸。冲击波压力在空气中的衰减明显快于其在岩石中的衰减，或更为本质地说，大空腔爆炸引起的介质塑性流动要远小于填实爆炸所引起的介质塑性流动，使得空腔爆炸的震源强度通常要远小于填实爆炸的震源强度。此外，大空腔解耦爆炸基本上不会造成地下岩石层裂和破坏，和填实爆炸相比，其震源机制更加单纯。

作为本节的结束，这里通过图 2.2.2 对地下核爆炸和地下化学爆炸的源物理过程做一个简单的对比。该图保留了 Rodean(1981)提出的地下核爆炸、地下化学爆炸不同的部分，对两者的相同部分进行了重新设计，以更为准确地反映地下爆炸的源物理过程。图中将核爆炸装置比作化学爆炸时的雷管，核爆炸引发的岩石汽化、熔化则被比作雷管引发的炸药爆轰，它们分别对应于各自爆炸过程的第一、第二阶段。按照该图，地下核爆炸和地下化学爆炸在源过程上的主要区别是，核爆炸时，能量完全来自爆炸的第一阶段，第二阶段实际上是耗能的。相反，化学爆炸时，能量几乎完全来自爆炸的第二阶段。如果将第一、第二阶段看成一个整体，则结果都是在岩石中形成一个充满高温高压气体的空腔。空腔膨胀引发整个源区的体积膨胀并激发冲击波。冲击波引起空腔外岩石的非弹性变形，衰减成为弹性波，从而构成地下爆炸震源中占主要成分的膨胀体积源。与此同时，伴随有构造应力释放、层裂和晚期岩石损伤等次要震源成分。因此，地下核爆炸和地下化学爆炸在源过程上的区别主要体现在初始空腔的形成过程上，而后续的源物理过程则几乎相同。这种相似性及早期过程上的差异所导致的结果是，核爆时地震波能量与爆炸释放的总能量之比，即地震能量耦合系数要低于化爆时的结果。一般认为 1kt 化爆辐射的地震波的幅值相当于 2kt 核爆时的幅值。除此以外，核爆和化爆在信号特征上几乎无法区别。关于核爆和化爆是否存在区别的问题，9.4 节将做更详细介绍。

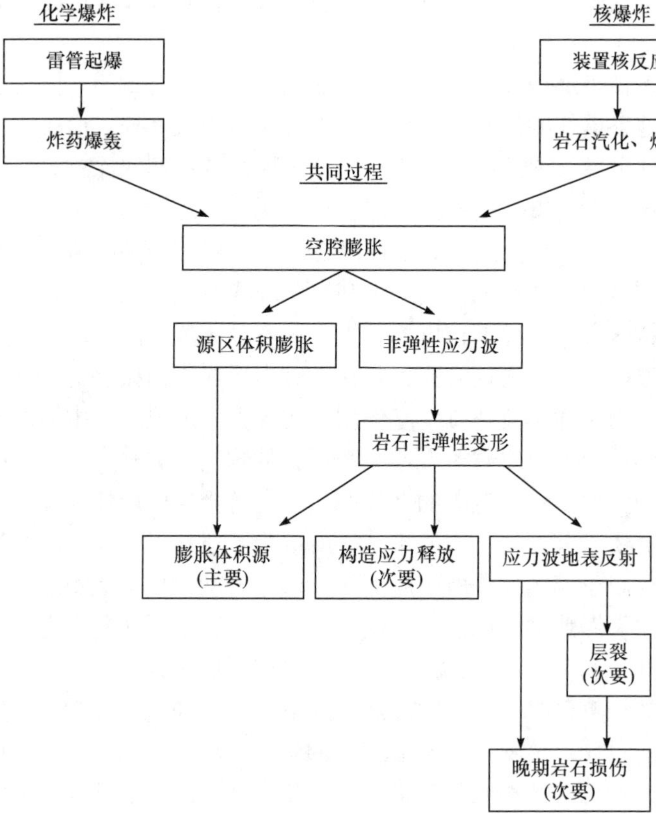

图 2.2.2　地下核爆炸与地下化学爆炸源物理过程比较

2.3　地下核爆炸震源力学理论基础

地下核爆炸地震源区力学过程一般可用物质的质量守恒、动量守恒和能量守恒方程结合材料的状态方程和本构方程来描述(乔登江等，2002；Glenn, 1993; Schatz, 1973)。这里仅介绍有关的基本原理，对具体的数值求解算法不作介绍。

采用欧拉描述方法，分别有

$$\frac{1}{\rho}\frac{\mathrm{D}\rho}{\mathrm{d}t} = -\nabla \cdot \boldsymbol{v} \qquad \text{(质量守恒)} \tag{2.3.1}$$

$$\rho\frac{\mathrm{D}\boldsymbol{v}}{\mathrm{d}t}=-\nabla(p+p_{\mathrm{R}})+\nabla\cdot\boldsymbol{\sigma}+\boldsymbol{f}\qquad(动量守恒)\tag{2.3.2}$$

$$\rho\frac{\mathrm{D}e}{\mathrm{d}t}=-\nabla\cdot[\boldsymbol{v}(p+p_{\mathrm{R}})]+\nabla\cdot(\boldsymbol{v}\cdot\boldsymbol{\sigma})+\nabla\cdot[\kappa\nabla T+\frac{c\lambda_{\mathrm{R}}}{3}\nabla(a_{\mathrm{R}}T^4)]+Q\qquad(能量守恒)\tag{2.3.3}$$

$$e=e_{\mathrm{m}}(\rho,T)+\boldsymbol{v}\cdot\boldsymbol{v}/2+a_{\mathrm{R}}T^4/\rho\qquad(能量组成)\tag{2.3.4}$$

$$e_{\mathrm{m}}=e_{\mathrm{m}}(\rho,T,\cdots),\quad p=p(\rho,T,\cdots)\qquad(材料状态方程)\tag{2.3.5}$$

$$\sigma=\sigma(\rho,T,\varepsilon,\cdots)\qquad(材料本构方程)\tag{2.3.6}$$

式中，ρ为给定位置上的物质密度；$\boldsymbol{v}$为相应的质点运动速度；$\mathrm{D}/\mathrm{d}t=\partial/\partial t+\boldsymbol{v}\cdot\nabla$为对时间的全导数；$p$为材料体积变形对应的压力；$\boldsymbol{\sigma}$为材料剪切变形对应的偏应力张量；$\boldsymbol{f}$为材料所受体力，这里为重力；$p_{\mathrm{R}}=a_{\mathrm{R}}T^4/3$为热辐射产生的压力；$c$为光速；$a_{\mathrm{R}}=7.563\times10^{-16}\,\mathrm{J}/(\mathrm{m}^3\cdot\mathrm{K}^4)$为热辐射密度常数；$T$为温度；$e$为总的比能量，即单位质量的材料含有的总能量，它为材料的比内能e_{m}、比动能$\boldsymbol{v}\cdot\boldsymbol{v}/2$和比辐射能$a_{\mathrm{R}}T^4/\rho$之和；$\kappa$为热传导系数；$\lambda_{\mathrm{R}}$为热辐射光子的 Rosseland 平均自由程(Castor, 2003)，它本身也是温度的函数；Q为核爆炸装置在单位体积内的产能率。

式(2.3.2)和式(2.3.3)中等号右边的不同项在爆炸后的不同阶段具有不同的重要性。因此，实际模拟地下核爆炸力学过程时，通常分为不同的阶段，用不同的方法来分别进行计算。其中主要的三个阶段是辐射流体力学阶段、流体动力学阶段和流体-弹塑性力学阶段。在辐射流体力学阶段，忽略岩石强度和围压的影响，并忽略热传导的影响，有

$$\rho\frac{\mathrm{D}\boldsymbol{v}}{\mathrm{d}t}=-\nabla(p+p_{\mathrm{R}})\qquad(动量守恒)\tag{2.3.7}$$

$$\rho\frac{\mathrm{D}e}{\mathrm{d}t}=-\nabla\cdot[\boldsymbol{v}(p+p_{\mathrm{R}})]+\nabla\cdot(\kappa_{\mathrm{R}}\nabla T)\qquad(能量守恒)\tag{2.3.8}$$

式中，$\kappa_{\mathrm{R}}=4c\lambda_{\mathrm{R}}a_{\mathrm{R}}T^3/3$。此时的状态方程可以简化为

$$e_{\mathrm{m}}=e_{\mathrm{m}}(\rho,T),\quad p=p(\rho,T)\qquad(材料状态方程)\tag{2.3.9}$$

式(2.3.7)～式(2.3.9)加上质量守恒方程(2.3.1)构成辐射流体力学阶段的封闭方程组。

当由辐射流体力学方法得到的介质温度使得对应的比辐射能、辐射压力和辐射能流与相应温度下介质的比内能、压力和物质能流相比都可以忽略时，可采用流体动力学的方法来模拟相应阶段下的介质运动。在这一阶段，介质运动方程组可以简化为

$$\frac{1}{\rho}\frac{\mathrm{D}\rho}{\mathrm{d}t} = -\nabla \cdot \boldsymbol{v} \qquad (质量守恒) \tag{2.3.10}$$

$$\rho\frac{\mathrm{D}\boldsymbol{v}}{\mathrm{d}t} = -\nabla p \qquad (动量守恒) \tag{2.3.11}$$

$$\rho\frac{\mathrm{D}}{\mathrm{d}t}\left(e_{\mathrm{m}} + \frac{1}{2}\boldsymbol{v}\cdot\boldsymbol{v}\right) = -\nabla\cdot(\boldsymbol{v}p) \qquad (能量守恒) \tag{2.3.12}$$

$$e_{\mathrm{m}} = e_{\mathrm{m}}(\rho,T),\ p = p(\rho,T) \qquad (材料状态方程) \tag{2.3.13}$$

计算时，可采用上一阶段结束时的介质温度、压力分布作为计算的起始条件。

当由流体动力学方法计算出的冲击波峰值压力小于 10GPa 时，介质强度的影响逐渐变得显著，动量守恒方程和能量守恒方程中与偏应力张量 $\boldsymbol{\sigma}$ 对应的项不能再被忽略。在这一阶段，一方面，介质可能发生不同形式的损伤、破坏；另一方面，包括状态方程在内的介质应力-应变关系非常复杂，并与应变的历史和路径有关。特别地，介质的屈服强度不仅依赖于介质孔隙率、水饱和度、岩石围压等多种因素，还依赖于介质的加、卸载历史。因此，如何正确地描述这一阶段介质的本构行为，是核爆炸震源力学过程理论模拟最关键的部分。

随着核爆炸产生的应力波峰值进一步降低，介质的响应最终成为弹性的。假定在某一曲面 Σ 之外介质响应为弹性的，Σ 上任意一点 $\boldsymbol{\xi}$ 处因为爆炸引起的质点位移为 $\boldsymbol{u}=\boldsymbol{u}(\xi,t)$，牵引力为 $\boldsymbol{T}=\boldsymbol{T}(\xi,t)$，其中 $\boldsymbol{T}_i=(-p\delta_{ij}+\sigma_{ij})\hat{n}_j$，$\hat{\boldsymbol{n}}=(\hat{n}_1,\hat{n}_2,\hat{n}_3)$ 为 Σ 在 $\boldsymbol{\xi}$ 处的外法线，则根据弹性力学表示定理[式(1.3.5)]，远区地震波的位移可以表示为

$$\begin{aligned} u_n(\boldsymbol{x},t) = \int_{-\infty}^{\infty}\mathrm{d}\tau\iint_{\Sigma}[&G_{ni}(\boldsymbol{x},t-\tau;\boldsymbol{\xi},0)T_i(\boldsymbol{\xi},\tau) \\ &-u_i(\boldsymbol{\xi},\tau)C_{ijkl}(\boldsymbol{\xi})\hat{n}_j\frac{\partial}{\partial\xi_l}G_{nk}(\boldsymbol{x},t-\tau;\boldsymbol{\xi},0)]\mathrm{d}\Sigma \end{aligned} \tag{2.3.14}$$

式中，$G_{ni}(\boldsymbol{x},t;\xi,0)$ 为介质格林函数。

2.4 地下爆炸当量立方根比例关系

根据强爆炸理论(乔登江，2003)，在同一介质中，不同当量爆炸所产生的强冲击波符合立方根相似定律。波阵面位置 R_{s}、冲击波压力 p_{s} 和粒子运动速度 v_{s} 与爆炸当量具有以下比例关系，即

$$R_{\mathrm{s}} = \xi_1 W^{1/5} t^{2/5} \tag{2.4.1}$$

$$p_s = \xi_2 \frac{W}{R_s^3} \tag{2.4.2}$$

$$v_s = \xi_3 \left(\frac{W}{R_s^3}\right)^{1/2} \tag{2.4.3}$$

式中，ξ_1、ξ_2、ξ_3 是仅依赖于介质性质的常数。对固定介质来说，假定使得岩石汽化的冲击波压力的阈值为 P_T，则可以得到初始汽化空腔的半径 R_v 和完成汽化所需的时间 t_v 分别为

$$R_v = \xi_4 W^{1/3} \tag{2.4.4}$$

$$t_v = \xi_5 W^{1/3} \tag{2.4.5}$$

式中，$\xi_4 = (\xi_2 / P_T)$、$\xi_5 = (P_T \xi_1 / \xi_2)^{5/2}$ 仍是仅依赖于介质的常数。

式(2.4.2)和式(2.4.3)的结果表明，在固定介质中，爆炸冲击波的压力和质点运动速度仅依赖于当量比例爆心距 $R / W^{1/3}$；而式(2.4.4)和式(2.4.5)的结果则表明，具有固定冲击波压力的特征空间尺度和时间尺度与当量的立方根成正比。将这些关系推广到爆炸源区，用当量立方根来对爆心距、特征时间等参量进行比例化，则有

$$\left.\begin{aligned} p_s = f_1(R / W^{1/3}),\ v = f_2(R / W^{1/3}) \\ t_c / W^{1/3} = f_3(R / W^{1/3}),\ L_c / W^{1/3} = f_3(R / W^{1/3}) \\ I / W^{1/3} = f_4(R / W^{1/3}),\ u / W^{1/3} = f_5(R / W^{1/3}),\ a \cdot W^{1/3} = f_6(R / W^{1/3}) \end{aligned}\right\} \tag{2.4.6}$$

式中，t_c、L_c 表示具有固定冲击波压力的特征时间或空间尺度；I、u、a 分别表示冲击波的冲量、质点运动位移和加速度。因为冲量和位移分别为压力和速度的时间积分，即可以分别看作是压力和速度乘以相应的持续时间，所以需要除以 $W^{1/3}$ 进行比例化。与此相反，粒子加速度则需要乘以 $W^{1/3}$ 进行比例化。

参考文献

春雷, 2000. 核武器概论[M]. 北京: 原子能出版社.

乔登江, 2003. 核爆炸物理概论[M]. 北京: 国防工业出版社.

乔登江, 韩学安, 李如松, 2002. 地下核爆炸现象学概论[M]. 北京: 国防工业出版社.

王道荣, 刘佳琪, 汤文辉, 等, 2013. 强脉冲 X 光热-力学效应研究方法概论[M]. 北京: 中国宇航出版社.

吴忠良, 陈运泰, 牟其铎, 1994. 核爆炸地震学概要[M]. 北京: 地震出版社.

BUTKOVICH T R, 1967. The gas equation of state for natural materials[R]. Livermore: Lawrence Radiation Laboratory, UCRL-14729.

CASTOR J I, 2003. Radiation Hydrodynamic[R]. Livermore: Lawrence Livermore National Laboratory.

GLASSTONE S, DOLAN P J, 1977. The Effects of Nuclear Weapons[R]. 3rd ed., Washington D.C.: the United States Department of Defense and the Energy Research and Development Administration.

GLENN L A, 1993. Modeling the explosion-source region: An Overview[C]//TAYLOR S R, KAMM J R. Proceedings of the Numerical Modeling for Underground Nuclear Test Monitoring Symposium, Durango, Colorado, 1993: 17-24.

RODEAN H, 1981. Inelastic processes in seismic wave generation by underground explosions[M]//HUSEBYE E S, MYKKELVEIT S. Identification of Seismic Source-Earthquake or Explosion (NATO Advanced Study Institutes Series, Series C, Vol. 74). Dordrecht: D. Reidel Publishing Company.

SCHATZ F, 1973. The Physics of SOC and TENSOR[R]. Livermore: Lawrence Radiation Laboratory, UCRL-51352.

第 3 章　地下爆炸一维球对称震源理论

3.1　折合位移势和折合速度势

一维球对称模型是最简单的地下爆炸震源模型。在这一模型中，地下爆炸地震矩张量中只有各向同性分量不为零，且相应的源时间函数可用折合位移势(reduced displacement potential, RDP)或折合速度势(reduced velocity potential, RVP)来表示。

如图 3.1.1 所示，假定地下爆炸产生的应力波是球对称的，并且介质的性质和强度是均匀各向同性的。在这种情况下，爆炸的弹性边界为半径是 r_{el} 的球面，且在该球面上的每一点处，都有相同的压力时间函数 $p(t)$ 。

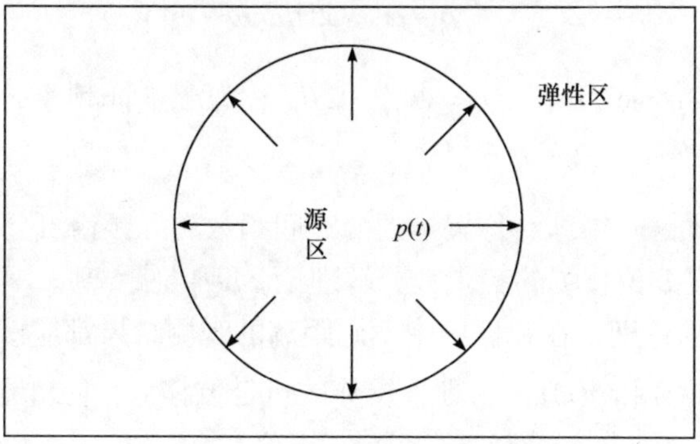

图 3.1.1　一维球对称爆炸源示意图

Sharpe(1942)和 Latter 等(1959)分别在时间域和频率域中对上述问题进行了求解。相对于时间域中的结果，频率域中的解更加简洁明了。假定弹性边界外的介质为均匀无限的，此时质点的位移仅在径向上不为 0，即有 $\boldsymbol{u}=u(r,t)\hat{\boldsymbol{e}}_r$ 。$u(r,t)$ 可由弹性力学运动方程及 $r=r_{\text{el}}$ 处的应力连续条件来进行求解，即

$$\rho\frac{\partial^2 u}{\partial t^2}=(\lambda+2\mu)\frac{\partial}{\partial r}\left[\frac{1}{r^2}\frac{\partial}{\partial r}(r^2 u)\right] \tag{3.1.1}$$

$$\sigma_{rr}\big|_{r=r_{\text{el}}}=-p(t) \tag{3.1.2}$$

式中，ρ 为介质密度；λ、μ 为介质 Lamé 常数；r_{el} 为弹性半径。令

$$u(r,t) = -\nabla \frac{\phi(r,t)}{r} \tag{3.1.3}$$

由式(3.1.1)有

$$\frac{\partial^2 \phi}{\partial r^2} = \frac{1}{\alpha^2}\frac{\partial^2 \phi}{\partial t^2} \tag{3.1.4}$$

式中，$\alpha = \sqrt{(\lambda + 2\mu)/\rho}$ 为介质的 P 波传播速度。式(3.1.4)的通解为 $\phi = \phi(t-(r-r_{\text{el}})/\alpha)$。记 $\tau = t-(r-r_{\text{el}})/\alpha$，将其代入式(3.1.3)，有

$$u(r,t) = \frac{\dot{\phi}(\tau)}{\alpha r} + \frac{\phi(\tau)}{r^2} \tag{3.1.5}$$

又由应力-应变关系：

$$\sigma_{rr} = \lambda(\varepsilon_{rr} + \varepsilon_{\theta\theta} + \varepsilon_{\varphi\varphi}) + 2\mu\varepsilon_{rr} = \lambda\left(\frac{\partial u}{\partial r} + \frac{2u}{r}\right) + 2\mu\frac{\partial u}{\partial r}$$

将其代入式(3.1.2)，并做傅里叶变换，得到：

$$\hat{\phi}(\omega) = \frac{r_{\text{el}}\hat{P}(\omega)}{\rho(-\omega^2 - 2\mathrm{i}\eta\omega_{\text{e}}\omega + \omega_{\text{e}}^2)} \tag{3.1.6}$$

式中，$\hat{P}(\omega) = \int_0^\infty p(t)\mathrm{e}^{\mathrm{i}\omega t}\mathrm{d}t$；$\omega_{\text{e}} = 2\pi f_{\text{e}} = 2\beta / r_{\text{el}}$ 为源本征频率，$\beta = \sqrt{\mu/\rho}$ 为 S 波速度；$\eta = \beta/\alpha$。

上述结果表明，一维球对称爆炸的源时间函数和源频谱可分别用 $\phi(t)$ 和 $\hat{\phi}(\omega)$ 来表示。根据地震波位移场的势函数分解理论，$\phi(t)$ 是距离归一化的 P 波位移势，除去时间延迟上的差别，在弹性区中不同距离的观测结果都应该相同。因此，核爆炸地震学中将 $\phi(t)$ 和 $\hat{\phi}(\omega)$ 称为地下爆炸的折合位移势。它和地下爆炸源的地震矩之间的关系为

$$M_0(t) = 4\pi\rho_{\text{s}}\alpha_{\text{s}}{}^2\phi(t),\ \hat{M}_0(\omega) = 4\pi\rho_{\text{s}}\alpha_{\text{s}}{}^2\hat{\phi}(\omega) \tag{3.1.7}$$

式中，ρ_{s}、α_{s} 的下标 s 用来强调相应的量应该为源区处的值。

在 r 远大于波长的情况下，质点的位移由式(3.1.5)中的远场项主导。此时在时间域和频率域中，地震波的位移分别近似地与 $\psi(t) = \dot{\phi}(t)$ 和 $\hat{\psi}(\omega) = -\mathrm{i}\omega\hat{\phi}(\omega)$ 成正比。$\psi(t)$ 和 $\hat{\psi}(\omega)$ 一般称为地下爆炸的折合速度势，显然

$$\hat{\psi}(\omega) = -\mathrm{i}\omega\hat{\phi}(\omega) = \frac{-\mathrm{i}\omega r_{\text{el}}\hat{P}(\omega)}{\rho(-\omega^2 - 2\mathrm{i}\eta\omega_{\text{e}}\omega + \omega_{\text{e}}^2)} \tag{3.1.8}$$

因为远区地震波的位移振幅谱实际上与 $\hat{\psi}(\omega)$ 成正比，所以在核爆炸地震学中，地下爆炸的源频谱一般是指 $\hat{\psi}(\omega)$，而非 $\hat{\phi}(\omega)$。

3.2 地下爆炸折合位移势观测结果

地下爆炸的折合位移势可以根据质点运动的自由场观测结果得到。所谓自由场观测结果，指测量地下爆炸地震波或应力波时，测量结果尚未受到来自地表和地球内部其他介质分界面上的反射或折射波干扰，从而可以将介质视作均匀无限介质时的记录。

式(3.1.5)是折合位移势测量的基础。假定在爆心距 r 处观测到地下爆炸的径向位移为 $u_r(r,t)$，求解相应的常微分方程，有

$$
\begin{aligned}
\phi(r,t) &= \mathrm{e}^{-\int \frac{\alpha}{r}\mathrm{d}t}\int_0^t \alpha r u_r(r,\tau)\mathrm{e}^{\int_0^{\tau}\frac{\alpha}{r}\mathrm{d}\varsigma}\mathrm{d}\tau \\
&= \mathrm{e}^{-\frac{\alpha}{r}t}\int_0^t \alpha r u_r(r,\tau)\mathrm{e}^{\frac{\alpha}{r}\tau}\mathrm{d}\tau = \int_0^t \alpha r u_r(r,\tau)\mathrm{e}^{-\frac{\alpha}{r}(t-\tau)}\mathrm{d}\tau
\end{aligned} \tag{3.2.1}
$$

根据折合位移势的性质，当 $u_r(r,t)$ 为弹性区中的测量结果时，得到的 $\phi(r,t)$ 应该和爆心距 r 无关。通过这一性质可以判断地下核爆炸弹性半径的大小。

为研究地下核爆炸的震源特性，主要核大国在进行相应的试验时都进行过大量的自由场测量。图 3.2.1 是由自由场测量结果得到的不同类型地质介质中地下核

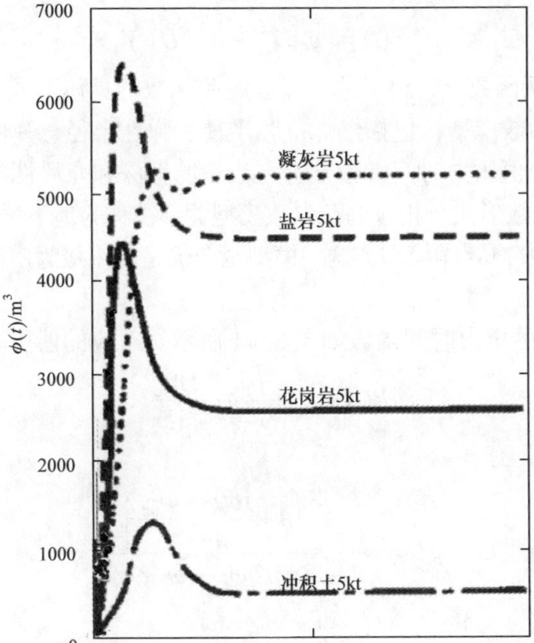

图3.2.1　由自由场测量结果得到的不同类型地质介质中地下核爆炸的折合位移势(Werth et al., 1963)

爆炸的折合位移势 $\phi(t)$ (Werth et al., 1963)。可以看出，$\phi(t)$ 的幅值在 $t>0$ 时先迅速上升，然后下降，并很快都趋于一个渐近值。该渐近值被称为稳态折合位移势，一般采用符号 ϕ_∞ 来表示。后面可以看到，它对应于低频时的爆炸源强度。$\phi(t)$ 峰值明显超出 ϕ_∞ 的现象称为折合位移势的过冲(overshoot)，理论上它与空腔的过膨胀和回弹有关。图 3.2.1 中，除了凝灰岩中的爆炸外，其他岩石中进行的地下核爆炸的折合位移势都存在过冲。不过，根据 Denny 等(1991)的综述，在图 3.2.1 中，即 Werth 等(1963)的结果中，只有冲积土中的结果和后来研究的结果相一致。其中，Perret(1971)和 Murphy 等(1979)关于冲积土中核试验自由场的观测结果表明，相应介质中的爆炸确实具有明显的过冲，同时 Murphy 等(1979)关于凝灰岩中核试验自由场的观测结果具有 2 倍的过冲。相反，Denny 等(1990)关于盐岩中 Salmon 试验的结果没有发现明显的过冲，而 Denny 等(1991)则认为 Werth 等(1963)关于盐岩和花岗岩的数据很可能是错误的，因为这些数据实际来自非线性区。

3.3 Mueller-Murphy 模型

Mueller 等(1971)在一维球对称震源理论的基础上，结合地下核爆炸应力波实际观测结果，假设弹性边界上压力时间函数具有如下形式：

$$p(t) = (p_0 \mathrm{e}^{-\kappa t} + p_{0\mathrm{c}}) H(t) \tag{3.3.1}$$

式中，$H(t)$ 为阶跃函数，给出了地下爆炸震源函数的具体形式。在此基础上，他们建立了源函数参数模型，包括爆炸空腔半径、弹性半径、弹性半径上峰值压力 $p_{0\mathrm{s}} = p_0 + p_{0\mathrm{c}}$ 和峰值压力时间常数 κ 等与当量、埋深和介质性质之间的关系。他们建立的这一源函数形式及相应的源参数模型关系被称为地下爆炸震源的 Mueller-Murphy 模型，简称 MM71 模型。这一模型至今仍是应用最为广泛的地下爆炸震源函数模型。

式(3.3.1)对应的压力时间函数如图 3.3.1 所示。对应的傅里叶变换为

$$\hat{P}(\omega) = -\frac{p_0}{\mathrm{i}\omega - \kappa} - \frac{p_{0\mathrm{c}}}{\mathrm{i}\omega} \tag{3.3.2}$$

将其代入式(3.1.8)，有

$$\hat{\psi}(\omega) = \frac{\hat{\psi}_0 \left(1 + \dfrac{\mathrm{i}\omega p_0 / p_{0\mathrm{c}}}{\mathrm{i}\omega - \kappa}\right)}{1 - 2\mathrm{i}\eta\omega / \omega_\mathrm{e} - (\omega / \omega_\mathrm{e})^2} \tag{3.3.3}$$

其中，

$$\hat{\psi}_0 = \frac{p_{0\mathrm{c}} r_{\mathrm{el}}^3}{4\mu} \tag{3.3.4}$$

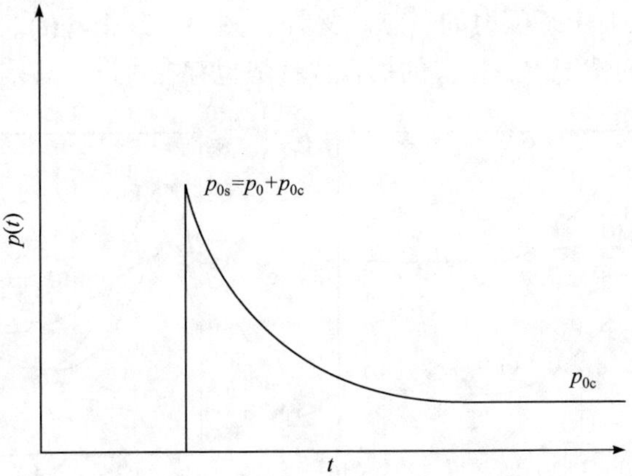

图 3.3.1　MM71 模型关于弹性边界上压力时间函数假设的示意图

因为

$$\hat{\psi}_0=\hat{\psi}(0)=\int_{-\infty}^{\infty}\psi(t)\mathrm{d}t=\int_{-\infty}^{\infty}\dot{\phi}(t)\mathrm{d}t=\phi_\infty$$

所以一般文献中直接将上述关系写为

$$\hat{\psi}(\omega)=\frac{\phi_\infty\left(1+\dfrac{\mathrm{i}\omega p_0/p_{0c}}{\mathrm{i}\omega-\kappa}\right)}{1-2\mathrm{i}\eta\omega/\omega_e-(\omega/\omega_e)^2} \tag{3.3.5}$$

$$\phi_\infty=\frac{p_{0c}r_{el}^3}{4\mu} \tag{3.3.6}$$

可以证明(附录 3.1)，MM71 模型对应的折合位移势在时间域中可以表示为

$$\phi(t)=\phi_0(t)+\phi_1(t) \tag{3.3.7}$$

其中，

$$\phi_0(t)=\phi_\infty\left[1-\left(\cos\sqrt{1-\eta^2}\,\omega_e t+\frac{\eta}{\sqrt{1-\eta^2}}\sin\sqrt{1-\eta^2}\,\omega_e t\right)\mathrm{e}^{-\eta\omega_e t}\right] \tag{3.3.8a}$$

$$\phi_1(t)=\frac{(p_0/p_{0c})\phi_\infty}{(1-\eta^2)+(\chi-\eta)^2}\left[\mathrm{e}^{-\kappa t}-\left(\cos\sqrt{1-\eta^2}\,\omega_e t-\frac{\chi-\eta}{\sqrt{1-\eta^2}}\sin\sqrt{1-\eta^2}\,\omega_e t\right)\mathrm{e}^{-\eta\omega_e t}\right] \tag{3.3.8b}$$

分别为压力时间函数中的 $p_{0c}H(t)$ 和 $p_0\mathrm{e}^{-\kappa t}H(t)$ 对折合位移势的贡献。图 3.3.2 是时间域中折合位移势和折合速度势形状示意图($k=2.5$，$p_0/p_{0c}=3$)。图中可见，$p_0\mathrm{e}^{-\kappa t}H(t)$ 主要对 $\phi(t)$ 的峰值大小有影响，而在 $\omega_e t\gg 1$ 时，$\phi(t)$ 的大小则主要来

自压力时间函数中稳态压力的贡献。另外，图 3.3.2 中 $\phi_0(t)$ 曲线显示，即使在 $p_0(t)=p_{0c}H(t)$ 的情况下，相应的折合位移势也存在过冲，只是过冲量相对较小。

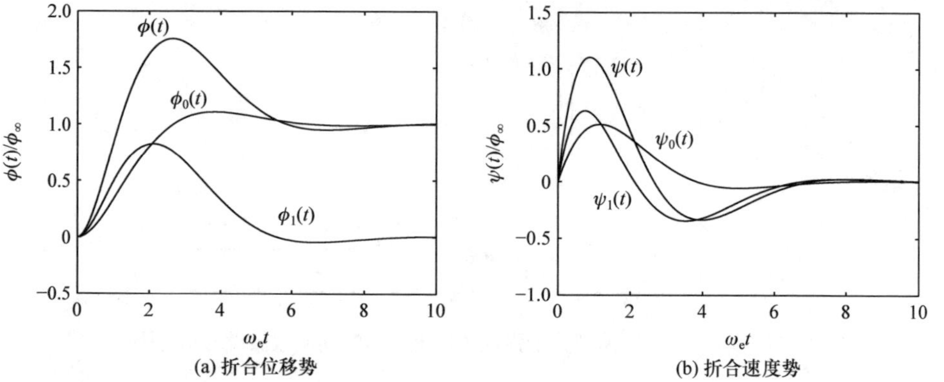

图 3.3.2　时间域中折合位移势和折合速度势形状示意图

图 3.3.3 是地下爆炸源频谱 $\hat{\psi}(\omega)$ 形状的示意图。图中可见，$\hat{\psi}(\omega)$ 在低频时趋于一个恒定值，而在高频时趋于以 ω^{-2} 衰减。上述渐进行为可从式(3.3.5)得到，根据该式，有

$$|\hat{\psi}(\omega)| \approx \begin{cases} \phi_\infty, & \omega \ll \omega_e \\ (\omega_e/\omega)^2 (p_{0s}/p_{0c})\phi_\infty, & \omega \gg \omega_e \end{cases} \tag{3.3.9}$$

式中，$p_{0s}=p_0+p_{0c}$ 为弹性边界上的峰值压力。上述两条渐进线的交点所对应的频率 $\omega_c=2\pi f_c$ 称为源拐角频率。显然，

$$\omega_c = \sqrt{p_{0s}/p_{0c}}\,\omega_e \tag{3.3.10}$$

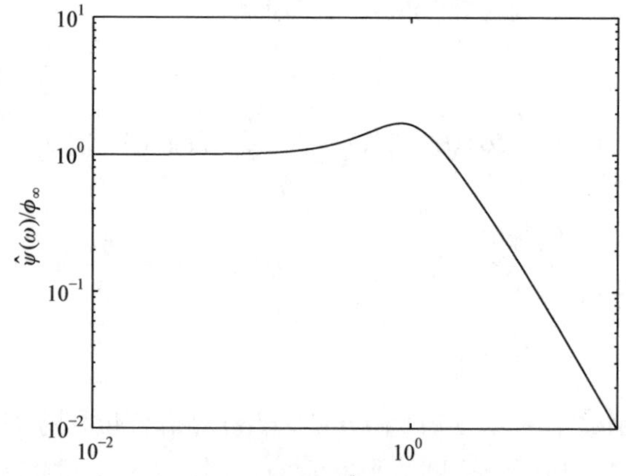

图 3.3.3　地下爆炸源频谱 $\hat{\psi}(\omega)$ 形状的示意图

利用ω_c，当$\omega \gg \omega_e$时，有

$$|\hat{\psi}(\omega)| \approx (\omega_c / \omega)^2 \phi_\infty \ (\omega \gg \omega_e) \tag{3.3.11}$$

根据图 3.3.3 可知，源频谱$\hat{\psi}(\omega)$在$\omega_m < \omega_c$处具有极大值。可以证明(附录 3.2)，ω_m满足方程：

$$\left[2\left(\frac{\omega_m}{\omega_e}\right)^6 + (\chi^2 - 2\xi^2)\left(\frac{\omega_m}{\omega_e}\right)^4 - \chi^2\right] + \frac{p_{0c}^2}{p_{0s}^2}\chi^2\left[3\left(\frac{\omega_m}{\omega_e}\right)^4 + 2(\chi^2 - 2\xi^2)\left(\frac{\omega_m}{\omega_e}\right)^2 + 1 - 2\chi^2\xi^2\right] = 0 \tag{3.3.12}$$

式中，$\xi = \sqrt{1 - 2\eta^2} = \sqrt{\lambda / (\lambda + 2\mu)}$；$\chi = \kappa / \omega_e$。当$p_{0s} / p_{0c} = 1$，即$p(t)$为阶跃函数时，有

$$\omega_m = \xi \omega_e \tag{3.3.13}$$

对应的源频谱峰值为

$$\hat{\psi}_m = |\hat{\psi}(\omega_m)| = \frac{\phi_\infty}{\sqrt{1 - \xi^4}} \tag{3.3.14}$$

泊松体时，$\xi = 1/\sqrt{3}$，则$\omega_m = \omega_e / \sqrt{3}$，$\hat{\psi}_m = \sqrt{9/8}\phi_\infty \approx 1.06\phi_\infty$。因此，在压力时间函数为阶跃函数的情况下，源频谱的最大值将略大于稳态位移势的值。在更一般的情况下，ω_m的大小与p_{0s} / p_{0c}和χ都有关。由图 3.3.4 可见，$\xi \leqslant \omega_m / \omega_e < 1$。对固定的$\chi$值，$\omega_m$随$p_{0s} / p_{0c}$的增加而增加，当$p_{0s} / p_{0c}$和$\chi$都趋于无穷大时，$\omega_m \to \omega_e$；但对任意有限的$p_{0s} / p_{0c}$，$\omega_m$随$\chi$的增加先增加然后减小，且当$\chi \to \infty$时，$\omega_m \to \xi\omega_e$。在由式(3.3.12)求出$\omega_m$之后，可求出源频谱的峰值大小为

$$\psi_m = |\hat{\psi}(\omega_m)| = \frac{\phi_\infty}{\sqrt{1 - 2\xi^2(\omega_m / \omega_e)^2 + (\omega_m / \omega_e)^4}}\left[\frac{(p_{0s} / p_{0c})^2 (\omega_m / \omega_e)^2 + \chi^2}{(\omega_m / \omega_e)^2 + \chi^2}\right]^{1/2} \tag{3.3.15}$$

如图 3.3.4 所示，ψ_m和ϕ_∞的比值随p_{0s} / p_{0c}近似线性地增加，但增加的斜率随$\chi = \kappa / \omega_e$的增加而减小。

MM71 模型包括ϕ_∞、r_{el}、κ、p_{0c}、p_{0s}等震源参数与爆炸当量、埋深和源区介质性质之间的关系。对于κ，基于当量立方根折合关系的假设，MM71 模型假定

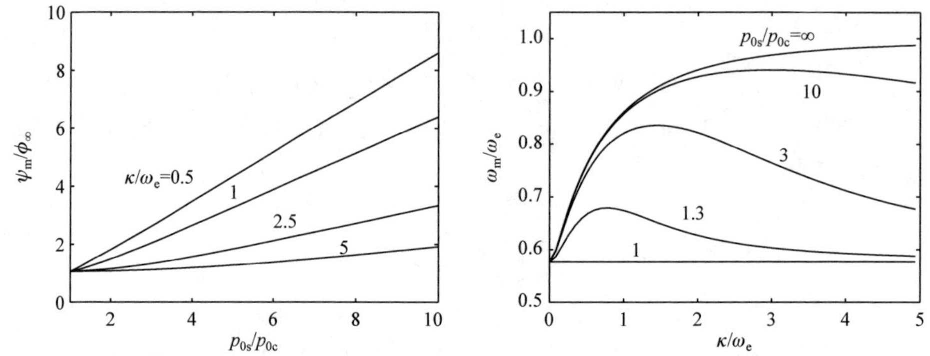

(a) 源频谱峰值　　(b) 峰值频率

图 3.3.4　源频谱峰值和峰值频率随 p_{0s}/p_{0c} 和 κ/ω_e 的变化

$$\kappa = k\omega_0 \tag{3.3.16}$$

式中，$\omega_0 = \alpha / r_{el}$；$k$ 为与源区介质有关的常数。由于 $\omega_0 = \omega_e / 2\eta$，$k$ 和式(3.3.12)中的 χ 的关系为

$$\chi = k / 2\eta \tag{3.3.17}$$

为得到 k 值的大小，Mueller(1969)利用分别由自由场得到的 κ 和远场速度记录得到的速度谱峰值频率 ω_{mv} 来进行求解。类似于式(3.3.12)，可以得到(附录 3.3)：

$$\begin{aligned}&\left(\frac{\omega_{mv}}{\omega_e}\right)^8 - (1-2\xi^2\chi^2)\left(\frac{\omega_{mv}}{\omega_e}\right)^4 - 2\chi^2\left(\frac{\omega_{mv}}{\omega_e}\right)^2 \\ &+\frac{p_{0c}^2}{p_{0s}^2}\left[2\left(\frac{\omega_{mv}}{\omega_e}\right)^6 + (\chi^2 - 2\xi^2)\left(\frac{\omega_{mv}}{\omega_e}\right)^4 - \chi^2\right]\chi^2 = 0\end{aligned} \tag{3.3.18}$$

Mueller(1969)忽略了等号左边的第二项(相当于假定 $p_{0s}/p_{0c} = \infty$)，分别得到：

$$\frac{\alpha^4}{16\beta^4}\left(\frac{\omega_{mv}}{\omega_0}\right)^6 - \left[\left(4 - \frac{\alpha^2}{2\beta^2}\right)k^2 + 1\right]\left(\frac{\omega_{mv}}{\omega_0}\right)^2 - 2k^2 = 0 \tag{3.3.19}$$

$$\frac{\alpha^4}{16\beta^4}\left(\frac{\omega_{mv}}{\kappa}\right)^6 k^4 + \left(\frac{\alpha^2}{2\beta^2} - 1\right)\left(\frac{\omega_{mv}}{\kappa}\right)^4 k^2 - \left(\frac{\omega_{mv}}{\kappa}\right)^2 - 2 = 0 \tag{3.3.20}$$

图 3.3.5 是不同 p_{0s}/p_{0c} 情况下 k 值随 ω_{mv}/κ 的变化，其中 $p_{0s}/p_{0c} = \infty$ 对应于Mueller(1969)实际采用的曲线。图中可见，在正常情况下，p_{0s}/p_{0c} 的大小对 k 与 ω_{mv}/κ 的关系影响不大。采用这一方法，Mueller(1969)得到不同类型岩石的 k 值为 1～5，其中，花岗岩，k=1.2；凝灰岩，k=1.5；流纹岩，k=2.0；页岩，k=2.4；

盐岩，k=4.5[①]。

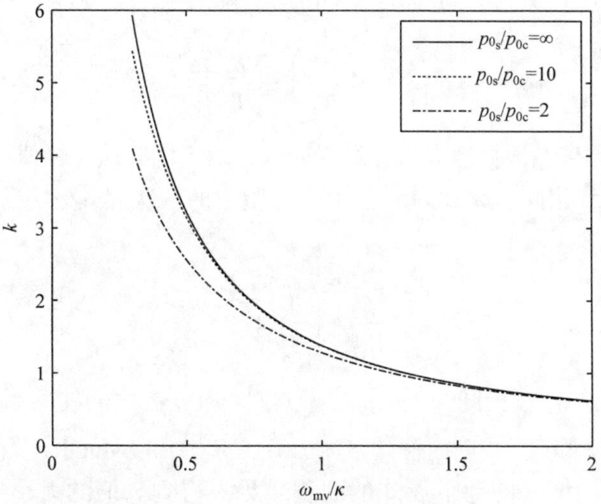

图 3.3.5　不同 p_{0s}/p_{0c} 情况下 k 值随 ω_{mv}/κ 的变化

r_{el} 和等价的 ω_e 大小可通过令应力波峰值压力 p_{0s} 等于介质强度来加以确定。在地下爆炸的情况下，介质在径向上处于压应力状态，但在环向上总体处于拉应力状态。因为地下岩石本身的抗拉伸强度很低，其实际强度主要取决于岩石中的围压大小。由自由场观测分析结果表明，弹性边界上的 p_{0s} 略大于岩石中围压的大小。为此，Mueller 等(1971)假定 p_{0s} 满足关系：

$$p_{0s}=1.5\rho gh \tag{3.3.21}$$

式中，g 为重力加速度；h 为爆炸埋深。

在非弹性区中，假定峰值压力与当量、爆心距的关系具有以下形式：

$$p_s=A\frac{W^m}{r^n} \tag{3.3.22a}$$

式中，A 为与介质性质有关的常数；W 为爆炸当量。按当量立方根折合关系，$p_s=f(r/W^{1/3})$，因此应有 $m=n/3$，而

$$p_s=A\left(\frac{W^{1/3}}{r}\right)^n \tag{3.3.22b}$$

$r=r_{el}$ 时，令 $p_s=1.5\rho gh$，得到：

$$r_{el}/W^{1/3}=(A/1.5\rho gh)^{1/n} \tag{3.3.23}$$

① 关于盐岩的 k 值，Mueller(1969)实际给出的值是 3.2，但 Mueller 等(1971)中给出的结果为 4.5。

按这一结果，固定埋深时，地下爆炸弹性半径和当量的立方根成正比，而ω_e和当量的立方根成反比。对同一介质中不同埋深的两次爆炸，则有

$$\frac{r_{\mathrm{el1}}}{r_{\mathrm{el2}}}=\left(\frac{W_1}{W_2}\right)^{1/3}\left(\frac{h_2}{h_1}\right)^{1/n} \tag{3.3.24}$$

Mueller 等(1971)根据他人研究结果认为，对不同介质，峰值压力随爆心距的衰减指数 n 大致相同。因此，对在不同介质中的两次爆炸，它们的弹性半径之比为

$$\frac{r_{\mathrm{el1}}}{r_{\mathrm{el2}}}=\left(\frac{A_1}{A_2}\right)^{1/n}\left(\frac{W_1}{W_2}\right)^{1/3}\left(\frac{p_{0\mathrm{s}2}}{p_{0\mathrm{s}1}}\right)^{1/n} \tag{3.3.25}$$

利用式(3.3.23)，在相同介质时，对$r_{\mathrm{el}}/W^{1/3}$和ρgh之间的关系进行回归分析，可以估计出 n 的大小，并进而估计$A=p_{0\mathrm{s}}(r_{\mathrm{el}}/W^{1/3})^n$。Mueller 等(1971)根据凝灰岩/流纹岩中不同埋深的地下爆炸的观测结果，得到 n 值的大小约为 2.4。他们将这个 n 值应用到了其他类型的介质[①]，在此基础上根据有限的试验数据，得到其他介质对应的 A 的大小。综合 Mueller(1969)和 Mueller 等(1971)给出的相关结果和数据，不同类型岩石中 A 值的大小为凝灰岩/流纹岩 $A_{\mathrm{t\text{-}r}}\approx 1.22\times10^{12}$ $\mathrm{Pa}\cdot(\mathrm{m/kt}^{1/3})^{2.4}$；盐岩 $A_{\mathrm{salt}}\approx 6.2\times10^{12}\,\mathrm{Pa}\cdot(\mathrm{m/kt}^{1/3})^{2.4}$；花岗岩 $A_{\mathrm{granite}}\approx 4.9\times10^{12}$ $\mathrm{Pa}\cdot(\mathrm{m/kt}^{1/3})^{2.4}$。这里盐岩和花岗岩中的数值大小根据 Mueller(1969)中关于美国 Salmon 和 Shoal 核爆炸的数据由式(3.3.23)直接估算得到，而凝灰岩/流纹岩对应的数值大小则根据 Mueller 等(1971)关于这类岩石在$\rho h=304.8\mathrm{m}\cdot\mathrm{kg/m}^3$ (即 $1\mathrm{ft}\cdot\mathrm{g/cm}^3$)时 1kt 核爆炸对应的弹性半径为 3280m 来估算。需要说明的是，Bache(1982)提到盐岩中的 n 值略小于其他岩石中的结果，约为 1.92。根据 Murphy(1977)的研究成果，Stevens 等(1985)采用的盐岩中的 n 值为 1.87。如果取 n=1.9，盐岩中 $A_{\mathrm{salt}}\approx 4.7\times10^{11}\,\mathrm{Pa}\cdot(\mathrm{m/kt}^{1/3})^{1.9}$。

对填实爆炸，假设爆炸形成的初始汽化空腔半径为r_{v}，它膨胀为半径r_{c}的空腔。假定介质是不可压缩的，因为$r_{\mathrm{c}}\gg r_{\mathrm{v}}$，则在$r\gg r_{\mathrm{c}}$ (r_{el}满足此式)时，爆心距r处的永久位移$u(r)$为

$$u(r)=(r^3+r_{\mathrm{c}}^3-r_{\mathrm{v}}^3)^{1/3}-r\approx\frac{1}{3}\frac{r_{\mathrm{c}}^3}{r^2} \tag{3.3.26}$$

因此，在$r=r_{\mathrm{el}}$处，有

① 实际情况是，对凝灰岩/流纹岩以外的介质，Mueller 等(1971)没有足够的试验样本量来进行独立的关于 n 和 A 的回归分析。

$$p_{0c}=\frac{4\mu}{3}\left(\frac{r_c}{r_{el}}\right)^3 \tag{3.3.27}$$

代入式(3.3.6)，得到不可压缩介质中稳态折合位移势与空腔半径之间的关系为

$$\phi_\infty=\frac{1}{3}r_c^3 \tag{3.3.28}$$

关于r_c，Mueller 等(1971)根据 Heard 等(1967)采用的经验关系是

$$r_c=16.3W^{0.29}(E^{0.62}\rho^{-0.24}\mu^{-0.67})h^{-0.11} \tag{3.3.29}$$

式中，r_c和h的单位为 m；W的单位为 kt；E(杨氏模量)和μ的单位为 Mbar；ρ的单位为 g/cm³。对不同类型的岩石，$(E^{0.62}\rho^{-0.24}\mu^{-0.67})$的平均值分别为花岗岩，1.513；盐岩，1.721；流纹岩，1.758；凝灰岩，1.927；冲积土，1.761。为便于更一般情况下的应用，将$(E^{0.62}\rho^{-0.24}\mu^{-0.67})$中的$E$、$\mu$用 S 波波速$\beta$和泊松比$\nu$来表示，并全部采用国际单位，可以得到：

$$r_c=466.5[(1+\nu)^{0.62}\rho^{-0.29}\beta^{-0.1}]W^{0.29}h^{-0.11} \tag{3.3.30}$$

将其代入式(3.3.28)，则

$$\phi_\infty=3.384\times10^7[(1+\nu)^{1.86}\rho^{-0.87}\beta^{-0.3}]W^{0.87}h^{-0.33} \tag{3.3.31}$$

需要说明的是，对于花岗岩，在式(3.3.29)中，Rougier 等(2015)采用的系数是 14.8，而非 16.3，这样式(3.3.31)中的系数减小为2.533×10^7。

MM71 模型下所有震源参数与爆炸当量、埋深和介质性质之间的关系至此已全部给出。图 3.3.6 是 MM71 模型下花岗岩中不同当量填实地下核爆炸的源频谱比较，图中取比例埋深$h=122W^{1/3}$(m)，源区介质 P 波波速 α=5550m/s，密度 ρ=

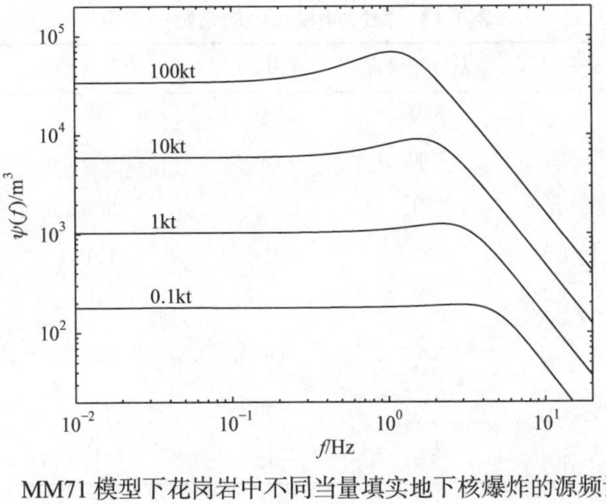

图 3.3.6　MM71 模型下花岗岩中不同当量填实地下核爆炸的源频谱比较

$2550kg/m^3$。可以看出，爆炸源频谱的本征频率随当量的减小而向高频移动，使得低频和高频时的信号幅值与当量之间的比例关系存在明显区别。后面将对地震信号幅值的当量比例关系做进一步的讨论。

上述 MM71 模型参数的计算显得较为繁琐。可以采用 Stevens 等(1985)的方法，将其中的源参数与当量、埋深的关系重新整理为

$$\phi_\infty = \phi_{\infty 0}(h_0 / h)^{0.33} W^{0.87} \tag{3.3.32}$$

$$r_{el} = r_{el0}(h_0 / h)^{1/n} W^{1/3} \tag{3.3.33}$$

$$p_{0s} = P_{s0} h / h_0 \tag{3.3.34}$$

$$p_{0c} = P_{c0}(h_0 / h)^{1/3} (r_{el0} / r_{el})^3 W^{0.87} \tag{3.3.35}$$

$$\kappa = \kappa_0 r_{el0} / r_{el} \tag{3.3.36}$$

式中，$\phi_{\infty 0}$、r_{el0}、P_{s0}、P_{c0}和κ_0分别为 1kt 爆炸在埋深h_0时的稳态折合位移势、弹性半径、峰值压力、稳态压力和峰值压力时间常数。对给定的h_0，它们都是仅依赖于介质性质的常数。表 3.3.1 是根据 Stevens 等(1985)得到的部分介质中的 MM71 模型经验常数一览表。表中ρ、α、β和r_{el0}、P_{s0}、P_{c0}、κ_0都是 Stevens 等(1985)根据 Murphy(1977)的研究给出的，而$P_{s0}/\rho g h_0$、k、A、$\phi_{\infty 0}$等参数则是作者在上述参数结果的基础上得到的，以便和 Mueller 等(1971)的原始结果进行比较。表中可见，所有介质都被假设为泊松体，即$\alpha / \beta = \sqrt{3}$；除盐岩外，所有介质的$n = 2.4$且$P_{s0} = 1.5\rho g h_0$；而盐岩的$n = 1.87$，$P_{s0} = 2.1\rho g h_0$。此外，对凝灰岩/流纹岩、花岗岩和页岩，表 3.3.1 得出的A、k和 Mueller 等(1971)给出的数值也基本相同，但$\phi_{\infty 0}$的大小比 Heard 等(1967)的研究内容，即式(3.3.30)得到的结果略微偏小，而盐岩的$\phi_{\infty 0}$比由式(3.3.30)得到的结果略微偏大。

表 3.3.1　MM71 模型经验常数一览表

介质参数/震源常数	凝灰岩/流纹岩	花岗岩	盐岩	页岩
$\rho/(kg/m^3)$	2000	2550	2200	2350
$\alpha/(m/s)$	3500	5500	4670	4320
$\beta/(m/s)$	2021	3175	2696	2495
h_0/m	122	122	122	122
r_{el0}/m	202	321	478	265
$P_{s0}/(\times 10^6 Pa)$	3.6	4.6	5.5	4.2
$P_{c0}/(\times 10^6 Pa)$	5.0	2.4	0.8	2.5
κ_0/s^{-1}	26	34	31	42

续表

介质参数/震源常数	凝灰岩/流纹岩	花岗岩	盐岩	页岩
n	2.4	2.4	1.87	2.4
$P_{s0}/\rho g h_0$	1.5	1.5	2.1	1.5
$k=\kappa_0/(\alpha/r_{el0})$	1.5	2.0	3.2	2.6
$A=(r_{el0})^n P_{s0}/[\mathrm{Pa}\cdot(\mathrm{m/kt}^{1/3})^n]$	1.22×10^{12}	4.77×10^{12}	5.64×10^{11}	2.75×10^{12}
$\phi_{\infty0}=P_{c0}r_{el0}^3/4\rho\beta^2/\mathrm{m}^3$	1261	772	1366	795
按式(3.3.30)的 $\phi_{\infty0}/\mathrm{m}^3$	1438	1016	1214	1173

表 3.3.1 中值得注意的一个问题是凝灰岩/流纹岩对应的 $P_{s0}<P_{c0}$。这和图 3.2.1 中凝灰岩的折合位移势缺少过冲是一致的。不过，正如前面引用 Denny 等(1991)所指出的，早期关于凝灰岩、花岗岩和盐岩中的自由场数据不一定可靠。作者不能确定 Stevens 等(1985)给出的参数是否与此有关。

即便 $P_{s0}>P_{c0}$，在小当量和浅埋深时，按 MM71 模型，也可能出现峰值压力小于稳态压力，即 $p_{0s}/p_{0c}<1$ 的情况。例如，由式(3.3.33)～式(3.3.35)有

$$\frac{p_{0s}}{p_{0c}}=\frac{P_{s0}}{P_{c0}}\left(\frac{h}{h_0}\right)^{4/3-3/n}W^{0.13} \tag{3.3.37}$$

即弹性边界上的 p_{0s}/p_{0c} 将随当量和埋深的增加而增加，而在小当量和浅埋深的情况下，可能出现 $p_{0s}/p_{0c}<1$。据此，Stroujkova 等(2014)认为，MM71 模型关于弹性边界上压力时间函数的假设及相关关系可能不适用于小当量和浅埋深爆炸的情况。作者认为，导致这一问题的原因应该和 Heard 等(1967)的空腔半径经验公式的适用范围有关。此外，当埋深很浅时，介质的抗拉强度不一定取决于埋深，而应该考虑介质的固有强度。最后，如果真的出现 $p_{0s}/p_{0c}<1$ 的情况，弹性边界的判断条件不应该是 $p_{0s}=P_S$，而应该是 $p_{0c}=P_S$，这里 P_S 为与介质实际强度有关的量。需要说明的是，关于弹性边界上 p_{0s}/p_{0c} 与当量、埋深的关系，Lay 等(1984)曾得到与 MM71 模型相反的结果。Denny 等(1991)则认为，p_{0s}/p_{0c} 的大小有可能既与当量无关，也与埋深无关，而只是和源区介质的性质有关。实际上，如 3.4 节将要介绍的，假设 $\phi_\infty\propto W$ 而非 $\phi_\infty\propto W^{0.87}$，则 p_{0c} 和 p_{0s}/p_{0c} 都与当量无关。

3.4　Denny-Johnson 模型

Denny 等(1991)利用不同国家地下核爆炸、化学爆炸和实验室爆炸的测量结

果，采用回归分析的方法，得到了关于地下爆炸空腔半径 $r_{\rm c}$ 、地震矩 M_0 、源区半径 $r_{\rm s}$ 的经验关系，即

$$r_{\rm c}=\frac{1.47\times10^4W^{1/3}}{\beta^{0.3848}(\rho gh)^{0.2625}10^{0.0025{\rm GP}}} \tag{3.4.1}$$

$$M_0=\frac{1}{311}M_t(\rho gh)^{0.3490}10^{-0.0269{\rm GP}} \tag{3.4.2}$$

$$r_{\rm s}=\frac{1}{9443}r_{\rm c}\mu^{0.7245}(\rho gh)^{-0.2897} \tag{3.4.3}$$

式中，W 为爆炸当量；h 为爆炸埋深；ρ 为源区介质密度；β 为源区介质 S 波波速；$\mu=\rho\beta^2$ 为介质剪切模量；GP 为介质干孔隙率；而

$$M_t=4\pi\rho\alpha^2\phi_{\infty t}=\frac{4\pi\rho\alpha^2}{3}r_{\rm c}^3 \tag{3.4.4}$$

为假定介质不可压缩时的理论地震矩。至于源区半径 $r_{\rm s}$ ，其定义为

$$r_{\rm s}=\frac{\beta}{\pi f_{\rm c}} \tag{3.4.5}$$

式中，$f_{\rm c}$ 为爆炸的源拐角频率。在式(3.4.1)～式(3.4.5)涉及的各物理量中，W 的单位为 kt，GP 为百分数，其余各量则都采用标准国际单位。为得到稳态折合位移势，将式(3.4.1)、式(3.4.4)和 $M_0=4\pi\rho\alpha^2\phi_\infty$ 一起代入式(3.4.2)，有

$$\phi_\infty=\frac{3.4\times10^9W}{\beta^{1.1544}(\rho gh)^{0.4385}10^{0.0344{\rm GP}}} \tag{3.4.6}$$

Denny 等(1991)得出的上述关系被称为 Denny-Johnson 模型，简称为 DJ91 模型，它和 MM71 模型一样被广泛应用。注意在 DJ91 模型中，弹性边界上的压力时间函数事实上被假设为阶跃函数。根据式(3.3.10)，此时有 $f_{\rm c}=f_{\rm e}$ 、$r_{\rm s}=r_{\rm el}$ ，且在相应的源频谱中，几乎不会出现过冲。但在另一方面，与 MM71 模型相比，DJ91 模型由于考虑了介质干孔隙率的影响，形式上能用于包括干燥多孔介质在内的非不可压缩介质。图 3.4.1 是在 $h=122{\rm m/kt}^{1/3}$ 比例埋深条件下不同介质中 MM71 模型和 DJ91 模型预测的折合位移势比较。图中采用的介质常数和 MM71 模型参数见表 3.3.1，并另外取介质的干孔隙率 GP=1。图中可见，在 $W\approx10^2$kt 时，除盐岩外，两种模型预测的稳态折合位移势大体相当。不过，由于 $\phi_\infty^{\rm MM71}\propto W^{0.87}/h^{0.33}$ 、$\phi_\infty^{\rm DJ91}\propto W/h^{0.4385}$ ，在小当量和大比例埋深的情况下，DJ91 模型预测的折合位移势明显低于 MM71 模型的结果。图 3.4.2 是 MM71 模型和 DJ91 模型预测的源拐角频率比较，其中比例埋深仍为 $h=122{\rm m/kt}^{1/3}$ 。显然，DJ91 模型预测的

源拐角频率显著低于 MM71 模型的结果。

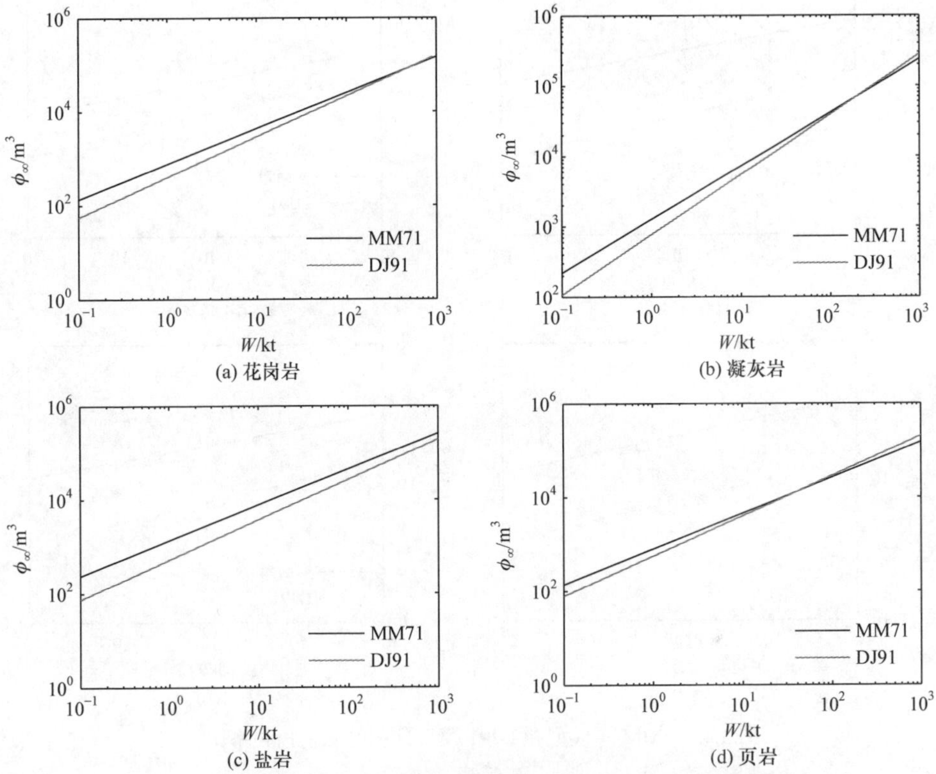

图 3.4.1　$h = 122\mathrm{m}/\mathrm{kt}^{1/3}$ 比例埋深条件下不同介质中 MM71 模型和 DJ91 模型预测的折合位移势比较

美国源物理实验的结果表明(Rougier et al., 2015；Ford et al., 2013)，在小当量和大比例埋深的情况下，MM71 模型预测的折合位移势显著高于实测结果，而 DJ91 模型预测的折合位移势则和实测结果较为接近。与此同时，包括朝鲜核试验这样的较大当量的核试验在内，DJ91 模型预测的源拐角频率显著低于相应的实测结果，而 MM71 模型预测的源拐角频率则和实测结果较为接近(Jin et al., 2019)。因此，Ford 等(2013)和 Rougier 等(2015)都提出了结合 MM71 模型和 DJ91 模型的混合模型，以更好地反映地下核爆炸的源函数特性。其中，Ford 等(2013)提出的混合模型是用 DJ91 模型得到的稳态折合位移势来替代 MM71 模型的结果，即用式(3.4.6)来代替 MM71 模型中的式(3.3.31)或式(3.3.32)，本书将这一混合模型称为 MM71+DJ91a 模型。Rougier 等(2015)提出的修正方法是用 DJ91 模型的空腔关系式，即式(3.4.1)来代替 MM71 模型中的式(3.3.28)，然后继续在不可压缩介质的假定下，按 $\phi_\infty = r_\mathrm{c}^3/3$ 来计算稳态折合位移势。本书将这一混合模型称为 MM71+ DJ91b

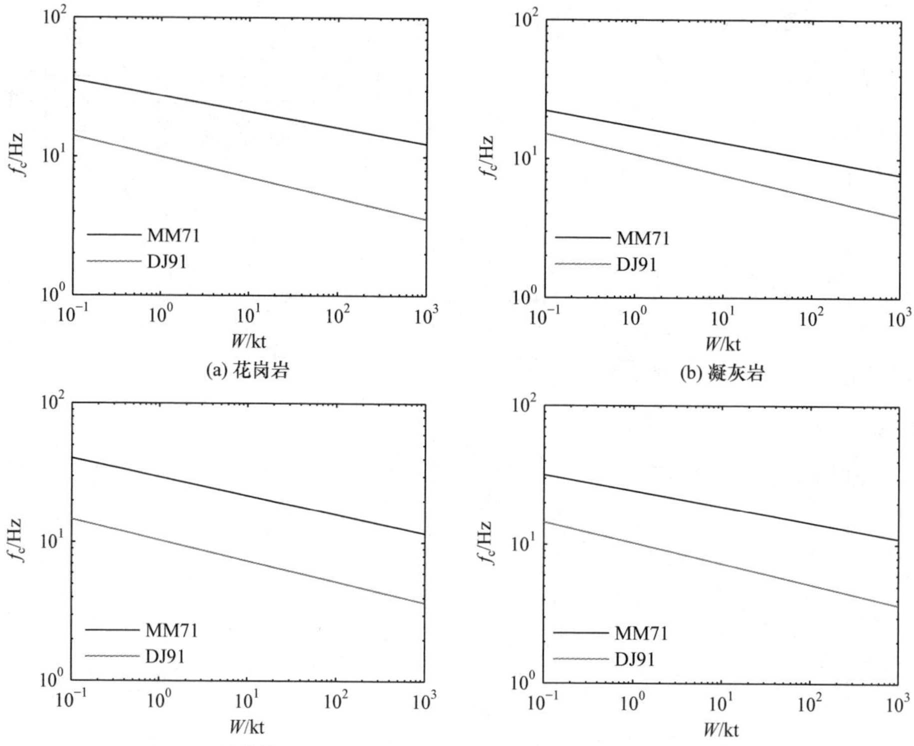

(a) 花岗岩　(b) 凝灰岩　(c) 盐岩　(d) 页岩

图 3.4.2　MM71 模型和 DJ91 模型预测的源拐角频率比较

模型。显然，两种混合模型对应的弹性半径、本征频率和弹性半径上的峰值压力都与 MM71 模型相同，但它们对应的稳态折合位移势被分别替换为 $\phi_\infty^{\text{DJ91}}$ 或 $\phi_{\infty t}^{\text{DJ91}} = (r_{\text{c}}^{\text{DJ91}})^3 / 3$，而弹性边界上的稳态压力也会随之发生改变，使得尽管两种混合模型对应的源本征频率和 MM71 模型相同，但源拐角频率的大小会略有不同。至于两种混合模型自身之间的比较，一个重要的区别就是 $\phi_\infty^{\text{DJ91}} \propto W / h^{0.4385}$，而 $\phi_{\infty t}^{\text{DJ91}} \propto W / h^{0.7875}$。实际上，在正常比例埋深(约 122m/kt$^{1/3}$)的条件下，对 GP 接近于 0 的各种密实介质，$\phi_{\infty t}^{\text{DJ91}}$ 和 $\phi_\infty^{\text{MM71}}$ 非常接近。但在比例埋深较大时，$\phi_{\infty t}^{\text{DJ91}}$ 将显著小于 $\phi_\infty^{\text{MM71}}$。

3.5　其他形式的地下爆炸源函数模型

除 MM71 模型外，基于不同的地震观测数据，历史上还有其他不同形式的地下核爆炸源函数模型。Denny 等(1991)对相关模型进行了比较完整的归纳和总结，具体结果见表 3.5.1，其中 $s = -\mathrm{i}\omega$。在这些模型中，除三种模型外，源频谱的幅值在$\omega \to 0$时都趋于稳态值ϕ_∞。从表中可以看出，有两种$\phi_\infty = 0$的模型都是根据面波观测结果给出的。由于目前对核爆炸面波的激发已经有了更加深入的认识(参见第 4 章)，且这两种模型理论上存在明显不足，后面不再讨论。另外一种$\phi_\infty = 0$的模型由 Mueller(1969)提出，可以理解为 MM71 模型的早期不完善版本。剩下的稳态值$\phi_\infty \neq 0$的模型在时间域中的折合位移势和在频率域中的折合速度势分别具有图 3.2.1 和图 3.3.3 所示的基本形状，主要区别在于源频谱的高频渐进衰减指数有所不同。其中，MM71 模型、Mueller 模型和 von Seggern-Blandford 模型在高频时以f^{-2}的方式衰减，而其他几种模型在高频时分别以f^{-3}或f^{-4}的方式衰减。源频谱高频渐进衰减指数的大小理论上与弹性边界上压力时间函数在$t = 0$时的间断性有关。当压力时间函数本身不连续时，源频谱以f^{-2}的方式渐进衰减，即高频渐进衰减指数 n=2；当压力时间函数本身连续但其一阶时间导数不连续时，则n=3。以此类推，若一阶导数也连续但二阶导数不连续，则n=4。

表 3.5.1　地下核爆炸源函数模型一览表

模型	观测数据来源	折合速度势$\hat{\psi}$函数形式	高频渐进衰减	压力间断性	稳态值	压力时间函数
Toksoz 模型 (Toksoz et al., 1964)	区域性瑞利波	$\hat{\psi} = \dfrac{s r_{el} p_0}{\rho(s^2 + 2\eta\omega_e s + \omega_e^2)(s+\kappa)^2}$	f^{-3}	1 阶	0	$p(t) = p_0 t e^{-\kappa t} H(t)$
Haskell 模型 (Haskell, 1967)	自由场	$\hat{\psi} = \phi_\infty \dfrac{as + b^5}{(s+b)^5}$ ①	f^{-4}	2 阶	ϕ_∞	未指定
Mueller 模型 (Mueller, 1969)	近区、区域震	$\hat{\psi} = \dfrac{s r_{el} p_0}{\rho(s^2 + 2\eta\omega_e s + \omega_e^2)(s+\kappa)}$	f^{-2}	0 阶	0	$p(t) = p_0 e^{-\kappa t} H(t)$
MM71 模型 (Murphy, 1977；Mueller et al., 1971)	近区、区域震	$\hat{\psi} = \dfrac{r_{el}(p_0 + p_{0c})\left(s + \dfrac{p_{0c}}{p_0 + p_{0c}}\kappa\right)}{\rho(s^2 + 2\eta\omega_e s + \omega_e^2)(s+\kappa)}$	f^{-2}	0 阶	ϕ_∞	$p(t) = (p_0 e^{-\kappa t} + p_{0c}) H(t)$
von Seggern-Blandford 模型 (von Seggern et al., 1972)	远震短周期 P 波	$\hat{\psi} = \phi_\infty \dfrac{as + b^3}{(s+b)^3}$ ②	f^{-2}	0 阶	ϕ_∞	未指定
Helmberger-Harkrider 模型 (Helmberger et al., 1972)	长周期 P 波和瑞利波	$\hat{\psi} = \dfrac{s\phi_0 \Gamma(\xi+1)}{(s+k)^{\xi+1}}$ ③	$f^{-\zeta}$	$(\zeta-2)$ 阶	0	未指定
Helmberger-Hadley 模型 (Helmberger et al.,1981)	地方震 P 波	$\hat{\psi} = \phi_\infty \dfrac{as + b^4}{(s+b)^4}$ ④	f^{-3}	1 阶	ϕ_∞	未指定

续表

模型	观测数据来源	折合速度势 $\hat{\psi}$ 函数形式	高频渐进衰减	压力间断性	稳态值	压力时间函数
Denny-Goodman 模型 (Denny et al., 1990)	自由场和地方震	$\hat{\psi}=\phi_\infty\dfrac{\omega_e^2\kappa}{\rho(s^2+2\eta\omega_e s+\omega_e^2)(s+\kappa)}$	f^{-3}	1 阶	ϕ_∞	$p(t)=p_0(1-e^{-\kappa t})H(t)$

① 原形式为 $\phi(t)=\phi_\infty\{1-e^{-kt}[1+kt+(kt)^2/2+(kt)^3/6-B(kt)^4]\}$，表中 $a=(24B+1)k^4$，$b=k$。

② 原形式为 $\phi(t)=\phi_\infty\{1-e^{-kt}[1+kt-B(kt)^2]\}$，表中 $a=(1-2B)k^2$，$b=k$。

③ 原形式为 $\phi(t)=\phi_0 t^\xi e^{-kt}$，对美国 Boxcar 核爆炸，$\xi=0.5$，$k=0.15$。

④ 原形式为 $\phi(t)=\phi_\infty\{1-e^{-kt}[1+kt+(kt)^2/2-B(kt)^3]\}$，表中 $a=(6B+1)k^3$，$b=k$。

在表 3.5.1 所列的各种源函数模型中，包括 MM71 模型在内的 4 种模型，都是基于假设的弹性边界上的压力时间函数，以解析的形式求得的。除这些模型以外，表 3.5.1 中还有另外 4 种模型未指定明确的压力时间函数，而是直接给出了频域中折合速度势的函数形式。这 4 个模型中有 3 个模型，即 Haskell 模型(H 模型)、von Seggern-Blandford 模型(SB 模型)和 Helmberger-Hadley 模型(HH 模型)的源时间函数和源频谱在数学上可以统一表示为

$$\phi(t)=\phi_\infty\{1-e^{-kt}[g_{n-2}(kt)-B(kt)^{n-1}]\} \tag{3.5.1}$$

$$\hat{\psi}(\omega)=\phi_\infty\frac{-iq(\omega/k)+1}{(-i\omega/k+1)^n} \tag{3.5.2}$$

式中，$g_l(x)=\sum\limits_{m=0}^{l}\dfrac{x^m}{m!}$。对 H 模型，$n=5$，$q=24B+1$；对 SB 模型，$n=3$，$q=1-2B$；而对 HH 模型，$n=4$，$q=6B+1$。为方便起见，本书将上述三种模型统称为泛哈斯克尔(Haskell)模型。式(3.5.1)和式(3.5.2)中，ϕ_∞ 仍为源的稳态折合位移势，k 反映源的本征频率，B 或者 q 则反映源的过冲大小。为说明这一点，图 3.5.1 给出了三种泛 Haskell 模型的源时间函数和源频谱。图中横坐标和纵坐标已分别对 k 和 ϕ_∞ 值进行归一化，B 值统一取为 2.0。可以证明(附录 3.4)，对这三种模型，$\phi(t)$ 的峰值 ϕ_m、峰值时间 t_m，$|\hat{\psi}(\omega)|$ 的峰值 $\hat{\psi}_m$、峰值频率 ω_{dm} (相当于远场位移的峰值频率)和 $|\omega\hat{\psi}(\omega)|$ 的峰值频率 ω_{vm} (相当于远场速度峰值频率)分别满足关系：

$$kt_m=\frac{(n-1)!B+1}{B(n-2)!} \tag{3.5.3}$$

$$\phi_m/\phi_\infty=\phi(t_m)/\phi_\infty=1-e^{-kt_m}[g_{n-2}(kt_m)-B(kt_m)^{n-1}] \tag{3.5.4}$$

$$\frac{\omega_{\mathrm{dm}}}{k}=\sqrt{\frac{q^2-n}{(n-1)q^2}} \tag{3.5.5}$$

$$\hat{\psi}_m/\phi_\infty=|\hat{\psi}(\omega_{\mathrm{dm}})|/\phi_\infty=\left(\frac{n-1}{n}\cdot\frac{q^2}{q^2-1}\right)^{n/2}\left(\frac{q^2-1}{n-1}\right)^{1/2} \tag{3.5.6}$$

$$\frac{\omega_{\mathrm{vm}}}{k}=\left\{\frac{[2q^2+(1-n)]+\sqrt{[2q^2+(1-n)]^2+4(n-2)q^2}}{2(n-2)q^2}\right\}^{1/2} \tag{3.5.7}$$

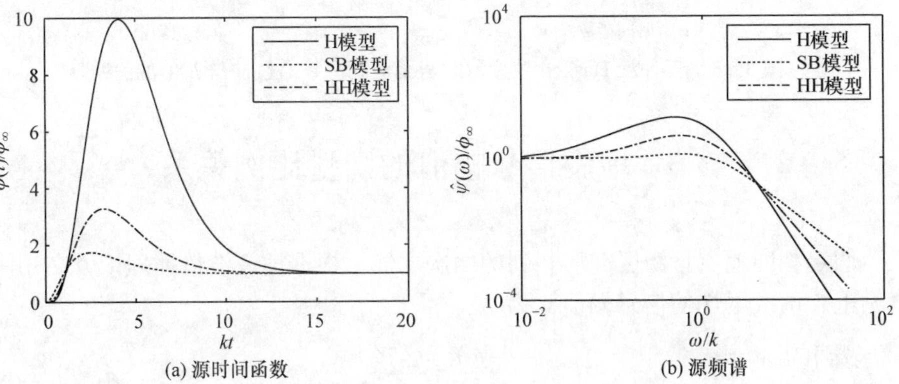

图 3.5.1　三种泛 Haskell 模型的源时间函数和源频谱

图 3.5.2 是三种泛 Haskell 模型对应的 ω_{dm}/k 和 ω_{vm}/k 与 B 值的关系，B 值的大小对过冲 ϕ_m/ϕ_∞ 和 $\hat{\psi}_m/\phi_\infty$ 的影响则如图 3.5.3 所示。可以看出，无论是在时间域还是频率域中，源函数的过冲大小都近似和 B 值呈线性关系，除了在 B 值很小的情况以外，ω_{dm}/k 和 ω_{vm}/k 几乎与 B 的大小无关，并分别具有渐近值：

$$\left.\frac{\omega_{\mathrm{dm}}}{k}\right|_{B\to\infty}=\sqrt{\frac{1}{n-1}},\qquad \left.\frac{\omega_{\mathrm{vm}}}{k}\right|_{B\to\infty}=\sqrt{\frac{2}{n-2}} \tag{3.5.8}$$

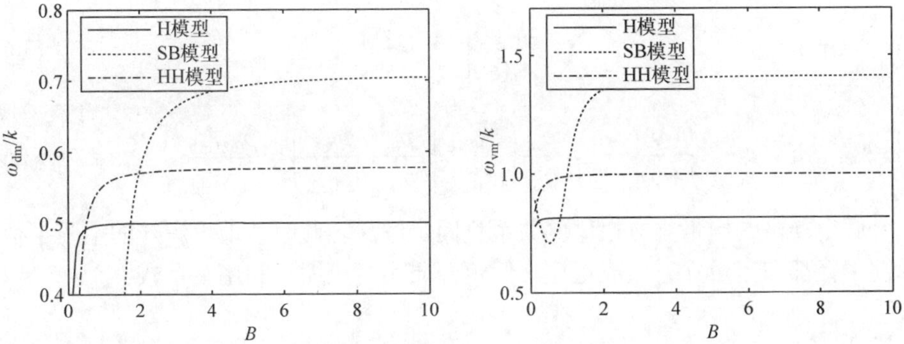

图 3.5.2　三种泛 Haskell 模型对应的 ω_{dm}/k 和 ω_{vm}/k 与 B 值的关系

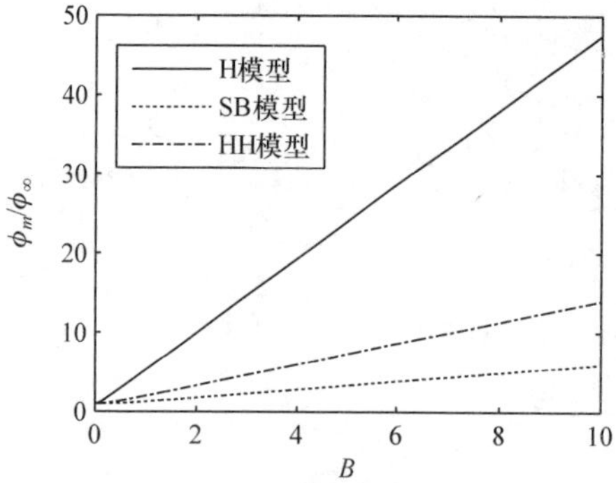

(a) 源时间函数

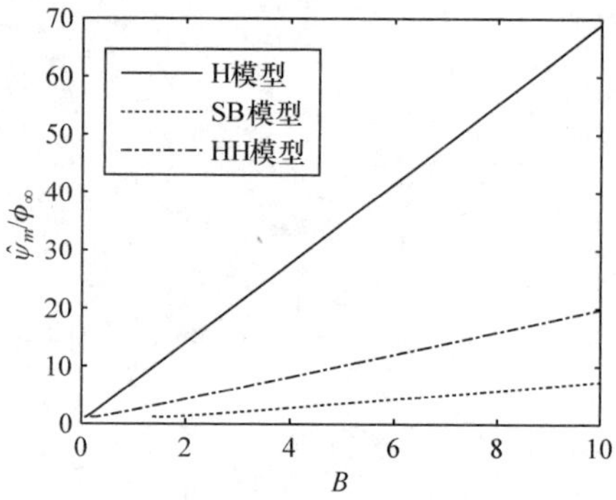

(b) 源频谱

图 3.5.3　三种泛 Haskell 模型源时间函数和源频谱过冲与 B 值的关系

3.6　地震信号幅值的当量比例关系

假定相同地点且源区介质相同的两次爆炸。根据地震波传播理论，在相同的台站上，两次爆炸的信号幅值比为

$$\frac{A_1(\omega)}{A_2(\omega)}=\frac{\psi_1(\omega)}{\psi_2(\omega)} \tag{3.6.1}$$

式中，$A(\omega)$ 和 $\psi(\omega)$ 分别为信号的振幅谱①和折合速度势，下标 1、2 用来区分两次爆炸。在 MM71 模型下：

$$\frac{A_1(\omega)}{A_2(\omega)}=\frac{\phi_{\infty 1}}{\phi_{\infty 2}}\times\frac{1-2\mathrm{i}\eta\omega/\omega_{\mathrm{e}1}-(\omega/\omega_{\mathrm{e}1})^2}{1-2\mathrm{i}\eta\omega/\omega_{\mathrm{e}2}-(\omega/\omega_{\mathrm{e}2})^2}\times\frac{\left(1+\dfrac{\mathrm{i}\omega/\omega_{\mathrm{e}1}}{\mathrm{i}\omega/\omega_{\mathrm{e}1}-\chi}p_{01}/p_{0\mathrm{c}1}\right)}{\left(1+\dfrac{\mathrm{i}\omega/\omega_{\mathrm{e}2}}{\mathrm{i}\omega/\omega_{\mathrm{e}2}-\chi}p_{02}/p_{0\mathrm{c}2}\right)} \tag{3.6.2}$$

因此，在低频和高频极限下，分别有

$$\left.\frac{A_1(\omega)}{A_2(\omega)}\right|_{\omega\to 0}=\frac{\phi_{\infty 1}}{\phi_{\infty 2}} \tag{3.6.3}$$

$$\left.\frac{A_1(\omega)}{A_2(\omega)}\right|_{\omega\to\infty}=\frac{\phi_{\infty 1}}{\phi_{\infty 2}}\left(\frac{r_{\mathrm{el}2}}{r_{\mathrm{el}1}}\right)^2\left(\frac{p_{0\mathrm{s}1}/p_{0\mathrm{c}1}}{p_{0\mathrm{s}2}/p_{0\mathrm{c}2}}\right)=\frac{p_{0\mathrm{s}1}r_{\mathrm{el}1}}{p_{0\mathrm{s}2}r_{\mathrm{el}2}} \tag{3.6.4}$$

假定严格的当量立方根比例关系且固定埋深。此时，地下爆炸的空腔半径和弹性半径都和当量立方根成正比。假定介质不可压缩，利用关系式：

① 可以是位移谱、速度谱或加速度谱。

$$\phi_\infty = \frac{1}{3} r_c^3 ,\quad p_{0c} = \frac{4\mu}{3}\left(\frac{r_c}{r_{el}}\right)^3 ,\quad p_{0s} = 1.5\rho g h$$

得到：

$$\left.\frac{A_1(\omega)}{A_2(\omega)}\right|_{\omega\to 0} = \frac{\phi_{\infty 1}}{\phi_{\infty 2}} = \frac{W_1}{W_2} \tag{3.6.5}$$

$$\left.\frac{A_1(\omega)}{A_2(\omega)}\right|_{\omega\to \infty} = \left(\frac{W_1}{W_2}\right)^{1/3} \tag{3.6.6}$$

即低频和高频情况下地震信号的幅值分别和当量本身与当量的立方根成正比。

MM71 模型中，核爆炸空腔半径并不严格遵守当量立方根比例关系。根据式(3.3.25)、式(3.3.28)和式(3.3.29)，有

$$\left.\frac{A_1(\omega)}{A_2(\omega)}\right|_{\omega\to 0} = \left(\frac{W_1}{W_2}\right)^{0.87}\left(\frac{h_1}{h_2}\right)^{-0.33} \tag{3.6.7}$$

$$\left.\frac{A_1(\omega)}{A_2(\omega)}\right|_{\omega\to \infty} = \left(\frac{W_1}{W_2}\right)^{1/3}\left(\frac{h_1}{h_2}\right)^{0.58} \tag{3.6.8}$$

固定埋深时，低频信号幅值和当量的 0.87 次方成正比；高频信号幅值依然和当量的立方根成正比。比例埋深时，低频信号幅值和当量的 0.76 次方成正比；高频信号幅值和当量的 0.53 次方成正比。

在 DJ91 模型中，低频、高频时分别有

$$\left.\frac{A_1(\omega)}{A_2(\omega)}\right|_{\omega\to 0} = \frac{\phi_{\infty 1}}{\phi_{\infty 2}} = \left(\frac{W_1}{W_2}\right)\left(\frac{h_1}{h_2}\right)^{-0.4385} \tag{3.6.9}$$

$$\left.\frac{A_1(\omega)}{A_2(\omega)}\right|_{\omega\to \infty} = \frac{\phi_{\infty 1} r_{el2}^2}{\phi_{\infty 2} r_{el1}^2} = \left(\frac{W_1}{W_2}\right)^{1/3}\left(\frac{h_1}{h_2}\right)^{0.6659} \tag{3.6.10}$$

固定埋深时，低频信号幅值与当量成正比，高频信号幅值与当量的立方根成正比；而比例埋深时，低频信号幅值与当量的 0.85 次方成正比，高频信号幅值与当量的 0.56 次方成正比。因此，DJ91 模型和 MM71 模型在高频信号时的当量比例关系差别不大，但在低频信号时存在一定差异。这种差异在传统地下核试验当量范围内或许不明显，但在将相关模型推广应用于小当量时，就会出现明显差别。

值得注意的是，按当量立方根比例关系，固定埋深时，地下爆炸震源理论预测的低频地震信号幅值正比于当量，而高频地震信号幅值正比于当量的立方根。这一结论实际上仅对高频渐进衰减指数 $m=2$ (即高频时源频谱以 ω^{-2} 的方式渐进衰减)的模型成立，$m\neq 2$ 时则不成立。以式(3.5.2)代表的一般模型为例。假定过

冲参数 q 或 B 是仅依赖于介质性质的常数，按当量立方根比例关系，ϕ_∞ 和当量成正比，k 与当量立方根成反比，则在高频极限下：

$$\left.\frac{\hat{\psi}_1(\omega)}{\hat{\psi}_2(\omega)}\right|_{\omega\to\infty}=\frac{\phi_{\infty 1}}{\phi_{\infty 2}}\left(\frac{k_1}{k_2}\right)^{n-1}=\left(\frac{W_1}{W_2}\right)^{1-m/3} \tag{3.6.11}$$

式中，最后一个等式利用了关系 $n=m+1$。根据上述结果，当 m=3 时(如 Helmberger-Hadley 模型)，地震信号的高频幅值与当量无关；当 m=4 时(如 Haskell 模型)，地震信号的高频幅值甚至会随当量的减小而增加(图 3.6.1)。这显然是不合理的。

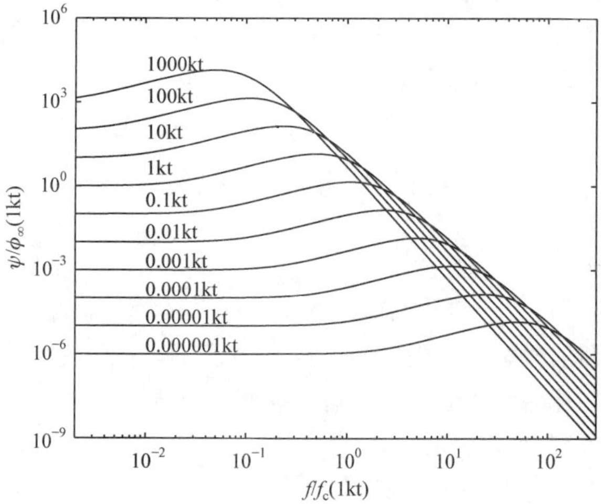

图 3.6.1　Haskell 模型下不同当量地下爆炸源频谱示意图

以上讨论的是相同频率成分，即窄带滤波之后的信号幅值与当量的比例关系。下面进一步讨论时间域中具有无限带宽的信号幅值与当量的比例关系。对于 MM71 模型，根据式(3.3.7)和式(3.3.8)可知，时间域中的折合位移势具有以下形式：

$$\phi(t)=\phi_\infty\theta(z;\eta,\chi,p_0/p_{0c}) \tag{3.6.12}$$

式中，$z=\omega_e t$。远场情况下，如不考虑介质非弹性衰减和记录仪器频响范围的限制，对给定距离，有

$$u(t)\propto\frac{\mathrm{d}}{\mathrm{d}t}\phi(t)=\omega_e\phi_\infty\frac{\mathrm{d}}{\mathrm{d}z}\theta(z;\eta,\chi,p_0/p_{0c}) \tag{3.6.13}$$

$$v(t)\propto\frac{\mathrm{d}^2}{\mathrm{d}t^2}\phi(t)=\omega_e^2\phi_\infty\frac{\mathrm{d}^2}{\mathrm{d}z^2}\theta(z;\eta,\chi,p_0/p_{0c}) \tag{3.6.14}$$

$$a(t)\propto\frac{\mathrm{d}^3}{\mathrm{d}t^3}\phi(t)=\omega_e^3\phi_\infty\frac{\mathrm{d}^3}{\mathrm{d}z^3}\theta(z;\eta,\chi,p_0/p_{0c}) \tag{3.6.15}$$

式中，$u(t)$、$v(t)$ 和 $a(t)$ 分别为质点运动的位移、速度和加速度波形。因为 χ、η 为介质常数，且在严格的当量立方根比例关系下，p_0 / p_{0c} 与当量无关，所以固定埋深时，对不同当量的两次爆炸，在相同距离上，位移、速度、加速度信号的幅值比分别具有以下当量比例关系：

$$\frac{U_1(W_1,r)}{U_2(W_2,r)}=\frac{\omega_{e1}\phi_{\infty1}}{\omega_{e2}\phi_{\infty2}}=\left(\frac{W_1}{W_2}\right)^{2/3} \tag{3.6.16}$$

$$\frac{V_1(W_1,r)}{V_2(W_2,r)}=\frac{\omega_{e1}^2\phi_{\infty1}}{\omega_{e2}^2\phi_{\infty2}}=\left(\frac{W_1}{W_2}\right)^{1/3} \tag{3.6.17}$$

$$\frac{A_1(W_1,r)}{A_2(W_2,r)}=\frac{\omega_{e1}^3\phi_{\infty1}}{\omega_{e2}^3\phi_{\infty2}}=1 \tag{3.6.18}$$

式中，U、V 和 A 分别为位移、速度和加速度信号的峰值。上述结论对所有遵守当量立方根比例关系的震源模型都成立，包括高频时源频谱以非 ω^{-2} 方式渐进衰减的各种模型。结果表明，宽带信号的当量比例关系与窄带信号的当量比例关系有很大差别。由于地震信号实际记录仪器总是带限的，加上地球介质本身的衰减性质，实际观测到的信号幅值与当量之间的比例关系往往不同于式(3.6.16)～式(3.6.18)中的理论关系。最后，虽然式(3.6.18)表示给定距离上的峰值加速度与当量无关，但因为对越小的当量，达到峰值加速度的频率越高，而频率越高的信号在地球中的衰减越快，所以实际记录的峰值加速度必然是随当量减小而减小的，且不会出现在给定的距离上可以观测到无限小当量地下爆炸信号的悖论。

作为本节的结束，这里指出式(3.6.16)～式(3.6.18)也可以由关于地面位移、速度和加速度的立方根比例关系直接得到。这些关系的一般形式已经在 2.4 节中给出，这里重新表示为

$$\frac{U(W_1,r_s)}{U(W_2,r_s)}=\left(\frac{W_1}{W_2}\right)^{1/3} \tag{3.6.19}$$

$$\frac{V(W_1,r_s)}{V(W_2,r_s)}=1 \tag{3.6.20}$$

$$\frac{A(W_1,r_s)}{A(W_2,r_s)}=\left(\frac{W_2}{W_1}\right)^{1/3} \tag{3.6.21}$$

式中，r_s 为给定的比例爆心距(m/kt$^{1/3}$)。读者可以容易证明，式(3.6.16)～式(3.6.18)与式(3.6.19)～式(3.6.21)等价。

3.7 地下爆炸辐射的地震波能量

地下爆炸在某个距离 $r \geqslant r_{\text{el}}$ 之外的岩石中沉积的弹性能量等于该距离上的应力对相应距离以外的岩石所做的功，即有(Murphy et al., 1971)

$$E(r)=4\pi r^2\int_{-\infty}^{\infty}-\sigma_{rr}(t,r)\dot{u}(r\ ,t)\mathrm{d}t \tag{3.7.1}$$

因为

$$u(r,t)=\frac{\dot{\phi}(\tau)}{\alpha r}+\frac{\phi(\tau)}{r^2}$$

$$-\sigma_{rr}(t,r)=-(\lambda+2\mu)\frac{\partial u}{\partial r}-2\lambda\frac{u}{r}=\frac{\lambda+2\mu}{\alpha^2 r}\ddot{\phi}(\tau)+\frac{4\mu}{\alpha r^2}\dot{\phi}(\tau)+\frac{4\mu}{r^3}\phi(\tau)$$

将这些关系代入式(3.7.1)，有

$$E(r)=E_s+E_r=8\pi\mu rU_P^2+\frac{4\pi\rho}{\alpha}\int_0^{\infty}\left(\frac{\mathrm{d}^2\phi}{\mathrm{d}\tau^2}\right)^2\mathrm{d}\tau \tag{3.7.2}$$

式中，$U_P=U_P(r)$ 为距离 r 处的质点永久位移。式(3.7.2)等号右边的第一项 $E_s=8\pi\mu rU_P^2$ 是介质永久位移所对应的静态应变能。因为 $U_P=\phi_\infty/r^2$，所以随 r 增加，E_s 以 r^{-3} 的方式迅速减小。取 $r=r_{\text{el}}$，则弹性边界以外的岩石中的总静态应变能为

$$E_s(r_{\text{el}})=8\pi\mu\frac{\phi_\infty^2}{r_{\text{el}}^3} \tag{3.7.3}$$

式(3.7.2)等号右边的第二项：

$$E_r=\frac{4\pi\rho}{\alpha}\int_0^{\infty}\left(\frac{\mathrm{d}^2\phi}{\mathrm{d}\tau^2}\right)^2\mathrm{d}\tau \tag{3.7.4}$$

与 r 无关，表明其具有向外辐射和传播的性质，对应的正是远场地震波的能量。对于爆炸的远场地震波(严格地应该称为地震波中的远场项)，因为 $v(r,t)=\dot{u}(r,t)=\ddot{\phi}/\alpha r$，所以

$$E_r=4\pi\rho\alpha r^2\int_0^{\infty}[v(r,t)]^2\mathrm{d}t \tag{3.7.5}$$

这正是质点运动速度为 $v(r,t)$ 的远场 P 波通过距离为 r 的球面而向外辐射的能量。

根据关于傅里叶变换的 Pasval 定理：

$$E_r = \frac{4\pi\rho}{\alpha} \cdot \frac{1}{2\pi} \int_{-\infty}^{\infty} |-\omega^2 \hat{\phi}(\omega)|^2 \, \mathrm{d}\omega \tag{3.7.6}$$

由式(3.1.6)有

$$|-\omega^2 \hat{\phi}(\omega)|^2 = \frac{r_{\mathrm{el}}^2}{\rho^2} \frac{\omega^4 |\hat{P}(\omega)|^2}{(-\omega^2 - 2\mathrm{i}\eta\omega_{\mathrm{e}}\omega + \omega_{\mathrm{e}}^2)(-\omega^2 + 2\mathrm{i}\eta\omega_{\mathrm{e}}\omega + \omega_{\mathrm{e}}^2)} \tag{3.7.7}$$

在最简单的情况下,假设弹性边界上的压力 $p(t) = p_{0\mathrm{c}} H(t)$,相应的 $\hat{P}(\omega) = -1/\mathrm{i}\omega$,则式(3.7.6)中的被积函数为

$$|-\omega^2 \hat{\phi}(\omega)|^2 = \frac{r_{\mathrm{el}}^2 p_{0\mathrm{c}}^2}{\rho} \frac{\omega^2}{(-\omega^2 - 2\mathrm{i}\eta\omega_{\mathrm{e}}\omega + \omega_{\mathrm{e}}^2)(-\omega^2 + 2\mathrm{i}\eta\omega_{\mathrm{e}}\omega + \omega_{\mathrm{e}}^2)} \tag{3.7.8}$$

将其代入式(3.7.6)，并令 $z = \omega / \omega_{\mathrm{e}}$ ， E_r 可以表示为

$$E_r = \frac{4\pi}{\alpha} \cdot \frac{r_{\mathrm{el}}^2 p_{0\mathrm{c}}^2}{\rho^2 \omega_{\mathrm{e}}} \cdot \frac{1}{2\pi} \int_{-\infty}^{\infty} I(z) \mathrm{d}z \tag{3.7.9}$$

其中,

$$I(z) = \frac{z^2}{(1 - z^2 - 2\mathrm{i}\eta z)(1 - z^2 + 2\mathrm{i}\eta z)} = \frac{z^2}{\prod_{i=1}^{4} (z - z_i)} \tag{3.7.10}$$

$z_i (i = 1,2,3,4)$ 为 $I(z)$ 的 4 个极点,其具体值分别为 $\mp\sqrt{1-\eta^2} + \mathrm{i}\eta, \mp\sqrt{1-\eta^2} - \mathrm{i}\eta$ (图 3.7.1)。根据复变函数积分的留数定理，$I(z)$沿图 3.7.1 中$\Gamma=\Gamma_1+\Gamma_2$组成的封闭路径的积分等于路径包围区域内极点的留数之和乘以 $2\pi\mathrm{i}$ 。对于式(3.7.10)中的$I(z)$，当半径趋于无穷大时，$I(z)$沿Γ_2的积分趋于 0。因此

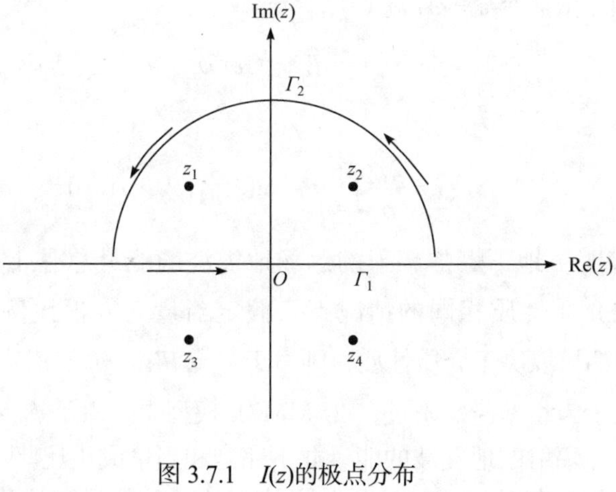

图 3.7.1　$I(z)$的极点分布

$$E_r = \frac{4\pi}{\alpha} \cdot \frac{r_{\mathrm{el}}^2 p_{0\mathrm{c}}^2}{\rho\omega_{\mathrm{e}}} \cdot i\sum_{i=1}^{2} \lim_{z\to z_i}(z-z_i)I(z_i) = \frac{\pi r_{\mathrm{el}}^2 p_{0\mathrm{c}}^2}{\rho\omega_{\mathrm{e}}\alpha\eta} = \frac{\pi r_{\mathrm{el}}^3 p_{0\mathrm{c}}^2}{2\mu} \tag{3.7.11}$$

其中利用了关系 $\omega_{\mathrm{e}} = 2\beta / r_{\mathrm{el}}$ 和 $\eta = \beta / \alpha$ 。因为地下爆炸的稳态折合位移势 $\phi_\infty = r_{\mathrm{el}}^3 p_{0\mathrm{c}} / 4\mu$ ，代入式(3.7.11)，可以进一步将 E_r 表示为

$$E_r = \frac{\pi\rho\omega_{\mathrm{e}}^3\phi_\infty^2}{\beta} = \frac{\pi^2 f_{\mathrm{e}}^3 M_0^2}{2\eta\rho\alpha^5} \tag{3.7.12}$$

在 MM71 模型下， $p(t) = (p_0\mathrm{e}^{-\kappa t} + p_{0\mathrm{c}})H(t)$ ，Murphy 等(1971)曾得到此时远场地震波的能量，这里将其结果重新表述为

$$E_r = K\frac{\pi r_{\mathrm{el}}^3 p_{0\mathrm{c}}^2}{2\mu} = K\frac{\pi\rho\omega_{\mathrm{e}}^3\phi_\infty^2}{\beta} = K\frac{\pi^2 f_{\mathrm{c}}^3 M_0^2}{2\eta\rho\alpha^5} \tag{3.7.13}$$

其中，

$$K = \frac{\gamma^2 + [(1-4\eta^2)(\gamma-1)^2 + 2(1-2\eta^2)]\chi^2}{1+2(1-2\eta^2)\chi^2+\chi^4} + \frac{2(\gamma-1)(\gamma+1)\eta\chi^3+\chi^4}{1+2(1-2\eta^2)\chi^2+\chi^4} \tag{3.7.14}$$

式中， $\gamma = (p_0 + p_{0\mathrm{c}}) / p_{0\mathrm{c}} = p_{0\mathrm{s}} / p_{0\mathrm{c}}$ ； $\chi = \kappa / \omega_{\mathrm{e}} = k / 2\eta$ 。在更一般的情况下，因为

$$|-\omega^2\hat{\phi}(\omega)|^2 = \omega^2 |\hat{\psi}(\omega)|^2$$

而 $|\hat{\psi}(\omega)|$ 总可以表示为

$$|\hat{\psi}(\omega)| = \phi_\infty\hat{\Theta}(\omega/\omega_{\mathrm{e}};\chi_1,\chi_2,\cdots) \tag{3.7.15}$$

式中， $\chi_1,\chi_2,\cdots$ 为与 ω 、 ω_{e} 和 ϕ_∞ 都无关的常数[如附录 3.2 中式(A3.2.1)中的 χ 和 $p_{0\mathrm{s}} / p_{0\mathrm{c}}$ 等]。依然令 $z = \omega / \omega_{\mathrm{e}}$ ，则

$$E_r = G\omega_{\mathrm{e}}^3\phi_\infty^2 \tag{3.7.16}$$

其中，

$$G = \frac{2\rho}{\alpha}\int_{-\infty}^{\infty} z^2 |\hat{\Theta}(z;\chi_1,\chi_2,\cdots)|^2 \,\mathrm{d}z \tag{3.7.17}$$

上述结果表明，地下爆炸辐射的远场地震波的能量总是正比于 $\omega_{\mathrm{e}}^3\phi_\infty^2$ 或等价于 $f_{\mathrm{c}}^3 M_0^2$ 。在介质性质相同的情况下，假定当量立方根比例关系成立，且参数 $\chi_1,\chi_2,\cdots$ 全都只取决于介质性质，则由于 $\phi_\infty \propto W$ ， $\omega_{\mathrm{e}} \propto W^{-1/3}$ ，远场地震波的能量总是正比于当量本身。不过，在 MM71 模型中，由于 $\phi_\infty \propto W^{0.87}$ 且 $p_{0\mathrm{s}} / p_{0\mathrm{c}}$ 也和当量有关，辐射的地震波的能量并不完全和当量成正比。

地下爆炸辐射的地震波能量与爆炸释放的总能量之比称为地震能量耦合系

数。注意到前面给出的地震波能量 E_r 的单位为焦耳(J)，而爆炸当量 W 的单位通常为 kt，因此地震能量耦合系数的实际计算公式应为

$$C_{\mathrm{SE}}=\frac{E_r}{4.2\times10^{12}W} \tag{3.7.18}$$

式中，系数 4.2×10^{12} 为 1kt TNT 爆炸释放的总能量。利用这一关系，在 MM71 模型中(取 ν=0.25)可以得到：

$$C_{\mathrm{SE}}^{(\mathrm{MM71})}=1.6\times10^4 K^{(\mathrm{MM71})}\rho^{-0.74}\beta^{1.4}(1.5\rho gh/A)^{3/n}W^{-0.26}h^{-0.66} \tag{3.7.19}$$

类似地，可以得到：

$$C_{\mathrm{SE}}^{(\mathrm{DJ91})}=1.83\times10^7\times\mu^{-1.1735}\beta^{-1.1544}(\rho gh)^{0.7796}10^{-0.0613\mathrm{GP}} \tag{3.7.20}$$

$$C_{\mathrm{SE}}^{(\mathrm{MM71+DJ91a})}=6.9\times10^7 K^{(\mathrm{MM71+DJ91a})}\rho\beta^{-0.3088}(\rho gh)^{-0.877}(1.5\rho gh/A)^{3/n}10^{-0.0688\mathrm{GP}} \tag{3.7.21}$$

$$C_{\mathrm{SE}}^{(\mathrm{MM71+DJ91b})}=6.7\times10^{12} K^{(\mathrm{MM71+DJ91b})}\rho\beta^{-0.3088}(\rho gh)^{-1.575}(1.5\rho gh/A)^{3/n}10^{-0.015\mathrm{GP}} \tag{3.7.22}$$

按上述结果，DJ91 和 MM71+DJ91a、MM71+DJ91b 两种混合模型的地震能量耦合系数与当量大小无关，仅与源区介质的性质以及埋深大小有关，而 MM71 模型对应的地震能量耦合系数则同时与当量有关。在地震能量耦合系数的绝对大小方面，如图 3.7.2 所示，对花岗岩等密实介质，MM71、MM71+DJ91a 和 MM71+DJ91b 对应的能量耦合系数大体在 1%的量级，与地下核试验的实际观测结果基本一致(Mueller，1969)。DJ91 模型对应的地震能量耦合系数则在 0.01%～0.1%，明显小于实际观测结果。

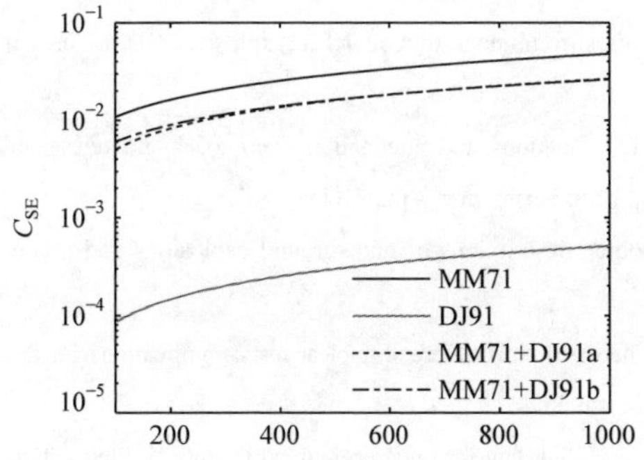

(a) 花岗岩

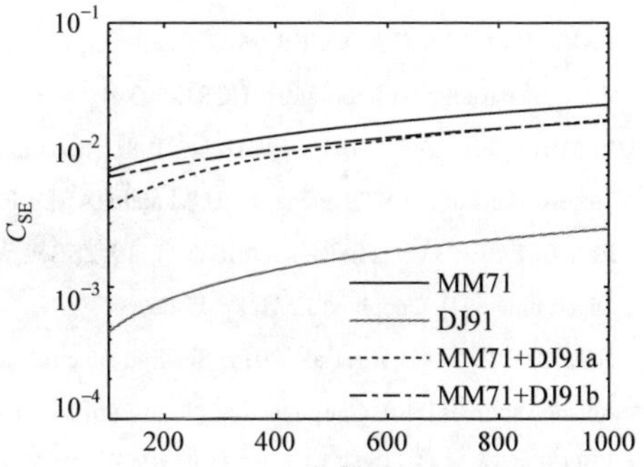

(b) 凝灰岩

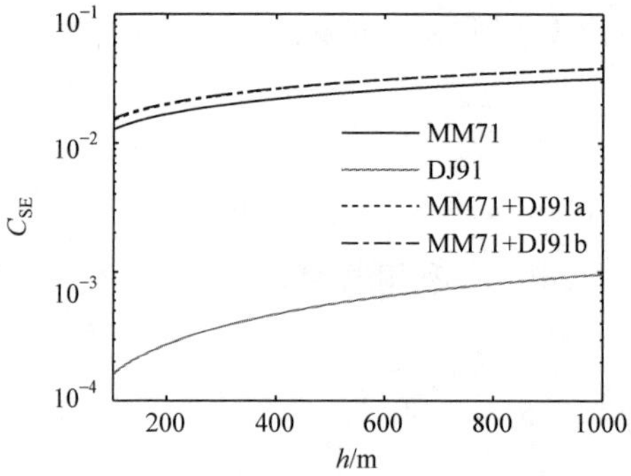

(c) 盐岩

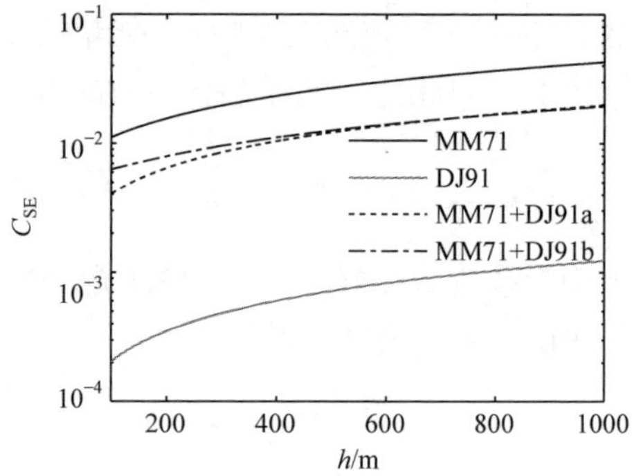

(d) 页岩

图 3.7.2 不同介质和不同源模型下的地震能量耦合系数

图中采用的介质常数和 MM71 模型参数见表 3.3.1，对于 DJ91 模型，另外取 GP=1。此外，由于 MM71 模型的地震能量耦合系数与当量有关，图中假定当量和埋深的关系为 $W(h)=(h/h_0)^3W_0$，其中 W_0 和 h_0 分别为 1kt 和 122m

参考文献

BACHE T C, 1982. Estimating the yield of underground nuclear explosions [J]. Bull. Seism. Soc. Am., 72(6): S131-S168.

DENNY M D, GOODMAN D M, 1990. A case study of the seismic source function: SALMON and STERLING reevaluated [J]. J. Geophys. Res., 95(B12): 19705-19723.

DENNY M D, JOHNSON L R, 1991. The Explosion Seismic Source Function: Models and Scaling Laws Reviewed [R]// TAYLOR S R, PATTON H J, RICHARDS P G. Explosion Source Phenomenology, Washington D.C.: the America Geophysical Union.

FORD S R, WALTER W R, 2013. An explosion model comparison with insights from the source physics experiments [J]. Bull. Seism. Soc. Am., 103(5): 2937-2945.

HASKELL N A, 1967. Analytic approximation of the elastic radiation from a contained underground explosion [J]. J. Geophys. Res., 72(10): 2583-2587.

HEARD H C, ACKERMAN F J, 1967. Prediction of cavity radius from underground nuclear explosions [R]. Livermore: Lawrence Radiation Laboratory, UCRL-50324.

HELMBERGER D V, HADLEY D M, 1981. Seismic source functions and attenuation from local and teleseismic observations of the NTS events JORUM and HANDLEY [J]. Bull. Seism. Soc. Am., 71(1): 51-67.

HELMBERGER D V, HARKRIDER D G, 1972. Seismic source descriptions of underground explosions and a depth discriminate [J]. Geophys. J., 31(1): 45-66.

JIN P, ZHU H F, XU X, et al., 2019. Seismic spectral ratios between North Korean nuclear tests: Implications for their seismic sources [J]. J. Geophys. Res.-Solid Earth, 124(5): 4940-4958.

LATTER A L, MARTINELLI E A, TELLER E, 1959. Seismic scaling law for underground explosions[J]. Phys. Fluids, 2(3): 280-282.

LAY T, HELMBERGER D V, HARKRIDER D G, 1984. Source models and yield-scaling relations for underground nuclear explosions at Amchitka Island [J]. Bull. Seism. Soc. Am., 74(3): 843-862.

MUELLER R A, 1969. Seismic energy efficiency of underground nuclear detonations [J]. Bull. Seism. Soc. Am., 59(6): 2311-2323.

MUELLER R A, MURPHY J R, 1971. Seismic characteristics of underground nuclear detonations, Part I. Seismic spectrum scaling [J]. Bull. Seism. Soc. Am., 61(2): 1675-1692.

MURPHY J R, 1977. Seismic coupling and magnitude/yield relations for underground nuclear detonations in salt, granite, tuff/rhyolite and shale emplacement media [R]. Falls Church: Comput. Sci. Corp., CSCTR-77-0004.

MURPHY J R, BENNETT T J, 1979. A review of available free-field seismic data from underground nuclear explosions in alluvium, tuff, dolomite, sandstone-shale and inter bedded lava flows [R]. La Jolla: Systems, Science and Software, SSS-R-80-4216.

MURPHY J R, MUELLER R A, 1971. Seismic characteristics of underground nuclear detonations, Part Ⅱ. Elastic energy and magnitude determinations[J]. Bull. Seism. Soc. Am., 61(6): 1693-1704.

PERRET W R, 1971. Free-field and surface motion from a nuclear explosion in alluvium: Merlin Event[R]. Albuquerque: Sandia Laboratories, SC-RR-69-334.

ROUGIER E, PATTON H J, 2015. Seismic source functions from free-field ground motions recorded on SPE: Implications for source models of small, shallow explosions [J]. J. Geophys. Res.-Solid Earth, 120(5): 3459-3478.

SHARPE J A, 1942. The production of elastic waves by explosion pressures, I. Theory and empirical observations [J]. Geophysics, 7(2):144-154.

STEVENS J, DAY S M, 1985. The physical basis of mb:Ms and variable frequency magnitude methods for earthquake/explosion discrimination [J]. J. Geophys. Res., 90(B4): 3009-3020.

STROUJKOVA A, MOROZOV I, 2014. Seismic source studies for chemical explosions in granite [J]. Bull. Seism. Soc. Am., 104(1): 174-183.

TOKSOZ M N, BEN-MENAHEM A, HARKRIDER D G, 1964. Determination of source parameters of explosions and earthquakes by amplitude equalization of seismic surface waves[J]. J. Geophys. Res., 69(20): 4355-4366.

VON SEGGERN D, BLANDFORD R, 1972. Source time functions and spectra for underground nuclear explosions [J]. Geophys J., 31(1): 83-97.

WERTH G, HERBST R, 1963. Comparison of amplitudes of seismic waves from nuclear explosions in four mediums [J]. J. Geophys. Res., 65(5): 1463-1475.

附　　录

附录 3.1　Mueller-Murphy 模型的 RDP 时间域解

由式(3.1.6)可知：

$$\hat{\phi}(\omega)=\frac{r_{\mathrm{el}}\hat{P}(\omega)}{\rho}\frac{1}{2(\mathrm{i}\sqrt{1-\eta^2}\,\omega_{\mathrm{e}})}\left(\frac{1}{\mathrm{i}\omega-\eta\omega_{\mathrm{e}}-\mathrm{i}\sqrt{1-\eta^2}\,\omega_{\mathrm{e}}}-\frac{1}{\mathrm{i}\omega-\eta\omega_{\mathrm{e}}+\mathrm{i}\sqrt{1-\eta^2}\,\omega_{\mathrm{e}}}\right) \tag{A3.1.1}$$

代入 $\hat{P}(\omega)=-\dfrac{p_0}{\mathrm{i}\omega-\kappa}-\dfrac{p_{0\mathrm{c}}}{\mathrm{i}\omega}$，有

$$\hat{\phi}(\omega)=\hat{\phi}_0(\omega)+\hat{\phi}_1(\omega) \tag{A3.1.2a}$$

其中，

$$\hat{\phi}_0(\omega)=\frac{r_{\mathrm{el}}}{\rho}\frac{1}{2(\mathrm{i}\sqrt{1-\eta^2}\,\omega_{\mathrm{e}})}\frac{-p_{0\mathrm{c}}}{\mathrm{i}\omega}\left(\frac{1}{\mathrm{i}\omega-\eta\omega_{\mathrm{e}}-\mathrm{i}\sqrt{1-\eta^2}\,\omega_{\mathrm{e}}}-\frac{1}{\mathrm{i}\omega-\eta\omega_{\mathrm{e}}+\mathrm{i}\sqrt{1-\eta^2}\,\omega_{\mathrm{e}}}\right) \tag{A3.1.2b}$$

$$\hat{\phi}_1(\omega)=\frac{r_{\mathrm{el}}}{\rho}\frac{1}{2(\mathrm{i}\sqrt{1-\eta^2}\,\omega_{\mathrm{e}})}\frac{-p_0}{\mathrm{i}\omega-\kappa}\left(\frac{1}{\mathrm{i}\omega-\eta\omega_{\mathrm{e}}-\mathrm{i}\sqrt{1-\eta^2}\,\omega_{\mathrm{e}}}-\frac{1}{\mathrm{i}\omega-\eta\omega_{\mathrm{e}}+\mathrm{i}\sqrt{1-\eta^2}\,\omega_{\mathrm{e}}}\right) \tag{A3.1.2c}$$

令

$$\begin{aligned}\hat{\phi}_{11}(\omega)&=\frac{r_{\mathrm{el}}p_0}{\rho}\frac{1}{2(\mathrm{i}\sqrt{1-\eta^2}\,\omega_{\mathrm{e}})}\frac{-1}{\mathrm{i}\omega-\kappa}\times\frac{1}{\mathrm{i}\omega-\eta\omega_{\mathrm{e}}-\mathrm{i}\sqrt{1-\eta^2}\,\omega_{\mathrm{e}}}\\&=\frac{r_{\mathrm{el}}p_0}{2\rho}\frac{-1}{(1-\eta^2)\omega_{\mathrm{e}}^2+\mathrm{i}\sqrt{1-\eta^2}\,\omega_{\mathrm{e}}(\kappa-\eta\omega_{\mathrm{e}})}\times\left(\frac{1}{\mathrm{i}\omega-\kappa}-\frac{1}{\mathrm{i}\omega-\eta\omega_{\mathrm{e}}-\mathrm{i}\sqrt{1-\eta^2}\,\omega_{\mathrm{e}}}\right)\end{aligned}$$

则

$$\begin{aligned}\phi_{11}(t)&=\frac{1}{2\pi}\int_{-\infty}^{\infty}\hat{\phi}_{11}(\omega)\mathrm{e}^{-\mathrm{i}\omega t}\mathrm{d}\omega\\&=\frac{r_{\mathrm{el}}p_0}{2\rho}\frac{1}{(1-\eta^2)\omega_{\mathrm{e}}^2+\mathrm{i}\sqrt{1-\eta^2}\,\omega_{\mathrm{e}}(\kappa-\eta\omega_{\mathrm{e}})}\times(\mathrm{e}^{-\kappa t}-\mathrm{e}^{-(\eta+\mathrm{i}\sqrt{1-\eta^2})\omega_{\mathrm{e}}t})\end{aligned}$$

类似地，令

$$\begin{aligned}\hat{\phi}_{12}(\omega)&=\frac{r_{\mathrm{el}}p_0}{\rho}\frac{1}{2(\mathrm{i}\sqrt{1-\eta^2}\,\omega_{\mathrm{e}})}\frac{1}{\mathrm{i}\omega-\kappa}\times\frac{1}{\mathrm{i}\omega-\eta\omega_{\mathrm{e}}+\mathrm{i}\sqrt{1-\eta^2}\,\omega_{\mathrm{e}}}\\&=\frac{r_{\mathrm{el}}p_0}{2\rho}\frac{-1}{(1-\eta^2)\omega_{\mathrm{e}}^2-\mathrm{i}\sqrt{1-\eta^2}\,\omega_{\mathrm{e}}(\kappa-\eta\omega_{\mathrm{e}})}\times\left(\frac{1}{\mathrm{i}\omega-\kappa}-\frac{1}{\mathrm{i}\omega-\eta\omega_{\mathrm{e}}+\mathrm{i}\sqrt{1-\eta^2}\,\omega_{\mathrm{e}}}\right)\end{aligned}$$

对应的

$$\phi_{12}(t)=\frac{r_{\mathrm{el}}p_0}{2\rho}\frac{1}{(1-\eta^2)\omega_{\mathrm{e}}^2-\mathrm{i}\sqrt{1-\eta^2}\,\omega_{\mathrm{e}}(\kappa-\eta\omega_{\mathrm{e}})}\times(\mathrm{e}^{-\kappa t}-\mathrm{e}^{-(\eta-\mathrm{i}\sqrt{1-\eta^2})\omega_{\mathrm{e}}t})$$

因为

$$\phi_1(t)=\frac{1}{2\pi}\int_{-\infty}^{\infty}\phi_1(\omega)\mathrm{e}^{-\mathrm{i}\omega t}\mathrm{d}\omega=\frac{1}{2\pi}\int_{-\infty}^{\infty}[\hat{\phi}_{11}(\omega)+\hat{\phi}_{12}(\omega)]\mathrm{e}^{-\mathrm{i}\omega t}\mathrm{d}\omega=\phi_{11}(t)+\phi_{12}(t)$$

所以

$$\phi_1(t)=\frac{r_{\mathrm{el}}p_0}{\rho[(1-\eta^2)\omega_{\mathrm{e}}^2+(\kappa-\eta\omega_{\mathrm{e}})^2]}\left[\mathrm{e}^{-\kappa t}-(\cos\sqrt{1-\eta^2}\,\omega_{\mathrm{e}}t-\frac{\kappa-\eta\omega_{\mathrm{e}}}{\sqrt{1-\eta^2}\,\omega_{\mathrm{e}}}\sin\sqrt{1-\eta^2}\,\omega_{\mathrm{e}}t)\mathrm{e}^{-\eta\omega_{\mathrm{e}}t}\right] \tag{A3.1.3}$$

在式(A3.1.3)中取 $\kappa=0$，并将 p_0 替换为 $p_{0\mathrm{c}}$，可以得到：

$$\phi_0(t)=\frac{1}{2\pi}\int_{-\infty}^{\infty}\phi_0(\omega)\mathrm{e}^{-\mathrm{i}\omega t}\mathrm{d}\omega=\frac{r_{\mathrm{el}}p_{0\mathrm{c}}}{\rho\omega_{\mathrm{e}}^2}\left[1-(\cos\sqrt{1-\eta^2}\,\omega_{\mathrm{e}}t+\frac{\eta}{\sqrt{1-\eta^2}}\sin\sqrt{1-\eta^2}\,\omega_{\mathrm{e}}t)\mathrm{e}^{-\eta\omega_{\mathrm{e}}t}\right] \tag{A3.1.4}$$

而

$$\phi(t)=\frac{1}{2\pi}\int_{-\infty}^{\infty}\phi(\omega)\mathrm{e}^{-\mathrm{i}\omega t}\mathrm{d}\omega=\frac{1}{2\pi}\int_{-\infty}^{\infty}[\hat{\phi}_0(\omega)+\hat{\phi}_1(\omega)]\mathrm{e}^{-\mathrm{i}\omega t}\mathrm{d}\omega=\phi_0(t)+\phi_2(t) \tag{A3.1.5}$$

附录 3.2　Mueller-Murphy 模型的源频谱峰值频率

因为

$$\hat{\psi}(\omega)=\frac{\phi_\infty}{1-2\mathrm{i}\eta\omega/\omega_{\mathrm{e}}-(\omega/\omega_{\mathrm{e}})^2}\frac{(\mathrm{i}\omega/\omega_{\mathrm{e}})(p_{0\mathrm{s}}/p_{0\mathrm{c}})-\chi}{\mathrm{i}\omega/\omega_{\mathrm{e}}-\chi} \tag{A3.2.1}$$

令 $z=\omega/\omega_{\mathrm{e}}$，$\gamma_p=p_{0\mathrm{s}}/p_{0\mathrm{c}}$，则

$$\hat{\psi}(\omega)=\hat{\psi}(z)=\frac{\phi_\infty(\mathrm{i}\gamma_p z-\chi)}{(1-2\mathrm{i}\eta z-z^2)(\mathrm{i}z-\chi)} \tag{A3.2.2}$$

$$|\hat{\psi}(z)|^2=\frac{\phi^2{}_\infty({\gamma_p}^2z^2+\chi^2)}{[(1-z^2)^2+4\eta^2z^2](z^2+\chi^2)}=\frac{D(Z)}{F(Z)} \tag{A3.2.3}$$

其中，

$$D(z)={\gamma_p}^2z^2+\chi^2 \tag{A3.2.4}$$

$$F(z)=[(1-z^2)^2+4\eta^2z^2](z^2+\chi^2)=z^6+(\chi^2-2\xi^2)z^4+(1-2\xi^2\chi^2)z^2+\chi^2 \tag{A3.2.5}$$

式中，$\xi^2=1-2\eta^2=\lambda/(\lambda+2\mu)$。进一步令

$$\frac{\partial}{\partial z}|\psi(z)|^2=\frac{D'(z)F(z)-D(z)F'(z)}{F^2(z)}\propto\frac{G(z)}{F^2(z)} \tag{A3.2.6}$$

因为

$$D'(z)=2\gamma_p^2 z\ ,\quad F'(z)=[6z^4+4(\chi^2-2\xi^2)z^2+2(1-2\xi^2\chi^2)]z$$

$$G(z)=D'(z)F(z)-D(z)F'(z)=zB(z)$$

其中，

$$\begin{aligned}B(z)&=2\gamma_p^2[z^6+(\chi^2-2\xi^2)z^4+(1-2\xi^2\chi^2)z^2+\chi^2]\\&\quad-({\gamma_p}^2z^2+\chi^2)[6z^4+4(\chi^2-2\xi^2)z^2+2(1-2\xi^2\chi^2)]\\&=2\gamma_p^2[z^6+(\chi^2-2\xi^2)z^4+(1-2\xi^2\chi^2)z^2+\chi^2]\\&\quad-2{\gamma_p}^2[3z^6+2(\chi^2-2\xi^2)z^4+(1-2\xi^2\chi^2)z^2]\\&\quad-2\chi^2[3z^4+2(\chi^2-2\xi^2)z^2+(1-2\xi^2\chi^2)]\\&=-2\gamma_p^2[2z^6+(\chi^2-2\xi^2)z^4-\chi^2]\\&\quad-2\chi^2[3z^4+2(\chi^2-2\xi^2)z^2+(1-2\xi^2\chi^2)]\end{aligned}\tag{A3.2.7}$$

令 $B(z)=0$，得到源频谱峰值频率满足：

$$\begin{aligned}&\left[2\left(\frac{\omega_{\mathrm{m}}}{\omega_{\mathrm{e}}}\right)^6+(\chi^2-2\xi^2)\left(\frac{\omega_{\mathrm{m}}}{\omega_{\mathrm{e}}}\right)^4-\chi^2\right]\\&+\frac{p_{0\mathrm{c}}^2}{p_{0\mathrm{s}}^2}\chi^2\left[3\left(\frac{\omega_{\mathrm{m}}}{\omega_{\mathrm{e}}}\right)^4+2(\chi^2-2\xi^2)\left(\frac{\omega_{\mathrm{m}}}{\omega_{\mathrm{e}}}\right)^2+(1-2\xi^2\chi^2)\right]=0\end{aligned}\tag{A3.2.8}$$

对应的源频谱峰值为

$$|\hat{\psi}_m|^2=\frac{{\phi^2}_\infty[{\gamma_p}^2(\omega_{\mathrm{m}}/\omega_{\mathrm{e}})^2+\chi^2]}{[1-2\xi^2(\omega_{\mathrm{m}}/\omega_{\mathrm{e}})^2+(\omega_{\mathrm{m}}/\omega_{\mathrm{e}})^4][(\omega_{\mathrm{m}}/\omega_{\mathrm{e}})^2+\chi^2]}\tag{A3.2.9}$$

当 $p_{0\mathrm{s}}=p_{0\mathrm{c}}$ 时，式(A3.2.8)可简化为

$$\left[\left(\frac{\omega_{\mathrm{m}}}{\omega_{\mathrm{e}}}\right)^2+\chi^2\right]^2\left[\left(\frac{\omega_{\mathrm{m}}}{\omega_{\mathrm{e}}}\right)^2-\xi^2\right]=0\tag{A3.2.10}$$

此时

$$\omega_{\mathrm{m}}=\xi\omega_{\mathrm{e}}\tag{A3.2.11}$$

$$|\hat{\psi}_m|=\frac{\phi_\infty}{\sqrt{1-\xi^4}}\tag{A3.2.12}$$

附录 3.3　Mueller-Murphy 模型的远场速度谱峰值频率

类似于附录 3.2，MM71 模型下，远场速度谱为

令

$$|v(\omega)|^2 \propto \omega^2 |\psi(\omega)|^2 = \frac{\phi^2{}_\infty \omega_\mathrm{e}^2 z^2[\gamma_p{}^2 z^2 + \chi^2]}{[(1-z^2)^2 + 4\eta^2 z^2][z^2+\chi^2]} \propto \frac{z^2 D(Z)}{F(Z)} \tag{A3.3.1}$$

式中，仍有 $z = \omega / \omega_\mathrm{e}$；$\gamma_p = p_{0\mathrm{s}} / p_{0\mathrm{c}}$；$D(Z)$ 和 $F(Z)$ 如式(A3.2.4)和式(A3.2.5)，记

$$\frac{\mathrm{d}}{\mathrm{d}z}\frac{z^2 D(Z)}{F(Z)} = \frac{2zD(z)F(z) + z^2 D'(z)F(z) - z^2 D(z)F'(z)}{F^2(z)} = \frac{H(z)}{F^2(z)} \tag{A3.3.2}$$

利用附录 3.2 中的结果，有

$$\begin{aligned}
z^{-1}H(z) &= 2D(z)F(z) + z^3 B(z)\\
&= 2(\gamma_p{}^2 z^2 + \chi^2)\left[z^6 + (\chi^2 - 2\xi^2)z^4 + (1-2\xi^2\chi^2)z^2 + \chi^2\right]\\
&\quad + z^2\left\{-2\gamma_p^2\left[2z^6 + (\chi^2 - 2\xi^2)z^4 - \chi^2\right]\right.\\
&\quad \left.-2\chi^2\left[3z^4 + 2(\chi^2 - 2\xi^2)z^2 + (1-2\xi^2\chi^2)\right]\right\}\\
&= 2\gamma_p{}^2 z^2\left\{\left[z^6 + (\chi^2 - 2\xi^2)z^4 + (1-2\xi^2\chi^2)z^2 + \chi^2\right]\right.\\
&\quad \left.-\left[2z^6 + (\chi^2 - 2\xi^2)z^4 - \chi^2\right]\right\}\\
&\quad + 2\chi^2\left\{\left[z^6 + (\chi^2 - 2\xi^2)z^4 + (1-2\xi^2\chi^2)z^2 + \chi^2\right]\right.\\
&\quad \left.-z^2\left[3z^4 + 2(\chi^2 - 2\xi^2)z^2 + (1-2\xi^2\chi^2)\right]\right\}\\
&= 2\gamma_p{}^2 z^2\left[-z^6 + (1-2\xi^2\chi^2)z^2 + 2\chi^2\right] + 2\chi^2\left[-2z^6 - (\chi^2 - 2\xi^2)z^4 + \chi^2\right]
\end{aligned}$$

令

$$\frac{\mathrm{d}}{\mathrm{d}z}\frac{z^2 D(Z)}{F(Z)} = 0$$

得到:

$$\begin{aligned}
&\left(\frac{\omega_\mathrm{mv}}{\omega_\mathrm{e}}\right)^8 - (1-2\xi^2\chi^2)\left(\frac{\omega_\mathrm{mv}}{\omega_\mathrm{e}}\right)^4 - 2\chi^2\left(\frac{\omega_\mathrm{mv}}{\omega_\mathrm{e}}\right)^2\\
&+\frac{p_{0\mathrm{c}}^2}{p_{0\mathrm{s}}^2}\chi^2\left[2\left(\frac{\omega_\mathrm{mv}}{\omega_\mathrm{e}}\right)^6 + (\chi^2 - 2\xi^2)\left(\frac{\omega_\mathrm{mv}}{\omega_\mathrm{e}}\right)^4 - \chi^2\right] = 0
\end{aligned} \tag{A3.3.3}$$

附录 3.4　泛 Haskell 爆炸源模型的性质

表 3.5.1 中的 Haskell 模型(H 模型)、von Seggern-Blandford 模型(SB 模型)和 Helmberger-Hadley 模型(HH 模型)可表示为统一的数学形式[式(3.5.1)和式(3.5.2)]。为方便起见，这里将它们统称为泛哈斯克尔模型。

根据式(3.5.2)可知，频率域中可将上述三种模型的 RVP 统一表示为

$$\hat{\psi}(\omega)=\phi_{\infty}\frac{-\mathrm{i}\omega a+b^{n}}{(-\mathrm{i}\omega+b)^{n}} \tag{A3.4.1}$$

式中，$a=qk^{n-1}$；$b=k$。由式(A3.4.1)有

$$|\hat{\psi}(\omega)|^{2}=\phi_{\infty}\frac{a^{2}\omega^{2}+b^{2n}}{(\omega^{2}+b^{2})^{n}} \tag{A3.4.2}$$

$$|\omega\hat{\psi}(\omega)|^{2}=\phi_{\infty}\frac{(a^{2}\omega^{2}+b^{2n})\omega^{2}}{(\omega^{2}+b^{2})^{n}} \tag{A3.4.3}$$

由于

$$\begin{aligned}\frac{\partial}{\partial\omega}|\hat{\psi}(\omega)|^{2}&=\phi_{\infty}\left[\frac{a^{2}\cdot 2\omega}{(\omega^{2}+b^{2})^{n}}-n\frac{a^{2}\omega^{2}+b^{2n}}{(\omega^{2}+b^{2})^{n+1}}\cdot 2\omega\right]\\&=2\phi_{\infty}\omega\frac{a^{2}(\omega^{2}+b^{2})-n(a^{2}\omega^{2}+b^{2n})}{(\omega^{2}+b^{2})^{n+1}}=2\phi_{\infty}\omega\frac{(1-n)a^{2}\omega^{2}+(a^{2}b^{2}-nb^{2n})}{(\omega^{2}+b^{2})^{n+1}}\end{aligned}$$

$$\begin{aligned}\frac{\partial}{\partial\omega}|\omega\hat{\psi}(\omega)|^{2}&=\phi_{\infty}\left[\frac{(a^{2}\omega^{2}+b^{2n})\cdot 2\omega+2\omega a^{2}\omega^{2}}{(\omega^{2}+b^{2})^{n}}-n\frac{(a^{2}\omega^{2}+b^{2n})\omega^{2}}{(\omega^{2}+b^{2})^{n+1}}\cdot 2\omega\right]\\&=2\omega\phi_{\infty}\frac{(2a^{2}\omega^{2}+b^{2n})(\omega^{2}+b^{2})-n(a^{2}\omega^{2}+b^{2n})\omega^{2}}{(\omega^{2}+b^{2})^{n+1}}\\&=2\omega\phi_{\infty}\frac{a^{2}\omega^{4}(2-n)+[2a^{2}b^{2}+(1-n)b^{2n}]\omega^{2}+b^{2(n+1)}}{(\omega^{2}+b^{2})^{n+1}}\end{aligned}$$

分别令 $\frac{\partial}{\partial\omega}|\hat{\psi}(\omega)|^{2}=0$ 和 $\frac{\partial}{\partial\omega}|\omega\hat{\psi}(\omega)|^{2}$，得到 $|\hat{\psi}(\omega)|$ 的峰值频率 ω_{dm} 和 $|\omega\hat{\psi}(\omega)|$ 的峰值频率 ω_{vm} 分别满足：

$$\omega_{\mathrm{dm}}=\sqrt{\frac{a^{2}-nb^{2(n-1)}}{(n-1)}}\frac{b}{|a|} \tag{A3.4.4}$$

$$\omega_{\mathrm{vm}}=\left\{\frac{[2a^{2}+(1-n)b^{2(n-1)}]+\sqrt{\left[2a^{2}+(1-n)b^{2(n-1)}\right]^{2}+4(n-2)a^{2}b^{2(n-1)}}}{2(n-2)}\right\}^{1/2}\frac{b}{|a|} \tag{A3.4.5}$$

将 $a=qk^{n-1}$、$b=k$ 分别代入式(A3.4.4)和式(A3.4.5)，得到：

$$\frac{\omega_{\mathrm{dm}}}{k}=\sqrt{\frac{q^2-n}{(n-1)q^2}} \tag{A3.4.6}$$

$$\frac{\omega_{\mathrm{vm}}}{k}=\left\{\frac{[2q^2+(1-n)]+\sqrt{[2q^2+(1-n)]^2+4(n-2)q^2}}{2(n-2)q^2}\right\}^{1/2} \tag{A3.4.7}$$

而相关源模型在频率域中的过冲比为

$$\begin{aligned}\frac{\hat{\psi}_m}{\phi_\infty}&=\frac{\hat{\psi}(\omega_{\mathrm{dm}})}{\phi_\infty}=\left[\frac{a^2\omega_{\mathrm{dm}}^2+b^{2n}}{(\omega_{\mathrm{dm}}^2+b^2)^n}\right]^{1/2}=\left[\frac{q^2\omega_{\mathrm{dm}}^2/k^2+1}{(\omega_{\mathrm{dm}}^2/k^2+1)^n}\right]^{1/2}\\&=\left(\frac{n-1}{n}\cdot\frac{q^2}{q^2-1}\right)^{n/2}\left(\frac{q^2-1}{n-1}\right)^{1/2}\end{aligned} \tag{A3.4.8}$$

最后求解这些源函数模型在时间域中的过冲大小。时间域中，它们可以统一表示为

$$\phi(t)=\phi_\infty\{1-\mathrm{e}^{-kt}[g_{n-2}(kt)-B(kt)^{n-1}]\} \tag{A3.4.9}$$

$$g_l(x)=\sum_{m=0}^{l}\frac{x^m}{m!} \tag{A3.4.10}$$

式中，对 H 模型，$n=4$；对 SB 模型，$n=3$；对 HH 模型，$n=4$。

函数 $g_l(x)$ 具有以下性质：

$$g_l(x)=g_{l-1}(x)+\frac{x^l}{l!} \tag{A3.4.11}$$

$$\frac{\mathrm{d}}{\mathrm{d}x}g_l(x)=g_{l-1}(x) \tag{A3.4.12}$$

利用上述性质，有

$$\begin{aligned}\frac{\mathrm{d}}{\mathrm{d}t}\phi(t)&=k\phi_\infty\{\mathrm{e}^{-kt}[g_{n-2}(kt)-B(kt)^{n-1}]-\mathrm{e}^{-kt}[g'_{n-2}(kt)-(n-1)B(kt)^{n-2}]\}\\&=k\phi_\infty\mathrm{e}^{-kt}[g_{n-2}(kt)-g_{n-3}(kt)-B(kt)^{n-1}+(n-1)B(kt)^{n-2}]\\&=k\phi_\infty\mathrm{e}^{-kt}\left[\frac{1}{(n-2)!}(kt)^{n-2}-B(kt)^{n-1}+(n-1)B(kt)^{n-2}\right]\\&=k\phi_\infty\mathrm{e}^{-kt}(kt)^{n-2}\left[\frac{1}{(n-2)!}+(n-1)B-B(kt)\right]\end{aligned}$$

令 $\frac{\mathrm{d}}{\mathrm{d}t}\phi(t)=0$，得到相关模型 RDP 达到最大值的时间 t_{m} 满足：

$$kt_{\mathrm{m}} = \frac{(n-1)!B+1}{B(n-2)!} \tag{A3.4.13}$$

因此，对 H 模型，$kt_{\mathrm{m}} = (24B+1)/6B$；对 SB 模型，$kt_{\mathrm{m}} = (2B+1)/B$；对 HH 模型，$kt_{\mathrm{m}} = (6B+1)/2B$。将相关结果代入 $\phi(t)$ 的表达式，可以求得时间域中过冲的大小 $\phi(t_{\mathrm{m}})/\phi_{\infty}$，即式(3.5.4)。

第 4 章　地下核爆炸中的非球对称震源机制

球对称源模型理论能较好地解释地下核爆炸激发的 P 波特征。按照这一理论，地下核爆炸产生的 P 波和瑞利波的辐射图案应该是圆对称的，且不应该产生介质质点做横向运动的 SH 波和勒夫波。但实际上，地下核爆炸产生的 SH 波，尤其是勒夫波被普遍地观测到，瑞利波的辐射图案往往也不是圆对称的，并且存在瑞利波极性反转等异常现象。这一系列现象表明，地下核爆炸源绝非单纯的球对称爆炸源那么简单，而应该伴随有其他具有非球对称性质的震源成分。这些非球对称源大多源于爆炸引起的连带物理过程，如地表岩石层裂、晚期岩石损伤和构造应力释放等。英文文献中常把这些非球对称震源成分统称为地下核爆炸中的次要源(secondary sources)。本章对次要源的起源、特性和它们对核爆炸地震波的影响一一加以介绍。

4.1　层　　裂

4.1.1　地下核爆炸的层裂现象

层裂也称地表剥离破坏，其产生机理(Eisler et al., 1964)如图 4.1.1 所示。地下

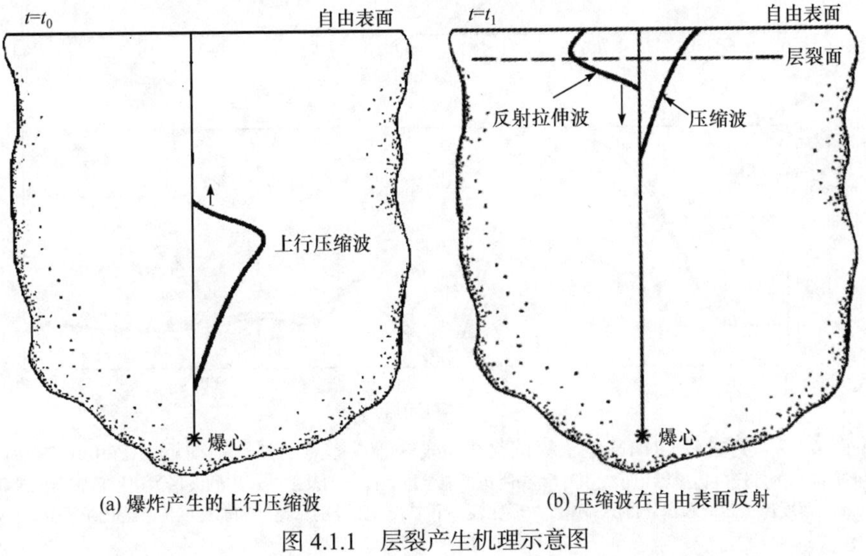

(a) 爆炸产生的上行压缩波　　(b) 压缩波在自由表面反射

图 4.1.1　层裂产生机理示意图

核爆炸产生的、向上传播的压缩应力波经地表反射后，转换为向下传播的拉伸波。在一定深度上，当拉伸波在岩石中产生的拉应力超过了岩石中的静水压力、岩石抗拉强度和继续向上传播的压缩波波尾对应的压应力大小之和时，岩石就会被拉裂，并造成上方的岩层被向上抛起，在经历上抛运动后，落下并撞击地面，产生地震波。

层裂的发生可以通过爆心投影点附近的强地运动记录来进行测量和分析(Patton, 1990)。图 4.1.2 是美国 HARDIN 地下核试验在地表爆心投影点的强地运动记录。图中所示加速度记录中，从 0.5～1.75s 几乎恒定的−1*g* 记录是层裂的明显标志，在相应的速度记录中，则反映为地面运动速度的线性减小。

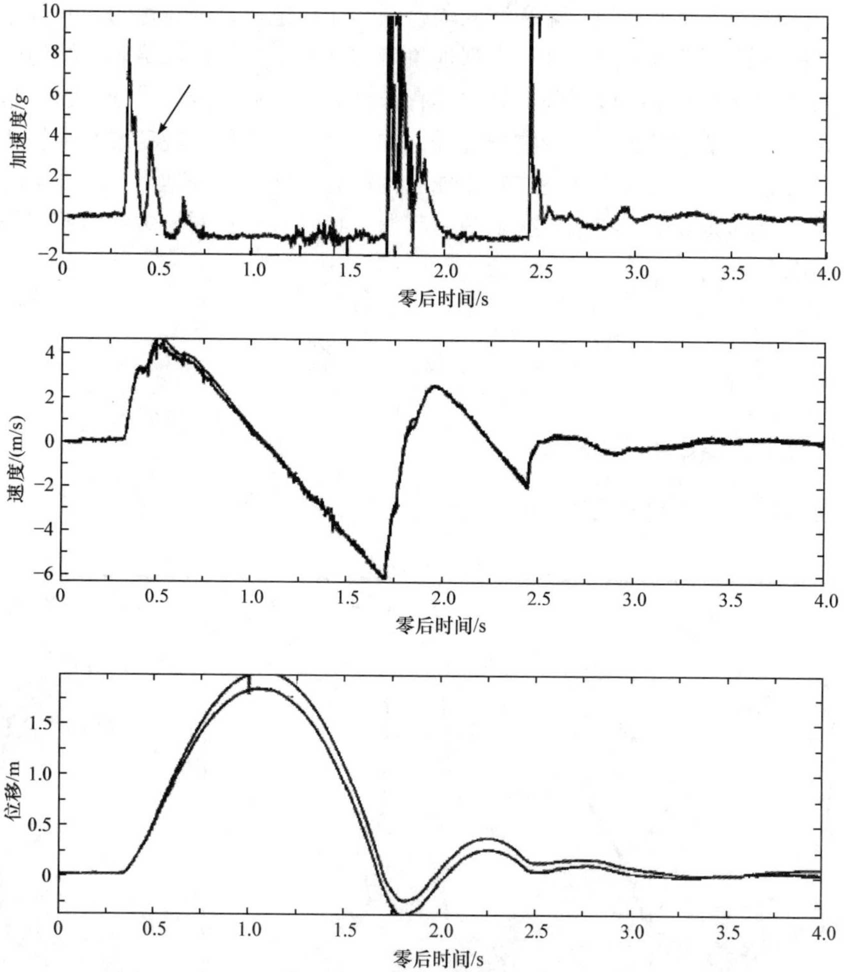

图 4.1.2　美国 HARDIN 地下核试验在地表爆心投影点的强地运动记录(Patton, 1990)

图中上方波形为加速度传感器记录，其中箭头所指可能是层裂面上的反射波；中间波形为速度传感器记录和由加速度传感器记录积分得出的速度波形比较；下方波形为分别从速度和加速度传感器记录积分得到的位移时间波形比较地下核爆炸时是否发生层裂，发生层裂的规模大小与爆炸当量、比例埋深和岩石性质有关。为分析爆炸当量和比例埋深对层裂的影响，Viecelli(1973)将岩石层裂区域，即层裂痂片简化为半径为 R_S、厚度为 D_S 的圆盘(图 4.1.3)。利用 Eisler 等(1964)的实测数据，Viecelli(1973)提出对固定介质，层裂痂片的当量比例厚度 $D_S / W^{1/3}$ 与爆炸的当量比例埋深 $h / W^{1/3}$ 成反比，而层裂痂片的当量比例半径 $R_S / W^{1/3}$ 与爆炸的比例埋深无关，即有

$$D_S / W^{1/3} = a\left(h / W^{1/3}\right)^{-1} \tag{4.1.1}$$

$$R_S / W^{1/3} = b \tag{4.1.2}$$

式中，a、b 均为与岩石性质有关的常数。按照上述关系，可进一步得出，层裂痂片的质量大小为

$$M = cW\left(h / W^{1/3}\right)^{-1} \tag{4.1.3}$$

式中，$c = \pi ab^2 \rho$，ρ 为层裂痂片的平均密度。对于凝灰岩中的正常比例埋深($h / W^{1/3} = 122\mathrm{m} / \mathrm{kt}^{1/3}$)爆炸，Viecelli(1973)估计：

$$M = 1.6 \times 10^9 W \tag{4.1.4}$$

式中，W 的单位为 kt。

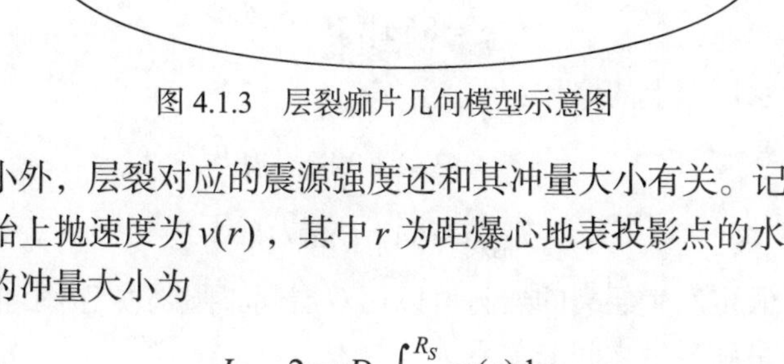

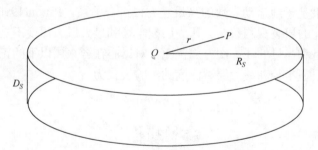

图 4.1.3　层裂痂片几何模型示意图

除质量大小外，层裂对应的震源强度还和其冲量大小有关。记层裂痂片上不同位置处的初始上抛速度为 $v(r)$，其中 r 为距爆心地表投影点的水平距离，则整个层裂痂片总的冲量大小为

$$I_S = 2\pi \rho D_S \int_0^{R_S} r v(r) \mathrm{d}r \tag{4.1.5}$$

式中，$v(r)$ 可以通过层裂岩石的上抛高度 $H(r)$ 进行估计，即

$$v(r) = \sqrt{2gH(r)} \tag{4.1.6}$$

根据实际观测分析结果(Eisler et al., 1964)，可假定

$$H(r) = H_0(1 - r / R_S)^2 \tag{4.1.7}$$

式中，H_0 为爆心投影点处的上抛高度。将式(4.1.7)代入式(4.1.5)，有

$$I_S = \frac{\pi}{3}\rho D_S R_S^2 \sqrt{2gH_0} \tag{4.1.8}$$

式中，$\sqrt{2gH_0}$ 为爆心地表投影点处的初始上抛速度，它等于该处入射冲击波对应的质点运动速度 V_0 的两倍。因为核爆炸冲击波引起的质点运动速度仅依赖于比例爆心距，假定

$$V = q(R / W^{1/3})^{-\alpha} \tag{4.1.9}$$

式中，α 为质点运动速度随比例爆心距的衰减指数；q 为与源区介质性质有关的常数，则 $V_0 = q(h / W^{1/3})^{-\alpha}$，$\sqrt{2gH_0} = 2V_0$。将这一结果代入式(4.1.8)并利用式(4.1.3)可以得到：

$$I_S = \frac{2}{3}cqW(h / W^{1/3})^{-1-\alpha} \tag{4.1.10}$$

其中对凝灰岩中的爆炸，有(Viecelli, 1973)

$$I_S \approx 4.6 \times 10^9 W \tag{4.1.11}$$

以上结果基于地运动参数的当量立方根折合关系。Patton(1990)根据美国 41 次地下核爆炸的层裂观测数据，认为层裂半径和最大层裂深度不是和当量立方根成正比，而是和当量的 1/4 次方成正比。对爆心在含水层以下的正常比例埋深爆炸，他给出层裂半径和最大层裂深度的经验公式为

$$r_{\max} = 475 \pm_{59}^{68} W^{0.26\pm0.03} \tag{4.1.12}$$

$$d_{\max} = 86 \pm_{11}^{12} W^{0.25\pm0.03} \tag{4.1.13}$$

而对爆心在含水层以上的爆炸：

$$r_{\max} = (334 \pm 34)\mathrm{m} / W^{1/4} \tag{4.1.14}$$

$$d_{\max} = (54 \pm 6)\mathrm{m} / W^{1/4} \tag{4.1.15}$$

在此基础上，假定发生层裂的岩石可以用双层同心圆碟模型(图 4.1.4)来代表，得到层裂岩石质量和当量之间的关系为

$$M = \pi\left(\frac{1}{2}\rho_1 + \frac{1}{8}\rho_2\right) r_{\max}^2 d_{\max} \tag{4.1.16}$$

按照该模型，Patton(1990)估计凝灰岩中含水层以下地下核爆炸对应的层裂岩石质

量与当量的关系为

$$M \approx 7.3\times 10^{10} W^{0.77}(\text{kg}) \tag{4.1.17}$$

对含水层以上的爆炸，层裂岩石质量约为上述结果的 1/3。150kt 时，由式(4.1.17)估计的层裂岩石质量约为式(4.1.4)估计结果的 15 倍。除对层裂岩石质量的估计存在很大的不确定度以外，Patton (1990)认为，可能不是所有的层裂岩石质量都对远场地震波有影响，因此有关层裂的地震波激发效率的问题仍有待解决。

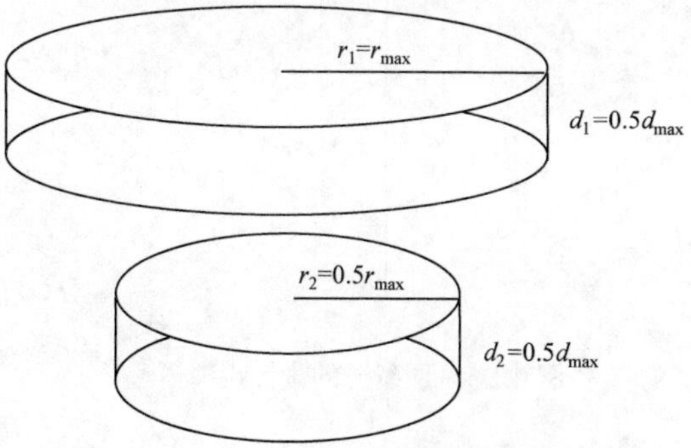

图 4.1.4　双层同心圆碟层裂模型

4.1.2　层裂源表征方法

层裂对地下核爆炸地震波的产生有两方面的影响。第一是层裂本身；第二是与层裂相关的晚期岩石损伤。这里主要介绍层裂本身的震源模型，后者稍后再进行分析。

地下爆炸层裂源可用图 4.1.5 所示的张性裂隙模型来表示(Day et al., 1991)。图中假定发生层裂的深度为 h，层裂时，裂隙面 Σ 上、下两侧岩石相互分离，$\delta u_3(\xi_1,\xi_2)$ 是相应的位错分布，其中 ξ_1、ξ_2 为 Σ 上的坐标位置。根据式(1.3.12)～式(1.3.14)，这样一种裂隙产生的地震波可以表示为

$$u_i(\boldsymbol{x},\omega) = \iint_{\Sigma} m_{pq}(\boldsymbol{\xi},\omega) G_{ip,q}(\boldsymbol{x},\boldsymbol{\xi},\omega)\mathrm{d}\Sigma \tag{4.1.18}$$

其中，

$$m_{pq}(\boldsymbol{\xi},\omega) = C_{ijpq}\delta u_i(\boldsymbol{\xi},\omega)\hat{v}_j \tag{4.1.19}$$

式中，$\boldsymbol{\xi}=(\xi_1,\xi_2,h)$ 为源空间位置；$\hat{v}_j$ 为 Σ 的法向在第 j 个坐标轴方向的方向余弦。在图 4.1.5 的情况下，因为 $\delta u_i = \delta u_3\delta_{3i}$，$\hat{v}_j = \delta_{3j}$，所以

$$m_{pq}(\boldsymbol{\xi},\omega) = C_{33pq}\delta u_3(\boldsymbol{\xi},\omega) \tag{4.1.20}$$

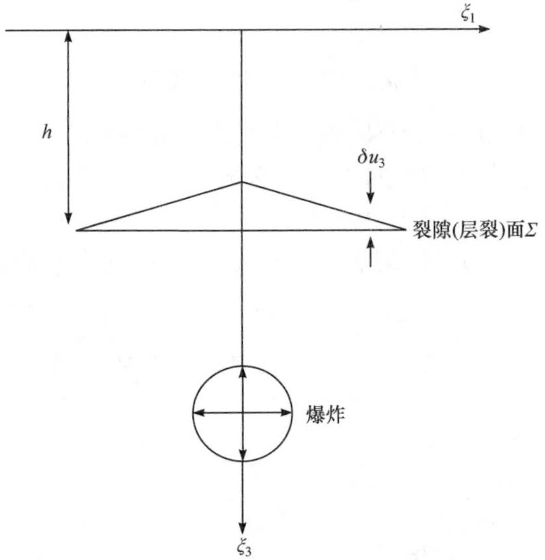

图 4.1.5　层裂源的张性裂隙模型

对于各向同性介质，$C_{ijpq}=\lambda\delta_{ij}\delta_{pq}+\mu(\delta_{ip}\delta_{jq}+\delta_{iq}\delta_{jp})$，因此

$$m_{pq}(\boldsymbol{\xi},\omega)=\delta u_3(\boldsymbol{\xi},\omega)(\lambda\delta_{pq}+2\mu\delta_{3p}\delta_{3q}) \tag{4.1.21}$$

当波长和爆心距都远大于层裂宽度时，积分式(4.1.18)可以简化为

$$u_i(\boldsymbol{x},\omega)=M_{pq}G_{ip,q}(\boldsymbol{x},\boldsymbol{\xi}_s;\omega) \tag{4.1.22}$$

式中，$\boldsymbol{\xi}_s=(0,0,h)$为层裂中心位置，层裂对应的地震矩张量$\boldsymbol{M}$为

$$\boldsymbol{M}(\omega)=\delta\overline{u}_3(\omega)A\begin{pmatrix}\lambda & 0 & 0\\ 0 & \lambda & 0\\ 0 & 0 & \lambda+2\mu\end{pmatrix}=M_0(\omega)\begin{pmatrix}\lambda/(\lambda+2\mu) & 0 & 0\\ 0 & \lambda/(\lambda+2\mu) & 0\\ 0 & 0 & 1\end{pmatrix} \tag{4.1.23}$$

式中，A为层裂面积；$\delta\overline{u}_3(\omega)=\dfrac{1}{A}\iint\limits_{\Sigma}\delta u_3(\xi,\omega)\mathrm{d}\xi$为$\Sigma$上的平均位错大小；而

$$M_0(\omega)=(\lambda+2\mu)A\delta\overline{u}_3(\omega)=\frac{\alpha^2 m_s}{h}\delta\overline{u}_3(\omega) \tag{4.1.24}$$

式中，α为介质 P 波波速；

$$m_s=\rho hA \tag{4.1.25}$$

为层裂痂片的质量。层裂源的上述地震矩张量表示由 Day 等(1991)得出。在同一论文中，他们还给出了与之等效的自由表面上的点力源表示方法。将式(4.1.20)代入式(4.1.18)，可得到：

$$u_i(\boldsymbol{x},\omega)=\iint \delta u_3(\xi_1,\xi_2;\omega)T_{33}(\xi_1,\xi_2,h;\omega)\mathrm{d}\xi_1\mathrm{d}\xi_2 \tag{4.1.26}$$

其中，

$$T_{33}(\boldsymbol{\xi};\omega)=C_{33pq}G_{ip,q}(\boldsymbol{x},\boldsymbol{\xi};\omega) \tag{4.1.27}$$

根据互易性定理，$G_{ip,q}(\boldsymbol{x},\boldsymbol{\xi};\omega)=G_{pi,q}(\boldsymbol{\xi},\boldsymbol{x},;\omega)$。因此，式(4.1.27)可以解释为位于 $\boldsymbol{x}$ 处沿 i 方向的点力源在 $\boldsymbol{\xi}$ 处的应力。将 $T_{33}(\xi_1,\xi_2,h)$ 对 h 进行泰勒展开：

$$T_{33}(\xi_1,\xi_2,h)=T_{33}(\xi_1,\xi_2,0)+hT_{33,3}(\xi_1,\xi_2,0)+O(h^2) \tag{4.1.28}$$

根据自由边界条件，有 $T_{33}(\xi_1,\xi_2,0)=0$。又根据地震波运动方程，对 $\boldsymbol{x}$ 处沿任意 i 方向的点力源，在 $\boldsymbol{\xi}$ 处都有

$$T_{3j,j}(\boldsymbol{\xi})=-\omega^2\rho G_{3i}(\boldsymbol{\xi},\boldsymbol{x}) \tag{4.1.29}$$

仍根据自由边界条件，当 $\xi_3\to 0$ 时，对任意的 j 和 k=1,2，$T_{3j,k}(\boldsymbol{\xi})\to 0$。再次利用互易性关系，得到：

$$T_{33,3}(\xi_1,\xi_2,0)=-\omega^2\rho G_{i3}(\boldsymbol{x};\xi_1,\xi_2,0) \tag{4.1.30}$$

将式(4.1.30)代入式(4.1.28)，然后代入式(4.1.26)，最终得到：

$$u_i(\boldsymbol{x},\omega)=-\iint \omega^2\rho h\delta u_3(\xi_1,\xi_2;\omega)G_{i3}(\boldsymbol{x},\xi_1,\xi_2,0)\mathrm{d}\xi_1\mathrm{d}\xi_2 \tag{4.1.31}$$

记

$$\sigma_s=-\omega^2\rho h\delta u_3(\xi_1,\xi_2;\omega) \tag{4.1.32}$$

式(4.1.31)可以解释为位于爆心投影点附近的地表牵引力分布在接收点 $\boldsymbol{x}$ 处产生的地震波。如果地震波的波长和接收点的爆心距都远大于层裂区域，式(4.1.31)可以进一步简化为

$$u_i(\boldsymbol{x},\omega)=F_s(\omega)G_{i3}(\boldsymbol{x},\boldsymbol{0};\omega) \tag{4.1.33}$$

其中，

$$F_s(\omega)=-m_s\omega^2\delta\overline{u}_3(\omega) \tag{4.1.34}$$

上述结果表明，层裂源除了可以用位于层裂深度上的地震矩张量来表示外，还可以用位于地表的点力源来表示。由式(4.1.24)和式(4.1.34)可知：

$$M_0(\omega)=-\frac{\alpha^2}{h\omega^2}F_s(\omega) \tag{4.1.35}$$

需要注意上述各种表示方法的适用条件。式(4.1.18)对任意深度和任意范围的层裂都成立；式(4.1.22)在层裂范围远小于波长和爆心距的情况下成立；式(4.1.31)在层裂深度远小于波长的情况下成立；而式(4.1.33)仅在层裂深度和层裂范围都远

小于波长，且层裂范围远小于爆心距的情况下才成立。另外，值得说明的是，按式(4.1.35)，$M_0(\omega)\propto\omega^{-2}F_s(\omega)$。因为通常情况下远场位移正比于力源本身且和地震矩的一阶时间导数成正比，所以式(4.1.35)的结果与此似乎是矛盾的，但其实不然。这是由于式(4.1.35)仅在低频，即地震波波长远大于h时才成立。读者可以自行证明，当$\omega\to 0$时，层裂源的远场位移实际是和地震矩的二阶时间导数成正比，且仍和等效的力源本身成正比。

假定层裂岩石的上抛高度为圆对称的，且其分布为$H(r)=H_0 f(r/R_s)$，其中$r\leqslant R_s$，R_s为层裂痂片的半径，H_0为$r=0$处的上抛高度。可以证明(附录 4.1)当$\omega\to 0$时，

$$\delta\overline{u}_3(0)=aH_0T_0=\frac{bI_s^3}{m_s^3g^2} \tag{4.1.36}$$

式中，$T_0=\sqrt{2H_0/g}$；I_s为层裂痂片的动量；a、b为与$f(x)$形状有关的系数。用$\delta\overline{u}_3(0)$来对$\delta\overline{u}_3(\omega)$进行归一化，即定义：

$$\hat{u}(\omega)=\frac{\delta\overline{u}_3(\omega)}{\delta\overline{u}_3(0)} \tag{4.1.37}$$

则$\delta\overline{u}_3(\omega)=aH_0T_0\hat{u}(\omega)=b(I_s^3/m_s^3g^2)\hat{u}(\omega)$。将$\delta\overline{u}_3(\omega)$的上述表达式分别代入式(4.1.24)和式(4.1.34)，得到：

$$M_0(\omega)=a\left(\alpha^2 m_s/h\right)H_0T_0\hat{u}(\omega)=b\frac{\alpha^2 I_s^3}{(m_s g)^2 h}\hat{u}(\omega) \tag{4.1.38}$$

$$F_s(\omega)=-am_sH_0T_0\,\omega^2\hat{u}(\omega)=-\frac{bI_s^3}{(m_s g)^2}\omega^2\hat{u}(\omega) \tag{4.1.39}$$

上述结果表明，$M_0(\omega)$在$\omega\to 0$时是有限的。这意味着层裂源引起的质点位移将随频率的降低趋近于 0。这和 Day 等(1983)从动量守恒的角度得出的推论相一致。Barker 等(1990a)进一步表明，层裂源引起的远场位移是一个窄带信号，低频时以ω^2的方式趋近于 0，高频时则以$\omega^{-2.5}$的方式趋近于 0。实际上，关于层裂对应的远场位移在低频时趋近于 0 这一点，是基于层裂不引起介质的永久变形这一假设。从 4.2 节可知，伴随层裂的永久变形实际是存在的(Patton et al., 2011, 2008)。这种永久变形与伴随层裂的介质拉伸破坏或压实有关。尽管如此，由于将层裂源限于介质在层裂面上的张开(上抛)和闭合(拍击)过程，从这个意义上，可以暂不考虑层裂引起的介质永久变形。

上述层裂源模型在应用中的一个问题是$\delta\overline{u}_3(\omega)$的函数形式不够明确且没有考虑到层裂源的有限性，故难以应用于短周期体波信号。为此，Stump(1985)在

Day 等(1983)的基础上提出了一种修正的层裂点力源模型。如图 4.1.6(a)所示，按 Day 等(1983)的研究，视为将层裂源视为作用在地表时间上前后衔接的三个点力源之和，即

$$f_s(t) = f_1(t) + f_2(t) + f_3(t) \tag{4.1.40}$$

其中，

$$f_1(t) = I_s \delta(t) \tag{4.1.41a}$$

$$f_2(t) = -m_s g[H(t) - H(t - T_S)] \tag{4.1.41b}$$

$$f_3(t) = I_s \delta(t - T_S) \tag{4.1.41c}$$

式中，$T_S = 2I_s / m_s g$ 为层裂持续时间，即被剥离岩层从抛起到落下的平均时间；$f_1(t)$ 为岩层剥离时层裂面下方岩石受到的反作用力；$f_2(t)$ 为层裂持续期间的重力卸载；$f_3(t)$ 为被剥离岩层落下时对地面的拍击力。显然这三个力的总冲量为 0，因此这样一个点力源在 $\omega \to 0$ 时对应的 $F_s(\omega)$ 也趋于 0。值得说明的是，由于 Viecelli(1973)仅考虑了 $f_3(t)$，相应结果不具有这一性质。

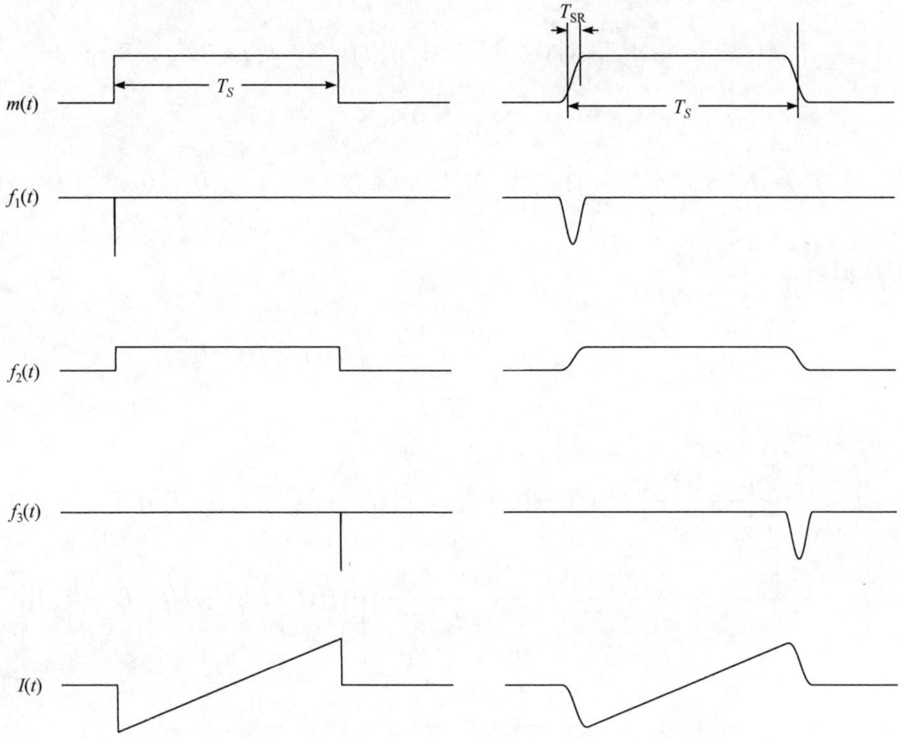

(a) 瞬时剥离模型(Day et al.,1983)　　(b) 修正模型(Stump，1985)

图 4.1.6　层裂点力源模型示意图

上述模型是 Day 等(1983)为分析层裂对远震长周期面波的影响时提出的。该模型假定层裂面上所有岩石的剥离和闭合都是瞬时完成的，为和图 4.1.6(b)所示的 Stump 修正模型相区别，这里称其为瞬时剥离模型。Stump (1985)认为，在真实情况下，层裂面上岩石的剥离和闭合都不是瞬时完成的，而有一定的持续时间。这种时间上的有限性对长周期信号的影响不大，但对短周期信号会有明显影响。为此，他假定层裂时被剥离岩石的初速度都是 V_0，但被剥离岩石的质量随时间的变化为

$$
m(t)=\begin{cases} m_s\left(\dfrac{6t^5}{T_{\mathrm{SR}}^5}-\dfrac{15t^4}{T_{\mathrm{SR}}^4}+\dfrac{10t^3}{T_{\mathrm{SR}}^3}\right), & 0\leqslant t<T_{\mathrm{SR}} \\ m_s, & T_{\mathrm{SR}}\leqslant t\leqslant T_S \\ m_s\left\{1-\left[\dfrac{6(t-T_S)^5}{T_{\mathrm{SR}}^5}-\dfrac{15(t-T_S)^4}{T_{\mathrm{SR}}^4}+\dfrac{10(t-T_S)^3}{T_{\mathrm{SR}}^3}\right]\right\}, & T_S<t\leqslant T_S+T_{\mathrm{SR}} \end{cases} \tag{4.1.42}
$$

式中，T_{SR} 为层裂上升时间。由于

$$
\int_0^t f_1(t)\mathrm{d}t=m(t)V_0\text{，对 }0\leqslant t\leqslant T_{\mathrm{SR}}\text{；}\ f_1(t)=0\text{，对 }t<0\text{ 或 }t>T_{\mathrm{SR}}\text{；}
$$

$$
f_2(t)=-m(t)g\text{，对 }0\leqslant t\leqslant T_S+T_{\mathrm{SR}}\text{；}
$$

$\int_0^t f_3(t-T_S)\mathrm{d}t=[m_s-m(t)]V_0$，对 $T_S\leqslant t\leqslant T_S+T_{\mathrm{SR}}$；$f_3(t)=0$，对 $t<T_S$或 $t>T_S+T_{\mathrm{SR}}$。

容易得到：

$$
f_1(t)=m_sV_0\left(\frac{30t^4}{T_{\mathrm{SR}}^5}-\frac{60t^3}{T_{\mathrm{SR}}^4}+\frac{30t^2}{T_{\mathrm{SR}}^3}\right)[H(t)-H(t-T_{\mathrm{SR}})] \tag{4.1.43a}
$$

$$
\begin{aligned} f_2(t)=-m_sg &\left\{\left(\frac{6t^5}{T_{\mathrm{SR}}^5}-\frac{15t^4}{T_{\mathrm{SR}}^4}+\frac{10t^3}{T_{\mathrm{SR}}^3}\right)\cdot[H(t)-H(t-T_{\mathrm{SR}})]+[H(t-T_{\mathrm{SR}})-H(t-T_S)]\right. \\ &\left.+\left[1-\left(\frac{6(t-T_S)^5}{T_{\mathrm{SR}}^5}-\frac{15(t-T_S)^4}{T_{\mathrm{SR}}^4}+\frac{10(t-T_S)^3}{T_{\mathrm{SR}}^3}\right)\right]\cdot[H(t-T_S))-H(t-T_S-T_{\mathrm{SR}})]\right\} \end{aligned} \tag{4.1.43b}
$$

$$
f_3(t)=m_sV_0\left(\frac{30(t-T_S)^4}{T_{\mathrm{SR}}^5}-\frac{60(t-T_S)^3}{T_{\mathrm{SR}}^4}+\frac{30(t-T_S)^2}{T_{\mathrm{SR}}^3}\right)[H(t-T_S)-H(t-T_S-T_{\mathrm{SR}})] \tag{4.1.43c}
$$

这一修正模型下，$f_1(t)$、$f_2(t)$、$f_3(t)$和总冲量$I(t)=\int_0^t[f_1(\tau)+f_2(\tau)+f_3(\tau)]\mathrm{d}\tau$随时间的变化如图 4.1.6(b)所示。显然，Day 等(1983)的瞬时剥离模型为 Stump 修正模型在$T_{\mathrm{SR}}\to 0$时的特殊情况。

4.1.3　层裂对地下核爆炸地震波的影响

作为爆炸应力波与地表非线性相互作用的表现形式之一，层裂对地下爆炸地震波的影响是复杂和多方面的。这里主要介绍其对远震 P 波和 S 波的影响。

如图 4.1.7 所示，如果没有层裂，且爆炸应力波与地表的相互作用是线性的，则远震 P 波可以简单地看作是下行的直达 P 与经地表反射的 pP 的叠加，即

$$u(\boldsymbol{x},t)=\frac{\dot{M}_0(t)}{4\pi[\rho(\boldsymbol{x})\rho(\boldsymbol{\xi})\alpha(\boldsymbol{x})\alpha^5(\boldsymbol{\xi})]^{1/2}\mathcal{R}(\boldsymbol{x},\boldsymbol{\xi})}\otimes[\delta(t-t_{\mathrm{P}})+r_{\mathrm{pP}}\delta(t-t_{\mathrm{pP}})]\otimes I(t) \tag{4.1.44}$$

式中，$u(\boldsymbol{x},t)$为接收点$\boldsymbol{x}$处的位移；ξ为爆炸源位置；$\mathcal{R}(\boldsymbol{x},\xi)$为$\xi$、$\boldsymbol{x}$之间的几何扩散因子；$\dot{M}_0(t)$为爆炸的源时间函数；$I(t)$为地震仪的冲击响应；$r_{\mathrm{pP}}$为地表反射系数；$t_{\mathrm{P}}$、$t_{\mathrm{pP}}$分别为 P 和 pP 的理论走时。远震时，$r_{\mathrm{pP}}$接近于−1，而

$$\Delta t_{\mathrm{pP-P}}=t_{\mathrm{pP}}-t_{\mathrm{P}}=2h\frac{\cos i_{\mathrm{P}}}{\alpha} \tag{4.1.45}$$

式中，h为爆炸埋深；i_{P}为 P 波的离源角；α为 P 波波速。此时，如果能够设法从实际观测数据中得出$\Delta t_{\mathrm{pP-P}}$，则可以利用式(4.1.45)准确地估算爆炸埋深。

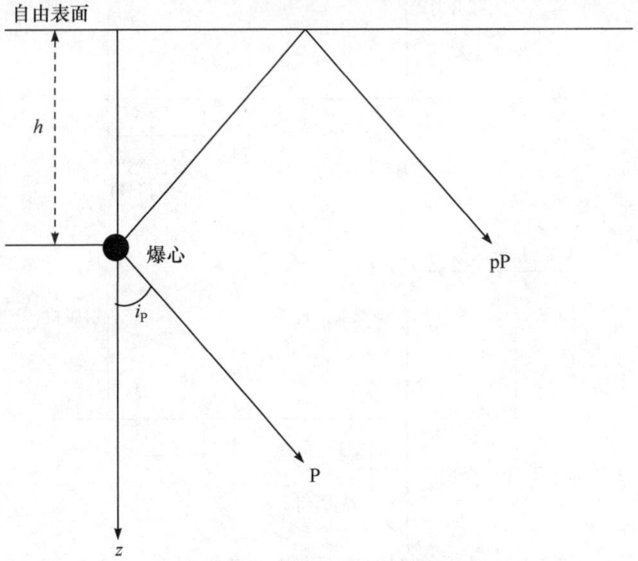

图 4.1.7　纯爆炸源 P 波示意图

有层裂时，远震 P 波很难再用上述模型来准确表征。此时，爆炸源本身的 pP 信号不再简单地与直达 P 反相，而是可能发生畸变，r_{pP}、$\Delta t_{\mathrm{pP-P}}$ 也会在不同程度上偏离弹性理论值。更为重要的，此时还有层裂源所产生的信号。如图 4.1.8 所示，根据 Lay(1991)假设的模型，此时的远震 P 波中除了爆炸源本身产生的 P 和 pP 外，还包括层裂对应的裂隙在张开、闭合时所产生的下行 P 及对应的 pP。按这一模型，爆炸自身的 pP 与裂隙张开时的 P 互相抵消，裂隙张开时的 pP 成为实际观测到的延迟的 pP，而裂隙闭合时的 pP 则对应于剥离岩层拍击地面时的信号。由于观测数据中并没有发现与裂隙闭合的 P 相对应的信号，该信号被假设为平缓的非脉冲信号。尽管这一模型未必准确且有些令人困惑，但它确实说明了有层裂发生时远震 P 波信号成分的复杂性。虽然如此，在实际分析特别是基于谱方法的分析

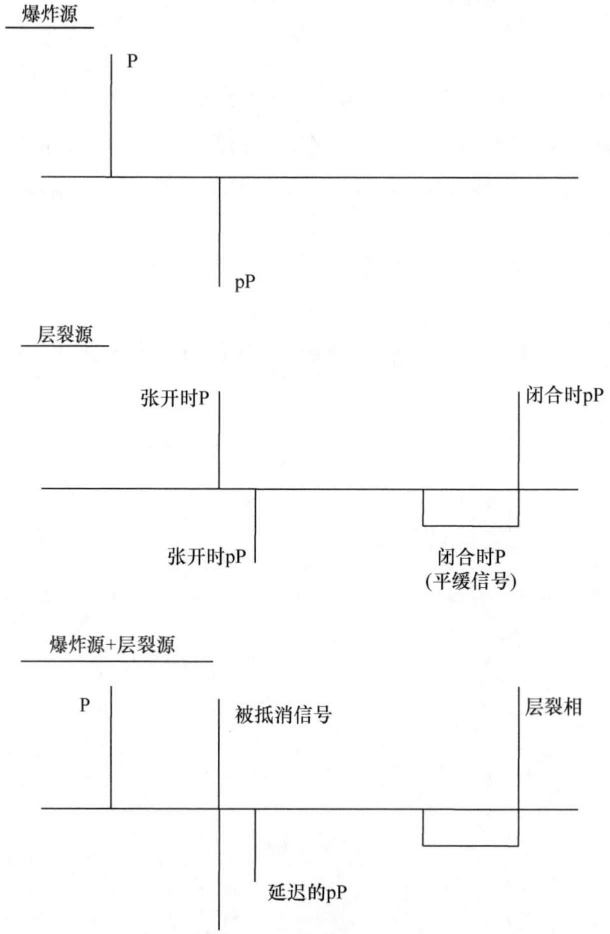

图 4.1.8　有层裂时的地下爆炸 P 波模型(Lay, 1991)

中，地下爆炸的远震 P 波通常还是被当作是一个下行 P 与一个视 pP 的叠加。只不过除了比例埋深非常大时，r_{pP} 的值不但显著小于弹性理论值，而且还是随频率变化的，其值的大小随频率的增加而逐渐减小。同时，Δt_{pP-P} 的大小通常显著大于式(4.1.45)的计算结果(Lay, 1991; Bache, 1982)。

除远震 P 波以外，层裂可能还对地下爆炸区域震相，特别是 Lg 波有一定的影响。对于苏联塞米巴拉金斯克核试验场(Semipalatinsk nuclear test site，STS)等高波速试验场地，由于源区介质的 P 波波速大于 Lg 波波速，各向同性的爆炸源难以有效地激发 Lg 波。因此，层裂曾被认为是这类场地中地下爆炸 Lg 波的主要来源。理论计算的确表明此时层裂源激发 Lg 波的效率要显著高于纯爆炸源(Barker et al., 1990b)。然而，假设 Lg 波主要来自层裂，则很难解释一系列与 Lg 波有关的实际观测现象，包括 Lg 波幅值和爆炸当量良好的线性相关性(Stevens et al., 2004)、Lg 波源频谱与 P 波源频谱的相似性(Jin et al., 2019; Fisk，2007，2006)、正常比例埋深和大比例埋深爆炸在 Lg 波激发能力方面的一致性(Gupta et al., 1992; Barker et al., 1990b)等，这些都表明即便是在高波速场地，层裂也并非是 Lg 波的主要来源。

最后，由于层裂的源强度在低频时趋于 0，它对长周期面波的影响可以忽略不计。

4.2　晚期岩石损伤与 CLVD 源

地下爆炸产生的冲击波将造成爆心附近一定范围内地下岩石的破坏或损伤。岩石破坏损伤对地下爆炸地震效应的影响可以归结为三个方面。第一个方面是造成爆炸冲击波和应力波的非弹性衰减，降低爆炸的震源强度。这部分影响通常已经包含在传统的、基于地下爆炸应力波或地震波经验观测结果的球对称源模型中，如第 3 章中介绍的 MM71 模型和 DJ91 模型都已经包含了这部分效应。第二个方面是引起构造应力释放，使得地下爆炸尤其是地下核爆炸震源中出现一个双力偶成分，它可能对 S 波，特别是 SH 波和勒夫波的产生具有重要影响，这部分内容将在 4.3 节中进一步阐述。第三个方面来源于破坏区域本身的非球对称性。这种非球对称性又源于爆炸冲击波与地表的非线性相互作用，其中包括层裂。本节将介绍由于非球对称的岩石破坏损伤现象，即使岩石中并不存在构造应力，地下爆炸地震矩张量中也会出现一个补偿线性偶极子源，即 CLVD 源，它对地下爆炸 S 波和瑞利波的激发具有重要影响。由于这种非球对称的岩石破坏损伤主要由地表反射的拉伸应力波引起，发生时间晚于爆心周围的岩石破坏损伤，Patton 等(2011)

将其称为地下爆炸引起的晚期岩石损伤。

4.2.1 晚期岩石损伤的力学过程

Patton 等(2011)对地下爆炸晚期岩石损伤的力学过程做了较为完整的描述，图 4.2.1 是在其基础上做的简化示意图。起爆后但在爆炸冲击波未到达地表之前，发生岩石破坏损伤的区域主要在爆心周围且近似呈球形[图 4.2.1(a)]。从里向外，破坏损伤机制包括岩石汽化、液化、压实、压裂、裂隙扩展和裂隙错动等。然后，随着爆炸冲击波在地表被反射为拉伸波并向下传播，爆心上方的岩层将经历不同程度的抬升及拉伸膨胀破坏[图 4.2.1(b)]，并导致地表岩层被剥离，即发生层裂[图 4.2.1(c)]。最后，层裂过程中被剥离的岩层在经历了短暂的上抛运动后落下并拍击地面，根据拍击程度，即层裂岩层冲量大小的不同，可能使得地表附近的岩层被不同程度地重新压缩。在干燥多孔介质的情况下，压缩的程度有可能超过原先未被破坏时的程度[图 4.2.1(d)]。

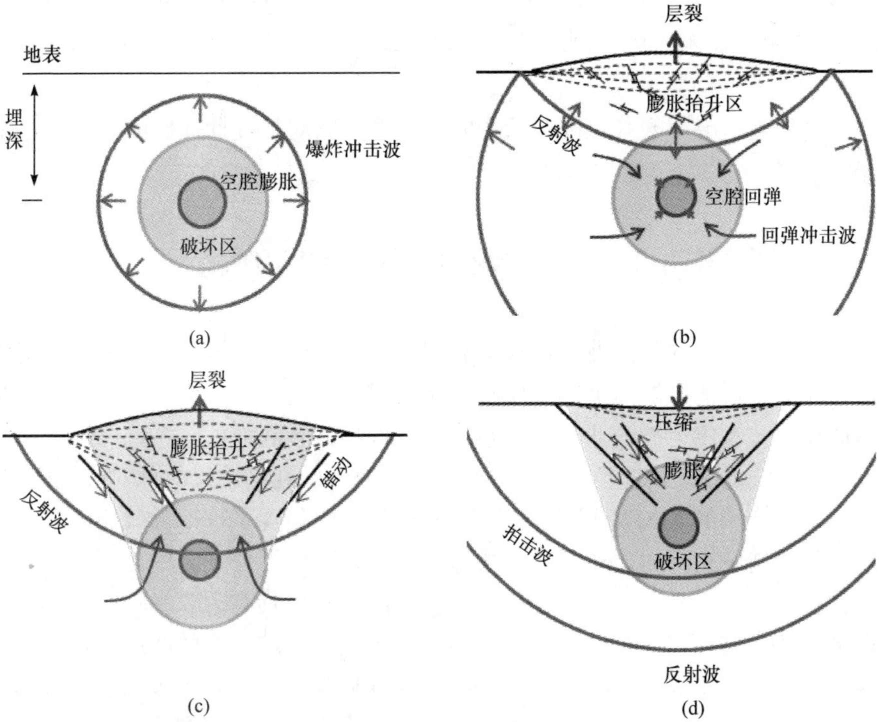

图 4.2.1　地下爆炸岩石破坏损伤过程示意图(靳平等, 2017)(后附彩图)

除爆炸产生的压缩冲击波及相应的地表反射拉伸波之外，对晚期岩石损伤具有重要影响的还包括空腔回弹冲击波。例如，2.2.2 小节中介绍过的，在地下核爆炸形成的初始阶段，在其内部的巨大压力作用下快速向外膨胀，半径达到最大值之后，在地下岩层压力的作用下发生回弹，并产生回弹冲击波。回弹时，爆心上方岩石在此之前受到了更大范围和程度的破坏，并因此失去了大部分弹性，加上层裂导致的重力卸载效应，这种回弹冲击波是非球对称的，并在整体上具有向上顶的效应[图 4.2.1(c)]，使得爆心上方的岩石可能沿众多新产生的节理或断层做逆冲式运动，导致进一步的岩石破坏。

综上所述，由于爆炸冲击波和自由表面的相互作用，地下爆炸的岩石破坏损伤过程比一般球对称爆炸源理论考虑的破坏过程更加复杂。大体而言，发生岩石破坏损伤的区域由两部分组成。第一部分的破坏区域主要在爆心周围，相当于传统球对称爆炸源模型中的非弹性区，它直接由爆炸冲击波引起。第二部分的破坏区域主要在爆心上方的锥形区域范围内，由地表反射拉伸波、层裂和空腔回弹冲击波造成。所谓晚期岩石损伤主要是指第二部分，而其地震效应既没有包括在传统的球对称爆炸源模型中，也没有包括在传统的层裂源模型中。事实上，尽管晚期岩石损伤通常伴随有层裂的发生，但两者还是存在明显区别。首先，如在 4.1 节中提到过的，层裂源通常仅考虑介质在层裂面上从张开到闭合的动态位错过程，并不考虑位错面周围的介质破坏和塑性变形。其次，晚期岩石损伤是一个体源，其空间范围远远超过层裂面所对应的范围。因此，尽管在本节后面的讨论中将会提到，晚期岩石损伤对应的地震矩张量和层裂源的地震矩张量较为相似，并都能分解为一个关于垂向对称的 CLVD 源和一个各向同性源的叠加，但两者是相互独立的，且通常情况下层裂源主要影响短周期信号，而晚期岩石损伤主要影响长周期信号。

4.2.2　岩石损伤对震源的影响

在进一步分析晚期岩石损伤对地下爆炸震源的影响之前，本节先介绍关于岩石损伤对震源影响的理论。相关理论由 Ben-Zion 等(2009)建立。本书作者进一步推导了存在外力源时的相关结果，并应用相关结果分析了岩石损伤对地下爆炸震源成分的影响(靳平等，2017)。

假定边界为 S 的介质在初始时刻，即 $t<0$ 时处于预应力状态。记相应的位移、应变和应力分别为 $u_i^{(0)}$ 、$\varepsilon_{ij}^{(0)}$ 和 $\sigma_{ij}^{(0)}$ ，则

$$\sigma_{ij,j}^{(0)} + f_i = 0 \quad \text{(平衡方程)} \tag{4.2.1}$$

$$\sigma_{ij}^{(0)} = c_{ijkl}^{(i)} \varepsilon_{kl}^{(0)} \quad \text{(应力-应变满足关系)} \tag{4.2.2}$$

式中，$c_{ijkl}^{(i)}$ 为介质未发生损伤前的弹性本构系数；f_i 为恒定作用在介质中的体力，如重力。不失一般性，假定此时 S 上的牵引力为 0。

现在假定 $t \geqslant 0$ 时，介质中出现新的扰动源，其中包括作用在介质内部的体力源 s_i 和作用在 S 上的面力源 Σ_i。如果介质对扰动的响应是完全弹性的，即不发生介质的损伤和破坏，记相应的位移、应变和应力为 $u_i^{(1)}$、$\varepsilon_{ij}^{(1)}$ 和 $\sigma_{ij}^{(1)}$，则

$$\sigma_{ij,j}^{(1)} + f_i + s_i = \rho \ddot{u}_i^{(1)} \tag{4.2.3}$$

$$\sigma_{ij}^{(1)} = c_{ijkl}^{(i)} \varepsilon_{kl}^{(1)} \tag{4.2.4}$$

并需要满足应力边界条件：

$$\sigma_{ij}^{(1)} n_j \Big|_S = \Sigma_i \tag{4.2.5}$$

式中，n_j 为沿 S 的法线方向。

另外，假定在介质的响应过程中有损伤、破坏发生，使得实际的位移、应力和应变为 $u_i^{(2)}$、$\varepsilon_{ij}^{(2)}$ 和 $\sigma_{ij}^{(2)}$，此时

$$\sigma_{ij,j}^{(2)} + f_i + s_i = \rho \ddot{u}_i^{(2)} \tag{4.2.6}$$

$$\sigma_{ij}^{(2)} = c_{ijkl}^{(f)} (\varepsilon_{kl}^{(2)} - p_{kl}) \tag{4.2.7}$$

$$\sigma_{ij}^{(2)} n_j \Big|_S = \Sigma_i \tag{4.2.8}$$

式中，p_{kl} 为介质的塑性应变；$c_{ijkl}^{(f)}$ 为介质出现损伤后的等效弹性本构系数。假定

$$c_{ijkl}^{(f)} = c_{ijkl}^{(i)} + \Delta c_{ijkl} \tag{4.2.9}$$

并分别记

$$u_i^{(10)} = u_i^{(1)} - u_i^{(0)}, \varepsilon_{ij}^{(10)} = \varepsilon_{ij}^{(1)} - \varepsilon_{ij}^{(0)}, \sigma_{ij}^{(10)} = \sigma_{ij}^{(1)} - \sigma_{ij}^{(0)}$$
$$u_i^{(20)} = u_i^{(2)} - u_i^{(0)}, \varepsilon_{ij}^{(20)} = \varepsilon_{ij}^{(2)} - \varepsilon_{ij}^{(0)}, \sigma_{ij}^{(20)} = \sigma_{ij}^{(2)} - \sigma_{ij}^{(0)}$$
$$u_i^{(21)} = u_i^{(2)} - u_i^{(1)}, \varepsilon_{ij}^{(21)} = \varepsilon_{ij}^{(2)} - \varepsilon_{ij}^{(1)}, \sigma_{ij}^{(21)} = \sigma_{ij}^{(2)} - \sigma_{ij}^{(1)}$$

式中，$u_i^{(10)}$、$\varepsilon_{ij}^{(10)}$ 和 $\sigma_{ij}^{(10)}$ 为当介质响应完全为弹性时力源 s_i 和 Σ_i 在介质中引起的，相对于初始预应力状态的位移、应变和应力扰动；$u_i^{(20)}$、$\varepsilon_{ij}^{(20)}$、$\sigma_{ij}^{(20)}$ 相应地为介质存在损伤破坏时的相对扰动；$u_i^{(21)}$、$\varepsilon_{ij}^{(21)}$、$\sigma_{ij}^{(21)}$ 为有、无损伤时的相对偏差。因为 $u_i^{(0)}$ 是静态的，将式(4.2.3)和式(4.2.6)分别减去式(4.2.1)，有

$$\sigma_{ij,j}^{(10)} + s_i = \rho \ddot{u}_i^{(10)} \tag{4.2.10}$$

$$\sigma_{ij,j}^{(20)} + s_i = \rho \ddot{u}_i^{(20)} \tag{4.2.11}$$

另外将式(4.2.3)和式(4.2.6)相减，得到：

$$\sigma_{ij,j}^{(21)} = \rho \ddot{u}_i^{(21)} \tag{4.2.12}$$

同时在 S 上，应有

$$\sigma_{ij}^{(21)} n_j \Big|_S = 0 \tag{4.2.13}$$

因为

$$\sigma_{ij}^{(21)} = (c_{ijkl}^{(i)} + \Delta c_{ijkl})(\varepsilon_{kl}^{(2)} - p_{kl}) - c_{ijkl}^{(i)} \varepsilon_{kl}^{(1)} = c_{ijkl}^{(i)} \varepsilon_{kl}^{(21)} - c_{ijkl}^{(i)} p_{kl} + \Delta c_{ijkl} \varepsilon_{kl}^{(2e)} \tag{4.2.14}$$

式中，$\varepsilon_{kl}^{(2e)} = \varepsilon_{kl}^{(2)} - p_{kl}$ 为介质经受的弹性应变，可将式(4.2.12)改写为

$$\frac{\partial}{\partial x_j} c_{ijkl}^{(i)} \varepsilon_{kl}^{(21)} + f_i^{(\mathrm{eff})} = \rho \ddot{u}_i^{(21)} \tag{4.2.15}$$

其中，

$$f_i^{(\mathrm{eff})} = -\Delta m_{ij,j} = -(\Delta m_{ij}^{(\mathrm{p})} + \Delta m_{ij}^{(\mathrm{d})})_{,j} \tag{4.2.16}$$

$$\Delta m_{ij}^{(\mathrm{p})} = c_{ijkl}^{(i)} p_{kl}\,,\quad \Delta m_{ij}^{(\mathrm{d})} = -\Delta c_{ijkl} \varepsilon_{kl}^{(2e)} \tag{4.2.17}$$

根据表示定理：

$$\begin{aligned} u_k^{(21)}(\boldsymbol{x},t) &= \int_{-\infty}^{\infty} \mathrm{d}\tau \iiint_V G_{ki}(\boldsymbol{x},t-\tau;\boldsymbol{\xi},0) f_i^{(\mathrm{eff})}(\boldsymbol{\xi},\tau) \mathrm{d}V \\ &\quad + \int_{-\infty}^{\infty} \mathrm{d}\tau \iint_S G_{ki}(\boldsymbol{x},t-\tau;\boldsymbol{\xi},0) T_i(\boldsymbol{u}^{(21)}(\boldsymbol{\xi},\tau),\boldsymbol{n}) \mathrm{d}S \end{aligned}$$

式中，$G_{ki}(\boldsymbol{x},t-\tau;\boldsymbol{\xi},0)$ 为自由边界条件下的格林函数。因为 $f_i^{(\mathrm{eff})}(\boldsymbol{\xi},\tau)$ 仅在发生介质损伤和塑性变形的区域 V_S 内才不为 0，且因为式(4.2.13)使得

$$T_i(\boldsymbol{u}^{(21)}(\boldsymbol{\xi},\tau),\boldsymbol{n}) \equiv 0 \tag{4.2.18}$$

因此

$$u_k^{(21)}(\boldsymbol{x},t) = \int_{-\infty}^{\infty} \mathrm{d}\tau \iiint_{V_S} G_{ki}(\boldsymbol{x},t-\tau;\boldsymbol{\xi},0) f_i^{(\mathrm{eff})}(\boldsymbol{\xi},\tau) \mathrm{d}V \tag{4.2.19}$$

将式(4.2.16)代入式(4.2.19)，通过分部积分，应用高斯定理，并利用 V_S 边界上 $\Delta m_{ij} = 0$ 的条件，得到：

$$u_k^{(21)}(\boldsymbol{x},t) = \int_{-\infty}^{\infty} \mathrm{d}\tau \iiint_{V_S} \frac{\partial}{\partial \xi_j} G_{ki}(\boldsymbol{x},t-\tau;\boldsymbol{\xi},0) \times \Delta m_{ij}(\boldsymbol{\xi},\tau) \mathrm{d}V \tag{4.2.20}$$

或在频率域中得

$$u_k^{(21)}(\boldsymbol{x},\omega) = \iiint_{V_S} \Delta m_{ij}(\boldsymbol{\xi},\omega) \frac{\partial}{\partial \xi_j} G_{ki}(\boldsymbol{x},\omega;\boldsymbol{\xi}) \mathrm{d}V \tag{4.2.21}$$

在波长和$|\boldsymbol{x}-\xi|$均远大于V_S尺度的情况下，式(4.2.21)可简化为

$$u_k^{(21)}(\boldsymbol{x},\omega)=\Delta M_{ij}(\omega)\frac{\partial}{\partial\xi_j}G_{ki}(\boldsymbol{x},\omega;0) \tag{4.2.22}$$

其中，

$$\Delta M_{ij}(\omega)=M_{ij}^{(\mathrm{p})}+M_{ij}^{(\mathrm{d})} \tag{4.2.23}$$

$$M_{ij}^{(\mathrm{p})}(\omega)=\iiint_{V_S}c_{ijkl}^{(i)}p_{kl}\mathrm{d}V,\quad M_{ij}^{(\mathrm{d})}(\omega)=-\iiint_{V_S}\Delta c_{ijkl}\varepsilon_{kl}^{(2e)}\mathrm{d}V \tag{4.2.24}$$

上述结果与 Ben-Zion 等(2009)的结果在形式上相同，区别在于他们得到的所有结果都是关于$\varepsilon_{kl}^{(20)}$和$u_i^{(20)}$的，而非$\varepsilon_{kl}^{(21)}$和$u_i^{(21)}$。出现这一差别的原因在于他们在推导过程中隐藏式地假定了地震事件发生前、后介质受到的体力始终保持不变，并为了得到相应的矩张量表示，假定了边界上的牵引力为 0。因此，在他们的理论中，不存在任何的力源扰动。在这种情况下，因为$u_i^{(10)}$、$\varepsilon_{ij}^{(10)}$、$\sigma_{ij}^{(10)}$恒等于 0，所以$u_i^{(21)}$、$\varepsilon_{ij}^{(21)}$、$\sigma_{ij}^{(21)}$也就分别等于$u_i^{(20)}$、$\varepsilon_{ij}^{(20)}$、$\sigma_{ij}^{(20)}$，即总的位移、应变和应力，同时Δm_{ij}或ΔM_{ij}分别为总的矩张量密度或总的矩张量。相反，当存在力源扰动时，$u_i^{(10)}$、$\varepsilon_{ij}^{(10)}$、$\sigma_{ij}^{(10)}$都将不等于 0，$u_i^{(21)}$、$\varepsilon_{ij}^{(21)}$和$\sigma_{ij}^{(21)}$也不再是总的位移、应变和应力，而是是否考虑岩石的非弹性响应情况下两者结果之间的相对值，同时Δm_{ij}或ΔM_{ij}分别为岩石非弹性响应对总的矩张量密度或矩张量的贡献。

上述结果将岩石非弹性响应对震源的贡献分解成了塑性变形的影响和弹性模量变化的影响两部分，岩石中的预应变对震源的贡献在式(4.2.20)中并未显式地表达出来。这在某些场合，如需要考虑构造应力释放对核爆炸震源的影响时不太方便。为此，可将式(4.2.14)改写为

$$\sigma_{ij}^{(21)}=c_{ijkl}^{(i)}\varepsilon_{kl}^{(21)}-c_{ijkl}^{(f)}p_{kl}+\Delta c_{ijkl}\varepsilon_{kl}^{(20)}+\Delta c_{ijkl}\varepsilon_{kl}^{(0)} \tag{4.2.25}$$

则可以得到关于$\Delta M_{ij}(\omega)$的另一种表示，即

$$\Delta M_{ij}(\omega)=M_{ij}^{(\text{r-d})}(\omega)+M_{ij}^{(\text{t-r})}(\omega) \tag{4.2.26}$$

其中，

$$M_{ij}^{(\text{r-d})}(\omega)=\iiint_{V_S}[c_{ijkl}^{(f)}p_{kl}-\Delta c_{ijkl}\varepsilon_{kl}^{(20)}]\mathrm{d}V \tag{4.2.27a}$$

$$M_{ij}^{(\text{t-r})}(\omega)=-\iiint_{V_S}\Delta c_{ijkl}\varepsilon_{kl}^{(0)}\mathrm{d}V=-\varepsilon_{kl}^{(0)}\iiint_{V_S}\Delta c_{ijkl}\mathrm{d}V \tag{4.2.27b}$$

后面可以看到，地下爆炸时$\Delta M_{ij}^{(\text{t-r})}$正是构造应力释放所对应的地震矩张量，而

$\Delta M_{ij}^{(\text{r-d})}$ 为岩石损伤对应的矩张量。记没有岩石损伤时与 s_i 和 Σ_i 等效的地震矩张量为 $M_{ij}^{(\text{el})}$，则总的地震矩张量为

$$M_{ij} = M_{ij}^{(\text{el})} + \Delta M_{ij} = M_{ij}^{(\text{el})} + M_{ij}^{(\text{r-d})} + M_{ij}^{(\text{t-r})} \tag{4.2.28}$$

4.2.3 地下爆炸晚期岩石损伤对应的 CLVD 源

Patton 等(2011, 2008)认为地下爆炸晚期岩石损伤对应的 CLVD 源对地下核爆炸瑞利波的激发有重要影响。这里结合 4.2.2 小节中的理论，分析晚期岩石损伤对地下爆炸震源成分的影响。为简单起见，暂且假定岩石中不存在预应变和预应力。在这种情况下，式(4.2.28)可以简化为

$$M_{ij} = M_{ij}^{(\text{el})} + M_{ij}^{(\text{r-d})} \tag{4.2.29}$$

式中，$M_{ij}^{(\text{el})}$ 为假定爆炸不引起岩石破坏损伤时所对应的地震矩张量，当源区介质均匀各向同性时，它应该是一个球张量，即 $M_{ij}^{(\text{el})} = M_0^{(\text{el})}\delta_{ij}$ 或表示为 $[M_{ij}^{(\text{el})}] = M_0^{(\text{el})}\boldsymbol{I}$。

根据图 4.2.1 表示的地下爆炸岩石破坏损伤过程，可以将 $M_{ij}^{(\text{r-d})}$ 分解为两部分：

$$M_{ij}^{(\text{r-d})} = M_{ij}^{(\text{sd})} + M_{ij}^{(\text{cd})} \tag{4.2.30}$$

式中，$M_{ij}^{(\text{sd})}$ 与爆炸冲击波在爆心周围球形源区内直接造成的岩石破坏损伤有关；$M_{ij}^{(\text{cd})}$ 则与爆心上方锥形区域内的晚期岩石损伤有关。对于 $M_{ij}^{(\text{sd})}$，因为相应的质点运动及岩石破坏损伤分布都是球对称的，应有

$$[M_{ij}^{(\text{sd})}] = M_0^{(\text{sd})}\boldsymbol{I} \tag{4.2.31}$$

而对于 $M_{ij}^{(\text{cd})}$，因为相应的质点运动及岩石破坏损伤分布是柱对称的，应有

$$[M_{ij}^{(\text{cd})}] = \begin{pmatrix} M_{xx}^{(\text{cd})} & 0 & 0 \\ 0 & M_{yy}^{(\text{cd})} & 0 \\ 0 & 0 & M_{zz}^{(\text{cd})} \end{pmatrix} \tag{4.2.32}$$

式中，$M_{xx}^{(\text{cd})} = M_{yy}^{(\text{cd})} \neq M_{zz}^{(\text{cd})}$。

需要说明的是，$M_{ij}^{(\text{sd})}$ 的质心始终位于爆心，而 $M_{ij}^{(\text{cd})}$ 的质心应该位于爆心上方。因此，可以将爆炸对应的总地震矩张量表示为

$$\boldsymbol{M} = (M_0^{(\text{el})} + M_0^{(\text{sd})})\boldsymbol{I}\delta(0,0,h) + \begin{pmatrix} M_{xx}^{(\text{cd})} & 0 & 0 \\ 0 & M_{yy}^{(\text{cd})} & 0 \\ 0 & 0 & M_{zz}^{(\text{cd})} \end{pmatrix}\delta(0,0,h_c) \tag{4.2.33}$$

式中，h 为爆炸埋深；$h_c < h$ 为 $M_{ij}^{(\mathrm{cd})}$ 质心对应的深度。令

$$M_0^{(\mathrm{ex})} = M_0^{(\mathrm{el})} + M_0^{(\mathrm{sd})} \tag{4.2.34}$$

则 $M_0^{(\mathrm{ex})}$ 就是基于自由场测量结果的传统球对称爆炸源模型所对应的地下爆炸的地震矩。另外，可以将 $M_{ij}^{(\mathrm{cd})}$ 分解为

$$\begin{pmatrix} M_{xx}^{(\mathrm{cd})} & 0 & 0 \\ 0 & M_{yy}^{(\mathrm{cd})} & 0 \\ 0 & 0 & M_{zz}^{(\mathrm{cd})} \end{pmatrix} = M_{\mathrm{iso}}^{(\mathrm{cd})}\boldsymbol{I} + M_{\mathrm{CLVD}}\begin{pmatrix} -0.5 & 0 & 0 \\ 0 & -0.5 & 0 \\ 0 & 0 & 1 \end{pmatrix} \tag{4.2.35}$$

其中，

$$M_{\mathrm{iso}}^{(\mathrm{cd})} = \frac{M_{zz}^{(\mathrm{cd})} + 2M_{xx}^{(\mathrm{cd})}}{3}, \quad M_{\mathrm{CLVD}} = \frac{2(M_{zz}^{(\mathrm{cd})} - M_{xx}^{(\mathrm{cd})})}{3}$$

则此时地下爆炸的总地震矩张量可以表示为

$$\boldsymbol{M} = M_0^{(\mathrm{ex})}\boldsymbol{I}\delta(0,0,h) + (M_{\mathrm{iso}}^{(\mathrm{cd})}\boldsymbol{I} + \boldsymbol{M}_{\mathrm{CLVD}})\delta(0,0,h_c) \tag{4.2.36}$$

从式(4.2.36)可以看出，晚期岩石损伤可以用一个各向同性源叠加一个 CLVD 源来表示。根据 4.2.1 小节中的介绍，爆心上方锥形区域中的晚期岩石损伤既包括以水平张性裂隙为主的岩石拉伸膨胀破坏，也包括沿不同走向的断层面或节理面的岩石逆冲运动，正好对应了 CLVD 源的两种主要产生机制。

对长周期地震波，式(4.2.36)中 CLVD 源和爆炸源在质心上的差异可以忽略。此时

$$\boldsymbol{M} = \begin{pmatrix} M_{\mathrm{I}} - 0.5M_{\mathrm{CLVD}} & 0 & 0 \\ 0 & M_{\mathrm{I}} - 0.5M_{\mathrm{CLVD}} & 0 \\ 0 & 0 & M_{\mathrm{I}} + M_{\mathrm{CLVD}} \end{pmatrix} \tag{4.2.37}$$

式中，$M_{\mathrm{I}} = M_0^{(\mathrm{ex})} + M_{\mathrm{iso}}^{(\mathrm{cd})}$。为衡量地下核爆炸时 CLVD 源相对于各向同性源的大小，Patton 等 (2008)引入了 K 指数概念。他们当时定义的 K 指数为

$$K = \frac{2M_{zz}}{M_{xx} + M_{yy}} \tag{4.2.38}$$

在震源中不存在构造应力释放或是构造应力释放的主应力位于水平面内时，有

$$\frac{M_{\mathrm{CLVD}}}{M_{\mathrm{I}}} = \frac{2(K-1)}{K+2} \tag{4.2.39}$$

因此，$K=1$ 对应于 $M_{\mathrm{CLVD}}=0$；$K>1$ 表示 CLVD 源沿垂向是拉伸的，在水平方向上呈现为收缩；$K<1$ 则表示相应的 CLVD 源沿垂向呈现为收缩而在水平方向

上呈现为拉伸。

由式(4.2.39)可以得到：

$$K = \frac{2(M_{\mathrm{I}} + M_{\mathrm{CLVD}})}{2M_{\mathrm{I}} - M_{\mathrm{CLVD}}} \tag{4.2.40}$$

本书根据 Jin 等(2017)的研究，直接采用式(4.2.40)作为 K 指数的定义。与 Patton 等(2008)的原始定义相比，这样定义的 K 指数在任何构造应力释放机制下都能使得式(4.2.39)成立，从而更好地反映 CLVD 源和体积膨胀源之间的相对强弱。对 Patton 等(2008)当初假设的情况，新、老两种定义是等价的。

地下核爆炸的 K 指数大小应该和爆炸威力及埋深有关。Patton 等(2011)给出了美国内华达核试验场(Nevada nuclear test site，NTS) Pahute 台地和 Rainier 台地内进行的 67 次地下核爆炸的 K 指数和体波震级的关系(图 4.2.2)。根据 Patton 等(2011)的研究，这些爆炸基本上取 $122\mathrm{m/kt}^{1/3}$ 的正常比例埋深。图 4.2.2 中可见，对震级或当量较低、爆心位于含水层以上的爆炸，相应的 K 值较大，表明这些爆炸在垂向上引起的拉伸破坏比较严重。随着当量的增加，K 指数逐渐减小，在 m_{b} 为 6.0 级以上时对应的 K 值基本降至 1 以下，表明此时爆炸引起的晚期岩石损伤在垂向上已表现为压缩。Patton 等(2008)对此的解释是，在 NTS 的情况下，随着当量的增加和爆心从含水层以上变至含水层以下，层裂岩石的质量和冲量急剧增加。在剥离的岩层落下并拍击地面时，造成了地表附近干燥多孔的岩石重新被压

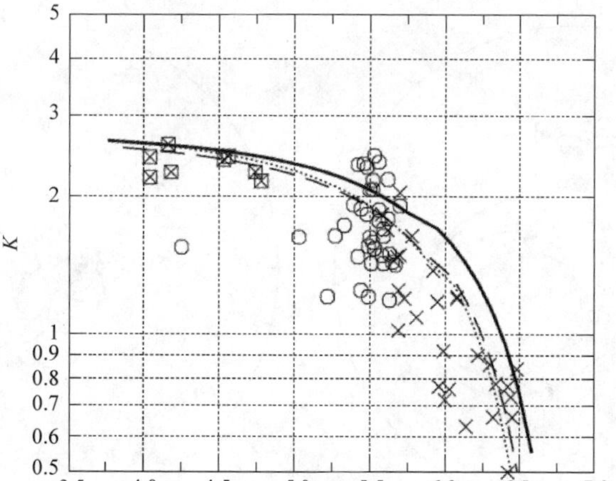

图 4.2.2　NTS Pahute 台地和 Rainier 台地内地下核爆炸的 K 指数和体波震级 m_{b} 的关系(Patton et al., 2011, 2008)

“○”代表 Pahute 台地内含水层以上爆炸，“×”代表含水层以下爆炸，“⊠”代表 Rainier 台地爆炸

缩，压缩的程度甚至超过了先前拉伸破坏的程度。因此，图 4.2.2 的结果与 NTS 的场地条件密切相关。对于一般的硬岩场地，Patton(2016)根据 M_s 的震级当量关系认为，在正常比例埋深的情况下，硬岩中的地下核爆炸都会伴随有强烈的拉伸性岩石损伤，使得 K 值都较大(K>2)且随当量的变化不大。但是，在过比例埋深的情况下，这种拉伸性损伤会明显减弱，如几次朝鲜地下核试验的 K 值就仅略大于 1(Jin et al.，2017)，表明这些试验由晚期岩石损伤引起的 CLVD 源接近于缺失。

4.3　构造应力释放

地下核爆炸的晚期岩石损伤导致其震源成分中存在一个 CLVD 源。这样一种性质的源仍然是柱对称的，理论上不能激发 SH 波和勒夫波，辐射的瑞利波也应当是圆对称的。但实际观测结果表明(徐恒垒等, 2017; Jin et al., 2017; Vavryčuk et al., 2014; Pedersen et al., 1998; Ekström et al., 1994; Lambert et al., 1972; Brune et al., 1963)，SH 波和勒夫波在地下核爆炸产生的地震波中普遍存在，且瑞利波的辐射也呈现出明显的方向性(图 4.3.1)。由于核爆炸空腔塌陷产生的地震波并不存在类似现象(Brune et al.，1963)，则可以肯定上述异常是震源方面的原因造成的。这意味着，地下核爆炸震源中，在球对称膨胀体积源和 CLVD 源以外，还应该存在类似于天然地震的双力偶源(DC 源)。实际上，上述众多研究也表明，地下核爆炸产生的勒夫波和瑞利波一般可用一个各向同性源和一个 DC 源的叠加来表示。

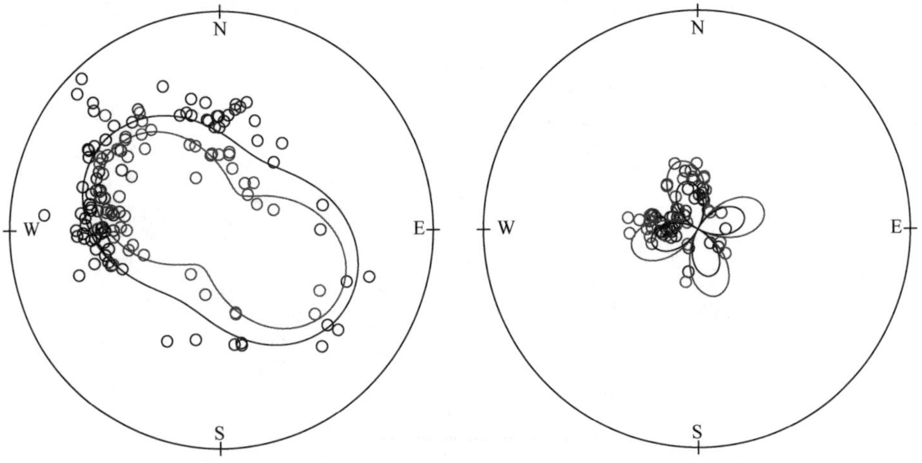

(a) 瑞利波　　(b) 勒夫波

图 4.3.1　朝鲜地下核试验的面波辐射图案(Jin et al.,2017)(后附彩图)

图中圆圈代表距离归一化的 20s 周期的实测信号幅值，其中红色代表 2013 年 2 月 13 日朝鲜第三次核试验观测结果，蓝色代表 2016 年 1 月 6 日第四次核试验的观测结果，红色和蓝色曲线为对应的理论拟合结果伴随地下核爆炸的 DC 源一般被认为是源于核爆炸引起的构造应力释放。但关于地下核爆炸构造应力释放的具体机制，曾长期存在争议(Massé, 1981)，主要的观点有两种。一种观点认为地下核爆炸触发了爆心附近断层的错动，从而引起了构造应力的释放(Aki et al., 1972, 1969; Brune et al., 1963)。另一种更为主流的观点则认为构造应力释放由爆炸源区内的构造应力松弛引起(Archambeau, 1972; Lambert et al., 1972)。这是因为触发机制意味着构造应力释放源在空间和时间上都与爆炸源不同步，但除了极个别的情况外，并未观测到相应迹象。

爆炸源区，即岩石破坏区中的构造应力松弛对核爆炸震源的贡献可由式(4.2.26)和式(4.2.27b)得到。在介质中存在预应变时，式(4.2.26)中的第二项为

$$M_{ij}^{(\text{t-r})}(\omega) = -\varepsilon_{kl}^{(0)} \iiint_{V_S} \Delta c_{ijkl} \mathrm{d}V \tag{4.3.1}$$

假定 $\varepsilon_{kl}^{(0)}$ 为纯剪切的(构造应力对应的预应变通常具有这样的性质)，式(4.3.1)可简化为

$$M_{ij}^{(\text{t-r})} = -2\Delta\bar{\mu}\varepsilon_{ij}^{(0)} V_S \tag{4.3.2}$$

式中，

$$\Delta\bar{\mu} = \frac{1}{V_S} \iiint_{V_S} \Delta\mu \mathrm{d}V \tag{4.3.3}$$

为源区和岩石破坏区中剪切模量的平均改变量；V_S 为破坏区的体积大小。不失一般性，假定除 $\varepsilon_{12}^{(0)} = \varepsilon_{21}^{(0)} = \varepsilon^{(0)}$ 外，构造应变张量的其他元素都为 0，则 $M_{ij}^{(\text{t-r})}$ 对应的地震矩张量可以表示为

$$\boldsymbol{M}^{(\text{t-r})} = M_{\text{DC}} \begin{pmatrix} 0 & 1 & 0 \\ 1 & 0 & 0 \\ 0 & 0 & 0 \end{pmatrix} \tag{4.3.4}$$

其中，

$$M_{\text{DC}} = -2\Delta\bar{\mu}\varepsilon^{(0)} V_S = \Delta\tau V_S \tag{4.3.5}$$

式中，$\Delta\tau = -2\Delta\bar{\mu}\varepsilon^{(0)}$ 为源区中的平均应力降(注意 $\Delta\bar{\mu}$ 通常为负值)。上述结果在球腔的情况下与 Randall (1966)和 Aki 等 (1972)的结果相一致，但和 Archambeau 等的结果相差一个与泊松系数相关的常数(Harkrider et al., 1994; Archambeau 1972; Archambeau et al.,1970)。Snoke (1976)曾指出 Archambeau 等(1970)的结果并不准确。

式(4.3.5)的结果表明，爆炸源区中的应力松弛对长周期地震波的影响可等效为一个 DC 源，该 DC 源的强度为源区体积与源区平均应力降的乘积。地表岩石

不可能积累足够大的构造应力，因此对构造应力释放有重要影响的岩石破坏区主要是爆心周围的冲击波破坏区，其大小近似可用地下核爆炸的弹性半径来进行描述。例如，对花岗岩中的地下核爆炸，埋深 600m 时，根据 MM71 模型[式(3.3.23)]，可估计相应的比例弹性半径为

$$r_{el} / W^{1/3} \approx 162\text{m/kt}^{1/3}$$

而

$$M_{DC} \approx 5.4 \times 10^7 \Delta\tau W (\text{Nm})$$

式中，$\Delta\tau$ 和 W 的单位分别为 Pa 和 kt。假定 $\Delta\tau$ 在 10^7Pa，即 100bar 的量级，得到的 M_{DC} 源的强度和实际观测到的地下核爆炸的 DC 源强度(Vavryčuk et al., 2014; Bukchin et al., 2001)相当。在 600m 埋深的情况下，花岗岩中的静水压力可达约 1.6×10^7 Pa，根据 Byerlee(1978)，此时理论上岩石中积累 10^7Pa 的构造应力是有可能的。

关于构造应力释放的另外一种模式，即触发模式认为地下核爆炸构造应力释放是因为爆炸触发了爆心附近的断层错动。假定发生运动的断层面积为 S，平均的位错为 $\bar{D}$，则对应的 DC 源的强度为

$$M_{DC} = \mu \bar{D} S \tag{4.3.6}$$

对当量超过 1000kt 的美国 Boxcar 和 Benham 地下核试验，在假定发生错动的断层尺寸为 10km 长、5km 宽的情况下，Aki 等 (1972)估计的应力降在 10bar，即 10^6Pa 的量级。

在上述两种构造应力释放模式中，使触发模式更具吸引力的是所需的应力降较小。Aki 等(1972)曾估计，在应力松弛模式下，要达到美国 Boxcar 和 Benham 地下核试验的 DC 源强度，需要的应力降为 900～1800bar，远远超出了浅层岩石所能够积累的构造应力的大小，因而认为触发模式才是地下核爆炸构造应力释放的主要机制。不过，他们在得出上述结论时仅考虑了爆炸空腔对应的构造应力松弛。实际上，地下核爆炸时发生构造应力松弛的区域，即岩石破坏区远大于爆炸空腔，使得应力松弛模式下所需的应力降并不如他们估计的那么大。另外，有很多证据更倾向于支持应力松弛模式。首先，Lambert 等 (1972)对美国 Bilby、Shoal 两次地下核试验和附近地区天然地震所辐射的勒夫波的比较研究表明，在勒夫波源强度总体相当的情况下，天然地震与地下核爆炸之间的勒夫波幅值比随周期的增大而增大，表明地下核爆炸发生构造应力释放的源区尺度远小于具有相似地震矩大小的天然地震的源区尺度。其次，假定构造应力释放源于地下核爆炸触发的爆心附近的地震，则这样的地震应能产生可观测的地表断层运动，且爆炸产生的构造性余震的空间分布应与相应的断层相关联。然而，地下核爆炸地表断层运动

和余震活动的实际观测结果表明，除了 Benham 等个别试验的情况外，看不出余震分布与任何特定的断层存在关联(Hamilton et al., 1972, 1969；Mckeown et al., 1969)。再次，关于核爆炸信号谱的观测和分析结果 (Jin et al., 2019；Murphy et al., 2009; Fisk, 2007，2006)，特别是朝鲜核试验的谱比值观测结果(图 4.3.2)表明，地下核爆炸产生的 S 波具有和 P 波相似的源频谱，但两者的源拐角频率近似相差 v_S / v_P 倍，表明地下核爆炸 S 波具有和 P 波相同的源区。最后，美国源物理实验结果表明，地下爆炸 S 波主要来自爆炸源区(Vorobiev et al., 2018；Pitarka et al., 2015)，同时较新的数值模拟结果也表明源区附近的应力松弛所产生的勒夫波幅值可以和瑞利波的幅值相当(Stevens et al., 2015)，所有这些都有利于构造应力释放的应力松弛模式而非地震触发模式。

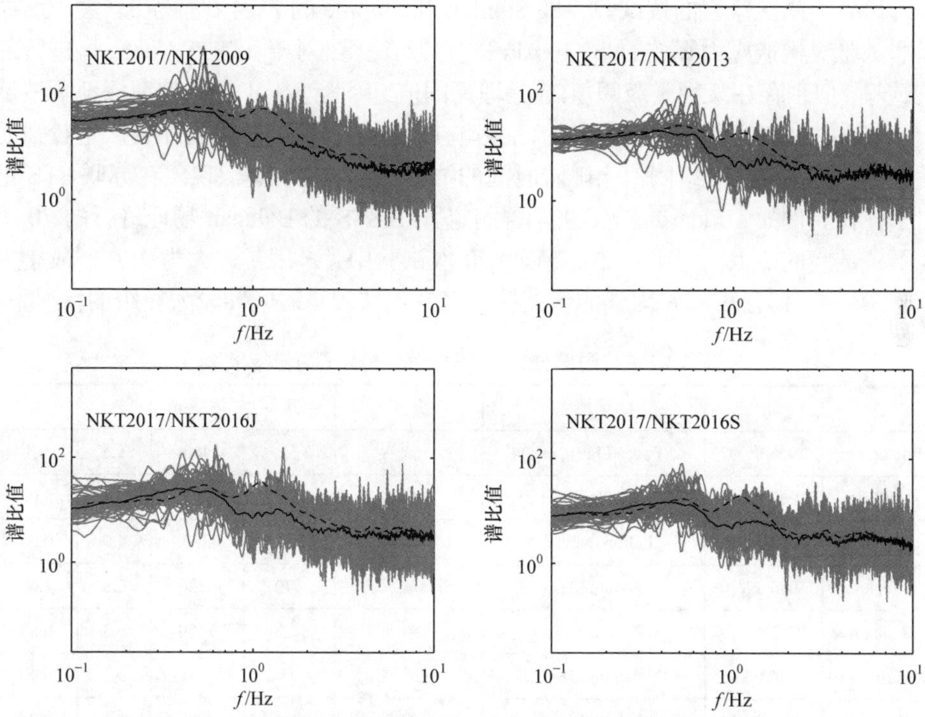

图 4.3.2　朝鲜核试验区域性 P 波谱比值(黑虚线)与 Lg 波谱比值(黑实线)比较(Jin et al., 2019)
NKT2009、NKT2013、NKT2016J、NKT2016S 和 NKT2017 分别表示朝鲜在 2009 年、2013 年、2016 年 1 月、2016 年 9 月和 2017 年进行的核试验

类似于 K 指数被用来表示地下核爆炸的 CLVD 源 M_{CLVD} 相对于各向同性源 M_I 的强弱，F 因子常被用来表示 DC 源相对于 M_I 的强弱，其定义为

$$F = M_{DC} / M_I \tag{4.3.7}$$

需要说明的是，虽然从 20 世纪 80 年代开始多数文献(Ekström et al., 1994；Given et

al., 1986)采用 F 因子的这一定义，但也有不少文献(Walter et al.,1990；Burger et al.,1986；Toksöz et al.,1972，1971，1965)采用的定义为

$$F = \frac{3}{2}(M_{\mathrm{DC}} / M_{\mathrm{I}}) \tag{4.3.8}$$

这里有必要提醒读者注意区分。

影响 F 因子大小，即地下核爆炸构造应力释放相对强弱的因素非常复杂。可能的影响因素包括爆炸当量、埋深、试验场地质条件和构造背景、爆心附近近期是否进行过其他地下核爆炸试验等。表 4.3.1 是美国部分地下核试验的 F 因子测量结果，可以看出花岗岩等岩石中地下核试验的 F 因子相对较大，凝灰岩、冲积土等岩石中试验的 F 因子一般较小。值得注意的是，尽管盐岩和花岗岩都属于硬岩，但表中两次盐岩的核试验，即 Salmon 和 Gnome 的 F 因子都为 0。关于前序爆炸试验对构造应力释放的影响，Aki 等(1972)发现，对于在 NTS Yucca 坪进行的核试验，似乎存在某种震级阈值(或是埋深阈值，因为对于正常比例埋深地下核试验，爆炸震级和埋深是相互关联的)，只有在此阈值以上的核试验才会产生较强的勒夫波，而相应的震级阈值会随着时间的推移逐渐增加。类似现象在苏联 STS 也似乎存在。例如，Ekström 等(1994)曾测定了在 STS 的 Balapan 场地进行的 70 次地下核试验的 F 因子(图 4.3.3)。在这 70 次试验中，F 因子最大为 1.73，最小为 0.09。其中，具有较大 F 因子的核试验大多发生在较早时间和较大震级的情况下。

表 4.3.1　美国部分地下核试验的 *F* 因子测量结果[①]

代号	日期	场地	介质	当量/kt	埋深/m	m_b	F 因子
Pile Driver	1966/06/02	Yucca Flat(n. end)	花岗岩	62	460	5.6	3.20
Hardhat	1962/02/15	Yucca Flat (n. end)	花岗岩	5.7	290	5.3	3.00
Shoal	1963/10/26	Fallon, Nevada	花岗岩	12	370	4.9	0.90
Greeley	1966/12/20	Pahute Mesa	沸石凝灰岩	870	1220	6.3	1.60
Benham	1968/12/19	Pahute Mesa	沸石凝灰岩	1150	1400	6.3	0.85
Chartreuse	1966/06/05	Pahute Mesa	流纹岩	73	670	5.5	0.90
Duryea	1966/04/14	Pahute Mesa	流纹岩	70	540	5.4	0.75
Half Beak	1966/06/30	Pahute Mesa	流纹岩	365	820	6.10	0.67
Boxcar	1968/04/26	Pahute Mesa	流纹岩	1300	1170	6.3	0.59
Corduroy	1965/12/03	Yucca Flat	石英岩	—	680	5.62	0.72
Rulison	1969/09/10	Grand Valley, Colorado	页岩	40	2570	5.3	0.60
Faultless	1968/01/19	Central Nevada	水饱和凝灰岩	200	980	6.3	0.50
Cup	1965/03/26	Yucca Flat	凝灰岩	—	540	5.25	0.55

续表

代号	日期	场地	介质	当量/kt	埋深/m	m_b	F 因子
Bilby	1963/09/13	Yucca Flat	凝灰岩	249	746	5.8	0.47
Tan	1966/06/03	Yucca Flat	凝灰岩	—	560	5.7	0.39
Bronze	1965/07/23	Yucca Flat	凝灰岩	—	530	5.4	0.33
Buff	1965/12/16	Yucca Flat	凝灰岩	—	500	5.3	0.31
Haymaker	1962/06/27	Yucca Flat	冲积土	67	410	4.9	0.33
Sedan	1962/07/06	Yucca Flat	冲积土	104	190	4.4	0
Salmon	1964/10/22	Hattiesburg, Mississippi	盐岩	5.3	830	4.6	0
Gnome	1961/12/10	Carlsbad, New Mexico	盐岩	3.0	360	4.9	0
Milrow	1969/10/02	Amchitka	安山岩	1000	1220	6.4	<0.6
Cannikin	1971/11/06	Amchitka	安山岩	<5000	1790	6.8	0.6

① 表中当量、埋深、体波震级 m_b 由 Yang 等(1999)给出；F 因子由 Toksöz 等(1972)给出。

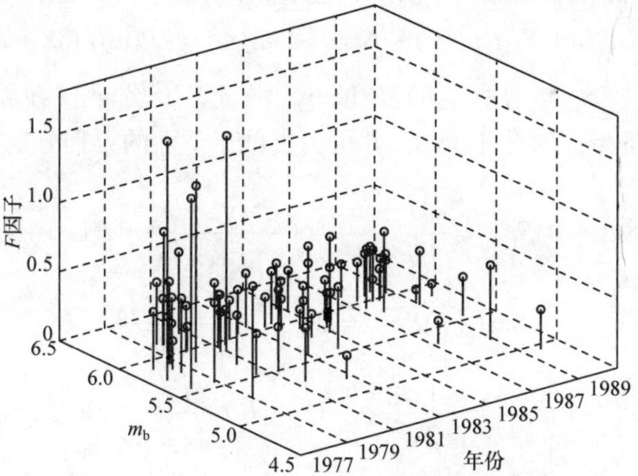

图 4.3.3　苏联 STS 的 Balapan 场地中 70 次地下核试验的 F 因子(数据源自 Ekström 等(1994))

4.4　爆炸非球对称性

前面介绍的关于地下核爆炸的非球对称震源机制源于爆炸的伴生地质效应和非线性力学效应。除了这些伴生效应和机制外，在非球对称的情况下，如在非球形空腔中进行的爆炸或球形空腔中进行的偏心爆炸，即便介质的响应是完全弹性的，但因为源本身的非球对称性或介质各向异性，对应的地震矩张量中也会出现非零的偏张量成分(靳平等，1998，1997；Zhao et al., 1992；Rial et al., 1986)。

导致爆炸源本身具有非球对称性的原因和具体场景可以有所不同。这里以椭球腔中的爆炸为例，定性说明爆炸源本身的非球对称性对地下爆炸震源特性的影响。如图 4.4.1 所示，对无限均匀各向同性弹性介质中三个半轴长度分别为 a、b、c 的椭球腔，假定腔壁受到均匀分布的压力 $p(t)$的作用。以椭球三个半轴的方向来建立直角坐标系，则对应的地震矩张量可以表示为(靳平等，1997)

$$\boldsymbol{M}=\begin{pmatrix} M_1 & 0 & 0 \\ 0 & M_2 & 0 \\ 0 & 0 & M_3 \end{pmatrix} \tag{4.4.1}$$

其中，

$$M_i=[\lambda(\varepsilon_1+\varepsilon_2+\varepsilon_3)+2\mu\varepsilon_i]V \tag{4.4.2}$$

式中，V 为椭球腔体积。$\varepsilon_{ij}^*=\varepsilon_i\delta_{ij}$ 为与 $p(t)$等效的无应力应变，对应的三个主应变 ε_1、ε_2、ε_3 可由方程组：

$$\left.\begin{array}{l} (S_{1111}-1)\varepsilon_1(\omega)+S_{1122}\varepsilon_2(\omega)+S_{1133}\varepsilon_3(\omega)=-P(\omega)/(3\lambda+2\mu) \\ S_{2211}\varepsilon_1(\omega)+(S_{2222}-1)\varepsilon_2(\omega)+S_{2233}\varepsilon_3(\omega)=-P(\omega)/(3\lambda+2\mu) \\ S_{3311}\varepsilon_1(\omega)+S_{3322}\varepsilon_2(\omega)+(S_{3333}-1)\varepsilon_3(\omega)=-P(\omega)/(3\lambda+2\mu) \end{array}\right\} \tag{4.4.3}$$

来求解。式中，S_{mnkl} 为所谓的 Eshelby 张量，其分量仅在相应的下标具有 S_{iiii}、S_{iijj}、S_{ijij} 的形式时才不为 0，并可由类似于下面的方程分别得到：

$$\left.\begin{array}{r} 8\pi(1-\nu)S_{1111}=\dfrac{a^2I_a-b^2I_b}{a^2-b^2}+\dfrac{a^2I_a-c^2I_b}{a^2-c^2}+2(1-\nu)I_a \\ 8\pi(1-\nu)S_{1122}=2\nu I_a-\dfrac{a^2I_a-b^2I_b}{a^2-b^2} \\ 8\pi(1-\nu)S_{1212}=-\dfrac{1}{2}\dfrac{a^2+b^2}{a^2-b^2}(I_a-I_b)+\dfrac{1}{2}(1-2\nu)(I_a+I_b) \end{array}\right\} \tag{4.4.4}$$

其中，

$$I_a=2\pi abc\int_0^\infty\frac{\mathrm{d}\varsigma}{(a^2+\varsigma)\varDelta},\quad I_b=2\pi abc\int_0^\infty\frac{\mathrm{d}\varsigma}{(b^2+\varsigma)\varDelta}$$

$$\varDelta=\sqrt{(a^2+\varsigma)(b^2+\varsigma)(c^2+\varsigma)}$$

根据上述结果，当椭球腔的三个半轴不完全相同时，M_1、M_2 和 M_3 也不会相同，此时爆炸源的地震矩张量中会出现偏张量的成分。

不失一般性，假定椭球腔的三个半轴满足关系 $a\geqslant b\geqslant c$。图 4.4.2 给出了离源角 θ=45°时不同形状椭球腔中爆炸的 P 波、SV 波和 SH 波辐射因子随方位角的变

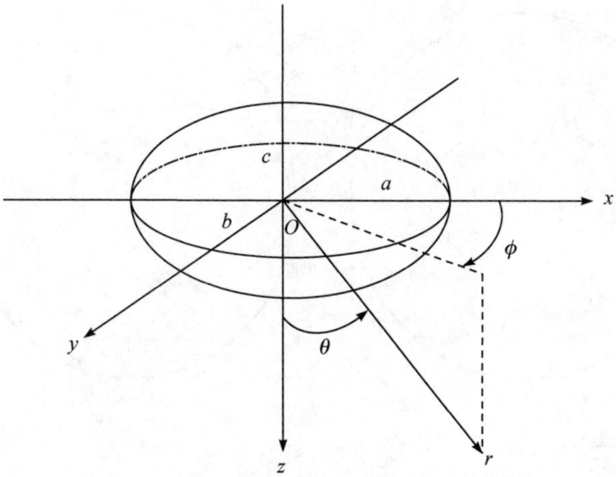

图 4.4.1　椭球腔示意图

化，其中 θ、ϕ 的定义参见图 4.4.1。从图 4.4.2 中可见，当 $a:b:c$=1.05：1：0.95，即空腔形状接近于球腔时，爆炸激发的 SV 波和 SH 波与 P 波相比都极为微弱。按式(1.3.31)的方法对相应的地震矩张量进行分解，可得出此时 $M_{\mathrm{DC}}/M_{\mathrm{I}}\approx 0.01$，$M_{\mathrm{CLVD}}/M_{\mathrm{I}}\approx 0.03$。当 $a:b:c$=1.5：1.4：1，即椭球腔在水平方向上的两个半轴的长度相差不大但明显不同于垂向上的半轴长度时，$M_{\mathrm{DC}}/M_{\mathrm{I}}\approx 0.01$，$M_{\mathrm{CLVD}}/M_{\mathrm{I}}\approx 0.15$，此时爆炸可激发明显的 SV 波，但 SH 波几乎可以忽略。当 $a:b:c$=1.2：1：0.8，即椭球腔三个半轴的长度相互之间均有明显差异时，$M_{\mathrm{DC}}/M_{\mathrm{I}}\approx 0.03$，$M_{\mathrm{CLVD}}/M_{\mathrm{I}}\approx 0.12$，此时爆炸可辐射出一定的 SH 波，且 SV 波的辐射因子也显著地偏离圆对称。最后当 $a:b:c$=2：1：0.8，即空腔在水平方向上的两个半轴的长度相差悬殊时，$M_{\mathrm{DC}}/M_{\mathrm{I}}\approx 0.09$，$M_{\mathrm{CLVD}}/M_{\mathrm{I}}\approx 0.19$，爆炸辐射的 SH 波变得非常显著，而 SV 波在部分方向上的幅值则增加到了与 P 波幅值相当的程度。

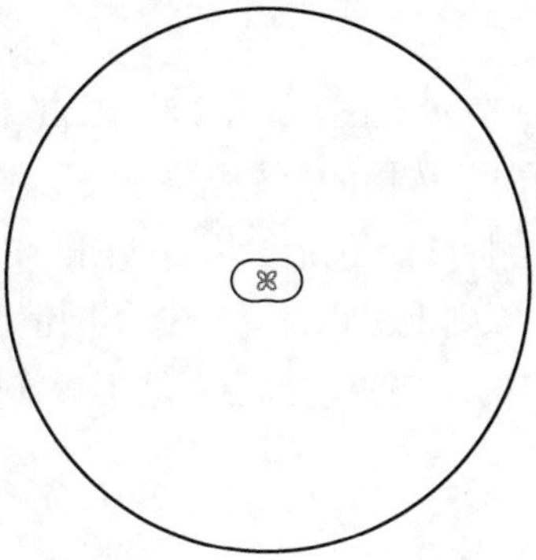

(a) $a:b:c$=1.05：1：0.95

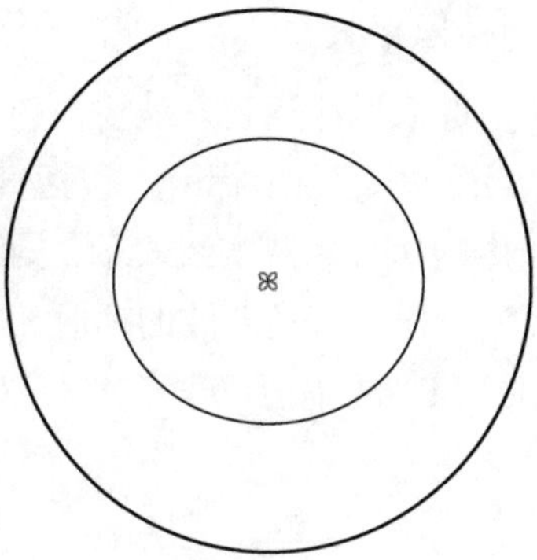

(b) $a:b:c$=1.5：1.4：1

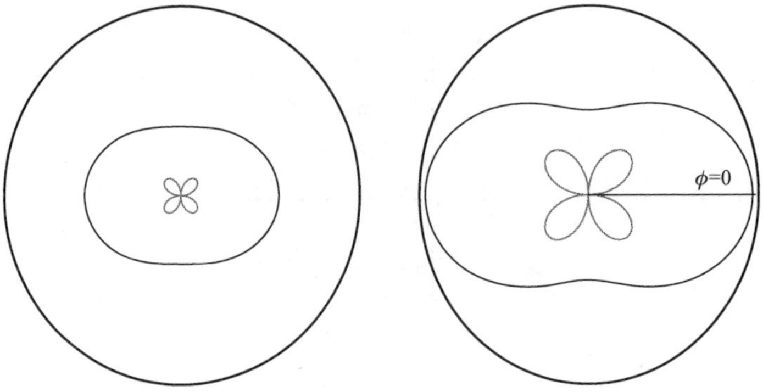

图 4.4.2　不同形状椭球腔中爆炸的 P 波、SV 波和 SH 波辐射因子随方位角的变化

上述结果表明，严重偏离球对称的膨胀体积源可以激发出明显的 S 波。尽管如此，对正常的地下核爆炸，恐怕很难出现如图 4.4.2(d)那样强烈地偏离球对称(特别是在水平方向上强烈地偏离圆对称)的情况。从这个意义上讲，爆炸源本身的非球对称性应该不是地下核爆炸 SH 波产生的主要原因。

4.5　构造应力释放和晚期岩石损伤对地下核爆炸地震波辐射的影响

4.5.1　对短周期远震 P 波的影响

地下核爆炸伴随的次要震源成分对短周期 P 波的影响比较复杂，除了与爆炸源之间的相对强弱有关外，还和它们的震源机制、源时间函数、震源深度和源区介质结构等因素有关。

图 4.5.1 是地下爆炸远震 P 波主要射线成分示意图。图中爆炸源 M_0 产生的信号用黑实线表示，并冠以上标(0)，包括直接向下传播的 $P^{(0)}$和经地表反射的 $pP^{(0)}$；次要源 M_1 产生的信号用灰实线表示，冠以上标(1)，包括 $P^{(1)}$、$pP^{(1)}$和 $sP^{(1)}$。爆炸源的 pP 波幅值正比于直达 P 波的幅值，因此原则上可以通过分析不同情况下 $P^{(1)}$、$pP^{(1)}$、$sP^{(1)}$相对于 $P^{(0)}$的幅值比来考察 M_1 对应的次要源是否会对地下爆炸的远震 P 波产生影响。

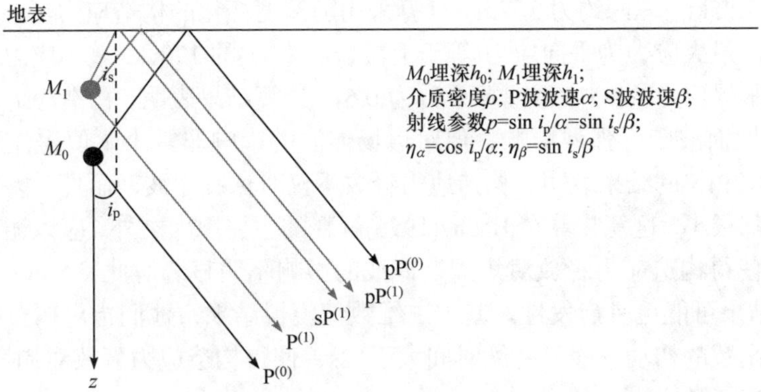

图 4.5.1　地下爆炸远震 P 波主要射线成分示意图

Bache(1976)曾通过这一方法来研究构造应力释放对短周期 P 波的影响。注意此时 M_1 和 M_0 在空间位置和发生时间上都是相同的。采用 Archambeau(1972)的构造应力释放模型和理论，通过计算分析，Bache(1976)认为即便是在 F 因子提高至 10 倍①的情况下，构造应力释放对短周期远震 P 波也基本没有影响。根据相关模拟计算结果，主要的原因包括：

(1) 在远震 P 波对应的离源角范围内(对于凝灰岩中的爆炸，离源角 $i_{\rm P} < 15°$)，构造应力释放对应的远场 P 波的辐射因子 $\mathcal{F}^{\rm P}$ 一般很小。特别地，主流的观点认为 NTS 的构造应力释放具有纯走滑的性质(Patton et al., 2011; Wallace et al., 1985；Lay et al., 1984; Toksöz et al., 1972)，此时 $\mathcal{F}^{\rm P} = \sin^2 i_{\rm P} \sin 2(\phi - \phi_{\rm f})$ [见式(1.4.26)]，其中 $i_{\rm P}$、ϕ、$\phi_{\rm f}$ 分别为 P 波的离源角、方位角和断层面走向，使得远震时构造应力释放对应的 P 和 pP 的辐射因子几乎都在 0.06 以下。

(2) 构造应力释放对应的 S 波源拐角频率要显著低于爆炸产生的 P 波源拐角频率。这一点可以从 Bache(1976)中看出，使得即便 F 因子较大时，在 0.5～2Hz 的频带内构造应力释放辐射的 SV 波强度[$\propto \beta^{-3} M_1(\omega) \mathcal{F}^{\rm S}(i_{\rm S}, \phi)$]也只是和爆炸源本身的 P 波辐射强度[$\propto \alpha^{-3} M_0(\omega)$]相当。由于远震时 sP 波的反射系数 $r_{\rm sP}$ 较小(Bache 的凝灰岩模型下约为 0.2)，要对远震 P 波产生强烈影响，需要更大的 SV 波辐射强度。需要说明的是，按 Bache(1976)采用的构造应力动态释放模型(Harkider et al., 1994；Archambeau, 1972)，构造应力释放的 P 波的源拐角频率与爆炸的源拐角频率相当，但 S 波的源拐角频率约为 P 波的源拐角频率的 $1/\sqrt{3}$。

与 Bache(1976)不同，Stevens 等(2015)采用三维非线性数值模拟的方法对美国 Shoal 核试验情况下的构造应力释放对地震波辐射的影响进行了研究。这次试验

① Bache(1976)使用的 F 因子的定义为式(4.3.8)。

的当量为 12.5kt，埋深约为 367m。计算采用随深度变化的构造应力场，并假设水平方向上的最大应力为垂向应力(等于上覆岩层重力)的 120%，最小应力为发生剪切失效的临界应力的 95%(取摩擦系数为 0.6)。计算结果表明，构造应力释放尽管会对长周期面波产生强烈影响，但对远场体波的影响非常小。值得注意的是，Stevens 等(2015)的结果表明，构造应力释放不仅对远震体波，而且对整个远场体波的影响都很小。这意味着在 Bache(1976)解释的主要原因之外，应该还有其他重要原因，使得构造应力释放对短周期体波的影响不明显。对此，McLaughlin 等(1988)的结果可能更具启发性。基于二维数值模拟结果，他们指出构造应力释放的源时间函数的初动平缓且持续时间大于 2s，使得构造应力释放对周期小于 2s 的信号影响甚微。

关于构造应力释放对短周期远震 P 波的影响，基于实际观测的证据很少。Lay 等(1984)发现，NTS Pahute 台地地下核试验短周期 P 波信号幅值随台站方位角 ϕ 呈现出明显的 $\sin 2\phi$ 形式的变化(图 4.5.2)，并认为这是构造应力释放引起的。类似影响在 NTS 其他区域的核试验中并未出现。为解释上述现象，Lay 等(1984)认为

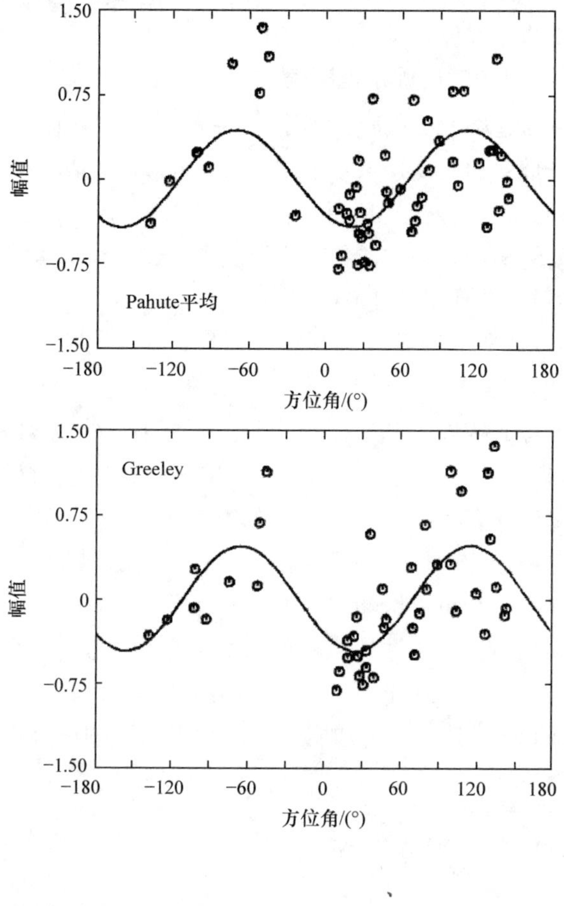

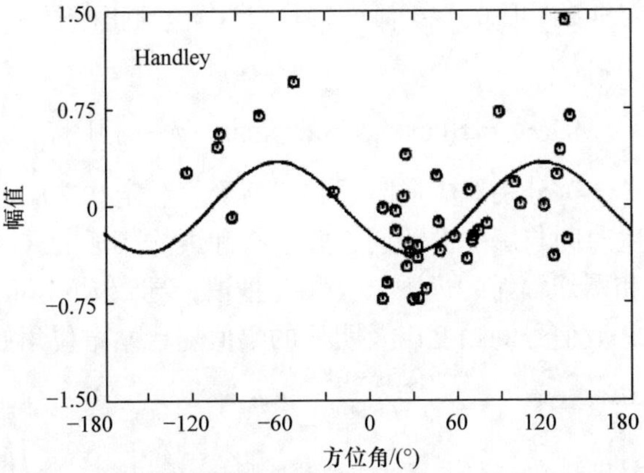

图4.5.2　NTS Pahute台地地下核试验短周期P波信号幅值随台站方位角的变化(Lay et al., 1984)
上方图为 Pahute 台地试验的平均变化，中间图为构造应力释放较强的 Greeley 试验的变化，下方图为构造应力释放较弱的 Handley 试验的变化。根据 Wallace 等(1985)，Greeley 和 Handley 的当量分别为 830kt 和 1900kt，M_{DC} 分别为 3.1×10^{17}Nm 和 2.4×10^{17}Nm

NTS Pahute 台地下方数公里范围内存在一套由垂向断层和节理构成的网络，爆炸产生的地震波触发了爆心下方断层和节理的错动，这种错动具有垂直走滑的性质，它所辐射的 P 波信号和爆炸的 P 波信号叠加，使得信号幅值呈现出观测到的方位角变化。

Murphy 等(1986)根据美国 Rulison/Gasbuggy 核试验的 m_b 异常，认为倾滑性质的构造应力释放可能对地下核爆炸的 m_b 产生显著影响。代号分别为 Rulison 和 Gasbuggy 的核试验是在相距数百公里、源区条件非常相似的两个场地中分别进行的两次过比例埋深试验。其中，Rulison 的当量为 29kt，埋深为 1292m，源区介质为页岩；Gasbuggy 的当量为 40kt，埋深为 2573m，源区介质为砂岩。图 4.5.3 是 Gasbuggy 和 Rulsion 两次核试验在部分台站上的短周期 P 波信号和幅值的对比。图 4.5.4 则是它们的实际当量和震级与 NTS 含水凝灰岩/流纹岩中地下核试验的当量震级关系的比较。图中同时给出的还有美国在花岗岩中进行的三次试验的结果。图中可见，Gasbuggy 及三次花岗岩试验的当量和震级与 NTS 含水凝灰岩和流纹岩的当量震级关系符合得很好，而 Rulison 及另外一次代号为 Rio Blanco 的试验震级却显著偏低。Rio Blanco 的试验地点距 Rulison 约 50km，源区介质与 Rulison 一样为砂岩，爆炸当量总计 90kt，埋深为 1780～2039m[①]。Murphy 等(1986)排除了埋深、源区介质耦合条件、场地上地幔衰减等方面差异导致 Rulison m_b 异常的可能性，在此基础上提出 Rulison 可能伴随有倾角 45°的正断层性质的构造

① Rio Blanco 实际为一次同时起爆的三个装置地下核爆炸试验，其中每个试验装置的当量都是 30kt，安放在同一竖井中，埋深分别为 1780m、1899m 和 2039m。

应力释放。由式(1.4.24)可知，45°倾滑断层(其中包括正断层和逆断层)的 P 波辐射因子为

$$\mathcal{F}^{\mathrm{P}} = \pm[\cos^2 i_{\mathrm{P}} - \sin^2 i_{\mathrm{P}} \sin^2(\phi - \phi_f)]$$

式中，等式右边“±”分别对应逆断层和正断层。假定构造应力释放为正断层性质，且质心和发生时间与爆炸源相同，并具有和爆炸相近的源时间函数，则其辐射的远震 P 波将和爆炸辐射的远震 P 波相互抵消，导致 Rulison 的 m_{b} 显著偏低，却不会引起远震 P 波信号的畸变以及明显的幅值随台站方位角的变化。

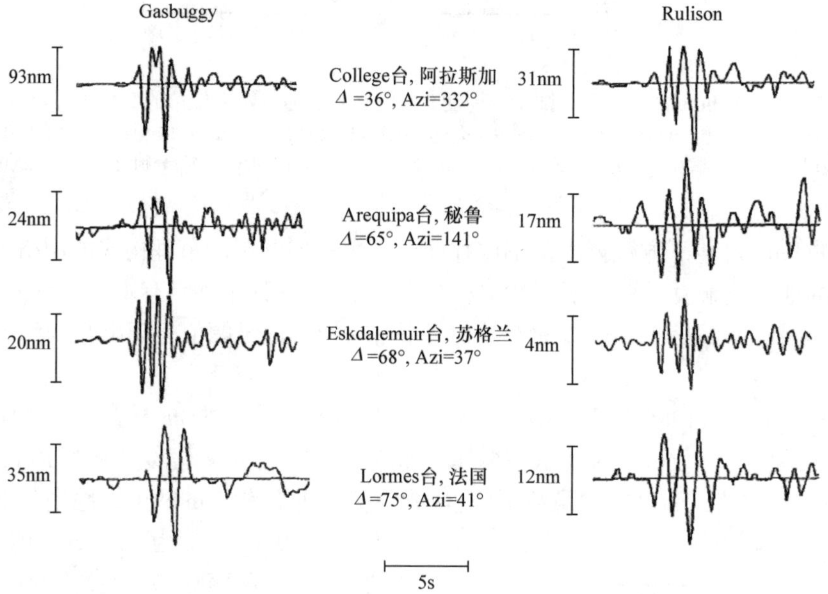

图 4.5.3　美国 Gasbuggy 和 Rulison 两次核试验在部分台站上的短周期 P 波信号和幅值的对比(Murphy et al., 1986)

Barker 等(1986)进一步利用苏联 STS 沙干河场地 25 次地下核试验的观测数据就构造应力释放是否影响远震 P 波的信号特征和 m_{b} 大小进行了研究。这些试验的最大 F 值为 1.62，最小只有 0.15。他们发现具有不同 F 值大小的核试验在相同台站上的 P 信号总体上非常相似(图 4.5.5 中左边一列波形为不同核试验在 CHTO，即泰国清迈台上的 P 波，右边一列波形为不同核试验在 ANTO，即土耳其安卡拉台上的 P 波)，并且所有核试验都没有发现可检测的 P 波幅值随方位角的变化。因此，他们认为没有证据显示构造应力释放会对地下核爆炸的短周期 P 波产生显著影响。尽管如此，由于通常认为沙干河试验区地下核试验具有 45°逆冲性质的构造应力释放，类似于 Murphy 等(1986)假设的情况，他们认为不能排除该场地核试验的 m_{b} 因构造应力释放而导致系统偏大的可能性。

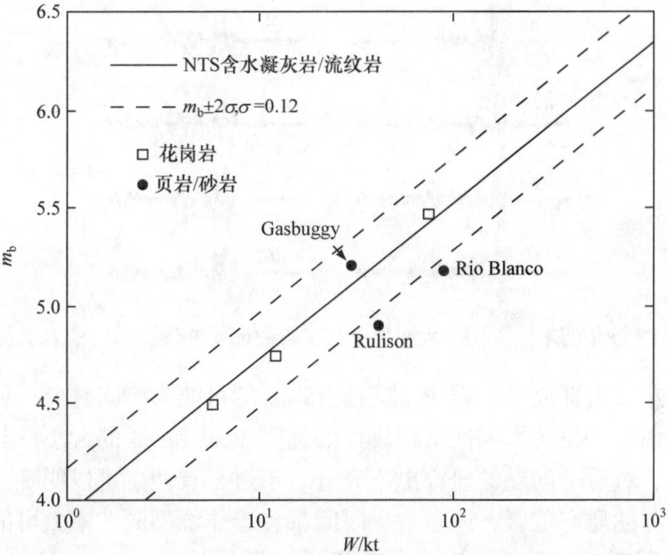

图 4.5.4　美国 Gasbuggy 和 Rulison 核试验的当量和震级及其与 NTS 含水凝灰岩/流纹岩当量震级关系的比较

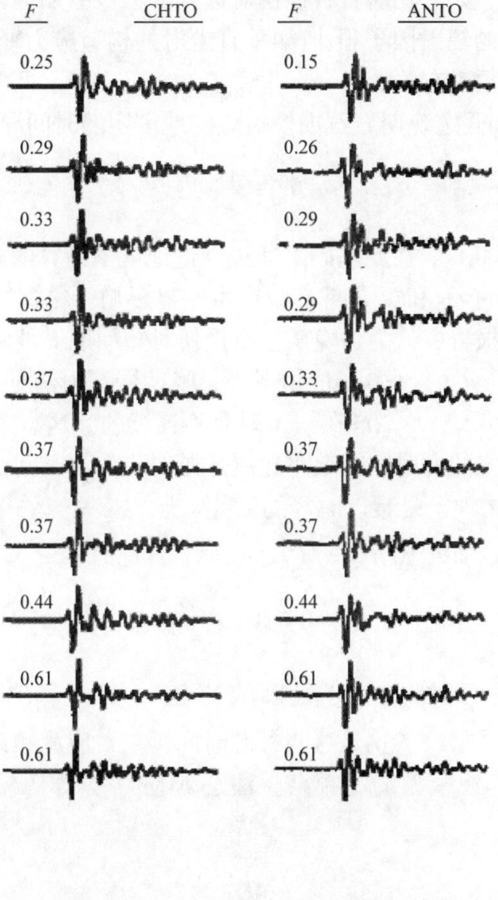

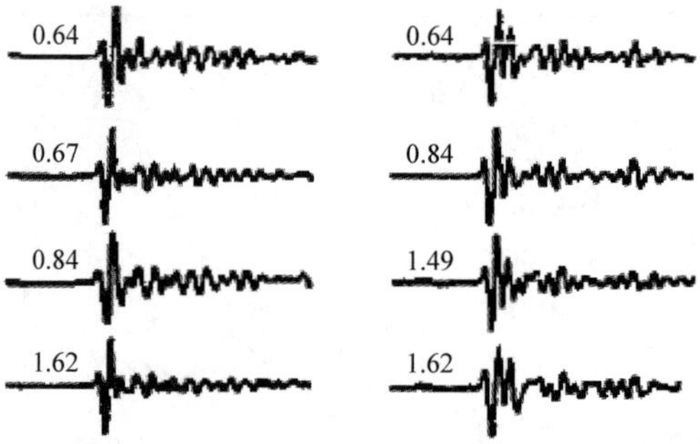

图 4.5.5　STS 沙干河不同 F 因子大小地下核试验的远震 P 波波形比较(Barker et al., 1986)

除了构造应力释放对远震 P 波辐射和 m_b 的可能影响问题外，另一个问题是晚期岩石损伤是否也会影响地下核爆炸的远震 P 波和 m_b 的大小。与对前一问题的研究相比，对后一问题的研究更不充分。不过，有两点可以明确：①晚期岩石损伤无论是源的质心位置，还是发生时间都和爆炸源不同，不太可能出现仅影响信号幅值而不影响波形的情况；②晚期岩石损伤包含一个各向同性成分和一个 CLVD 源成分，前者的辐射因子没有方向性，后者的 P 波辐射因子 $\mathcal{F}^{\mathrm{P}}=(1+3\cos 2i_{\mathrm{P}})/4$。因此，如果晚期岩石损伤对远震 P 波没有明显影响，则必然不是因为相应离源角方向的辐射因子很小(如垂直走滑的构造应力释放)，而应该和它的源时间函数或者源频谱有关。

Taylor 等(2013)假定晚期岩石损伤对应的地震矩的时间导数具有

$$d(t)=\frac{1}{\tau}\mathrm{e}^{-t/\tau} \tag{4.5.1}$$

的形式，并假定 $\tau=0.1\mathrm{s}$，在此基础上通过理论地震图计算的方式，认为晚期岩石损伤会对地下爆炸的 m_b 和短周期 P 波产生明显影响。尽管如此，Patton(2013)在另一份独立的研究报告中认为，晚期岩石损伤对短周期 P 波的影响程度依赖于参数 τ 的大小。除了最小的 $\tau=0.1\mathrm{s}$ 的情况外，晚期岩石损伤对 m_b 的影响很小。值得注意的是，按式(4.5.1)，$d(t)$ 在 $t=0$ 时是不连续的。这意味着 Taylor 等(2013)假定的晚期岩石损伤的源时间函数将比爆炸源对应的源时间函数在 t=0 时具有更强的间断性，这在物理上是难以解释的。实际上，如果修改式(4.5.1)，使得 $d(t)$ 在 $t=0$ 时也是连续的，如令 $M_1(t)=M_1(1-\mathrm{e}^{-t/\tau})^2$，此时

$$d(t)=\frac{2}{\tau}(1-\mathrm{e}^{-t/\tau})\mathrm{e}^{-t/\tau} \tag{4.5.2}$$

图 4.5.6(a)是上述两种源时间函数的比较，图中 $d_1(t)=\tau^{-1}\mathrm{e}^{-t/\tau}$，$d_2(t)=2\tau^{-1}(1-\mathrm{e}^{-t/\tau})\mathrm{e}^{-t/\tau}$。图 4.5.6(b)是这两种源时间函数对应源频谱的比较，同时给出的还有 MM71 爆炸源模型的源频谱。注意 MM71 爆炸源模型中与 $d(t)$ 对应的

应该是爆炸的折合速度势 $\dot{\phi}(t)$，而不是弹性边界上的压力时间函数 $p(t)$。尽管在该模型中 $p(t)$ 在 t=0 时是间断的，$\dot{\phi}(t)$ 却是连续的。因此，从物理上与式(4.5.1)相比，式(4.5.2)是关于晚期岩石损伤源时间函数更为合理的假设。按这一假设，作者的理论地震图计算结果显示，即便 $\tau = 0.1\text{s}$，其对远震 P 波的影响也比较小(图 4.5.7)。

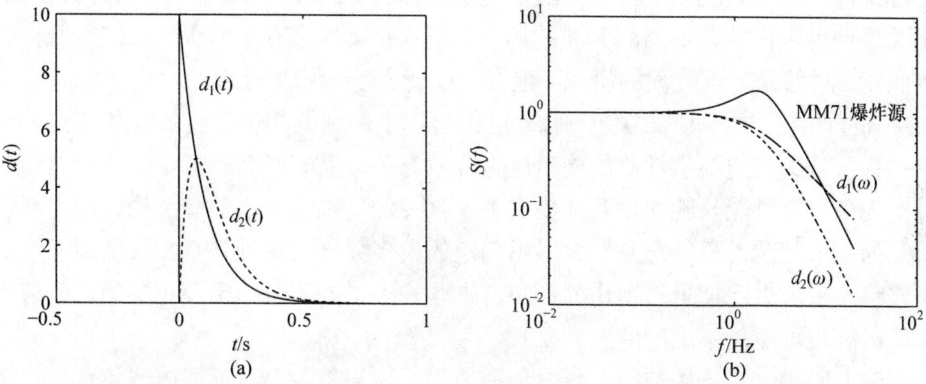

图 4.5.6　晚期岩石损伤的不同源时间函数(a)和对应源频谱(b)的比较

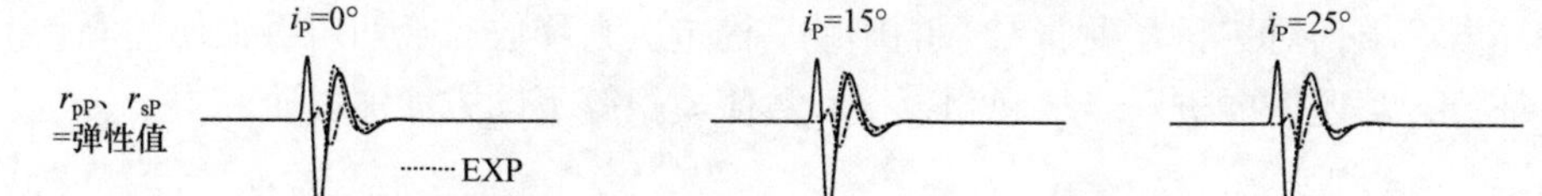

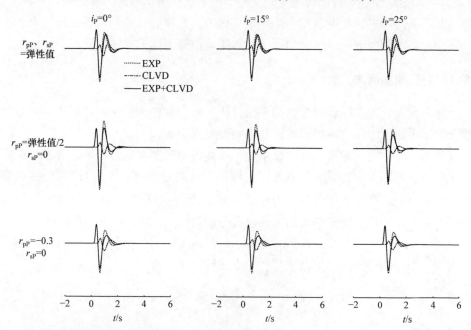

图 4.5.7　晚期岩石损伤 CLVD 源对地下爆炸短周期 P 波影响模拟计算结果

计算时取 $M_{\text{CLVD}} / M_{\text{exp}} = 0.5$，爆炸埋深 $h_0 = 600\text{m}$，CLVD 源深度 $h_1 = h_0 / 2$，P 波波速 $\alpha = 5000\text{m/s}$，S 波波速 $\beta = \alpha / \sqrt{3}$，衰减时间常数 $t^* = 0.3\text{s}$，仪器响应为 WWSSN-SP 标准仪器响应(第 6 章)。图中不同列波形对应不同的 P 波离源角 i_{P}，而不同行对应关于 pP、sP 反射系数 r_{pP}、r_{sP} 的不同假设

Barker 等(1986)的数据，即图 4.5.5 或许能够说明晚期岩石损伤不会对短周期 P 波产生显著影响。与构造应力释放不同，晚期岩石损伤对应的质心位置与发生时间和爆炸源都不重合，使得前者对应的 P 波到时相对于后者的 P 波到时有一个时延 $\Delta t \approx 2h_0\eta_\alpha$，其中 h_0 为爆炸埋深，η_α 为 P 波在源区处的垂向慢度。假设图 4.5.5 中各次爆炸伴随的晚期岩石损伤的程度不同，则即便其源时间函数和爆炸源相同，相关事件也应该具有不同的 P 波波形。至于这些爆炸具有不同程度晚期岩石损伤的假设，尽管缺乏这方面的研究，但在一定意义上应该是合理的。根据 Barker 等(1986)的研究，这些爆炸中有一部分已经出现了瑞利波相位反转的现象。这一现象过去被认为与逆断层性质的构造应力释放有关，但根据 Patton 等(2011，2008)，类似现象更有可能与晚期岩石损伤有关。这一例子也说明之前有关构造应力释放研究的一个问题，即早先关于 F 因子测定的大多数研究特别是基于长周期面波的研究都没有考虑晚期岩石损伤的影响，使得 F 因子的测量结果及相应的构造应力释放机制很可能是不准确的。

综上所述，关于构造应力释放和晚期岩石损伤是否会对远场体波特别是远震 P 波产生明显的影响，目前尚无定论。关于不同试验场构造应力释放的震源机制、晚期岩石损伤对 F 因子测量结果的影响、构造应力释放与晚期岩石损伤的源频谱特征等，都还需要进一步从观测数据和数值模拟等不同方面加以研究。

4.5.2　对长周期面波的影响

理论和大量的实际观测数据都表明，构造应力释放和晚期岩石损伤会对地下爆炸的长周期面波产生强烈影响，并影响面波震级 M_S 的大小。

对于长周期地震面波，可以忽略地下爆炸各种次要源成分和爆炸源本身在震源深度上的差别，而将其看作点源。记爆炸对应的总地震矩张量为 M_{ij}，接收点相对于震源的距离和方位角分别为 r 和 ϕ，深度为 z，则根据 Aki 等(1980)的研究，瑞利波在垂向分量上的位移和勒夫波位移分别为[见式(1.6.33)～式(1.6.34)]

$$u_z^{\mathrm{R}}(\omega;r,\phi,z)=\sum_n \frac{r_2(k_n,z,\omega)}{8c_n^{\mathrm{R}}U_n^{\mathrm{R}}I_1^{\mathrm{R}}}\left(\frac{2}{\pi k_n r}\right)^{1/2}\exp\left[i\left(k_n r+\frac{\pi}{4}\right)\right]$$
$$\times\left\{\begin{aligned}&k_n r_1(h)[M_{xx}\cos^2\phi+M_{xy}\sin 2\phi+M_{yy}\sin^2\phi]\\&+i\left[\left.\frac{\mathrm{d}r_1}{\mathrm{d}z}\right|_h-k_n r_2(h)\right](M_{xz}\cos\phi+M_{yz}\sin\phi)+\left.\frac{\mathrm{d}r_2}{\mathrm{d}z}\right|_h M_{zz}\end{aligned}\right\}\tag{4.5.3}$$

$$
\begin{aligned}
u^{\mathrm{L}}(\omega;r,z,\phi)=&\sum_n \frac{l_1(k_n,z,\omega)}{8c_n^{\mathrm{L}}U_n^{\mathrm{L}}I_1^{\mathrm{L}}}\left(\frac{2}{\pi k_n r}\right)^{1/2}\exp\left[\mathrm{i}\left(k_n r+\frac{\pi}{4}\right)\right]\\
&\times\left\{\mathrm{i}k_n l_1(h)\left[\frac{1}{2}(M_{xx}-M_{yy})\sin 2\phi-M_{xy}\cos 2\phi\right]\right.\\
&\left.-\left.\frac{\mathrm{d}l_1}{\mathrm{d}z}\right|_h[M_{xz}\sin\phi-M_{yz}\cos\phi]\right\}
\end{aligned}
\tag{4.5.4}
$$

式中，ω 为圆频率；h 为震源深度；n 为瑞利波或勒夫波的振型阶数；r_1、r_2 和 l_1 为相应的位移本征函数；c_n 和 U_n 为相应的瑞利波或勒夫波的相速度和群速度；I_1 为对应的能量积分。对地下核爆炸，式(4.5.3)和式(4.5.4)可以极大地得到简化(Jin et al., 2017; Ekström et al., 1994)。以式(4.5.3)为例，根据式(1.6.18)，由于

$$
\left.\frac{\mathrm{d}r_1}{\mathrm{d}z}\right|_h-kr_2(h)=\frac{r_3}{\mu},\quad \left.\frac{\mathrm{d}r_2}{\mathrm{d}z}\right|_h=\frac{-k\lambda r_1(h)+r_4(h)}{\lambda+2\mu}
$$

式中，r_3 和 r_4 分别为水平面上的切向应力 τ_{rz} 和法向应力 τ_{zz} 所对应的本征函数。因为二者在自由表面上都应当为 0，所以在 h 很小时(相对于相应面波的波长或穿透深度)，式(4.5.3)中与 M_{xz}、M_{yz} 有关的项可以忽略，而

$$
\left.\frac{\mathrm{d}r_2}{\mathrm{d}z}\right|_h=\frac{-\lambda}{\lambda+2\mu}kr_1(h)=-\frac{\alpha^2-2\beta^2}{\alpha^2}kr_1(h) \tag{4.5.5}
$$

代入式(4.5.3)，得到：

$$
u_z^{\mathrm{R}}(\omega;r,\phi,z)=G_z^{\mathrm{R}}(\omega;r,z)\begin{bmatrix}\frac{1}{2}(M_{xx}+M_{yy})+\frac{1}{2}(M_{xx}-M_{yy})\cos 2\phi+M_{xy}\sin 2\phi\\ -\frac{\alpha^2-2\beta^2}{\alpha^2}M_{zz}\end{bmatrix}
\tag{4.5.6}
$$

其中，

$$
G_z^{\mathrm{R}}(\omega;r,z)=\sum_n \frac{k_n r_2(z) r_1(h)}{8c_n U_n I_1^R}\left(\frac{2}{\pi k_n r}\right)^{1/2}\exp\left[\mathrm{i}\left(k_n r+\frac{\pi}{4}\right)\right] \tag{4.5.7}
$$

与震源机制和 ϕ 都无关，可视作是浅源时瑞利波垂向分量的格林函数(Ekström et al., 1994)。类似地，对勒夫波可以得到：

$$
u^{\mathrm{L}}(\omega;r,\phi,z)=G^{\mathrm{L}}(\omega;r,z)\times\left[\frac{1}{2}(M_{xx}-M_{yy})\sin 2\phi-M_{xy}\cos 2\phi\right] \tag{4.5.8}
$$

其中，

$$G^{\mathrm{L}}(\omega;r,z)=\sum_n\frac{\mathrm{i}k_n l_1(z)l_1(h)}{8c_n U_n I_1^L}\left(\frac{2}{\pi k_n r}\right)^{1/2}\exp\left[\mathrm{i}\left(k_n r+\frac{\pi}{4}\right)\right] \tag{4.5.9}$$

也与震源机制和ϕ无关，可看作是勒夫波的格林函数。

对地下爆炸，其地震矩张量可分解为

$$\boldsymbol{M}=M_{\mathrm{I}}\begin{pmatrix}1&0&0\\0&1&0\\0&0&1\end{pmatrix}+M_{\mathrm{CLVD}}\begin{pmatrix}-0.5&0&0\\0&-0.5&0\\0&0&1\end{pmatrix}+\boldsymbol{M}_{\mathrm{DC}} \tag{4.5.10}$$

式中，$M_{\mathrm{I}}>0$为各向同性源的地震矩大小①；M_{CLVD}为与晚期岩石损伤有关的CLVD源，当其在垂向上呈现为拉伸、水平向上呈现为收缩时$M_{\mathrm{CLVD}}>0$，反之则$M_{\mathrm{CLVD}}<0$。$\boldsymbol{M}_{\mathrm{DC}}=[M'_{xy}]$为与构造应力释放有关的DC源。假定该DC源和走向为ϕ_f、倾角为δ、位错角为λ的剪切位错源等效，由式(1.3.20)有

$$M'_{xx}=-M_{\mathrm{DC}}(\sin\delta\cos\lambda\sin 2\phi_f+\sin 2\delta\sin\lambda\sin^2\phi_f)$$

$$M'_{yy}=M_{\mathrm{DC}}(\sin\delta\cos\lambda\sin 2\phi_f-\sin 2\delta\sin\lambda\cos^2\phi_f)$$

$$M'_{zz}=-(M'_{xx}+M'_{yy})=M_{\mathrm{DC}}\sin 2\delta\sin\lambda$$

$$M'_{xy}=M_{\mathrm{DC}}\left(\sin\delta\cos\lambda\cos 2\phi_f+\frac{1}{2}\sin 2\delta\sin\lambda\sin 2\phi_f\right)$$

将它们代入式(4.5.10)再分别代入式(4.5.6)和式(4.5.7)，可以得到：

$$u^{\mathrm{R}}(\omega;r,\phi,z)=G^{\mathrm{R}}\left[\begin{array}{l}\dfrac{2\beta^2}{\alpha^2}M_{\mathrm{I}}-\dfrac{3\alpha^2-4\beta^2}{2\alpha^2}(M_{\mathrm{CLVD}}+M_{\mathrm{DS}})\\+\dfrac{1}{2}M_{\mathrm{DS}}\cos 2(\phi-\phi_f)+M_{\mathrm{SS}}\sin 2(\phi-\phi_f)\end{array}\right] \tag{4.5.11}$$

$$u^{\mathrm{L}}(\omega;r,\phi,z)=G^{\mathrm{L}}[\frac{1}{2}M_{\mathrm{DS}}\sin 2(\phi-\phi_f)-M_{\mathrm{SS}}\cos 2(\phi-\phi_f)] \tag{4.5.12}$$

其中，

$$M_{\mathrm{DS}}=M_{\mathrm{DC}}\sin 2\delta\sin\lambda \tag{4.5.13}$$

$$M_{\mathrm{SS}}=M_{\mathrm{DC}}\sin\delta\cos\lambda \tag{4.5.14}$$

可分别看作是DC源中的倾滑分量和走滑分量。按Jin等(2017)的研究引入

$$M'_{\mathrm{DC}}=\sqrt{M_{\mathrm{DS}}^2+4M_{\mathrm{SS}}^2}=(\sqrt{\sin^2 2\delta\sin^2\lambda+4\sin^2\delta\cos^2\lambda})M_{\mathrm{DC}} \tag{4.5.15}$$

① 严格地说，M_{I}中还应该包含来自晚期岩石损伤的贡献，但从观测，特别是长周期面波，二者很难区分。

$$\chi_t = M_{\mathrm{DS}} / M'_{\mathrm{DC}} \tag{4.5.16}$$

$$\phi'_f = \phi_f + \delta\phi \tag{4.5.17}$$

其中，

$$\cos 2\delta\phi = M_{\mathrm{DS}} / \sqrt{M_{\mathrm{DS}}^2 + 4M_{\mathrm{SS}}^2} \tag{4.5.18}$$

则可以得到关于地下爆炸长周期面波的另外一种表达形式，即

$$u^{\mathrm{R}}(\omega; r, \phi, z) = G^{\mathrm{R}}\left[\frac{2\beta^2}{\alpha^2}M_{\mathrm{I}} - \frac{3\alpha^2 - 4\beta^2}{2\alpha^2}(M_{\mathrm{CLVD}} + \chi_t M'_{\mathrm{DC}}) + \frac{1}{2}M'_{\mathrm{DC}}\cos 2(\phi - \phi'_f)\right] \tag{4.5.19}$$

$$u^{\mathrm{L}}(\omega; r, \phi, z) = \frac{1}{2}G^{\mathrm{L}}M'_{\mathrm{DC}}\sin 2(\phi - \phi'_f) \tag{4.5.20}$$

式中，M'_{DC} 和 ϕ'_f 分别为 DC 源的视强度和视走向；χ_t 为 DC 源中是否存在逆断层成分的度量。对逆断层，即 $\lambda = 90°$ 时，$M'_{\mathrm{DC}} = M_{\mathrm{DS}}$，$\chi_t = +1$，$\phi'_f = \phi_f$；对正断层，即 $\lambda = -90°$ 时，$M'_{\mathrm{DC}} = -M_{\mathrm{DS}}$，$\chi_t = -1$，$\phi'_f = \phi_f + \pi/2$；而对纯走滑断层即 $\lambda = 0°$ 或 $180°$ 时，$M'_{\mathrm{DC}} = 2|M_{\mathrm{SS}}|$，$\chi_t = 0$，$\phi'_f = \phi_f \pm \pi/4$。

利用上述理论可以容易地分析 CLVD 源、DC 源这两种非球对称源成分对地下核爆炸长周期面波的影响。根据式(4.5.7)可知，除了可能的 180°相位差以外，非球对称源成分对长周期瑞利波的波形没有影响，但会影响到其幅值与辐射图案。其中，对于 CLVD 源，它和球对称爆炸源一样，只能激发圆对称的瑞利波，而不能激发勒夫波。由于 $(3\alpha^2 - 4\beta^2)/2\alpha^2$ 总是大于 0，当 $M_{\mathrm{CLVD}} > 0$ 时，CLVD 源产生的瑞利波和爆炸源产生的瑞利波相互抵消，从而抑制地下爆炸的瑞利波，降低 M_{s}；反之，当 $M_{\mathrm{CLVD}} < 0$ 时，则增强瑞利波，增大 M_{s}。

采用式(4.2.40)的 K 指数定义，即

$$K = \frac{2(M_{\mathrm{I}} + M_{\mathrm{CLVD}})}{2M_{\mathrm{I}} - M_{\mathrm{CLVD}}}$$

在不存在构造应力释放，即 $M_{\mathrm{DC}} = 0$ 时，可将各向同性源和 CLVD 源共同激发的瑞利波表示为(Patton et al., 2008)

$$u_{\mathrm{R}}(\omega; r, \phi, z) = f(K) \cdot M_{\mathrm{I}} \cdot G_{\mathrm{R}}(\omega; r, z) \tag{4.5.21}$$

其中，

$$f(K) = \frac{6(\beta^2/\alpha^2)K - 3(K-1)}{K+2} \tag{4.5.22}$$

图 4.5.8 给出了泊松体，即 $\beta/\alpha = 1/\sqrt{3}$ 时的 $f(K)$曲线，此时 $f(K)=(3-K)/(K+2)$。

图中的水平虚线代表 M_{CLVD}=0，即纯爆炸时 $f(K)$的大小。图中可见，$f(K)$是 K 值的单调减函数，CLVD 源对瑞利波的抑制随 K 值的增加而增强。特别地，当 K>3，即 M_{CLVD}/M_I>4/5 时，$f(K)$<0，表示相对于纯爆炸源时的情况，瑞利波将会出现 180°的相位反转。

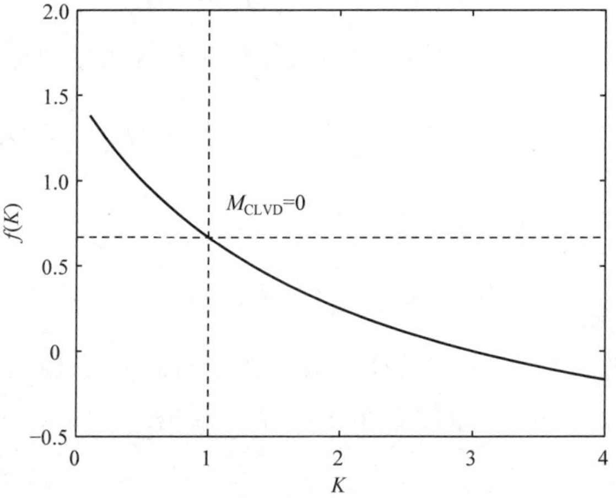

图 4.5.8　$f(K)$随 K 的变化

构造应力释放对应的 DC 源对地下爆炸长周期面波的影响与其震源机制及 M_{DC}/M_I 相对大小有关。根据式(4.5.13)～式(4.5.20)可知 $\delta=0°$，即水平断层对地下爆炸的长周期面波没有影响。其他情况下，DC 源在激发勒夫波的同时，还引起瑞利波幅值随台站方位角的变化，并在 $F=M_{DC}/M_I$ 足够大的情况下，可能导致所有(逆断层)或部分方向上(走滑断层)瑞利波的极性反转(图 4.5.9)，并在逆断层时使爆炸的 M_s 震级偏小，正断层时使 M_s 偏大，而在走滑断层的情况下，只要台站分布均匀且不出现瑞利波的极性反转，则构造应力释放对台网平均的 M_s 的影响不会太大。

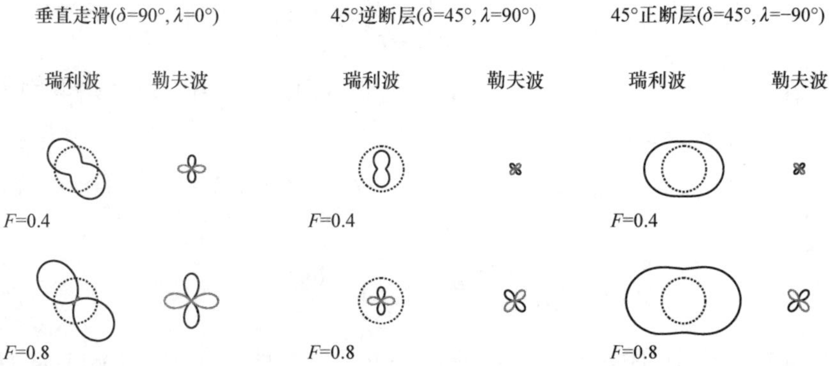

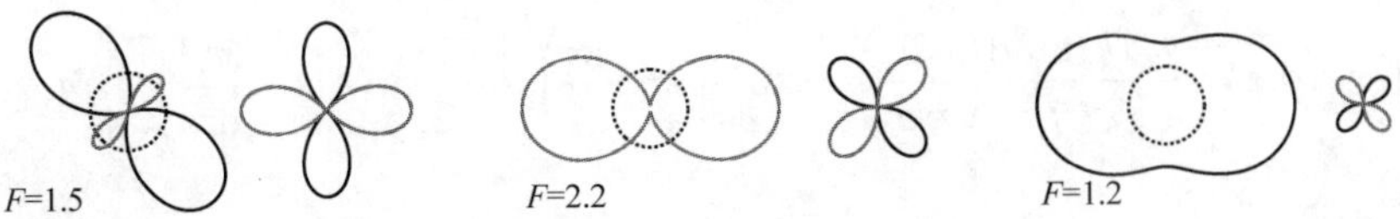

图 4.5.9　DC 源 M_{DC} 对地下爆炸长周期面波影响

图中虚线代表球对称源 M_I 的瑞利波幅值随方位角的变化，实线代表 M_I+M_{DC} 的瑞利波或是勒夫波，其中黑色代表相应方向的瑞利波或勒夫波极性为正，灰色为负。在图中所有情况下，断层面走向都位于正北，即正上方对应的方向

值得注意的是，虽然 CLVD 源和 DC 源都可能对地下爆炸的长周期面波产生强烈的影响，但仅仅依靠长周期面波，很难唯一确定它们的实际强度和机制。为说明这一点，可以将式(4.5.19)重写为

$$u^{\mathrm{R}}(\omega;r,\phi,z)=G^{\mathrm{R}}\left[\frac{2\beta^2}{\alpha^2}M_{\mathrm{I}}'-\frac{1}{2}M_{\mathrm{DC}}'\cos 2(\phi-\phi_f')\right] \tag{4.5.23}$$

其中，

$$M_{\mathrm{I}}'=M_{\mathrm{I}}-\frac{3\alpha^2-4\beta^2}{4\beta^2}(M_{\mathrm{CLVD}}+\chi_t M_{\mathrm{DC}}') \tag{4.5.24}$$

可以看作地下爆炸的视各向同性源强度。显然，根据式(4.5.20)和式(4.5.23)，利用长周期面波数据，能确定的地下爆炸源参数只有 M_{I}'、M_{DC}'、ϕ_f'，而要确定真实的构造应力释放机制及 M_{I}、M_{CLVD}、M_{DC} 的实际大小，则需要额外的信息来加以约束。由此可以联想的是，由于没有考虑与晚期岩石损伤有关的 CLVD 源的影响，历史上基于长周期面波得出的地下核爆炸的 F 因子测量结果(Ekström et al., 1994；Given et al., 1986；Toksöz et al., 1972)大都需要重新加以审视。

4.5.3　CLVD 源对短周期瑞利波的影响

4.5.2 小节的讨论忽略了面波位移表达式中和应力本征函数有关的项。在短周期面波的情况下，它们是不能忽略的。此时，地下爆炸震源中的非球对称成分对信号的影响比较复杂。这里主要讨论 CLVD 源对短周期瑞利波，即 Rg 波频谱的影响。后面可以看到，由于 CLVD 源的存在，Rg 波的频谱中会出现一个与其埋深有关的频谱低谷点。Rg 波通常会很快地因为散射而转换为其他震相的信号(如 Lg 波和 P 波尾波)，导致这些信号也可能出现类似的频谱低谷点(Patton et al., 1995)。

根据式(4.5.3)可知，对深度为 h_d 的 CLVD 源，其基阶瑞利波在垂向上的位移为

$$u_{\mathrm{CLVD}}(\omega;r,\phi,z)=\frac{r_2(k,z,\omega)}{8cUI_1}\left(\frac{2}{\pi kr}\right)^{1/2}\exp\left[\mathrm{i}\left(kr+\frac{\pi}{4}\right)\right]\left\{-\frac{1}{2}kr_1(h_d)+\left.\frac{\mathrm{d}r_2}{\mathrm{d}z}\right|_{h_d}\right\}M_{\mathrm{CLVD}}(\omega) \tag{4.5.25}$$

为从原理上说明问题，姑且假定地下介质为均匀半空间。此时瑞利波没有频散，相应的垂向和径向位移本征函数分别为(Lay et al., 1995)

$$\begin{cases} r_1(z)=\mathrm{e}^{-\omega\hat{\eta}_\alpha z}+\dfrac{1}{2}\left(c^2/\beta^2-2\right)\mathrm{e}^{-\omega\hat{\eta}_\beta z} \\ r_2(z)=c\hat{\eta}_\alpha\mathrm{e}^{-\omega\hat{\eta}_\alpha z}+\dfrac{1}{2c\hat{\eta}_\beta}\left(c^2/\beta^2-2\right)\mathrm{e}^{-\omega\hat{\eta}_\beta z} \end{cases} \tag{4.5.26}$$

式中，$\hat{\eta}_\alpha=\sqrt{c^{-2}-\alpha^{-2}}$；$\hat{\eta}_\beta=\sqrt{c^{-2}-\beta^{-2}}$；$c=U$ 并满足方程：

$$\frac{c^2}{\beta^2}\left[\frac{c^6}{\beta^6}-8\frac{c^4}{\beta^4}+c^2\left(\frac{24}{\beta^2}-\frac{16}{\alpha^2}\right)-16\left(1-\frac{\beta^2}{\alpha^2}\right)\right]=0 \tag{4.5.27}$$

对给定的频率，CLVD 源激发的瑞利波幅值正比于式(4.5.25)中{ }里的项。将式(4.5.26)代入式(4.5.25)右边的{ }中，得到：

$$-\frac{1}{2}kr_1(h_d)+\left.\frac{\mathrm{d}r_2}{\mathrm{d}z}\right|_{h_d}=-k\left\{\left(\frac{3}{2}-\frac{c^2}{\alpha^2}\right)\mathrm{e}^{-\omega\hat{\eta}_\alpha h_d}-\frac{3}{4}\left(2-\frac{c^2}{\beta^2}\right)\mathrm{e}^{-\omega\hat{\eta}_\beta h_d}\right\} \tag{4.5.28}$$

因此，当

$$\left(\frac{3}{2}-\frac{c^2}{\alpha^2}\right)\mathrm{e}^{-\omega\hat{\eta}_\alpha h_d}-\frac{3}{4}\left(2-\frac{c^2}{\beta^2}\right)\mathrm{e}^{-\omega\hat{\eta}_\beta h_d}=0$$

即 $\omega=2\pi f$ 满足方程：

$$\omega h_d=\frac{1}{\hat{\eta}_\alpha-\hat{\eta}_\beta}\ln\frac{6-4c^2/\alpha^2}{6-3c^2/\beta^2} \tag{4.5.29}$$

时，CLVD 源对应的瑞利波谱振幅将等于 0。文献中一般将此时对应的频率记为 f_{null}，以表示 CLVD 源不能激发出该频率的 Rg 波。为方便起见，本书将这一现象称为 CLVD 源的 Rg 波频谱低谷点现象，并将 f_{null} 称为 Rg 波的低谷点频率①。

泊松体时，$c=0.9194\beta$，

① 英文文献一般将这一现象称为 Rg 波的 spectral null。按 null 一词的含义，f_{null} 应当翻译为 Rg 波零信号频率。但对于实际信号，由于噪声和其他源成分激发信号的存在，在 f_{null} 处的 Rg 波谱振幅并不真正为 0，而是呈现为一个低谷点。因此，部分中文文献常将 f_{null} 称为 Rg 波的低谷点频率。

$$\begin{cases} r_1(z) = \mathrm{e}^{-0.84754kz} - 0.5773\mathrm{e}^{-0.3933kz} \\ r_2(z) = 0.8475\mathrm{e}^{-0.84754kz} - 1.4679\mathrm{e}^{-0.3933kz} \end{cases} \tag{4.5.30}$$

此时由式(4.5.29)有

$$h_d f_{\mathrm{null}} \approx \frac{\alpha}{16} \tag{4.5.31}$$

由于一般认为 CLVD 源质心深度 $h_d = h_x / 3$，其中 h_x 为爆心深度，Gupta 等(1997)认为可以通过这一方法来估计核试验的埋深。

均匀半空间中的各向同性源不具备上述性质。此时，基阶瑞利波在垂向上的位移为

$$u_{\mathrm{ex}}(\omega; r, \phi, z) = \frac{r_2(k, z, \omega)}{8cUI_1}\left(\frac{2}{\pi kr}\right)^{1/2} \exp\left[\mathrm{i}\left(kr + \frac{\pi}{4}\right)\right]\left\{kr_1(h_x) + \left.\frac{\mathrm{d}r_2}{\mathrm{d}z}\right|_{h_x}\right\} M_{\mathrm{I}}(\omega) \tag{4.5.32}$$

将式(4.5.26)代入式(4.5.32)的{}中，有

$$kr_1(h_x) + \left.\frac{\mathrm{d}r_2}{\mathrm{d}z}\right|_{h_x} = k\frac{c^2}{\alpha^2}\mathrm{e}^{-\omega\hat{\eta}_\alpha h_x} \tag{4.5.33}$$

此时显然不存在有限的 ωh_x 使得瑞利波的谱振幅为 0。

图 4.5.10 给出了均匀半空间情况下 CLVD 源、各向同性源及二者之间不同组合的振幅谱比较。图中假定介质为泊松体，P 波波速为 5000m/s，各向同性源埋深 h_x 固定为 600m，CLVD 源埋深分别取 100m、150m、200m 和 300m。计算时各向同性源和 CLVD 源的源频谱都按 MM71 模型(f_e=2Hz)计算，并用各向同性源振幅谱的最大值对所有频谱进行了归一化。图中可见：①混合源的振幅谱并非各向同性源振幅谱和 CLVD 源振幅谱的简单相加，由于 CLVD 源产生的瑞利波和球对称源产生的瑞利波相互抵消，频率较低时，混合源的谱振幅低于球对称源的谱振幅；

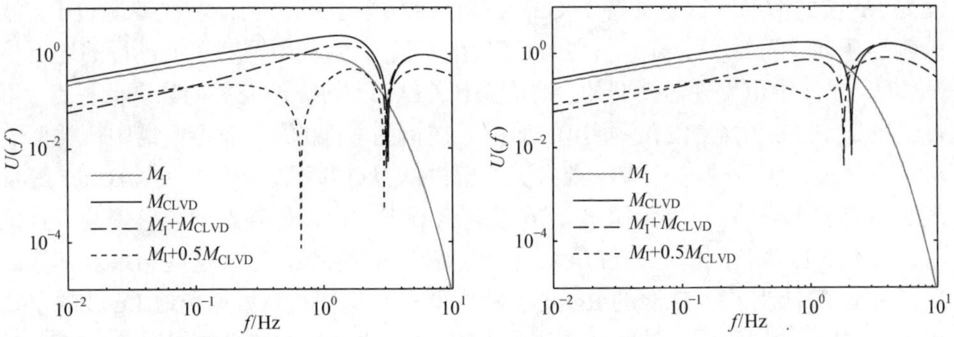

(a) h_d=100m　　(b) h_d=150m

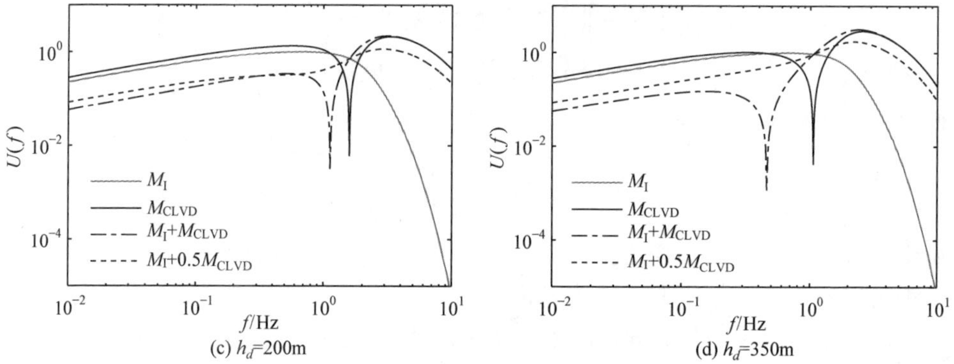

图 4.5.10　均匀半空间情况下 CLVD 源、各向同性源及二者之间的不同组合的振幅谱比较

②当 CLVD 源的埋深显著小于各向同性源的埋深时，高频瑞利波主要由 CLVD 源主导；③混合源的频谱低谷点并不同于 CLVD 源的频谱低谷点。混合源并非同 CLVD 源一样必然会出现频谱低谷点，即使出现，低谷点的位置也和 CLVD 源时的位置有所不同，具体位置不但和 CLVD 源与爆炸源的相对强弱有关，还和具体的源频谱模型有关。因此，简单地用式(4.5.31)来估计 CLVD 源的深度进而估算爆炸埋深(徐恒垒等，2011；何永峰等，2005；Gupta et al., 1997)并不妥当。

在核爆炸地震学中，Rg 波低谷点问题还与关于 Lg 波起源的争论有关。事实上，所谓的 Rg 波频谱低谷点，原本是 Patton 等(1995)在分析 NTS 地下核试验的 Lg 波时发现的。他们当时分析的 5 次绝对埋深都在 550～600m 的地下核试验的区域地震记录。这些试验中有两次震级较小，属于过比例埋深的爆炸，另外三次则属于正常比例埋深爆炸。假定过比例埋深爆炸为纯爆炸源，他们计算了正常比例埋深爆炸与过比例埋深爆炸之间的 Lg 波谱比值，以消除传播路径的影响。他们发现得到的谱比值在 0.55Hz 附近存在一个明显的低谷点。该低谷点无法用爆炸源和层裂源来加以解释，但可以用 CLVD 源产生的 Rg 波的频谱特征来解释。基于这一发现，他们认为 NTS 地下核爆炸在 1Hz 附近的 Lg 波主要来自 CLVD 源激发的 Rg 波的散射。这也支持了 Gupta 等(1992)提出的低频 Lg 波主要源自 Rg 波散射的观点。随后，Gupta 等(1997)声称在苏联 STS 和中国罗布泊进行的地下核试验的 Lg 波中也发现了微弱的、被认为和 CLVD 源 Rg 波有关的频谱低谷点。不过，正如 Baker 等(2012a)所指出的那样，在相关事件的 Lg 波振幅谱中，类似的峰谷有很多，所谓的与 CLVD 源有关的频谱低谷点并不显著。相反，Baker 等发现 STS 核试验的 Rg 波频谱虽然存在某种低谷点，但该低谷点的频率依赖于方位角，与 CLVD 源预测的与方位角无关的低谷点并不一致。基于这些结果及其他证据，Baker 等认为 CLVD 源的 Rg 波散射并非 STS 这样的高波速场地 Lg 波的主要来源。相反，根据对 Lg 波幅值与当量关系、Sg 波谱与 P 波谱的相似性、Lg/P 幅值比随爆炸埋深的变化，以及 Sg 的走时等一系列证据，他们认为对高波速场地，Lg 波应该主要来自爆炸源本身的非球对称性及因此而直接产生的 S 波。至于 NTS 核试验 Lg 波中的频谱低谷点，Baker 等(2012b)一方面通过对相关数据进一步分析表明，Patton 等(1995)发现的低谷点部分与作为参考事件的过比例埋深爆炸的 Lg 波谱在 0.55Hz 处的谱峰值有关；另一方面，他们通过数值模拟表明，在 NTS 的地质条件下，任何浅 S 波源产生的 Lg 波中包括爆炸源自身的 Rg 波散射、pS 转换、CLVD 源的 Rg 散射、CLVD 直接激发的 S 波等，都会在 0.55Hz 处有一个频谱低谷点。他们认为由于垂向和径向上的 Lg 波可看作高阶振型的瑞利波的叠加，其低谷点主要取决于介质结构，而与震源机制、深度等因素的关系不大。在此基础上，他们结合数值模拟结果，认为在 NTS 这样的低波速场地，爆炸源对应的 pS 转换是 Lg 波的最大贡献者，其次是爆炸源直接产生的 S 波，而在埋深 600m 的条件下，Rg 散射仅在 0.3Hz 以下的低频才有可能是 Lg 的主要来源。不过，Baker 等关于在 NTS 场地条件下，任何源产生的 Lg 都会在 0.55Hz 附近出现频谱低谷点的观点显然与有关过比例埋深爆炸的 Lg 波振幅谱相矛盾。因为如果这样，过比例埋深爆炸的 Lg 波在 0.55Hz 处也应该呈现出低谷点而非峰值。

参 考 文 献

何永锋, 陈晓非, 何耀峰, 等, 2005. 地下爆炸 Rg 波低谷点激发机理[J]. 地球物理学报, 48(3): 643-648.

靳平, 徐果明, 楼沩涛, 1997. 受低频动态正压力加载的椭球腔的地震矩张量表示及其在无限介质中辐射的地震波[J]. 地震学报，19(5): 447-456.

靳平, 徐果明, 楼沩涛, 1998. 点力源在横向各向同性介质中激发的弹性波[J]. 地球物理学报，41(4): 525-536.

靳平, 王红春, 朱号锋, 等, 2017.岩石损伤对地下核爆炸震源特性影响研究[J]. 地震学报，39(6): 860-869.

徐恒垒, 靳平, 倪四道, 等, 2011. 谱元法数值模拟地表起伏对补偿线性矢量偶极源 Rg 波低谷点的影响[J]. 地球物理学报, 54(11) :2831-2837.

徐恒垒, 靳平, 朱号锋, 等, 2017. 2013、2016 年两次朝鲜核试验 P 波和面波信号幅值比差异的观测与分析[J]. 地球物理学报, 60(7): 2652-2662.

AKI K, REASENBERG P, DEFAZIO T, et al., 1969. Near-field and far-field seismic evidences for triggering of an earthquake by the BENHAM explosion[J]. Bull. Seism. Soc. Am., 59(6): 2197-2207.

AKI K, RICHARDS P G, 1980. Quantitative Seismology: Theory and Methods[M]. San Francisco: W.H. Freeman.

AKI K, TSAI Y B, 1972. Mechanism of Love-wave excitation by explosive sources [J]. J. Geophys. Res., 77(8): 1452-1475.

ARCHAMBEAU C B, 1972. The theory of stress wave radiation from explosions in prestressed media [J]. Geophys. J. R. Astr. Soc., 29(3): 329-366.

ARCHAMBEAU C B, SAMMIS C, 1970. Seismic radiation from explosions in prestressed media and the measurement of tectonic stress in the earth [J]. Rev. Geophys. Space. Phys., 6(3): 473-499.

BACHE T C, 1976. The effect of tectonic stress release on explosion P-wave signatures [J]. Bull. Seism. Soc. Am., 66(5):

1441-1457.

BACHE T C, 1982. Estimating the yield of underground nuclear explosions [J]. Bull. Seism. Soc. Am., 72(6): S131-S168.

BAKER G E, STEVENS J L, XU H, 2012a. Explosion shear-wave generation in high-velocity source media [J]. Bull. Seism. Soc. Am., 102(4): 1301-1319.

BAKER G E, STEVENS J L, XU H, 2012b. Explosion shear-wave generation in low-velocity source media [J]. Bull. Seism. Soc. Am., 102(4): 1320-1334.

BARKER T G, DAY S M, 1990a. A simple physical model for spall from nuclear explosions based upon two-dimensional nonlinear numerical simulations [R]. La Jolla: S-Cubed, SSS-TR-90-11550.

BARKER T G, DAY S M, MCLAUGHLIN K L, et al., 1990b. An analysis of the effects of spall on regional and teleseismic waveforms using two-dimensional numerical modeling of underground explosions [R]. La Jolla: S-Cubed, SSS-TR-90-11536.

BARKER B W, MURPHY J R, 1986. An analysis of the effect of tectonic release on short-period P wave observed from Shagan River explosions [R]. La Jolla: S-Cubed, SSS-R-87-8422.

BEN-ZION Y, AMPUERO J P, 2009. Seismic radiation from regions sustaining material damage [J]. Geophys. J. Int., 178(3): 1351-1356.

BRUNE J N, POMEROY P W, 1963. Surface wave radiation patterns for underground nuclear explosions and small-magnitude earthquakes [J]. J. Geophys. Res., 68 (17): 5005-5028.

BUKCHIN B G, MOSTINSKY A Z, EGORKIN A A, et al., 2001. Isotropic and nonisotropic components of earthquakes and nuclear explosions on the Lop Nor Test Site, China [J]. Pure appl. Geophys., 158(8): 1497-1515.

BURGER R W, LAY T, WALLACE T C, et al., 1986. Evidence of tectonic release in Long-period S waves from underground nuclear explosions at the Novaya Zemlya test sites [J]. Bull. Seism. Soc. Am., 76(3): 733-755.

BYERLEE J D, 1978. Friction of rocks [J]. Pure appl. Geophys., 116: 615-626.

DAY S M, MCLAUGHLIN K L, 1991. Seismic source representations for spall [J]. Bull. Seism. Soc. Am., 81(1): 191-201.

DAY S M, RIMER N, CHERRY J T, 1983. Surface waves from underground explosions with spall: Analysis of elastic and nonlinear source models [J]. Bull. Seism. Soc. Am., 73(1): 247-264.

EISLER J D, CHILTON F, 1964. Spalling of the earth's surface by underground nuclear explosions [J]. J. Geophys. Res., 69(24): 5284-5293.

EKSTRÖM G, RICHARDS P G, 1994. Empirical measurements of tectonic moment release in nuclear explosions from teleseismic surface waves and body waves [J]. Geophys. J. Int., 117(1): 120-140.

FISK M D, 2006. Source spectral modeling of regional P/S discriminants at nuclear test sites in China and the former Soviet Union [J]. Bull. Seism. Soc. Am., 96(6): 2348-2367.

FISK M D, 2007. Corner frequency scaling of regional seismic phases for underground nuclear explosions at the Nevada Test Site [J]. Bull. Seism. Soc. Am., 97(3): 977-988.

GIVEN J W, MELLMAN G R, 1986. Estimating explosion and tectonic release source parameters of underground nuclear explosions from Rayleigh and Love wave observations [R]. Kirkland: Sierra Geophysics, SGI-R-86-126.

GUPTA I N, CHAN W W, WAGNER R A, 1992. A comparison of regional phases from underground nuclear explosions at east Kazakh and Nevada test sites [J]. Bull. Seism. Soc. Am., 82(1): 352-382.

GUPTA I N, ZHANG T R, WAGNER R A, 1997. Low-frequency Lg from NTS and Kazakh nuclear explosions–Observations and interpretation [J]. Bull. Seism. Soc. Am., 87(5): 1115-1125.

HAMILTON R M, HEALY J H, 1969. Aftershocks of the BENHAM nuclear explosion [J]. Bull. Seism. Soc. Am., 59(6): 2271-2281.

HAMILTON R M, SMITH B E, FISCHER F G, et al., 1972. Earthquakes caused by underground nuclear explosions on Pahute Mesa, Nevada Test Site [J]. Bull. Seism. Soc. Am., 62(5): 1319-1341.

HARKRIDER D G, STEVENS J L, ARCHAMBEAU C B, 1994. Theoretical Rayleigh and Love waves from an explosion in prestressed source regions [J]. Bull. Seism. Soc. Am., 84(5): 1410-1442.

JIN P, XU H, WANG H, et al., 2017. Secondary seismic sources behind amplitude ratios between the first 2016 and 2013 North Korean nuclear tests [J]. Geophys. J. Int., 211(1): 322-334.

JIN P, ZHU H F, XU X, et al., 2019. Seismic spectral ratios between North Korean nuclear tests: Implications for their seismic sources [J]. J. Geophys. Res.-Solid Earth, 124(5): 4940-4958.

LAMBERT D G, FLINN E A, ARCHAMBEAU C B, 1972. A comparative study of the elastic wave radiation from earthquakes and underground explosions [J]. Geophys. J. R. Astr. Soc., 29(4): 403-432.

LAY T, 1991. The teleseismic manifestation of pP: Problems and paradoxes [M]//TAYLOR S R, PATTON H J, RICHARDS P G. Explosion Source Phenomenology, Washington D.C.: the America Geophysical Union.

LAY T, WALLACE T C, 1995. Modern Global Seismology [M]. San Diego: Academic Press.

LAY T, WALLACE T C, HELMBERGER D V, 1984. The effects of tectonic release on short-period P waves from NTS explosions [J]. Bull. Seism. Soc. Am., 74(3): 819-842.

MASSÉ R P, 1981. Review of seismic source models for underground nuclear explosions[J]. Bull. Seism. Soc. Am., 71(4): 1249-1268.

MCKEOWN F A, DINKEY D D, 1969. Fault displacements and motion related to nuclear explosions [J]. Bull. Seism. Soc. Am., 59(6): 2253-2269.

MCLAUGHLIN K L, BARKER T G, DAY S M, et al., 1988. Effects of depth of burial and tectonic strain release on regional and teleseismic explosion waveforms [R]. La Jolla: S-Cubed, SSS-R-88-9844.

MURPHY J R, ARCHAMBEAUH C B, 1986. Variability in explosion body-wave magnitudes: An analysis of the Rulison/Gasbuggy anomaly [J]. Bull. Seism. Soc. Am., 76(4): 1087-1113.

MURPHY J R, BARKER B W, SULTANOV D D, et al., 2009. S-wave generation by underground explosions: Implications from observed frequency-dependent source scaling [J]. Bull. Seism. Soc. Am., 99(2A): 809-829.

PATTON H J, 1990. Characterization of spall from observed strong ground motions on Pahute Mesa [J]. Bull. Seism. Soc. Am., 80(5): 1326-1345.

PATTON H J, 2013. Analysis of mb-Ms relationships for stable and tectonic test sites: Implications for source discrimination and yield estimation of North Korean tests [R]. Los Alamos: Los Alamos National Laboratory, LA-UR-13-21964.

PATTON H J, 2016. A physical basis for *M*s-yield scaling in hard rock and implications for late-time damage of the source medium [J]. Geophys. J. Int., 206: 191-204.

PATTON H J, TAYLOR S R, 1995. Analysis of Lg spectral ratios from NTS explosions: Implications for the source mechanism of spall and the generation of Lg waves [J]. Bull. Seism. Soc. Am., 85(1): 220-236.

PATTON H J, TAYLOR S R, 2008. Effects of shock-induced tensile failure on mb-Ms discrimination: Contrasts between historic nuclear explosions and the North Korean test of 9 October 2006 [J]. Geophys. Res. Lett., 35: L14301.

PATTON H J, TAYLOR S R, 2011. The apparent explosion moment: Inferences of volumetric moment due to source medium damage by underground nuclear explosions [J]. J. Geophys. Res., 116(B3): B03310.

PEDERSEN H A, AVOUAC J P, CAMPILLO M, 1998. Anomalous surface wave from Lop Nor nuclear explosions: Observations and numerical modeling [J]. J. Geophys. Res., 103(B7): 15051-15068.

PITARKA A, MELLORS R J, WALTER W R, et al., 2015. Analysis of ground motion from an underground chemical explosion [J]. Bull. Seism. Soc. Am., 105(5): 2390-2410.

RANDALL M J, 1966. Seismic radiation from a sudden phase transition [J]. J. Geophys. Res., 71(22): 5297-5302.

RIAL J A, MORAN B, 1986. Radiation patterns for explosively-loaded axisymmetric cavities in an unbounded medium: Analytic approximations and numerical results [J]. Geophys. J. R. Astr. Soc., 86(3): 855-862.

SNOKE J A, 1976. Archambeau's elastodynamical source-model solution and low-frequency spectral peaks in the far-field displacement amplitude [J]. Geophys. J. R. Astr. Soc., 44(1): 27-44.

STEVENS J L, BAKER G E, XU H, et al., 2004. The physical basis of Lg generation by explosion sources [R]. San Diego: Science Applications International Corporation, Final Report submitted to the National Nuclear Security Administration under contract DE-FC03-02SF22676.

STEVENS J L, THOMPSON T W, 2015. 3D numerical modeling of tectonic strain release from explosions [J]. Bull. Seism. Soc. Am., 105(2A): 612-621.

STUMP B W, 1985. Constraints on explosive sources with spall from near-source waveforms [J]. Bull. Seism. Soc. Am., 75(2): 361-377.

TAYLOR S R, PATTON H J, 2013. Can teleseismic mb be affected by rock damage around explosions? [J]. Geophys. Res. Lett., 40(1): 100-104.

TOKSÖZ M N, HARKRIDER D G, BEN-MENAHEM A, 1965. Determination of source parameters by amplitude equalization of seismic surface waves, 2. Release of tectonic strain by underground nuclear explosions and mechanisms of earthquakes [J]. J. Geophys. Res., 70(4): 907-922.

TOKSÖZ M N, KEHRER H H, 1972. Tectonic strain-release characteristics of CANNIKIN [J]. Bull. Seism. Soc. Am., 62(6): 1425-1438.

TOKSÖZ M N, THOMSON K C, AHRENS T J, 1971. Generation of seismic waves by explosions in prestressed media[J]. Bull. Seism. Soc. Am., 61(6): 1589-1623.

VAVRYČUK V, KIM S G, 2014. Nonisotropic radiation of the 2013 North Korean nuclear explosion[J]. Geophys. Res. Lett., 41(20): 7048-7056.

VIECELLI J A, 1973. Spallation and the generation of the surface waves by an underground explosion [J]. J. Geophys. Res., 78(14): 2475-2487.

VOROBIEV O, EZZEDINE S, HURLEY R, 2018. Near-field non-radial motion generation from underground chemical explosions in jointed granite [J]. Geophys. J. Int., 212(1): 25-41.

WALLACE T C, HELMBERGER D V, ENGEN G R, 1985. Evidence of tectonic release from underground nuclear explosions in long-period S waves [J]. Bull. Seism. Soc. Am., 75(1): 157-174.

WALTER W R, PATTON H J, 1990. Tectonic release from the soviet verification experiment [J]. Geophys. Res. Lett., 17(10): 1517-1520.

YANG X, NORTH R, ROMNEY C, 1999. PIDC Nuclear Explosion Database (Revision 2) [R]. Arlington: Center for Monitoring Research, CMR-99/16.

ZHAO L S, HARKRIDER D G, 1992. Wave fields from an off-center explosion in an embedded solid sphere [J]. Bull. Seism. Soc. Am., 82(4): 1927-1955.

附　录

附录 4.1　层裂位错的平均零频幅值

在距爆心点 r 处，假定层裂岩石的上抛高度为 $H(r)$，则其位移时间函数可以表示为

$$\delta u_3(r,t)=\begin{cases}H(r)-\dfrac{1}{2}g(t-T(r))^2, & 0\leqslant t\leqslant 2T(r)\\ 0, & t<0\text{或}t>2T(r)\end{cases} \tag{A4.1.1}$$

式中，$T(r)=\sqrt{2H(r)/g}$ 为上抛时间。对上述函数进行傅里叶变换：

$$\delta\hat{u}_3(r,\omega)=\int_{-\infty}^{\infty}\delta u_3(r,t)\mathrm{e}^{\mathrm{i}\omega t}\mathrm{d}t=\mathrm{e}^{\mathrm{i}\omega T(r)}\int_{-T(r)}^{T(r)}\left[H(r)-\frac{1}{2}gt^2\right]\mathrm{e}^{\mathrm{i}\omega t}\mathrm{d}t \tag{A4.1.2}$$

因为

$$\int_{-T(r)}^{T(r)}h\mathrm{e}^{\mathrm{i}\omega t}\mathrm{d}t=\frac{2H(r)}{\omega}\sin\omega T(r)$$

$$\int_{-T(r)}^{T(r)}\left(\frac{1}{2}gt^2\right)\mathrm{e}^{\mathrm{i}\omega t}\mathrm{d}t=\frac{1}{\omega}gT^2(r)\sin\omega T(r)+\frac{2gT(r)}{\omega^2}\cos\omega T(r)-\frac{2g}{\omega^3}\sin\omega T(r)$$

代入式(A4.1.2)并整理，得到：

$$\delta\hat{u}_3(r,\omega)=-\frac{2g}{\omega^3}[\omega T(r)\cos(\omega T(r))-\sin(\omega T(r))]\mathrm{e}^{\mathrm{i}\omega T(r)} \tag{A4.1.3}$$

当 $\omega\to 0$ 时，有

$$\delta\hat{u}_3(r,0)=\frac{2}{3}gT^3(r)=\frac{4}{3}h(r)T(r)=\frac{2}{3g^2}v^3(r) \tag{A4.1.4}$$

$$\delta\overline{u}_3(0)=\frac{1}{\pi R_s^2}\int_0^{R_s}\delta u_3(r,0)2\pi r\mathrm{d}r=\frac{1}{\pi R_s^2}\int_0^{R_s}\frac{4}{3}h(r)T(r)2\pi r\mathrm{d}r \tag{A4.1.5}$$

令 $h(r)=H_0f(r/R_s)$，$f(0)=1$，$f(1)=0$，

$$\delta\overline{u}_3(0)=\frac{8}{3}H_0T_0\int_0^{R_s}f^{3/2}(r/R_s)(r/R_s)\mathrm{d}(r/R_s) \tag{A4.1.6}$$

式中，$T_0=\sqrt{2H_0/g}$。令 $x=r/R_s$，式(A4.1.6)可表示为

$$\delta\overline{u}_3(0)=\frac{8}{3}H_0T_0\int_0^1 xf^{3/2}(x)\mathrm{d}x \tag{A4.1.7}$$

记

$$a=\frac{8}{3}\int_0^1 xf^{3/2}(x)\mathrm{d}x \tag{A4.1.8}$$

得到$\delta\overline{u}_3(0)=aH_0T_0$，即式(4.1.36)中的第一个等式。为得到式(4.1.36)中的第二个等式，将$\delta\overline{u}_3(0)$重新表示为

$$\delta\overline{u}_3(0)=\frac{8}{3}\sqrt{\frac{2}{g}}H_0^{3/2}\int_0^1 xf^{3/2}(x)\mathrm{d}x \tag{A4.1.9}$$

另外，层裂的冲量大小为

$$I_s=2\pi\rho D_s\int_0^{R_s} rv(r)\mathrm{d}r \tag{A4.1.10}$$

代入$v(r)=\sqrt{2gH(r)}=\sqrt{2gH_0f(r/R_s)}$，并利用$\rho\pi R_s^2D_s=m_s$，有

$$I_s=2\pi\rho R_s^2D_s\int_0^{R_s}(r/R_s)\sqrt{2gH_0f(r/R_s)}\mathrm{d}(r/R_s)=2m_s\sqrt{2gH_0}\int_0^1 xf^{1/2}(x)\mathrm{d}x \tag{A4.1.11}$$

因此

$$\frac{\delta\overline{u}_3(0)}{I_s^3}=\frac{\frac{8}{3}\sqrt{\frac{2}{g}}H_0^{3/2}\int_0^1 xf^{3/2}(x)\mathrm{d}x}{8m_s^3(2gH_0)^{3/2}\left[\int_0^1 xf^{1/2}(x)\mathrm{d}x\right]^3}=\frac{1}{6m_s^3g^2}\frac{\int_0^1 xf^{3/2}(x)\mathrm{d}x}{\left[\int_0^1 xf^{1/2}(x)\mathrm{d}x\right]^3}$$

记

$$b=\frac{1}{6}\frac{\int_0^1 xf^{3/2}(x)\mathrm{d}x}{\left[\int_0^1 xf^{1/2}(x)\mathrm{d}x\right]^3} \tag{A4.1.12}$$

即得到：

$$\delta\overline{u}_3(0)=\frac{bI_s^3}{m_s^3g^2} \tag{A4.1.13}$$

第 5 章　空腔爆炸地震效应

空腔爆炸一般是为显著降低爆炸的地震效应而在大比例体积空腔中进行的地下爆炸。有关想法最早于 1958 年在日内瓦举行的早期禁核试谈判中被提及。为研究其技术可行性及对全面禁核试条约核查的可能影响和冲击，美国、苏联等国从 20 世纪 60 年代初开始先后进行了一系列的实验和理论研究。相关的研究成果是核爆炸震源理论和效应规律的重要组成部分，对地下核爆炸监测结果的深入分析和判断，具有重要意义。

5.1　空腔解耦基本概念

地下爆炸对应的远区地震信号幅值近似与稳态折合位移势(RDP) ϕ_∞ 成正比。根据地下爆炸震源理论，假定可以忽略介质的可压缩性，ϕ_∞ 和岩石中通过爆心距为 r 的球面(无论是否在弹性区)向外“流出”的岩石净体积大小成正比。对于填实爆炸，爆炸产生的巨大压力驱动初始空腔①急剧膨胀，使得 ϕ_∞ 与当量 W 之间的比值较大。如果将爆炸放在足够大的空腔中进行，使得爆炸在空腔中产生的稳态压力与岩石中的静水压力保持平衡，则空腔将不会发生明显的膨胀，从而可以大幅度降低 ϕ_∞ / W 的大小，减小远区地震信号的幅值。

空腔爆炸和填实爆炸之间的相对地震效应一般用解耦因子来表示。在当量、埋深、源区介质性质等其他条件都不变的情况下，如果填实爆炸的折合位移势大小为 $\phi_\infty^{(\mathrm{t})}$，空腔爆炸的折合位移势大小为 $\phi_\infty^{(\mathrm{c})}$，则空腔爆炸的解耦因子为

$$\mathrm{DF}_0 = \frac{\phi_\infty^{(\mathrm{t})}}{\phi_\infty^{(\mathrm{c})}} \tag{5.1.1}$$

上述定义更多反映的是低频时的解耦因子。可以将其推广到不同的频率，即定义

$$\mathrm{DF}(f) = \frac{\hat{\psi}^{(\mathrm{t})}(f)}{\hat{\psi}^{(\mathrm{c})}(f)} \tag{5.1.2}$$

式中，$\hat{\psi}^{(\mathrm{t})}(f)$、$\hat{\psi}^{(\mathrm{c})}(f)$ 分别为填实和空腔爆炸的源频谱，即折合速度势(RVP)。

---

① 填实爆炸时，核爆炸的初始空腔为岩石汽化、液化而形成的空腔，化学爆炸的初始空腔为安放炸药的爆室。

图 5.1.1 是根据地下核爆炸震源理论给出的空腔解耦因子随频率变化示意图,图中 $f_c^{(t)}$ 和 $f_c^{(c)}$ 分别为填实爆炸和空腔爆炸的源拐角频率。从图中可以看出，当 $f < f_c^{(t)}$ 时，$DF(f)$ 近似等于 DF_0；当 $f_c^{(t)} < f < f_c^{(c)}$ 时，$DF(f)$ 随频率增加而下降；当 $f > f_c^{(c)}$ 时，$DF(f)$ 重新趋于另外一个小于 DF_0 的常数值。对硬岩中当量为 1kt 的填实地下爆炸，因为相应的源拐角频率通常在 5Hz 左右，高于多数情况下的远区地震波频率，所以 DF_0 可以较好地反映空腔爆炸对远区地震波幅值的影响。通常，在不做说明的情况下，所谓的解耦因子是指 DF_0 。

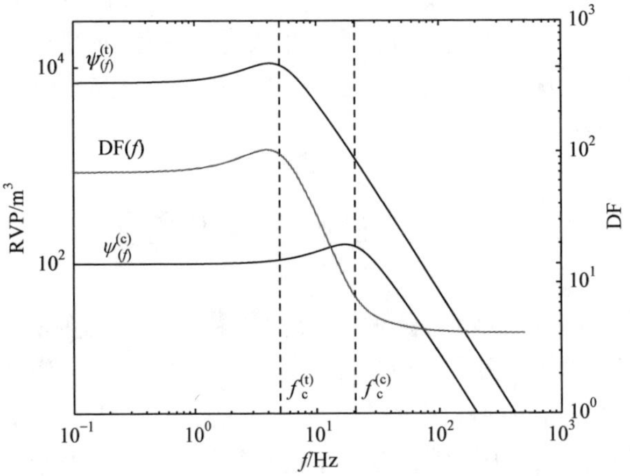

图 5.1.1　空腔解耦因子随频率变化示意图

空腔爆炸一般分为完全解耦空腔爆炸和部分解耦空腔爆炸。对完全解耦空腔爆炸，腔壁外面的岩石对爆炸冲击波的响应是完全弹性的，对应的解耦因子称为完全解耦因子，它是给定岩石、埋深和空腔气体类型等条件下解耦因子能够达到的最大值。腔壁外岩石对爆炸冲击波的响应为非弹性的大比例半径空腔爆炸称为部分解耦空腔爆炸。部分解耦空腔爆炸的解耦因子和空腔的比例半径大小有关。

需要强调的是，对于地下核爆炸，并非所有的空腔爆炸都是解耦爆炸。理论分析表明(Glenn, 1993；King et al., 1989；Terhune et al., 1979)，在比例空腔半径非常小(约为 2m/kt$^{1/3}$)时，空腔爆炸非但不能解耦，反而可能增耦。对此后面将做进一步介绍和讨论。

5.2　完全解耦空腔爆炸

完全解耦时，腔壁外面的岩石对爆炸的响应是完全弹性的，其折合位移势可以根据弹性震源理论得到。

首先假定一种最简单的情况，即爆炸能量在爆炸的一瞬间均匀充满整个空腔。此时，作用在空腔壁上的压力 $p(t)=P_0H(t)$，其中，

$$P_0=\frac{(\gamma-1)W}{V} \tag{5.2.1}$$

为爆炸后空腔中的压力大小，式中，W 为爆炸当量；$V=4\pi R_c^3/3$ 为空腔体积，R_c 为空腔半径；$\gamma=c_P/c_V$ 为空腔中气体的比热比，c_P、c_V 分别为气体的定压和定容比热，在空气的情况下，γ 约等于 1.2。因为假定腔壁对爆炸的响应是完全弹性的，根据式(3.1.8)，频率域中相应的折合速度势为

$$\hat{\psi}(\omega)=\frac{\phi_\infty^{(c)}}{1+2\mathrm{i}\eta\omega/\omega_c-(\omega/\omega_c)^2} \tag{5.2.2}$$

式中，

$$\phi_\infty^{(c)}=P_0R_c^3/4\mu=\frac{3}{16\pi\mu}(\gamma-1)W \tag{5.2.3}$$

为完全解耦爆炸的稳态折合位移势；$\omega_c=2\beta/R_c$ 为空腔半径对应的源本征频率，β 为源区介质 S 波波速；μ 为源区介质剪切模量。

式(5.2.3)的结果表明：①在已经达到完全解耦的情况下，进一步加大空腔半径不能更大程度地降低空腔爆炸的震源强度；②完全解耦空腔爆炸的震源强度和介质剪切模量成反比，因此越坚硬的岩石，源强度越小。

上述结果假设爆炸能量均匀分布在空腔中，从而忽略了爆炸在空腔中引起的空气冲击波的影响。在考虑冲击波的情况下，作用在腔壁上的压力不再是简单的阶跃函数，而可以表示为 $p(t)=P_0H(t)+p_s(t)$，其中 P_0 仍由式(5.2.1)计算，$p_s(t)=[p(t)-P_0]H(t)$。$t\to\infty$ 时，$p_s(t)=0$。此时，爆炸的折合速度势可以表示为

$$\hat{\psi}(\omega)=\frac{\phi_\infty^{(c)}+\dfrac{\mathrm{i}\omega r_c^3}{4\mu}\displaystyle\int_0^\infty p_s(t)\mathrm{e}^{\mathrm{i}\omega t}\mathrm{d}t}{1+2\mathrm{i}\eta(\omega/\omega_c)-(\omega/\omega_c)^2} \tag{5.2.4}$$

假定 $p_s(t)$ 的持续时间为 T，对 $\omega T\to 0$ 的频率，有 $\int_0^\infty p_s(t)\mathrm{e}^{\mathrm{i}\omega t}\mathrm{d}t\approx I_s$，其中，

$$I_s(t)=\int_0^T p_s(t)\mathrm{d}t \tag{5.2.5}$$

为峰值压力所对应的冲量。将式(5.2.5)代入式(5.2.4)并经简单计算，得到当 $\omega T\to 0$ 时，有

$$\hat{\psi}(\omega)\approx\frac{1+\mathrm{i}\omega(I_s/P_0)}{1+2\mathrm{i}\eta(\omega/\omega_c)-(\omega/\omega_c)^2}\phi_\infty^{(c)} \tag{5.2.6}$$

Patterson(1966)曾对空腔中的核爆炸引起的空气冲击波及腔壁上的压力时间函数进行过数值模拟。根据其模拟结果，作用在腔壁上的压力时间函数可以表示为稳态压力 $P_0H(t)$ 和围绕该稳态压力的反复振荡的叠加(图 5.2.1)。这些压力振荡是空气冲击波及其在空腔中的来回反射造成的。根据该计算结果，在 100t 完全解耦的情况下，可以估计 $P_0 \approx 7.0\times10^6\,\text{Pa}$，对冲击波引起的第一个峰值，$T \approx 1.2\text{ms}$，$I_s \approx 5.6\times10^4\,\text{Pa}\cdot\text{s}$。此时，对 $f=10\text{Hz}$ 以下频率，式(5.2.6)都近似成立，其中分子中第二项的绝对值与第一项大小之间的比值在 10Hz 时小于 50%，在 1Hz 时小于 5%。因此，对远区低频地震波，可以忽略冲击波峰值压力所产生的影响。

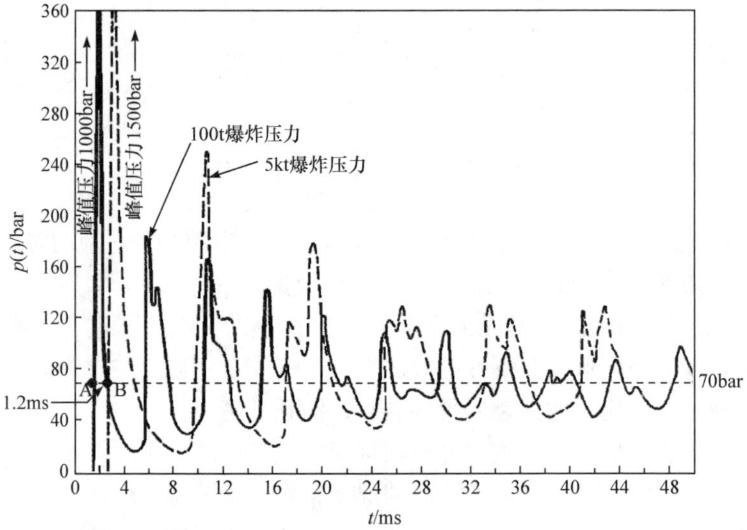

图 5.2.1 核爆炸引起的空腔壁上的压力时间函数(Patterson, 1966)

图中实线为 100t 爆炸在 100t 完全解耦空腔中的计算结果，

虚线为 5kt 爆炸在 5kt 完全解耦空腔中的结果。两种情况下空腔中的稳态压力都约为 70bar

结合关于填实爆炸的稳态折合位移大小，可以进一步估算给定岩石中的完全解耦因子大小。根据 Denny 等(1991)的研究，对填实爆炸有

$$\phi_\infty^{(\text{t})} = \frac{3.4\times10^9 W}{\beta^{1.1544}(\rho g h)^{0.4385}10^{0.0344\text{GP}}} \tag{5.2.7}$$

式中，h 为爆炸埋深；ρ 为源区介质密度；GP 为源区介质的干孔隙率。利用式(5.2.7)、式(5.2.3)和式(5.1.1)，可以估算具有不同物性参数的岩石在不同埋深情况下的完全解耦因子。

关于完全解耦所需的空腔大小，理论上可由下述理论关系来确定：

$$\frac{(\gamma-1)W}{\frac{4}{3}\pi R^3} \leqslant k\rho gh \tag{5.2.8}$$

式中，不等号左边为空腔中的稳态压力；右边为空腔周围的围岩压力乘以某个常数 k，其大小在 0.5(Latter et al., 1961a)和 1.0(Patterson, 1966)之间。关于上述准则，Latter 等(1961a)给出的解释是，上覆岩层的压力使得爆炸前腔壁附近的岩石在环向上处于受压状态，而爆炸产生的空腔压力使空腔膨胀。使岩石发生非弹性变形，首先要克服之前岩石所承受的压力。Latter 等(1961b)进一步指出，岩石材料一般有两种比较重要的非弹性行为，即破裂和塑性流动。因为岩石几乎没有抵抗拉伸的能力，为避免形成裂隙，爆炸时岩石中的环向应力应保持压缩状态，这相当于要求空腔中的平均压力小于上覆岩层压力的 3 倍。在岩石中已经存在裂隙时，则必须小于岩层压力本身。为了避免产生塑性流动，要求对峰值压力的响应在内，岩石中的径向应力和环向应力之差,即剪应力的大小不超过岩石的剪切屈服强度。最后这一点对比例空腔半径的大小提出了最严格的约束，要求空腔中的压力不超过上覆岩层压力的 1/2。

作为例子,表 5.2.1 给出了几种典型介质条件下的空腔完全解耦因子及比例空腔半径。从表中可以看出，花岗岩、盐岩等硬岩的空腔解耦能力比较强，干燥多孔介质的空腔解耦能力较差，水饱和多孔介质则介于两者之间。另外，需要说明的是，虽然表 5.2.1 显示花岗岩在埋深 200m 时的解耦因子接近埋深 800m 时的 2 倍，但根据式(5.2.3)，两种深度下完全解耦爆炸的折合位移势是一样的，而 200m 时填实爆炸折合位移势明显大于 800m 时的折合位移势。

表 5.2.1　典型介质条件下的空腔完全解耦因子及比例空腔半径

岩石	物性参数			埋深/m	解耦因子	比例空腔半径/(m/kt$^{1/3}$)
	ρ/(kg/m^3)	β/(m/s)	GP/%			
花岗岩	2700	3300	1	200	178	42
				800	97	26
盐岩	2200	2700	0	800	79	28
水饱和凝灰岩	1850	1200	0	800	36	30
部分水饱和凝灰岩	1780	1200	20	800	7.3	30
干燥凝灰岩	1700	1200	40	800	1.5	31

5.3　部分解耦空腔爆炸

部分解耦空腔爆炸是指比例空腔半径足够大，使得爆炸的震源强度，即 RDP 较填实爆炸有明显减小，但腔壁外面岩石对爆炸的响应仍非完全弹性的地下爆炸。这里之所以强调比例空腔半径要足够大，是因为对核爆炸来说，比例空腔半径可以做到非常小(远小于 $1\mathrm{m/kt^{1/3}}$)。在这种情况下，相对于填实爆炸，至少在理论上，爆炸的 RDP 可能不但不会减小，反而会增大。

对于部分解耦空腔爆炸，腔壁外面岩石的非弹性响应机制主要是介质的塑性变形。其中，对硬岩与水饱和介质，主要是剪切塑性变形，而对于干燥多孔介质，则进一步包括因为孔隙塌陷而引起的塑性体积变形。

如果忽略爆炸引起的冲击波峰值压力和空腔膨胀动态效应的影响，部分解耦空腔爆炸的震源强度，即 RDP 可采用准静态弹塑性理论来求解(朱号锋等，2010；Glenn, 1993；Haskell, 1961)。关于准静态理论的细节，可参见附录 5.1。图 5.3.1 和图 5.3.2 是由该理论得到的主要结果，图中，r_0 为爆炸的初始空腔半径；r_1 为空腔最终半径；r_2 为弹性半径；Y 为介质剪切屈服强度。根据图 5.3.1 的结果，在材料参数固定的情况下，爆炸的折合位移势首先随初始比例空腔半径增大而增大，在一定比例半径(大小与介质剪切屈服强度 Y 有关)时达到最大值，然后随比例空腔半径的增大而减小，直到最后趋于完全解耦时的极限。在未达到完全解耦之前，对固定的比例空腔半径，介质剪切屈服强度越大，爆炸的折合位移势越小。因为非完整岩石的剪切强度基本上是和围压，即埋深大小成正比，所以这一结果显示

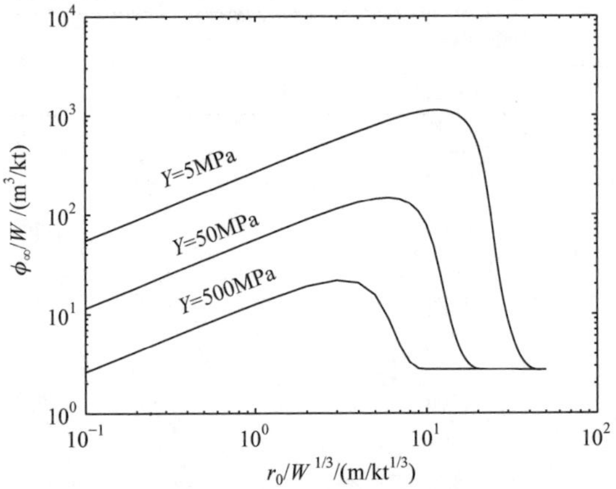

图 5.3.1　准静态方法得到的爆炸折合位移势随初始比例空腔半径的变化

计算时源区介质密度 ρ=2700kg/m^3，P 波波速 α=5500m/s，泊松比 ν=0.25，比热比 γ=1.3

了埋深对部分解耦空腔爆炸震源强度的影响。根据图 5.3.2 的结果可以看出，当 $r_0/W^{1/3}$ 较小时，r_1/r_0 非常大，显示空腔的膨胀很剧烈。随着 $r_0/W^{1/3}$ 的增大，r_1/r_0 逐渐减小并最终趋近于 1，显示空腔膨胀的减弱并趋于停止。值得注意的是，在图 5.3.2 中，当 $r_0/W^{1/3}$ 小于 ϕ_∞ 最大值所对应的比例空腔半径时，$\lg(r_1/r_0)$ 和 $\lg(r_0/W^{1/3})$ 近似呈线性关系，同时 r_2/r_1 趋于常数。可以证明此时 $\lg(r_1/r_0)$ 和 $\lg(r_0/W^{1/3})$ 之间的斜率为 $-1/\gamma$。在准静态解中，ϕ_∞/W 随 $r_0/W^{1/3}$ 趋近于 0 的行为与此性质有关(详见附录 5.1)。

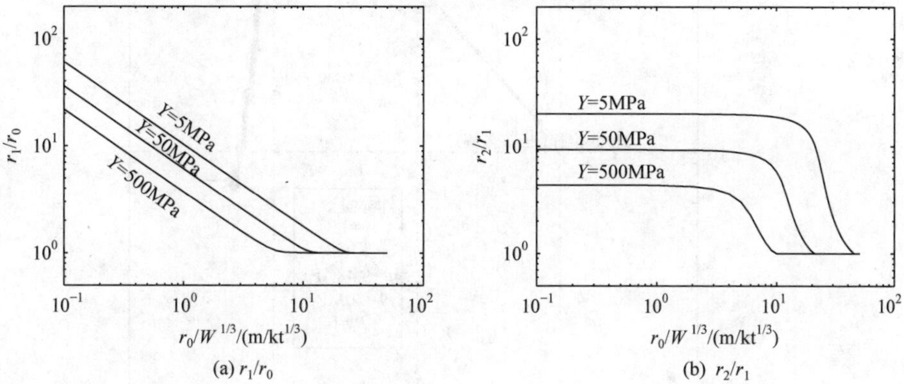

图 5.3.2　相对空腔半径 r_1/r_0 和相对弹性半径 r_2/r_1 随初始比例空腔半径 $r_0/W^{1/3}$ 的变化

上述准静态解的结果忽略了空腔膨胀的动态效应、空腔中冲击波峰值压力及空腔中其他物理过程和现象的影响。关于空腔膨胀的动态效应，根据 Glenn(1993) 所做的比较(图 5.3.3)，只有在初始空腔的比例半径非常小的情况下，才会产生重要的影响。这一结果在物理上不难理解。如图 5.3.2(a)所示，在初始空腔半径 r_0 很小时，空腔最终半径 r_1 远大于 r_0，即空腔的膨胀非常剧烈，相应的动态效应自然不能忽略。然而，在 r_0 本来就比较大时，$r_1 \approx r_0$，空腔的膨胀并不明显，其对折合位移势大小的影响也就可以忽略。

在比例空腔半径较大时，简单地假定爆炸释放的能量一瞬间就充满并均匀地分布在整个空腔之中不再合适，而需要考虑爆炸在空腔中产生的空气冲击波的峰值压力对震源强度的影响。对于部分解耦空腔爆炸，因为岩石对作用在腔壁上的压力响应是非线性的，所以峰值压力的大小会直接影响稳态折合位移势的大小。根据 Stevens 等(1991)的研究，对硬岩介质，峰值压力的存在会导致爆炸稳态折合位移势的增加，但对干燥多孔介质，峰值压力的存在则可能导致折合位移势的减小(图 5.3.4)。之所以存在这种差别，主要在于前者的非弹性响应以塑性流动为主，而后者以孔隙塌陷为主。

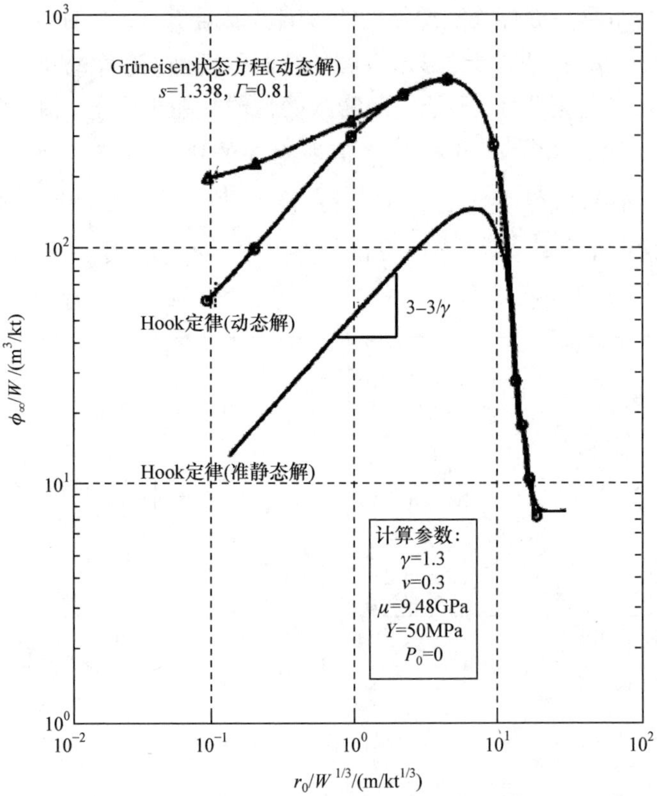

图 5.3.3　空腔爆炸折合位移势动态数值模拟结果与准静态解的比较(Glenn, 1993)

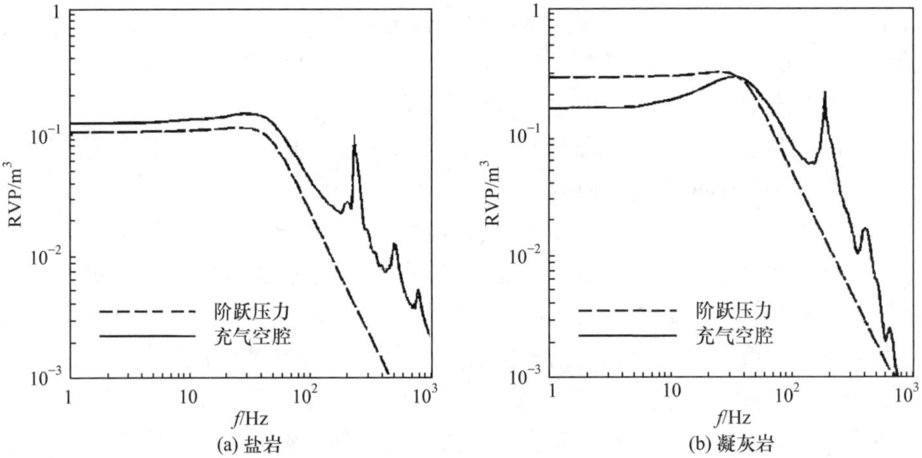

图 5.3.4　不同类型岩石中腔壁峰值压力对折合位移势的影响(Stevens et al.,1991)

(a) 盐岩中半径为 17m 空腔中 276t 爆炸的源频谱，图中实线为考虑空腔中的峰值压力冲击波及其来回反射时的计算结果，虚线为仅考虑稳态压力时的计算结果；(b) 非水饱和凝灰岩中半径为 11m 空腔中 20t 爆炸的源频谱，实线和虚线的含义和图(a)相同因为部分解耦空腔爆炸的 RDP 对作用在腔壁上的压力时间函数比较敏感，所以空腔中的具体物理过程和现象对部分解耦空腔爆炸的震源强度和解耦因子大小可能产生比较重要的影响。例如，把空腔抽成真空可以消除核爆炸引起的空气冲击波，从而减小冲击波峰值压力对震源强度的影响。对于空腔中的化学爆炸，作用在腔壁上的峰值压力除了爆炸造成的空气冲击波的超压以外，还包括向外膨胀的爆炸产物所引起的压力。图 5.3.5 是盐岩中初始比例空腔半径 $r_0/W^{1/3}$=20m/kt$^{1/3}$ 时计算得到的核爆炸产生的作用在腔壁上的压力与化学爆炸的压力时间函数比较(Glenn et al., 1994)，其中假定化学爆炸为 Pelletol 炸药爆炸，这是美国 20 世纪 60 年代进行 Cowboy 系列空腔解耦化爆模拟实验时实际使用的炸药。从图 5.3.5 中可见，化学爆炸并未像核爆炸那样产生明显的压力振荡，而是在峰值压力之外[图中箭头(1)所指处]，还有一个峰值相对较小，但脉宽较大的压力峰值[图中箭头(2)所指处]。Glenn 等(1994)认为这一压力峰值与爆炸产物的向外膨胀有关，其冲量大小与爆炸产物或爆炸装置质量的平方根成正比。对相同当量的爆炸，化学爆炸产物的质量远远大于核爆炸装置的质量，使得化学爆炸时这部分冲量的大小要比核爆

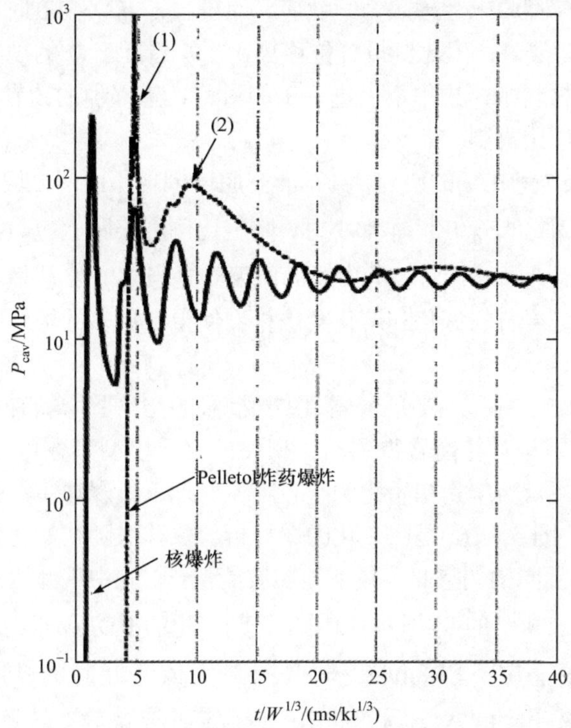

图 5.3.5　盐岩中 $r_0/W^{1/3}$=20m/kt$^{1/3}$ 时核爆炸和化学爆炸的压力时间函数比较(Glenn et al., 1994)

炸时高数十到上百倍。在部分解耦的情况下，这有可能造成核爆炸和化学爆炸在震源强度或解耦因子上比较明显的差别(Murphy et al., 1996；Glenn et al., 1994)。结合 Stevens 等(1991)的结果，这种差别也应该和腔壁外介质的性质有关。

5.4　小比例半径空腔爆炸的增耦效应

前文所提的两类空腔爆炸，无论是完全解耦，还是部分解耦，都是在较大比例半径的空腔中进行的。理论和数值计算结果(朱号锋等，2009；Glenn，1993；King et al., 1989；Terhune et al., 1979)表明，在初始空腔的比例半径非常小时，空腔爆炸的震源强度较填实爆炸可能不但不会减小，反而会有所增强，即可能出现所谓的空腔增耦现象。因为化学爆炸的比例空腔半径不可能很小(对 TNT 炸药，$r_0/W^{1/3}$>5.3m/kt$^{1/3}$)，所以空腔增耦现象只有核爆时才有可能出现。

从图 5.3.3 中可见，无论是准静态解还是动态解都显示理论上存在空腔增耦现象。对于准静态解和 Hook 定律下的动态模拟结果，根据 Glenn (1993)，这一现象源自相应的材料模型中未考虑热力学效应，使得当 $r_0/W^{1/3}\to 0$ 时，出现岩石中的能量耦合系数趋近于 1，但比例折合位移势 ϕ_∞/W 趋近于 0 的现象。这样的现象不会出现在真实材料中，这里不做进一步的讨论，感兴趣的读者可参见附录 5.1 以进一步了解其理论机制。

根据 Terhune 等(1979)的研究，真正的空腔增耦现象由两方面的原因引起。其中一个主要的原因是当 $r_0/W^{1/3}$ 非常小时，固定比例爆心距上应力波的正脉宽将随 $r_0/W^{1/3}$ 增大而线性增大，相对较为次要的原因则是当 $r_0/W^{1/3}$ 从填实的情况增加到大约 1m/kt$^{1/3}$ 时，岩石的汽化和熔化会停止，使得有更多的爆炸能量被用于激发应力波和地震波。

图 5.4.1 和图 5.4.2 是从 Terhune 等(1979)摘录的与空腔增耦有关的部分数值模拟结果。这些结果是对花岗岩得到的，相关的介质模型参数可参见 Terhune 等(1979)中的表 2。图 5.4.1 是初始比例空腔半径对地下核爆炸震源强度和地震能量耦合的影响，其中图 5.4.1(a)是归一化的爆炸折合位移势随初始比例空腔半径的变化，图 5.4.1(b)是不同比例空腔半径下地震波能量、空腔中气体内能和沉积在岩石中的能量比例随 $r_0/W^{1/3}$ 的变化。可以看出，归一化的 RDP，即 ϕ_∞/W 与耦合地震能量的比例都在 $r_0/W^{1/3}=1.8$m/kt$^{1/3}$ 时具有最大值，此时的 ϕ_∞/W 较 $r_0/W^{1/3}=$ 0.1m/kt$^{1/3}$ 时的值高出约 47%，虽然高出的程度远小于准静态解及 Hook 定律下所给出的结果，但依然表现出明显的增耦效应。

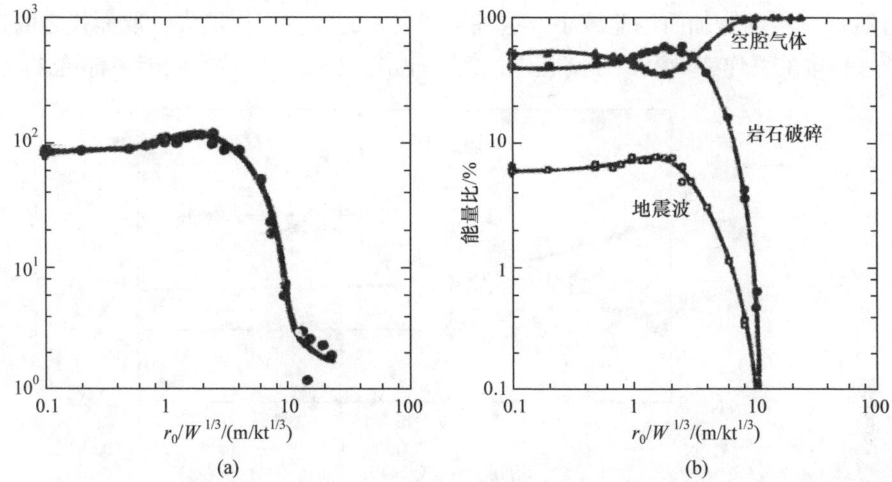

图 5.4.1　初始比例空腔半径对地下核爆炸震源强度和地震能量耦合的影响(Terhune et al., 1979)

(a) 折合位移势 ϕ_∞/W 随初始比例空腔半径 $r_0/W^{1/3}$ 的变化；

(b) 地震波能量、空腔中气体内能和沉积在岩石中的能量比例随 $r_0/W^{1/3}$ 的变化

图 5.4.2 是爆心距 $r/W^{1/3}=100\text{m/kt}^{1/3}$ 处的应力波参数随 $r_0/W^{1/3}$ 变化的数值模拟结果。可以看出，当 $r_0/W^{1/3}<8\text{m/kt}^{1/3}$ 时，应力波的正脉宽随 $r_0/W^{1/3}$ 的增大而线性增大，而质点速度在 $r_0/W^{1/3}<2\text{m/kt}^{1/3}$ 时基本保持不变，之后随 $r_0/W^{1/3}$ 的增大而减小。因为质点位移近似等于质点速度和脉宽的乘积，所以上述两种效应的叠加使得质点的永久位移在 $r_0/W^{1/3}\approx 2\text{m/kt}^{1/3}$ 时具有最大值。又因为爆炸的折合位移势与固定爆心距上的永久位移成正比，所以 ϕ_∞/W 也在此时具有最大值。根据 Terhune 等(1979)得到的冲击波的计算结果，这一现象更本质的原因很可能与核爆炸强冲击波的早期衰减有关。根据相关计算结果，对花岗岩中的核爆炸，一方面，当 $r_0/W^{1/3}$ 在 0.78～0.98m/kt$^{1/3}$ 时岩石的汽化、熔化停止；另一方面，在很小的比例爆心距(<4m/kt$^{1/3}$)上，$r_0/W^{1/3}$ 越小，冲击波压力越大，其随比例爆心距的非弹性衰减也越快(图 5.4.3)，并使得 $r_0/W^{1/3}$ 足够小时，具有不同初始比例空腔半径的爆炸冲击波压力的衰减曲线在一定的比例爆心距之外逐渐趋同。按图 5.4.3 的计算结果，当 $r_0/W^{1/3}<0.98\text{m/kt}^{1/3}$ 时，不同初始比例半径空腔中爆炸产生的冲击波压力随比例爆心距的衰减在 4m/kt$^{1/3}$ 以外就基本趋同，而当 $r_0/W^{1/3}<1.8\text{m/kt}^{1/3}$ 时，趋同的比例爆心距约为 20m/kt$^{1/3}$。说明当 $r_0/W^{1/3}<1.8\text{m/kt}^{1/3}$ 时，$r_0/W^{1/3}$ 越小的爆炸会有越多的能量因非弹性衰减而被耗散在比例爆心距 20m/kt$^{1/3}$ 的范围以内。当 $r_0/W^{1/3}<0.98\text{m/kt}^{1/3}$ 时，由于存在耗散差异的比例爆心距较小，耗散能量随 $r_0/W^{1/3}$ 的变化又转而趋缓。至于 $r_0/W^{1/3}>1.8\text{m/kt}^{1/3}$ 的情况，因为初始的冲击波压

力随 $r_0/W^{1/3}$ 的增加而迅速减小，这种早期衰减的效应很快消失，取而代之的是有越来越多的爆炸能量沉积在空腔中，使得冲击波和最终的地震波能量都迅速减小。

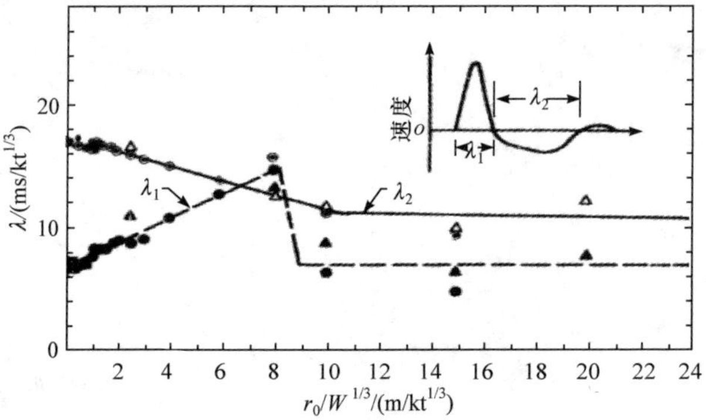

(a) 应力波脉宽随 $r_0/W^{1/3}$ 的变化

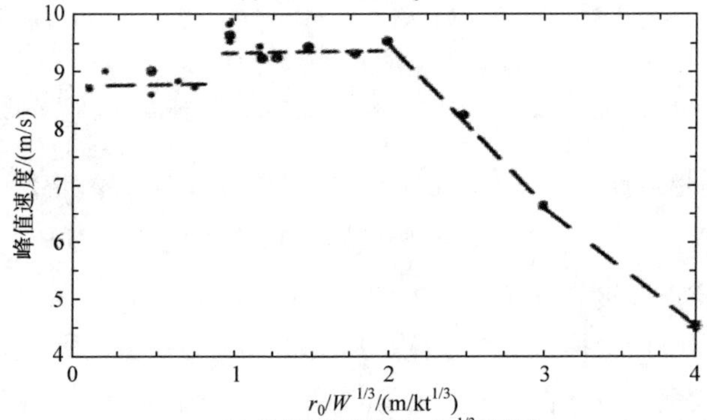

(b) 质点峰值速度随 $r_0/W^{1/3}$ 的变化

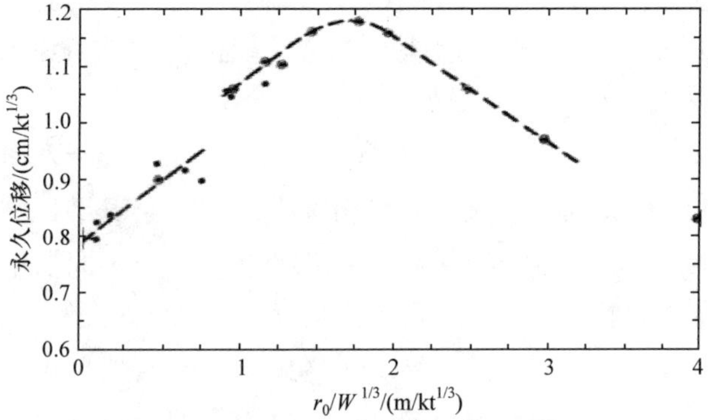

(c) 质点永久位移随 $r_0/W^{1/3}$ 的变化

图 5.4.2　爆心距 $r/W^{1/3}$ =100m/kt$^{1/3}$ 处的应力波参数随 $r_0/W^{1/3}$ 变化的数值模拟结果(Terhune et al., 1979)

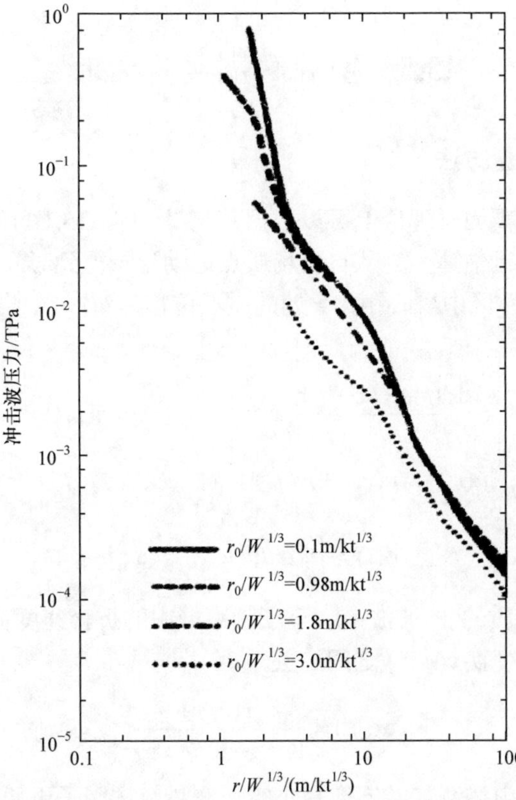

图 5.4.3　不同初始空腔比例半径下冲击波压力随比例爆心距的衰减(Terhune et al., 1979)

关于小比例空腔的增耦效应，除 Terhune 等(1979)以外，King 等(1989)和 Glenn (1993)也都在数值模拟结果的基础上得到了相似的结论。根据相关研究结果，空腔增耦基本上发生在 $r_0/W^{1/3}$ 为 $3m/kt^{1/3}$ 以下时，具体的数值和材料与超高压下的热力学性质，特别是流体力学状态方程有关，但和岩石的强度，特别是爆炸的埋深大小基本无关。此外，King 等(1989)的研究发现，对于冲击波走时所反映的流体力学当量，当把核爆炸的热辐射效应考虑在内时，并不存在空腔增耦的现象，但如果忽略热辐射效应，增耦现象则会出现。为此，King 等推测关于核爆炸震源强度，即折合位移势的空腔增耦现象是忽略核爆炸的热辐射效应所导致的。Dey (1993)对此做了进一步的分析，结果表明，在把核爆炸热辐射效应的影响考虑在内时，流体力学当量的解耦和地震源强度的增耦效应可以同时存在。

最后，有必要强调的是，迄今为止，所谓小比例空腔情况下的增耦效应都还只是理论预测的结果，没有任何具体的实际观测数据证明这一现象真的存在。

5.5　空腔解耦实验结果

5.5.1　解耦因子测量方法

空腔爆炸的解耦因子理论上可以根据其定义，即式(5.1.1)和式(5.1.2)，利用自由场测量结果来进行估算。为从自由场质点运动记录得到时间域中的折合位移势函数$\phi(t)$，假定弹性区中爆心距为r处的质点位移为$u(r,t)$，根据$\phi(t)$的定义，容易得到：

$$\frac{\mathrm{d}\phi(t-r/\alpha)}{\mathrm{d}t}+\frac{\alpha}{r}\phi(t-r/\alpha)=\alpha ru(r,t) \tag{5.5.1}$$

式中，$\tau=t-r/\alpha$；$u(r,t)=u(r,\tau+r/\alpha)$。解一次常微分方程组，即可得到：

$$\phi(t)=\int_0^t \alpha ru(\tau)\mathrm{e}^{-\frac{\alpha}{r}(t-\tau)}\mathrm{d}\tau \tag{5.5.2}$$

式中，α为源区介质的 P 波波速。至于频率域中的折合速度势$\psi(f)$，它和质点速度记录的傅里叶变换$v(r,f)$之间的关系为

$$\psi(f)=\frac{v(r,f)}{1/r^2+\mathrm{i}2\pi f/\alpha r} \tag{5.5.3}$$

地下爆炸的自由场测量并不容易进行。测量解耦因子更便捷的方式是在固定源区—台站的情况下，通过计算填实和空腔爆炸信号之间的谱比值来进行测量。时间域中，实际记录的地震信号等于源、传播路径和记录仪器三部分因子的卷积，即

$$A(t)=S(t)\otimes G(t;\boldsymbol{x},\xi)\otimes I(t) \tag{5.5.4}$$

式中，$A(t)$为实际的信号记录；$S(t)=4\pi\rho_s\alpha_s^2\psi(t)$为源时间函数，$\rho_s$和$\alpha_s$分别为源区介质密度和 P 波波速，$\psi(t)$为爆炸的折合速度势；$G(t;\boldsymbol{x},\xi)$为传播路径因子，即格林函数；$I(t)$为仪器的冲激响应。频率域中，式(5.5.4)可表示为

$$A(f)=S(f)G(f;\boldsymbol{x},\xi)I(f) \tag{5.5.5}$$

显然，在源和台站的位置都固定，且记录仪器没有变化的情况下，对当量相同的填实和空腔爆炸，假定观测到的信号振幅谱分别为$A^{(\mathrm{t})}(f)$和$A^{(\mathrm{c})}(f)$，则对应的解耦因子曲线为

$$\mathrm{DF}(f)=\frac{A^{(\mathrm{t})}(f)}{A^{(\mathrm{c})}(f)} \tag{5.5.6}$$

而低频解耦因子则为

$$\mathrm{DF}_0 = \lim_{f\to 0} \mathrm{DF}(f) \tag{5.5.7}$$

实践中，一般将显著低于填实爆炸源拐角频率处的 DF 值当作 DF_0。

在很多实验中，填实爆炸的当量 $W^{(\mathrm{t})}$ 可能不等于空腔爆炸的当量 $W^{(\mathrm{c})}$ (如美国 Salmon 和 Sterling 实验)。此时，需要将填实爆炸的源频谱折算为与空腔爆炸相同当量时的情况，即

$$\mathrm{DF}(f;W^{(\mathrm{c})}) = \frac{A^{(\mathrm{t})}(f)[S(f,W^{(\mathrm{c})})/S(f,W^{(\mathrm{t})})]}{A^{(\mathrm{c})}(f)} \tag{5.5.8}$$

式中，$\mathrm{DF}(f;W^{(\mathrm{c})})$ 为给定大小的空腔在当量 $W^{(\mathrm{c})}$ 时的解耦因子曲线；$S(f,W^{(\mathrm{t})})$ 为当量 W 的填实爆炸的理论源频谱，它可以根据第 3 章的爆炸源理论来进行估计。在低频的情况下，$S(f,W^{(\mathrm{c})})/S(f,W^{(\mathrm{t})}) = W^{(\mathrm{c})}/W^{(\mathrm{t})}$。

类似修正方法可以推广至具有不同埋深的实验中。此时，

$$\mathrm{DF}(f;W^{(\mathrm{c})},h^{(\mathrm{c})}) = \frac{A^{(\mathrm{t})}(f)[S(f;W^{(\mathrm{c})},h^{(\mathrm{c})})/S(f;W^{(\mathrm{t})},h^{(\mathrm{t})})]}{A^{(\mathrm{c})}(f)} \tag{5.5.9}$$

式中，$\mathrm{DF}(f;W^{(\mathrm{c})},h^{(\mathrm{c})})$ 为给定大小的空腔在埋深 $h^{(\mathrm{c})}$ 和当量 $W^{(\mathrm{c})}$ 时的解耦因子。

空腔解耦爆炸实验大部分情况下使用非常小当量的爆炸来进行模拟。可以简单地利用地下爆炸震源参数的当量比例关系将小当量实验的测量结果推算到大当量时的情况。记模拟实验的当量为 W_{ref}，空腔体积为 V_{ref}，实际测得的解耦因子随频率的变化为 $\mathrm{DF}_{\mathrm{ref}}(f)$。假定填实和空腔爆炸的源频谱均符合立方根折合关系，则对任意当量 W，在相同的空腔形状和比例空腔体积的情况下，其解耦因子曲线为

$$\mathrm{DF}(f) = \mathrm{DF}_{\mathrm{ref}}(f\cdot(W/W_{\mathrm{ref}})^{1/3}) \tag{5.5.10}$$

按照上述关系，1t 当量的实验在 10Hz 时的解耦因子和 1kt 当量的实验在 1Hz 时的解耦因子等效。

5.5.2　空腔解耦实验回顾

为实际研究空腔爆炸的地震效应及其解耦能力，美国、苏联和其他国家曾开展过相关的实验研究。其中比较有参考价值的实验包括美国 Cowboy 系列化爆实验、美国 Salmon/Sterling 实验、苏联吉尔吉斯系列化爆解耦实验、苏联 Azgir 核爆炸空腔部分解耦实验及 20 世纪 80 年代末和 21 世纪初先后在瑞典进行的系列空腔化爆实验等。

1. Cowboy 系列化爆实验

Cowboy 系列化爆实验是美国于 20 世纪 60 年代初在路易斯安那州一个盐丘中进行的实验。其目的是验证 Latter 等预测盐岩中的空腔爆炸的解耦效果。Latter 等(1961a)的理论预测结果于 1961 年正式发表。按照他们的预测，凝灰岩填实/盐岩空腔的解耦因子可达 300，即相同当量时，盐岩中完全解耦空腔爆炸的震源强度将只有凝灰岩中填实爆炸震源强度的 1/300。

Cowboy 系列化爆实验采用名为 Pelletol 的高爆炸药在地下约 250m 深的盐岩矿中进行。实验包括 7 对一一对应的等当量填实和空腔爆炸实验。这 7 对爆炸的当量为 9～900kg(填实爆炸的最大当量只有 450kg)，其中空腔爆炸在两个半径分别为 1.85m 和 4.5m 的球形空腔中进行，对应的比例空腔半径最小约为 19.2m/kt$^{1/3}$，最大达到了 88.9m/kt$^{1/3}$。

按照当时的分析结果(Herbst et al., 1961；Adams et al., 1960)，Cowboy 系列化爆实验得到的盐岩中的完全解耦因子约为 100，而比例半径最小的空腔爆炸的部分解耦因子约为 20。不过，Murphy(1980)指出 Cowboy 系列化爆实验使用的 Pelletol 炸药在不受约束，即空腔爆炸情况下所释放的能量大约只有填实爆炸时的 70%，因此相关实验的解耦因子应该只有当时分析结果的 0.7 倍。

2. 美国 Salmon/Sterling 实验

Salmon 和 Sterling 是在相同爆心位置上进行的一对填实/空腔核爆炸实验。其中 Sterling 实验是在 Salmon 实验留下的空腔中进行。理论上这样一对实验可以完全消除传播路径差异对解耦因子测量结果的影响，这种影响曾给 Cowboy 系列化爆实验数据的解释带来困难。

实验在美国密西西比州哈蒂斯堡附近的一个盐丘中进行。实验埋深约为 827.8m，Salmon 实验的当量为 5.3kt，于 1964 年 10 月 22 日进行。Salmon 实验后基于围岩中的永久位移测量估计的空腔半径为(22.3±2.7)m，而 6 个月后钻探测量得到的空腔半径为(17.4±0.6)m(Perret，1968a)。对上述差异的一种解释是，在这 6 个月中 Salmon 的爆炸空腔收缩了大约 5m(Glenn, 1993)。Sterling 实验于 1966 年 12 月 3 日进行，当量为 0.38kt，图 5.5.1 是 Sterling 实验空腔形状示意图。

Salmon/Sterling 实验的地震信号谱比值测量结果如图 5.5.2 所示(Springer et al., 1968)。根据这一测量结果，Sterling 实验在 1～3Hz 的解耦因子约为 70。这一结果常常被当作盐岩中的完全解耦因子而被广泛引用。不过，由于以下两方面的原因，Denny 等(1990)认为 Sterling 实验只是部分解耦的。首先，根据 Latter 完全解耦准则，Salmon 空腔只能完全解耦 0.21kt 的爆炸，而 Sterling 的当量达到了 0.38kt。其次，Sterling 空腔周围的岩石在 Salmon 实验时已受到一定程度的损伤和弱化。Denny 等(1990)对 Salmon/Sterling 实验的数据重新进行了仔细分析，得到 Sterling 实验的弹性半径应在 80m 左右，远大于其空腔半径。尽管如此，Denny 等

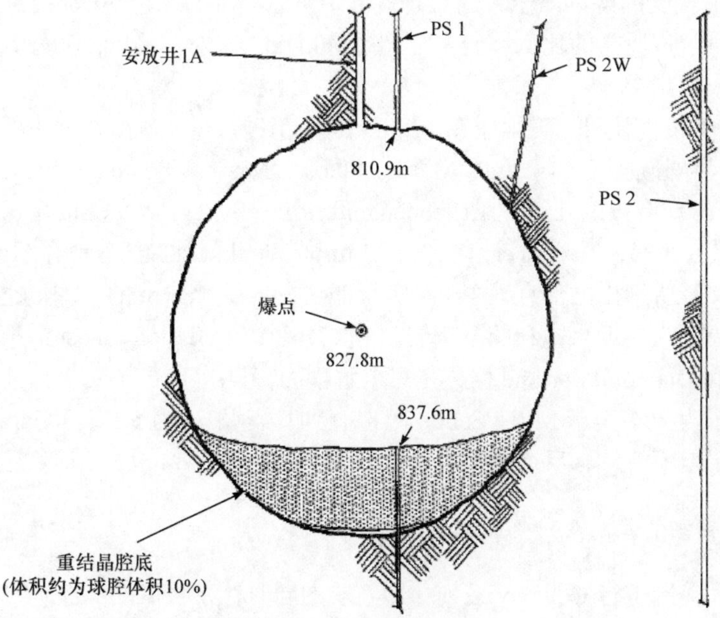

图 5.5.1 Sterling 实验空腔形状示意图(Perret, 1968b)

图中 PS 1、PS 2 和 PS 2W 均为爆后探孔

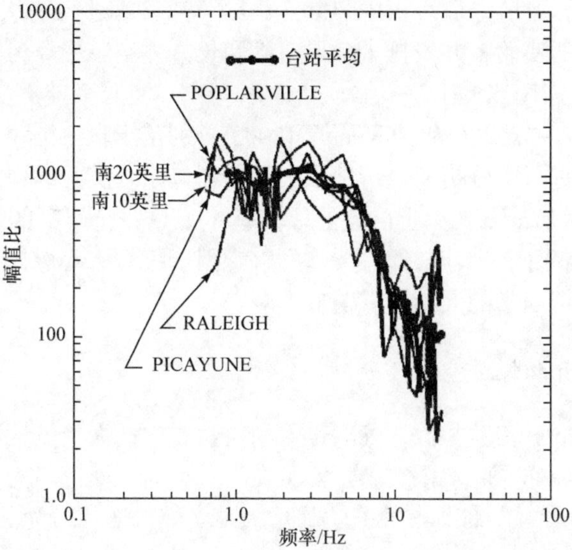

图 5.5.2 Salmon/Sterling 实验的地震信号谱比值测量结果

图中各个箭头旁边标注的文字为相应的测点名称

(1990)认为，即使能够实现完全解耦，Sterling 实验的解耦因子也不会显著高于 Springer 等(1968)的结果。与此相反，Glenn 等(1994) 根据他们的数值计算结果认为，Sterling 实验的解耦因子大约只有盐岩中可以实现的完全解耦因子的 36%，只是实现完全解耦所需的比例空腔半径超过 40m/kt$^{1/3}$。对 Sterling 实验，相当于将空腔半径增加到 29m。

除 Sterling 实验外，美国还在 1985～1992 年进行过 4 次凝灰岩中的空腔核爆炸实验，代号分别为 Mill Yard、Mission Ghost、Misty Echo 和 Diamond Fortune。关于这些实验，有限的几篇文献(Schoengold, 1999；Sykes, 1996；Smith et al., 1993；Garbin, 1993, 1986；Stevens et al., 1991；Murphy et al., 1988)部分地介绍或提及了。根据这些文献所给出的信息，这几次实验都是在半径为 11m 的半球形空腔中进行的，空腔周围为接近水饱和的凝灰岩。4 次实验中，Mission Ghost 的情况不详，Mill Yard 和 Diamond Fortune 据称是完全解耦的，其中 Garbin(1993)估计 Mill Yard 的解耦因子为 70。至于 Misty Echo，可以查到其震级 m_b 为 5.1 级，Garbin 分析认为该实验不但不解耦，反而略微有些增耦。

3. 苏联吉尔吉斯系列化爆解耦实验

几乎在美国进行 Cowboy 系列化爆实验的同时，苏联在吉尔吉斯的 Tywya 山区(40.4°N，72.6°E 附近)也进行了一系列的化爆解耦实验。根据 Murphy 等(1997)的研究，该系列实验在地下 290m 深的石灰岩中进行，总共包括 10 发填实和 12 发空腔爆炸实验，当量分别为 0.1t、1.0t 和 6t 不等。实验除了采用球形空腔以外，还有柱形空腔中的实验，并安排了球形空腔和长方体空腔中炸药贴近空腔壁的偏心爆炸实验各一发(图 5.5.3)。

Murphy 等(1997, 1996)和 Stevens 等(2003)分别基于自由场和地面台站的记录对这些实验重新进行了分析。分析结果表明，在该系列实验的埋深条件下，石灰岩中比例半径在 27m/kt$^{1/3}$ 以上的空腔爆炸基本上是完全解耦的，解耦因子约为 25。相关的分析结果同时表明，偏心爆炸的解耦因子仅有中心爆炸解耦因子的 1/2，而空腔形状对解耦因子的大小没有明显影响。

4. 苏联 Azgir 核爆炸空腔部分解耦实验

与美国 Sterling 实验类似，苏联也曾利用盐岩中的大当量地下核试验所形成的空腔来进行核爆炸空腔解耦实验。实验在哈萨克斯坦西部名为 Azgir 地区东北部的盐丘中进行(47.897°N，48.133°E 附近)，填实爆炸的代号为 Azgir-Ⅲ-1，当量为 64kt，埋深为 987m，时间为 1971 年 12 月 22 日。爆炸形成一个近似呈球形、等效半径约 36.2m 的空腔。解耦爆炸的代号为 Azgir-Ⅲ-2，其当量为 8～10kt。

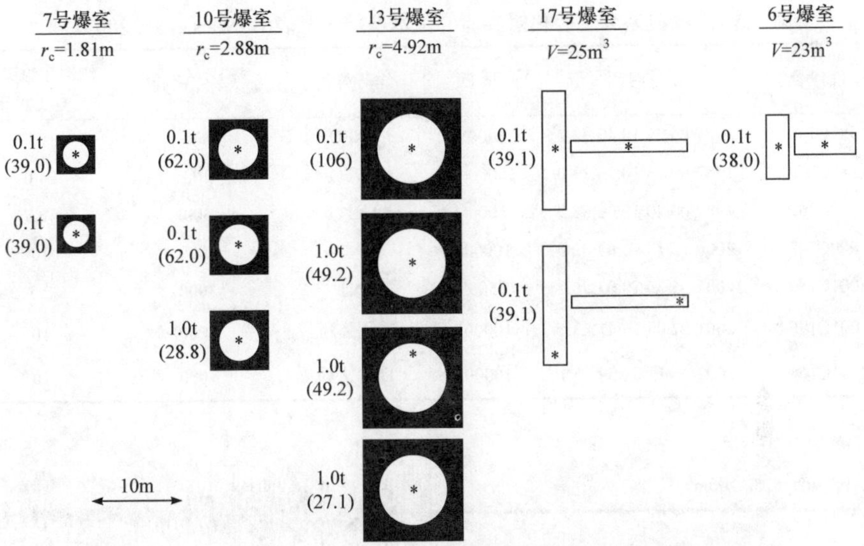

图 5.5.3　吉尔吉斯系列解耦爆炸实验的爆室大小、形状及炸药在空腔中的位置示意图(Murphy et al., 1997)

图中 6 号爆室尺寸近似为 6m×2m×2m，17 号爆室尺寸近似为 12m×2m×1m。*代表炸药在爆室中的位置，当量下方括号内的数字为比例空腔半径(m/kt$^{1/3}$)，其中在 6 号爆室和 17 号爆室的情况下为等体积的球腔对应的比例空腔半径

Sykes(1993)报告这两次爆炸的震级分别为 6.06±0.02 和 4.09±0.11。根据这两次爆炸的当量大小和震级差，并假定 Azgir-Ⅲ-2 的当量为 8kt，Glenn 等(1994)给出其解耦因子为 11.7。

除 Azgir-Ⅲ-2 以外，苏联还在该地区的另外一个充水空腔中进行过 6 次当量为 0.06～0.50kt 的核爆炸实验。该空腔是 1968 年 7 月 1 日进行的一次 27kt 的填实核爆炸留下的。埋深和等效半径分别约为 597m 和 28.9m。因为充水的缘故，这些爆炸并不解耦，而可能是增耦的(Murphy et al., 1996)。

5. 瑞典系列空腔化爆实验

在 1987～1989 年和 2000～2001 年两个时间段，瑞典中部的 Älvdalen Skjutfält 地区(61.46°N, 13.75°E 附近)地下 100m 深的花岗岩中先后进行过 7 次空腔化爆实验。表 5.5.1 是该系列空腔化爆实验的基本参数一览表。这些实验的特殊之处在于，三个分别位于瑞典和挪威的远距离地震台阵，即 HFS(瑞典，距离为 150km)、NORESS(挪威，距离为 150km)和 NOSAR(挪威)，都较好地记录到了这些实验产生的地震信号，作为例子，图 5.5.4 是部分瑞典空腔化爆实验在 NORESS 台阵单个子台上的信号对直观地了解现代化地震台站监测空腔解耦爆炸的能力有较好的参考意义。

表 5.5.1　瑞典系列空腔化爆实验的基本参数一览表(Stevens et al., 2003)

事件代号	爆炸时间	药量/kg	炸药类型	爆室体积/m^3	比例炸药质量/(kg/m^3)
1987C146	1987/05/26 10:47:38.2	5000	ANFO	300	16.7
1987C259	1987/09/16 10:36:13.0	5000	ANFO	200	25.0
1989C263	1989/09/20 10:06:03.5	5000	ANFO	300	16.7
2000C348	2000/12/13 10:03:02.0	10000	TNT	1000	10
2001C150	2001/05/30 10:03:56.2	2500	TNT	1000	2.5
2001C186	2001/07/05 10:41:23.5	10000	军用弹药	1000	10
2001C164	2002/06/13 08:59:25.1	10000	TNT/火药	1000	10

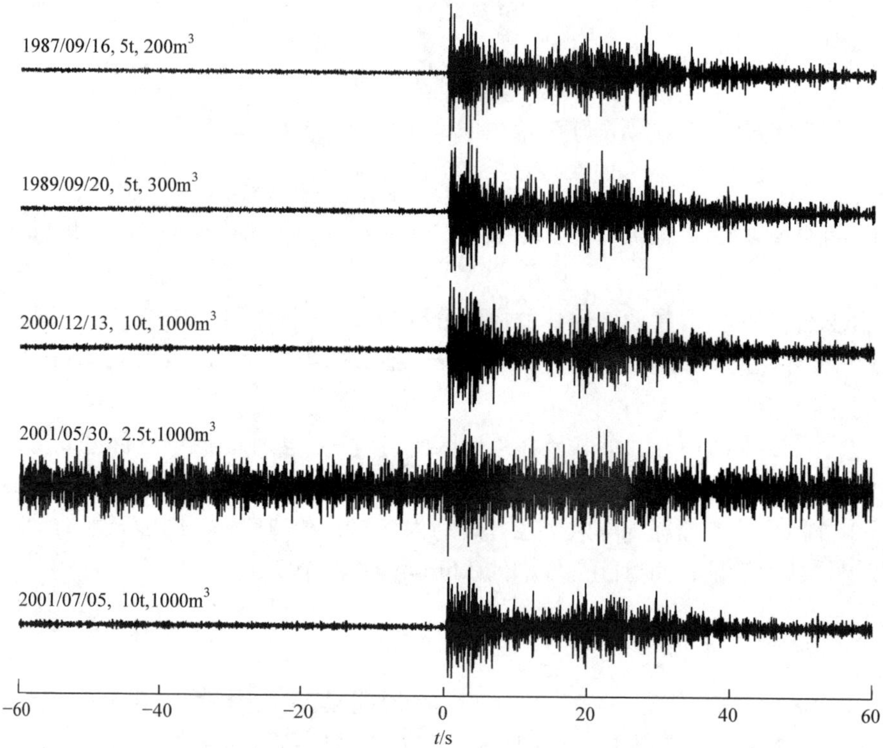

图 5.5.4　部分瑞典空腔化爆实验在 NORESS 台阵单个子台上的信号(8～16Hz 滤波)

Stevens 等(2003)根据区域及近区地震记录对这些实验的解耦程度进行了测量分析，图 5.5.5 是瑞典空腔解耦爆炸的解耦因子随比例炸药质量的变化，其中比例炸药质量的定义为爆炸当量除以空腔体积。需要指出的是，对于在瑞典进行的这一系列空腔爆炸实验，由于没有任何填实爆炸作为参照，难以确切地给出各次爆炸解耦因子的绝对大小，而图中实验结果实际上是假定比例空腔体积最大的

2001C150 爆炸的解耦因子为 100 而得到的。尽管如此，这些花岗岩介质中的空腔爆炸仍清楚地表明了比例炸药质量或等价的比例空腔体积对解耦因子大小的影响。例如，当比例炸药质量从约 20kg/m^3 减小到 10kg/m^3 以下时，解耦因子增加了 5～10 倍。

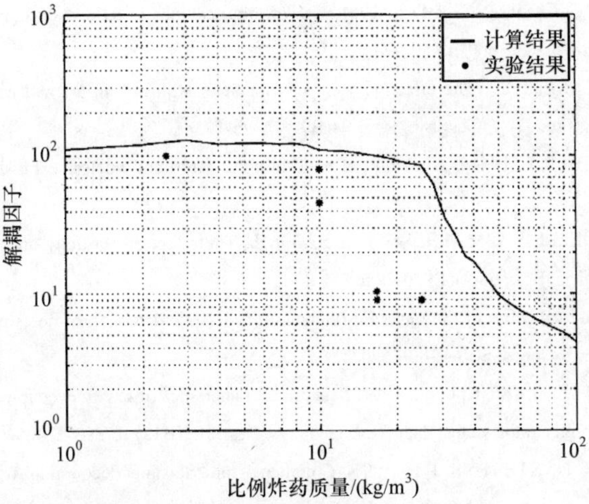

图 5.5.5　瑞典空腔解耦爆炸的解耦因子随比例炸药质量的变化(Stevens et al., 2003)

参 考 文 献

朱号锋，靳平，肖卫国，2009. 硬岩中地下爆炸震源函数的数值模拟[J]. 爆炸与冲击, 29(6): 648-653.

朱号锋，靳平，肖卫国，2010. 地下爆炸地震耦合效应的静态分析[J]. 地震学报, 32(2): 234-241.

ADAMS W M, CARDER D S, 1960. Seismic decoupling for explosions in spherical cavities [J]. Pure Appl. Geophys., 47(1): 17-29.

DENNY M D, GOODMAN D M, 1990. A case study of the seismic source function: SALMON and STERLING reevaluated [J]. J. Geophys. Res., 95(B12): 19705-19723.

DENNY M D, JOHNSON L R, 1991. The Explosion Seismic Source Function: Models and Scaling Laws Reviewed[M]// TAYLOR S R, PATTON H J, RICHARDS P G. Explosion Source Phenomenology, Washington D.C.: the America Geophysical Union.

DEY T N, 1993. Influence of equation of state and constitutive behavior on seismic coupling [C]// TAYLOR S R, KAMM J R. Proceedings of Numerical Modeling for Underground Nuclear Test Monitoring Symposium, Report LA-UR-93-3839, Los Alamos National Laboratory: 157-168.

GARBIN H D, 1986. Free-field and decoupling analysis of MILL YARD data [R]. Albuquerque: Sandia National Laboratories, SAND86-1702.

GARBIN H D, 1993. Coupling of an overdriven cavity [C]//TAYLOR S R, KAMM J R. Proceedings of Numerical Modeling for Underground Nuclear Test Monitoring Symposium., Report LA-UR-93-3839, Los Alamos National Laboratory: 349-356.

GLENN L, 1993. Energy-density effects on seismic decoupling [J]. J. Geophys. Res., 98(B2): 1933-1942.

GLENN L, GOLDSTEIN P, 1994. Seismic decoupling with chemical and nuclear explosions in salt [J]. J. Geophys. Res., 99(B6): 11723-11730.

HASKELL N A, 1961. A static theory of the seismic coupling of a contained underground explosion [J]. J. Geophys. Res., 66(9): 2937-2944.

HERBST R F, WERTH G C, SPRINGER D L, 1961. Use of large cavities to reduce seismic waves from underground explosions [J]. J. Geophys. Res., 66(3): 959-978.

KING D S, FREEMAN B E, 1989. The effective yield of a nuclear explosion in a small cavity in geologic material: Enhanced coupling revisited [J]. J. Geophys. Res., 94(B9): 12375-12385.

LATTER A L, LELEVIER R E, 1961a. A method of concealing underground nuclear explosions [J]. J. Geophys. Res., 66(3): 943-946.

LATTER A L, MARTINELLI E A, MATHEWS J, et al., 1961b. The effect of plasticity on decoupling of underground explosions [J]. J. Geophys. Res., 66(9): 2920-2936.

MURPHY J R, 1980. An evaluation of the factors influencing the seismic detection of decoupled explosions at regional distances [R]. La Jolla : S-Cubed, SSS-R-80-4570.

MURPHY J R, KITOV I O, RIMER N, et al., 1997. Seismic characteristics of cavity decoupled explosions in limestone: An analysis of Soviet high explosive test data [J]. J. Geophys. Res., 102(B12): 27393-27405.

MURPHY J R, RIMER N, STEVENS J L, 1996. Comments on “Seismic decoupling with chemical and nuclear explosions in salt” by L. Glenn and P. Goldstein [J]. J. Geophys. Res., 101(B1): 845-850.

MURPHY J R, STEVENS J L, RIMER N, 1988. High frequency seismic source characteristics of cavity decoupled underground nuclear explosions [R]. La Jolla : S-Cubed, SSS-R-88-9595.

PATTERSON D W, 1966. Nuclear decoupling, Full and Partial [J]. J. Geophys. Res., 71(14): 3427-3436.

PERRET W R, 1968a. Free-field particle motion from a nuclear explosion in salt, Part 1, Project Dribble, SALMON Event [R]. Albuquerque: Sandia Laboratory, VUF-3012.

PERRET W R, 1968b. Shear waves from a nuclear explosions in a salt cavity[J]. Bull. Seism. Soc. Am., 58(6): 2043-2051.

SCHOENGOLD C R, 1999. Operations Charioteer, Musketeer, Touchstone, Cornerstone, Aqueduct, Sculpin and Julin-Tests Mill Yard, Diamond Beech, Mighty Oak，Middle Note Mission Ghost, Mission Cyber, Misty Echo, Disko Elm, Mineral Quarry, Distant Zenith, Diamond Fortune, and Hunter Trophy [R]. Dulles: Defense Threat Reduction Agency, DSWA 6328F.

SMITH C W, BREEZE S P, 1993. Cavity gas pressure on Diamond Fortune [C] //OLSEN C W. Proceedings of the Seventh Symposium on containment of underground nuclear explosions, vol. I, Kent, Washington: 239-250.

SPRINGER D, DENNY M, 1968. The Sterling experiment: Decoupling of seismic waves by a shot-generated cavity [J]. J. Geophys. Res., 73(18): 5995-6011.

STEVENS J L, MURPHY J R, RIMER N, 1991. Seismic source characteristics of cavity decoupled explosions in salt and tuff [J]. Bull. Seism. Soc. Am., 81(4): 1272-1291.

STEVENS J L，RIMER N, XU H, et al., 2003. Analysis and simulation of cavity-decoupled chemical explosions [R]. San Diego: Science Application International Corporation, AFRL-VS-HA-TR-2004-1030.

SYKES L R, 1993. Underground nuclear explosions at Azgir, Kazakhstan, and implications for identifying decoupled nuclear testing in salt [R]. Hanscom: Phillips Laboratory, PL-TR-93-2155.

SYKES L R, 1996. Dealing with Decoupled Nuclear Explosions under a Comprehensive Test Ban Treaty [M]//

HUSEBYE E S, DAINTY A M. Monitoring a Comprehensive Test Ban Treaty, Dordtrecht: Kluwer Academic Publishers.

TERHUNE R W, SNELL C M, RODEAN H C, 1979. Enhanced coupling and decoupling of underground nuclear explosions [R]. Livermore: Lawrence Livermore Laboratory, UCRL-52806.

附　录

附录 5.1　空腔爆炸折合位移势的准静态弹塑性理论

参考 Glenn(1993)①、Haskell(1961)②和 Latter 等(1961)③，假定爆炸在半径为 r_0 的初始空腔中进行。在爆炸发生后的一瞬间，爆炸所释放的能量 W 均匀地分布在整个初始空腔范围内，使得空腔中的压力从 0 突然升高到 P_i。在该压力的作用下，空腔半径绝热地从 r_0 膨胀到 r_1，而空腔中的压力则从 P_i 下降到 P_{c}。假定在此过程中腔壁的运动足够缓慢，使得运动方程中的惯性力项可以忽略，则可以用准静态的弹塑性力学方法来研究该问题，并解析地求出爆炸的折合位移势大小。

假定空腔中的气体遵从理想气体状态方程，则有

$$P_i = \frac{3(\gamma-1)W}{4\pi r_0^3} \tag{A5.1.1}$$

$$P_{\mathrm{c}} = \frac{3(\gamma-1)W}{4\pi r_0^3}\left(\frac{r_0}{r_1}\right)^{3\gamma} \tag{A5.1.2}$$

以爆炸前介质所承受的静水压力状态为参考状态，用 P_0 表示为爆前岩石中的静水压力，σ_{rr}、$\sigma_{\theta\theta}$、$\sigma_{\phi\phi}$ 表示岩石中单纯由爆炸引起的局部应力大小，当拉应力为正，有 $\sigma_{\theta\theta}=\sigma_{\phi\phi}>\sigma_{rr}$，则岩石中的总应力为 $\sigma_{rr}-P_0$、$\sigma_{\theta\theta}-P_0$、$\sigma_{\phi\phi}-P_0$，它们需要满足：

$$\frac{\mathrm{d}\sigma_{rr}}{\mathrm{d}r}+\frac{2}{r}(\sigma_{rr}-\sigma_{\theta\theta})=0 \qquad \text{(平衡方程)} \tag{A5.1.3}$$

$$\sigma_{rr}-P_0\big|_{r=r_1}=-P_{\mathrm{c}} \qquad \text{(空腔边界条件)} \tag{A5.1.4}$$

假定 P_{c} 作用下发生塑性变形的最大半径为 r_2，根据屈服条件，对 $r_1<r<r_2$ 的岩

---

① GLENN L, 1993. Energy-density effects on seismic decoupling [J]. J. Geophys. Res., 98(B2): 1933-1942.

② HASKELL N A, 1961. A static theory of the seismic coupling of a contained underground explosion [J]. J. Geophys. Res., 66(9): 2937-2944.

③ LATTER A L, MARTINELLI E A, MATHEWS J, et al., 1961. The effect of plasticity on decoupling of underground explosions [J]. J. Geophys. Res., 66(9): 2920-2936.

石有

$$\sigma_{\theta\theta} - \sigma_{rr} = Y \quad (r_1 < r < r_2) \tag{A5.1.5}$$

式中，Y 为岩石的塑性屈服强度。当岩石服从 Mises 屈服准则或 Tresca 屈服准则时，Y 是与 σ_{rr}、$\sigma_{\theta\theta}$ 无关的常数。将式(A5.1.5)代入式(A5.1.3)，σ_{rr}、$\sigma_{\theta\theta}$ 在 $r_1 < r < r_2$ 的解为

$$\sigma_{rr} = 2Y\ln\frac{r}{r_1} - (P_c - P_0) \tag{A5.1.6}$$

$$\sigma_{\theta\theta} = Y\left(1 + 2\ln\frac{r}{r_1}\right) - (P_c - P_0) \tag{A5.1.7}$$

由上述结果可进一步求解 $r_1 < r < r_2$ 的质点位移。用 $a(r)$ 表示最终距离为 r 的质点在爆炸发生前的爆心距，相应的位移为

$$U(r) = r - a(r) \tag{A5.1.8}$$

而体膨胀系数为

$$\varDelta = \frac{r^2\mathrm{d}r - a^2\mathrm{d}a}{a^2\mathrm{d}a} = \frac{r^2}{a^2}\frac{\mathrm{d}r}{\mathrm{d}a} - 1 \tag{A5.1.9}$$

根据式(A5.1.8)和式(A5.1.9)，并利用关系：

$$U(r_1) = r_1 - r_0 \tag{A5.1.10}$$

可以求出

$$a^3 = (r - U)^3 = 3\int_{r_1}^{r} \frac{r^2\mathrm{d}r}{1 + \varDelta} + r_0^3 \tag{A5.1.11}$$

而

$$U = r - \left(r_0^3 + 3\int_{r_1}^{r} \frac{r^2\mathrm{d}r}{1 + \varDelta}\right)^{1/3} \tag{A5.1.12}$$

对硬岩及水饱和介质此类近似不可压缩的材料，一方面 $\varDelta \ll 1$，$(1+\varDelta)^{-1} \approx 1 - \varDelta$，代入式(A5.1.12)，得到：

$$U = r - \left(r_0^3 + r^3 - r_1^3 - 3\int_{r_1}^{r} \varDelta r^2\mathrm{d}r\right)^{1/3} \tag{A5.1.13}$$

另一方面，这类介质一般不会发生塑性体积变形，即其体积模量不会发生变化，因此

$$\varDelta = \frac{1}{3\lambda + 2\mu}(\sigma_{rr} + 2\sigma_{\theta\theta}) \tag{A5.1.14}$$

式中，λ、μ 为拉梅常数。代入 σ_{rr}、$\sigma_{\theta\theta}$ 的解，得到：

$$\varDelta = \frac{1}{3\lambda + 2\mu}\left[-3(P_c - P_0) + 2Y\left(1 + 3\ln\frac{r}{r_1}\right)\right] \tag{A5.1.15}$$

将式(A5.1.15)代入式(A5.1.13)中，有

$$\begin{aligned} U(r) &= r - \left(r_0^3 + r^3 - r_1^3 - 3\int_{r_1}^{r} \varDelta r^2 \mathrm{d}r\right)^{1/3} \\ &= r - \left[r_0^3 + r^3 - r_1^3 + \frac{3(P_c - P_0)}{3\lambda + 2\mu}(r^3 - r_1^3) - \frac{6Y}{3\lambda + 2\mu} r^3 \ln\frac{r}{r_1}\right]^{1/3} \end{aligned} \tag{A5.1.16}$$

在 $r = r_2$ 处，式(A5.1.16) 中[ ]内的值等于 r_2^3 加上一个相对小量，因此有

$$U(r_2) \approx \frac{r_1^3 - r_0^3 - \dfrac{3(P_c - P_0)}{3\lambda + 2\mu}(r_2^3 - r_1^3) + \dfrac{6Y}{3\lambda + 2\mu} r_2^3 \ln\dfrac{r_2}{r_1}}{3r_2^2} \tag{A5.1.17}$$

而

$$\phi_\infty = r_2^2 U(r_2) = \frac{r_1^3 - r_0^3}{3} + \frac{r_1^3}{3\lambda + 2\mu}\left\{-(P_c - P_0)\left[\left(\frac{r_2}{r_1}\right)^3 - 1\right] + 2Y\left(\frac{r_2}{r_1}\right)^3 \ln\frac{r_2}{r_1}\right\} \tag{A5.1.18}$$

式(A5.1.18)是根据 $r_1 < r < r_2$ 中的位移、应力解得到的折合位移势。对 $r > r_2$ 的区域，介质的响应为完全弹性的，其中的位移和应力的解为

$$U = \phi_\infty r^{-2} \tag{A5.1.19}$$

$$\sigma_{rr} = -4\mu\phi_\infty r^{-3} \tag{A5.1.20}$$

$$\sigma_{\theta\theta} = 2\mu\phi_\infty r^{-3} \tag{A5.1.21}$$

利用 $r = r_2$ 的应力连续条件，有

$$-(P_c - P_0) + 2Y\ln\frac{r_2}{r_1} = -4\mu\phi_\infty / r_2^3 \tag{A5.1.22}$$

$$-(P_c - P_0) + Y\left(1 + 2\ln\frac{r_2}{r_1}\right) = 2\mu\phi_\infty / r_2^3 \tag{A5.1.23}$$

由它们可以得到：

$$P_c - P_0 = \frac{2}{3}Y\left(1 + 3\ln\frac{r_2}{r_1}\right) \tag{A5.1.24}$$

$$\phi_\infty = Yr_2^3 / 6\mu \tag{A5.1.25}$$

在给定 W、r_0、Y、P_0 的情况下，由式(A5.1.24)、式(A5.1.25)、式(A5.1.2)和式(A5.1.18)，可求解出 4 个未知量 r_1、r_2、P_c 和 ϕ_∞。有关结果参见图 5.3.1 和图 5.3.2。这里只进一步讨论准静态解中的小比例空腔爆炸的增耦效应及其背后的原因。

从图 5.3.1 可以看出，对准静态解，在 $r_0/W^{1/3}$ 非常小时，ϕ_∞ / W 随 $r_0/W^{1/3}$ 的减小而指数式地减小。这一结果实际上与图 5.3.2 所示的 r_1 / r_0 和 r_2 / r_1 随 $r_0/W^{1/3}$ 的变化有关。为说明这一点，首先将式(A5.1.22)和式(A5.1.23)代入式(A5.1.16)，得到：

$$\left(\frac{r_0}{r_1}\right)^3 = 1 - \frac{3Y}{\mu}\left(\frac{1-2\nu}{1+\nu}\right)\left[-\ln\frac{r_2}{r_1} - \frac{1}{3} + \frac{1}{2}\left(\frac{1-\nu}{1-2\nu}\right)\left(\frac{r_2}{r_1}\right)^3\right] \tag{A5.1.26}$$

$r_0/W^{1/3} \to 0$ 时，$r_0 / r_1 \to 0$，而 r_2 / r_1 趋于一个常数 C，因此有

$$C^3 = \frac{2\mu}{3Y}\left(\frac{1+\nu}{1-\nu}\right) + \frac{2}{3}\left(\frac{1-2\nu}{1-\nu}\right) + 2\left(\frac{1-2\nu}{1-\nu}\right)\ln C \tag{A5.1.27}$$

因为一般情况下 $\mu \gg Y$，忽略式(A5.1.27)等号右边的第 2 项和第 3 项，可以得到：

$$C \approx \left[\frac{2\mu}{3Y}\left(\frac{1+\nu}{1-\nu}\right)\right]^{1/3} \tag{A5.1.28}$$

利用上述结果，并根据式(A5.1.24)可知，$r_0/W^{1/3} \to 0$ 时 P_c 也趋近于常数，且

$$P_c = P_0 + \frac{2}{3}Y(1 + 3\ln C) \approx P_0 + \frac{2}{3}Y\left[1 + \ln\frac{2\mu}{3Y}\left(\frac{1+\nu}{1-\nu}\right)\right] \tag{A5.1.29}$$

另外，由式(A5.1.2)有

$$\left(\frac{r_1}{r_0}\right)^3 = \left[\frac{3(\gamma-1)W}{4\pi P_c}\right]^{1/\gamma} r_0^{-3/\gamma} \tag{A5.1.30}$$

进而有

$$\left(\frac{r_1}{r_0}\right) = \left[\frac{3(\gamma-1)}{4\pi P_c}\right]^{1/3\gamma} (r_0 W^{-1/3})^{-1/\gamma} \tag{A5.1.31}$$

根据式(A5.1.31)，当 $r_0 / W^{1/3} \to 0$ 时，$\ln(r_1 / r_0)$ 和 $\ln(r_0 / W^{1/3})$ 的斜率应该为 $-1/\gamma$。另外，由式(A5.1.25)有

$$\frac{\phi_\infty}{W} = \frac{Y}{6\mu} r_2^3 / W = \frac{Y}{6\mu}\left(\frac{r_2}{r_1}\right)^3\left(\frac{r_1}{r_0}\right)^3 r_0^3 / W$$

因此当 $r_0 W^{-1/3} \to 0$ 时，有

$$\frac{\phi_\infty}{W} = \frac{Y}{6\mu} C^3 \left[\frac{3(\gamma-1)W}{4\pi P_c}\right]^{1/\gamma} r_0^{-3/\gamma}(r_0^3/W) \propto \left(r_0/W^{1/3}\right)^{3-3/\gamma} \tag{A5.1.32}$$

因为 $\gamma>1$，所以当 $r_0 W^{-1/3}$ 很小时，ϕ_∞/W 会随初始比例空腔半径的增加而增加，即会出现空腔增耦的现象。式(A5.1.32)的另外一个有趣的推论是，对于准静态解，当 $r_0/W^{1/3} \to 0$ 时，$\phi_\infty/W \to 0$，导致这一结果的原因同样包含在式(A5.1.31)中。按照式(A5.1.31)，$r_0/W^{1/3} \to 0$ 时，$r_1 W^{-1/3} \propto (r_0 W^{-1/3})^{1-1/\gamma}$，即最终的比例空腔半径会随初始比例空腔半径趋近于 0 而趋近于 0。因为 ϕ_∞ 正比于空腔膨胀而向外流出的净体积，当 $r_0 \to 0$ 时，有 $\phi_\infty \propto \Delta V = 4\pi r_1^3/3$。由于 $r_0/W^{1/3} \to 0$ 时，$r_1/W^{1/3} \to 0$，因此 ϕ_∞/W 也将趋近于 0。

尽管 $r_0/W^{1/3} \to 0$ 时，$\phi_\infty/W \to 0$，但此时岩石中的能量耦合系数，即爆炸对岩石所做的功占爆炸总能量之比 $\mathscr{E}$ 反而是趋近于 1 的。理论上

$$\mathscr{E} \equiv (1/W)\int_{r_0}^{r_1} \frac{3(\gamma-1)}{4\pi} \frac{W}{r_0^3}\left(\frac{r_0}{r}\right)^{3\gamma} 4\pi r^2 \mathrm{d}r = 1-\left(\frac{r_1}{r_0}\right)^{3(1-\gamma)} \tag{A5.1.33}$$

因此当 $r_0/W^{1/3} \to 0$ 时，有 $\mathscr{E} \to 1$。

上述现象在基于 Hook 定律的动态数值模拟结果中也存在(图 5.3.3)。这一看似矛盾的现象背后，在于 Hook 定律未能反映岩石材料的热力学效应。在这种情况下，耦合进岩石的能量能够全部以热能的形式沉积到岩石中而不引起介质中的机械扰动。

第 6 章　地震信号与地震事件检测

6.1　地震观测基础

6.1.1　地震仪及其响应

地震监测技术中，用来记录地震信号的专门仪器称为地震仪(seismograph)，它通常由地震计(seismometer)和记录仪两部分组成。地震计的功能是将地面运动的机械信号转换为电信号，其工作原理如图 6.1.1 所示。地面运动时，地震计中的质量块在惯性和弹簧回复力的共同作用下与固定在地面上的地震计外壳发生差异运动，通过对这种差异运动的测量可以得到地面运动的时间过程。关于地震计的详细理论和技术可参见有关著作(Havskov et al.，2007；傅淑芳等，1991)，这里不做具体介绍。地震计有单分量地震计和三分量地震计两种。前者只能记录地球质点在一个方向上的运动，而后者能同时记录质点在三个相互垂直的方向(一般为垂向和相互垂直的两个水平方向)上的运动。记录仪负责将传感器的输出用适当的方式保存下来。早期的地震记录仪多采用滚筒纸的记录方式，而现代化的地震记录仪就是简单的一台数字化数据采集仪。

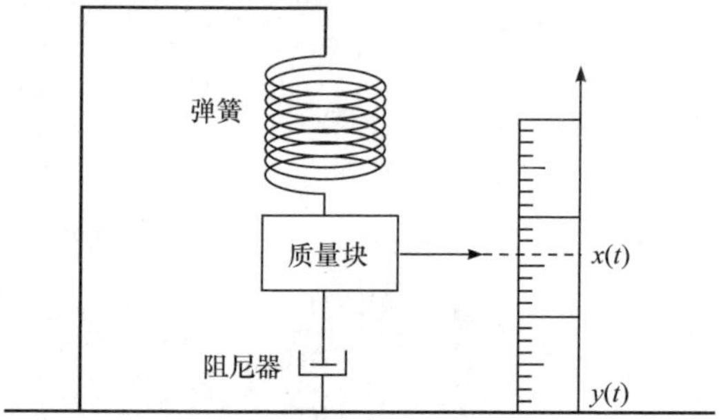

图 6.1.1　地震计工作原理示意图(Havskov et al., 2007)

任何地震仪，特别是其中的地震计部分都有一定的频率响应范围。对具体的一台地震仪，其信号输出为地面质点运动和仪器响应，也称传递函数的卷积。记质点在特定方向上的位移为 $d(t)$，地震仪的冲激响应为 $i_D(t)$，则地震仪在相应记录分量上的输出为

$$s(t)=d(t)\otimes i_D(t) \tag{6.1.1}$$

或是在频率域中，有

$$S(\omega)=D(\omega)I_D(\omega) \tag{6.1.2}$$

这里用大写字母来代表相应时间函数的傅里叶变换。为便于阅读，这里再次说明，对任意时间域中的函数 $f(t)$ ，本书中它与其傅里叶变换 $F(\omega)$ 之间的关系为

$$F(\omega)=\int_{-\infty}^{\infty} f(t)\mathrm{e}^{\mathrm{i}\omega t}\mathrm{d}t\ ,\quad f(t)=\frac{1}{2\pi}\int_{-\infty}^{\infty} F(\omega)\mathrm{e}^{-\mathrm{i}\omega t}\mathrm{d}\omega \tag{6.1.3}$$

数字化地震记录带来的一个好处是可以很容易地将地震仪输出的信号转化为原始地运动的信号，无论想要的是地运动的位移、速度还是加速度。类似于式(6.1.2)，可以写出

$$S(\omega)=V(\omega)I_V(\omega) \tag{6.1.4}$$

$$S(\omega)=A(\omega)I_A(\omega) \tag{6.1.5}$$

式中，$V(\omega)$ 和 $A(\omega)$ 分别为地运动速度 $v(t)$ 和加速度 $a(t)$ 的频谱；$I_V(\omega)$ 和 $I_A(\omega)$ 分别为地震仪对速度和加速度的传递函数。因为 $V(\omega)=-\mathrm{i}\omega D(\omega)$ ， $A(\omega)=-\mathrm{i}\omega V(\omega)=-\omega^2 D(\omega)$ ，所以地震仪的不同类型输入的传递函数之间的关系为

$$I_D(\omega)=-\mathrm{i}\omega I_V=-\omega^2 I_A(\omega) \tag{6.1.6}$$

数字地震仪总的仪器响应主要由地震计自身的响应决定。如果地震计在其通带范围内对位移输入的响应是近似平坦的，则称为位移计。类似的有速度计和加速度计。除按响应类型区分外，地震计更多时候按其响应的通带范围区分为短周期地震计、长周期地震计和宽频带地震计等。目前，地震监测尤其是核爆炸地震监测中，使用最多的是宽频带地震计，其次是短周期地震计，而单纯的长周期地震计则逐渐减少。短周期地震计的通带范围一般从 1Hz 到数十赫兹，主要用于记录短周期体波信号。相比之下，宽频带地震计的低频截止频率要低很多，换算成周期都在数十秒以上，可同时记录短周期体波和长周期面波。

地震计的频率响应特性由它的传递函数来反映，通常可以表示为

$$H(s)=GA_0\frac{\prod(s-z_i)}{\prod(s-p_k)} \tag{6.1.7}$$

式中，$s=-\mathrm{i}\omega$ ；$H(s)$ 为仪器某种类型的传递函数(如速度传递函数)；$z_i(i=1,2,\cdots,n_z)$ 和 $p_k=(1,2,\cdots,n_p)$ 分别为传递函数的零点和极点；G 为仪器增益；A_0 为归一化因子，使得在指定的归一化频率 f_0 上，有 $|H(\mathrm{i}2\pi f_0)|=G$ 。为便于应用，附录 6.1 给出了部分经典模拟地震仪和常用现代地震计位移传递函数的零点和极点。图 6.1.2 是常见地震仪的归一化幅频响应曲线，其中对经典地震仪给出的是位移响应曲线，

对现代地震仪给出的是速度响应曲线。图中为方便区分不同仪器的传递函数，不同仪器的响应曲线乘以了不同的因子。

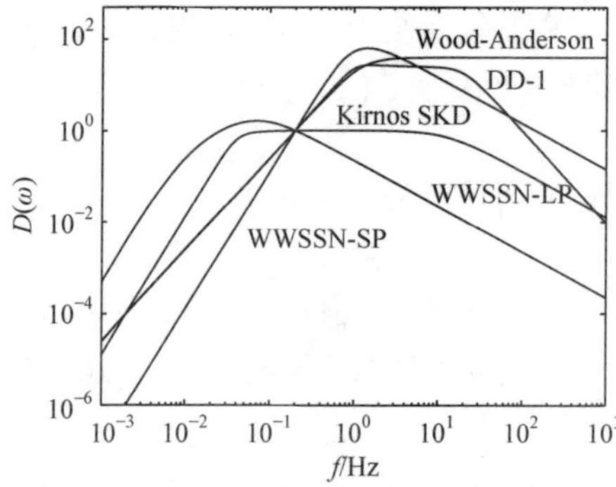

(a) 经典地震仪位移响应

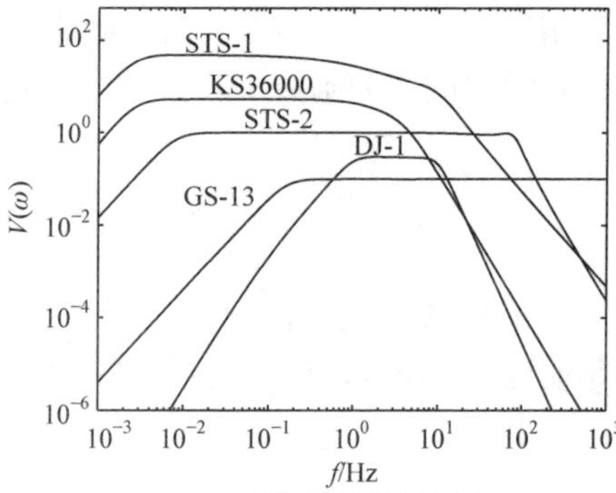

(b) 现代地震仪速度响应

图 6.1.2 常见地震仪的归一化幅频响应曲线

图中响应曲线对应的文字为相应地震仪或地震计的型号

6.1.2 地震噪声

实际的地震记录总是伴随有噪声，其中包括仪器噪声和环境本底噪声。尽管如此，现代化高灵敏度地震仪的仪器噪声要比地球上最安静地方的环境本底噪声低差不多 1 个量级以上，基本可以忽略不计，因此地震监测中通常所说的噪声主要是指台站处的环境本底噪声。

台站本底噪声在多数情况下是平稳和随机的，其特性可用它的功率谱密度来表征。将经过仪器响应校正后的噪声记录为 $n(t)$，其功率谱密度为

$$P(\omega)=\int_{-\infty}^{\infty} p(\tau)\mathrm{e}^{\mathrm{i}\omega\tau}\mathrm{d}\tau \tag{6.1.8}$$

式中，$p(\tau)=\langle n(t)n(t+\tau)\rangle$ 为 $n(t)$的自相关函数。

实践中，噪声功率谱可用下面的方法进行估计。截取一段长度为 T 的噪声记录，得到相应的振幅谱 $N(\omega)$，则 $P(\omega)$ 的一个估计为

$$\tilde{P}(\omega)=\frac{1}{T}\left|N(\omega)\right|^2 \tag{6.1.9}$$

通常情况下，为更加准确地得到 $P(\omega)$，可以取不同的噪声记录段，分别得到相应的功率谱估计，再求它们的平均。

当 $n(t)$为位移记录时，相应的噪声功率谱为位移功率谱 $P_d(\omega)$。类似地，有速度功率谱 $P_v(\omega)$ 和加速度功率谱 $P_a(\omega)$，它们之间的关系为

$$P_a(\omega)=\omega^2 P_v(\omega)=\omega^4 P_d(\omega) \tag{6.1.10}$$

在国际单位制下，$P_d(\omega)$、$P_v(\omega)$ 和 $P_a(\omega)$ 的单位分别为 $\mathrm{m^2/Hz}$、$\mathrm{(m/s)^2/Hz}$ 和

$(\mathrm{m/s^2})^2/\mathrm{Hz}$。除此以外，噪声功率谱密度大小也常以分贝(dB)为单位来表示其相对于某个参考值 P_{ref} 的大小，即

$$\mathrm{dB} = 10\lg\left(P / P_{\mathrm{ref}}\right) \tag{6.1.11}$$

一般分别选用 $1\mathrm{m^2/Hz}$、$1(\mathrm{m/s})^2/\mathrm{Hz}$ 或 $1(\mathrm{m/s^2})^2/\mathrm{Hz}$ 作为 $P_d(\omega)$、$P_v(\omega)$、$P_a(\omega)$ 的参考值，即定义：

$$P_d[\mathrm{dB}] = 10\lg[P_d / (1\mathrm{m}^2 / \mathrm{Hz})] \tag{6.1.12a}$$

$$P_v[\mathrm{dB}] = 10\lg\left\{P_v / \left[1(\mathrm{m/s})^2 / \mathrm{Hz}\right]\right\} \tag{6.1.12b}$$

$$P_a[\mathrm{dB}] = 10\lg\left\{P_a / \left[1(\mathrm{m/s}^2)^2 / \mathrm{Hz}\right]\right\} \tag{6.1.12c}$$

根据上述定义和式(6.1.9)，显然

$$P_a[\mathrm{dB}] = P_v[\mathrm{dB}] + 20\lg(2\pi f) = P_d[\mathrm{dB}] + 40\lg(2\pi f) \tag{6.1.13}$$

根据功率谱密度可以估计时间域中本底噪声经带通滤波之后的均方根幅值的大小，即

$$A_{\mathrm{rms}} = [2\overline{P}(f_{\mathrm{u}} - f_{\mathrm{l}})]^{1/2} \tag{6.1.14}$$

式中，f_{l} 和 f_{u} 分别为滤波器通带的下限频率和上限频率；$\overline{P}$ 为它们之间的平均噪声功率谱。这里，需要特别加以说明的是，按一般的噪声功率谱的定义，即式(6.1.8)，本底噪声的能量是对称分布于正、负频率上的，因此正频率对应的噪声功率的积分仅为时间域中噪声总功率的 1/2，这也是在式(6.1.14)的中括号中取 $2\overline{P}(f_{\mathrm{u}} - f_{\mathrm{l}})$ 的原因。这样定义的功率谱被称为数学功率谱。除此以外，有的文献采用所谓工程功率谱的概念，它相当于认为信号的所有能量都分布在正频率上，因此其大小为数学功率谱的两倍。

式(6.1.14)显示噪声或信号在时间域中的幅值大小与滤波器的通带宽度有关。关于滤波器通带，除了用其上、下限频率来表示之外，也可以采用相对带宽 RBW 和中心频率 f_{c} 来表示，其中

$$f_{\mathrm{c}} = (f_{\mathrm{u}} \times f_{\mathrm{l}})^{1/2} \tag{6.1.15}$$

而

$$\mathrm{RBW} = (f_{\mathrm{u}} - f_{\mathrm{l}}) / f_{\mathrm{c}} \tag{6.1.16}$$

定义：

$$f_{\mathrm{u}} / f_{\mathrm{l}} = 2^n = 10^m \tag{6.1.17}$$

相应的 n 和 m 分别被称为信号通带的倍频程数(octaves)和 10 倍频程数(decades)。容易得到：

$$f_c = f_1 \times 2^{n/2} = f_1 \times 10^{m/2} \tag{6.1.18}$$

而

$$\text{RBW} = (2^n - 1) / 2^{n/2} = (10^m - 1) / 10^{m/2} \tag{6.1.19}$$

由于所处的环境不同，不同台站平均的本底噪声大小差异非常悬殊，但基本上在 Peterson (1993)提出的新高、低噪声模型之间(图 6.1.3)。为降低台站本底噪声对台站监测能力的影响，地震台站的台址应尽可能避开各种明显的噪声源，其中包括城镇、道路、工厂及河流与湖泊等。

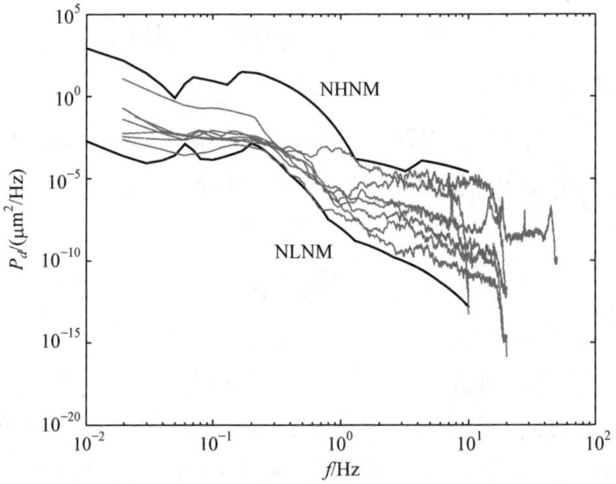

图 6.1.3　地震噪声位移功率谱范围

图中上、下两条粗黑线分别对应 Peterson(1993)提出的地球新高噪声模型(NHNM)和新低噪声模型(NLNM)，它们之间的灰实线为不同台站本底噪声实际观测结果

6.1.3　台站与台阵

地震台站是进行地震监测的最基本单元。其主要设备包括地震计、数据记录仪，另外还包括相应的供电、通信设备或设施等。图 6.1.4 是一个地窖式短周期地震台示意图。

地震台站分为单分量台站、三分量台站和台阵三种类型。单分量地震台通常仅装备一台短周期垂向地震仪，只能记录地面在垂向上的运动。历史上，很多台网在设计时出于经济方面的考虑选择部分使用单分量地震台。这主要是因为当时不同分量的地震计是相互独立的，三分量地震计意味着三倍的费用。同时，在模拟设备时代，三分量记录也不便于分析，而垂向记录本身则基本满足日常监测在定位和震级计算方面的需要。随着高灵敏度一体式三分量地震计和多通道数字记录仪的出现和普及应用，除少部分特殊情况外，单分量地震台已基本让位于三分

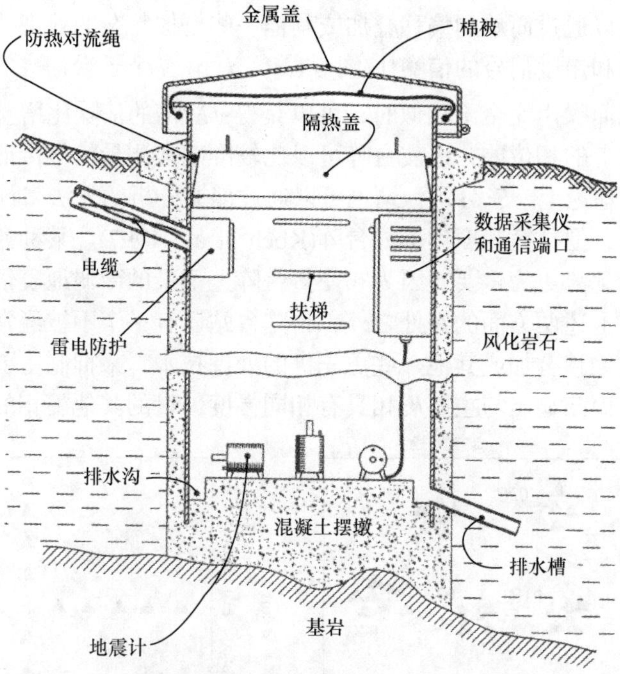

图 6.1.4　地窖式短周期地震台示意图(Trnkoczy et al., 2002)

量地震台。

三分量地震台是最常见的地震台。一个三分量地震台至少需要装备一套三分量地震仪，可以完整地记录地面质点的运动矢量。三分量地震台应用的地震计有短周期地震计、宽频带地震计和甚宽频带地震计，它们大多具有速度平坦型的仪器响应。短周期地震计的通带下限频率一般在 1Hz 左右，能够测量从 0.1Hz 到数十赫兹的信号。宽频带地震计的通带一般在 0.01～50Hz。至于甚宽频带地震计，其通带下限频率则低至 0.001Hz，足以分辨地球固体潮引起的扰动。

多数三分量地震台只装备了一套宽频带三分量地震仪。对核爆炸地震监测来说，这样的台站足以满足其在事件检测、定位、识别、当量估算和震源特性研究等各方面的需求。部分高质量的三分量台站用甚宽频带加短周期地震仪的组合来替代一般的宽频带三分量地震仪，以满足更加基础的地震科学研究的需要。此外，有的简易性质的地震台站则只有一套短周期地震仪，这样的地震台站只能满足地震体波信号测量分析的需要，对需要用到长周期面波信号的情况(如计算面波震级 M_S)，则无法满足要求。

地震台阵是地震监测中非常特殊的一类台站。它由一定尺度空间范围内的多个子台按一定的规则排列组成(图 6.1.5)，其中各子台之间的距离应使得它们记录的信号高度相似而噪声不相似。与普通三分量地震台站相比，台阵的好处非常明显。首先，可以通过简单的偏移叠加或其他一些更加复杂的处理技术，提高具有特定传播方向和慢度信号的信噪比(图 6.1.6)。对由 N 个子台构成的一个台阵，在信号完全相似而噪声完全不相似时，可以获得 $\sqrt{N}$ 倍的信噪比增益。其次，根据信号在各子台上的相位差，地震台阵可以比较准确地测量信号传播的方位角和慢度(图 6.1.7)。理论上，三分量台站也可以通过偏振分析的方法来计算 P 波信号的方位角和慢度，但估算精度远不如台阵(Koch et al., 1997)。某种意义上，地震台阵在此方面的优势更为重要，因为它使得台阵上记录的微弱地震信号更加容易得到解释。除了上述两方面的好处之外，台阵台站还有一个不被经常提及的好处，就是可以通过偏移叠加或其他一些更先进的处理技术，来抑制主要震相波尾中的散射成分，从而凸显出与主要震相具有相同慢度矢量的其他震相的信号。这方面

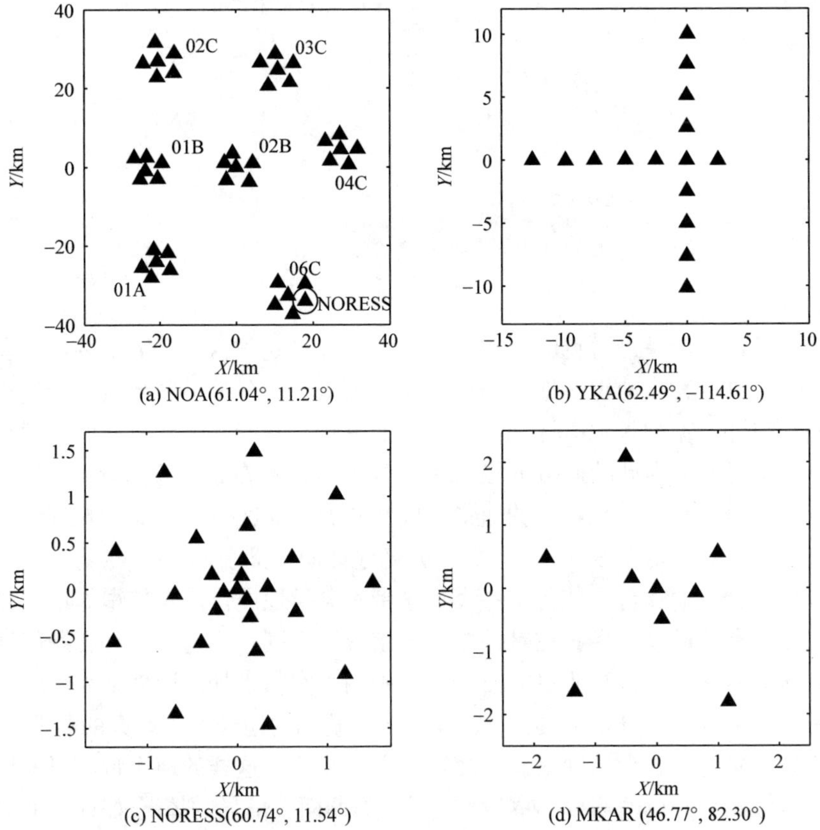

图 6.1.5　地震台阵示例

图中挪威的 NOA 台阵是由 6 个中孔径台阵组成的大孔径台阵，NORESS 小孔径台阵位于其中的 06C-02 子台附近(图中圆圈所示)，后者是国际上第一个小孔径台阵，由 25 个子台按同心圆方式分布构成。哈萨克斯坦的 MKAR 台阵是 NORESS 台阵的缩减版，只有 9 个子台，是 IMS 中应用最多的台阵类型。加拿大的 YKA 台阵则是中等孔径十字或 L 形台阵的典型代表，其他一些建成时间较早的台阵也采用了类似结构

最常见的一个应用是地表反射震相 pP 和 sP 的识别。这两种震相一般具有和直达 P 波几乎完全相同的慢度大小，且它们与直达 P 波的到时差对震源深度极其敏感，正确地识别 pP 和 sP 对精确估算震源深度和区分事件性质都有重要意义。

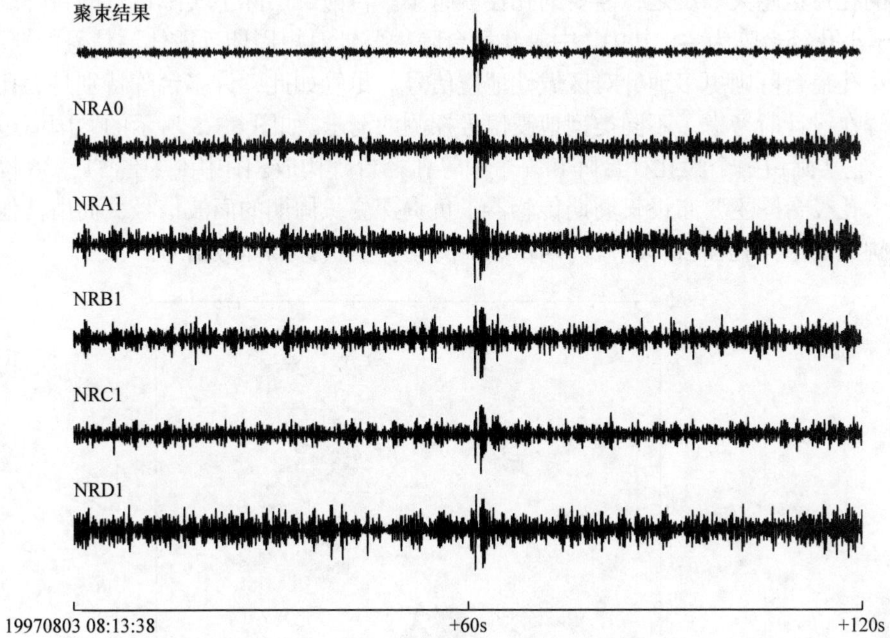

图 6.1.6　聚束方法增强台阵记录信噪比

图中为 1997 年 8 月 3 日哈萨克斯坦塞米巴拉金斯克一次 25t 地下爆炸在挪威 NORESS 台阵上经 3～6Hz 带通滤波之后的信号，最上面的一道是聚束后的结果，其余为部分子台上的波形

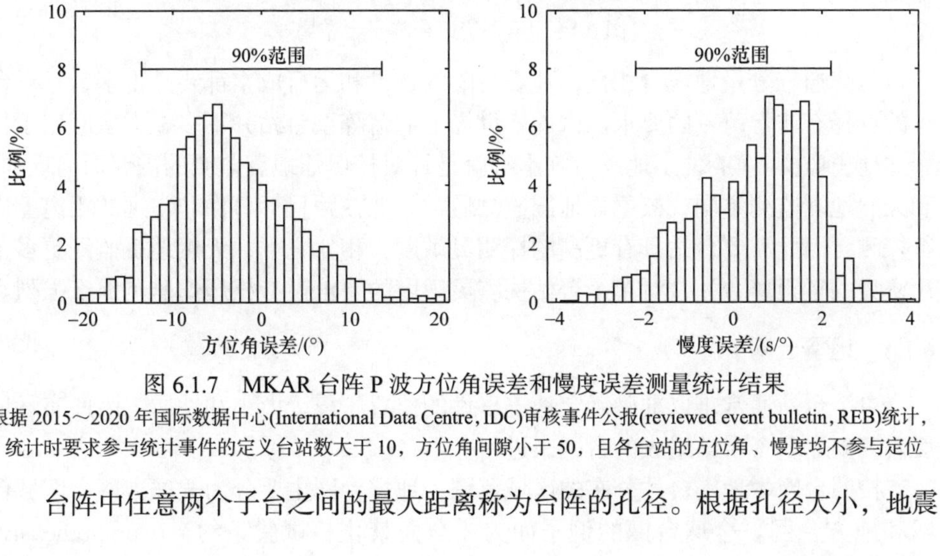

图 6.1.7　MKAR 台阵 P 波方位角误差和慢度误差测量统计结果

根据 2015～2020 年国际数据中心(International Data Centre，IDC)审核事件公报(reviewed event bulletin，REB)统计，统计时要求参与统计事件的定义台站数大于 10，方位角间隙小于 50，且各台站的方位角、慢度均不参与定位

台阵中任意两个子台之间的最大距离称为台阵的孔径。根据孔径大小，地震

台阵可以分为大孔径台阵、中等孔径台阵、小孔径台阵和微台阵，它们的孔径分别为数十公里以上乃至上百公里、10～20km、3km左右和小于1km。实践中，孔径的选择主要与需要探测信号的频率和波长范围有关。频率越低，波长越大，需要的孔径也越大。反之，需要的孔径就越小。目前，国际上实际运行的台阵以中等、小孔径台阵为主，其中，中等孔径台阵主要针对短周期远震体波信号的探测，而小孔径台阵则更多地针对区域性地震信号。尽管如此，许多台阵特别是大孔径台阵在设计时考虑了不同类型地震信号探测的需求。如图6.1.8所示的泰国清迈台阵，它实际由一个大孔径台阵和一个中等孔径台阵构成。图中由子台31～36构成的大孔径台阵主要布设长周期传感器，负责探测长周期的面波信号，而由其他子台构成的中等孔径台阵以短周期传感器为主，负责探测体波信号。

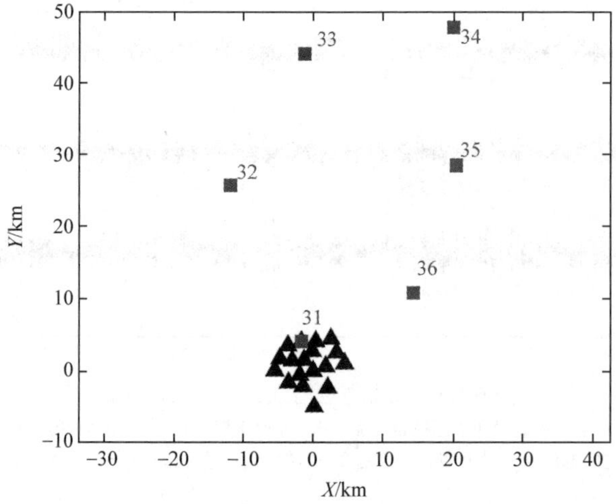

图 6.1.8　泰国清迈台阵子台布局

与普通三分量地震台相比，地震台阵的建设和运行成本都要高得多，且对台址的选择有非常苛刻的要求。因此，世界上的台阵型台站并不多，大多应用于核爆炸地震监测。实际上，地震台阵本身就是针对核爆炸地震监测的需要而出现的。和天然地震监测不同，核爆炸地震监测通常只能在距目标事件非常远的距离上进行探测，因此需要台站具有更高的探测灵敏度。相比之下，天然地震监测更多采用密集的近距离台站，对单个台站探测灵敏度的要求没有核爆炸监测那么强烈。

6.1.4　地震台网

单个台站通常难以准确确定地震事件的位置、震级大小和性质，因此实际地震监测要靠多个台站组成的台网来进行。

按照台网中地震台站分布的区域范围，地震台网主要分为全球台网、区域台网和地方台网。全球台网的例子如为《全面禁止核试验条约》(Comprehensive

Nuclear-Test-Ban Treaty，CTBT)核查而建立的国际监测系统(International Monitoring System，IMS)中的地震台网。它由分布在全世界的 50 个基本地震台站和 120 个辅助地震台站组成，这些地震台站和另外 60 个次声监测台站、11 个水声监测台站和 80 个放射性核素监测台站一起，构成完整的、覆盖从陆地到海洋、地下到大气层的全球核爆炸监测台站网络。区域地震台网的典型尺度在 1000km 量级，主要目的是对相关区域范围内的地震活动进行监测。地方台网台站的覆盖范围更小，主要用于比较小的一个地区或某些重要设施和目标(如水利大坝、矿山)附近的地震监测，其典型尺度在 100km 左右。

地震台网的布局和台站密度对台网监测能力有很大影响。台网的监测能力可用一定置信度下对不同地方地震事件的探测阈值和定位不确定度来表示。理论上，台网中地震台站的分布越密集，其对台网覆盖区域范围内的探测能力越强，定位精度也越高。然而，台站数量的增加会导致台网建设和运行维护成本增加。因此，如何在满足监测能力要求的同时保持合理的效费比，是台网设计所需要考虑的问题。设计台网时，首先应明确定义一个地震事件所需要的最小台站数 K，同时确定需要监测的区域范围和相应的震级阈值。在此基础上，通过优化设计，使得震级在目标阈值以上的事件能以要求的置信度(如 90%)在 K 个以上的台站上同时记录到信号，且记录到信号的台站能够较好地包围事件，以便足够准确地定位。需要强调的是，确定一个地震事件所需要的最小台站数通常是台网中心的一种质量控制措施，目的是保证其确定地震事件的真实可靠性。例如，IDC 要求进入其审核事件公报中的地震事件要在三个以上的基本台站上记录到信号。这并不意味着基本台站数不足三个时相应的事件就不存在。事实上，对区域性地震事件，在记录到由 P 波、S 波构成的完整波列的情况下，由单个台站的记录就能确定事件的真实性，并可以进行定位。在只有远震信号的情况下，即便要求 3 个台站同时记录到信号，也有可能是虚假事件，或是存在非常大(极端情况下可能上千公里)的定位误差。

6.1.5　地震信号

震源辐射的地震波，经过在地球内部的传播之后，到达地震台站，引起台站所在位置处的质点运动并被记录下来，就成为通常意义上的地震信号。

根据地震震级大小、震中距和震相类型的不同，地震信号的幅值和频率范围有非常大的变化。其中，在幅值大小方面，环境噪声非常低的高灵敏度台站上，能探测到的最弱的地震信号的幅值仅有几纳米每秒(换算成位移往往还不到 1nm)，而在近距离强震的情况下，信号幅值可能超过普通地震仪的动态响应范围，达到米每秒的量级。在频率大小方面，一般速度平坦型宽频带地震仪记录的体波信号的优势频率在 0.1Hz 到数十赫兹，而面波信号的优势频率或者周期则可能从数秒到近百秒。对于同样一种类型的地震信号，尤其是体波信号，地震的震级和震中距越大，信号的优势频率越低。至于面波信号，除了震级大小可能对信号优势频率产生影响以外，震源深度也是非常重要的影响因素。

地震信号的记录被称为地震图(seismogram)。对相同的地震信号，仪器响应不同，地震图的形状特征也不相同。不过，对于数字地震记录，可以比较方便地将一种仪器记录的地震图转换或者仿真成另一种仪器的输出。假定一种地震仪的传递函数为 $I_A(\omega)$，其记录的地震图为 $s_A(t)$，需要求同一地运动信号在传递函数为 $I_B(\omega)$ 的另一种地震仪上的输出 $s_B(t)$。为此，对 $s_A(t)$ 进行傅里叶变换，得到 $S_A(\omega)$，计算

$$S_B(\omega)=I_B(\omega)S_A(\omega)/I_A(\omega) \tag{6.1.20}$$

再进行傅里叶逆变换，即可得到 $s_B(t)$。

一个地震在台站上的地震记录通常是由不同震相信号构成的波列。对不同距离上的地震，由于可发育的震相类型和震相之间的到时差不同，相应的地震图具有明显的差异和特征(图 6.1.9)。关于不同震中距上的常见震相，读者可参见本章后面所列的参考文献(Bormann et al.，2002；傅淑芳等，1991；Kulhánek，1990)，

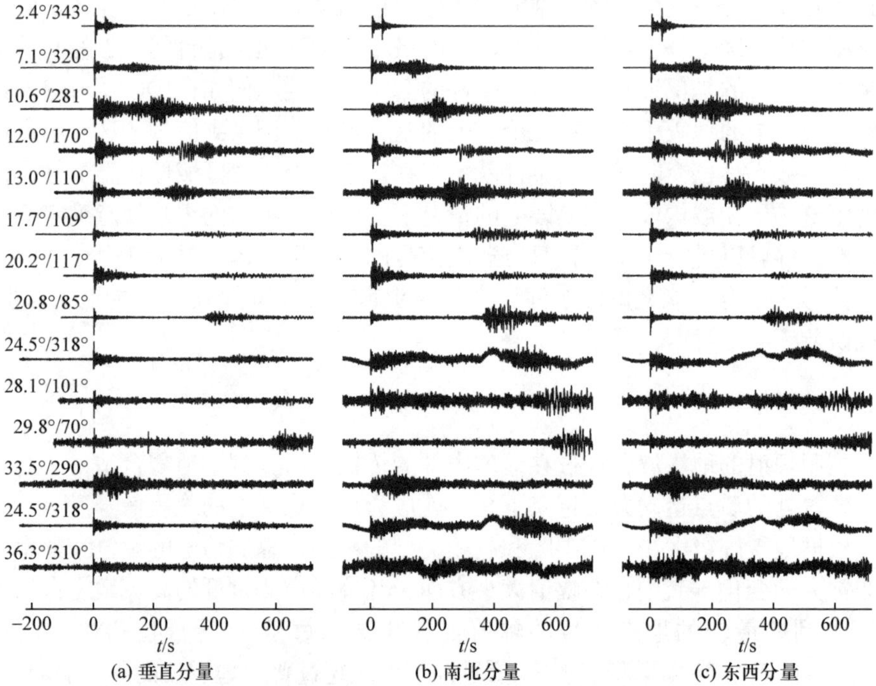

图 6.1.9 某次地下核爆炸在不同地震台站上的原始宽频带记录

图中垂直分量左边标注的第一个数字为相应台站的震中距，第二个数字为方位角

这里不一一赘述。此处要强调的是，震相的判读识别是地震信号处理分析中一项非常重要的内容，除了能够更加准确可靠地检测和定位事件以外，也是人们了解地球内部结构和地震波传播衰减规律的重要信息来源。

6.2　增强信号信噪比

在许多情况下，尤其是在核爆炸地震监测时，需要面对的地震信号比较微弱，为能够检测出相应的信号，并足够准确地估计信号特征，往往需要先采用适当方法增强信号的信噪比。这里简要介绍频率滤波和台阵聚束这两种基本的增强地震信号信噪比的方法，并介绍单通道和台阵情况下基于最大似然原理的优化滤波理论。

6.2.1　频率滤波

频率滤波是最常用的增强地震信号信噪比的方法。一般情况下，噪声和信号的频率成分并不一致，因此选择信号相对较强而噪声相对较弱的频率窗口来进行滤波，可以有效提高信号在时间域中的信噪比(图 6.2.1)。地震分析中，最常用的滤波方法是带通、低通和高通滤波。它们可以统一用以下形式的线性常系数差分方程：

$$\sum_k a_k y(n-k) = \sum_r b_r x(n-r) \tag{6.2.1}$$

来表示。式中，$x(n)$ 和 $y(n)$ 分别为滤波器的输入和输出；a_k 和 b_r 为滤波器系数。假定信号的采样间隔为 T，则滤波器在频率域中的等效传递函数为

$$H(\omega) = \frac{\sum_r b_r \mathrm{e}^{-\mathrm{i}r\omega T}}{\sum_k a_k \mathrm{e}^{-\mathrm{i}k\omega T}} \tag{6.2.2}$$

频率滤波理论上是基于傅里叶变换的技术。除此以外，也可以采用基于尺度变换的小波分解技术来增强信号的信噪比。两者在物理本质上没有区别，且通常情况下可以取得相似的信噪比增强效果。

6.2.2　频率优化滤波

尽管单纯进行事件检测时滤波是否会引起地震信号的失真并不重要，但在利用 P 波信号的初动方向来识别地震事件的性质或是确定地震的震源机制解时，普通带通滤波导致的信号失真会对信号初动方向的判读带来很大影响。相比之下，Douglas (1997)基于噪声和信号自相关函数模型的频率优化滤波方法可以较好地克服这一问题。

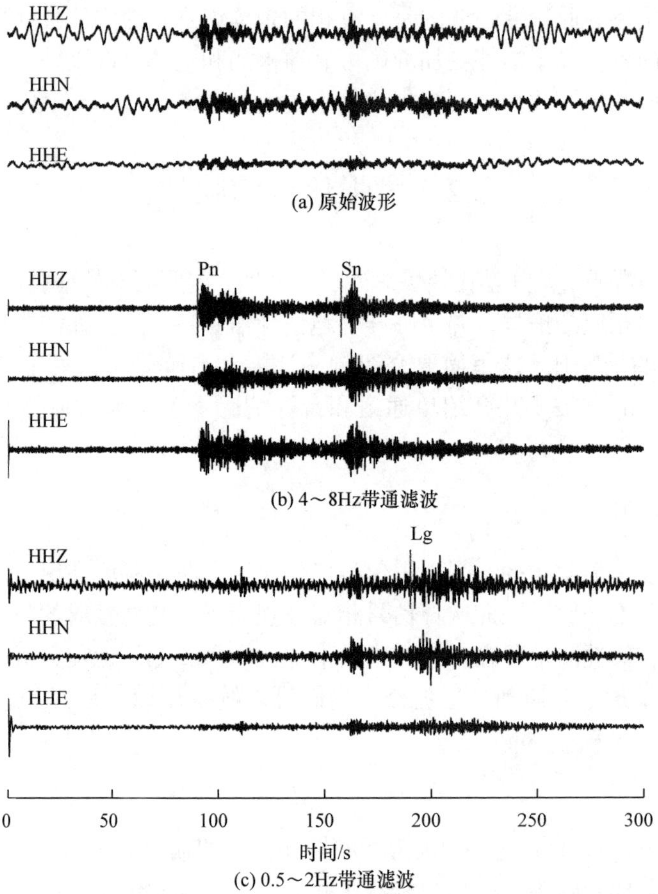

图 6.2.1　应用带通滤波提高信号信噪比示例

图中给出的是 1997 年 8 月 3 日塞米巴拉金斯克一次 25t 地下爆炸在距离 BRVK 地震台约 680km 处的三分量记录。经过不同频带的带通滤波之后，Pn 波、Sn 波和 Lg 波信噪比分别得到明显改善

假定一段同时包含噪声和信号的单通道数据，用 $\boldsymbol{d}=(d(1),d(2),\cdots,d(N))^{\mathrm{T}}$ 表示观测信号，并用类似的列向量 $\boldsymbol{s}$ 、$\boldsymbol{n}$ 分别表示真实信号和噪声，则有

$$\boldsymbol{s}+\boldsymbol{n}=\boldsymbol{d} \tag{6.2.3}$$

现在，希望根据 $\boldsymbol{d}$ 来估计出 $\boldsymbol{s}$。如果对 $\boldsymbol{s}$ 和 $\boldsymbol{n}$ 的性质一无所知，上述问题肯定是无解的。为此，假定噪声和信号互不相关且各自服从正态分布，并假定它们的自相关矩阵 $\boldsymbol{C}_n=<\boldsymbol{n}\boldsymbol{n}^{\mathrm{T}}>$、$\boldsymbol{C}_s=<\boldsymbol{s}\boldsymbol{s}^{\mathrm{T}}>$是先验知道的。

上述问题为更一般的问题，即

$$\boldsymbol{A}\boldsymbol{s}+\boldsymbol{n}=\boldsymbol{d} \tag{6.2.4}$$

的特殊情况，式中，$\boldsymbol{A}$、$\boldsymbol{s}$、$\boldsymbol{n}$、$\boldsymbol{d}$ 都可以是复数。对这类问题，Franklin(1970)提出一种随机逆算法来进行求解，其结果为

$$\widehat{\boldsymbol{s}} = \boldsymbol{C}_s \boldsymbol{A}^{\tilde{\mathrm{T}}} (\boldsymbol{A}\boldsymbol{C}_s \boldsymbol{A}^{\tilde{\mathrm{T}}} + \boldsymbol{C}_n)^{-1} \boldsymbol{d} \tag{6.2.5}$$

式中，上标“$\tilde{\mathrm{T}}$”表示矩阵或向量的复共轭转置。关于随机逆算法的详细介绍，感兴趣的读者可参考徐果明(2003)。从 6.2.4 小节将可以看到，由最大似然法可以给出相同的结果。

利用上述理论，容易得到方程(6.2.3)的解为

$$\widehat{\boldsymbol{s}} = \boldsymbol{C}_s (\boldsymbol{C}_n + \boldsymbol{C}_s)^{-1} \boldsymbol{d} \tag{6.2.6}$$

Douglas (1997)将这一结果称为优化滤波方法，并对其和维纳滤波之间的关系进行了讨论。对于实际问题，噪声和信号的自相关函数都不可能准确知道。但是，Franklin(1970)曾论证，只需要对它们粗略了解即可利用式(6.2.6)来较好地估算信号。因此，具体应用时，$\boldsymbol{C}_s$ 可用仪器的冲激响应并假定不同的信噪比来构建，而 $\boldsymbol{C}_n$ 则由信号前的实际噪声来估计。图 6.2.2 给出了用上述方法来进行滤波的一个例子。一般而言，这一方法可在不引起明显失真的情况下将短周期信号从低频噪

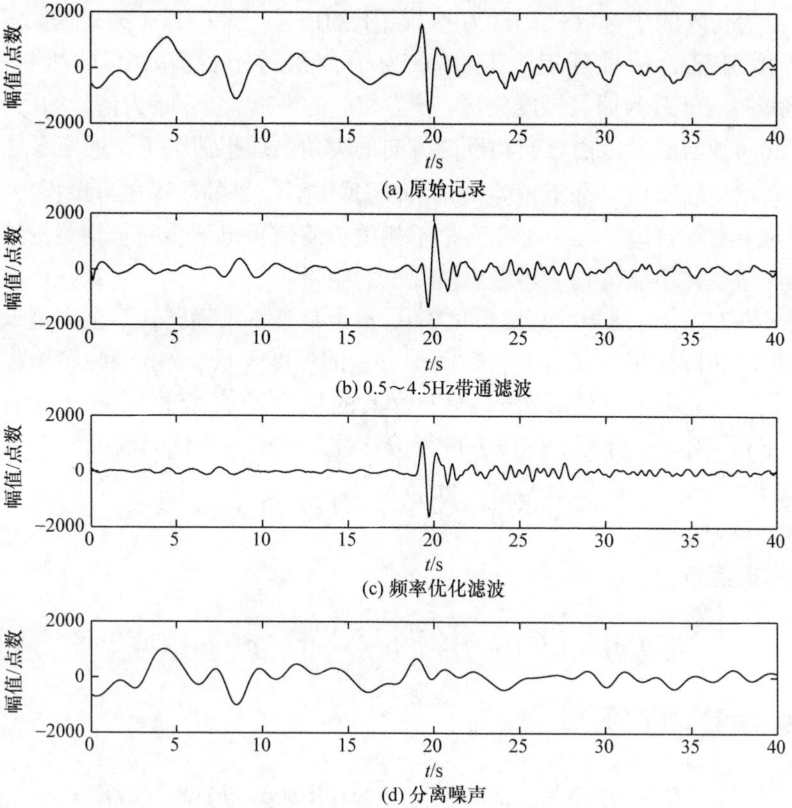

(a) 原始记录

(b) 0.5～4.5Hz带通滤波

(c) 频率优化滤波

(d) 分离噪声

图 6.2.2　频率优化滤波应用示例

声脉动中分离出来。

图 6.2.2 是频率优化滤波应用示例。其中，图 6.2.2(a)为一次地下核爆炸在距离 78.7° 的远震台站上的宽频带原始记录；图 6.2.2(b)是 0.5～4.5Hz 带通滤波后的结果；图 6.2.2(c)是频率优化滤波结果；图 6.2.2(d)是优化滤波过程中分离出的噪声。从图中可见，带通滤波引起了明显的信号畸变，使得信号的初动方向难以判断。相较之下，频率优化滤波则很好地将信号从噪声中分离出来。

6.2.3　台阵聚束

前面两种滤波方法针对的都是单通道信号，且本质上都属于频率滤波技术。然而，在台阵的情况下，则可以进一步采用空间滤波方法。聚束，常常也称延时叠加，是其中最简单常用的一种方法，可以显著增强台阵信号的信噪比。

聚束可以简单地表示为

$$b(t)=\frac{1}{K}\sum_{i=1}^{K}s_i(t+\boldsymbol{p}\cdot\boldsymbol{x}_i) \tag{6.2.7}$$

式中，K 为台阵的子台数；$s_i(t)$ 为各子台上的信号记录；$\tau_i=\boldsymbol{p}\cdot\boldsymbol{x}_i$ 为第 i 个子台上由传播引起的信号延迟，其中 $\boldsymbol{x}_i$ 为子台相对于台阵中心的坐标位置，$\boldsymbol{p}=-p(\cos\phi,\sin\phi)$ 为信号慢度矢量，p 为相应的慢度大小，ϕ 为信号的后方位角，即从正北向到与信号传播方向相反的方向的夹角。理想情况下，假定各子台上的信号完全相关而噪声完全不相关，容易证明聚束后信号的信噪比可以提高 $\sqrt{K}$ 倍。不过，对于实际台阵，噪声并非完全不相关，而信号也不会完全相关，使得实际的信噪比增益并不能达到上述理想情况下的结果。

在式(6.2.7)中，信号的真实慢度矢量 $\boldsymbol{p}$ 常常是不精确已知甚至完全未知的，使得聚束时实际用来计算各子台时间偏移量的慢度矢量 $\tilde{\boldsymbol{p}}\neq\boldsymbol{p}$。为简单起见，假设除了传播造成的时延以外，各子台上的信号是完全相同的，即有 $s_i(t)=s(t-\boldsymbol{p}\cdot\boldsymbol{x}_i)$，则各子台信号在按 $\tilde{\boldsymbol{p}}$ 进行偏移叠加之后，得到的输出为

$$b(t,\tilde{\boldsymbol{p}};\boldsymbol{p})=\frac{1}{K}\sum_{i=1}^{K}s(t-(\boldsymbol{p}-\tilde{\boldsymbol{p}})\cdot\boldsymbol{x}_i) \tag{6.2.8}$$

而聚束后的能量：

$$E(\tilde{\boldsymbol{p}};\boldsymbol{p})=\int_{-\infty}^{\infty}b^2(t)\mathrm{d}(t)=\int_{-\infty}^{\infty}[\frac{1}{K}\sum_{i=1}^{K}s(t-(\boldsymbol{p}-\tilde{\boldsymbol{p}})\cdot\boldsymbol{x}_i)]^2\,\mathrm{d}t \tag{6.2.9}$$

利用 Parseval 定理，有

$$E(\tilde{\boldsymbol{p}};\boldsymbol{p})=\frac{1}{2\pi}\int_{-\infty}^{\infty}|S(\omega)|^2\left|\frac{1}{K}\sum_{i=1}^{K}\exp[\mathrm{i}\omega(\boldsymbol{p}-\tilde{\boldsymbol{p}})\cdot\boldsymbol{x}_i]\right|^2\mathrm{d}\omega \tag{6.2.10}$$

因为 $\boldsymbol{k}=\omega\boldsymbol{p}$ 为信号的波数矢量，定义：

$$C(\boldsymbol{k})=\frac{1}{K}\sum_{i=1}^{K}\exp(-\mathrm{i}\boldsymbol{k}\cdot\boldsymbol{x}_i) \tag{6.2.11}$$

式中，$C(\boldsymbol{k})$ 为台阵的传递函数(图 6.2.3)，则可将式(6.2.10)表示为

$$E(\tilde{\boldsymbol{p}};\boldsymbol{p})=\frac{1}{2\pi}\int_{-\infty}^{\infty}\left|S(\omega)\right|^2 \left|C(\omega(\tilde{\boldsymbol{p}}-\boldsymbol{p}))\right|^2 \mathrm{d}\omega \tag{6.2.12}$$

显然，当且仅当 $\tilde{\boldsymbol{p}}=\boldsymbol{p}$ 时，$|C(\omega(\tilde{\boldsymbol{p}}-\boldsymbol{p}))|$ 在所有频率上都等于 1，此时 $E(\tilde{\boldsymbol{p}};\boldsymbol{p})$ 等于输入信号的总能量并具有最大值。当 $\tilde{\boldsymbol{p}}\neq\boldsymbol{p}$ 时，输出信号的能量将随 $\tilde{\boldsymbol{p}}$ 相对于 $\boldsymbol{p}$ 的偏差增大而迅速衰减。

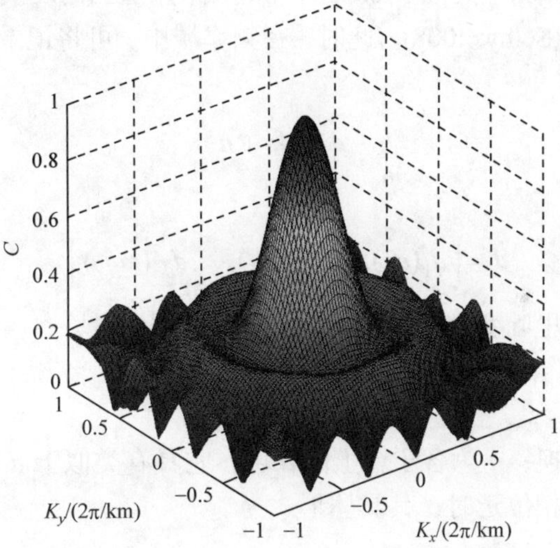

图 6.2.3　NORESS 台阵的传递函数(后附彩图)

可以从空间滤波的角度来理解聚束结果。实际地震波场是具有不同慢度矢量信号的叠加。用 $s(t,\boldsymbol{x})$ 来表示所有信号成分所引起的质点运动位移的时-空分布，$S(\omega,\boldsymbol{k})$ 为其在频率-波数域中的分布，两者之间的关系为

$$S(\omega,\boldsymbol{k})=\int S(\omega,\boldsymbol{x})\exp(-\mathrm{i}\boldsymbol{k}\cdot\boldsymbol{x})\mathrm{d}\boldsymbol{x}=\int s(t,\boldsymbol{x})\exp[\mathrm{i}(\omega t-\boldsymbol{k}\cdot\boldsymbol{x})]\mathrm{d}t\mathrm{d}\boldsymbol{x} \tag{6.2.13}$$

$$s(t,\boldsymbol{x})=\frac{1}{2\pi}\int S(\omega,\boldsymbol{x})\exp(-\mathrm{i}\omega t)\mathrm{d}\omega=\frac{1}{8\pi^3}\int S(\omega,\boldsymbol{k})\exp[-\mathrm{i}(\omega t-\boldsymbol{k}\cdot\boldsymbol{x})]\mathrm{d}\omega\mathrm{d}\boldsymbol{k} \tag{6.2.14}$$

利用上述概念，对式(6.2.8)进行傅里叶变换，并利用式(6.2.11)，可将聚束过程表示为

$$b(\omega,\tilde{\boldsymbol{p}})=\frac{1}{K}\sum_{i=1}^{K}S(\omega,\boldsymbol{x}_i)\exp(\mathrm{i}\omega\tilde{\boldsymbol{p}}\cdot\boldsymbol{x}_i)=\frac{1}{4\pi^2}\int S(\omega,\boldsymbol{k})C(\omega\tilde{\boldsymbol{p}}-\boldsymbol{k})\mathrm{d}\boldsymbol{k} \tag{6.2.15}$$

而聚束后输出的总能量为

$$E(\tilde{\boldsymbol{p}}) = \frac{1}{2\pi}\int_{-\infty}^{\infty} |b(\omega, \tilde{\boldsymbol{p}})|^2 \,\mathrm{d}\omega = \frac{1}{8\pi^3}\int |S(\omega, \boldsymbol{k})|^2 |C(\omega\tilde{\boldsymbol{p}} - \boldsymbol{k})|^2 \,\mathrm{d}\boldsymbol{k}\mathrm{d}\omega \quad (6.2.16)$$

上述结果表明，聚束结果可以表示为波数空间中信号的波数谱和台阵传递函数的卷积。在按 $\tilde{\boldsymbol{p}}$ 聚束时，波数偏差 $\Delta\boldsymbol{k} = \omega(\boldsymbol{p} - \tilde{\boldsymbol{p}})$ 较小的信号成分得以通过，而 $\Delta\boldsymbol{k}$ 较大的信号成分则被衰减掉。因此，聚束本质上是波数域上的滤波。由于波数空间和普通空间的对偶关系，文献中也常称其为空间滤波。

6.2.4 台阵优化滤波

除简单的聚束以外，类似于 6.2.2 小节，可采用适当的反演方法来更好地估计台阵所记录的信号(Selby, 2008)。此时，在频率域中，可将记录数据、信号和噪声之间的关系表示为

$$\boldsymbol{d} = \boldsymbol{A}\boldsymbol{s} + \boldsymbol{n} \quad (6.2.17)$$

式中，

$$\boldsymbol{d} = \left[d_1(\omega_1), \cdots, d_K(\omega_1), \cdots, d_K(\omega_{N_f}) \right]^{\mathrm{T}} \quad (6.2.18)$$

为各子台记录的傅里叶变换依次排列而构成的数据向量；

$$\boldsymbol{s} = \left[s(\omega_1), \cdots, s(\omega_{N_f}) \right]^{\mathrm{T}} \quad (6.2.19)$$

为信号的傅里叶变换；$\boldsymbol{n}$ 为各子台上的噪声，它具有类似于 $\boldsymbol{d}$ 的排列结构；$\boldsymbol{A}$ 为信号在各子台上的相位延时，其具体形式为

$$\boldsymbol{A} = \begin{bmatrix} \mathrm{e}^{-\mathrm{i}\omega_1\tau_1} & 0 & \cdots & 0 \\ \vdots & \vdots & \cdots & \vdots \\ \mathrm{e}^{-\mathrm{i}\omega_1\tau_K} & 0 & \cdots & 0 \\ 0 & \mathrm{e}^{-\mathrm{i}\omega_2\tau_1} & \cdots & 0 \\ \vdots & \vdots & \cdots & \vdots \\ 0 & \mathrm{e}^{-\mathrm{i}\omega_2\tau_K} & \cdots & 0 \\ \vdots & \vdots & \cdots & \vdots \\ 0 & 0 & \cdots & \mathrm{e}^{-\mathrm{i}\omega_{N_f}\tau_1} \\ \vdots & \vdots & \cdots & \vdots \\ 0 & 0 & \cdots & \mathrm{e}^{-\mathrm{i}\omega_{N_f}\tau_K} \end{bmatrix} \quad (6.2.20)$$

式中，$\tau_i = \boldsymbol{p} \cdot \boldsymbol{x}_i$ 为信号在第 i 个子台上的延时，而 $\boldsymbol{x}_i$ 为相应子台相对于台阵中心的坐标位置。显然，根据 $\boldsymbol{A}$ 的定义有

$$\boldsymbol{A}^{\tilde{\mathrm{T}}} \boldsymbol{A} = K\boldsymbol{I}^{(N_f \times N_f)} \tag{6.2.21}$$

假定噪声和信号的自相关矩阵 $\boldsymbol{C}_n$、$\boldsymbol{C}_s$ 已知，并假定噪声和信号不相关，则噪声 $\boldsymbol{n}$ 和信号 $\boldsymbol{s}$ 的联合概率密度为

$$f(\boldsymbol{n},\boldsymbol{s}) \propto \exp[-(\boldsymbol{n}^{\tilde{\mathrm{T}}} \boldsymbol{C}_n^{-1} \boldsymbol{n} + \boldsymbol{s}^{\tilde{\mathrm{T}}} \boldsymbol{C}_s^{-1} \boldsymbol{s})] \tag{6.2.22}$$

因为 $\boldsymbol{n} = \boldsymbol{d} - \boldsymbol{A}\boldsymbol{s}$，所以根据实际观测数据来估计信号 $\boldsymbol{s}$ 的问题可以表示为求 $\widehat{\boldsymbol{s}}$，使目标函数：

$$g(\widehat{\boldsymbol{s}}) = (\boldsymbol{d} - \boldsymbol{A}\widehat{\boldsymbol{s}})^{\tilde{\mathrm{T}}} \boldsymbol{C}_n^{-1} (\boldsymbol{d} - \boldsymbol{A}\widehat{\boldsymbol{s}}) + \widehat{\boldsymbol{s}}^{\tilde{\mathrm{T}}} \boldsymbol{C}_s^{-1} \widehat{\boldsymbol{s}} \tag{6.2.23}$$

最小。经过简单推导，可以证明：

$$g(\widehat{\boldsymbol{s}}) = \boldsymbol{d}^{\tilde{\mathrm{T}}} \boldsymbol{C}_n^{-1} \boldsymbol{d} - \boldsymbol{d}^{\tilde{\mathrm{T}}} \boldsymbol{C}_n^{-1} \boldsymbol{A}\widehat{\boldsymbol{s}} - \widehat{\boldsymbol{s}}^{\tilde{\mathrm{T}}} \boldsymbol{A}^{\tilde{\mathrm{T}}} \boldsymbol{C}_n^{-1} \boldsymbol{d} + \widehat{\boldsymbol{s}}^{\tilde{\mathrm{T}}} (\boldsymbol{A}^{\tilde{\mathrm{T}}} \boldsymbol{C}_n^{-1} \boldsymbol{A} + \boldsymbol{C}_s^{-1}) \widehat{\boldsymbol{s}} \tag{6.2.24}$$

由

$$\frac{\partial g(\widehat{\boldsymbol{s}})}{\partial \widehat{\boldsymbol{s}}} = -2\boldsymbol{A}^{\tilde{\mathrm{T}}} \boldsymbol{C}_n^{-1} \boldsymbol{d} + 2(\boldsymbol{A}^{\tilde{\mathrm{T}}} \boldsymbol{C}_n^{-1} \boldsymbol{A} + \boldsymbol{C}_s^{-1}) \widehat{\boldsymbol{s}} = 0$$

可得到 $\boldsymbol{s}$ 的估计为

$$\widehat{\boldsymbol{s}} = (\boldsymbol{A}^{\tilde{\mathrm{T}}} \boldsymbol{C}_n^{-1} \boldsymbol{A} + \boldsymbol{C}_s^{-1})^{-1} \boldsymbol{A}^{\tilde{\mathrm{T}}} \boldsymbol{C}_n^{-1} \boldsymbol{d} \tag{6.2.25}$$

利用恒等式：

$$(\boldsymbol{A}^{\tilde{\mathrm{T}}} \boldsymbol{C}_n^{-1} \boldsymbol{A} + \boldsymbol{C}_s^{-1})^{-1} \boldsymbol{A}^{\tilde{\mathrm{T}}} \boldsymbol{C}_n^{-1} = \boldsymbol{C}_s \boldsymbol{A}^{\tilde{\mathrm{T}}} (\boldsymbol{A}\boldsymbol{C}_s \boldsymbol{A}^{\tilde{\mathrm{T}}} + \boldsymbol{C}_n)^{-1} \tag{6.2.26}$$

也有

$$\widehat{\boldsymbol{s}} = \boldsymbol{C}_s \boldsymbol{A}^{\tilde{\mathrm{T}}} (\boldsymbol{A}\boldsymbol{C}_s \boldsymbol{A}^{\tilde{\mathrm{T}}} + \boldsymbol{C}_n)^{-1} \boldsymbol{d} \tag{6.2.27}$$

显然，式(6.2.27)也就是式(6.2.5)的随机逆解，即最大似然解和随机逆解是一致的。

尽管式(6.2.25)是通过最大似然法得到的，但 Selby(2008)将相同的结果称为 $\boldsymbol{s}$ 的最小二乘解。利用该结果，可进一步给出关于噪声的估计为

$$\widehat{\boldsymbol{n}} = \boldsymbol{d} - \boldsymbol{A}\widehat{\boldsymbol{s}} \tag{6.2.28}$$

而信号的后验误差、后验误差的协方差矩阵和信号分辨率矩阵分别为

$$\boldsymbol{\varepsilon} = \widehat{\boldsymbol{s}} - \boldsymbol{s} \tag{6.2.29}$$

$$\boldsymbol{C}_\varepsilon = \langle \boldsymbol{\varepsilon}\boldsymbol{\varepsilon}^{\tilde{\mathrm{T}}} \rangle = (\boldsymbol{A}^{\tilde{\mathrm{T}}} \boldsymbol{C}_n^{-1} \boldsymbol{A} + \boldsymbol{C}_s^{-1})^{-1} \tag{6.2.30}$$

$$\boldsymbol{R} = (\boldsymbol{A}^{\tilde{\mathrm{T}}} \boldsymbol{C}_n^{-1} \boldsymbol{A} + \boldsymbol{C}_s^{-1})^{-1} \boldsymbol{A}^{\tilde{\mathrm{T}}} \boldsymbol{C}_n^{-1} \boldsymbol{A} \tag{6.2.31}$$

利用式(6.2.30)定义的 $\boldsymbol{C}_\varepsilon$，并利用数据协方差矩阵：

$$\boldsymbol{C}_d = <\boldsymbol{d}\boldsymbol{d}^{\tilde{\mathrm{T}}}> = \boldsymbol{A}\boldsymbol{C}_s \boldsymbol{A}^{\tilde{\mathrm{T}}} + \boldsymbol{C}_n \tag{6.2.32}$$

可以将式(6.2.26)重写为

$$\boldsymbol{C}_\varepsilon \boldsymbol{A}^{\tilde{\mathrm{T}}} \boldsymbol{C}_n^{-1} = \boldsymbol{C}_s \boldsymbol{A}^{\tilde{\mathrm{T}}} \boldsymbol{C}_d^{-1} \tag{6.2.33}$$

Selby(2008)论证传统的台阵处理方法都是上述结果的特例。例如，当信噪比很大，使得 $\boldsymbol{C}_s^{-1}$ 和 $\boldsymbol{A}^{\tilde{\mathrm{T}}} \boldsymbol{C}_n^{-1} \boldsymbol{A}$ 相比能够忽略时，就得到最小功率估计(Douglas，1998；Capon et al.，1967)，即

$$\hat{\boldsymbol{s}}_{\mathrm{MP}} = (\boldsymbol{A}^{\tilde{\mathrm{T}}} \boldsymbol{C}_n^{-1} \boldsymbol{A})^{-1} \boldsymbol{A}^{\tilde{\mathrm{T}}} \boldsymbol{C}_n^{-1} \boldsymbol{d} \tag{6.2.34}$$

相应的信号误差的协方差矩阵和信号分辨率矩阵分别为

$$\boldsymbol{C}_{\mathrm{MP}} = (\boldsymbol{A}^{\tilde{\mathrm{T}}} \boldsymbol{C}_n^{-1} \boldsymbol{A})^{-1}, \quad \boldsymbol{R}_{\mathrm{MP}} = \boldsymbol{I} \tag{6.3.35}$$

而如果进一步假定各子台上的噪声是互不相关的且具有相同的功率，则得到：

$$\hat{\boldsymbol{s}}_{\mathrm{DS}} = \frac{1}{K} \boldsymbol{A}^{\tilde{\mathrm{T}}} \boldsymbol{d}, \quad \boldsymbol{C}_{\mathrm{DS}} = \frac{1}{K} \boldsymbol{C}_n', \quad \boldsymbol{R}_{\mathrm{DS}} = \boldsymbol{I} \tag{6.2.36}$$

这正是普通延迟叠加的结果，其中，

$$\boldsymbol{C}_n' = \begin{pmatrix} P_n(\omega_1) & & & \\ & P_n(\omega_2) & & \\ & & \ddots & \\ & & & P_n(\omega_{N_f}) \end{pmatrix} \tag{6.2.37}$$

为单个子台上的噪声自相关矩阵。

为更好地理解最大似然滤波结果的物理本质，对相关的运算过程做进一步的剖析。因为各频率上的噪声互不相关，所以 $\boldsymbol{C}_n$ 为分块对角矩阵，即

$$\boldsymbol{C}_n = E(\boldsymbol{n}\boldsymbol{n}^+) = \begin{bmatrix} {}_1\boldsymbol{C}_n & & & \\ & {}_2\boldsymbol{C}_n & & \\ & & \ddots & \\ & & & {}_{N_f}\boldsymbol{C}_n \end{bmatrix} \tag{6.2.38}$$

式中，

$${}_i\boldsymbol{C}_n = P_n(\omega_i)\boldsymbol{Q}_i \tag{6.2.39}$$

为频率 ω_i 对应的各子台间噪声的协方差矩阵，$P_n(\omega_i)$ 为 ω_i 时的噪声功率谱密度，$\boldsymbol{Q}_i$ 为相应频率上的噪声相关系数矩阵，它可以用下述模型来表示

$$ {}_iQ_{jk} = \alpha\delta_{jk} + (1-\alpha)J_0(\varDelta_{jk}\omega_i / v_n)\exp\left(-\gamma\frac{\varDelta_{jk}}{\varDelta_{\max}}\frac{\omega_i}{\omega_{\max}}\right) \tag{6.2.40}$$

式中，$\varDelta_{jk}$ 为第 j、k 子台间的距离；v_n 为噪声的相速度；α 、$\varDelta_{\max}$ 和 $\omega_{\max}$ 为控制参数。图 6.2.4 是挪威 ARCES 台阵噪声互相关系数实测结果与理论模型结果之间的比较。其中，对理论模型结果，计算时取 α=0.01，γ=4，$\varDelta_{\max}$=10km，$f_{\max}$=10Hz，v_n=3.75km/s。

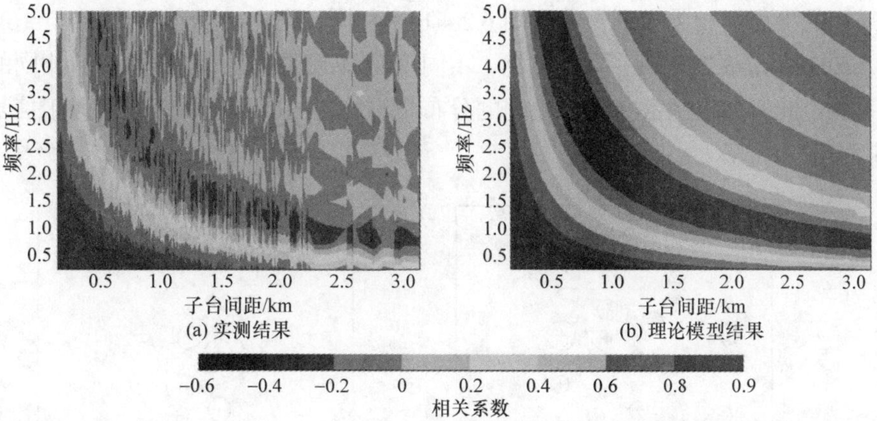

图 6.2.4　挪威 ARCES 台阵噪声互相关系数实测结果与理论模型结果之间的比较(后附彩图)

将 $\boldsymbol{C}_n$ 的理论模型代入 $\boldsymbol{C}_{\mathrm{MP}}$ 的表达式，有

$$\boldsymbol{C}_{\mathrm{MP}}^{-1} = \begin{bmatrix} \boldsymbol{a}_1^{\tilde{\mathrm{T}}}\boldsymbol{Q}_1^{-1}\boldsymbol{a}_1 / P_n(\omega_1) & & & \\ & \boldsymbol{a}_2^{\tilde{\mathrm{T}}}\boldsymbol{Q}_2^{-1}\boldsymbol{a}_2 / P_n(\omega_2) & & \\ & & \ddots & \\ & & & \boldsymbol{a}_{N_f}^{\tilde{\mathrm{T}}}\boldsymbol{Q}_{N_f}^{-1}\boldsymbol{a}_{N_f} / P_n(\omega_{N_f}) \end{bmatrix} \tag{6.2.41}$$

另外因为

$$\boldsymbol{A}^{\tilde{\mathrm{T}}}\boldsymbol{C}_n^{-1}\boldsymbol{d} = \begin{pmatrix} \boldsymbol{a}_1^{\tilde{\mathrm{T}}}\boldsymbol{Q}_1^{-1}\boldsymbol{d}_1 / P_n(\omega_1) \\ \boldsymbol{a}_2^{\tilde{\mathrm{T}}}\boldsymbol{Q}_2^{-1}\boldsymbol{a}_2 / P_n(\omega_2) \\ \vdots \\ \boldsymbol{a}_{N_f}^{\tilde{\mathrm{T}}}\boldsymbol{Q}_{N_f}^{-1}\boldsymbol{a}_{N_f} / P_n(\omega_{N_f}) \end{pmatrix} \tag{6.2.42}$$

所以

$$\widehat{s}_{\mathrm{MP}}(\omega_i)=(\boldsymbol{a}_i^{\tilde{\mathrm{T}}}\boldsymbol{Q}_i^{-1}\boldsymbol{a}_i)^{-1}\boldsymbol{a}_i^{\tilde{\mathrm{T}}}\boldsymbol{Q}_i^{-1}\boldsymbol{d}_i=s(\omega_i)+(\boldsymbol{a}_i^{\tilde{\mathrm{T}}}\boldsymbol{Q}_i^{-1}\boldsymbol{a}_i)^{-1}\boldsymbol{a}_i^{\tilde{\mathrm{T}}}\boldsymbol{Q}_i^{-1}\boldsymbol{n}_i \tag{6.2.43}$$

式(6.2.41)～式(6.2.43)中，$\boldsymbol{a}_i=[\mathrm{e}^{-\mathrm{j}\omega_i\tau_1},\cdots,\mathrm{e}^{-\mathrm{j}\omega_i\tau_K}]^{\mathrm{T}}$ 为频率 ω_i 时各子台对应信号的相位延迟；$\boldsymbol{d}_i=[d_1(\omega_i),\cdots,d_K(\omega_i)]^{\mathrm{T}}$ 为该频率下各子台上的数据；$\boldsymbol{n}_i$ 为相应的噪声。

式(6.2.43)表明，最小功率解为纯粹的空间滤波器，其输出为不同子台记录的加权延迟叠加，各个子台的加权系数主要由信号慢度矢量和子台之间的噪声相关性来决定，并随频率的变化而变化。图 6.2.5 是最小功率滤波时子台加权系数非均匀分布示例。图中例子为挪威 ARCES 台阵对 2006 年 10 月 9 日朝鲜核试验的 P 波信号进行最小功率滤波时得到的不同子台在 2Hz 和 4Hz 时的加权系数，其中计算采用的噪声互相关模型参数与图 6.2.4(b)中相同，即 $\alpha=0.01$，$\gamma=4$，$\Delta_{\max}$=10km，$f_{\max}$=10Hz，v_n=3.75km/s。图中可见，不同于简单延迟叠加时各子台都取相同的加权系数，此时加权系数在子台之间的分布是不均匀的，且这种分布依赖于信号的慢度矢量和频率大小。

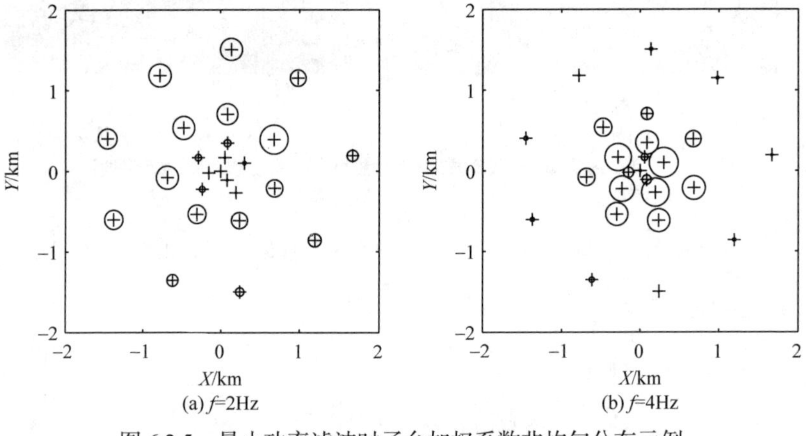

图 6.2.5　最小功率滤波时子台加权系数非均匀分布示例

图中例子为挪威 ARCES 台阵处理 2006 年 10 月 9 日朝鲜核试验 P 波信号时的结果，其中“+”对应子台位置，圆圈的大小和相应的权重系数成正比。该用例原见于 Selby(2008)，这里为作者重新计算的结果

对于 $\widehat{\boldsymbol{s}}$，进一步可以将其表示为

$$\begin{aligned}\widehat{\boldsymbol{s}}&=(\boldsymbol{A}^{\tilde{\mathrm{T}}}\boldsymbol{C}_n^{-1}\boldsymbol{A}+\boldsymbol{C}_s^{-1})^{-1}(\boldsymbol{A}^{\tilde{\mathrm{T}}}\boldsymbol{C}_n^{-1}\boldsymbol{A})(\boldsymbol{A}^{\tilde{\mathrm{T}}}\boldsymbol{C}_n^{-1}\boldsymbol{A})^{-1}\boldsymbol{A}^{\tilde{\mathrm{T}}}\boldsymbol{C}_n^{-1}\boldsymbol{d}\\&=(\boldsymbol{C}_{\mathrm{MP}}^{-1}+\boldsymbol{C}_s^{-1})^{-1}\boldsymbol{C}_{\mathrm{MP}}^{-1}\widehat{\boldsymbol{s}}_{\mathrm{MP}}=\boldsymbol{R}\widehat{\boldsymbol{s}}_{\mathrm{MP}}\end{aligned} \tag{6.2.44}$$

显然 $\boldsymbol{R}$ 也是一个对角矩阵。因为

$$C_s = \begin{bmatrix} P_s(\omega_1) & & & \\ & P_s(\omega_2) & & \\ & & \ddots & \\ & & & P_s(\omega_{N_f}) \end{bmatrix} \tag{6.2.45}$$

式中，$P_s(\omega_i)$为ω_i时信号的功率谱密度，它可采用简单的ω^{-2}高频衰减源频谱模型并考虑信号的非弹性衰减来给出，即

$$P_s(\omega) \propto \begin{cases} \left|\mathrm{e}^{-\omega t^*/2}\right|^2, & \omega \leqslant \omega_{\mathrm{c}} \\ \left|\omega^{-2}\mathrm{e}^{-\omega t^*/2}\right|^2, & \omega > \omega_{\mathrm{c}} \end{cases} \tag{6.2.46}$$

式中，ω_{c}为信号的源拐角频率。将式(6.2.41)、式(6.2.45)代入式(6.2.44)，得到：

$$R_{ii} = \frac{(\boldsymbol{a}_i^{\tilde{\mathrm{T}}}\boldsymbol{Q}_i^{-1}\boldsymbol{a}_i)}{(\boldsymbol{a}_i^{\tilde{\mathrm{T}}}\boldsymbol{Q}_i^{-1}\boldsymbol{a}_i) + \varsigma_i^{-2}} \tag{6.2.47}$$

而

$$\widehat{s}(\omega_i) = R_{ii}\widehat{s}_{\mathrm{MP}}(\omega_i) \tag{6.2.48}$$

式中，$\varsigma_i = \sqrt{P_s(\omega_i)/P_n(\omega_i)}$为单个子台上的先验信噪比。上述结果表明，最小二乘解$\widehat{\boldsymbol{s}}$是最小功率解$\widehat{\boldsymbol{s}}_{\mathrm{MP}}$经频率滤波后的输出，滤波器的响应主要与信号的信噪比随频率的变化有关。当$\varsigma_i \to \infty$时，$R_{ii}=1$；当$\varsigma_i \to 0$时，$R_{ii}=0$。

事实上，可以将$\widehat{\boldsymbol{s}}_{\mathrm{MP}}$重新表示为

$$\widehat{\boldsymbol{s}}_{\mathrm{MP}} = (\boldsymbol{A}^{\tilde{\mathrm{T}}}\boldsymbol{C}_n^{-1}\boldsymbol{A})^{-1}\boldsymbol{A}^{\tilde{\mathrm{T}}}\boldsymbol{C}_n^{-1}(\boldsymbol{A}\boldsymbol{s}+\boldsymbol{n}) = \boldsymbol{s} + \boldsymbol{n}_{\mathrm{MP}} \tag{6.2.49}$$

式中，$\boldsymbol{n}_{\mathrm{MP}} = (\boldsymbol{A}^{\tilde{\mathrm{T}}}\boldsymbol{C}_n^{-1}\boldsymbol{A})^{-1}\boldsymbol{A}^{\tilde{\mathrm{T}}}\boldsymbol{C}_n^{-1}\boldsymbol{n}$为没有信号时最小功率解的输出，即最小功率解中的本底噪声。因为

$$<\boldsymbol{n}_{\mathrm{MP}}\boldsymbol{n}_{\mathrm{MP}}^{\tilde{\mathrm{T}}}> = (\boldsymbol{A}^{\tilde{\mathrm{T}}}\boldsymbol{C}_n^{-1}\boldsymbol{A})^{-1}\boldsymbol{A}^{\tilde{\mathrm{T}}}\boldsymbol{C}_n^{-1} <\boldsymbol{n}\boldsymbol{n}^{\tilde{\mathrm{T}}}> \boldsymbol{C}_n^{-1}\boldsymbol{A}(\boldsymbol{A}^{\tilde{\mathrm{T}}}\boldsymbol{C}_n^{-1}\boldsymbol{A})^{-1} = \boldsymbol{C}_{\mathrm{MP}} \tag{6.2.50}$$

所以$\boldsymbol{C}_{\mathrm{MP}}$实际上是最小功率解的输出中本底噪声的自相关矩阵。将

$$\widehat{\boldsymbol{s}} = (\boldsymbol{C}_{\mathrm{MP}}^{-1} + \boldsymbol{C}_s^{-1})^{-1}\boldsymbol{C}_{\mathrm{MP}}^{-1}\widehat{\boldsymbol{s}}_{\mathrm{MP}} = \boldsymbol{C}_s(\boldsymbol{C}_{\mathrm{MP}} + \boldsymbol{C}_s)^{-1}\widehat{\boldsymbol{s}}_{\mathrm{MP}}$$

和 6.2.2 小节中的结果进行比较，可以看出$\widehat{\boldsymbol{s}}$就是$\widehat{\boldsymbol{s}}_{\mathrm{MP}}$经频率优化滤波后的结果。

根据式(6.2.50)可知：

$$P_n(\omega_i)/(\boldsymbol{a}_i^{\tilde{\mathrm{T}}}\boldsymbol{Q}_i^{-1}\boldsymbol{a}_i) = <n_{\mathrm{MP}}^2(\omega_i)> \tag{6.2.51}$$

为 $\boldsymbol{n}_{\mathrm{MP}}$ 在频率 ω_i 处的功率谱密度。根据这一结果，可以将 R_{ii} 重新表示为

$$R_{ii}=\frac{(\varsigma'_i)^2}{1+(\varsigma'_i)^2} \tag{6.2.52}$$

其中，

$$\varsigma'_i=\varsigma_i\sqrt{\boldsymbol{a}_i^{\tilde{\mathrm{T}}}\boldsymbol{Q}_i^{-1}\boldsymbol{a}_i} \tag{6.2.53}$$

为 $\widehat{\boldsymbol{s}}_{\mathrm{MP}}$ 在 ω_i 处的信噪比。从这一结果可以看出，所谓频率优化滤波本质上就是基于先验的信噪比随频率的变化来确定滤波器的幅频响应。

作为例子，图 6.2.6 是 2006 年 10 月 9 日朝鲜地下核试验在 ARCES 台阵上的 P 波信号经不同处理方法得到的结果比较。图中标注为 Eff 的结果代表：

$$\widehat{\boldsymbol{s}}_{\mathrm{Eff}}=\frac{1}{\sqrt{\mathrm{tr}(\boldsymbol{R})}}\boldsymbol{C}_{\mathrm{MP}}^{-1/2}\boldsymbol{C}_s^{1/2}(\boldsymbol{C}_{\mathrm{MP}}+\boldsymbol{C}_s)^{-1/2}\widehat{\boldsymbol{s}}_{\mathrm{MP}} \tag{6.2.54}$$

Selby(2008)将 $\widehat{\boldsymbol{s}}_{\mathrm{Eff}}$ 称为与广义 F 检测(参见 6.3.2 小节)等效的滤波器。图 6.2.6 中可

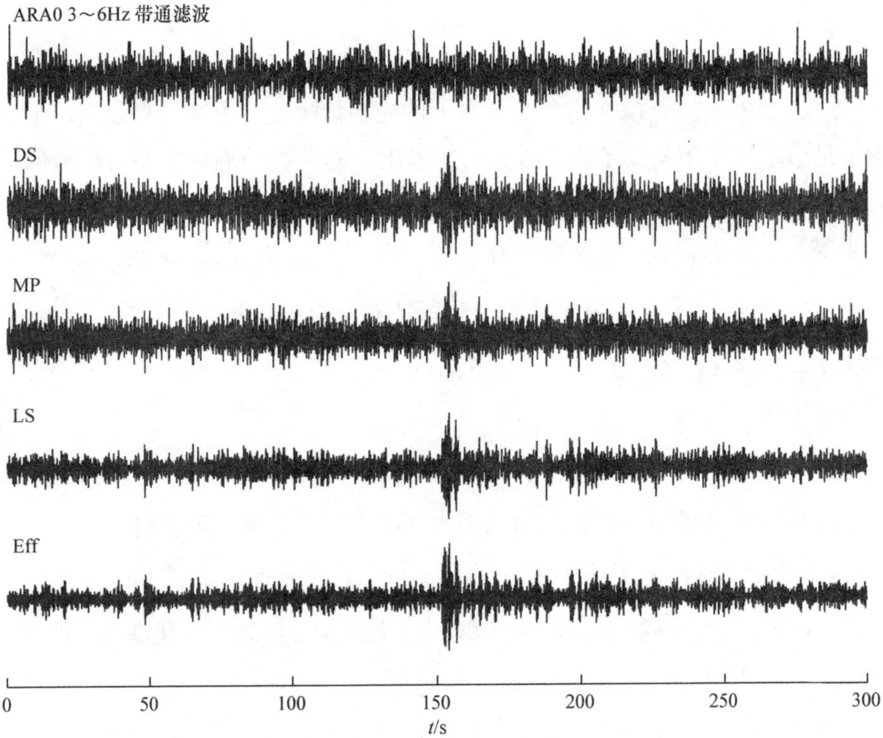

图 6.2.6　2006 年 10 月 9 日朝鲜地下核试验在 ARCES 台阵上的 P 波信号经不同处理方法得到的结果比较

见，在噪声存在明显相关性时，各种台阵优化滤波结果的信噪比要明显优于简单延迟叠加结果的信噪比。

6.3　地震信号检测

地震信号检测的主要目的是从连续的地震记录中发现什么时候有来自地震事件的信号出现。这里地震事件通常不包括源自台站附近的与监测目的无关的干扰。地震信号检测的一般原理是，当有信号出现时，记录数据的幅值、频率成分、偏振特征或台阵内部不同子台之间的信号相似性等会出现的明显变化。信号检测时，一般先通过滤波、聚束等方法增强信号的信噪比，使其从背景噪声中突显出来，然后再采用适当的检测方法来进行检测。根据应用的特征及表征特征变化方法的不同，可以有不同的检测算法(Jin et al., 2014; Withers et al., 1998)。囿于篇幅的限制，这里先介绍实际应用最广泛的 STA/LTA 方法(Beall et al., 1999; Allen，1982)，然后介绍 F 检测和广义 F 检测这两种基于台阵的信号检测技术。

6.3.1　STA/LTA 方法

STA/LTA 是算法简单但表现比较稳健的一种地震信号检测方法。它最早由 Allen (1982)提出，但在实际应用过程中，有不同的改进和具体实现方法。

图 6.3.1 是 STA/LTA 检测器原理示意图。其中信号的短时平均 STA 用来反映信号引起的记录幅值的快速变化，而长时平均 LTA 用来反映本底噪声或信号波尾引起的记录幅值的缓慢变化。实际应用时，三分量台站或台阵的原始波形在经过质量检测之后，经过不同带通滤波器的滤波及不同指向的聚束形成多道数据流。其中，滤波器频带的选择一般应覆盖不同类型和距离范围的体波震相的优势频率范围，而聚束参数的选择则应当考虑来自不同方向具有不同慢度的信号。对每一道数据流，采用一定步长的滑动窗口同步地计算信号幅值的短时平均和长时平均，即

$$\mathrm{STA}_k(n)=\frac{1}{\mathrm{Nsta}}\sum_{i=n}^{n+\mathrm{Nsta}-1}\left|x_k(i)\right| \tag{6.3.1}$$

$$\mathrm{LTA}_k(n)=\frac{1}{\mathrm{Nlta}}\sum_{i=n-\mathrm{Nlta}-\mathrm{NG}}^{n-1-\mathrm{NG}}\left|x_k(i)\right| \tag{6.3.2}$$

式中，$x_k(i)$ 为第 k 道数据流对应的波形数据；$\mathrm{STA}_k(n)$ 为窗口起始点是第 n 个样点时的 STA 值；$\mathrm{LTA}_k(n)$ 为相应的 LTA 值；Nsta 和 Nlta 分别为 STA 和 LTA 的窗口长度，其中 Nsta 一般可取 1s，而 Nlta 可取 30～60s；NG>0 为 STA 窗口与

LTA 窗口之间的间隙。实际计算时，为减少计算量，LTA 的计算可递归进行。

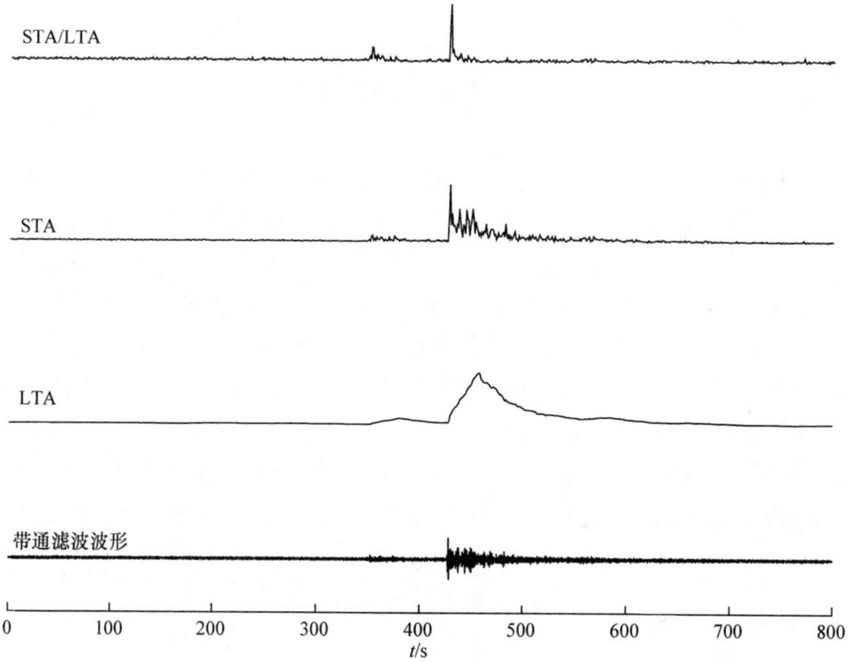

图 6.3.1　STA/LTA 检测器原理示意图

对每一步得到的 STA_k 和 LTA_k，计算它们的比值：

$$\mathrm{snr}_k(n)=\mathrm{STA}_k(n)/\mathrm{LTA}_k(n) \tag{6.3.3}$$

当任何一道数据流上的 snr 超过规定的阈值时，原则上就在相应的时刻触发一个检测。不过，当有信号特别是较强信号出现时，在信号的持续时间范围内，STA 都会维持在较高的数值，而 LTA 的更新相对较为缓慢，为避免持续地触发检测，在设定触发条件时还有很多小技巧。限于篇幅，这里就不一一赘述。

STA/LTA 检测器主要适用于瞬时信号且信号引起的短时幅值变化明显高于噪声引起的短时幅值变化的情形。日常地震监测关心的信号，特别是体波信号大体满足这两个条件。因此，STA/LTA 检测器被广泛地应用于包括全面禁核试条约组织(Comprehensive Nuclear-Test-Ban Treaty Organization, CTBTO)国际数据中心在内的国内外主要地震监测机构。具体应用时，合理地选择触发阈值非常关键。触发阈值选择过低，会引起大量的虚假检测，选择过高，又会导致信噪比较低的信号难以触发。因此，需要在漏检率和误检率之间取折中。在 IDC，该折中的点是以人工分析员的审核分析结果为参考，优先保证信号的漏检率不超过 20%，其次保证信号的误检率不超过 90%(Beall et al., 1999)。

最后，需要强调的一点是，上述多频带 STA/LTA 检测方法虽然是以记录数据的幅值随时间的变化为基础，但因为检测时已经通过带通滤波将原始记录数据分解成了具有不同频带范围的多道数据流，信号出现时引起的记录数据的频率成分的变化也能得到较好的体现，所以实际上是一种同时基于信号幅值和频率成分变化的检测技术。

6.3.2　*F* 检测和广义 *F* 检测

F 检测是 Blandford(1974)提出的一项针对台阵信号的检测技术。不同于 STA/LTA 检测，F 检测根据信号在台阵各子台间的相似性来检测信号，其特征函数，即 F 值的定义为

$$F=\frac{(K-1)}{K}\frac{\sum_{t=1}^{T}\widehat{d}_t^2}{\sum_{i=1}^{N}\sum_{t=1}^{T}(d_{tk}-\widehat{d}_t)^2} \tag{6.3.4}$$

式中，d_{tk} 为第 k 个子台上时刻 t 的记录；$\widehat{d}_t$ 为台阵聚束结果。理想情况下，对带宽为 B、时间窗口长度为 T、聚束后信噪比为 R 的信号，F 应符合 $F(N_1,N_2,\lambda)$ 的非中心 F-分布，其中 $N_1=2BT$，$N_2=N_1(K-1)$，$\lambda=2BTR^2$。关于 F 的上述分布特性的详细证明可参见附录 6.2。当有信号出现时，F 值会明显增大。在观测到 $F=F_{\text{obs}}$ 时，可以通过假设检验的方法来判断是否有信号通过台阵。假设的两种情况：①原假设 H_0，没有信号通过台阵，此时出现 $F\geqslant F_{\text{obs}}$ 的概率为

$$P_0=P(F\geqslant F_{\text{obs}}\mid H_0)=1-F_{\text{cdf}}(F_{\text{obs}};N_1,N_2,0) \tag{6.3.5}$$

式中，F_{cdf} 为 F 分布对应的累积概率函数。②备择假设 H_1，有信噪比 R 的信号通过台阵，此时出现 $F\geqslant F_{\text{obs}}$ 的概率为

$$P_1=P(F\geqslant F_{\text{obs}}\mid H_1)=1-F_{\text{cdf}}(F_{\text{obs}};N_1,N_2,\lambda) \tag{6.3.6}$$

显然在 H_1 为真时应有 $P_1\gg P_0$。实际应用时，除要求 $P_1\gg P_0$ 外，还应该同时要求 P_1 高于特定阈值(如 P_1>90%)或 P_0 接近于 0。此外，假定信号触发条件为 $F\geqslant F_{\text{threshlod}}$，根据 Blandford(1974)的研究，相应的误触发频率为

$$N_F\approx\frac{P(F\geqslant F_{\text{threshlod}}\mid H_0)}{T}\cdot 86400(\text{次/天}) \tag{6.3.7}$$

式中，T 为计算 F 所采用的滑动时间窗的长度。

因为 F 检测要求各子台上的信号有非常好的相关性而噪声完全不相关，使得在一般的应用场景下，F 检测对地震信号的实际应用效果并不明显地优于简单的 STA/LTA 方法(Bowers, 2000)，所以并未在地震信号检测中得到广泛应用。不过，

该方法可以用来帮助确认是否有特定慢度矢量和信噪比的信号通过台阵，其中包括用于对地表反射震相 pP 和 sP 的辅助检测和判别分析等(Heyburn et al., 2008, 2007；Bowers, 2000)。

广义 F 检测是 Selby (2008) 在优化台阵滤波的基础上提出的一种检测方法。对由优化台阵滤波方法给出的信号估计 $\hat{\boldsymbol{s}}$，可计算其显著性。假定实际观测数据为 $\boldsymbol{d}$，用 H_0 代表其中没有信号的原假设，H_1 代表有信号 $\hat{\boldsymbol{s}}$ 的备择假设。一种自然的选择是计算两种假设对应的数据残差之间的比值：

$$F_V = \frac{S_0}{S_{\hat{s}}} \tag{6.3.8}$$

其中，

$$S_{\hat{s}} = (\boldsymbol{d} - \boldsymbol{A}\hat{\boldsymbol{s}})^{\tilde{\mathrm{T}}} \boldsymbol{C}_n^{-1} (\boldsymbol{d} - \boldsymbol{A}\hat{\boldsymbol{s}}) + \hat{\boldsymbol{s}}^{\tilde{\mathrm{T}}} \boldsymbol{C}_s^{-1} \hat{\boldsymbol{s}} \tag{6.3.9}$$

$$S_0 = \boldsymbol{d}^{\tilde{\mathrm{T}}} \boldsymbol{C}_n^{-1} \boldsymbol{d} \tag{6.3.10}$$

因为噪声 $\boldsymbol{n}$ 和信号 $\boldsymbol{s}$ 的联合分布概率密度 $f(\boldsymbol{n},\boldsymbol{s}) \propto \exp[-(\boldsymbol{n}^{\tilde{\mathrm{T}}} \boldsymbol{C}_n^{-1} \boldsymbol{n} + \boldsymbol{s}^{\tilde{\mathrm{T}}} \boldsymbol{C}_s^{-1} \boldsymbol{s})]$，所以 S_0、$S_{\hat{s}}$ 分别为 H_0、H_1 两种假设下关于数据 $\boldsymbol{d}$ 的对数似然函数。利用 $\boldsymbol{d} = \boldsymbol{A}\boldsymbol{s} + \boldsymbol{n}$ 有

$$S_0 = (\boldsymbol{A}\boldsymbol{s} + \boldsymbol{n})^{\tilde{\mathrm{T}}} \boldsymbol{C}_n^{-1} (\boldsymbol{A}\boldsymbol{s} + \boldsymbol{n}) \sim \chi^2(N_d, \lambda) \tag{6.3.11}$$

根据附录 6.3 可得

$$S_{\hat{s}} = \boldsymbol{d}^{\tilde{\mathrm{T}}} \boldsymbol{C}_d^{-1} \boldsymbol{d} \sim \chi^2(N_d) \tag{6.3.12}$$

式中，$N_d = \mathrm{rank}(\boldsymbol{C}_n) = KN_f$ 为 S_0 同时也是 $S_{\hat{s}}$ 的自由度，N_f 为从有限数据长度、有限抽样率、有效带宽中能够得出的独立频率抽样点的个数，而

$$\lambda = \boldsymbol{s}^{\tilde{\mathrm{T}}} (\boldsymbol{A}^{\tilde{\mathrm{T}}} \boldsymbol{C}_n^{-1} \boldsymbol{A}) \boldsymbol{s} = \boldsymbol{s}^{\tilde{\mathrm{T}}} \boldsymbol{C}_{\mathrm{MP}}^{-1} \boldsymbol{s} = \sum_{i=1}^{N_f} (\boldsymbol{a}_i^{\tilde{\mathrm{T}}} \boldsymbol{Q}_i^{-1} \boldsymbol{a}_i) \varsigma_i^2 \tag{6.3.13}$$

根据上述结果，F_V 服从 $F(N_d, N_d, \lambda)$ 的分布。

根据 Scheffé(1959)，Selby (2008)实际采用的 F 值定义为

$$F_s = \frac{N_d}{N_s} \frac{S_0 - S_{\hat{s}}}{S_{\hat{s}}} \tag{6.3.14}$$

式中，$N_d = N_1 = KN_f$ 为数据的自由度，而 N_s 为信号估计 $\hat{\boldsymbol{s}}$ 的自由度。可以证明 $S_{\hat{s}}$ 的另一个表达式为(附录 6.3)

$$S_{\hat{s}} = \boldsymbol{d}^{\tilde{\mathrm{T}}} \boldsymbol{C}_n^{-1} \boldsymbol{d} - \hat{\boldsymbol{s}}^{\tilde{\mathrm{T}}} \boldsymbol{C}_\varepsilon^{-1} \hat{\boldsymbol{s}} = S_0 - \hat{\boldsymbol{s}}^{\tilde{\mathrm{T}}} \boldsymbol{C}_\varepsilon^{-1} \hat{\boldsymbol{s}} \tag{6.3.15}$$

式中，$\boldsymbol{C}_\varepsilon$ 的定义见式(6.2.30)。将其代入式(6.3.14)，得到：

$$F_s = \frac{N_d}{N_s}\frac{\hat{\boldsymbol{s}}^{\tilde{\mathrm{T}}}\boldsymbol{C}_\varepsilon^{-1}\hat{\boldsymbol{s}}}{\boldsymbol{d}^{\tilde{\mathrm{T}}}\boldsymbol{C}_n^{-1}\boldsymbol{d} - \hat{\boldsymbol{s}}^{\tilde{\mathrm{T}}}\boldsymbol{C}_\varepsilon^{-1}\hat{\boldsymbol{s}}} \tag{6.3.16}$$

Selby(2008)未经证明地声称按 Blandford(1974)，F 服从 $F(N_s, N_2, \lambda_s)$ 的非中心 F 分布，其中 $N_2 = (K-1)N_f$，$\lambda_s = \mathrm{tr}(\boldsymbol{C}_s\boldsymbol{C}_\varepsilon^{-1})$。

Selby 的这一结果值得商榷。为得到分布能够预测的检测特征值，这里将式(6.3.16)修正为

$$F = \frac{N_d}{N_s}\frac{\hat{\boldsymbol{s}}^{\tilde{\mathrm{T}}}\boldsymbol{C}_\varepsilon^{-1}\boldsymbol{C}_{\mathrm{MP}}\boldsymbol{C}_\varepsilon^{-1}\hat{\boldsymbol{s}}}{\boldsymbol{d}^{\tilde{\mathrm{T}}}\boldsymbol{C}_n^{-1}\boldsymbol{d} - \hat{\boldsymbol{s}}^{\tilde{\mathrm{T}}}\boldsymbol{C}_\varepsilon^{-1}\hat{\boldsymbol{s}}} \tag{6.3.17}$$

由式(6.2.44)和式(6.2.49)得 $\hat{\boldsymbol{s}} = \boldsymbol{C}_\varepsilon^{-1}\boldsymbol{C}_{\mathrm{MP}}^{-1}(\boldsymbol{s} + \boldsymbol{n}_{\mathrm{MP}})$，因此

$$\hat{\boldsymbol{s}}^{\tilde{\mathrm{T}}}\boldsymbol{C}_\varepsilon^{-1}\boldsymbol{C}_{\mathrm{MP}}\boldsymbol{C}_\varepsilon^{-1}\hat{\boldsymbol{s}} = (\boldsymbol{s} + \boldsymbol{n}_{\mathrm{MP}})^{\tilde{\mathrm{T}}}\boldsymbol{C}_{\mathrm{MP}}^{-1}(\boldsymbol{s} + \boldsymbol{n}_{\mathrm{MP}}) \tag{6.3.18}$$

因为 $\boldsymbol{s}$ 和 $\boldsymbol{n}_{\mathrm{MP}}$ 相互独立且 $\left\langle \boldsymbol{n}_{\mathrm{MP}}\boldsymbol{n}_{\mathrm{MP}}^{\tilde{\mathrm{T}}} \right\rangle = \boldsymbol{C}_{\mathrm{MP}}$，所以

$$(\boldsymbol{s} + \boldsymbol{n}_{\mathrm{MP}})^{\tilde{\mathrm{T}}}\boldsymbol{C}_{\mathrm{MP}}^{-1}(\boldsymbol{s} + \boldsymbol{n}_{\mathrm{MP}}) \sim \chi^2(N_s, \lambda) \tag{6.3.19}$$

式中，$\lambda = \boldsymbol{s}^{\tilde{\mathrm{T}}}\boldsymbol{C}_{\mathrm{MP}}^{-1}\boldsymbol{s}$。进一步考虑到 $S_{\hat{s}} = \boldsymbol{d}^{\tilde{\mathrm{T}}}\boldsymbol{C}_n^{-1}\boldsymbol{d} - \hat{\boldsymbol{s}}^{\tilde{\mathrm{T}}}\boldsymbol{C}_\varepsilon^{-1}\hat{\boldsymbol{s}} = \boldsymbol{d}^{\tilde{\mathrm{T}}}\boldsymbol{C}_d^{-1}\boldsymbol{d} \sim \chi^2(N_d)$，因此由式(6.3.17)定义的 F 服从 $F(N_s, N_d, \lambda)$ 的非中心 F 分布。

值得注意的是，在式(6.3.14)中，虽然 $\hat{\boldsymbol{s}}^{\tilde{\mathrm{T}}}\boldsymbol{C}_\varepsilon^{-1}\hat{\boldsymbol{s}} = (\boldsymbol{s}+\boldsymbol{\varepsilon})^{\tilde{\mathrm{T}}}\boldsymbol{C}_\varepsilon^{-1}(\boldsymbol{s}+\boldsymbol{\varepsilon})$，但因为 $\boldsymbol{\varepsilon}$ 和 $\boldsymbol{s}$ 并非相互独立的[见附录 6.3 式(A6.3.5)]，所以 $\hat{\boldsymbol{s}}^{\tilde{\mathrm{T}}}\boldsymbol{C}_\varepsilon^{-1}\hat{\boldsymbol{s}}$ 并不服从相应的非中心 χ^2 分布，而由此定义的 F_s 也不服从对应的非中心 F 分布。尽管如此，根据附录 6.3 有 $(F - F_s)/F_s \approx 0$。

利用 6.2.4 小节的噪声和信号自相关函数模型，可以得到由式(6.3.17)所定义的 F 可以写为

$$F = \frac{N_d}{N_s}\frac{\sum_{i=1}^{N_f}\hat{s}_{\mathrm{MP}}^*(\omega_i)\boldsymbol{a}_i^{\tilde{\mathrm{T}}}\boldsymbol{Q}_i^{-1}\boldsymbol{a}_i\hat{s}_{\mathrm{MP}}(\omega_i)P_n^{-1}(\omega_i)}{\sum_{i=1}^{N_f}[\boldsymbol{d}_i^{\tilde{\mathrm{T}}}\boldsymbol{Q}_i^{-1}\boldsymbol{d}_i - \hat{s}^*(\omega_i)(\boldsymbol{a}_i^{\tilde{\mathrm{T}}}\boldsymbol{Q}_i^{-1}\boldsymbol{a}_i + \varsigma_i^{-2})\hat{s}(\omega_i)]P_n^{-1}(\omega_i)} \tag{6.3.20}$$

而相应的 F 分布的偏心参数可表示为

$$\lambda = \varsigma^2 = \sum_{i=1}^{N_f}\boldsymbol{a}_i^{\tilde{\mathrm{T}}}\boldsymbol{Q}_i^{-1}\boldsymbol{a}_i\varsigma_i^2 \tag{6.3.21}$$

式中，$\varsigma_i^2 = P_s(\omega_i)/P_n(\omega_i)$ 为信号在 ω_i 上的先验信噪比。

图 6.3.2 是 2006 年 10 月 9 日朝鲜核试验在 ARCES 台阵上的 P 波信号的 F 检测和广义 F 检测结果比较。显然，广义 F 检测具有更好的检测效果。

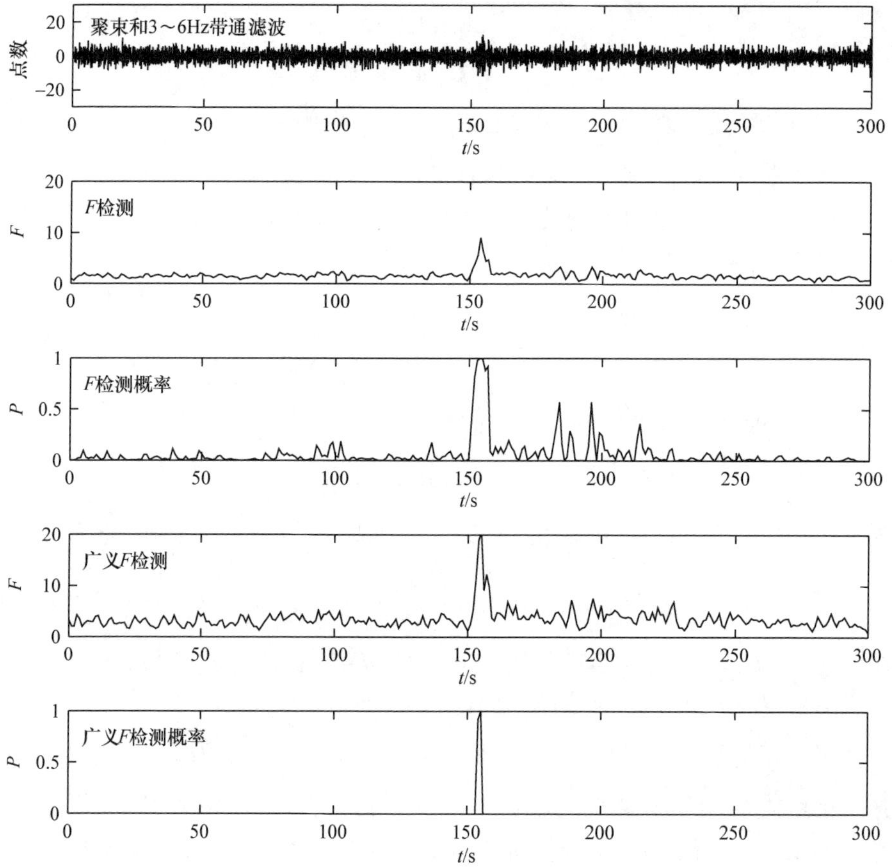

图 6.3.2　2006 年 10 月 9 日朝鲜核试验在 ARCES 台阵的 P 波信号的 F 检测和广义 F 检测结果比较

6.4　信号到时

地震信号到时，即信号实际到达台站的时间，是地震定位时最重要的参数，它等于地震发震时间加上地震信号的走时。因为精确的信号走时往往是未知的，只能用特定地球模型下的理论走时来代替，加上走时测量本身的误差，所以对于实际监测，真正有用的表达式为

$$t_{\mathrm{a}} = t_0 + \hat{T}(\boldsymbol{\xi}, \boldsymbol{x}; \mathrm{phasetype}) + \delta T + e \tag{6.4.1}$$

式中，t_{a} 为实际观察的信号到时；t_0 为发震时间；$\hat{T}(\boldsymbol{\xi}, \boldsymbol{x}; \mathrm{phasetype})$ 为从震源位置 $\boldsymbol{\xi}$ 到台站位置 $\boldsymbol{x}$ 的理论走时，其中 phasetype 为信号对应的震相类型；δT 为信号实际走时和理论走时之间的系统偏差；e 为随机测量误差。关于上述误差与定位

不确定度的关系，第 7 章将做进一步的介绍。

交互分析过程中，信号到时的测量依靠分析员人工进行判读，这也是日常地震监测分析的基本内容之一。地震信号到时的判读精度主要受信号信噪比、信号初动是否尖锐和信号是否受到其他信号干扰等因素的影响。其中，在信噪比足够高、初动尖锐的直达 P 波的情况下，判读的精度可以达到 0.1s(Leonard, 2000；Douglas et al., 1997)，而在其他情况下，则可能出现较大的误差。

随着数字地震记录的普及，地震数据自动处理技术的应用越来越广泛，而其中的一项关键技术，即信号到时的自动测量，这方面目前最常用的技术为 AR-AIC 技术(Sleeman et al., 1999；Kaimigaichi, 1992)，除此以外还有累积和(cumulative sum，CUSUM)(Der et al., 1999; Inclán et al., 1994)、高阶统计量(higher order statistics，HOS)(Küperkoch et al.，2010; Saragiotis et al., 2002)技术等。本书仅介绍 AR-AIC 技术。关于不同技术在到时估算精度之间的比较，可参见何燕等(2014)和刘畅等(2018)。

假定信号的触发时刻为 t，取 t 前后的一段信号记录 $x_1, x_2, \cdots, x_M$。分别建立噪声和信号的自回归模型，即 AR 模型，分别记噪声和信号的 AR 模型系数为 $a_n^{(i)}(i=1,2,\cdots,p)$ 和 $a_s^{(i)}(i=1,2,\cdots,q)$，其中 p、q 分别为噪声和信号的模型阶数。假定信号的真实到时在第 k 个样点，用 $a_n^{(i)}$ 来拟合数据 $x_1, x_2, \cdots, x_{k-1}$，得到相应的拟合误差 $e_n(i)$，$i=1,2,\cdots,k-1$。同时，用 $a_s^{(i)}$ 来拟合数据 $x_k, x_{k+1}, \cdots, x_M$，得到相应的拟合误差 $e_s(i)$，$i=k,k+1,\cdots,M$。计算：

$$\overline{e}_n^2 = \frac{1}{k-1}\sum_{i}^{k-1} e_n^2(i)\text{，}\quad \overline{e}_s^2 = \frac{1}{M-k+1}\sum_{i=k}^{M} e_s^2(i) \tag{6.4.2}$$

并计算：

$$\text{AIC}(k) = (k-1)\ln \overline{e}_n^2 + (M-k+1)\ln \overline{e}_s^2 \tag{6.4.3}$$

则当 k 的确为信号到时的时候，$\text{AIC}(k)$ 具有最小值。

对信噪比较高、初动比较清晰的地震信号，上述方法可以准确地估算信号到时(图 6.4.1)，但在信噪比较低、初动不清晰和存在瞬态噪声干扰等情况下，则可能失效。为此，在实际应用过程中，除了需要对相关参数(窗口长度、模型阶数等)进行优化外(刘畅等，2018)，还需要一些具体的应用技巧，如将 AIC 曲线进行必要的旋转等，以提高到时自动拾取的准确性。尽管如此，自动拾取的地震信号到时总体上还是不如有经验的分析员的判读结果那么准确，因此在日常地震监测分析过程中，需要人工分析员对自动拾取结果进行审核。

对信号到时拾取这样的问题，深度学习等机器学习方法应该能够发挥较好的作用。目前，初步开展的一些应用研究已显示出了较好的应用前景(Kong et al., 2019)。

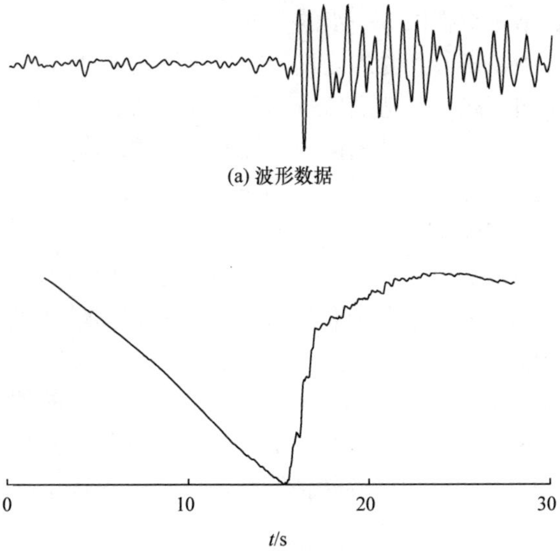

(a) 波形数据

(b) AR-AIC曲线

图 6.4.1　利用 AR-AIC 方法估算信号到时

6.5　信号基本属性测量

对检测到的地震信号，除了估算其到时外，还需要测量其基本的属性特征参数。下面重点介绍关于信号幅值、周期、信噪比、方位角、慢度、偏振度等信号基本属性参数的测量方法。

6.5.1　幅值、周期和信噪比

地震信号的幅值和周期是计算地震震级大小的主要依据。对传统的模拟地震记录，通常只是给出原始信号记录的峰值及相应的周期大小，而在数字信号记录的情况下，除了均方根幅值的测量变得同样甚至更加容易外，还能够方便地将信号在位移、速度、加速度记录之间进行转换，将信号仿真成具有其他频响的地震仪的输出，或是对信号进行滤波。因此，对于数字地震记录，说明信号幅值和周期的测量条件非常重要。

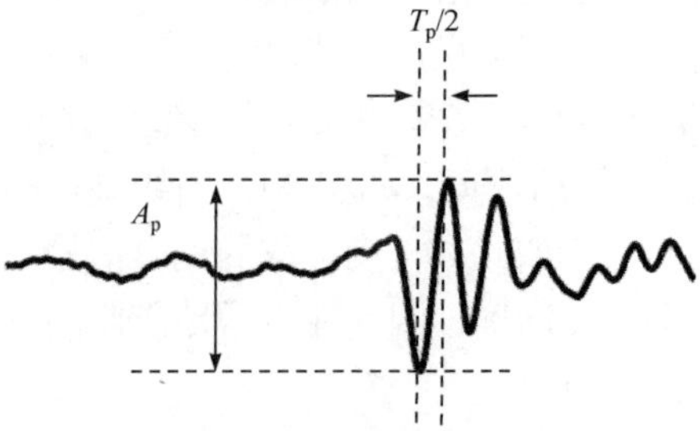

图 6.5.1　幅值和周期的定义

如图 6.5.1 所示，信号最大峰峰值为一段记录中相邻两个正负峰值之差的最大值，两者之间时间间隔的 2 倍被定义为相应的信号周期。实际测量时，可先找出记录中的过零点，求出相邻两个过零点之间的峰值大小和位置，然后计算出最大的峰峰值及相应的时间间隔。

信号均方根峰值的定义为

$$A_{\mathrm{rms}} = \left(\frac{1}{N}\sum_{i=1}^{N} x_i^2\right)^{1/2} \tag{6.5.1}$$

式中，$x_i, i=1,2,\cdots,N$，为幅值测量所要求的时间窗口中的信号记录；N 为相应窗口中的采样点总数。相对于峰峰值，均方根幅值在统计上一般更为稳定，而且可以对噪声进行校正。假定噪声是平稳的且信号和噪声不相关，则信号幅值的无偏估计为

$$A_{\mathrm{s}}^{(\mathrm{c})} = \sqrt{A_{\mathrm{s}}^2 - A_{\mathrm{n}}^2} \tag{6.5.2}$$

式中，A_{s}、A_{n} 分别为按式(6.5.1)计算的信号和噪声的均方根幅值大小，其中 A_{n} 通常可根据信号前的本底噪声记录来进行估计。和普通的峰峰值或未经校正的均方根幅值相比，在低信噪比的情况下，$A_{\mathrm{s}}^{(\mathrm{c})}$ 可更加精确地反映信号的实际强弱。

由信号和噪声幅值可以衍生出信号的信噪比，即

$$\mathrm{snr} = \frac{A_{\mathrm{s}}}{A_{\mathrm{n}}} \tag{6.5.3}$$

它反映了信号相对于本底噪声的强弱。需要强调的是，对于同样一个信号，具有不同频响的仪器或是经不同频带的滤波之后，其信噪比大小可能差异悬殊。因此，对信噪比，也必须说明相应的测量条件。

6.5.2　方位角、慢度与 f-k 分析

地震信号的方位角和慢度是反映地震信号传播特性的两个重要参量。如图 6.5.2 所示，通常将信号向前传播的方向在水平面上的投影与正北方向的夹角称为信号的方位角，而将传播方向的相反方向与正北方向的夹角称为信号的后方位角。至于慢度，相关的概念在 1.5.1 小节中已经进行过介绍，它等于地震波沿水平方向传播的视速度的倒数，即

$$p \equiv \frac{1}{v_{\mathrm{app}}} = \frac{\sin i_{\mathrm{h}}}{v} \tag{6.5.4}$$

式中，v 为介质波速；i_{h} 为信号入射角；$v_{\mathrm{app}} = v/\sin i_{\mathrm{h}}$ 为水平方向视速度。

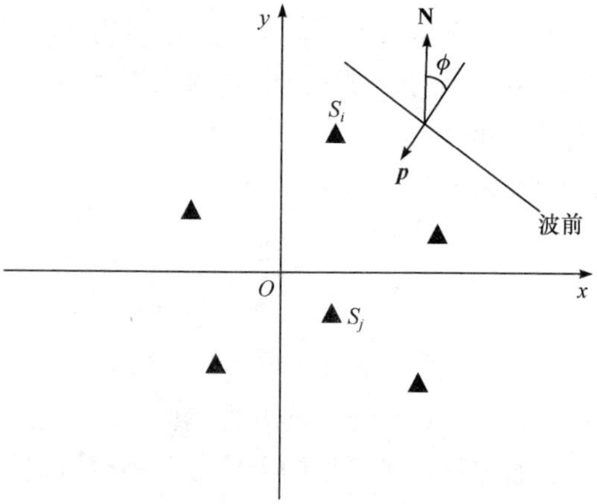

图 6.5.2　信号后方位角及信号在台阵不同子台间的时延示意图

图中的三角形代表台阵中不同子台位置，慢度矢量 $\boldsymbol{p}$ 对应的方向为信号传播方向，其相反方向与正北方向的夹角 ϕ 为后方位角。信号从子台 S_i 到子台 S_j，相应的延时为 $\delta t_{ij}=\boldsymbol{p}\cdot(\boldsymbol{x}_j-\boldsymbol{x}_i)$

台网非常稀疏时，地震信号的后方位角和慢度是重要的辅助定位参数，更重要的是它们在信号的震相类型识别和关联中所能起到的作用。一方面，信号的慢度大小与其震相类型密切相关(图 6.5.3)，使得有可能根据其大小对触发检测的类型进行识别。另一方面，对某个事件产生的某种类型的信号，其后方位角和慢度大小应该和对应的理论值基本一致，结合到时、幅值、频率等特征，可以判断相应信号是否来自同一事件或能否关联到特定事件。

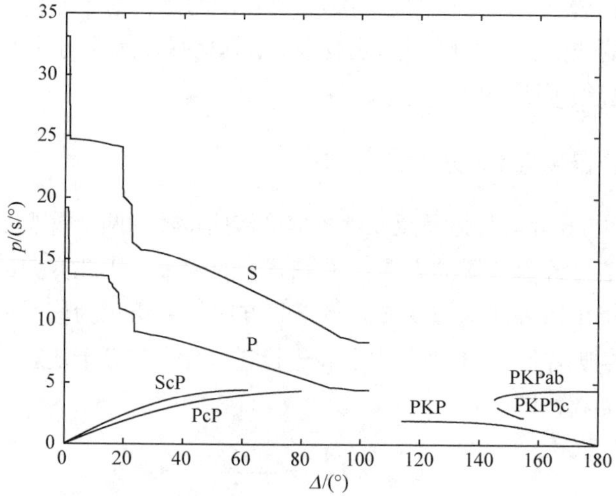

图 6.5.3　常见震相慢度随震中距的变化(Jin et al., 2015)

信号的后方位角 ϕ 和慢度 p 一般通过求解相应的慢度矢量 $\boldsymbol{p}=-p(\cos\phi,$

$\sin\phi$) 来进行测量。三分量台站时的估计方法见 6.5.3 小节。这里先介绍台阵时的估计方法。此时，(ϕ, p)或 $\boldsymbol{p}$ 可以通过不同子台之间的信号到时差或 f-k 分析方法来测量。如图 6.5.2 所示，设第 i 个子台在以台阵中心为原点的直角坐标系中的坐标为 $\boldsymbol{x}_i=(x_i, y_i)$，则第 i、j 两个子台之间的信号到时差为

$$\delta t_{ij}=t_j-t_i=\boldsymbol{p}\cdot(\boldsymbol{x}_j-\boldsymbol{x}_i)=\boldsymbol{p}\cdot\delta\boldsymbol{x}_{ij} \tag{6.5.5}$$

式中，δt_{ij} 可通过波形互相关方法来进行测量。记 $\delta\boldsymbol{t}$ 为 δt_{ij} 构成的 $N=K(K-1)/2$ 维列向量，K 为子台数，$\delta\boldsymbol{X}$ 为由 $\delta\boldsymbol{x}_{ij}$ 排列而成的 $N\times 2$ 维矩阵。由式(6.5.5)可得

$$\boldsymbol{p}=(\delta\boldsymbol{X}^{\mathrm{T}}\delta\boldsymbol{X})^{-1}\delta\boldsymbol{X}^{\mathrm{T}}\delta\boldsymbol{t} \tag{6.5.6}$$

所谓 f-k 分析则是根据台阵的聚束原理来求解慢度矢量，使得各子台的信号在经过相应的偏移叠加之后具有最大的能量输出。根据台阵性质，假定第 i 个子台上的记录为

$$s_i(t)\approx s(t-\boldsymbol{p}_0\cdot\boldsymbol{x}_i) \tag{6.5.7a}$$

或在频率域中，

$$S_i(\omega)\approx S(\omega)\exp(-\mathrm{i}\omega\boldsymbol{p}_0\cdot\boldsymbol{x}_i) \tag{6.5.7b}$$

式中，$\boldsymbol{p}_0$ 为信号的真实慢度矢量。对任意的慢度矢量 $\boldsymbol{p}$，以其为参考来对 $s_i(t)$ 进行偏移，则在频率域中相当于对 $S_i(\omega)$ 的相位进行补偿，得到：

$$S_i(\omega,\boldsymbol{p})=S_i(\omega)\exp(\mathrm{i}\omega\boldsymbol{p}\cdot\boldsymbol{x}_i)=S(\omega)\exp[\mathrm{i}\omega(\boldsymbol{p}-\boldsymbol{p}_0)\cdot\boldsymbol{x}_i] \tag{6.5.8}$$

对 $S_i(\omega,\boldsymbol{p})$ 求和并计算其总能量，有

$$E(\boldsymbol{p})=\int\left|\sum_{i=1}^{K}S_i(\omega,\boldsymbol{p})\right|^2\frac{\mathrm{d}\omega}{2\pi}=\sum_{i,j=1}^{K}C_{ij}(\boldsymbol{p}) \tag{6.5.9}$$

其中，

$$C_{ij}(\boldsymbol{p})=\int S_i(\omega,\boldsymbol{p})S_j^*(\omega,\boldsymbol{p})\frac{\mathrm{d}\omega}{2\pi}=\int|S(\omega)|^2\exp[\mathrm{i}\omega(\boldsymbol{p}-\boldsymbol{p}_0)\cdot(\boldsymbol{x}_i-\boldsymbol{x}_j)]\frac{\mathrm{d}\omega}{2\pi} \tag{6.5.10}$$

显然，$E(\boldsymbol{p})$ 应在 $\boldsymbol{p}=\boldsymbol{p}_0$ 时具有最大值。实际计算时，为方便起见，将 $E(\boldsymbol{p})$ 归一化，即计算

$$P(\boldsymbol{p})=\sum_{i,j=1}^{K}C_{ij}(\boldsymbol{p})/[K\mathrm{tr}(\boldsymbol{C})]=\boldsymbol{g}^{\mathrm{T}}\boldsymbol{C}\boldsymbol{g}/[|\boldsymbol{g}|^2\,\mathrm{tr}(\boldsymbol{C})] \tag{6.5.11}$$

式中，$\boldsymbol{g}=[1,1,\cdots,1]^{\mathrm{T}}$。搜索使得 $P(\boldsymbol{p})=P_{\max}$ 的慢度值为 $\hat{\boldsymbol{p}}$，则 $\hat{\boldsymbol{p}}$ 就是 $\boldsymbol{p}_0$ 的估计值。

图 6.5.4 是台阵 f-k 分析结果示例，其中图 6.5.4(a)为 2006 年 10 月 9 日朝鲜核试验 P 波信号在蒙古国 SONM 台阵(孔径约为 3km)上的 f-k 分析结果，图 6.5.4(b)

为该试验在澳大利亚 WRA 台阵(孔径约为 20km)上的 f-k 分析结果。分析在 0.8～4.5Hz 内进行，图中白色的×代表理论值。理论上，f-k 分析的分辨率和台阵的布局及信号频率高低有关。根据式(6.2.16)，$E(\boldsymbol{p})$ 为信号波数谱和台阵响应函数的卷积，台阵响应的主瓣越尖锐，副瓣越低，f-k 分析的结果越准确。

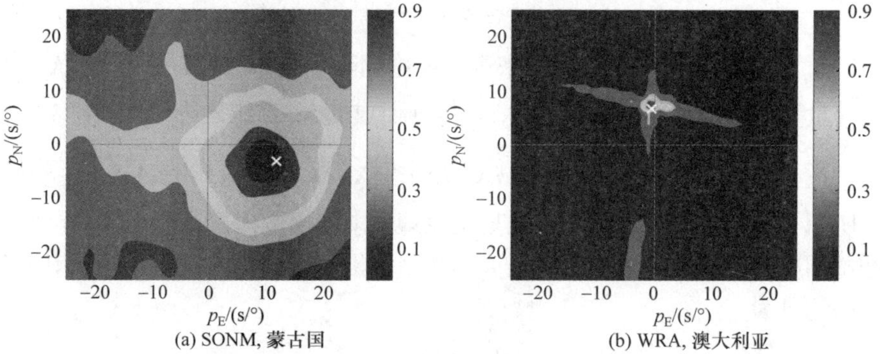

图 6.5.4　台阵 f-k 分析结果示例(后附彩图)

图中为 2006 年 10 月 9 日朝鲜核试验 P 波在蒙古国 SONM 台阵和澳大利亚 WRA 台阵上的结果

6.5.3　偏振度与偏振分析

地震信号的偏振度用来反映信号引起的质点运动特征。记地震信号在垂向和东西、南北三个分量的记录分别为 $z(i)$ 、$n(i)$ 和 $e(i)$ ，计算它们之间的协方差矩阵：

$$\boldsymbol{C}=\begin{bmatrix}\text{cov}(z,z) & \text{cov}(z,n) & \text{cov}(z,e)\\ \text{cov}(n,z) & \text{cov}(n,n) & \text{cov}(n,e)\\ \text{cov}(e,z) & \text{cov}(e,n) & \text{cov}(e,e)\end{bmatrix} \tag{6.5.12}$$

设矩阵 $\boldsymbol{C}$ 的三个本征值为 $\lambda_1 \geqslant \lambda_2 \geqslant \lambda_3 \geqslant 0$ ，则线性偏振度 $\varLambda$ 和平面偏振度 $\varGamma$ 的定义分别为

$$\varLambda = 1-\frac{\lambda_2+\lambda_3}{2\lambda_1} \tag{6.5.13}$$

$$\varGamma = 1-\frac{2\lambda_3}{\lambda_1+\lambda_2} \tag{6.5.14}$$

而水平分量和垂直分量之间的幅值比为

$$H/V=\sqrt{[\text{cov}(n,n)+\text{cov}(e,e)]\Big/\text{cov}(z,z)} \tag{6.5.15}$$

正常情况下，体波尤其是 P 波信号的线性偏振度和平面偏振度应接近于 1，而噪

声和瑞利波的线性偏振度会比较低；H/V 方面，P 波尤其是远震 P 波的值较小，而 S 波和噪声的值较大。

利用 $\boldsymbol{C}$ 的本征矢量性质可以得到形式和式(6.5.11)相同的三分量台站 f-k 计算公式。为此，假定记录到的信号是由慢度为 p、后方位角为 ϕ 的入射 P 波引起的。此时，λ_1 对应的归一化特征矢量 $\boldsymbol{v}_1=\boldsymbol{u}/|\boldsymbol{u}|$，其中，

$$\boldsymbol{u}=u_{\mathrm{P}}(-f_r(p)\cos\phi,-f_r(p)\sin\phi,f_z(p)) \tag{6.5.16}$$

为质点在三个分量上的幅值构成的运动矢量，其中 u_{P} 为入射 P 波的幅值，

$$f_r(p)=(1+r_{\mathrm{PP}})\alpha p+r_{\mathrm{PS}}\beta\eta \tag{6.5.17a}$$

$$f_z(p)=(1-r_{\mathrm{PP}})\alpha\xi+r_{\mathrm{PS}}\beta p \tag{6.5.17b}$$

为 P 波入射时的径向和垂向接收函数，$\xi=\sqrt{\alpha^{-2}-p^2}$，$\eta=\sqrt{\beta^{-2}-p^2}$，而 r_{PP}、r_{PS} 为相应的自由表面反射系数，它们可分别由式(1.5.18)和式(1.5.19)给出。

对于由任意假设的 $(\tilde{\phi},\tilde{p})$ 计算出来的运动矢量 $\tilde{\boldsymbol{u}}$，在归一化之后可以用 $\boldsymbol{C}$ 的三个本征矢量来表示，即

$$\tilde{\boldsymbol{u}}/|\tilde{\boldsymbol{u}}|=a_1\boldsymbol{v}_1+a_2\boldsymbol{v}_2+a_3\boldsymbol{v}_3 \tag{6.5.18}$$

式中，$a_1^2+a_2^2+a_3^2=1$。由于 $\boldsymbol{C}\boldsymbol{v}_i=\lambda_i\boldsymbol{v}_i$，令式(6.5.11)中的 $\boldsymbol{g}=\tilde{\boldsymbol{u}}$，则可以得到：

$$P(\tilde{\boldsymbol{p}})=\frac{\lambda_1a_1^2+\lambda_2a_2^2+\lambda_3a_3^2}{\lambda_1+\lambda_2+\lambda_3} \tag{6.5.19}$$

显然，当且仅当 $a_1=\pm1$，即 $\tilde{\boldsymbol{u}}/|\tilde{\boldsymbol{u}}|=\pm\boldsymbol{v}_1$ 时，$P(\tilde{\boldsymbol{p}})$ 才有最大值，而满足这一结果的充要条件就是 $\tilde{\boldsymbol{p}}$ 等于信号的实际慢度矢量。

因此，Kvaerna 等(1986)将台阵和三分量台站的 f-k 分析统一地表示为

$$P(\boldsymbol{p})=\boldsymbol{g}^{\mathrm{T}}\boldsymbol{C}\boldsymbol{g}/\{|\boldsymbol{g}|^2\,\mathrm{tr}\boldsymbol{C}\} \tag{6.5.20}$$

式中，互相关矩阵 $\boldsymbol{C}$ 分别由式(6.5.10)和式(6.5.12)计算。台阵时 $\boldsymbol{g}=[1,1,\cdots,1]^{\mathrm{T}}$，三分量时 $\boldsymbol{g}=(-f_r(p)\cos\phi,-f_r(p)\sin\phi,f_z(p))^{\mathrm{T}}$。尽管如此，两者在原理上是完全不同的。台阵 f-k 分析利用的是信号在不同子台之间的相位差，它适用于任何震相类型的信号。三分量台站 f-k 分析本质上是偏振分析，且相关方法仅适用于 P 波信号。

图 6.5.5 是三分量台站 f-k 分析结果示例。一般来讲，三分量台站测定的方位角和慢度的不确定度远高于台阵。特别地，当三分量台站的两个水平分量所对应的实际方向和标称的方向不一致时，方位角测量结果会出现严重偏差，如图 6.5.5(b)所示。

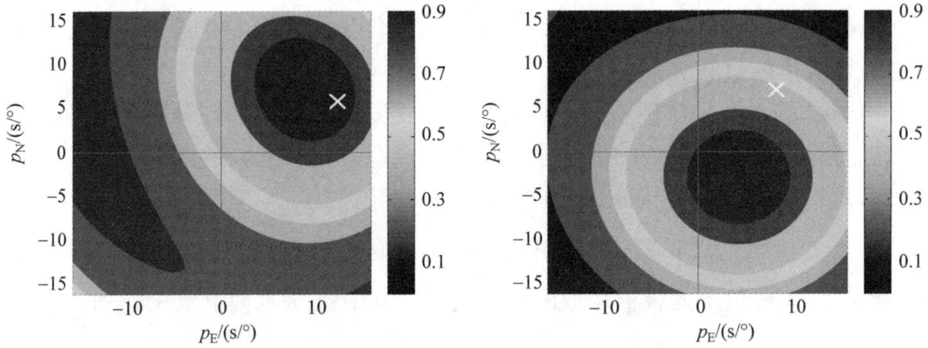

图 6.5.5　三分量台站 f-k 分析结果示例(后附彩图)

图中为 2006 年 10 月 9 日朝鲜核试验 P 波在大连(DL2)和恩施(ENH)地震台上的结果，其中恩施地震台估计的方位角与理论值之间存在明显偏差

6.6　地震事件检测

6.6.1　定义地震事件

对于地震监测，一个重要的概念就是检测到信号并不等于检测到事件。这是因为一方面地震事件通常需要多个台站同时记录到信号才能准确定位并判断各台站上记录到的信号的震相类型；另一方面，通常情况下对任何一个地震台站，每天都会触发许多的信号检测，其中只有非常小的一部分能够和确定的地震事件联系起来并得到解释(在 IDC 这个比例平均不到 10%)，而在剩下占绝大多数的信号检测中，一部分是台站附近的瞬态干扰，还有一部分则是相关事件的信号未被其他台站检测到，无法对其定位和解释。

因此，地震事件检测就是在各个台站检测到的信号的基础上，判断是否真的有地震事件发生，并确定它们的基本三要素，即发震时间、震源位置和震级大小。为了实现从信号检测到事件检测，通常需要从各台站众多的信号检测中，识别出来自同一事件的地震信号，将它们组合关联在一起，识别各个信号具体的震相类型并命名(如 P、S、Lg、PcP、ScP 等)，然后根据各个震相的到时和特征参数，确定事件的发震时间和震源位置，并计算其震级大小。对一个地震事件，将实际记录到信号并参与该事件定位的台站称为定义台站，相应的震相称为定义震相，而所有的被关联给该地震的信号称为关联震相。关联震相不一定都是定义震相，这是因为有的信号的到时不确定度很大，或是相应类型震相(如 PKhKP)的理论走时难以准确计算，使得它们未被用来定位。

图 6.6.1 是不同情况下的地震定位原理示意图。理论上，地震定位总共有 4

个未知参数需要确定。在单纯利用 P 波到时来定位时，至少需要 4 个定义台站。不过，一方面地震震源深度的不确定度对震中位置的影响相对较小，同时多数天然地震及所有地下爆炸的震源深度和台站的震中距相比很小，因此实际地震监测中，在记录台站分布不理想、不能可靠确定震源深度的情况下，采取将震源深度固定为 0 或其他某个数值的方法来进行定位，这样就只需要确定 3 个未知参数，从而只需要 3 个定义台站。其次，在地方震或区域震的情况下，地震的 S 波(这里包括 Lg 波)往往比 P 波容易被观察到。此时，利用 S 波和 P 波之间的到时差，加上信号的方位角，理论上只需要一个台站上的两个定义震相就能定位。

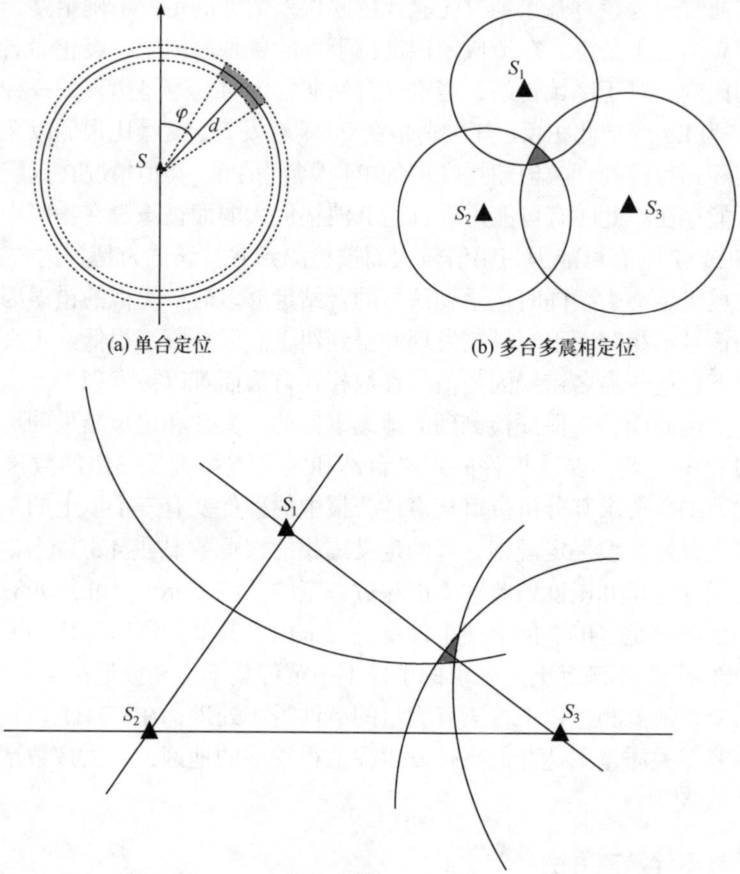

(a) 单台定位　　(b) 多台多震相定位

(c) 多台P波定位

图 6.6.1　不同情况下的地震定位原理示意图

(a)中 d 由 S-P 到时差确定

不过，这仅仅是理想的情况，而没有考虑到信号关联、信号震相类型识别和命名、信号到时估计及方位角测量等方面可能存在的误差或错误的影响。由于每个台站上存在很多干扰信号，在台网稀疏的条件下，容易出现来自若干不同台站上的信号，它们虽然并非源自同一事件，但凑巧能够组合在一起，并可以求解出一个发震时间和发震位置的情况。 这样形成的事件在地震监测中被称为虚假事件。在仅仅利用三个台站上的单一信号的到时来确定地震事件时，这样的事件比例比较高。如果信号的方位角和慢度能够被准确测量并考虑它们与震中位置之间的相容性，情况会明显改善。这也是为什么台阵在如 IMS 这样的稀疏全球台网的情况下具有远超过普通三分量台站的作用和意义的重要原因之一。

除了容易产生虚假事件以外，在定义台站很少或极其稀疏时，还可能出现因震相关联、命名或极端的到时估算误差所引起的错误定位事件。这类事件的实际定位误差通常远远超过基于到时先验或后验误差估计的定位不确定度，极端的情况下可以高达上千公里。在造成错误定位事件的各种原因中，震相命名错误占了相当大的比例。对于区域台站，当定义台站非常少时，容易出现的一种错误是将 Sn 误命名为 Lg 或与此相反。其次则是在 Pn 不够发育、信噪比很低以至无法检测时，将实际到时较晚、幅值超过噪声的 Pg 误判为 Pn。类似情况在远震台站的情况下也可能存在。此时有可能出现直达 P 波幅值太弱而被淹没在噪声中，而到时更晚的 pP 或 sP 则有可能因为幅值较大而被检测到并被误认为是直达 P 波的情况。当地震的震级足够大，同时记录到信号的台站足够多时，类似的错误因为和其他台站上的信号不相容而很容易被发现并得到纠正。但在震级很低、定义台站非常少的情况下，这些命名错误因为信号参数相互自洽而难以被发现。

鉴于上述原因，为保证检测到的地震事件的真实性和定位结果的可靠性，日常监测过程中一般会要求事件的定义台站和定义震相满足一定的数量和质量要求。例如，IDC 要求其分析员审核事件公报中的事件要有三个以上的基本地震台站作为定义台站，按一定规则计算的定义震相的权重数要在 4.6 以上，且定义震相的时间、方位角和慢度残差均不能超过一定的范围(Caron et al., 1998)。

需要强调的是，IDC 的上述事件定义要求以及其他地震监测机构的类似要求都只是内部要求。不满足上述要求的事件不一定都是不可靠或定位不准确的事件。不过，因为日常监测过程中每天有大量的事件需要处理，在 CTBT 核查监测的背景下，除非相关质量不达标的事件发生在值得关注的地区，绝大多数情况下它们会被自动忽略。

6.6.2 地震事件检测方法

对于一个震级足够大的事件，由于很多台站上能记录它所产生的信号且相关信号在记录中都非常突出，很容易判断在地球的某个地方发生了一次地震事件，并能够轻松地从各个台站中挑选出它所产生的 P 波信号，对其进行定位，之后再根据定位结果去搜索和匹配它所产生的其他震相的信号。因此，对于震级足够大的事件，单纯的人工分析就能够完成检测。当然，为了提高监测的时效性和效率，必要的报警设置和数据自动处理技术也是不可或缺的。

但是，如 CTBT 核查监测所要求的，当要对低震级事件进行监测时，情况可能变得非常复杂。一方面，低震级事件(包括天然地震和人工爆炸)的数量非常庞大，单纯依靠人工分析不可能检测出所有能够定位的事件；另一方面，这样的事件一般只在少数台站上有信号被检测到，如何判断哪些台站上的哪些信号源自同一个地震，且它们各是什么震相，常常是件非常复杂的事情。

关于地震事件自动检测的具体技术，感兴趣的读者可参见相关文献(Jin et al., 2015, 2014; Arora et al., 2013；侯建民等，2009；Beall et al., 1999)，这里仅介绍其一般方法和原理。如图 6.6.2 所示，整个地震事件自动检测过程由台站处理和台网处理两大部分内容构成。其中，台站处理包括信号检测、估算信号到时和特征参数、初步判断信号类型、台站关联等内容。台网处理则包括不同台站之间的信号关联、二次震相识别和定位等内容。

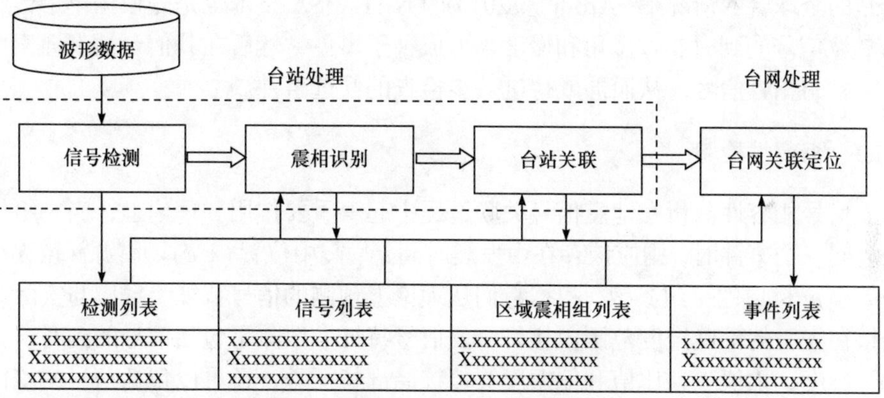

图 6.6.2　地震事件自动检测过程示意图

正确关联信号是从信号检测到事件检测的关键。信号关联通常采用渐进的方法进行，即首先将最可信的部分台站上的 P 波信号关联在一起，初步定位，进而再搜索其他可以关联在一起的信号，包括尚未被关联的其他台站上的 P 波信号和其他可能发育的震相类型的信号。

目前，IDC 采用所谓的全球关联(global association，GA)技术来进行地震信号的关联(Beall et al.,1999)。该技术将地球表面分成许多小的网格，另外加上主要沿地震带分布的深度网格。对于每个网格，对距其最近的台站上的信号检测进行测试，从中搜索特征与相应网格相容的 P 波信号，将其作为驱动信号。假设事件发生在当前网格中，根据其到时，粗略估计事件的发生时间。将这样一个假设事件作为种子事件，根据其发震时间和位置预测它在其他台站上的理论到时。如果在理论到时附近真的存在其他信号，且信号的特征与种子事件相容，将其添加到相应事件中。当预期的信号达到一定的数量并满足定义一个事件的要求时，则可以认为这样一个事件真的存在。根据相关信号的到时和方位角等对其进行初步定位，同时计算震级大小，然后根据定位结果和震级计算结果对其他可以关联的震相进行搜索。

GA 技术是一种以空间格点为一级搜索对象、信号检测为二级搜索对象的事件关联和检测技术。除此以外，可以采用完全基于信号搜索的方式来关联和检测事件。例如，对于区域性事件，可以先通过 P 波、S 波震相对来定义种子事件，然后通过震相对合并和搜索关联其他震相的方式来完成台网关联和事件的检测定位(靳平等，2014；Jin et al.,2014)。对于远震事件，则可以利用 P 波信号的慢度特征，识别出区域台网中来自同一个地震的 P 波信号并渐进地将它们关联在一起，然后根据估算的信号在台网中心点的等效方位角、慢度和到时，初步对事件进行定位，进而搜索和关联其他震相(Jin et al.，2015)。在 IMS 这样以台阵台站为骨干台站的全球台网情况下，Arora 等(2013)的 NET-VISA 技术也是先根据单个台站上的 P 波信号的到时、方位角和慢度来形成种子事件，然后在其他台站上搜索可与之关联的相容信号，从而形成待进一步检查的候选事件。

6.6.3 相容性检验

信号相容性分析在地震信号关联过程中起着重要作用。理论上，当一组信号来自同一个事件时，则应该存在由发震时间 t_0、震中位置 (λ,ϕ)、震源深度 h 和震级大小 m 构成的一组参数，根据它们从理论上预测的信号特征参数应与实际观测结果在先验的不确定度范围内相符合。信号特征参数除了包括信号的到时、方位角、慢度、幅值、谱比值和偏振度等传统局部特征外，还可以包括信号的整体波列特征(靳平等，2014；Jin et al., 2014)。总体而言，特征参数的信息量越大，分辨率，即对不同假设的分辨能力越高。

理论上，可以利用信号特征参数测量值和理论值之间的误差统计特性来对信号的相容性进行检验。对任意信号特征参数 ξ，其在第 j 个台站上的观测值可以表示为

$$f_j^{(\xi)} = \widehat{f}_j^{(\xi)}(\boldsymbol{m}) + \delta f_j^{(\xi)} + e_j^{(\xi)} \tag{6.6.1}$$

式中，$\boldsymbol{m} = (t_0,\lambda,\phi,h,m)^{\mathrm{T}}$ 为由震源参数组成的模型矢量；$\widehat{f}_j^{(\xi)}(\boldsymbol{m})$ 为相应的正演理论模型；$\delta f_j^{(\xi)}$ 为正演模型的误差；$e_j^{(\xi)}$ 为测量误差。假定 $\widehat{\boldsymbol{m}}$ 为 $\boldsymbol{m}$ 的估计值或猜测值，则

$$r_j^{(\xi)} = f_j^{(\xi)} - \widehat{f}_j^{(\xi)}(\widehat{\boldsymbol{m}}) = \widehat{f}_j^{(\xi)}(\boldsymbol{m}) - \widehat{f}_j^{(\xi)}(\widehat{\boldsymbol{m}}) + \varepsilon_j^{(\xi)} \tag{6.6.2}$$

式中，$\varepsilon_j^{(\xi)} = \delta f_j^{(\xi)} + e_j^{(\xi)}$。这里假定它们相互独立，并服从期望值为 0 的正态

分布。

为方便起见，将所有的 $f_j^{(\xi)}$ 按一定的顺序排列成列向量 $\boldsymbol{d}$，记 $r_j^{(\xi)}$ 和 $\varepsilon_j^{(\xi)}$ 按相同顺序排列而成的向量分别为 $\boldsymbol{r}$ 和 $\boldsymbol{\varepsilon}$，则

$$\boldsymbol{d}^{(\mathrm{obs})} = \boldsymbol{d}(\boldsymbol{m}) + \boldsymbol{\varepsilon} = \boldsymbol{d}(\hat{\boldsymbol{m}}) + \boldsymbol{r} \tag{6.6.3}$$

实际测试时，一种情况是 $\hat{\boldsymbol{m}}$ 为由适当方法根据 $\boldsymbol{d}^{(\mathrm{obs})}$ 求解得到的。此时

$$x^2 = <\boldsymbol{r}^{\mathrm{T}}\boldsymbol{C}_d^{-1}\boldsymbol{r}> = \sum_{i=1}^{N}(d_i^{(\mathrm{obs})} - d_i^{(\mathrm{th})})^2 / \sigma_i^2 \tag{6.6.4}$$

应服从自由度为 $N-M$ 的 χ^2 分布，其中 N 为测量数据长度，M 为模型参数的个数，σ_i^2 为第 i 个测量数据，即 $d_i^{(\mathrm{obs})}$ 的方差大小，$\boldsymbol{C}_d = <\boldsymbol{\varepsilon\varepsilon}^{\mathrm{T}}> = \mathrm{diag}\{\sigma_1^2, \sigma_2^2, \cdots, \sigma_N^2\}$ 为测量数据的协方差矩阵。对给定的置信度 α，如果 $x^2 < \chi_\alpha^2(N-M)$，则认为 $\boldsymbol{d}^{(\mathrm{obs})}$ 代表的信号组是相容的；反之，则认为不相容。第 6.6.2 小节介绍的 GA 方法就是采用这一方法来对驱动台站上的信号和其他台站上的信号相容性进行测试。

测试中的另外一种情况是 $\hat{\boldsymbol{m}}$ 是由 $\boldsymbol{d}^{(\mathrm{obs})}$ 之外的数据独立给出的。此时由式(6.6.3)可得

$$\boldsymbol{r} = \boldsymbol{d}(\boldsymbol{m}) - \boldsymbol{d}(\hat{\boldsymbol{m}}) + \boldsymbol{\varepsilon} = \frac{\partial \boldsymbol{d}}{\partial \boldsymbol{m}}\Delta\boldsymbol{m} + \boldsymbol{\varepsilon} + O(\|\Delta\boldsymbol{m}\|^2)$$

式中，$\Delta\boldsymbol{m} = \boldsymbol{m} - \hat{\boldsymbol{m}}$。假定和 $\boldsymbol{\varepsilon}$ 相比，$\Delta\boldsymbol{m}$ 的高次项可以忽略，则

$$\boldsymbol{C}_r = <\boldsymbol{rr}^{\mathrm{T}}> = \boldsymbol{AC}_m\boldsymbol{A}^{\mathrm{T}} + \boldsymbol{C}_d \tag{6.6.5}$$

式中，$\boldsymbol{C}_m = <\Delta\boldsymbol{m}\Delta\boldsymbol{m}^{\mathrm{T}}>$ 为模型参数误差的协方差矩阵；$\boldsymbol{A} = \partial\boldsymbol{d}/\partial\boldsymbol{m}|_{\boldsymbol{m}=\hat{\boldsymbol{m}}}$。此时，

$$x^2 = \boldsymbol{r}^{\mathrm{T}}C_r^{-1}\boldsymbol{r} = \boldsymbol{r}^{\mathrm{T}}(\boldsymbol{AC}_m\boldsymbol{A}^{\mathrm{T}} + \boldsymbol{C}_d)^{-1}\boldsymbol{r} \tag{6.6.6}$$

应服从自由度为 N 的 χ^2 分布，即对给定的置信度 α，当相关信号都来自 $\hat{\boldsymbol{m}}$ 代表的事件时，有 $100\times\alpha\%$ 可能性 $x^2 < \chi_\alpha^2(N)$。

6.7　波形互相关检测

前面介绍的事件检测方法及相应的地震监测技术是先检测信号，再识别不同台站上来自同一地震的信号并将它们关联在一起，然后利用这些信号来确定事件的震源参数。如果需要，进一步完成对事件性质的识别。关于地震事件的识别方法，第 9 章将做专门介绍，这里暂且略过。

上述事件检测方法适用于任何地方、任何性质的地震事件检测。除此以外，还有一些特殊的、针对已知场地内具有特定性质的地震事件(通常为地下爆炸)的

检测技术。波形互相关检测(王红春等，2012；Gibbons et al.，2006)就是其中之一。

波形互相关检测的基本原理是对固定的一个地震台站，在信号长度和带宽足够的情况下，当且仅当来自同一源区且具有基本相同震源机制的事件具有相似的波形。根据这一性质，假定已知某事件的信号，以之为模板，连续地计算记录和模板之间的相关系数，则可以检测出模板事件附近发生的具有相同震源机制的其他事件。

对任意地震台站，其记录可以表示为

$$u(t) = \sum_i s_i(t - t_i) + n(t) \tag{6.7.1}$$

式中，$n(t)$ 为台站本底噪声；s_i 为第 i 个事件 E_i 在该台站上的信号；t_i 为该信号的初动到时。当 $t < 0$ 或 $t > T_i$ 时，$s_i(t) = 0$，其中 T_i 为 s_i 的持续时间。不失一般性，假定 $s_0(t)$ 为某一场地内的已知事件 E_0 的信号。用 $s_0(t)$ 为模板，计算互相关波形，即波形互相关系数随时间的变化：

$$c_T(t) = \frac{\dfrac{1}{T}\displaystyle\int_0^T u(t+\tau)s_0(\tau)\mathrm{d}\tau}{S_0 U(t)} \tag{6.7.2}$$

式中，$T < T_0$ 为实际的模板长度；

$$S_0 = \left(\frac{1}{T}\int_0^T s_0^2(\tau)\mathrm{d}\tau\right)^{1/2}, \quad U(t) = \left(\frac{1}{T}\int_0^T u^2(t+\tau)\mathrm{d}\tau\right)^{1/2} \tag{6.7.3}$$

无论是否包含信号，一般情况下窗口 $W_t = [t, t+T]$ 中的记录都和 $s_0(t)$ 不相似，使得 $c_T(t)$ 在期望值 0 附近随机涨落，涨落的幅度随时间窗口的长度和信号带宽的增加而减小。当 $s_i(t)$ 为 $s_0(t)$ 的相似信号时，$c_T(t_i)$ 具有较高的数值(图 6.7.1)。此时，

$$\begin{aligned} c_T(t_i) &= \frac{\dfrac{1}{T}\displaystyle\int_0^T [s_i(t_i+\tau) + n(t_i+\tau)]s_0(\tau)\mathrm{d}\tau}{S_0 U(t)} \\ &= \frac{c_s^{(i)}}{\sqrt{1 + 2\mathrm{snr}_i^{-1}c_n' + \mathrm{snr}_i^{-2}}} + \frac{c_n(t_i)}{\sqrt{1 + 2\mathrm{snr}_i^{-1}c_n' + \mathrm{snr}_i^{-2}}} \approx \frac{c_s^{(i)}}{\sqrt{1 + \mathrm{snr}_i^{-2}}} \end{aligned} \tag{6.7.4}$$

式中，$c_s^{(i)}$ 为 $s_i(t)$ 与 $s_0(t)$ 之间的相关系数；$c_n(t_i)$ 和 c_n' 为 W_t 中的噪声分别与 $s_0(t)$ 和 $s_i(t)$ 的相关系数；snr_i 为 $s_i(t)$ 的信噪比。

实际应用时，准确的 $s_0(t)$ 及其到时 t_0 都不是 100%精确已知的。通常的做法是从 t_0 之前略早的某个时刻 t_b 开始，截取长度为 T 的一段记录来代替 $s_0(t)$。记这样截取出的记录为 $\hat{s}_0(t)$，它和 $s_0(t)$ 之间的关系为

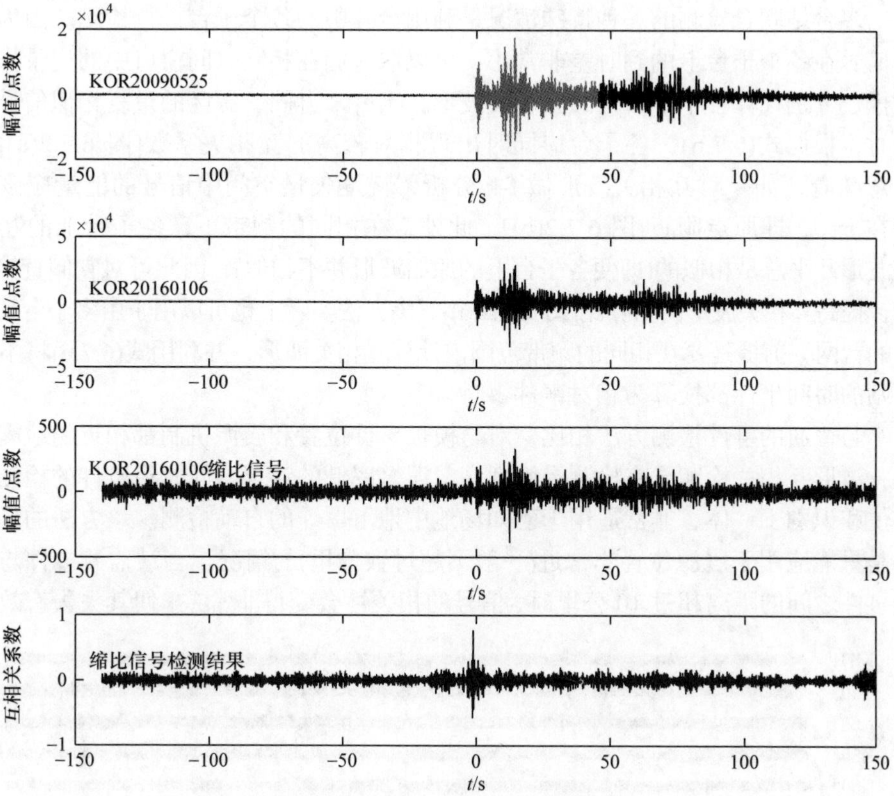

图 6.7.1　利用波形互相关来检测同一场地地下爆炸示例

从上到下，图中第 1 道波形为 2009 年 5 月 25 日朝鲜核试验在长春(CN2)台上的垂向记录(0.8～4.5Hz 带通滤波)，灰色部分为波形互相关的模板；第 2 道波形为 2016 年 1 月 6 日朝鲜核试验在 CN2 台上的垂向记录；第 3 道波形为将 2016 年 1 月 6 日试验信号缩小至 1/100 后叠加到 CN2 台实际噪声中得到的模拟记录；第 4 道波形为第 3 道波形中的模拟记录与模板信号的互相关波形

$$\widehat{s}_0(t)=s_0(t-\delta t)+e(t) \tag{6.7.5}$$

式中，$\delta t=t_0-t_b$ 为实际的窗口提前量；$e(t)$ 为 $\widehat{s}_0(t)$ 中实际包含的噪声。因为模板信号通常具有很高的信噪比，所以 $e(t)$ 可以忽略。此时，假定 $s_i(t)$ 是和 $s_0(t)$ 相似的信号，则 $c_T(t)$ 应当在 $t=t_i-\delta t$ 时具有最大值。记 $t_i'=t_i-\delta t$，利用信号到时和信号走时及发震时间之间的关系，有

$$t_i'-t_b=t_i-t_0=(t_i^{(o)}-t_0^{(o)})+[T(\boldsymbol{\xi}_0,\boldsymbol{x})-T(\boldsymbol{\xi}_i,\boldsymbol{x})]\approx t_i^{(o)}-t_0^{(o)} \tag{6.7.6}$$

式中，$t_0^{(o)}$ 和 $t_i^{(o)}$ 分别为 E_0 和 E_i 的发震时间；$\boldsymbol{\xi}_0$ 和 $\boldsymbol{\xi}_i$ 为相应的震源位置；$\boldsymbol{x}$ 为台站位置；$T(\boldsymbol{\xi},\boldsymbol{x})$ 代表信号走时。这一结果表明，$s_i(t)$ 的触发时间和模板信号的窗口起始时间之差近似等于两次事件的发震时间之差。根据这一性质，可以利用多个台站联合进行检测，进一步降低误警率。

多台站联合检测的一种特殊情况是利用台阵中的各个子台进行检测。因为同一信号在各个子台上的到时差非常小，可以取它们在相同时间窗口中的记录作为模板，分别计算各个子台上的互相关波形。当有来自同一源区的重复相似信号到达时，根据式(6.7.6)，各子台应同时出现相对较高的互相关系数[图 6.7.2(a)]。这意味着，如果对互相关波形做 f-k 分析，慢度矢量空间中信号的能量应该集中在 $\boldsymbol{p}$=0，即原点附近[图 6.7.2(b)]。此外，在相同的频带下，各子台上的互相关波形几乎总是相似的(即便各子台上的原始波形并不相似)，因此可对它们直接叠加，提高互相关波形的信噪比[图 6.7.2(a)]。该方法实际上也可以用于由多个台站组成的台网，前提是要在相同的频带范围内计算互相关波形，并利用式(6.7.6)将不同台站的时间坐标都换算为相对事件零时。

与普通的事件检测方法相比，对与模板事件位置和震源机制都相近的地震事件，波形互相关检测具有检测灵敏度高、误警率低的特点，同时集事件的检测、定位和识别于一体，非常适用于已知场地中地下爆炸的自动检测。该方法的局限性是只能应用于震源位置非常近(一般不超过数公里)的情况。当被监测事件与模板事件之间的距离超过 10 公里时，信号的相关性会变得非常差，使其失去有效的

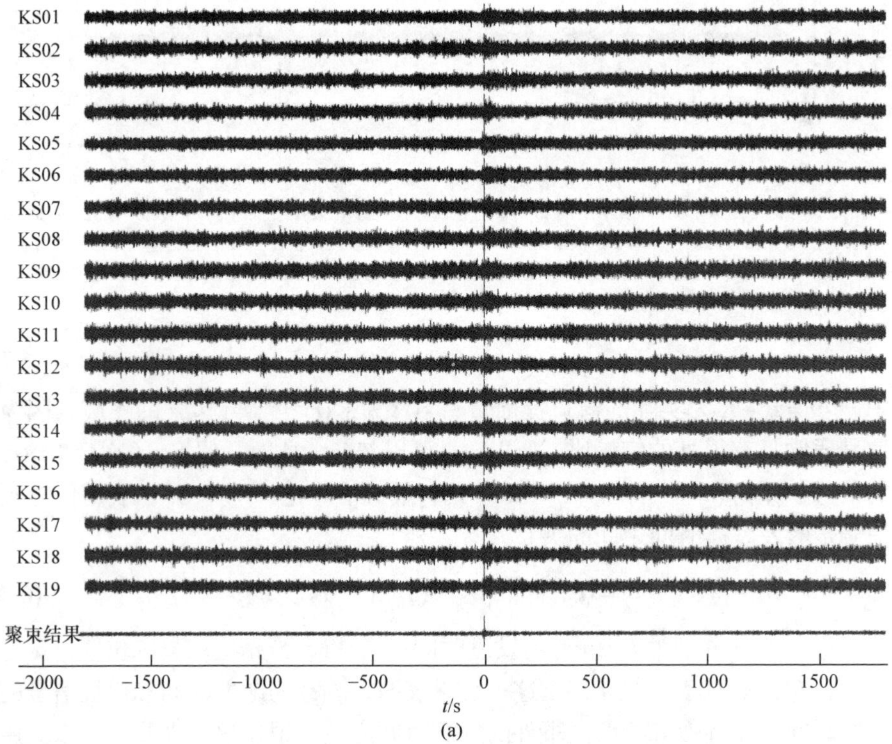

(a)

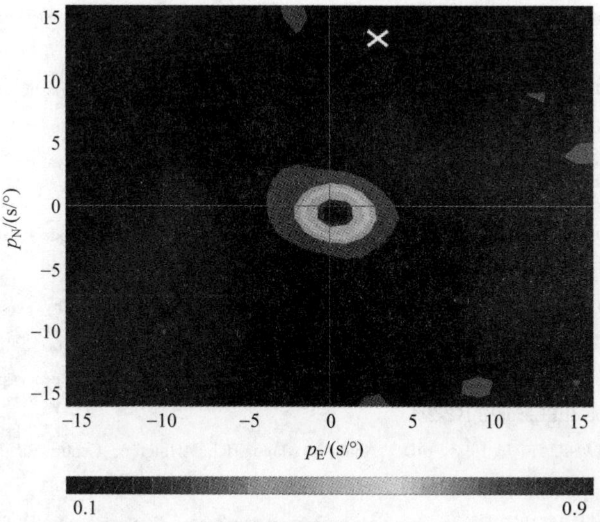

(b)

图 6.7.2 台阵波形互相关(后附彩图)

(a) 用 2009 年 5 月 25 日朝鲜核试验在韩国 KSRS 台阵上的 P 波信号(长度为 10s、频带为 0.8～4.5Hz)为模板计算的 2006 年 10 月 9 日朝鲜第一次核试验前后共 1h 内的互相关系数，前面 19 道为各子台上的结果，最后一道为聚束后的结果，从中可见互相关波形的信噪比明显增强；(b)互相关波形的 f-k 分析结果，显示能量集中在慢度为 0 的地方。图中白色╳代表从台站到源的理论慢度矢量

检测能力。此时，一种改进的方法是进行信号包络线的互相关。潘常周等(2014)的结果表明，在被检测事件与模板事件之间的距离高达 30 公里的情况下，基于多个区域台站的包络线互相关仍能有效地进行检测并区分出不同事件的性质。

参 考 文 献

傅淑芳, 刘宝诚, 1991. 地震学教程[M]. 北京: 地震出版社.

何燕, 靳平, 肖卫国, 等, 2014. 迭代累积平方和算法与自回归赤池准则算法在地震信号到时估算中的比较研究[J]. 地震学报, 36(2): 193-203.

侯建民, 黄志斌, 余书明, 等, 2009.中国国家地震台网中心技术系统[J]. 地震学报, 31(6): 684-690.

靳平, 张诚鎏, 沈旭峰, 等, 2014. 基于信号整体与局部特征的地震数据自动处理方法研究[J]. 地震学报, 36(3): 464-479.

刘畅, 靳平, 李欣, 2018. 3 种远震 P 波到时拾取方法的比较及其参数优化[J]. 地震学报, 40(4): 419-429.

潘常周, 靳平, 徐雄, 等, 2014. 基于信号包络线相似性的特定场地地下爆炸识别方法研究[J]. 地震学报, 36(6): 1131-1140.

王红春, 靳平, 何燕, 2012. 基于三分向台站波形的重复地下爆炸相关检测[J]. 地球物理学报, 55(3): 937-943.

徐果明, 2003. 反演理论及其应用[M]. 北京: 地震出版社.

ALLEN R, 1982. Automatic phase pickers: Their present use and future prospects [J]. Bull. Seism. Soc. Am., 72(6): S225-S242.

ARORA N S, RUSSELL S, SUDDERTH E, 2013. NET-VISA: Network processing vertically integrated seismic analysis [J]. Bull. Seism. Soc. Am., 103(2a): 709-729.

BEALL G W, BROWN D J, CARTER J A, et al., 1999. IDC Processing of Seismic, Hydroacoustic, and Infrasonic Data [R]. Vienna: International Data Centre, IDC Document 5.2.1.

BLANDFORD R R, 1974. An automatic event detector at the Tonto forest seismic observatory [J]. Geophysics, 39(5): 633-643.

BORMANN P, ENGDAHL B, KIND R, 2002. Seismic wave propagation and earth models [M]//BORMAN P. New Manual of Seismological Observatory Practice, Vol. 1. Potsdam: GeoForschungsZentrum.

BOWERS D, 2000. Using the F-detector to help interpret P-seismograms recorded by seismometer arrays [C]// Proceedings of the 22nd DoD/DoE Seismic Research Symposium, New Orleans.

CAPON J, GREENFIELD J, KOLKER R J, 1967. Multidimensional maximum-likelihood processing of a large aperture seismic array [J]. Proc. IEEE, 55(2): 192-211.

CARON P, FILIPKOWSKI F J, 1998. pIDC Analysis Manual[R]. Arlington: Centre for Monitoring Research, CMR-98/26.

DER Z A, SHUMWAY R H, 1999. Phase onset time estimation at regional distances using the CUSUM algorithm [J]. Phys. Earth Planet. Int., 113: 227-246.

DOUGLAS A, 1997. Band filtering to reduce noise on seismograms: Is there a better way? [J]. Bull. Seism. Soc. Am., 87(4): 770-777.

DOUGLAS A, 1998. Making the most of the recordings from short-period seismometer arrays [J]. Bull. Seism. Soc. Am., 88(5): 1155-1170.

DOUGLAS A, BOWERS D, YOUNG J B, 1997. On the onset of P seismograms [J]. Geophys. J. Int., 129(3): 681-690.

FRANKLIN J N, 1970. Well-posed stochastic extension of ill-posed linear problems [J]. J. Math. Anal. Appl., 31(3): 682-716.

GIBBONS S J, RINGDAL F, 2006. The detection of low magnitude seismic events using array-based waveform correlation [J]. Geophys. J. Int., 165(1): 149-166.

HAVSKOV J, ALGUACIL G, 2007. Instrumentation in Earthquake Seismology[M]. 赵仲和，赵建和, 译. 地震观测技术与仪器. 北京:地震出版社.

HEYBURN R, BOWERS D, 2007. The relative amplitude method: exploiting F-statistics from array seismograms [J]. Geophys. J. Int., 170(2): 813-822.

HEYBURN R, BOWERS D, 2008. Earthquake depth estimation using the F trace and associated probability [J]. Bull. Seism. Soc. Am., 98(1): 18-35.

INCLÁN C, TIAO G C, 1994. Use of cumulative sums of squares for retrospective detection of changes of variance [J]. J. Am. Stat. Assoc., 89(427): 913-923.

JIN P, PAN C, ZHANG C, et al., 2015. A novel progressive signal association algorithm for detecting teleseismic/network-outside events using regional seismic networks [J]. Geophys. J. Int., 201(3): 1950-1960.

JIN P, ZHANG C, SHEN X, et al., 2014. A novel technique for automatic seismic data processing using both integral and local feature of seismograms [J]. Earthq. Sci., 27(3): 337-349.

KAIMIGAICHI O, 1992. A fully automated method for determining the arrival times of seismic waves and its application to an on-line processing system [C]//The Proceedings of the 34th GSE Session, GSE/JAPAN/40, Geneva.

KOCH K, KRADOLFER U, 1997. Investigation of azimuth residuals observed at stations of the GSETT-3 alpha network [J].

Bull. Seism Soc. Am., 87(6): 1576-1597.

KONG Q, TRUGMAN D T, ROSS Z E, et al., 2019. Machine learning in seismology: Turning data into insights [J]. Seism. Res. Lett., 90(1): 3-14.

KULHÁNEK O, 1990. Anatomy of Seismograms [M]. 刘启元, 等, 译. 地震图解析. 北京：地震出版社，1992.

KÜPERKOCH L, MEIER T, FRIEDERICH W, et al., 2010. Automated determination of P-phase arrival times at regional and local distances using higher order statistics [J]. Geophys. J. Int., 181(2): 1159-1170.

KVAERNA T, DOORNBOS D J, 1986. An integrated approach to slowness analysis with arrays and three-component stations [R]. Kjeller: NORSAR Sci. Rept. 2-85/86, 60-69.

LEONARD M, 2000.Comparison of manual and automatic onset time picking [J]. Bull. Seism. Soc. Am., 90(6): 1384-1390.

PETERSON J, 1993. Observations and modeling of seismic background noise [R]. Albuquerque: U.S. Department of Interior Geological Survey, Open-File Report 93-322.

SARAGIOTIS C D, HADJILEONTIADIS L J, PANAS S M, 2002. PAI-S/K: A robust automatic seismic P phase arrival identification scheme [J]. IEEE Trans. Geosci. Remote Sens., 40(6): 1395-1404.

SCHEFFÉ H, 1959. The Analysis of Variance[M]. New York: Wiley.

SELBY N D, 2008. Application of a generalized F detector at a seismometer Array [J]. Bull. Seism. Soc. Am., 98(5): 2469-2481.

SLEEMAN R, VAN ECK T, 1999. Robust automatic P-phase picking: An on-line implementation in the analysis of broad-band seismogram recordings [J]. Phys. Earth Planet. Int., 113: 265-275.

TRNKOCZY A, BORMANN P, HANKA W, et al., 2002. Site Selection, Preparation and Installation of Seismic Stations [M]// BORMAN P. New Manual of Seismological Observatory Practice. Potsdam: GeoForschungsZentrum.

WITHERS M, ASTER R, YOUNG C, et al., 1998. A comparison of select trigger algorithms for automated global seismic phase and event detection [J]. Bull. Seism. Soc. Am., 88(1): 95-106.

附　录

附录 6.1　代表性和常用地震仪(计)位移传递函数的零点和极点

表 A6.1.1　代表性模拟地震仪位移传递函数零点和极点

地震仪	零点	极点
Wood-Anderson 地震仪	(0,0) (0,0)	(−6.2832, ±4.7124)
WWSSN 短周期地震仪	(0,0) (0,0) (0,0)	(−3.3678, ±3.7315) (−7.0372, ±4.5456)
WWSSN 长周期地震仪	(0,0) (0,0) (0,0)	(−0.4189, 0) (−0.4189, 0) (−0.062832, 0) (−0.062832, 0)

续表

地震仪	零点	极点
Kirnos SKD 地震仪	(0,0) (0,0) (0,0)	(−0.1257, ±0.2177) (−80.1093, 0) (−0.31540, 0)
DD-1 短周期地震仪	(0,0) (0,0)	(−3.4558, 5.2475) (−3.4558, −5.2475) (−88.8442, 88.8711) (−88.8442,−88.8711)

表 A6.1.2　现代常用地震计位移传递函数零点和极点

地震计	零点	极点
Geotech GS-13 短周期地震计	(0,0) (0,0)	(−0.7071,± 0.7071) (−48.300,±12.927) (−35.355, ±35.355) (−12.940, ±48.296)
中国地震局 DJ-1 型短周期地震计	(0,0) (0,0) (0,0)	(−3.770, ±5.026) (−58.05, ±24.05) (−24.05, ±58.05) (−0.6283, 0)
Streckeisen STS-2 宽频带地震计	(0,0) (0,0)	(−0.035647, ±0.036879) (−251.33, 0) (−131.04, ±467.29)
Streckeisen STS-1 宽频带地震计	(0,0) (0,0) (0,0)	(−0.01234, ±0.01234) (−39.18, ± 49.12)
Geotech KS-36000-I 井下宽频带地震计	(0,0) (0,0) (0,0)	(−8.985, 0) (−18.43, ±18.91) (−0.01234, ±0.01234) (−0.004219, 0)
Güralph CMG-3espc 宽频带地震计	(0,0) (0,0)	(−0.001178, ±0.001178) (−160,0) (−80,0) (−180,0)

附录 6.2　*F* 检测特征值分布特性的证明

鉴于 Blandford 只是通过引用更早的文献提到 *F* 检测的特征值服从非中心 *F* 分布 $F(N_1, N_2, \lambda)$，其中 $N_1=2BT$, $N_2=N_1(K-1)$, $\lambda=2BTR^2$，为方便读者深入理解和掌握，这里给出独立证明如下。

用 $\boldsymbol{d}_i$ 和 $\boldsymbol{n}_i$ 分别表示时间域中第 i 个子台上经过偏移和对齐的数据和噪声，$\boldsymbol{s}$ 表示真实信号，则

$$\boldsymbol{d}_i = \boldsymbol{s} + \boldsymbol{n}_i \tag{A6.2.1}$$

其中，

$$\boldsymbol{d}_i=\begin{pmatrix}d_i(t_1)\\ \vdots\\ d_i(t_L)\end{pmatrix}=\begin{pmatrix}d_{i1}\\ \vdots\\ d_{iL}\end{pmatrix},\ \boldsymbol{n}_i=\begin{pmatrix}n_i(t_1)\\ \vdots\\ n_i(t_L)\end{pmatrix}=\begin{pmatrix}n_{i1}\\ \vdots\\ n_{iL}\end{pmatrix},\ \boldsymbol{s}=\begin{pmatrix}s(t_1)\\ \vdots\\ s(t_L)\end{pmatrix}=\begin{pmatrix}s_1\\ \vdots\\ s_L\end{pmatrix}$$

式中，L 为数据的长度。假定 $n_i(t)$ 平稳，服从正态分布，各子台上具有相同功率密度和自相关函数，但各子台之间的噪声互不相关，即

$$\langle n_i(t)\rangle=0 \tag{A6.2.2}$$

$$\langle n_i^2(t)\rangle=\sigma^2 \tag{A6.2.3}$$

$$\langle n_i(t)n_j(t)\rangle=\sigma^2\delta_{ij} \tag{A6.2.4}$$

$$\langle n_i(t_k)n_i(t_l)\rangle=\sigma^2\rho(|t_k-t_l|)=\sigma^2\rho_{kl} \tag{A6.2.5}$$

式中，ρ_{kl} 为同一子台不同时刻噪声之间的相关系数，当 $k=l$ 时，有 $\rho_{kl}=1$。

按上述假设，聚束结果可以表示为

$$\hat{\boldsymbol{d}}=\begin{pmatrix}\hat{d}_1\\ \vdots\\ \hat{d}_L\end{pmatrix}=\frac{1}{K}\sum_{i=1}^{K}\boldsymbol{d}_i=\boldsymbol{s}+\bar{\boldsymbol{n}} \tag{A6.2.6}$$

其中，

$$\bar{\boldsymbol{n}}=\begin{pmatrix}\bar{n}_1\\ \vdots\\ \bar{n}_L\end{pmatrix}=\frac{1}{K}\sum_{i=1}^{K}\boldsymbol{n}_i \tag{A6.2.7}$$

为聚束结果中的噪声。显然

$$\boldsymbol{C}_{\bar{n}}=\langle\bar{\boldsymbol{n}}\bar{\boldsymbol{n}}^{\mathrm{T}}\rangle=\frac{1}{K^2}\sum_{i=1}^{K}\langle\boldsymbol{n}_i\boldsymbol{n}_i^{\mathrm{T}}\rangle=\frac{1}{K}\boldsymbol{C}_n \tag{A6.2.8}$$

其中，

$$\boldsymbol{C}_n=\langle\boldsymbol{n}_i\boldsymbol{n}_i^{\mathrm{T}}\rangle=\sigma^2\boldsymbol{Q} \tag{A6.2.9}$$

$\boldsymbol{Q}=[\rho_{kl}]$ 为同一子台上噪声的自相关矩阵。

以上是关于 F 检测中的一些基本假设。现在讨论 $S_0=\sum_{i=1}^{N}\hat{d}_i^2=\hat{\boldsymbol{d}}^{\mathrm{T}}\hat{\boldsymbol{d}}$ 的分布。对此有

$$S_0=(\boldsymbol{s}+\bar{\boldsymbol{n}})^{\mathrm{T}}(\boldsymbol{s}+\bar{\boldsymbol{n}}) \tag{A6.2.10}$$

为得到S_0分布，根据$\boldsymbol{C}_n$特性，有

$$\boldsymbol{C}_n = \boldsymbol{U}\Lambda\boldsymbol{U}^{\mathrm{T}} \tag{A6.2.11}$$

式中，Λ为$\boldsymbol{C}_n$本征值构成的对角矩阵；$\boldsymbol{U}$为$\boldsymbol{C}_n$相应的本征向量构成的正交矩阵，即有$\boldsymbol{U}^{\mathrm{T}}\boldsymbol{U} = \boldsymbol{U}\boldsymbol{U}^{\mathrm{T}} = \boldsymbol{I}$。假定$N_1 = \mathrm{rank}(\boldsymbol{C}_n)$为$\boldsymbol{C}_n$的秩，则有

$$\Lambda = \begin{pmatrix} \sigma^2 I_{N_1} & 0 \\ 0 & 0 \end{pmatrix} \tag{A6.2.12}$$

$$\boldsymbol{U} = \begin{pmatrix} \boldsymbol{u}_1 & \cdots & \boldsymbol{u}_{N_1} & \boldsymbol{u}_{N_1+1} & \cdots & \boldsymbol{u}_L \end{pmatrix} = \begin{pmatrix} \boldsymbol{U}_1 & \boldsymbol{U}_0 \end{pmatrix} \tag{A6.2.13}$$

式中，$\boldsymbol{u}_i(i=1,\cdots,N_1)$为$\boldsymbol{C}_n$的非零本征值对应的本征向量；$\boldsymbol{u}_i(i=N_1+1,\cdots,L)$为零本征值对应的本征向量。显然，根据式(A6.2.8)有

$$\boldsymbol{C}_{\overline{n}} = \boldsymbol{U}(K^{-1}\Lambda)\boldsymbol{U}^{\mathrm{T}} \tag{A6.2.14}$$

将$\overline{\boldsymbol{n}}$投影到$\boldsymbol{u}_i$，即令

$$\overline{\boldsymbol{n}} = \sum_{i=1}^{L} \overline{a}_i \boldsymbol{u}_i$$

容易得到对$i = N_1+1,\cdots,L$，有$\overline{a}_i = 0$。因此

$$\overline{\boldsymbol{n}} = \sum_{i=1}^{N_1} \overline{a}_i \boldsymbol{u}_i = \begin{pmatrix} \boldsymbol{u}_1 & \cdots & \boldsymbol{u}_{N_1} \end{pmatrix} \begin{pmatrix} \overline{a}_1 \\ \vdots \\ \overline{a}_{N_1} \end{pmatrix} = \boldsymbol{U}_1 \overline{\boldsymbol{a}} \tag{A6.2.15}$$

其中，

$$\overline{\boldsymbol{a}} = \begin{pmatrix} \boldsymbol{u}_1^{\mathrm{T}} \\ \vdots \\ \boldsymbol{u}_{N_1}^{\mathrm{T}} \end{pmatrix} \overline{\boldsymbol{n}} = \boldsymbol{U}_1^{\mathrm{T}} \overline{\boldsymbol{n}} \tag{A6.2.16}$$

式(A6.2.15)表明，$\overline{\boldsymbol{n}}$只有 N_1 个独立参量且完全落在由$\boldsymbol{u}_1,\cdots,\boldsymbol{u}_{N_1}$张成的子空间$\mathcal{V}_1$中。从后面的讨论可以看出该子空间应和信号的频带有关。由式(A6.2.16)有

$$\boldsymbol{C}_{\overline{a}} = \left\langle \overline{\boldsymbol{a}}\overline{\boldsymbol{a}}^{\mathrm{T}} \right\rangle = \boldsymbol{U}_1^{\mathrm{T}} \left\langle \overline{\boldsymbol{n}}\overline{\boldsymbol{n}}^{\mathrm{T}} \right\rangle \boldsymbol{U}_1 = K^{-1}\sigma^2 \boldsymbol{I}_{N_1} \tag{A6.2.17}$$

因此，$\overline{a}_i(i=1,\cdots,N_1)$相互独立且都服从方差为$K^{-1}\sigma^2$的正态分布。

信号$\boldsymbol{s}$同样可用$\boldsymbol{u}_i$来表示。假定$\boldsymbol{s} = \sum_{i=1}^{L} b_i \boldsymbol{u}_i$，由于不应该存在完全没有噪声的信号分量，应有$\boldsymbol{s} \in \mathcal{V}_1$，即

$$\boldsymbol{s} = \sum_{i=1}^{N_1} b_i \boldsymbol{u}_i = \boldsymbol{U}_1 \boldsymbol{b} \tag{A6.2.18}$$

因此

$$S_0 = (\overline{\boldsymbol{a}} + \boldsymbol{b})^{\mathrm{T}} \boldsymbol{U}_1^{\mathrm{T}} \boldsymbol{U}_1 (\overline{\boldsymbol{a}} + \boldsymbol{b}) = \sum_{i=1}^{N_1} (\overline{a}_i + b_i)^2 \tag{A6.2.19}$$

因为 $x_i = \overline{a}_i + b_i \sim N(b_i, K^{-1}\sigma^2)$，所以

$$\frac{S_0}{K^{-1}\sigma^2} \sim \chi^2(N_1, \lambda) \tag{A6.2.20}$$

$$\lambda = \sum_{i=1}^{N_1} \left(\frac{b_i^2}{\sqrt{K^{-1}\sigma^2}} \right)^2 = \frac{1}{K^{-1}\sigma^2} \sum_{i=1}^{N} s_i^2 = N_1 R^2 \tag{A6.2.21}$$

其中，

$$R = \left(\frac{N_1^{-1} \sum_{i=1}^{N_1} s_i^2}{K^{-1}\sigma^2} \right)^{1/2}$$

为聚束后的信噪比。

接下来讨论 $S_1 = \sum_{i=1}^{K} \sum_{t=1}^{T} (d_{tk} - \hat{d}_t)^2$ 的分布。根据式(A6.2.1)和式(A6.2.6)，有

$$S_1 = \sum_{k=1}^{K} \sum_{i=1}^{N} (n_{ik} - \overline{n}_i)^2 = \sum_{k=1}^{K} (\boldsymbol{n}_k - \overline{\boldsymbol{n}})^{\mathrm{T}} (\boldsymbol{n}_k - \overline{\boldsymbol{n}}) \tag{A6.2.22}$$

类似于式(A6.2.16)和式(A6.2.17)，有

$$\boldsymbol{n}_k = \begin{pmatrix} \boldsymbol{u}_1 & \cdots & \boldsymbol{u}_{N_1} \end{pmatrix} \begin{pmatrix} a_{1k} \\ \vdots \\ a_{N_1 k} \end{pmatrix} = \boldsymbol{U}_1 \boldsymbol{a}_k \tag{A6.2.23}$$

$$\boldsymbol{a}_k = \boldsymbol{U}_1^{\mathrm{T}} \boldsymbol{n}_k \tag{A6.2.24}$$

将式(A6.2.23)代入式(A6.2.22)，得到：

$$S_1 = \sum_{k=1}^{K} (\boldsymbol{a}_k - \overline{\boldsymbol{a}})^{\mathrm{T}} (\boldsymbol{a}_k - \boldsymbol{a}) = \sum_{k=1}^{K} \sum_{i}^{N_1} (a_{ik} - \overline{a}_i)^2 = \sum_{i=1}^{N_1} \sum_{k=1}^{K} (a_{ik} - \overline{a}_i)^2 \tag{A6.2.25}$$

因为对固定的 i，a_{ik} 相互独立且 $a_{ik} \sim N(0, \sigma^2)$，所以

$$\frac{S_1}{\sigma^2} = \sum_{i=1}^{N_1} \sum_{k=1}^{K} \left(\frac{a_{ik} - \overline{a}_i}{\sigma} \right)^2 \sim \sum_{i=1}^{N_1} \chi^2(K-1) = \chi^2(N_2) \tag{A6.2.26}$$

式中，$N_2 = N_1(K-1)$。于是，

$$\frac{\frac{S_0}{K^{-1}\sigma^2}/N_1}{\frac{S_1}{\sigma^2}/N_2}=\frac{\frac{S_0}{K^{-1}\sigma^2}/N_1}{\frac{S_1}{\sigma^2}/N_1(K-1)}=\frac{K-1}{K}\frac{S_0}{S_1}\sim F(N_1,N_2,\lambda) \quad (A6.2.27)$$

最后，还需要说明$N_1 = 2BT$。对长度为L的数字离散信号，可用离散傅里叶变换表示为

$$x(n)=\frac{1}{N}\sum_{k=0}^{L-1}X(k)\exp\left(\mathrm{j}\frac{2\pi}{L}kn\right) \quad (n=0,1,\cdots,L-1) \quad (A6.2.28)$$

其中，

$$X(k)=\sum_{n=0}^{L-1}X(n)\exp\left(-\mathrm{j}\frac{2\pi}{L}kn\right) \quad (k=0,1,\cdots,L-1) \quad (A6.2.29)$$

上述变换在频域中的分辨率为

$$\Delta f=\frac{2\pi}{L}/2\pi\times f_s=f_s/L \quad (A6.2.30)$$

式中，f_s为信号抽样率。对带宽为B的信号，$X(k)\neq 0$的频率样点个数$N_f = 2BN/f_s = 2BT$，其中正、负频率对应的样点个数各为$N_f/2$个。因为不同频率的信号是相互独立的，$X(k)$为复数需要两个相互独立的实数来描述，而正、负频率对应的$X(k)$相互共轭，所以为恢复$x(n)$需要的独立参量的长度为

$$N_1 = 2\times N_f/2 = 2BT \quad (A6.2.31)$$

附录 6.3　广义 *F* 检测中若干等式的证明

首先证明式(6.3.12)，令

$$S_1=(\boldsymbol{d}-\boldsymbol{A}\widehat{\boldsymbol{s}})^{\mathrm{\tilde{T}}}\boldsymbol{C}_n^{-1}(\boldsymbol{d}-\boldsymbol{A}\widehat{\boldsymbol{s}}),\quad S_2=\widehat{\boldsymbol{s}}^{\mathrm{\tilde{T}}}\boldsymbol{C}_s^{-1}\widehat{\boldsymbol{s}}$$

由于

$$\widehat{\boldsymbol{n}}=\boldsymbol{d}-\boldsymbol{A}\widehat{\boldsymbol{s}}=(\boldsymbol{A}\boldsymbol{s}+\boldsymbol{n})-\boldsymbol{A}(\boldsymbol{s}+\boldsymbol{\varepsilon})=\boldsymbol{n}-\boldsymbol{A}\boldsymbol{\varepsilon} \quad (A6.3.1)$$

因此

$$S_1=(\boldsymbol{n}-\boldsymbol{A}\boldsymbol{\varepsilon})^{\mathrm{\tilde{T}}}\boldsymbol{C}_n^{-1}(\boldsymbol{n}-\boldsymbol{A}\boldsymbol{\varepsilon})=\boldsymbol{n}^{\mathrm{\tilde{T}}}\boldsymbol{C}_n^{-1}\boldsymbol{n}+\boldsymbol{\varepsilon}^{\mathrm{\tilde{T}}}(\boldsymbol{A}^{\mathrm{\tilde{T}}}\boldsymbol{C}_n^{-1}\boldsymbol{A})\boldsymbol{\varepsilon}-2\boldsymbol{n}^{\mathrm{\tilde{T}}}\boldsymbol{C}_n^{-1}\boldsymbol{A}\boldsymbol{\varepsilon} \quad (A6.3.2)$$

而

$$S_2=(\boldsymbol{s}+\boldsymbol{\varepsilon})^{\mathrm{\tilde{T}}}\boldsymbol{C}_s^{-1}(\boldsymbol{s}+\boldsymbol{\varepsilon})=\boldsymbol{s}^{\mathrm{\tilde{T}}}\boldsymbol{C}_s^{-1}\boldsymbol{s}+\boldsymbol{\varepsilon}^{\mathrm{\tilde{T}}}\boldsymbol{C}_s^{-1}\boldsymbol{\varepsilon}+2\boldsymbol{s}^{\mathrm{\tilde{T}}}\boldsymbol{C}_s^{-1}\boldsymbol{\varepsilon} \quad (A6.3.3)$$

因此

$$S_{\hat{s}} = S_1 + S_2 = \boldsymbol{n}^{\mathrm{T}}\boldsymbol{C}_n^{-1}\boldsymbol{n} + \boldsymbol{s}^{\mathrm{T}}\boldsymbol{C}_s^{-1}\boldsymbol{s} + \boldsymbol{\varepsilon}^{\mathrm{T}}(\boldsymbol{A}^{\mathrm{T}}\boldsymbol{C}_n^{-1}\boldsymbol{A} + \boldsymbol{C}_s^{-1})\boldsymbol{\varepsilon} + 2(\boldsymbol{s}^{\mathrm{T}}\boldsymbol{C}_s^{-1} - \boldsymbol{n}^{\mathrm{T}}\boldsymbol{C}_n^{-1}\boldsymbol{A})\boldsymbol{\varepsilon} \tag{A6.3.4}$$

利用 $\boldsymbol{\varepsilon}=\boldsymbol{C}_\varepsilon\boldsymbol{A}^{\mathrm{T}}\boldsymbol{C}_n^{-1}(\boldsymbol{As}+\boldsymbol{n})-\boldsymbol{s}$、$\boldsymbol{C}_\varepsilon=(\boldsymbol{A}^{\mathrm{T}}\boldsymbol{C}_n^{-1}\boldsymbol{A}+\boldsymbol{C}_s^{-1})^{-1}$、$\boldsymbol{C}_\varepsilon^{-1}=\boldsymbol{A}^{\mathrm{T}}\boldsymbol{C}_n^{-1}\boldsymbol{A}+\boldsymbol{C}_s^{-1}$ 得到：

$$\boldsymbol{\varepsilon} = -\boldsymbol{C}_\varepsilon\boldsymbol{C}_s^{-1}\boldsymbol{s} + \boldsymbol{C}_\varepsilon\boldsymbol{A}^{\mathrm{T}}\boldsymbol{C}_n^{-1}\boldsymbol{n} \tag{A6.3.5}$$

式(A6.3.5)两边同乘以 $\boldsymbol{C}_\varepsilon^{-1}$ 并转置，有 $\boldsymbol{s}^{\mathrm{T}}\boldsymbol{C}_s^{-1} - \boldsymbol{n}^{\mathrm{T}}\boldsymbol{C}_n^{-1}\boldsymbol{A} = -\boldsymbol{\varepsilon}^{\mathrm{T}}\boldsymbol{C}_\varepsilon^{-1}$，代入式(A6.3.4)，得到：

$$S_{\hat{s}} = S_1 + S_2 = \boldsymbol{n}^{\mathrm{T}}\boldsymbol{C}_n^{-1}\boldsymbol{n} + \boldsymbol{s}^{\mathrm{T}}\boldsymbol{C}_s^{-1}\boldsymbol{s} - \boldsymbol{\varepsilon}^{\mathrm{T}}\boldsymbol{C}_\varepsilon^{-1}\boldsymbol{\varepsilon} \tag{A6.3.6}$$

由于 $\boldsymbol{n}$ 、$\boldsymbol{s}$ 和 $\boldsymbol{\varepsilon}$ 不是相互独立的，将式(A6.3.5)代入式(A6.3.6)，得到：

$$\begin{aligned}S_{\hat{s}} &= \boldsymbol{n}^{\mathrm{T}}\boldsymbol{C}_n^{-1}\boldsymbol{n} + \boldsymbol{s}^{\mathrm{T}}\boldsymbol{C}_s^{-1}\boldsymbol{s} - (-\boldsymbol{C}_s^{-1}\boldsymbol{s} + \boldsymbol{A}^{\mathrm{T}}\boldsymbol{C}_n^{-1}\boldsymbol{n})^{\mathrm{T}}\boldsymbol{C}_\varepsilon(-\boldsymbol{C}_s^{-1}\boldsymbol{s} + \boldsymbol{A}^{\mathrm{T}}\boldsymbol{C}_n^{-1}\boldsymbol{n})\\ &= \boldsymbol{n}^{\mathrm{T}}[\boldsymbol{C}_n^{-1} - \boldsymbol{C}_n^{-1}\boldsymbol{A}\boldsymbol{C}_\varepsilon\boldsymbol{A}^{\mathrm{T}}\boldsymbol{C}_n^{-1}]\boldsymbol{n} + \boldsymbol{s}^{\mathrm{T}}[\boldsymbol{C}_s^{-1} - \boldsymbol{C}_s^{-1}\boldsymbol{C}_\varepsilon\boldsymbol{C}_s^{-1}]\boldsymbol{s} + 2\boldsymbol{s}^{\mathrm{T}}\boldsymbol{C}_s^{-1}\boldsymbol{C}_\varepsilon\boldsymbol{A}^{\mathrm{T}}\boldsymbol{C}_n^{-1}\boldsymbol{n}\end{aligned}$$

利用恒等式 $\boldsymbol{C}_\varepsilon\boldsymbol{A}^{\mathrm{T}}\boldsymbol{C}_n^{-1}=(\boldsymbol{A}^{\mathrm{T}}\boldsymbol{C}_n^{-1}\boldsymbol{A}+\boldsymbol{C}_s^{-1})^{-1}\boldsymbol{A}^{\mathrm{T}}\boldsymbol{C}_n^{-1}=\boldsymbol{C}_s\boldsymbol{A}^{\mathrm{T}}(\boldsymbol{A}\boldsymbol{C}_s\boldsymbol{A}^{\mathrm{T}}+\boldsymbol{C}_n)^{-1}=\boldsymbol{C}_s\boldsymbol{A}^{\mathrm{T}}\boldsymbol{C}_d^{-1}$，分别有

$$\begin{aligned}\boldsymbol{C}_n^{-1} - \boldsymbol{C}_n^{-1}\boldsymbol{A}\boldsymbol{C}_\varepsilon\boldsymbol{A}^{\mathrm{T}}\boldsymbol{C}_n^{-1} &= \boldsymbol{C}_n^{-1} - \boldsymbol{C}_n^{-1}\boldsymbol{A}\boldsymbol{C}_s\boldsymbol{A}^{\mathrm{T}}(\boldsymbol{A}\boldsymbol{C}_s\boldsymbol{A}^{\mathrm{T}}+\boldsymbol{C}_n)^{-1}\\ &= \boldsymbol{C}_n^{-1} - \boldsymbol{C}_n^{-1}(\boldsymbol{A}\boldsymbol{C}_s\boldsymbol{A}^{\mathrm{T}}+\boldsymbol{C}_n-\boldsymbol{C}_n)(\boldsymbol{A}\boldsymbol{C}_s\boldsymbol{A}^{\mathrm{T}}+\boldsymbol{C}_n)^{-1} = \boldsymbol{C}_d^{-1}\end{aligned}$$

$$\begin{aligned}\boldsymbol{C}_s^{-1} - \boldsymbol{C}_s^{-1}\boldsymbol{C}_\varepsilon\boldsymbol{C}_s^{-1} &= \boldsymbol{C}_s^{-1}\boldsymbol{C}_\varepsilon\boldsymbol{C}_\varepsilon^{-1} - \boldsymbol{C}_s^{-1}\boldsymbol{C}_\varepsilon\boldsymbol{C}_s^{-1}\\ &= \boldsymbol{C}_s^{-1}\boldsymbol{C}_\varepsilon[\boldsymbol{C}_\varepsilon^{-1} - \boldsymbol{C}_s^{-1}] = \boldsymbol{C}_s^{-1}\boldsymbol{C}_\varepsilon\boldsymbol{A}^{\mathrm{T}}\boldsymbol{C}_n^{-1}\boldsymbol{A}\\ &= \boldsymbol{C}_s^{-1}\boldsymbol{C}_s\boldsymbol{A}^{\mathrm{T}}\boldsymbol{C}_d^{-1}\boldsymbol{A} = \boldsymbol{A}^{\mathrm{T}}\boldsymbol{C}_d^{-1}\boldsymbol{A}\end{aligned}$$

因此

$$S_{\hat{s}} = \boldsymbol{n}^{\mathrm{T}}\boldsymbol{C}_d^{-1}\boldsymbol{n} + \boldsymbol{s}^{\mathrm{T}}\boldsymbol{A}^{\mathrm{T}}\boldsymbol{C}_d^{-1}\boldsymbol{As} + 2\boldsymbol{s}^{\mathrm{T}}\boldsymbol{A}^{\mathrm{T}}\boldsymbol{C}_d^{-1}\boldsymbol{n} = \boldsymbol{d}^{\mathrm{T}}\boldsymbol{C}_d^{-1}\boldsymbol{d} \sim \chi^2(N_d) \tag{A6.3.7}$$

式中，$N_d = \mathrm{rank}(\boldsymbol{C}_d) = kN_f$。

其次证明式(6.3.15)。将 $S_{\hat{s}} = (\boldsymbol{d} - \boldsymbol{A}\hat{\boldsymbol{s}})^{\mathrm{T}}\boldsymbol{C}_n^{-1}(\boldsymbol{d} - \boldsymbol{A}\hat{\boldsymbol{s}}) + \hat{\boldsymbol{s}}^{\mathrm{T}}\boldsymbol{C}_s^{-1}\hat{\boldsymbol{s}}$ 直接展开，有

$$\begin{aligned}S_{\hat{s}} &= \boldsymbol{d}^{\mathrm{T}}\boldsymbol{C}_n^{-1}\boldsymbol{d} - 2\boldsymbol{d}^{\mathrm{T}}\boldsymbol{C}_n^{-1}\boldsymbol{A}\hat{\boldsymbol{s}} + \hat{\boldsymbol{s}}^{\mathrm{T}}(\boldsymbol{A}^{\mathrm{T}}\boldsymbol{C}_n^{-1}\boldsymbol{A} + \boldsymbol{C}_s^{-1})\boldsymbol{s}\\ &= \boldsymbol{d}^{\mathrm{T}}\boldsymbol{C}_n^{-1}\boldsymbol{d} - 2\boldsymbol{d}^{\mathrm{T}}\boldsymbol{C}_n^{-1}\boldsymbol{A}\hat{\boldsymbol{s}} + \hat{\boldsymbol{s}}^{\mathrm{T}}\boldsymbol{C}_\varepsilon^{-1}\boldsymbol{s}\end{aligned}$$

利用 $\hat{\boldsymbol{s}} = (\boldsymbol{A}^{\mathrm{T}}\boldsymbol{C}_n^{-1}\boldsymbol{A} + \boldsymbol{C}_s^{-1})^{-1}\boldsymbol{A}^{\mathrm{T}}\boldsymbol{C}_n^{-1}\boldsymbol{d} = \boldsymbol{C}_\varepsilon\boldsymbol{A}^{\mathrm{T}}\boldsymbol{C}_n^{-1}\boldsymbol{d}$，有

$$\boldsymbol{d}^{\mathrm{T}}\boldsymbol{C}_n^{-1}\boldsymbol{A}\hat{\boldsymbol{s}} = \boldsymbol{d}^{\mathrm{T}}\boldsymbol{C}_n^{-1}\boldsymbol{A}\boldsymbol{C}_\varepsilon\boldsymbol{C}_\varepsilon^{-1}\hat{\boldsymbol{s}} = \hat{\boldsymbol{s}}^{\mathrm{T}}\boldsymbol{C}_\varepsilon^{-1}\hat{\boldsymbol{s}}$$

因此

$$S_{\hat{s}} = \boldsymbol{d}^{\mathrm{T}}\boldsymbol{C}_n^{-1}\boldsymbol{d} - \hat{\boldsymbol{s}}^{\mathrm{T}}\boldsymbol{C}_\varepsilon^{-1}\hat{\boldsymbol{s}} \tag{A6.3.8}$$

最后证明由式(6.3.17)定义的 F 和式(6.3.16)定义的 F_s 通常情况下近似相等。因为

$$F - F_s = \frac{N_d}{N_s}\frac{\widehat{\boldsymbol{s}}^{\tilde{\mathrm{T}}}(\boldsymbol{C}_\varepsilon^{-1}\boldsymbol{C}_{\mathrm{MP}}\boldsymbol{C}_\varepsilon^{-1} - \boldsymbol{C}_\varepsilon^{-1})\widehat{\boldsymbol{s}}}{\boldsymbol{d}^{\tilde{\mathrm{T}}}\boldsymbol{C}_n^{-1}\boldsymbol{d} - \widehat{\boldsymbol{s}}^{\tilde{\mathrm{T}}}\boldsymbol{C}_\varepsilon^{-1}\widehat{\boldsymbol{s}}} \tag{A6.3.9}$$

利用 $\boldsymbol{C}_\varepsilon^{-1} = \boldsymbol{A}^{\tilde{\mathrm{T}}}\boldsymbol{C}_n^{-1}\boldsymbol{A} + \boldsymbol{C}_s^{-1} = \boldsymbol{C}_{\mathrm{MP}}^{-1} + \boldsymbol{C}_s^{-1}$，

$$F - F_s = \frac{N_d}{N_s}\frac{\widehat{\boldsymbol{s}}^{\tilde{\mathrm{T}}}\boldsymbol{C}_\varepsilon^{-1}\boldsymbol{C}_{\mathrm{MP}}\boldsymbol{C}_s^{-1}\widehat{\boldsymbol{s}}}{\boldsymbol{d}^{\tilde{\mathrm{T}}}\boldsymbol{C}_n^{-1}\boldsymbol{d} - \widehat{\boldsymbol{s}}^{\tilde{\mathrm{T}}}\boldsymbol{C}_\varepsilon^{-1}\widehat{\boldsymbol{s}}} \tag{A6.3.10}$$

因此

$$\begin{aligned}\frac{F - F_s}{F_s} &= \frac{\widehat{\boldsymbol{s}}^{\tilde{\mathrm{T}}}\boldsymbol{C}_\varepsilon^{-1}C_{\mathrm{MP}}\boldsymbol{C}_s^{-1}\widehat{\boldsymbol{s}}}{\widehat{\boldsymbol{s}}^{\tilde{\mathrm{T}}}\boldsymbol{C}_\varepsilon^{-1}\widehat{\boldsymbol{s}}}\\ &= \frac{\sum_{i=1}^{N_f}[\boldsymbol{a}_i^{\tilde{\mathrm{T}}}\boldsymbol{Q}_i^{-1}\boldsymbol{a}_i P_n^{-1}(\omega_i) + P_s^{-1}(\omega_i)](\boldsymbol{a}_i^{\tilde{\mathrm{T}}}\boldsymbol{Q}_i^{-1}\boldsymbol{a}_i)^{-1}[P_n(\omega_i)/P_s(\omega_i)]|s(\omega_i)|^2}{\sum_{i=1}^{N_f}[\boldsymbol{a}_i^{\tilde{\mathrm{T}}}\boldsymbol{Q}_i^{-1}\boldsymbol{a}_i P_n^{-1}(\omega_i) + P_s^{-1}(\omega_i)]|s(\omega_i)|^2}\end{aligned}$$

记 $K_i = \boldsymbol{a}_i^{\tilde{\mathrm{T}}}\boldsymbol{Q}_i^{-1}\boldsymbol{a}_i$， $r_i^2 = P_s(\omega_i)/P_n(\omega_i)$，则

$$\frac{F - F_s}{F_s} = \frac{\sum_{i=1}^{N_f}(K_i r_i^2 + 1)K_i^{-1}r_i^{-2}P_s^{-1}(\omega_i)|s(\omega_i)|^2}{\sum_{i=1}^{N_f}(K_i r_i^2 + 1)|P_s^{-1}(\omega_i)s(\omega_i)|^2}$$

因为 $K_i \approx K >> 1$，所以当 r_i^2 不是很小时，应有 $(F - F_s)/F_s \approx 0$。

第 7 章　地 震 定 位

7.1　地震定位概述

地震定位是地震监测的重要内容之一，它回答了探测到的地震信号源于何时、何地这样一个基本问题。现代地震定位技术的基本原理源于 Geiger(1910)，其实质就是根据观测到的信号到时等数据，求解发震时间和发震位置，使得根据相应结果所预测的理论信号到时与实际观测到时之间的误差最小。

地震定位利用的观测资料主要是信号到时。除此以外，现代地震定位技术还利用信号的方位角、慢度等 (Bratt et al., 1988)。一般情况下，初动清晰的 P 波信号的到时测量精度可达 0.1～0.2s(Douglas et al., 2005, 1997; Leonard, 2000)，对应的空间分辨率在千米量级。在质量较好的地震台阵上，方位角的测量精度在 10°左右(Bondár et al., 1999b)，在震中距为 100km 和 1000km 两种情况下，对应的空间分辨率分别约为 17km 和 170km，远低于信号到时对应的空间分辨率。至于慢度，台阵情况下的测量精度约为 2s/°，对应的空间分辨率通常在 1000km 量级。因此，通常情况下地震信号的到时在定位时所起的约束作用要远超信号的方位角和慢度，后两种参数只是在台网非常稀疏时能起到一定的辅助约束作用。

一般地，地震定位问题可以表述为下述最小值问题：

$$f(t_0,\lambda,\varphi,h)=\sum_{i=1}^{N_D} w_i\,|\,d_i(t_0,\lambda,\varphi,h)-d_i^{(\mathrm{obs})}\,|^p=\min \tag{7.1.1}$$

式中，t_0 为地震的发震时间；λ 和 φ 分别为震中的经度和纬度；h 为震源深度；$d_i^{(\mathrm{obs})}$ 为观测资料；$d_i(t_0,\lambda,\varphi,h)$ 为相应的理论模型值；w_i 为加权系数；一般 $p=2$ 。上述方程通常采用源自 Geiger (1910)的线性化迭代方法来求解(Jordan et al., 1981; Buland, 1976)，该方法能高效地收敛到需要的结果。不过，也存在某些特殊情况(如台网非常稀疏时)，使失配函数 $f(t_0,\lambda,\varphi,h)$ 存在多个极小点。对于这样的情况，可用非线性的直接搜索方法来求解。相关方法将在 7.3 节中详细介绍。

在求得定位结果的同时，需要进一步估计定位误差的可能大小，即定位结果的不确定度。如前所述，地震定位的误差来源于到时等资料的测量误差和理论预测误差(如走时表的误差)，后者常被称为模型误差。关于到时测量误差，其影响因素非常复杂。信号信噪比、初动形态、信号频率成分、震相类型、滤波引起的时延、分析员判读习惯和经验等，都会对到时测量误差的大小产生影响。通常，对信噪比足够高、初动足够清晰的 P 波信号，到时拾取的误差可达 0.1～0.2s；但在信噪比较低、信号初动不够清晰的情况下，则可能产生较大(约为 1s)，甚至很大(约为 10s)的测量误差(图 7.1.1)，而后者往往和震相的识别或命名错误有关。

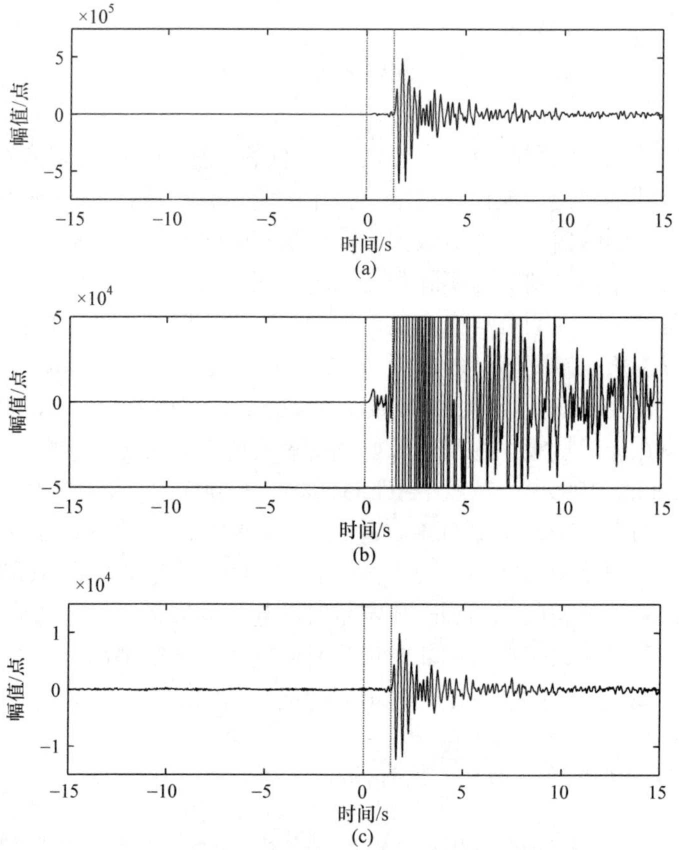

图 7.1.1　信噪比对到时测量误差的影响示意图

(a)2009 年 5 月 25 日朝鲜核试验在延边台(YNB)上的 P 波信号；(b)信号的波形放大图；(c)信号幅值缩小 50 倍后和噪声的叠加结果。此时，两条竖线之间的信号淹没在噪声中，使得实际拾取的信号到时比真正的信号到时晚大约 1.4s

迄今为止，日常地震定位主要还是采用一维(1D)地球模型。这种 1D 模型难以顾及地球在横向上的不均匀性，在很多情况特别是区域震相时具有比较大的模型误差。图 7.1.2 是 IASPEI91 一维地球模型(Kennett et al.,1991)预测的 Pn 波走时曲线与由主动地震方法获得的不同地区 Pn 波走时的对比。图中横坐标为震中距 R，纵坐标为信号的折合走时 T-R/8.0，这里 T 为信号的绝对走时。图中可见，在很多情况下，IASPEI91 模型预测的 Pn 信号走时存在数秒以上的偏差。

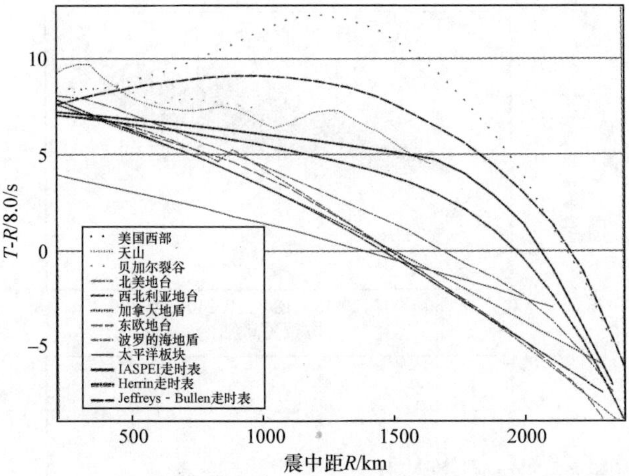

图 7.1.2　IASPEI91 一维地球模型预测的 Pn 波走时曲线与由主动地震方法获得的不同地区 Pn 波走时的对比(Bondár et al., 1999a)

地震信号的到时测量误差和模型误差一起构成总的资料误差。类似的资料误差同样存在于信号方位角等其他参数中。这些资料误差如何映射到定位结果中，依赖于实际参与定位的地震台站相对于震源的分布。三者之间的具体关系将在 7.2 节中进一步介绍。这里可以简单地理解为定位误差等于资料误差除以一个与台站分布有关的分母，只不过此时的分母实际是一个矩阵，而分别作为被除数和商的资料误差和定位误差相应地为资料空间和模型空间中的矢量。实际参与定位的台站分布越稀疏，对震中的包围越差，分母上矩阵的奇异性越强，资料误差越容易被放大为定位误差，导致定位结果的不确定度，如误差椭圆的面积越大。例如，根据 Bondár 等(2001)关于原型国际数据中心(Prototype International Data Center, PIDC) REB 中地震事件的统计结果(图 7.1.3)，影响事件误差椭圆面积的主要因素：①参与定位的地震台站数；②地震台站相对于震中的方位角间隙(azimuthal gap)的大小，其中方位角间隙的定义如图 7.1.4 所示。从图 7.1.3 可见，参与定位的台站数越少，台站的方位角间隙越大，误差椭圆面积也越大。

图 7.1.3 反映了 CTBT 核查及核爆炸监测在地震定位方面面临的一个突出问题。为核查各缔约国是否遵守条约，除了可以利用 IMS 和国家技术手段来进行监测之外，CTBT 允许对可能违约的事件进行现场视察。按 CTBT 规定，请求进行现场视察的区域不能超过 $1000km^2$。这常常被理解为在 CTBT 核查时，地震定位确定的震中不确定度应在 $1000km^2$ 以内。尽管这种理解是片面的，但提高定位精度，尽可能满足条约对视察区域面积大小的要求，是有效申请现场视察的基础。从图 7.1.3 的结果可知，仅仅依靠稀疏的 IMS 系统，很难达到这一要求。除了误差椭圆面积，即地震定位的精度难以满足要求以外，相关的研究还表明(Bondár et

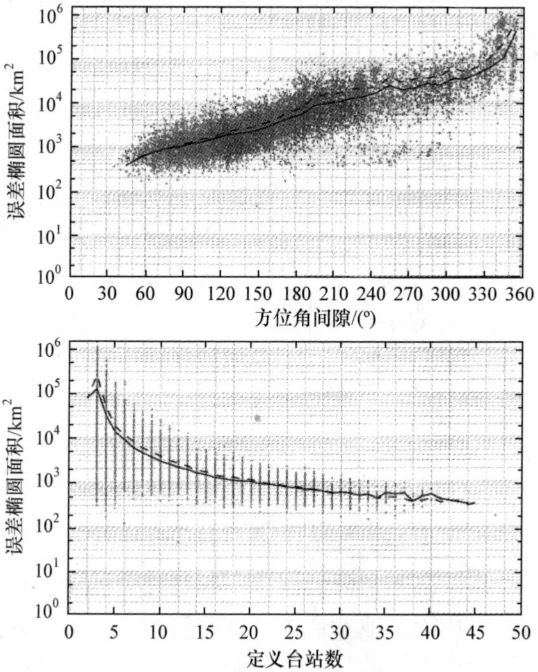

图 7.1.3　PIDC REB 中地震事件误差椭圆面积与台站方位角间隙和定义台站数的关系 (Bondár et al., 2001)

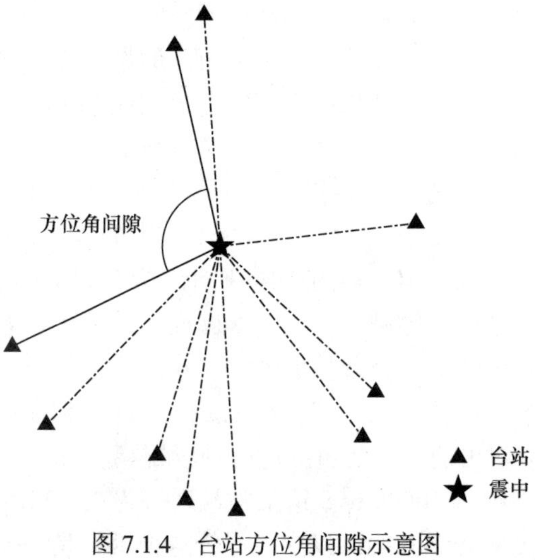

图 7.1.4　台站方位角间隙示意图

al., 1999a)，很多情况下理论估计的误差椭圆也不能覆盖事件的真实震中位置，表明地震定位在结果的准确可靠性方面仍需改进。

因此，如何提高稀疏台网条件下地震定位的精度和准度，是核爆炸监测和CTBT 地震核查技术中一个非常现实的问题。不同于天然地震监测的情况，核爆炸监测在很多情况下只能利用数量有限、分布很稀疏或很不均匀的地震台站来进行定位。定位结果容易受信号到时、方位角等定位资料的测量和模型误差的影响。针对这一问题，从 20 世纪 90 年代中后期开始，国际上分别从经验标定(苏亚军等, 2010; Yang et al., 2001a, 2001b; Myers et al., 2000; Bondár et al., 1999a, 1999b; Schultz et al., 1998)和地球三维结构建模(Ballard et al., 2016；Myers, et al., 2015;张慧民等，2013; Myers et al., 2010; Antolik et al., 2001)两个方面着手，降低定位资料特别是信号走时的模型误差，减小定位结果的不确定度和定位结果的系统偏差。

以上是单次事件地震定位中的一些主要问题。除单次事件定位方法以外，还有多事件定位方法。多事件定位中最常见的是相对定位，其中包括多事件联合定位(Douglas, 1967)、主事件定位(Evernden, 1969a)和双差定位(Waldhauser et al., 2000)等。相对定位主要解决的是位置相近的多个事件的精确相对位置的问题。在这种情况下，不同事件在同一个地震台站上的走时模型误差基本相同，同时可设法对不同事件同一种震相的信号在同一个台站上的相对到时进行精确测量，如在波形相似的情况下利用波形互相关方法来进行测量等，使得用相对定位方法得到的事件之间相对位置的精度即使在远震情况下也可达到 100m 量级(Gibbons et al., 2017; 潘常周等，2014)，远高于任何基于单次事件定位结果所能达到的精度(图 7.1.5)。

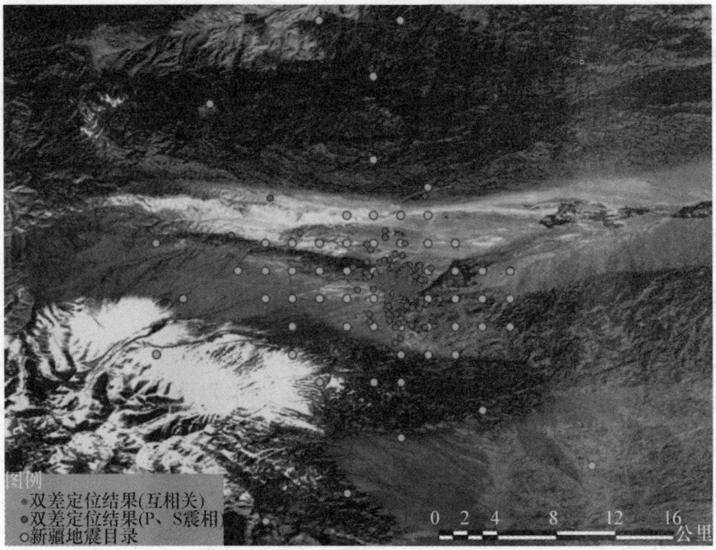

图 7.1.5 单次定位方法和相对定位方法给出的事件相对位置精度比较(后附彩图)

图中绿色圆点为某矿区进行的采石爆破在新疆地震目录中的震中位置，蓝色小点为根据新疆地震目录中的 P 波和 S 波到时用相对定位方法确定的相对位置，红色为根据波形互相关确定的相对位置(徐雄，2012)

本章首先介绍线性化地震定位方法,同时介绍如何估算地震定位的不确定度,然后介绍地震定位的直接搜索方法、如何通过走时标定校正和三维地球模型来提高地震定位精准度、相对地震定位等方面内容。

7.2 线性化定位方法

7.2.1 定位原理

考虑最简单的情况，假定只利用地震信号的 P 波到时来进行定位。记一个地震的发震时间为t_0，震源位置$\boldsymbol{\xi}=(\lambda, \varphi, h)$，这里$\lambda$、$\varphi$、$h$分别代表纬度、经度和深度。假定在位于$\boldsymbol{y}_i$处的第$i$个台站上，该地震的 P 波到时为$t_i$，则

$$t_i = t_0 + \hat{T}_{\mathrm{P}}(\boldsymbol{\xi}, \boldsymbol{y}_i) + \zeta_i + e_i = t_0 + \hat{T}_{\mathrm{P}}(\boldsymbol{\xi}, \boldsymbol{y}_i) + \varepsilon_i \tag{7.2.1}$$

式中，$\hat{T}_{\mathrm{P}}(\boldsymbol{\xi}, \boldsymbol{y}_i)$为从震源到台站的理论走时；$\varepsilon_i = e_i + \zeta_i$，其中$e_i$为到时的测量误差，$\zeta_i$为模型误差，即信号实际走时和理论走时之间的系统偏差，ε_i可看作总的到时误差。

可用最小二乘法来估计地震的发震时间和震源位置。记$\boldsymbol{x}=(t_0,\lambda,\varphi,h)^{\mathrm{T}}$，$\hat{t}_i(\boldsymbol{x}) = t_0 + \hat{T}_{\mathrm{P}}(\boldsymbol{\xi}, \boldsymbol{y}_i)$，则相应的问题可表示为求$\boldsymbol{x}=\hat{\boldsymbol{x}}$，使得

$$\text{errobj} = \frac{1}{N}\sum_{i=1}^{N}[t_i - \hat{t}_i(\boldsymbol{x})]^2 = \min \tag{7.2.2}$$

式中，N为参与定位的台站数。

更一般地，可以从最大似然原理的角度来得到式(7.2.2)。记$\boldsymbol{t}=[t_1,t_2,\cdots,t_N]^{\mathrm{T}}$，$\boldsymbol{\varepsilon}=[\varepsilon_1,\varepsilon_2,\cdots,\varepsilon_N]^{\mathrm{T}}$，$\hat{\boldsymbol{t}}(\boldsymbol{x})=[\hat{t}_1,\hat{t}_2,\cdots,\hat{t}_N]^{\mathrm{T}}$，其中$\hat{t}_i(\boldsymbol{x}) = t_0 + \hat{T}_{\mathrm{P}}(\boldsymbol{\xi}, \boldsymbol{y}_i)$，可以将式(7.2.1)表示为

$$\boldsymbol{t} = \hat{\boldsymbol{t}}(\boldsymbol{x}) + \boldsymbol{\varepsilon} \tag{7.2.3}$$

假定ε_i都服从正态分布，

$$\boldsymbol{C}_t = <\boldsymbol{\varepsilon}\boldsymbol{\varepsilon}^{\mathrm{T}}> \tag{7.2.4}$$

为$\boldsymbol{\varepsilon}$的协方差矩阵，则$\boldsymbol{t}$也服从正态分布并具有如下概率密度函数，即

$$f(\boldsymbol{t}) \propto \exp\left\{-\frac{1}{2}[\boldsymbol{t}-\hat{\boldsymbol{t}}(\boldsymbol{x})]^{\mathrm{T}} C_t^{-1}[\boldsymbol{t}-\hat{\boldsymbol{t}}(\boldsymbol{x})]\right\} \tag{7.2.5}$$

所谓最大似然解，即求$\boldsymbol{x}$，使得$f(\boldsymbol{t}) = f_{\max}$。这相当于求$\boldsymbol{x}$使得

$$[\boldsymbol{t}-\hat{\boldsymbol{t}}(\boldsymbol{x})]^{\mathrm{T}} C_t^{-1}[\boldsymbol{t}-\hat{\boldsymbol{t}}(\boldsymbol{x})] = \min \tag{7.2.6}$$

假定 ε_i 相互独立并具有相同的方差，则 $\boldsymbol{C}_t=\sigma^2\boldsymbol{I}$，式(7.2.6)等同于式(7.2.2)。

对式(7.2.2)的解 $\hat{\boldsymbol{x}}$ 应有

$$\sum_{i=1}^{N}2[t_i-\hat{t}_i(\boldsymbol{x})]\left[-\frac{\partial\hat{t}_i(\boldsymbol{x})}{\partial x_j}\right]_{x=\hat{x}}=0\quad(j=1,2,3,4)\tag{7.2.7}$$

或

$$\boldsymbol{G}^{\mathrm{T}}(\hat{\boldsymbol{x}})\boldsymbol{r}=0\tag{7.2.8}$$

式中，$\boldsymbol{r}=\boldsymbol{t}-\hat{\boldsymbol{t}}(\hat{\boldsymbol{x}})$ 为各个台站上的到时残差；

$$\boldsymbol{G}=\frac{\partial\hat{\boldsymbol{t}}}{\partial\boldsymbol{x}}=[\partial\hat{t}_i(\boldsymbol{x})/\partial x_j]\tag{7.2.9}$$

为各个台站上的理论到时对震源参数的偏导数构成的矩阵。

可用线性迭代的方法来求解 $\hat{\boldsymbol{x}}$ (Jordan et al., 1981)。为此，假定 $\boldsymbol{x}$ 的一个初值 $\boldsymbol{x}_0$，将 $\hat{t}_i(\boldsymbol{x})$ 对 $\boldsymbol{x}_0$ 做泰勒展开，有

$$\hat{t}_i(\boldsymbol{x})=\hat{t}_i(\boldsymbol{x}_0)+\left[\frac{\partial\hat{t}_i}{\partial x_1}\cdot\Delta x_1+\frac{\partial\hat{t}_i}{\partial x_2}\cdot\Delta x_2+\frac{\partial\hat{t}_i}{\partial x_3}\cdot\Delta x_3+\frac{\partial\hat{t}_i}{\partial x_4}\cdot\Delta x_4\right]+O(\|\Delta\boldsymbol{x}\|^2)\tag{7.2.10a}$$

或简单写为

$$\hat{t}_i(\boldsymbol{x})=\hat{t}_i(\boldsymbol{x}_0)+\frac{\partial\hat{t}_i}{\partial\boldsymbol{x}}\cdot\Delta\boldsymbol{x}+O(\|\Delta\boldsymbol{x}\|^2)\tag{7.2.10b}$$

式中，$\Delta\boldsymbol{x}=\boldsymbol{x}-\boldsymbol{x}_0$。将式(7.2.10)代入式(7.2.1)，得到：

$$t_i-\hat{t}_i(\boldsymbol{x}_0)=\frac{\partial t_i}{\partial\boldsymbol{x}}\cdot\Delta\boldsymbol{x}+\varepsilon_i+O(\|\Delta\boldsymbol{x}\|^2)\tag{7.2.11a}$$

或是

$$\boldsymbol{r}=\boldsymbol{G}(\boldsymbol{x}_0)\Delta\boldsymbol{x}+\boldsymbol{\varepsilon}+O(\|\Delta\boldsymbol{x}\|^2)\tag{7.2.11b}$$

忽略式(7.2.11b)中的高次项，求 $\Delta\boldsymbol{x}$，使得

$$(\boldsymbol{r}-\boldsymbol{G}\Delta\boldsymbol{x})^{\mathrm{T}}(\boldsymbol{r}-\boldsymbol{G}\Delta\boldsymbol{x})=\min\tag{7.2.12}$$

上述方程的解为

$$\Delta\boldsymbol{x}=(\boldsymbol{G}^{\mathrm{T}}\boldsymbol{G})^{-1}\boldsymbol{G}^{\mathrm{T}}\boldsymbol{r}\tag{7.2.13}$$

定义 $\boldsymbol{G}^{+}=(\boldsymbol{G}^{\mathrm{T}}\boldsymbol{G})^{-1}\boldsymbol{G}^{\mathrm{T}}$ 为 $\boldsymbol{G}$ 的广义逆，记这样得到的 $\Delta\boldsymbol{x}$ 为 $\Delta\boldsymbol{x}_1$，并用它来对 $\boldsymbol{x}_0$ 进行修正，得到 $\boldsymbol{x}_1=\boldsymbol{x}_0+\Delta\boldsymbol{x}_1$。将 $\boldsymbol{x}_1$ 作为 $\boldsymbol{x}$ 的新估值，重复上述步骤，依次得到 $\Delta\boldsymbol{x}_2$、$\boldsymbol{x}_2$，…，$\Delta\boldsymbol{x}_n$、$\boldsymbol{x}_n$。当 $\|\Delta\boldsymbol{x}_n\|^2$ 小于事先确定的某个极小量时，停止迭代，并将 $\hat{\boldsymbol{x}}=\boldsymbol{x}_n$ 作为 $\boldsymbol{x}$ 的解。此时，根据上面的收敛要求，相当于有

$$(\boldsymbol{G}^{\mathrm{T}}\boldsymbol{G})^{-1}\boldsymbol{G}^{\mathrm{T}}\boldsymbol{r}=0 \tag{7.2.14}$$

由于$(\boldsymbol{G}^{\mathrm{T}}\boldsymbol{G})^{-1}$一般是正定的方阵，式(7.2.14)就等价于$\boldsymbol{G}^{\mathrm{T}}\boldsymbol{r}=0$，即式(7.2.8)。因此，这样迭代求得的解满足最小二乘解所需的必要条件。

选择合适的初值对保证上述迭代方法收敛到目标函数的最小值点有重要影响。选择初值的一个实用技巧是根据方位角可信的区域台站上的 S-P 到时差和方位角来确定震中初值。如果是远震的情况，则可以根据远震 P 波的方位角、慢度来确定。以这样的初值出发，上述迭代方法一般能很快收敛。对于某些不能收敛或是收敛到目标函数局部极小点的情况，另一个比较实用的技巧是先利用格点搜索或其他全局搜索方法确定一个比较接近地震实际位置的初始值，然后再利用线性化迭代方法来求得精确解。

上述定位问题中需要计算地震信号的理论走时。为提高计算效率，日常地震监测中一般采用预先计算出地震信号走时表，然后进行插值的方法来计算。关于一维球对称模型不同类型地震信号理论走时表的计算和编制方法，可参见 Buland 等(1983)和张慧民(2001)，而关于这方面的一些公开计算程序可参见 Knapmeyer (2004)和 Crotwell 等(1999)。另外，需要注意的是，由于地球并非严格的球体，地震信号理论走时的计算应考虑地球扁率修正 (Kennett et al., 1996；Dziewonski et al.,1976)。相关的修正表在现代的一维地球模型走时表中均已单独列出(Kennett, 2005; Kennett et al., 1991)。

7.2.2　多参数联合定位

上面以 P 波到时为例阐述了地震定位的基本原理。除 P 波到时外，其他震相的到时也能够且应该用于地震定位。实际上，如果仅仅利用直达 P 波来进行定位，一般很难对震源深度进行有效的约束。地方台站上的 S 波，经核幔边界反射的 PcP、ScP，特别是经地表反射的 pP 和 sP 等震相能够更好地约束震源深度。在稀疏台网的情况下，信号的方位角和慢度也对约束震源位置有重要作用。

7.2.1 小节的方法可以很容易地推广到更一般的情况(Bratt et al.,1988)。此时，对第 i 个台站上的第 j 种震相，其到时、方位角、慢度可分别表示为

$$t_{ij}=\hat{t}_{ij}(\boldsymbol{x})+\varepsilon_{ij}^{(t)}，\quad a_{ij}=\hat{a}_{ij}(\boldsymbol{x})+\varepsilon_{ij}^{(a)}，\quad s_{ij}=\hat{s}_{ij}(\boldsymbol{x})+\varepsilon_{ij}^{(s)} \tag{7.2.15}$$

式中，$\hat{t}_{ij}(\boldsymbol{x})$、$\hat{a}_{ij}(\boldsymbol{x})$和$\hat{s}_{ij}(\boldsymbol{x})$为对应的理论模型值；$\varepsilon_{ij}^{(t)}$、$\varepsilon_{ij}^{(a)}$和$\varepsilon_{ij}^{(s)}$为相应的总误差，其中包括测量误差和模型误差。按不同参数类型(如到时、方位角、慢度)、不同震相类型(如 P、S、PcP 等)、不同台站的顺序将所有观测资料排列为列向量，可将式(7.2.15)统一表示为

$$\boldsymbol{d}=\hat{\boldsymbol{d}}(\boldsymbol{x})+\boldsymbol{\varepsilon} \tag{7.2.16}$$

假定$\boldsymbol{\varepsilon}$服从正态分布，则类似于式(7.2.6)，有

$$(\boldsymbol{d}-\hat{\boldsymbol{d}}(\boldsymbol{x}))^{\mathrm{T}}\boldsymbol{C}_d^{-1}(\boldsymbol{d}-\hat{\boldsymbol{d}}(\boldsymbol{x}))=\min \tag{7.2.17}$$

式中，$\boldsymbol{C}_d=<\boldsymbol{\varepsilon}\boldsymbol{\varepsilon}^{\mathrm{T}}>$为资料误差的协方差矩阵。一般地，$\boldsymbol{C}_d^{-1}$为正定的实对称矩阵，因此存在$N\times N$的方阵$\boldsymbol{W}$，使得

$$\boldsymbol{C}_d^{-1}=\boldsymbol{W}^{\mathrm{T}}\boldsymbol{W} \tag{7.2.18}$$

将式(7.2.18)代入式(7.2.17)，得到：

$$\left\|\boldsymbol{W}(\boldsymbol{d}-\hat{\boldsymbol{d}}(\boldsymbol{x}))\right\|^2=\min \tag{7.2.19}$$

假定各台站、各种类型的观测资料的误差相互独立，则$\boldsymbol{W}$为对角矩阵，对角线上的元素值反比于d_i误差的方差σ_i。此时

$$\mathrm{errobj}=\sum_{i=1}^{N}\frac{1}{\sigma_i^2}[d_i-\hat{d}_i(\boldsymbol{x})]^2=\min \tag{7.2.20}$$

即相当于用各个观测量对应的方差来对资料归一化，然后求相应的最小二乘解。

类似于单独利用 P 波到时的情况，定义$\boldsymbol{r}=\boldsymbol{d}-\hat{\boldsymbol{d}}(\boldsymbol{x})$，$\boldsymbol{G}=\partial\hat{\boldsymbol{d}}(\boldsymbol{x})/\partial\boldsymbol{x}$，对应于式(7.2.8)，对式(7.2.19)意义下的定位结果$\hat{\boldsymbol{x}}$，有

$$(\boldsymbol{W}\boldsymbol{G}(\hat{\boldsymbol{x}}))^{\mathrm{T}}(\boldsymbol{W}\boldsymbol{r}(\hat{\boldsymbol{x}}))=0 \tag{7.2.21}$$

或

$$(\boldsymbol{A}(\hat{\boldsymbol{x}}))^{\mathrm{T}}\boldsymbol{r}'(\hat{\boldsymbol{x}})=0 \tag{7.2.22}$$

式中，$\boldsymbol{A}=\boldsymbol{W}\boldsymbol{G}$；$\boldsymbol{r}'=\boldsymbol{W}\boldsymbol{r}$。

与 7.2.1 小节中的情况一样，$\hat{\boldsymbol{x}}$可用线性化迭代的方法来求解。只是此时有

$$\boldsymbol{A}\Delta\boldsymbol{x}=\boldsymbol{r}' \tag{7.2.23}$$

和

$$\Delta\boldsymbol{x}=\boldsymbol{A}^{+}\boldsymbol{r}' \tag{7.2.24}$$

式中，$\boldsymbol{A}^{+}=(\boldsymbol{A}^{\mathrm{T}}\boldsymbol{A})^{-1}\boldsymbol{A}^{\mathrm{T}}$为$\boldsymbol{A}$的广义逆。从$\boldsymbol{x}=\boldsymbol{x}_0$出发，计算$\boldsymbol{r}'=\boldsymbol{W}\boldsymbol{r}=\boldsymbol{W}[\boldsymbol{d}-\hat{\boldsymbol{d}}(\boldsymbol{x}_0)]$和$\boldsymbol{A}=\boldsymbol{W}\boldsymbol{G}=\boldsymbol{W}[\partial\hat{\boldsymbol{d}}(\boldsymbol{x})/\partial\boldsymbol{x}]$，然后利用式(7.2.24)求解求得修正量$\Delta\boldsymbol{x}$，计算$\boldsymbol{x}=\boldsymbol{x}_0+\Delta\boldsymbol{x}$，重复以上步骤，直到$\|\Delta\boldsymbol{x}\|$小于事先指定的某个极小量。

7.2.3 定位不确定度和误差椭圆

上面介绍了地震定位的基本原理和线性化迭代定位方法。本节进一步介绍关

于地震定位不确定度的理论(Jordan et al., 1981；Evernden, 1969b；Flinn，1965)。记地震的真实震源参数为 $\tilde{\boldsymbol{x}}=(\tilde{t}_0,\tilde{\boldsymbol{\xi}})^{\mathrm{T}}=(\tilde{t}_0,\tilde{\lambda},\tilde{\varphi},\tilde{h})^{\mathrm{T}}$ ，由 $d_1,d_2,\cdots,d_N$ 得到的最大似然解为 $\hat{\boldsymbol{x}}=(\hat{t}_0,\hat{\boldsymbol{\xi}})^{\mathrm{T}}=(\hat{t}_0,\hat{\lambda},\hat{\varphi},\hat{h})^{\mathrm{T}}$ 。因此

$$d_j=\hat{d}_j(\tilde{\boldsymbol{x}},\boldsymbol{y}_j)+\varepsilon_j=\hat{d}_j(\hat{\boldsymbol{x}},\boldsymbol{y}_j)+r_j \tag{7.2.25}$$

式中，ε_j 为总的资料误差；r_j 为定位结果对应的资料残差。类似于式(7.2.10)，将 $\hat{d}_j(\tilde{\boldsymbol{x}},\boldsymbol{y}_j)$ 在 $\boldsymbol{x}=\hat{\boldsymbol{x}}$ 做泰勒展开并写成向量形式，得到：

$$-\boldsymbol{G}(\tilde{\boldsymbol{x}}-\hat{\boldsymbol{x}})=\boldsymbol{\varepsilon}-\boldsymbol{r}+O(\|\tilde{\boldsymbol{x}}-\hat{\boldsymbol{x}}\|^2) \tag{7.2.26}$$

式中，$\boldsymbol{\varepsilon}=(\varepsilon_1,\varepsilon_2,\cdots,\varepsilon_N)^{\mathrm{T}}$ ；$\boldsymbol{r}=(r_1,r_2,\cdots,r_N)^{\mathrm{T}}$ ，而

$$\boldsymbol{G}=\left.\frac{\partial\hat{\boldsymbol{d}}(\boldsymbol{x})}{\partial\boldsymbol{x}}\right|_{\boldsymbol{x}=\hat{\boldsymbol{x}}} \tag{7.2.27}$$

假定式(7.2.26)中的高次项与 $\boldsymbol{\varepsilon}$ 、$\boldsymbol{r}$ 相比可以忽略，并在等式两边同乘以 $\boldsymbol{W}=\boldsymbol{C}_d^{-1/2}$ ，得到：

$$\tilde{\boldsymbol{x}}-\hat{\boldsymbol{x}}=-\boldsymbol{A}^{+}\boldsymbol{W}(\boldsymbol{\varepsilon}-\boldsymbol{r}) \tag{7.2.28}$$

式中，$\boldsymbol{A}^{+}=(\boldsymbol{A}^{\mathrm{T}}\boldsymbol{A})^{-1}\boldsymbol{A}^{\mathrm{T}}$ ，$\boldsymbol{A}=\boldsymbol{W}\boldsymbol{G}$ 。根据式(7.2.22)，有 $\boldsymbol{A}^{+}(\boldsymbol{W}\boldsymbol{r})=0$ 。因此

$$\tilde{\boldsymbol{x}}-\hat{\boldsymbol{x}}=-\boldsymbol{A}^{+}(\boldsymbol{W}\boldsymbol{\varepsilon}) \tag{7.2.29}$$

将其代入式(7.2.26)，可以得到：

$$\boldsymbol{W}\boldsymbol{r}=(\boldsymbol{I}-\boldsymbol{A}\boldsymbol{A}^{+})\boldsymbol{W}\boldsymbol{\varepsilon} \tag{7.2.30}$$

当 $\boldsymbol{C}_d=\sigma^2\boldsymbol{I}$ 时，式(7.2.30)退化为 $\boldsymbol{r}=(\boldsymbol{I}-\boldsymbol{G}\boldsymbol{G}^{+})\boldsymbol{\varepsilon}$ 。

根据式(7.2.29)，定位误差 $\Delta\boldsymbol{x}=\tilde{\boldsymbol{x}}-\hat{\boldsymbol{x}}$ 为资料误差的线性组合。因为 $\boldsymbol{\varepsilon}$ 服从正态分布，所以 $\Delta\boldsymbol{x}$ 也服从正态分布，且

$$\boldsymbol{C}_m=<\Delta\boldsymbol{x}\Delta\boldsymbol{x}^{\mathrm{T}}>=(\boldsymbol{A}^{+}\boldsymbol{W})<\boldsymbol{\varepsilon}\boldsymbol{\varepsilon}^{\mathrm{T}}>(\boldsymbol{A}^{+}\boldsymbol{W})^{\mathrm{T}}=(\boldsymbol{A}^{+}\boldsymbol{W})\boldsymbol{C}_d(\boldsymbol{A}^{+}\boldsymbol{W})^{\mathrm{T}} \tag{7.2.31}$$

而 $\Delta\boldsymbol{x}$ 在模型参数空间中的概率密度为

$$f(\Delta\boldsymbol{x})=\frac{1}{(2\pi)^{M/2}|\boldsymbol{C}_m|^{1/2}}\exp\left(-\frac{1}{2}\Delta\boldsymbol{x}^{\mathrm{T}}\boldsymbol{C}_m^{-1}\Delta\boldsymbol{x}\right) \tag{7.2.32}$$

式中，M 为 $\Delta\boldsymbol{x}$ 的维数。令 $\kappa^2=\Delta\boldsymbol{x}^{\mathrm{T}}\boldsymbol{C}_m^{-1}\Delta\boldsymbol{x}$ ，根据 χ^2 分布的定义，应有

$$\kappa^2=\Delta\boldsymbol{x}^{\mathrm{T}}\boldsymbol{C}_m^{-1}\Delta\boldsymbol{x}\sim\chi^2(M) \tag{7.2.33}$$

即 κ^2 应服从自由度为 M 的 χ^2 分布。根据这一结果，在 $1-\alpha$ 置信限下，$\Delta\boldsymbol{x}$ 的置信范围为

$$\Delta \boldsymbol{x}^{\mathrm{T}} \boldsymbol{C}_m^{-1} \Delta \boldsymbol{x} \leqslant \chi_\alpha^2(M) \tag{7.2.34}$$

式(7.2.34)定义了 M 维模型参数空间中的一个“椭球”，这样一个椭球实际上是模型参数空间中满足条件 $P=\int_\Omega f(\Delta \boldsymbol{x}) \mathrm{d}\Omega \geqslant 1-\alpha$ 体积最小的一个区域。

应用相同的方法，可以求出发震时间 $t_0=x_1$、震中位置 $\boldsymbol{\xi}_h=(\lambda, \varphi)=(x_1, x_2)$ 和震源深度 $h=x_4$ 各自的 $1-\alpha$ 置信范围。此时，因为

$$\sigma_t^2=<\delta t_0^2>=C_m(1,1), \quad \sigma_h^2=<\delta h^2>=C_m(4,4),$$

$$C_{\xi_h}=<\delta \boldsymbol{\xi}_h \delta \boldsymbol{\xi}_h^{\mathrm{T}}>=\begin{pmatrix} C_m(2,2) & C_m(2,3) \\ C_m(3,2) & C_m(3,3) \end{pmatrix}$$

在 $1-\alpha$ 置信度下，分别有

$$C_m^{-1}(1,1) \delta t_0^2 \leqslant \chi_\alpha^2(1) \tag{7.2.35}$$

$$(\delta \lambda, \delta \varphi)\begin{pmatrix} C_m(2,2) & C_m(2,3) \\ C_m(3,2) & C_m(3,3) \end{pmatrix}^{-1}\begin{pmatrix} \delta \lambda \\ \delta \varphi \end{pmatrix} \leqslant \chi_\alpha^2(2) \tag{7.2.36}$$

$$C_m^{-1}(4,4)^{-1} \delta h^2 \leqslant \chi_\alpha^2(1) \tag{7.2.37}$$

其中由式(7.2.36)给出的震中不确定度称为误差椭圆。

最简单的一种情况是用于定位的所有观测资料都是相互独立的，且具有相同的方差。此时 $\boldsymbol{C}_d=\sigma^2 \boldsymbol{I}$，$\boldsymbol{W}=\boldsymbol{W}^{\mathrm{T}}=\sigma^{-1} \boldsymbol{I}$，

$$\boldsymbol{C}_m=\sigma^2(\boldsymbol{G}^{\mathrm{T}} \boldsymbol{G})^{-1} \tag{7.2.38}$$

代入式(7.2.34)，有

$$\Delta \boldsymbol{x}^{\mathrm{T}}(\boldsymbol{G}^{\mathrm{T}} \boldsymbol{G}) \Delta \boldsymbol{x} \leqslant \sigma^2 \chi_\alpha^2(M) \tag{7.2.39}$$

对于实际问题，σ^2 不一定先验知道，这时需要根据后验误差，即实际的资料残差的标准差：

$$\hat{s}^2=\frac{1}{N-M} \sum_{i=1}^N r_i^2 \tag{7.2.40}$$

来进行估计。令 $s^2=\sum_{i=1}^N r_i^2$，因为 $s^2 / \sigma^2 \sim \chi^2(N-M)$，所以

$$\frac{\boldsymbol{\kappa}^2 / M}{s^2 /(N-M) \sigma^2} \sim F(M, N-M) \tag{7.2.41}$$

在 1−α置信度下，$\Delta \boldsymbol{x}$ 的置信范围为

$$\Delta \boldsymbol{x}^{\mathrm{T}}(\boldsymbol{G}^{\mathrm{T}} \boldsymbol{G}) \Delta \boldsymbol{x} \leqslant M \hat{s}^2 F_\alpha(M, N-M) \tag{7.2.42}$$

而对应于式(7.2.35)～式(7.2.37)的表达式分别为

$$B^{-1}(1,1)\delta t_0^2 \leqslant \hat{s}^2 F_\alpha(1, N-M) \tag{7.2.43}$$

$$(\delta\lambda, \delta\varphi)\begin{pmatrix} B(2,2) & B(2,3) \\ B(3,2) & B(3,3) \end{pmatrix}^{-1}\begin{pmatrix} \delta\lambda \\ \delta\varphi \end{pmatrix} \leqslant 2\hat{s}^2 F_\alpha(2, N-M) \tag{7.2.44}$$

$$B^{-1}(4,4)\delta h^2 \leqslant \hat{s}^2 F_\alpha(1, N-M) \tag{7.2.45}$$

矩阵 $\boldsymbol{B} = (\boldsymbol{G}^{\mathrm{T}}\boldsymbol{G})^{-1}$。

式(7.2.39)和式(7.2.42) 分别是资料误差的方差完全已知和完全未知时的定位不确定度计算公式，后者由 Flinn (1965)提出。Evernden(1969b)指出，当定义台站数很少时，由此方法给出的误差椭圆的大小远远超出实际的定位不确定度，并认为应采用先验的资料误差的方差，即式(7.2.39)来进行估计。折中 Flinn (1965)和 Evernden(1969b)两者的观点，Jordan 等(1981)提出综合考虑 σ^2 的先验值和后验值来估计定位的不确定度。他们假定在当前事件之前，已经通过自由度为 K 的实验获得了关于 σ^2 的先验估计 $\hat{s}_0^2$，而由当前事件资料残差获得的后验估计为 $\hat{s}_1^2$，因为 $K\hat{s}_0^2 / \sigma^2 \sim \chi^2(K)$，$(N-M)\hat{s}_1^2 / \sigma^2 \sim \chi^2(N-M)$，所以

$$\frac{K\hat{s}_0^2 + (N-M)\hat{s}_1^2}{\sigma^2} \sim \chi^2(K+N-M) \tag{7.2.46}$$

令

$$\hat{s}_2^2 = \frac{K\hat{s}_0^2 + (N-M)\hat{s}_1^2}{K+N-M} \tag{7.2.47}$$

则式(7.2.42)～式(7.2.45)的对应表达式分别为

$$\Delta\boldsymbol{x}^{\mathrm{T}}(\boldsymbol{G}^{\mathrm{T}}\boldsymbol{G})\Delta\boldsymbol{x} \leqslant M\hat{s}_2^2 F_\alpha(M, K+N-M) \tag{7.2.48}$$

$$B^{-1}(1,1)\delta t_0^2 \leqslant \hat{s}_2^2 F_\alpha(1, K+N-M) \tag{7.2.49}$$

$$(\delta\lambda, \delta\varphi)\begin{pmatrix} B(2,2) & B(2,3) \\ B(3,2) & B(3,3) \end{pmatrix}^{-1}\begin{pmatrix} \delta\lambda \\ \delta\varphi \end{pmatrix} \leqslant 2\hat{s}_2^2 F_\alpha(2, K+N-M) \tag{7.2.50}$$

$$B^{-1}(4,4)\delta h^2 \leqslant \hat{s}_2^2 F_\alpha(1, K+N-M) \tag{7.2.51}$$

根据 Jordan 等(1981)，一般情况下可取 $K = 8$。

7.2.4 关于误差椭圆的进一步讨论

上面介绍了估计地震定位不确定度的基本原理和方法，以及分别以 Flinn (1965)和 Evernden(1969b)为代表的关于误差椭圆的两种估计方法。为区分这两种

不同定义的误差椭圆，在许多英文文献中，将由式(7.2.39)，即 $\boldsymbol{\varepsilon}$ 方差的先验估计得到的误差椭圆称为覆盖椭圆(coverage ellipse)，而将基于式(7.2.44)，即 $\boldsymbol{\varepsilon}$ 方差的后验估计得到的误差椭圆称为置信椭圆(confidence ellipse)。本节对这两种误差椭圆的区别做进一步的分析。

根据式(7.2.29)，地震定位的实际误差为

$$\Delta \boldsymbol{x} = \hat{\boldsymbol{x}} - \tilde{\boldsymbol{x}} = \boldsymbol{A}^{+}(\boldsymbol{W}\boldsymbol{\varepsilon}) = \boldsymbol{A}^{+}(\boldsymbol{W}\boldsymbol{\zeta}) + \boldsymbol{A}^{+}(\boldsymbol{W}\boldsymbol{e}) \tag{7.2.52}$$

式中，$\tilde{\boldsymbol{x}}$ 为地震的真实位置；$\hat{\boldsymbol{x}}$ 为定位结果；$\boldsymbol{\zeta}$ 为资料模型误差；$\boldsymbol{e}$ 为资料测量误差；$\boldsymbol{\varepsilon} = \boldsymbol{\zeta} + \boldsymbol{e}$。因为 $\boldsymbol{\zeta}$ 是固定的，$\boldsymbol{e}$ 是随机的，所以定位结果的分布将如图 7.2.1 中的灰色点状云所示。不过，因为一般情况下人们并不知道 $\boldsymbol{\zeta}$，只能将它和 $\boldsymbol{e}$ 一样也认为是随机的，并根据 $\boldsymbol{\varepsilon}$ 方差的先验估计值来得到误差椭圆。显然，这样得到的误差椭圆就是图 7.2.1 中的覆盖椭圆，其覆盖范围通常远超真实震中位置相对于定位结果的实际分布范围。

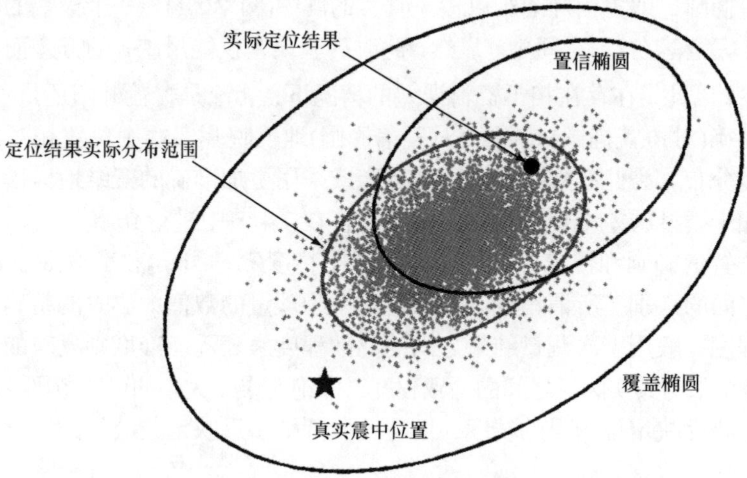

图 7.2.1　覆盖椭圆和置信椭圆

另外根据式(7.2.26)，资料残差和资料误差之间的关系为 $\boldsymbol{W}\boldsymbol{r} = (\boldsymbol{I} - \boldsymbol{A}\boldsymbol{A}^{+})\boldsymbol{W}\boldsymbol{\varepsilon}$。实际定位时，因为难以准确地知道不同资料误差之间的相关性，普遍的做法是假定它们互不相关。这里，为简单起见，假设 $\boldsymbol{C}_d = \sigma^2 \boldsymbol{I}$，$\boldsymbol{W} = \sigma^{-1}\boldsymbol{I}$，此时 $\boldsymbol{r} = (\boldsymbol{I} - \boldsymbol{G}\boldsymbol{G}^{+})\boldsymbol{\varepsilon}$。根据附录 7.1，可以令 $\boldsymbol{G} = \boldsymbol{U}\boldsymbol{\Lambda}\boldsymbol{V}^{\mathrm{T}} = \boldsymbol{U}_p \boldsymbol{\Lambda}_p \boldsymbol{V}_p^{\mathrm{T}}$，$\boldsymbol{U} = [\boldsymbol{U}_p \quad \boldsymbol{U}_o]$，$\boldsymbol{V} = [\boldsymbol{V}_p \quad \boldsymbol{V}_o]$，并将误差 $\boldsymbol{\varepsilon}$ 分解为其在 $\boldsymbol{U}_p$ 和 $\boldsymbol{U}_o$ 张成的子空间的投影，从而得到：

$$\boldsymbol{\varepsilon} = \sum_{i=1}^{N} \alpha_i \boldsymbol{u}_i = \boldsymbol{U}\boldsymbol{\alpha} = \boldsymbol{U}_p \boldsymbol{\alpha}_p + \boldsymbol{U}_o \boldsymbol{\alpha}_o \tag{7.2.53}$$

可以证明：

$$\boldsymbol{r}=\boldsymbol{U}_o\boldsymbol{U}_o^{\mathrm{T}}(\boldsymbol{U}_p\boldsymbol{\alpha}_p+\boldsymbol{U}_o\boldsymbol{\alpha}_o)=\boldsymbol{U}_o\boldsymbol{\alpha}_o \tag{7.2.54}$$

$$\hat{\boldsymbol{x}}-\tilde{\boldsymbol{x}}=\boldsymbol{V}_p\boldsymbol{\Lambda}_p^{-1}\boldsymbol{U}_p^{\mathrm{T}}(\boldsymbol{U}_p\boldsymbol{\alpha}_p+\boldsymbol{U}_o\boldsymbol{\alpha}_o)=\boldsymbol{V}_p\boldsymbol{\Lambda}_p^{-1}\boldsymbol{\alpha}_p \tag{7.2.55}$$

上述结果表明，资料残差仅仅是$\boldsymbol{\varepsilon}$在$\boldsymbol{U}_o$空间中的投影，而实际定位误差则是与$\boldsymbol{\varepsilon}$在$\boldsymbol{U}_p$空间中的投影有关。

置信椭圆的思想是用$\boldsymbol{r}$的标准差$\hat{s}^2=\boldsymbol{\alpha}_o^{\mathrm{T}}\boldsymbol{\alpha}_o/(N-p)$来估计$\boldsymbol{\varepsilon}$的方差$\sigma$。只有当$\alpha_i$具有相同的方差，即要求$\varepsilon_i$相互独立时才有可能。反之，如果到时误差$\boldsymbol{\varepsilon}$是相关的，则后验误差$\hat{s}$并不能反映$\boldsymbol{\varepsilon}$的统计特性。在多数地震定位问题中，不同台站之间的模型误差可能存在相关性。这种相关性往往表现为在相邻或相同方向台站上地震波的实际走时系统地快于或慢于理论走时。这样的相干误差在定位过程可以由系统的定位误差来吸收。换句话说，由模型误差构成的误差矢量$\boldsymbol{\zeta}$在$\boldsymbol{U}_p$空间中具有更大的分量，从而使得根据后验误差估计的$\boldsymbol{\varepsilon}$的方差偏小，并导致相应的误差椭圆，即置信椭圆难以覆盖真实的震中(图 7.2.1)。一个极端的例子是模型误差$\boldsymbol{\zeta}$完全落在$\boldsymbol{U}_p$空间中。显然，此时后验误差仅能反映$\boldsymbol{e}$的方差而不能反映$\boldsymbol{\varepsilon}$的方差。因此，在存在相干资料误差的情况下，无论是覆盖椭圆还是置信椭圆，都不能精确(对覆盖椭圆)或可靠(对置信椭圆)地反映真实震中位置相对于定位结果的可能分布。为此有必要通过区域标定或采用更加准确的三维地球模型来消除或减小相干模型误差影响。这方面的情况将在 7.4 节中进行介绍。

上述置信椭圆和覆盖椭圆的差别反映了精度(precision)和准度(accuracy)这两个概念之间的区别。所谓精度，即描述一个物理量的数值大小时的精确程度，这种精确程度一般用多次测量结果之间的离散程度来表示。准度则反映的是该物理量的测量结果与其实际值之间的一致程度，即绝对误差大小的可能范围。显然，置信椭圆主要反映定位结果的精度，而覆盖椭圆更多反映定位结果的准度。

7.3 地震定位中的直接搜索方法

当台网非常稀疏或走时对震源位置的偏导数存在间断时，定位问题的失配函数可能出现多个极小点(图 7.3.1)，从而导致线性化定位方法难以收敛到正确的震源位置。此时，可采用各种直接搜索方法，如格点法(Kennett,1992；Sambridge et al.，1986)、单纯形法(李学政等，2001； Prugger et al., 1989；Rabinowitz,1988)、遗传算法(Billings et al., 1994; Sambridge et al., 1993)、模拟退火算法(Billings,1994)、邻域算法(Sambridge et al.，2001)等来进行定位。

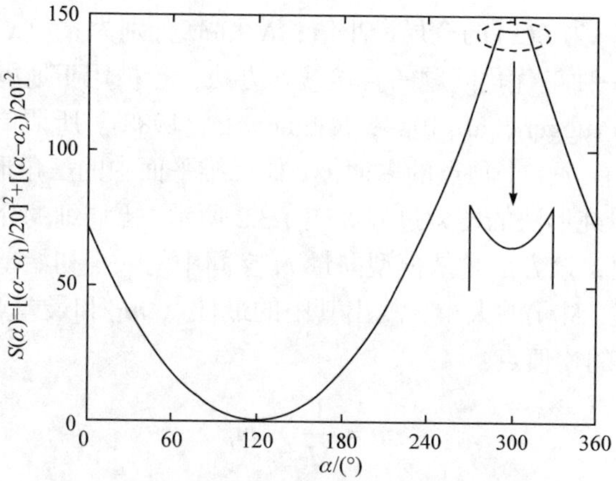

图 7.3.1　具有多个极小点的失配函数简单例子

单台定位时，假定一个台站上观测到的 P 波和 S 波的方位角分别为α_1和α_2，则失配函数 $S(\alpha)\propto[(\alpha-\alpha_1)^2+(\alpha-\alpha_2)^2]$除了在$(\alpha_1+\alpha_2)/2$处具有全局极小点外，通常还在$(\alpha_1+\alpha_2)/2+180°$处具有局部极小点

就单次地震的定位问题而言，格点法是最简单明了的直接搜索方法。由于给定震源位置时事件的最佳发震时间可以简单求得，因此搜索时只需要搜索事件的震源位置，然后将最小失配函数所对应的格点位置作为震源位置的估计值。显然，格点搜索方法的定位精度和格点的大小有关。为提高搜索效率，可以采用逐步细化网格的搜索策略，或者采用网格搜索结合线性化反演的混合方法。其中一种混合搜索方法是使用较粗的网格，以不同的网格点作为初始位置，进行线性化反演，然后选择失配函数最小且满足预先设定条件(如平均到时残差不超过规定值)的反演结果作为最终定位结果。另一种混合搜索方法是在较粗网格的基础上，选取失配函数最小或足够小的一个或几个格点作为初始位置来进行线性化反演。另外，针对稀疏台网情况下自由定位常常难以收敛的情况，可以仅采用深度网格，然后对不同的震源深度用线性化方法估计最佳的震中位置和发震时间，计算相应的失配函数，并将失配函数最小时的结果视为最终的定位结果。

假定资料误差服从高斯分布，Sambridge 等(1986)提出了直接利用失配函数的格点计算结果来估计定位不确定度的方法，即置信度为$p(0<p<1)$时的不确定度范围由不等式：

$$\frac{\left|L(\boldsymbol{x})-L(\tilde{\boldsymbol{x}})\right|}{L(\tilde{\boldsymbol{x}})}\leqslant\frac{\chi_4^2(p)}{N-M}\tag{7.3.1}$$

确定。式中，

$$L(\boldsymbol{x})=\exp\left\{-\frac{1}{2}[\boldsymbol{d}-\boldsymbol{G}(\boldsymbol{x})]^{\mathrm{T}}C_d^{-1}[\boldsymbol{d}-\boldsymbol{G}(\boldsymbol{x})]\right\}\tag{7.3.2}$$

为似然函数；$L(\tilde{\boldsymbol{x}})$ 为 $L(\boldsymbol{x})$ 的全局最小值；N 和 M 分别为 $\boldsymbol{d}$ 和 $\boldsymbol{x}$ 的维数。

单纯形法是一种最优化问题的直接搜索方法，曾被用于地震定位，尤其是微震的定位问题中(Prugger et al., 1989；Rabinowitz，1988)。所谓单纯形，即 n 维欧几里得空间 R^n 中有 n+1 个顶点的多面体，如二维平面中的三角形、普通三维空间中的四面体等。单纯形法的搜索过程如图 7.3.2 所示，更详细的介绍可参见徐果明(2003)。简单地说，该方法是从模型向量 $\boldsymbol{m}$ 空间中的一个初始单纯形出发，根据各顶点上失配函数 $S(\boldsymbol{m})$的大小，找出其中的最佳点 $\boldsymbol{m}_{\mathrm{L}}$ 和最差点 $\boldsymbol{m}_{\mathrm{H}}$，并计算除 $\boldsymbol{m}_{\mathrm{H}}$ 以外其他顶点的均值点：

$$\bar{\boldsymbol{m}} = \frac{1}{M}\sum_{i \neq i_{\mathrm{H}}} \boldsymbol{m}_i \tag{7.3.3}$$

在此基础上根据不同的情况，分别用 $\boldsymbol{m}_{\mathrm{H}}$ 相对于 $\bar{\boldsymbol{m}}$ 的反射点($\boldsymbol{m}_{\mathrm{r}}$)、反射延伸点($\boldsymbol{m}_{\mathrm{e}}$)、反射收缩点($\boldsymbol{m}_{\mathrm{c}}$)、$\boldsymbol{m}_{\mathrm{H}}$ 向内收缩点($\boldsymbol{m}_{\mathrm{d}}$)来替换 $\boldsymbol{m}_{\mathrm{H}}$，或是保持 $\boldsymbol{m}_{\mathrm{L}}$ 不变并缩短棱长，得到新的单纯形，直到得到的单纯形满足收敛条件：

$$\sum_{i=1}^{M+1}[S(\boldsymbol{m}_i) - \bar{S}]^2 < \varepsilon \tag{7.3.4}$$

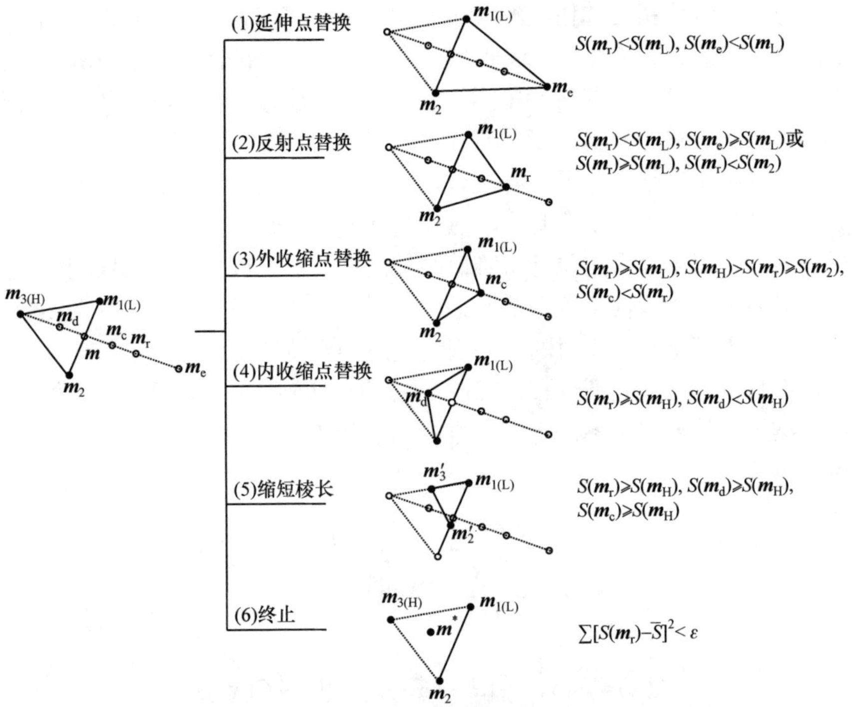

图 7.3.2　单纯形法的搜索过程示意图

其中，

$$\overline{S}=\frac{1}{M+1}\sum_{i=1}^{M+1}S(\boldsymbol{m}_i) \tag{7.3.5}$$

此时，可用

$$\boldsymbol{m}^*=\frac{1}{M+1}\sum_{i=1}^{M+1}\boldsymbol{m}_i \tag{7.3.6}$$

作为 $\boldsymbol{m}$ 的估计值。

遗传算法是借鉴了生物遗传和物种进化思想的一种随机搜索方法。该方法从一组初始解群开始，在编码的基础上，通过选择、交叉、变异来模仿生物种群的繁殖进化过程，使得在繁育若干代以后，相关的解群收敛到真解附近。该算法的流程如图 7.3.3 所示。首先将待反演的模型参量进行二进制编码并连接成由 0 和 1 组成的字符串。编码的具体方法如下。

假定待确定的模型向量的维数为 M，即 $\boldsymbol{m}=(m_1,\cdots,m_M)$。确定其中第 i 个参量 m_i 的待搜索范围 $(m_{\mathrm{L}}^{(i)},m_{\mathrm{H}}^{(i)})$。将该范围等分为 n_i 个格点，使第 k 个格点的值为

$$m_k^{(i)}=m_{\mathrm{L}}^{(i)}+k\Delta m^{(i)} \tag{7.3.7}$$

式中，$\Delta m^{(i)}=\left(m_{\mathrm{H}}^{(i)}-m_{\mathrm{L}}^{(i)}\right)/n_i$。取 n_i 为 2 的幂，并将格点的序号 k 用二进制来表示，则得到 $m_k^{(i)}$ 的二进制编码，相应的编码长度为 $L_i=\log_2 n_i$。将所有参量对应的编码按顺序连接起来，得到的总编码长度为

$$L=\sum_{i=1}^{M}\log_2 n_i \tag{7.3.8}$$

反演开始时，随机生成种群数量为 Q 的初始解群 $\boldsymbol{m}_j^{(0)}$ $(j=1,\cdots,Q)$，通过选择、交叉、变异三个步骤，得到种群数量同样为 Q 的下一代解群 $\boldsymbol{m}_j^{(1)}$。如此反复迭代，直到满足指定的收敛条件。

第一步，选择。为方便起见，记第 k 代的第 j 个个体为 $\boldsymbol{m}_j^{(k)}$，其二进制编码为 $\boldsymbol{m}_j^{(k)}=(j_1^{(k)},j_2^{(k)},\cdots,j_L^{(k)})$。对每一代，计算所有个体的失配函数 $S_j=S(\boldsymbol{m}_j^{(k)})$，根据失配函数的大小，让它们以 $P_{\mathrm{r}}(\boldsymbol{m}_j^{(k)})$ 的概率争夺 Q 个被选择的机会。其中，$P_{\mathrm{r}}(\boldsymbol{m}_j^{(k)})$ 满足条件：

$$\sum_{j=1}^{Q}P_{\mathrm{r}}(\boldsymbol{m}_j^{(k)})=1 \tag{7.3.9}$$

且 $S(\boldsymbol{m}_j^{(k)})$ 越大，$P_{\mathrm{r}}(\boldsymbol{m}_j^{(k)})$ 越小。通常，可选择：

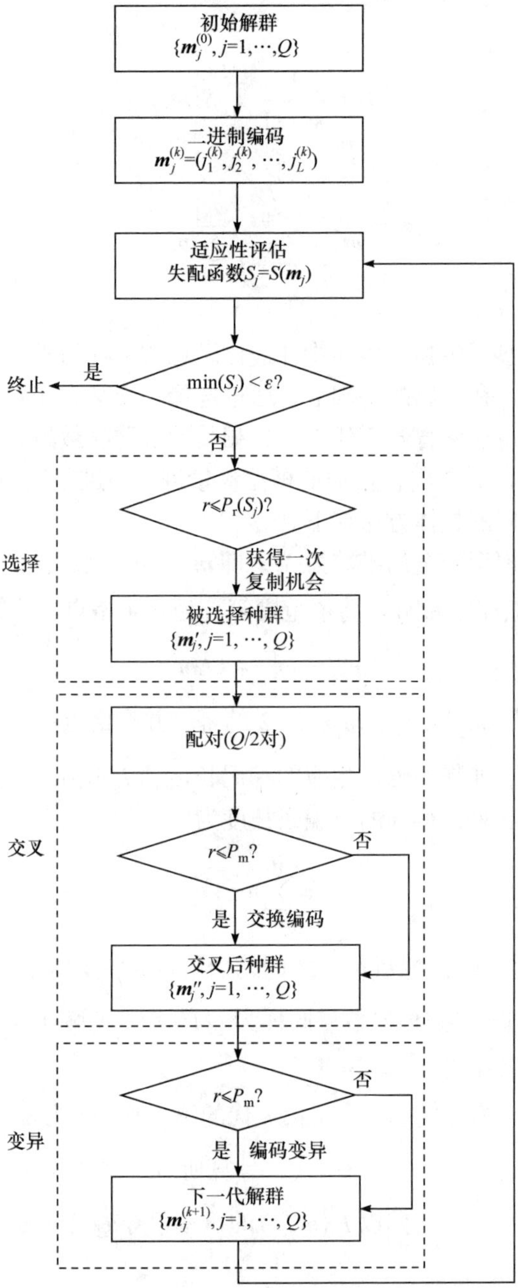

图 7.3.3　遗传算法流程示意图

图中 r 表示执行相应步骤时产生的在[0,1]中均匀分布的随机数，用以随机地决定是否执行相应操作。对该算法更详细的解释参见正文

$$P_r(\boldsymbol{m}_j^{(k)}) = a - bS_j \tag{7.3.10}$$

或

$$P_{\mathrm{r}}(\boldsymbol{m}_j^{(k)}) = A\exp(-BS_j) \tag{7.3.11}$$

式中，a、b 和 A、B 是由 S_j 分布确定的常数。例如，常用的一种选择是

$$a = bS_{\max}\,,\quad b = \frac{1}{N}(S_{\max} - \overline{S}) \tag{7.3.12}$$

$$A = \frac{1}{\sum_{j=1}^{Q}\exp(-BS_j)}\,,\quad B = 1/\sigma_S \tag{7.3.13}$$

这一步模仿了生物适者生存的自然选择过程。

第二步，交叉。对选择出来的 Q 个个体，让它们两两配对，然后以概率 P_{c} 交叉。交叉时，对两个个体 $\boldsymbol{m}_i^{(k)} = (i_1^{(k)}, i_2^{(k)}, \cdots, i_L^{(k)})$ 和 $\boldsymbol{m}_j^{(k)} = (j_1^{(k)}, j_2^{(k)}, \cdots, j_L^{(k)})$，产生一个在(0,1)均匀分布的随机数 r。如果 $r \leqslant P_{\mathrm{c}}$，则随机地在 1 到 L–1 之间指定一个位置 l，让 $\boldsymbol{m}_i^{(k)}$ 和 $\boldsymbol{m}_j^{(k)}$ 交换从 l+1 开始到 L 的编码，得到 $\boldsymbol{m}_i^{(k+1)} = (i_1^{(k)}, \cdots, i_l^{(k)}, j_{l+1}^{(k)}, \cdots, j_L^{(k)})$，$\boldsymbol{m}_j^{(k+1)} = (j_1^{(k)}, \cdots, j_l^{(k)}, i_{l+1}^{(k)}, \cdots, i_L^{(k)})$。如果 $r > P_{\mathrm{c}}$，则 $\boldsymbol{m}_i^{(k+1)} = \boldsymbol{m}_i^{(k)}$，$\boldsymbol{m}_j^{(k+1)} = \boldsymbol{m}_j^{(k)}$。

第三步，变异。对通过交叉后的所有个体以概率 P_{m} 发生变异，随机地改变其编码中的一位奇偶性，即从 0 变为 1 或从 1 变为 0。通过上述三个步骤，最终得到第 k+1 代解群。如此反复，直到群体中失配函数的最小值低于预定的阈值。关于更多遗传算法的细节，可参见徐果明(2003)，而该方法在地震定位中的应用，则可参见 Sambridge 等(1993)。

与遗传算法的思想来源于生物进化过程相对照，模拟退火算法的思想来源于液体冷却结晶的物理过程。研究发现，如果液态物质以足够慢的速度冷却，使其几乎总是处于准平衡态，则其最终冷却形成的晶体总是处于最低能态。反之，如果冷却过程太快，则会导致结晶不完全，相应的物质进入一种亚低能态或亚稳态。之所以出现这种差别，是因为物质能态的概率分布可表示为

$$\rho(\boldsymbol{m}) = a \cdot \exp[-E(\boldsymbol{m})/kT] \tag{7.3.14}$$

式中，$\boldsymbol{m}$ 为物质的状态参量；$E(\boldsymbol{m})$ 为相应状态下的内能；k 为玻尔兹曼常数；T 为绝对温度。式(7.3.14)表明，在冷却温度较高时，物质会有较高的概率暂时处于较高的能态，从而能够摆脱局部极小态，即亚低能态的陷阱而最终进入最低能态。模拟退火算法的基本思想就是，将反演问题模型参量 $\boldsymbol{m}$ 比作物质的状态参量，将失配函数 $S(\boldsymbol{m})$ 看作物质的内能。搜索时，不仅允许 $\boldsymbol{m}$ 向失配函数减小的方向演化，还通过人为引入参数(温度)T 来控制，允许 $\boldsymbol{m}$ 以一定的概率暂时接受具有更

高失配函数值的状态 $\boldsymbol{m}'$ 作为新的状态。T 在反演过程中逐步减小，使得在迭代的后期接受较高失配函数状态的概率逐渐减小。

模拟退火通常有两种具体算法，一种是 Metropolis 算法(Kirkpatrick et al., 1983; Metropolis et al., 1953)，另一种是热浴法(Rothman, 1986; Rebbi, 1984)。Billings(1994)认为前者更适合于待求解模型参量较少的问题，而后者更适合于待求解模型参量较多的问题。仍记 $\boldsymbol{m}=[m_1,m_2,\cdots,m_M]^{\mathrm{T}}$，则 Metropolis 算法步骤如下。

(1) 从 $\boldsymbol{m}$ 的一个初值 $\boldsymbol{m}=[m_1,m_2,\cdots,m_M]^{\mathrm{T}}$ 开始。对 $\boldsymbol{m}$ 的第一个分量 m_1 随机地进行扰动，同时保持其他分量的值不变，即令

$$m_1'=m_1+\alpha_1\xi_1 \tag{7.3.15a}$$

$$\boldsymbol{m}'=[m_1',m_2^{(0)},\cdots,m_M^{(0)}]^{\mathrm{T}} \tag{7.3.15b}$$

式中，ξ_1 为[−1,1]中的随机数；α_1 为允许的最大扰动幅度。

(2) 如果 $S(\boldsymbol{m}')\leqslant S(\boldsymbol{m})$，接受 $\boldsymbol{m}'$ 作为新的状态；如果 $S(\boldsymbol{m}')>S(\boldsymbol{m})$，则以概率：

$$P(\boldsymbol{m}\to\boldsymbol{m}')=\exp\frac{S(\boldsymbol{m})-S(\boldsymbol{m}')}{T} \tag{7.3.16}$$

接受 $\boldsymbol{m}'$。

(3) 以上述方式依次对 $\boldsymbol{m}$ 的各个分量进行扰动，并按(2)的方式决定是否接受扰动过后的向量作为新的状态。当所有 M 个分量都经历过一次扰动后为一次迭代①。

(4) 适当降低温度 T，重复以上步骤，直到生成了一定数量的扰动值或是经过一定数量迭代后，$\boldsymbol{m}$ 的状态都不再发生变化。

热浴法与 Metropolis 算法的差别在于模型向量被扰动和接受的方式有所不同。假定第 i 个分量有 k 个允许值 $(\mu_1,\mu_2,\cdots,\mu_M)$。分别令 $m_i'=\mu_j\,(j=1,\cdots,k)$，计算失配函数 $S(\mu_j)=S(m_1,\cdots,m_i',\cdots,m_M)$，然后按 Gibbs 分布的概率：

$$P(\mu_j)=\exp\frac{S(\mu_j)}{T}\bigg/\sum_{i=1}^{k}\exp\frac{S(\mu_j)}{T} \tag{7.3.17}$$

来选择新的模型。

初始温度及其下降速度在模拟退火算法中关系很大。Billings (1994)在将 Metropolis 算法应用于地震定位时，给出的温度选择是

$$T_k=\frac{T_0\ln 2}{\ln(k+1)} \tag{7.3.18}$$

---

① 英文文献中称为一次掠扫，即 one sweep(Billings, 1994)，本书仍然采用迭代一词。

其中，初始温度 T_0 可通过试错的方法经验确定。

邻域算法的基本思想是利用模型空间中的沃罗诺伊域(Voronoi cell)来引导搜索。如图 7.3.4 所示，假定模型空间中的一组样本 $\boldsymbol{m}_1, \boldsymbol{m}_2, \cdots, \boldsymbol{m}_Q$，则对于其中的一个样本 $\boldsymbol{m}_i$，所谓的沃罗诺伊域是由到该样本的距离 d 小于到其他任意样本距离的点所组成的区域，即

$$V(\boldsymbol{m}_i) = \{\boldsymbol{m} \mid \|\boldsymbol{m} - \boldsymbol{m}_i\| \leqslant \|\boldsymbol{m} - \boldsymbol{m}_j\|\} \quad \forall j \neq i (i, j = 1, \cdots, Q) \tag{7.3.19}$$

邻域算法的具体搜索方法是从模型空间中的 n_{p} 个随机样本开始，确定其中失配函数最小的 n_{r} 个样本。在这 n_{r} 个样本对应的沃罗诺伊域中随机和均匀地产生 n_{s} 个新的样本，其中每个样本的沃罗诺伊域中产生 $n_{\mathrm{s}}/n_{\mathrm{r}}$ 个新样本。然后将新的 n_{s} 个样本和原来的 n_{p} 个样本加在一起，作为下一次迭代的初始样本，重复以上步骤，直到有样本的失配函数小于预定的阈值。

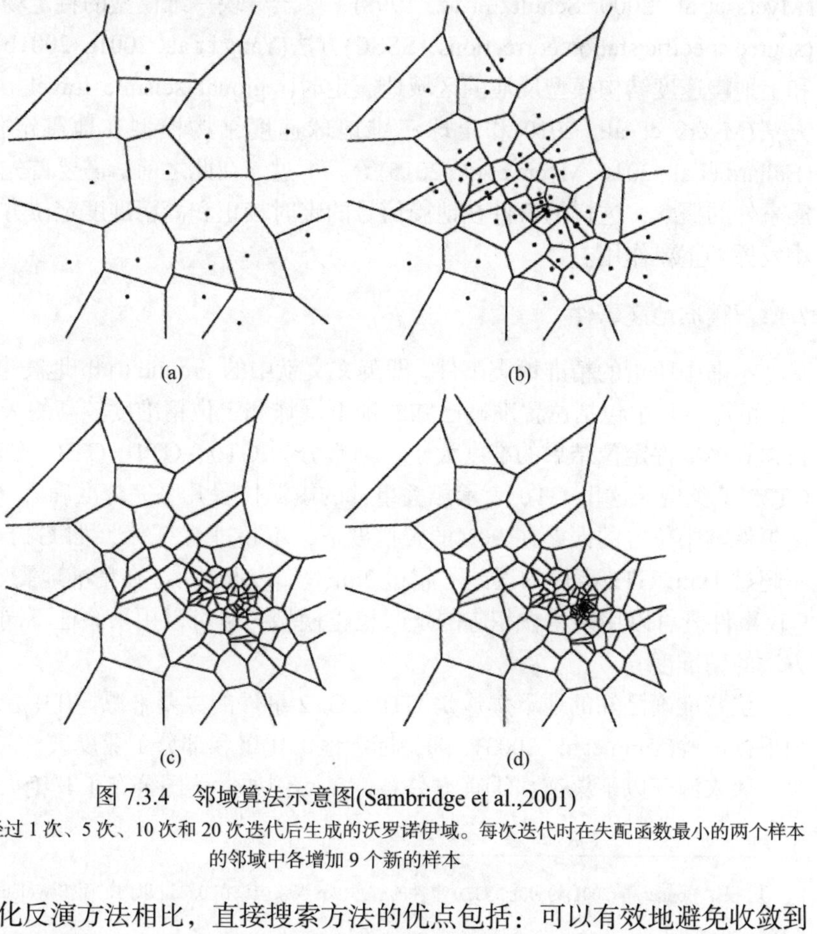

图 7.3.4　邻域算法示意图(Sambridge et al.,2001)

(a)～(d)分别是经过 1 次、5 次、10 次和 20 次迭代后生成的沃罗诺伊域。每次迭代时在失配函数最小的两个样本的邻域中各增加 9 个新的样本

与线性化反演方法相比，直接搜索方法的优点包括：可以有效地避免收敛到

局部极小点，无须求取失配函数对模型参量的导数，且在失配函数，即式(7.1.1)中允许 $p \neq 2$ 。根据 Sambridge 等(2001)，在数据中存在野值时，采用 $p = 1.25$ 较采用 $p = 2$ 往往可以获得更加令人满意的结果。

7.4　走时校正方法及三维地球模型在地震定位中的应用

前面的分析表明，定位资料的模型误差是导致地震定位出现系统偏差的主要原因。消除这种模型误差主要有两种方法：一是经验校正，包括标定和建立更符合实际的区域性走时曲线、建立地震信号实际走时相对于理论走时曲线的校正曲面、采用主事件定位等。二是建立更符合实际的三维(3D)地球速度结构模型。由于主事件定位方法将在 7.5 节中与更一般的相对定位方法一起介绍，而区域性走时曲线的标定和建立原理相对简单，本节重点介绍基于克里金的走时校正方法(Myers et al., 2000; Schultz et al., 1998)、基于分块一维模型的特定场地台站校正(source specific station corrections，SSSC)方法(Yang et al., 2001a, 2001b)、基于地壳和上地幔速度结构模型反演的区域地震走时(regional seismic travel time，RSTT)方法(Myers et al., 2010)和全球三维地球速度结构模型在地震定位中的应用(Ballard et al., 2016; Myers et al., 2015)等。不过，在此之前，需要首先介绍精准地震事件的概念，这样的事件在地震信号的走时校正和高精准度定位方法验证过程中发挥着重要作用。

7.4.1　精准地震事件

本书中所指的精准地震事件，即英文文献中的 ground truth 地震事件，简称为 GT 事件，其中包括位置准确已知的地下爆炸和定位精准度较高的天然地震等。根据具体事件定位结果的准度大小，通常分为 GT0、GT1、GT2、GT5、GT10、GT25 等类型。这里 GT0 表示相关事件的震源位置几乎完全准确[①]，GTX 表示相应事件震中位置的误差在 90%的置信度下，不超过 X 千米，如 GT1 事件的误差不超过 1km，GT2 事件的误差不超过 2km 等，以此类推。在精准地震定位技术中，GT 事件既可以用来建立相应的走时校正模型，也可以用来验证不同模型或定位方法的精准度。

位置准确已知的地下爆炸是 GT0～GT2 事件的主要来源。其中包括大部分的地下核试验(Yang et al., 2003)、部分标定地下化爆和部分工业爆破。它们的准确位置一般来源于以下渠道：①官方公布信息。例如，美国公布了其绝大多数核试验

---

① 根据 Bondár 等(2001)的研究，GT0 事件的震源位置误差应该在 0.5km 以内，而按 Waldhauser 等(2004)的研究，位置误差不超过 100m，发震时间误差不超过 0.1s。

的起爆时间和爆心位置(Springer et al., 2002，1975, 1971)。此外苏联和平利用核试验和国际上开展的许多具有标定或研究性质的化学爆炸也可以查到类似信息(Gitterman et al., 2001; Sultanov et al., 1999)。②由遥感等方法确定的爆炸震中位置。例如，对许多地下核试验，尽管相关国家并未主动公布其准确爆心位置，但根据试验时的井口或硐口位置，结合试验在爆心附近造成的地表破坏或变形等，一般也可以很好地确定它们的爆心位置(不确定度<1km)。③已知矿山位置及开采范围。对于矿山爆破，利用波形互相关等方法很容易确定相关爆炸是否来自特定的矿山。这些矿山的具体位置和开采范围可以比较容易地通过卫星图像来加以确定(徐雄，2012；Lin et al., 2006)，而相应矿爆事件的位置应不超过矿山的开采范围。

GT5 及更低精准度的地震事件则主要来自精确定位的天然地震。地震定位的精准度和定义台站数目、方位角间隙和震中距大小等因素有关，定义台站数越多、台站分布的方位角间隙越小、台站距震中的距离越近，定位精准度越高(Bondár et al., 2001)。因此，由地方或区域台网确定的较强震级地震的定位结果不确定度可以低至 10km 以下，甚至只有数公里。相对于 IMS 这样的全球稀疏台网的定位结果，此类事件也可以认为是精准事件，用来进行信号走时及其他参数的标定。

关于 GT 事件的选择标准，Bondár 等(2004)在 Dewey 等(1999)工作的基础上，采用已知精准事件记录台站随机抽样并重新定位的方法，做了较为深入的研究工作。在此基础上以 GT$X_{p\%}$的方式提出了若干不同情况下的精准度判别标准，其中 X 仍为精准度大小，p%表示具有这一精准度的置信度。

(1) 地方台网(震中距 0°～2.5°)。若一个事件满足：①具有至少 10 个震中距在 250km 以内的定义台站；②台站方位角间隙小于 110°；③第二方位角间隙(secondary azimuth gap)小于 160°；④至少有一个台站震中距小于 30km，则相应事件的精准度达到 GT$5_{95\%}$，即在 95%的置信度范围内，其定位结果的精准度在 5km 以内。

(2) 区域或远震台网。此时，定义台站的第二方位角间隙对定位的精准度有重要影响。当定义台站的第二方位角间隙小于 120°时，在近区域台网(2.5°～10°)、区域台网(2.5°～20°)和远震台网(29°～91°)的情况下，对天然地震，定位结果分别具有 GT$20_{90\%}$、GT$25_{90\%}$、GT$25_{90\%}$的精准度(注意区域台网和远震台网都是 GT$25_{90\%}$)。

上述准则中，第二方位角间隙(这里记为 $\delta\alpha_{\text{Secondary}}$)的示意图如图 7.4.1 所示。它和方位角间隙的计算方法分别为假定 N 个定义台站，它们相对于事件震中的方位角从小到大依次为 $\alpha_1,\cdots,\alpha_N$，则

$$\delta\alpha_{\text{Primary}} = \max_i \delta\alpha_i^{(\text{P})}, \qquad \delta\alpha_{\text{Secondary}} = \max_i \delta\alpha_i^{(\text{S})} \tag{7.4.1}$$

其中，

$$\delta\alpha_i^{(\mathrm{P})}=\begin{cases}\alpha_{i+1}-\alpha_i, & i=1,\cdots,N-1\\ \alpha_1-\alpha_N+360^\circ, & i=N\end{cases},\quad \delta\alpha_i^{(\mathrm{S})}=\begin{cases}\alpha_{i+2}-\alpha_i, & i=1,\cdots,N-2\\ \alpha_1-\alpha_{N-1}+360^\circ, & i=N-1\\ \alpha_2-\alpha_N+360^\circ, & i=N\end{cases}\tag{7.4.2}$$

因此，可以将方位角间隙、第二方位角间隙分别理解为不多于两个或三个定义台站分布的最大扇形宽度，超过这一宽度，则在任意的扇形范围内，至少有两个或三个定义台站。

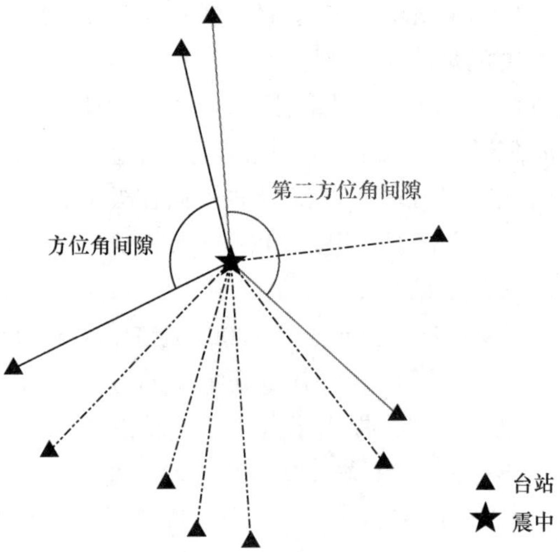

图 7.4.1　第二方位角间隙示意图

需要指出的是，Bondár 等(2004)的 GT 事件标准是在仅采用 P 波初动到时来定位的情况下得到的。多数地方或区域台网产出的地震事件目录可能并不限于仅利用 P 波初动到时来进行定位。另外，负责产出这些地震事件目录的监测机构实际采用的定位方法，特别是定义震相权重的选择也可能和 Bondár 等(2004)的方法有所不同。因此，在应用时，要么需要利用相关台网的具体定位方法来得到针对性的准则，要么需要采用和 Bondár 等(2004)相同的定位方法来重新定位。此外，在区域台网的情况下，Bondár 等(2004)的 GT5 事件标准很难得到满足。此时，一些经过特殊分析的地震事件，如经过联合震源定位(joint hypocenter determination，JHD)等方法进行高精度定位，且定位准度得到非地震监测结果(如断层走向和倾向)佐证的事件，也可以作为 GT5 或 GT10 的事件(Waldhauser et al., 2004)。

7.4.2　克里金方法和地震信号走时经验校正

利用 GT 事件，特别是 GT5 以上的高精准度地震事件，可以得到地震信号从对应震源位置到各个记录台站的实际走时，并得到理论走时与实际走时之间的系统偏差。定位时，对这一系统偏差进行修正，原则上可以消除由理论地球模型引入的系统定位误差，从而提高地震定位的准度。但是，通常情况下 GT 事件的分布是稀疏和不均匀的。在没有 GT 事件分布的地区，该如何利用已知的 GT 事件来估计相应的走时校正值和不确定度呢？克里金方法可以帮助解决这一问题。

克里金方法(王家华等，1998; Isaaks et al., 1989；Omre et al., 1989；Omre, 1987)，以南非地质工程师 Kriging 的名字命名，是一种针对空间分布随机量的最优线性无偏估计方法。其基本原理可以表述为对一个空间物理量 $z(x)$，对应的随机变量为 $Z(x)$。假定它在 N 个位置 x_i $(i=1,2,\cdots,N)$ 上的观测值为 $Z(x_i)$，对新的位置 x_0 求 α_i，使得

$$Z^*(x_0)-\mu_M(x_0)=\sum_{i=1}^{N}\alpha_i[Z(x_i)-\mu_M(x_i)] \quad (线性估计) \tag{7.4.3}$$

并使

$$E[Z^*(x_0)-Z(x_0)]=0 \quad (无偏性) \tag{7.4.4}$$

$$\mathrm{Var}[Z^*(x_0)-Z(x_0)]=\min \quad (最优化) \tag{7.4.5}$$

式(7.4.3)中，$\mu_M(x)$ 为另外一个空间随机变量 $M(x)$ 的期望值，而 $M(x)$ 的一阶矩和二阶矩：

$$\mu_M(x)=E[M(x)] \tag{7.4.6}$$

$$C_M(x',x'')=\mathrm{Cov}[M(x'),M(x'')] \tag{7.4.7}$$

被假定是已知的，并具有性质：

$$E[Z(x)\,|\,M(x)]=a_0+M(x) \tag{7.4.8}$$

$$\mathrm{Cov}[Z(x'),Z(x'')\,|\,M(x)]=C_{Z|M}(|x'-x''|) \tag{7.4.9}$$

式中，a_0 为常数。显然，由式(7.4.9)可以推导出：

$$\sigma_{Z|M}^2(x)=\mathrm{Var}[Z(x)\,|\,M(x)]=C \tag{7.4.10}$$

式中，C 为常数。容易证明 $Z(x)$ 的期望值 $\mu_Z(x)=E[Z(x)]$ 与 $\mu_M(x)$ 仅相差一个常数 a_0，且 $Z(x)$ 方差和协方差分别为给定 $M(x)$ 时的条件方差或协方差与 $M(x)$ 自身的方差或协方差之和。根据贝叶斯理论(Casella et al., 2009)，对任意随机变量 X、Y、Z，有

$$E(X)=E[E(X\,|\,Y)] \tag{7.4.11}$$

$$\mathrm{Var}(X)=E[\mathrm{Var}(X\,|\,Y)]+\mathrm{Var}[E(X\,|\,Y)] \tag{7.4.12}$$

$$\mathrm{Cov}(X,Y)=E[\mathrm{Cov}(X,Y\,|\,Z)]+\mathrm{Cov}[E(X\,|\,Z),E(Y\,|\,Z)] \tag{7.4.13}$$

因此，利用式(7.4.8)和式(7.4.9)，经简单推导可以得到：

$$\mu_Z(x) = E[Z(x)] = E\{E[Z(x) \mid M(x)]\} = a_0 + \mu_M(x) \tag{7.4.14}$$

$$\sigma_Z^2(x) = \mathrm{Var}[Z(x)] = E[\sigma_{Z|M}^2(x)] + \sigma_M^2(x) \tag{7.4.15}$$

$$C_Z(x_i, x_j) = \mathrm{Cov}[Z(x_i), Z(x_j)] = E[C_{Z|M}(|x_i - x_j|)] + C_M(x_i, x_j) \tag{7.4.16}$$

根据上述关系，可以将 $Z(x)$和 $M(x)$的关系理解如下：$Z(x)$为受多种因素(如地质、地形、气象、信号源、测量条件和误差等)影响的一个随机变量，而 $M(x)$ 是与 $Z(x)$ 同一类型，但假定部分次要影响因素可以忽略，仅考虑主要因素影响(如地质、地形)的物理量。$\mu_M(x)$ 则为这些主要影响因素对应的某种平均模型的理论值。不同的克里金方法有不同的关于 $\mu_M(x)$ 的假设。在简单克里金方法和普通克里金方法中，分别有 $\mu_M(x)=0$ 或 $\mu_M(x)=C$ 。然而，在泛克里金方法中，$\mu_M(x)$ 被假设为更一般的函数形式，如已知解析函数的线性组合。

为求解 $\alpha_i(i=1,\cdots,N)$ ，首先将式(7.4.3)代入式(7.4.4)，得到：

$$\sum_{i=1}^{N} \alpha_i = 1 \tag{7.4.17}$$

其次，将式(7.4.3)代入式(7.4.5)等号左边，有

$$\mathrm{Var}[Z(x_0) - Z^*(x_0)] = \sigma_Z^2(x_0) - 2\sum_i \alpha_i C_Z(x_0, x_i) + \sum_i \sum_j \alpha_i \alpha_j C_Z(x_i, x_j) \tag{7.4.18}$$

定义 $Z(x_i)$ 和 $Z(x_j)$ 的变差为

$$\gamma_Z(x_i, x_j) = \frac{1}{2}\mathrm{Var}[Z(x_i) - Z(x_j)] \tag{7.4.19}$$

类似地，定义给定 $M(x)$时的条件变差 $\gamma_{Z|M}(x_i, x_j)$ 和 $M(x)$本身的变差。容易证明：

$$\gamma_Z(x_i, x_j) = \frac{1}{2}[\sigma_Z^2(x_i) + \sigma_Z^2(x_j)] - C_Z(x_i, x_j) \tag{7.4.20}$$

$$\gamma_Z(x_i, x_j) = E[\gamma_{Z|M}(|x_i - x_j|] + \gamma_M(x_i, x_j) \tag{7.4.21}$$

将式(7.4.20)和式(7.4.21)代入式(7.4.18)，并利用式(7.4.10)、式(7.4.16)和式(7.4.17)，经简单推导可以得到：

$$\begin{aligned}\mathrm{Var}[Z(x_0) - Z^*(x_0)] = {} & 2\sum_i \alpha_i \{E[\gamma_{Z|M}(|x_0 - x_i|)] + \gamma_M(x_0, x_i)\} \\ & - \sum_i \sum_j \alpha_i \alpha_j \{E[\gamma_{Z|M}(|x_i - x_j|)] + \gamma_M(x_i, x_j)\}\end{aligned} \tag{7.4.22}$$

采用拉格朗日乘子法，令

$$f(\alpha_1,\cdots,\alpha_N,\beta_1)=\mathrm{Var}[Z(x_0)-Z^*(x_0)]+\beta_1\left(1-\sum_i^N\alpha_i\right) \tag{7.4.23}$$

由 $\partial f/\partial\alpha_i=0$ 和 $\partial f/\partial\beta_1=0$ 得到求解 α_i 的方程组为

$$\begin{cases}\sum_i\alpha_i\{E[\gamma_{Z|M}(x_i-x_j)]+\gamma_M(x_i,x_j)]\}+\beta_1\\ =E[\gamma_{Z|M}(x_0-x_j)]+\gamma_M(x_0,x_j)\quad(j=1,\cdots,N)\\ \sum_i\alpha_i=1\end{cases} \tag{7.4.24}$$

上述方程组中，$\gamma_M(x_i,x_j)$ 被假定为已知的，$\gamma_{Z|M}(x_i,x_j)$ 仅与 $|x_i-x_j|$ 有关，并可以通过对实际观测数据的拟合求得。为此，记 $h_{ij}=|x_i-x_j|$，然后对给定的 h，定义 D_h 为所有 $h_{ij}=h$ 的集合，即 $D_h:\{(i,j)|h_{ij}=h,i,j=1,2,\cdots,N\}$，而 N_h 为 D_h 中的元素个数。关于 $\gamma_{Z|M}(h)$ 的一个估计为

$$\hat{\gamma}_{Z|M}(h)=\frac{1}{2N_h}\sum_{(i,j)\in D_h}\{[Z(x_i)-Z(x_j)]^2-[\mu_M(x_i)-\mu_M(x_j)]^2-2\gamma_M(x_i,x_j)\} \tag{7.4.25}$$

可以证明 $\hat{\gamma}_{Z|M}(h)$ 是关于 $\gamma_{Z|M}(h)$ 的无偏估计(Omre，1987)。实际应用时，可用一系列不同的 h，按式(7.4.25)来计算相应的 $\hat{\gamma}_{Z|M}(h)$，然后用一个正定函数来进行拟合，并将拟合结果作为 $\gamma_{Z|M}(h)$ 的估计。根据式(7.4.20)，此时

$$\gamma_{Z|M}(h)=\sigma_{Z|M}^2[1-\rho(h)] \tag{7.4.26}$$

式中，$\rho(h)$ 为距离 h 的两个样点之间的相关系数。假定 h 很大时，$\rho(h)\to 0$，$\sigma_{Z|M}^2$ 就是 $\gamma_{Z|M}(h)$ 在 $h\to\infty$ 时的渐进值，而 $C_{Z|M}(|x_i-x_j|)=\sigma_{Z|M}^2-\gamma_{Z|M}(|x_i-x_j|)$。

为将克里金方法应用于地震标定和校正，Schultz 等(1998)在简单克里金方法的基础上提出阻尼克里金方法。该方法假定 $\mu_M(x)=0$，而

$$\hat{Z}^*(x_0)=\sum_{i=1}^N\alpha_iB(x_0,x_i)Z(x_i)=\sum_{i=1}^N\alpha_iB(x_0,x_i)[\hat{Z}(x_i)+E(x_i)] \tag{7.4.27}$$ ①

式中，$\hat{Z}(x_i)$ 为 $Z(x_i)$ 的真实值；$E(x_i)$ 为测量误差；$B(x_0,x_i)$ 为阻尼函数，当 $|x_0-x_i|<h_c$ 时，$B(x_0,x_i)\to 1$，而当 $|x_0-x_i|\gg h_c$ 时，$B(x_0,x_i)\to 0$。这样，可以保证在 x_0 远离所有观测点时，$\hat{Z}^*(x_0)$ 趋于零背景。和式(7.4.18)类似，可以得到：

① Schultz 等(1998)原文中为 $[Z(x_i)+E(x_i)]$，并称 $Z(x_i)$ 为观测值本身。

$$\begin{aligned}\mathrm{Var}[\hat{Z}(x_0)-\hat{Z}^*(x_0)]=&\sigma_{\hat{Z}}^2(x_0)-2\sum_i\alpha_i B(x_0,x_i)C_{\hat{Z}}(x_0,x_i)\\&+\sum_i\sum_j\alpha_i\alpha_j B(x_0,x_i)B(x_0,x_j)\{C_{\hat{Z}}(x_i,x_j)+C_E(x_i,x_j)\}\end{aligned}\tag{7.4.28}$$

式中，$C_E(x_i,x_j)=\mathrm{Cov}(E(x_i),E(x_j))=\sigma_E^2(x_i)\delta_{ij}$。这里假定各个观测点上的测量误差相互独立且 $E(x_i)$ 与 $\hat{Z}(x_i)$ 无关。为方便起见，记

$$C_{\hat{Z}B}(x_i,x_j;x_0)=B(x_0,x_i)B(x_0,x_j)C_{\hat{Z}}(x_i,x_j)\tag{7.4.29}$$

$$C_{EB}(x_i,x_j;x_0)=B(x_0,x_i)B(x_0,x_j)C_E(x_i,x_j)\tag{7.4.30}$$

然后令 $\mathrm{Var}[\hat{Z}(x_0)-\hat{Z}^*(x_0)]$ 对 α_i 的偏导数为 0，得到：

$$\sum_i\alpha_i[C_{\hat{Z}B}(x_i,x_j;x_0)+C_{EB}(x_i,x_j;x_0)]=C_{\hat{Z}B}(x_0,x_j;x_0)\tag{7.4.31}$$

注意在 Schultz 等的方法中并没有要求无偏性，因此，$\alpha_i(i=1,2,\cdots,N)$ 是相互独立的。

Schultz 等的方法存在一个问题，即在重阻尼的区域，式(7.3.30)中 α_i 的系数都将趋于 0。为避免这一问题，他们用

$$C_{\hat{Z}B,M}(x_i,x_j;x_0)=C_{\hat{Z}B}(x_i,x_j;x_0)+C_M(x_i,x_j;x_0)\tag{7.4.32}$$

来代替 $C_{\hat{Z}B}$，其中，

$$C_M(x_i,x_j;x_0)=\delta_{ij}C_{\hat{Z}}(x_i,x_j)[1-B(x_0,x_i)B(x_0,x_j)]\tag{7.4.33}$$

他们声称式(7.4.32) 是以类似于 Omre(1987)，即式(7.4.16)的方式得到的，但显然二者之间存在很大不同。假定 $\sigma_{\hat{Z}}^2(x)$ 为常数，容易得到：

$$\gamma_Z(x_i,x_j)=\mathrm{Var}[(Z(x_i)-Z(x_j)]=\sigma_{\hat{Z}}^2[1-\rho_{\hat{Z}}(h)]+\sigma_E^2\tag{7.4.34}$$ ①

假定 σ_E^2 是已知的，则可以利用由 $Z(x_i)$、$Z(x_j)(i,j=1,\cdots,N)$ 得到的变差图来估计 $C_{\hat{Z}}(x_i,x_j)$。

Schultz 等的方法基本上还是在经典的克里金理论框架下进行的。为进行 P/S 波幅值比的标定，Fisk 等假定相关的物理量服从正态分布，提出了一种基于最大似然法原理的克里金方法(Bottone et al.,2002; Fisk et al., 2000)。该方法假定：

$$Z(x)\sim N(\mu(x),\sigma_r^2)\tag{7.4.35}$$

式中，σ_r^2 与 x 无关。同时，假定对给定的 $\mu(x)$，对任意两个不同的位置 x_i 和 x_j，

① Schultz 等的研究实际上忽略了 σ_E^2 (Myers et al.,2000)。

$Z(x_i)$ 和 $Z(x_j)$ 相互独立。进一步假定，对不同位置上的 $\mu(x)$，有

$$\mu(x) \sim N(0, \sigma_c^2) \tag{7.4.36}$$

式中，σ_c^2 也与位置无关。另外，假定 $\mu(x_i)$、$\mu(x_j)$ 的相关系数仅与 $|x_i - x_j|$ 有关，即

$$\rho(x_i, x_j) \sim \text{corr}(\mu(x_i), \mu(x_j)) = f(|x_i - x_j|), \tag{7.4.37}$$

现在的问题是，假如已知 $\{Z(x_i), i=1,2,\cdots,N\}$，对新位置 x_0，如何确定 $\mu_0 = \mu(x_0)$。

为方便起见，分别记

$$\boldsymbol{z}_{1N} = (Z(x_1), Z(x_2), \cdots, Z(x_N))^{\mathrm{T}}, \quad \boldsymbol{\mu}_{1N} = (\mu(x_1), \mu(x_2), \cdots, \mu(x_N))^{\mathrm{T}}$$

根据贝叶斯定理：

$$p(\mu_0 \mid \boldsymbol{z}_{1N}) \propto \int \left[\int p(z_0, \boldsymbol{z}_{1N} \mid \mu_0, \boldsymbol{\mu}_{1N}) \mathrm{d}z_0 \right] p(\mu_0, \boldsymbol{\mu}_{1N}) \mathrm{d}\boldsymbol{\mu}_{1N} \tag{7.4.38}$$

其中，

$$p(z_0, \boldsymbol{z}_{1N} \mid \mu_0, \boldsymbol{\mu}_{1N}) \propto \exp\left\{ -\frac{1}{2\sigma_r^2} \left[(Z_0 - \mu_0)^2 + \sum_{i=1}^{N} (Z_i - \mu_i)^2 \right] \right\} \tag{7.4.39}$$

$$p(\mu_0, \boldsymbol{\mu}_{1N}) \propto \exp\left[-\frac{1}{2} \boldsymbol{\mu}_{0N}^{\mathrm{T}} \boldsymbol{C}_{\mu}^{-1}(\boldsymbol{\mu}_{0N}) \boldsymbol{\mu}_{0N} \right] \tag{7.4.40}$$

式中，$\boldsymbol{\mu}_{0N} = [\mu_0, \mu_1, \cdots, \mu_N]^{\mathrm{T}} = [\mu_0, \boldsymbol{\mu}_{1N}^{\mathrm{T}}]^{\mathrm{T}}$；$\boldsymbol{C}_{\mu}^{-1}(\boldsymbol{\mu}_{0N})(i,j) = \sigma_c^2 \rho_{ij}$。显然

$$\begin{aligned} \left[\int p(z_0, \boldsymbol{z}_{1N} \mid \mu_0, \boldsymbol{\mu}_{1N}) \mathrm{d}z_0 \right] &\propto \exp\left[-\frac{1}{2\sigma_r^2} \sum_i (Z_i - \mu_i)^2 \right] \\ &= \exp[-\frac{1}{2} (\boldsymbol{z}_{1N} - \boldsymbol{\mu}_{1N})^{\mathrm{T}} \boldsymbol{C}_{Z|\mu}^{-1}(\boldsymbol{z}_{1N}) (\boldsymbol{z}_{1N} - \boldsymbol{\mu}_{1N})] \end{aligned} \tag{7.4.41}$$

其中，

$$\boldsymbol{C}_{Z|\mu}^{-1}(\boldsymbol{z}_{1N}) = \frac{1}{\sigma_r^2} \boldsymbol{I}_N \tag{7.4.42}$$

式中，$\boldsymbol{I}_N$ 为 $N \times N$ 的单位矩阵。将式(7.4.40)和式(7.4.41)代入式(7.4.38)，得到：

$$p(\mu_0 \mid \boldsymbol{z}_{1N}) \propto \int_{-\infty}^{\infty} \exp\left\{ -\frac{1}{2} [(\boldsymbol{z}_{1N} - \boldsymbol{\mu}_{1N})^{\mathrm{T}} \boldsymbol{C}_{Z|\mu}^{-1}(\boldsymbol{z}_{1N}) (\boldsymbol{z}_{1N} - \boldsymbol{\mu}_{1N}) + \boldsymbol{\mu}_{0N}^{\mathrm{T}} \boldsymbol{C}_{\mu}^{-1}(\boldsymbol{\mu}_{0N}) \boldsymbol{\mu}_{0N}] \right\} \mathrm{d}\boldsymbol{\mu}_{1N} \tag{7.4.43}$$

令

$$\boldsymbol{y}=\begin{pmatrix}0\\ \boldsymbol{z}_{1N}\end{pmatrix} \tag{7.4.44}$$

$$\boldsymbol{A}=\frac{1}{\sigma_r^2}\begin{bmatrix}0 & \boldsymbol{0}\\ \boldsymbol{0} & \boldsymbol{I}_N\end{bmatrix} \tag{7.4.45}$$

则式(7.4.43)中{ }内的部分可以写为

$$\begin{aligned}B(\boldsymbol{\mu}_{0N})&=-\frac{1}{2}\left\{(\boldsymbol{y}-\boldsymbol{\mu}_{0N})^{\mathrm{T}}\boldsymbol{A}(\boldsymbol{y}-\boldsymbol{\mu}_{0N})+\boldsymbol{\mu}_{0N}^{\mathrm{T}}\boldsymbol{C}_{\mu}^{-1}(\boldsymbol{\mu}_{0N})\boldsymbol{\mu}_{0N}\right\}\\&=-\frac{1}{2}\left\{[\boldsymbol{\mu}_{0N}-(\boldsymbol{A}+\boldsymbol{C}_{\mu}^{-1})^{-1}\boldsymbol{A}\boldsymbol{y}]^{\mathrm{T}}(\boldsymbol{A}+\boldsymbol{C}_{\mu}^{-1})[\boldsymbol{\mu}_{0N}-(\boldsymbol{A}+\boldsymbol{C}_{\mu}^{-1})^{-1}\boldsymbol{A}\boldsymbol{y}]\right.\\&\quad\left.-(\boldsymbol{A}\boldsymbol{y})^{\mathrm{T}}(\boldsymbol{A}+\boldsymbol{C}_{\mu}^{-1})^{-1}(\boldsymbol{A}\boldsymbol{y})+\boldsymbol{y}^{\mathrm{T}}\boldsymbol{A}\boldsymbol{y}\right\}\end{aligned}$$

为方便起见，记

$$\boldsymbol{S}=\begin{pmatrix}S_{00} & \boldsymbol{S}_{01}\\ \boldsymbol{S}_{10} & \boldsymbol{S}_{11}\end{pmatrix}=(\boldsymbol{A}+\boldsymbol{C}_{\mu}^{-1})^{-1} \tag{7.4.46}$$

$$\widehat{\boldsymbol{y}}=\begin{pmatrix}\widehat{y}_0\\ \widehat{\boldsymbol{y}}_1\end{pmatrix}=(\boldsymbol{A}+\boldsymbol{C}_{\mu}^{-1})^{-1}\boldsymbol{A}\boldsymbol{y}=\boldsymbol{S}\boldsymbol{A}\boldsymbol{y} \tag{7.4.47}$$

则

$$B(\boldsymbol{\mu}_{0N})=\frac{1}{2}\left[(\boldsymbol{\mu}_{0N}-\widehat{\boldsymbol{y}})^{\mathrm{T}}\boldsymbol{S}^{-1}(\boldsymbol{\mu}_{0N}-\widehat{\boldsymbol{y}})-\widehat{\boldsymbol{y}}^{\mathrm{T}}\boldsymbol{S}\widehat{\boldsymbol{y}}+\boldsymbol{y}^{\mathrm{T}}\boldsymbol{A}\boldsymbol{y}\right] \tag{7.4.48}$$

注意 $\widehat{\boldsymbol{y}}^{\mathrm{T}}\boldsymbol{S}\widehat{\boldsymbol{y}}$ 和 $\boldsymbol{y}^{\mathrm{T}}\boldsymbol{A}\boldsymbol{y}$ 都不含有 $\boldsymbol{\mu}_{0N}$，因此

$$p(\mu_0|\boldsymbol{z}_{1N})\propto\int_{-\infty}^{\infty}\exp\left[-\frac{1}{2}(\boldsymbol{\mu}_{0N}-\widehat{\boldsymbol{y}})^{\mathrm{T}}\boldsymbol{S}^{-1}(\boldsymbol{\mu}_{0N}-\widehat{\boldsymbol{y}})\right]\mathrm{d}\boldsymbol{\mu}_{1N} \tag{7.4.49}$$

由于多元高斯分布中部分变量的边缘分布仍为高斯分布，且对应的均值和协方差就是这些变量的均值和它们之间的协方差，因此

$$p(\mu_0|\boldsymbol{z}_{1N})\propto\exp\left[-\frac{1}{2}(\mu_0-\widehat{y}_0)S_{00}{}^{-1}(\mu_0-\widehat{y}_0)\right] \tag{7.4.50}$$

在给定 $\boldsymbol{z}_{1N}$ 的情况下， μ_0 的最大似然估计为

$$\hat{\mu}_0=\widehat{y}_0=\frac{1}{\sigma_r^2}\boldsymbol{S}_{01}\boldsymbol{z}_{1N} \tag{7.4.51}$$

方差为

$$\sigma_{\hat{\mu}_0}^2=S_{00} \tag{7.4.52}$$

代入

$$\boldsymbol{C}_\mu(\boldsymbol{\mu}_{0N})=\begin{pmatrix}C_{00} & \boldsymbol{C}_{01}\\ \boldsymbol{C}_{10} & \boldsymbol{C}_{11}\end{pmatrix}=\sigma_c^2\begin{pmatrix}1 & \boldsymbol{\rho}_{01}\\ \boldsymbol{\rho}_{10} & \boldsymbol{\rho}_{11}\end{pmatrix} \tag{7.4.53}$$

式中，$\boldsymbol{\rho}_{01}=\boldsymbol{\rho}_{10}^{\mathrm{T}}=(\rho_{01},\cdots,\rho_{0N})$；$\boldsymbol{\rho}_{11}(i,j)=\rho_{ij},(i,j=1,\cdots,N)$，经推导可以得到：

$$S_{00}=\eta_c^2\left\{1-\sigma_c^2\eta_c^{-2}(\boldsymbol{\rho}_{01}\boldsymbol{\rho}_{11}^{-1})\left[(\boldsymbol{\rho}_{11}-\boldsymbol{\rho}_{10}\boldsymbol{\rho}_{01})^{-1}+\frac{\sigma_c^2}{\sigma_r^2}\boldsymbol{I}_N\right]^{-1}(\boldsymbol{\rho}_{11}^{-1}\boldsymbol{\rho}_{10})\right\}^{-1} \tag{7.4.54}$$

$$\boldsymbol{S}_{01}=\sigma_c^2\boldsymbol{\rho}_{01}\boldsymbol{\rho}_{11}^{-1}\left(\boldsymbol{\rho}_{11}^{-1}+\frac{\sigma_c^2}{\sigma_r^2}\boldsymbol{I}_N\right)^{-1} \tag{7.4.55}$$

因此

$$\hat{\mu}_0=\frac{\sigma_c^2}{\sigma_r^2}\left[\boldsymbol{\rho}_{01}\boldsymbol{\rho}_{11}^{-1}\left(\boldsymbol{\rho}_{11}^{-1}+\frac{\sigma_c^2}{\sigma_r^2}\boldsymbol{I}_N\right)^{-1}\right]z_{1N} \tag{7.4.56}$$

$$\sigma_{\hat{\mu}_0}^2=\eta_c^2\left\{1-\sigma_c^2\eta_c^{-2}(\boldsymbol{\rho}_{01}\boldsymbol{\rho}_{11}^{-1})\left[(\boldsymbol{\rho}_{11}-\boldsymbol{\rho}_{10}\boldsymbol{\rho}_{01})^{-1}+\frac{\sigma_c^2}{\sigma_r^2}\boldsymbol{I}_N\right]^{-1}(\boldsymbol{\rho}_{11}^{-1}\boldsymbol{\rho}_{10})\right\}^{-1} \tag{7.4.57}$$

克里金方法在地震监测中的一个重要应用就是建立经验的地震信号走时校正曲面。具体方法为利用特定区域范围内及其周围地区的精准地震事件，对每一个台站，计算这些事件的理论走时和实际走时的偏差，然后构建相应的克里金校正曲面和相应的误差曲面。定位时，可根据初步确定的地震震中位置，对每一个台站上的信号走时进行校正，然后再进行定位，以得到更加准确可靠的震中位置。Myers 等(2000)曾将该方法用于一个由 6 个台站构成的非常稀疏的虚拟区域台网，对 1991 年发生在苏联高加索山脉的 Racha 地震序列进行定位，相关地震的平均定位误差从应用克里金校正前的 42km 减小到了 13km。苏亚军等(2010)将相同方法应用于新疆地区 P 波和 Lg 波的修正，在由 5 个台站构成的虚拟稀疏台网条件下，对 30 个用以测试的新疆地区地震事件，平均和最大定位误差从校正前的约 14km 和 41km 分别减小到了约 9km 和 25km。

7.4.3 SSSC 方法

克里金方法是一种纯经验的标定校正方法。更传统的方法是建立和应用更加接近当地地质条件的区域一维地球模型或区域性走时表。但是，在很多情况下，从震源到台站的传播路径穿越了一个以上的构造地区，单一的一维模型难以准确预测地震信号走时。此时，如果存在分块区域一维模型，则可采用 SSSC 方法(Yang et al., 2001b)来进行走时修正。

对一个台站 S，假定从震源位置 $\boldsymbol{x}$ 到 S 的传播路径穿过了 N 个具有不同速度结构模型的区域。记路径在第 i 个模型覆盖区域中的长度为 $\varDelta_i$，路径总长度为 $\varDelta=\sum_i \varDelta_i$，假定整个路径都处于第 i 个模型中时的理论走时为 $T_i(\varDelta)$，则相应的 SSSC 走时校正为

$$T_{\mathrm{SSSC}}(\boldsymbol{x};S)=T_{\mathrm{Model}}(\boldsymbol{x};S)-T_{\mathrm{ref}}(\varDelta) \tag{7.4.58}$$

式中，$T_{\mathrm{ref}}(\varDelta)$ 为作为参考的全球一维模型，如 IASPEI91 模型或 ak135 模型下的理论走时，

$$T_{\mathrm{Model}}(\boldsymbol{x},S)=\sum_{i=1}^{N}\frac{\varDelta_i}{\varDelta}T_i(\varDelta) \tag{7.4.59}$$

而对应模型系统偏差的方差为

$$\sigma^2=\sum_{i=1}^{N}\frac{\varDelta_i\sigma_i^2(\varDelta)}{\varDelta} \tag{7.4.60}$$

实际应用时，可事先假定不同的震源位置，计算不同台站对应的 T_{SSSC}。定位时，将相应的校正值应用于对应的传播路径，从而得到更准确的定位结果。显然，SSSC 校正曲面的生成并不局限于利用分区域的一维地球模型。在条件允许的区域，也可以直接利用相应的三维地球模型来生成各个台站的校正曲面，此时只需要将 $T_{\mathrm{Model}}(\boldsymbol{x},S)$ 替换为按三维模型计算的理论走时即可。这实际上已是一种三维地球模型定位方法。相较于在迭代或搜索过程中动态地计算三维地球模型的理论走时，这一方法具有更高的搜索效率。

7.4.4 RSTT 方法

地球的横向不均匀性主要表现在地壳和上地幔。对于地震定位，这种不均匀性带来的主要冲击就是各种区域性地震信号，特别是远区域震信号的走时常常和 IASPEI91、ak135 等全球平均的一维地球模型所预测的理论走时有比较大的偏差。这主要是因为区域震，特别是远区域震时地震波的传播路径不但完全处于地壳和上地幔中且路径长度很大。相比之下，无论是地方震还是远震，传播路径处于地壳和上地幔中的总长度都较短，使得系统走时偏差的绝对值远低于远区域震时的情形。另外，对于核爆炸监测，中低震级地震事件的监测一般主要依靠区域台站。因此，如何改进区域地震信号走时计算的精准度，对提高核爆炸地震监测的定位能力有重要作用。区域地震走时(RSTT)模型就是专门针对这一问题的一种方法。

该方法由 Myers 等(2010)提出，是在 Zhao(1993)和 Zhao 等(1993)的 Pn 波走时近似算法的基础上建立的一种 Pn 走时表征与模型反演技术。本书着重介绍其基本原理，有关的技术细节，读者可进一步阅读原文和下面提到的一些其他参考文献。

RSTT 方法将地球表面分割为三角形网格，其中任意两个相邻的网格节点之间的距离恒定为 $\Delta(\Delta=1°)$。对每个三角形网格，从上往下，假定统一将其地下介质结构分为 Q 层[Myers 等(2010)实际分为 8 层，从上到下，包括一个水层，三个沉积层，上地壳、中地壳、下地壳和一个半空间]，其中从第 1～Q–1 层为地壳中的分层，第 Q 层为代表上地幔的半空间。用 $r=r_{iq}$ 表示第 i 个网格中第 q 层顶部到地球中心的距离，显然 r_{i1}、r_{iQ} 分别对应地球表面和莫霍面的半径，而对于从地球表面到莫霍面的第 1～Q–1 层，其厚度分别为 $h_{iq}=r_{iq}-r_{iq+1}(q=1,\cdots,Q-1)$。假定各层中的 P 波波速分别为

$$v_i(r)=\begin{cases}v_{iq},\ r_{iq}\geqslant r>r_{iq+1}, & q=1,\cdots,Q-1\\ v_{iQ}+g_i(r_{iQ}-r), & r<r_{iQ}\end{cases}\tag{7.4.61}$$

式中，$v_{iq}(q=1,\cdots,Q-1)$ 为莫霍面以上各层中的波速；v_{iQ} 为莫霍面正下方，即上地幔顶部的波速；g_i 为上地幔中的速度梯度。根据 Zhao (1993)和 Zhao 等(1993)的研究，如图 7.4.2 所示，此时 Pn 波的走时可以近似地表示为

$$t_{\mathrm{Pn}}=\sum_{i=1}^{N}d_i s_i+\alpha+\beta+\gamma\tag{7.4.62}$$

式中，d_i 为图 7.4.2 中粗黑线所示的 Pn 波在莫霍面上的两个穿刺点 A、B 之间的大圆路径在第 i 个三角形网格下方的距离；$s_i=1/v_{iQ}$ 为相应网格中莫霍面上的滑行波(首波)的慢度；α和β分别为 Pn 波在台站和源附近地壳中的走时，其中，

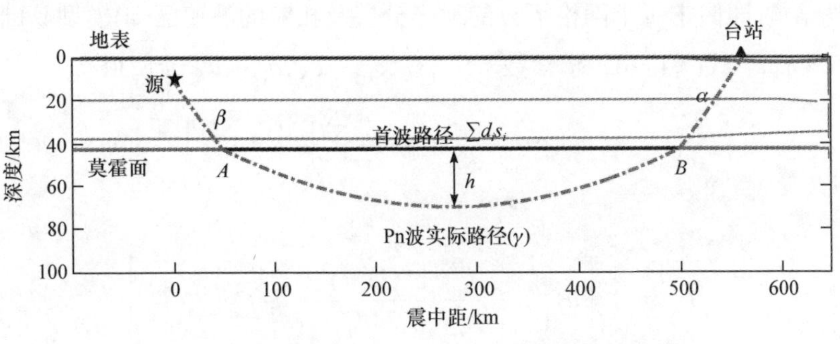

图 7.4.2 RSTT 方法中 Pn 波走时计算方法示意图

$$\alpha=\sum_{q=1}^{Q-1}\frac{l_q^{(r)}}{v_q}=\sum_{q=1}^{Q-1}\left(\sqrt{\frac{r_q^2}{v_q^2}-p^2}-\sqrt{\frac{r_{q+1}^2}{v_q^2}-p^2}\right)\tag{7.4.63}$$

$$\beta=\sum_{q=1}^{Q-1}\frac{l_q^{(s)}}{v_q}=\sum_{k=m+1}^{Q-1}\left(\sqrt{\frac{r_k^2}{v_k^2}-p^2}-\sqrt{\frac{r_{k+1}^2}{v_k^2}-p^2}\right)+\left(\sqrt{\frac{(r_1-h_s)^2}{v_m^2}-p^2}-\sqrt{\frac{r_{m+1}^2}{v_m^2}-p^2}\right) \tag{7.4.64}$$

式中，$l_q^{(r)}$ 和 $l_q^{(s)}$ 分别为 Pn 波在台站或震源侧的第 q 层介质中的实际射线段的长度；$p=r\sin i/v(r)$ 为 Pn 波的射线参数。注意式(7.4.63)和式(7.4.64)中略去了代表网格序号的下标 i，并假定震源深度为 h_s，且 $r_m\geqslant r_1-h_s>r_{m+1}$，即源位于第 m 层中。式(7.4.62)中的γ为修正项，对应于上地幔存在速度梯度时，Pn 波在上地幔中的实际传播路径(如图 7.4.2 中虚线所示)相对于其沿莫霍面滑行时(如图 7.4.2 中粗黑线所示)的走时差。根据 Zhao(1993)和 Zhao 等(1993)的研究，在横向均匀的情况下：

$$\gamma\approx-\frac{c^2D_m^3}{24V_0} \tag{7.4.65}$$

式中，D_m 为 Pn 波在上地幔中通过的，即穿刺点 A、B 之间的水平距离；V_0 为莫霍面正下方，即上地幔最顶部的平均 P 波波速；$c=gs+1/r$，其中 $1/r$ 是地球展平变换修正，而 r 为两个穿刺点之间的平均莫霍面半径。式(7.4.65)在 $ch\ll 1$ 时有效，其中 h 为从莫霍面算起的射线在上地幔中的穿透深度。在横向不均匀的情况下，可以将 γ 不严格地表示为

$$\gamma=-\sum_{i=1}^{N}\frac{d_i}{D_m}\frac{c_i^2D_m^3}{24V_0} \tag{7.4.66}$$

式中，V_0 为上地幔顶部的平均波速；d_i/D_m 为第 i 个网格对应的加权因子。

RSTT 方法的基本思想是利用实际观测到 GT 事件的 Pn 波走时，在先验的区域地壳结构(即假定每个网格下方的地壳分层及相应的波速已知)模型基础上，利用式(7.4.62)～式(7.4.66)，求参数 $s_1,\cdots,s_N,c_1,\cdots c_N,a_1,\cdots a_N$，使得

$$f(s_1,\cdots,s_N,c_1,\cdots c_N,a_1,\cdots a_N)=\sum_{k=1}^{K}\left[t^{(k)}-\hat{t}^{(k)}\right]^2=\min \tag{7.4.67}$$

其中，

$$\hat{t}^{(k)}=\sum_{i=1}^{N}\left[d_i^{(k)}s_i-\frac{d_i^{(k)}}{D_m^{(k)}}\frac{c_i^2(D_m^{(k)})^3}{24V_0}+a_i\sum_{q=1}^{Q-1}l_{iq}^{(k)}/v_{iq}\right] \tag{7.4.68}$$

式(7.4.67)和式(7.4.68)中，$t^{(k)}(k=1,\cdots,K)$ 为第 k 个 Pn 波走时观测数据；$\hat{t}^{(k)}$ 为模型预测数据；$D_m^{(k)}=\sum_{i=1}^{N}d_i^{(k)}$ 为对应传播路径在上地幔中通过的水平距离的大小；

$d_i^{(k)}(i=1,\cdots,N)$ 为相应路径在第 i 个网格中的长度；$l_{iq}^{(k)}(q=1,\cdots,Q-1)$ 为在第 i 个网格第 q 层中的长度；a_i 为 Myers 等(2010)引入的 Pn 波在地壳中传播时的走时整体校正系数，以代替对每一层波速的反演。作为一级近似，实际反演时，$d_i^{(k)}$ 和 $l_{iq}^{(k)}$ 根据先验模型计算。此时，式(7.4.67)可化为线性反演问题，并有

$$\begin{bmatrix} d_1^{(1)} & \cdots & d_N^{(1)} & \dfrac{d_1^{(1)}(D_m^{(1)})^3}{-24V_0D_m^{(1)}} & \cdots & \dfrac{d_N^{(1)}(D_m^{(1)})^3}{-24V_0D_m^{(1)}} & \sum_{q=1}^{Q}\dfrac{l_{1q}^{(1)}}{v_{1q}} & \cdots & \sum_{q=1}^{Q}\dfrac{l_{Nq}^{(1)}}{v_{Nq}} \\ \vdots & & \vdots & \vdots & & \vdots & \vdots & & \vdots \\ d_1^{(K)} & \cdots & d_N^{(K)} & \dfrac{d_1^{(K)}(D_m^{(K)})^3}{-24V_0D_m^{(K)}} & \cdots & \dfrac{d_N^{(K)}(D_m^{(K)})^3}{-24V_0D_m^{(K)}} & \sum_{q=1}^{Q}\dfrac{l_{1q}^{(K)}}{v_{1q}} & \cdots & \sum_{q=1}^{Q}\dfrac{l_{Nq}^{(K)}}{v_{Nq}} \\ & & & & \text{Regularization} & & & & \end{bmatrix}$$

$$\times\begin{bmatrix} s_1 \\ \vdots \\ s_N \\ c_1^2 \\ \vdots \\ c_N^2 \\ a_1 \\ \vdots \\ a_N \end{bmatrix} = \begin{bmatrix} t^{(1)} \\ \vdots \\ t^{(K)} \\ \text{Regularization} \end{bmatrix} \tag{7.4.69}$$

式中，Regularization 为额外用来约束模型参数的正则化方程组。这些正则化方程可由拉普拉斯阻尼方法(Lees et al., 1989)得到。该阻尼方法要求：

$$\boldsymbol{L}y=0 \tag{7.4.70}$$

式中，$\boldsymbol{L}$ 为二维的有限差分拉普拉斯算子；y 为待求解的二维分布的模型参量，这里分别是上地幔慢度 s、梯度 c^2 和地壳慢度整体修正系数 a。需要说明的是，由于 RSTT 方法是通过引入地壳慢度整体修正系数 a，而不是反演具体每一层的慢度大小，因此实际定位时应采用式(7.4.68)来计算理论走时。

Myers 等(2010)利用精准度优于 GT5 的事件来对 RSTT 方法的有效性进行了测试。它们的测试和统计结果表明，由该方法建立的区域性地壳和上地幔模型可以显著降低 Pn 信号走时的系统误差，并明显降低用区域震特别是远区域震 Pn 波来进行定位时的误差和不确定度。在用 16 个 Pn 震相定位的情况下，定位误差的

中位数从 ak135 模型的 17.3km 减小到 9.3km，误差椭圆面积的中位数从 $3070km^2$ 减小到 $994km^2$。

需要强调的是，RSTT 方法将莫霍面以下的地球结构简化为一个具有一定速度梯度的半空间，因此主要适用于区域震和浅源事件理论走时的计算。由于实际定位时可能需要同时利用远震和区域震信号来进行定位，在实际应用时，需要采用针对性的数据处理方法，以保证由 RSTT 方法预测的区域地震信号走时能平滑地过渡到由参考一维地球模型预测的远震信号的走时。此外，RSTT 同样也可以应用于 Sn 波，并在稍加简化和改造之后，应用于 Pg 和 Lg 等区域震相走时的建模和预测。

7.4.5　三维地球模型定位

传统地震监测主要利用一维地球模型来预测地震信号的走时、幅值和其他波形特征。地球本身具有横向不均匀性，一维模型不可避免地具有比较大的理论预测误差并导致较大的定位误差。尽管经验的标定和校正方法可以较好地消除这种误差，但相关方法需要的历史数据并非在任何情况下都存在。至于上面提到的 SSSC 方法和 RSTT 方法，它们都主要适用于区域震的情况。在核爆炸监测和全球地震监测时，常常需要同时利用不同距离上的台站。因此，进一步建立和利用三维地球速度结构模型，特别是全球三维模型，以普遍提高地震定位的精准度十分必要。

三维地球速度结构模型的反演通常利用地震信号走时、面波频散曲线、接收函数、地震信号波形和重力等观测资料中的一种或数种，采用适当的地球模型表征方法和最优化方法，使得相应模型输出的理论预测结果与对应观测资料的偏差最小。三维地球模型反演是一个高度非线性，需要求解的未知参量极为庞大，同时数据分布往往又是极不均匀的复杂问题。由于三维地球模型在了解地球内部结构及演化、地球动力学、地震监测等方面具有重要意义，一直以来是地震学中的一个研究热点，并在长期的研究过程中，发展出了一系列的反演方法和技术。限于篇幅，本书不展开详细的介绍。这里只是强调，因为地震定位主要利用的是信号走时，从提高地震定位精准度的需要，应尽可能选用由或包括地震信号走时反演得出的地球结构模型。

三维地球模型下，地震信号的理论走时不像一维模型下仅依赖于地震的震中距和震源深度，而是与震源和台站的具体位置都有关。在应用三维模型进行定位时，通常采用以下两种不同方法。方法之一在前面 SSSC 方法中已经提到过，即利用一维模型下的初步定位结果，计算三维模型相对于参考一维模型的走时偏差，然后利用校正过后的理论走时按一维模型来进行定位。此类方法适合于三维和一维模型慢度相差不大的情况，如远震和区域震定位的情况。根据 Bondár 等(2014)，远震时，三维模型的理论走时可以通过沿一维模型下的射线路径对慢度积分的方式来计算，三维模型和一维模型之间的理论走时偏差较小，随震源位置的变化也比较缓慢，利用事先计算出的分辨率较低(100～200km)的格点上的修正值来进行插值就可以满足地震定位的要求。区域震时，一般不能再简单地采用一维模型下的射线路径，而应采用三维射线追踪的方法来计算信号的理论走时(Simmons et al., 2012; Zhao et al., 2004)。同时，由于区域震时三维模型修正随震源位置的变化明显比远震时强烈，因此需要更高密度的三维校正网格。另外，在定位时，可能需要反复应用三维模型修正，即利用初始的一维模型定位结果，应用三维走时修正，得到新的定位结果，对新的定位结果再次应用走时修正，得到更进一步的定位结果。如此反复，直到收敛。

三维模型定位的另外一种方法是直接在三维模型的条件下定位。这种方法通常更适合于地方震的情况。此时，不仅需要事先计算一个很密的三维网格下的理论走时，还需要事先计算理论走时对震源位置的偏导数。此外，由于此时的定位问题很可能是高度非线性的，可能更适合采用非线性的全局搜索方法来定位。

目前，国际上已有全球三维地球模型被应用于地震定位(Ballard et al., 2016; Simmons et al., 2012)。在远震和区域震的情况下，这些模型对提高地震定位精准度的作用非常明显。例如，Myers 等(2015)利用 LLNL-G3Dv3 三维地球模型对 116 个 GT5 及更高精准度地震事件的定位结果表明(图 7.4.3)，当方位角间隙小于 120º 且参与定位的 P 波(远震)或 Pn 波(区域震)数目大于 40 个时，远震时定位误差中位数从 ak135 模型的 10km 下降到 LLNL-G3Dv3 模型的 5.5km，区域震时定位误差的中位数更是从前者的 12km 下降到后者的 4km。

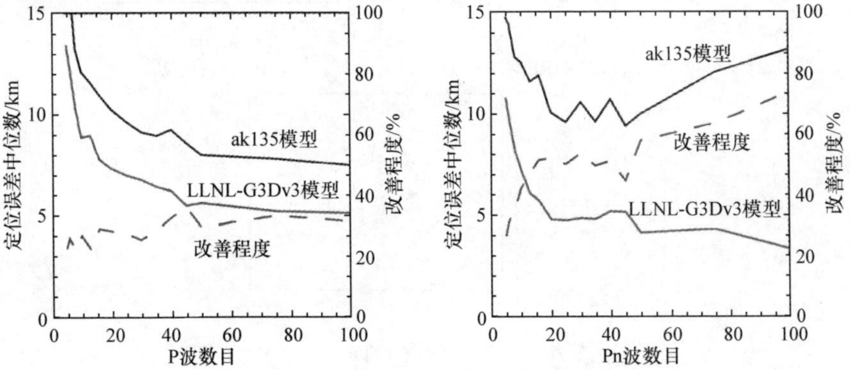

图 7.4.3　LLNL-G3Dv3 三维地球模型与 ak135 模型对 GT 事件的定位误差比较(Myers et al., 2015)

7.5　相对定位技术

以上各节介绍的都是单次地震事件的定位方法。在一维地球模型和 IMS 这样的全球稀疏台网的情况下，对 m_b 为 4.5 以上的地震，单次定位方法的不确定度一般在 10km 量级，而对 m_b 为 3.5 以下的低震级事件，由于实际能够记录到信号的台站很少，定位不确定度会更高，甚至超过 100km。

根据 7.2 节中的定位误差理论，地震定位误差由信号到时等定位资料的随机测量误差和系统模型误差引起。7.4 节介绍了降低模型误差的各种方法。这些方法的共同点是设法提高预测地震信号走时的准确性，进而提高地震定位的精准度。本节将要介绍的相对定位技术则是从另外一个角度来解决问题。它针对位置相邻的多个地震事件，利用同一台站上不同事件之间的信号到时差来求解事件之间的相对位置。由于系统的地球模型误差会在这种信号到时差中被自动抵消，而且信号相对到时差的测量精度一般远高于绝对到时的测量精度，使得相对地震定位的精度远高于一般绝对定位的精度(图 7.5.1)，在典型的全球台网的情况下，能达到 0.1～1km(Myers et al.，2018；Gibbons et al.，2017；潘常周等，2014)。在以这样的精度求解出事件之间的相对位置后，当其中任何一次事件的绝对位置准确已知时，余下其他事件的绝对位置也就能被精准确定。

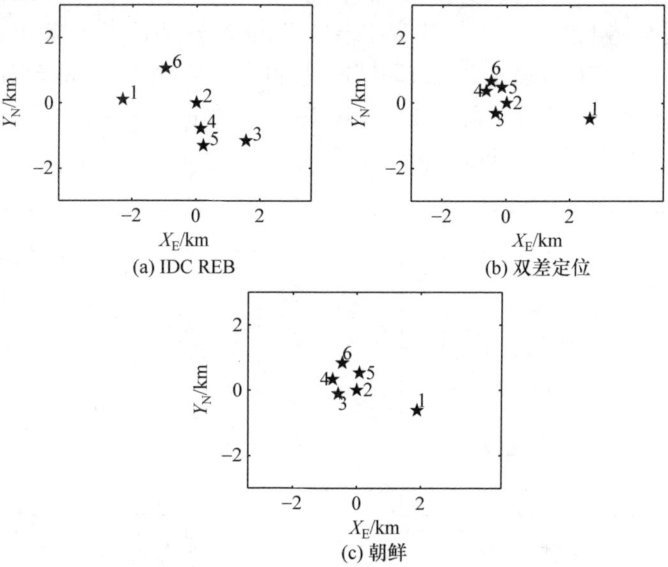

图 7.5.1　朝鲜 6 次核试验单次定位结果与相对定位结果比较

(a) 根据 IDC REB 得到的 6 次试验的相对位置；(b)由双差定位方法得到的 6 次试验的相对位置；(c)根据朝鲜官方 2018 年 5 月 24 日拆除风溪里核试验场时现场公布的 6 次试验位置示意图推算的相对位置。图中可见相对定位得到的相对位置与朝鲜官方公布的结果基本一致，而单次定位结果很难正确反映各次事件的相对位置鉴于地震相对定位技术具有远超普通单次定位方法的精准度，使它在天然地震和核爆炸地震监测中都具有极为重要的应用价值。本节首先介绍其中的主事件定位方法(Fisk, 2002；Evernden, 1969b)，其次分别介绍双差(double difference, DD)定位(Waldhauser et al., 2000)与联合震源定位(JHD)(Pujol, 1988；Pavlis et al., 1983；Jordan et al., 1981; Douglas, 1967)这两种更为一般的相对定位技术，最后介绍一种可综合 DD 和 JHD 二者各自优势的多事件混合定位技术。

7.5.1 主事件定位

假定位置相邻的 K 个事件 $E_1, E_2, \cdots, E_K$。记 E_i 在第 n 个台站 $\boldsymbol{x}_n$ 上的 P 波信号到时为 $t_n^{(i)}$，则对其中的任意两次事件，它们的信号到时差可以表示为

$$\Delta t_n^{(i,j)} = t_n^{(i)} - t_n^{(j)} = [\hat{t}_n(\boldsymbol{x}^{(i)}) + \zeta_n^{(i)}] - [\hat{t}_n(\boldsymbol{x}^{(j)}) + \zeta_n^{(j)}] + e_n^{(i,j)} \tag{7.5.1}$$

式中，$\boldsymbol{x}^{(i)} = (t_o^{(i)}, \boldsymbol{\xi}^{(i)})^{\mathrm{T}}$ 为由 E_i 的发震时间和震源位置构成的模型参数向量；$\hat{t}_n(\boldsymbol{x}) = t_o + \hat{T}(\boldsymbol{\xi}, \boldsymbol{x}_n)$ 为第 n 个台站上的理论到时；ζ_n 为相应的模型误差；$e_n^{(i,j)}$ 为 $\Delta t_n^{(i,j)}$ 的测量误差。需要说明的是，虽然 $\Delta t_n^{(i,j)}$ 可由 $t_n^{(i)}$ 、$t_n^{(j)}$ 之间的差间接得到，但更好的方法是对其进行直接测量。其中，对位置相近、震源机制相似的两次事件，它们在同一台站上的到时差可以通过波形互相关的方法来进行测量。测量精度虽然根据信号频率和信号相似性的不同会有所变化，但通常要比绝对到时的拾取精度高出 1 个量级以上。当两次事件的波形不相似时，则可以通过震相对齐的方法来直接测量两次事件的到时差，其精度一般也显著高于用间接方法，即由各自的绝对到时相减所对应的精度。

式(7.5.1)可以被简化为

$$\Delta t_n^{(i,j)} = \hat{t}_n(\boldsymbol{x}^{(i)}) - \hat{t}_n(\boldsymbol{x}^{(j)}) + \varepsilon_n^{(i,j)} \tag{7.5.2}$$

或写成向量的形式，有

$$\Delta \boldsymbol{t}^{(i,j)} = \hat{\boldsymbol{t}}(\boldsymbol{x}^{(i)}) - \hat{\boldsymbol{t}}(\boldsymbol{x}^{(j)}) + \boldsymbol{\varepsilon}^{(i,j)} \tag{7.5.3}$$

其中，

$$\varepsilon_n^{(i,j)} = e_n^{(i,j)} + (\zeta_n^{(i)} - \zeta_n^{(j)}) \tag{7.5.4}$$

当 $\boldsymbol{x}^{(i)}$ 和 $\boldsymbol{x}^{(j)}$ 之间的位置非常接近，且走时的模型误差随震源位置的变化非常缓慢时，$\zeta_n^{(i)} \approx \zeta_n^{(j)}$，即二者基本上相互抵消。

主事件定位时，从 $E_1, E_2, \cdots, E_S$ 中挑选一次事件作为主事件(如 E_1)，记其绝对信号到时为 $t_n^{(1)}$，假定已知其震源参数 $\tilde{\boldsymbol{x}}^{(1)}$，计算相应的到时残差 $r_n^{(1)} = t_n^{(1)} - \hat{t}_n(\tilde{\boldsymbol{x}}^{(1)})$。然后用 $t_n^{(i)(c)} = t_n^{(1)} + \Delta t_n^{(i,1)} - r_n^{(1)}$ 作为 E_i 的绝对到时，通过单次定位方法得

到定位结果 $\hat{\boldsymbol{x}}^{(i)}$，以及它们与主事件的相对位置 $\Delta\hat{\boldsymbol{x}}^{(i,1)}=\hat{\boldsymbol{x}}^{(i)}-\tilde{\boldsymbol{x}}^{(1)}$。

按照上述方法，实际用于定位 E_i 的到时资料为

$$\boldsymbol{t}^{(i)(c)}=\boldsymbol{t}^{(1)}+\Delta\boldsymbol{t}^{(i,1)}-\boldsymbol{r}^{(1)}=\hat{\boldsymbol{t}}(\tilde{\boldsymbol{x}}^{(1)})+\Delta\boldsymbol{t}^{(i,1)}=\hat{\boldsymbol{t}}(\hat{\boldsymbol{x}}^{(i)})+\boldsymbol{r}^{(i)} \tag{7.5.5}$$

式中，$\boldsymbol{r}^{(i)}$ 为将 $t_n^{(i)(c)}$ 作为 E_i 的绝对到时来进行定位时的到时残差。将式(7.5.2)代入式(7.5.5)，有

$$\hat{\boldsymbol{t}}(\tilde{\boldsymbol{x}}^{(1)})+\hat{\boldsymbol{t}}(\boldsymbol{x}^{(i)})-\hat{\boldsymbol{t}}(\boldsymbol{x}^{(1)})+\boldsymbol{\varepsilon}^{(i,1)}=\hat{\boldsymbol{t}}(\hat{\boldsymbol{x}}^{(i)})+\boldsymbol{r}^{(i)} \tag{7.5.6}$$

当主事件的震源参数精确已知时(如有记录的人工爆炸的情况)，$\boldsymbol{x}^{(1)}=\tilde{\boldsymbol{x}}^{(1)}$，此时

$$\hat{\boldsymbol{t}}(\boldsymbol{x}^{(i)})-\hat{\boldsymbol{t}}(\hat{\boldsymbol{x}}^{(i)})=-\boldsymbol{\varepsilon}^{(i,1)}+\boldsymbol{r}^{(i)} \tag{7.5.7}$$

将 $\hat{\boldsymbol{t}}(\boldsymbol{x}^{(i)})$ 在 $\hat{\boldsymbol{x}}^{(i)}$ 进行泰勒展开，忽略二次以上的高次项，则

$$\boldsymbol{G}(\boldsymbol{x}^{(i)}-\hat{\boldsymbol{x}}^{(i)})=-\boldsymbol{\varepsilon}^{(i,1)}+\boldsymbol{r}^{(i)} \tag{7.5.8}$$

式中，$\boldsymbol{G}=\left.\dfrac{\partial\hat{\boldsymbol{t}}}{\partial\boldsymbol{x}}\right|_{\boldsymbol{x}=\hat{\boldsymbol{x}}^{(i)}}$。假定单次定位时采用的资料的协方差矩阵 $\boldsymbol{C}_d^{-1}=\boldsymbol{W}^{\mathrm{T}}\boldsymbol{W}$，由于 $\boldsymbol{A}^{+}(\boldsymbol{W}\boldsymbol{r}^{(i)})=0$，其中 $\boldsymbol{A}^{+}=(\boldsymbol{A}^{\mathrm{T}}\boldsymbol{A})^{-1}\boldsymbol{A}^{\mathrm{T}}$，$\boldsymbol{A}=\boldsymbol{W}\boldsymbol{G}$，则式(7.5.7)给出：

$$\boldsymbol{x}^{(i)}-\hat{\boldsymbol{x}}^{(i)}=-\boldsymbol{A}^{+}\boldsymbol{W}\boldsymbol{\varepsilon}^{(i,1)} \tag{7.5.9}$$

可以看到，式(7.5.9)和式(7.2.29)具有完全一样的形式，但因为此时 $\boldsymbol{\varepsilon}^{(i,1)}$ 中的模型误差已相互抵消，且信号相对到时的测量误差一般远小于绝对到时的测量误差，所以在主事件的位置已知时，上述方法可以非常精确地确定相邻其他事件的绝对位置。

当主事件位置并不准确时，将 $\hat{\boldsymbol{t}}(\boldsymbol{x}^{(i)})$、$\hat{\boldsymbol{t}}(\boldsymbol{x}^{(1)})$、$\hat{\boldsymbol{t}}(\tilde{\boldsymbol{x}}^{(1)})$ 都在 $\hat{\boldsymbol{x}}^{(i)}$ 处进行泰勒展开，经简单运算，有

$$(\hat{\boldsymbol{x}}^{(i)}-\tilde{\boldsymbol{x}}^{(1)})-(\boldsymbol{x}^{(i)}-\boldsymbol{x}^{(1)})=-\boldsymbol{A}^{+}\boldsymbol{W}\boldsymbol{\varepsilon}^{(i,1)} \tag{7.5.10}$$

即 E_i 和主事件之间的相对位置误差依然只和相对到时的测量误差有关，而与模型误差及主事件的绝对到时测量误差无关。

按式(7.5.10)，由主事件定位得到的相对位置误差似乎和采用的主事件位置无关。这是因为前面假定泰勒展开中的高次项是可以忽略的。显然，当实际采用的主事件位置明显偏离其真实位置时，这一假设将不再成立。

7.5.2 双差定位

双差定位的出发点仍是式(7.5.1)。此时，假定通过单次定位方法已知各次事件的大致位置 $\boldsymbol{x}_0^{(i)}$，$i=0,1,\cdots,N$。将 $\hat{\boldsymbol{t}}(\boldsymbol{x}^{(i)})$ 对 $\boldsymbol{x}_0^{(i)}$ 展开，记 $\Delta\boldsymbol{x}^{(i)}=\boldsymbol{x}^{(i)}-\boldsymbol{x}_0^{(i)}$，忽

略泰勒展开的高次项，应有

$$\Delta \boldsymbol{t}^{(i,j)} = \hat{\boldsymbol{t}}(\boldsymbol{x}^{(i)}) - \hat{\boldsymbol{t}}(\boldsymbol{x}^{(j)}) + \boldsymbol{\varepsilon}^{(i,j)} \approx [\hat{\boldsymbol{t}}(\boldsymbol{x}_0^{(i)}) + \boldsymbol{G}^{(i,j)}\Delta \boldsymbol{x}^{(i)}] - [\hat{\boldsymbol{t}}(\boldsymbol{x}_0^{(j)}) + \boldsymbol{G}^{(j,i)}\Delta \boldsymbol{x}^{(j)}] + \boldsymbol{\varepsilon}^{(i,j)}$$

式中，

$$\boldsymbol{G}^{(i,j)} = \left.\frac{\partial \hat{\boldsymbol{t}}^{(i,j)}}{\partial \boldsymbol{x}}\right|_{\boldsymbol{x}=\boldsymbol{x}_0^{(i)}}, \quad \boldsymbol{G}^{(j,i)} = \left.\frac{\partial \hat{\boldsymbol{t}}^{(j,i)}}{\partial \boldsymbol{x}}\right|_{\boldsymbol{x}=\boldsymbol{x}_0^{(j)}} \tag{7.5.11}$$

式中，$\hat{\boldsymbol{t}}^{(i,j)}$ 为 E_i 在其与 E_j 的共同台站上的理论到时。定义两次事件实际到时差与理论到时差之间的差①所对应的列向量为

$$\boldsymbol{r}^{(i,j)} = \Delta \boldsymbol{t}^{(i,j)} - [\hat{\boldsymbol{t}}(\boldsymbol{x}_0^{(i)}) - \hat{\boldsymbol{t}}(\boldsymbol{x}_0^{(j)})] \tag{7.5.12}$$

则

$$\boldsymbol{r}^{(i,j)} = \boldsymbol{G}^{(i,j)}\Delta \boldsymbol{x}^{(i)} - \boldsymbol{G}^{(j,i)}\Delta \boldsymbol{x}^{(j)} + \boldsymbol{\varepsilon}^{(i,j)} \tag{7.5.13}$$

式(7.5.13)需要引入其他约束条件才能求解。为此可令

$$\sum \Delta \boldsymbol{x}^{(i)} = \boldsymbol{0} \tag{7.5.14}$$

即要求双差定位前后所有事件的发震时间和震源位置的均值保持不变。

将 $\boldsymbol{x}^{(i)}$ 、$\Delta \boldsymbol{x}^{(i)}$ 、$\boldsymbol{r}^{(i,j)}$ 、$\boldsymbol{\varepsilon}^{(i,j)}$ 和 $\boldsymbol{G}^{(i,j)}$ 集成为如下形式：

$$\boldsymbol{X} = \begin{pmatrix} \boldsymbol{x}^{(1)} \\ \boldsymbol{x}^{(2)} \\ \vdots \\ \boldsymbol{x}^{(K)} \end{pmatrix}, \quad \Delta \boldsymbol{X} = \begin{pmatrix} \Delta \boldsymbol{x}^{(1)} \\ \Delta \boldsymbol{x}^{(2)} \\ \vdots \\ \Delta \boldsymbol{x}^{(K)} \end{pmatrix}, \quad \boldsymbol{R} = \begin{pmatrix} \boldsymbol{r}^{(1,2)} \\ \boldsymbol{r}^{(1,3)} \\ \vdots \\ \boldsymbol{r}^{(K-1,K)} \end{pmatrix}, \quad \boldsymbol{E} = \begin{pmatrix} \boldsymbol{\varepsilon}^{(1,2)} \\ \boldsymbol{\varepsilon}^{(1,3)} \\ \vdots \\ \boldsymbol{\varepsilon}^{(K-1,K)} \end{pmatrix} \tag{7.5.15a}$$

$$\boldsymbol{G} = \begin{pmatrix} \boldsymbol{G}^{(1,2)} & -\boldsymbol{G}^{(2,1)} & 0 & \cdots & 0 & 0 \\ \boldsymbol{G}^{(1,3)} & 0 & -\boldsymbol{G}^{(3,1)} & 0 & \cdots & 0 \\ \vdots & \vdots & \vdots & \vdots & \vdots & \vdots \\ 0 & \cdots & \cdots & 0 & \boldsymbol{G}^{(K-1,K)} & -\boldsymbol{G}^{(K,K-1)} \end{pmatrix} \tag{7.5.15b}$$

式(7.5.13)可以表示为

$$\boldsymbol{R} = \boldsymbol{G}\Delta \boldsymbol{X} + \boldsymbol{E} \tag{7.5.16}$$

在约束式(7.5.14)下，$\Delta \boldsymbol{X}$ 可由以下线性方程求出：

---

① 此为“双差”一词的由来。

$$\begin{pmatrix} \boldsymbol{G} \\ \lambda \boldsymbol{H}^{\mathrm{T}} \end{pmatrix} \Delta \boldsymbol{X} = \begin{pmatrix} \boldsymbol{R} \\ \boldsymbol{0} \end{pmatrix} \tag{7.5.17}$$

式中，λ 为阻尼因子；

$$\boldsymbol{H} = \begin{pmatrix} \boldsymbol{I}^{(M)} \\ \boldsymbol{I}^{(M)} \\ \vdots \\ \boldsymbol{I}^{(M)} \end{pmatrix} \tag{7.5.18}$$

为 K 个 $\boldsymbol{I}^{(M)}$ 叠拼在一起的矩阵，$\boldsymbol{I}^{(M)}$ 为 $M \times M$ 维的单位矩阵，M 为每个事件需求解的震源参数的数目。令

$$\boldsymbol{A} = \begin{pmatrix} \boldsymbol{G} \\ \lambda \boldsymbol{H}^{\mathrm{T}} \end{pmatrix}, \quad \boldsymbol{Y} = \begin{pmatrix} \boldsymbol{R} \\ \boldsymbol{0} \end{pmatrix} \tag{7.5.19}$$

则

$$\Delta \boldsymbol{X} = \boldsymbol{A}^{+} \boldsymbol{Y} \tag{7.5.20}$$

式中，$\boldsymbol{A}^{+} = (\boldsymbol{A}^{\mathrm{T}} \boldsymbol{A})^{-1} \boldsymbol{A}^{\mathrm{T}}$。用 $\Delta \boldsymbol{X}$ 来修正 $\boldsymbol{X}$ 的初值，然后用修正后的 $\boldsymbol{X}$ 作为新的震源参数的估值，重复以上步骤反复迭代，直到 $\|\Delta \boldsymbol{X}\|^2$ 小于事先确定的某个极小量时，$\hat{\boldsymbol{x}}^{(i)}$ 之间的相对位置就是求解各次事件之间的相对位置。同单次定位一样，当不同的相对到时测量精度不一样时，可先用一对角加权矩阵 $\boldsymbol{W}$ 来对资料进行归一化，即分别用 $\tilde{\boldsymbol{G}} = \boldsymbol{W}\boldsymbol{G}$，$\tilde{\boldsymbol{R}} = \boldsymbol{W}\boldsymbol{R}$ 来代替 $\boldsymbol{G}$、$\boldsymbol{R}$，得到：

$$\begin{pmatrix} \boldsymbol{W}\boldsymbol{G} \\ \lambda \boldsymbol{H}^{\mathrm{T}} \end{pmatrix} \Delta \boldsymbol{X} = \begin{pmatrix} \boldsymbol{W}\boldsymbol{R} \\ \boldsymbol{0} \end{pmatrix} \tag{7.5.21}$$

令 $\tilde{\boldsymbol{A}} = \begin{pmatrix} \boldsymbol{W}\boldsymbol{G} \\ \lambda \boldsymbol{H}^{\mathrm{T}} \end{pmatrix}$，$\tilde{\boldsymbol{Y}} = \begin{pmatrix} \boldsymbol{W}\boldsymbol{R} \\ \boldsymbol{0} \end{pmatrix}$，则

$$\Delta \boldsymbol{X} = \tilde{\boldsymbol{A}}^{+} \tilde{\boldsymbol{Y}} \tag{7.5.22}$$

容易证明双差定位的误差满足关系 $(\tilde{\boldsymbol{G}}^{\mathrm{T}} \tilde{\boldsymbol{G}}) \Delta \boldsymbol{X} = \tilde{\boldsymbol{G}}^{\mathrm{T}} (\boldsymbol{W}\boldsymbol{E})$。假定质心位置的误差对各次事件之间的相对位置误差的影响可以忽略，则可以继续结合式(7.5.14)的约束条件来对相对位置的不确定度进行分析。不过，在实际应用时，更多的是采用随机抽样的方法来进行模拟(潘常周等，2014；Waldhauser et al., 2000)。

7.5.3　JHD 方法

JHD 是联合震源定位的简称，它是针对多次相邻地震事件的绝对定位技术。JHD

经常也称为 JED(joint epicenter determination)，即联合震中定位。二者的原理和算法完全相同，唯一的区别是 JED 时各次事件的震源深度是被固定的(通常为 0)，而 JHD 时则需要将震源深度联同事件的发震时间和震中位置一起求解。该方法的基本原理由 Douglas 于 1967 年提出，Jordan 等(1981)、Pavlis 等(1983)、Pujol (1988)先后对其具体算法做了改进和完善。

与双差定位不同，JHD/JED 方法采用的是各次事件的绝对信号到时，且在反演过程中除了确定各次事件的位置以外，要同时确定从源到各台站的走时模型误差或者台站校正值。

为简单起见，考虑仅采用 P 波到时的情况。其他情况可以简单类推。假设 K 个事件 $E_1,E_2,\cdots,E_K$ 和 N 个台站 $S_1,S_2,\cdots,S_N$。对第 j 个事件 E_j，记其初始位置为 $\boldsymbol{x}_0^{(j)}$，它在第 i 个台站上的实际和理论到时分别为 $t_i^{(j)}$ 和 $\hat{t}_i(\boldsymbol{x}_0^{(j)})$，则相应的到时残差为

$$r_i^{(j)}=t_i^{(j)}-\hat{t}_i(\boldsymbol{x}_0^{(j)})=\frac{\partial\hat{t}_i\,(\boldsymbol{x}_0^{(j)})}{\partial\boldsymbol{x}}\Delta\boldsymbol{x}^{(j)}+\zeta_i+e_i^{(j)} \tag{7.5.23}$$

式中，$e_i^{(j)}$ 为到时测量误差；ζ_i 为台站校正值，即走时的模型误差。

由于数据可用性和信号较弱等方面的原因，E_j 可能仅在 $\boldsymbol{S}=\{S_i,i=1,\cdots,N\}$ 中的部分台站上观测到信号。记它们在 $\boldsymbol{S}$ 中的序号为 $i_1^{(j)},i_2^{(j)},\cdots,i_{N_j}^{(j)}$，其中 N_j 为相应情况下观测到信号的台站数。为方便起见，分别记 $\boldsymbol{D}^{(j)}=\{i_1^{(j)},i_2^{(j)},\cdots,i_{N_j}^{(j)}\}$，$\boldsymbol{S}^{(j)}=\{S_i,i\in\boldsymbol{D}^{(j)}\}$。定义 $N_j\times N$ 维的台站抽样矩阵 $\boldsymbol{B}^{(j)}=[b_{kl}^{(j)}]$，其中，

$$b_{kl}^{(j)}=\begin{cases}1, & l=i_k^{(j)}\\ 0, & l\neq i_k^{(j)}\end{cases} \tag{7.5.24}$$

例如，假定总共 6 个台站(N=6)，$\boldsymbol{D}^{(j)}=\{1,3,4,6\}$，即第 j 个事件的记录台站为 $\boldsymbol{S}^{(j)}=\{S_1,S_3,S_4,S_6\}$，则

$$\boldsymbol{B}^{(j)}=\begin{bmatrix}1&0&0&0&0&0\\0&0&1&0&0&0\\0&0&0&1&0&0\\0&0&0&0&0&1\end{bmatrix}$$

利用上述抽样矩阵，可将式(7.5.23)写为

$$\boldsymbol{r}^{(j)}=\boldsymbol{G}^{(j)}\Delta\boldsymbol{x}^{(j)}+\boldsymbol{B}^{(j)}\boldsymbol{Z}\ +\boldsymbol{e}^{(j)} \tag{7.5.25}$$

式中，$\boldsymbol{r}^{(j)}$为由$\boldsymbol{S}_j$中的台站到时残差构成的列向量；$\boldsymbol{e}^{(j)}$为相应的测量误差向量；$\boldsymbol{Z}=(\zeta_1,\zeta_2,\cdots,\zeta_N)^{\mathrm{T}}$；$\boldsymbol{G}^{(j)}$为相应台站上的理论到时在$\boldsymbol{x}_0^{(j)}$处的$N_j\times M$维偏导数矩阵，其中$M$为每个事件待确定的震源参数的数目。不固定深度，即JHD时M=4；固定深度，即JED时M=3。

类似于双差定位时的情况，记

$$\boldsymbol{X}=\begin{pmatrix}\boldsymbol{x}^{(0)}\\ \boldsymbol{x}^{(1)}\\ \vdots\\ \boldsymbol{x}^{(K)}\end{pmatrix},\quad \Delta\boldsymbol{X}=\begin{pmatrix}\Delta\boldsymbol{x}^{(0)}\\ \Delta\boldsymbol{x}^{(1)}\\ \vdots\\ \Delta\boldsymbol{x}^{(K)}\end{pmatrix},\quad \boldsymbol{R}=\begin{pmatrix}\boldsymbol{r}^{(1)}\\ \boldsymbol{r}^{(2)}\\ \vdots\\ \boldsymbol{r}^{(K)}\end{pmatrix},\quad \boldsymbol{E}=\begin{pmatrix}\boldsymbol{e}^{(1)}\\ \boldsymbol{e}^{(2)}\\ \vdots\\ \boldsymbol{e}^{(K)}\end{pmatrix},\quad \boldsymbol{B}=\begin{pmatrix}\boldsymbol{B}^{(1)}\\ \boldsymbol{B}^{(2)}\\ \vdots\\ \boldsymbol{B}^{(K)}\end{pmatrix} \tag{7.5.26a}$$

$$\boldsymbol{G}=\begin{pmatrix}\boldsymbol{G}^{(1)} & 0 & \cdots & 0\\ 0 & \boldsymbol{G}^{(2)} & \cdots & 0\\ \vdots & \vdots & & \vdots\\ 0 & 0 & \cdots & \boldsymbol{G}^{(K)}\end{pmatrix} \tag{7.5.26b}$$

式中，$\boldsymbol{X}$和$\Delta\boldsymbol{X}$为$M_T=KM$维的列向量；$\boldsymbol{R}$和$\boldsymbol{E}$为$N_T=\sum_{j=1}^{K}N_j$维的列向量；$\boldsymbol{B}$为$N_T\times N$维的矩阵；$\boldsymbol{G}$为$N_T\times M_T$维的矩阵。利用上述集成向量和矩阵，可以将式(7.5.23)统一表示为

$$\boldsymbol{R}=\boldsymbol{G}\Delta\boldsymbol{X}+\boldsymbol{B}\boldsymbol{Z}+\boldsymbol{E} \tag{7.5.27}$$

该式和单次事件时的结果，即式(7.2.11b)具有相同的形式。记

$$\boldsymbol{C}_E=<\boldsymbol{E}^{\mathrm{T}}\boldsymbol{E}> \tag{7.5.28}$$

为简单起见，假定不同事件和不同台站情况下到时的测量误差是相互独立的，则$\boldsymbol{C}_E$为对角矩阵且对角线上的元素为各个观测量的方差。求$\Delta\boldsymbol{X}$、$\boldsymbol{Z}$，使得

$$[\boldsymbol{R}-(\boldsymbol{G}\Delta\boldsymbol{X}+\boldsymbol{B}\boldsymbol{Z})]^{\mathrm{T}}\boldsymbol{C}_E^{-1}[\boldsymbol{R}-(\boldsymbol{G}\Delta\boldsymbol{X}+\boldsymbol{B}\boldsymbol{Z})]=\min \tag{7.5.29}$$

令$\boldsymbol{C}_E^{-1}=\boldsymbol{W}^{\mathrm{T}}\boldsymbol{W}$，可以得到：

$$\begin{pmatrix}\boldsymbol{W}\boldsymbol{G} & \boldsymbol{W}\boldsymbol{B}\end{pmatrix}\begin{pmatrix}\Delta\boldsymbol{X}\\ \boldsymbol{Z}\end{pmatrix}=\boldsymbol{W}\boldsymbol{R} \tag{7.5.30}$$

到了这一步，似乎可以和单次事件定位一样，利用式(7.5.30)来迭代求解。但是，由于各个台站上的台站校正项和各次事件的发震时间之间的折中，式(7.5.30)是欠定的。例如，为所有的台站校正项增加1s，同时从所有事件的发震时间中减去1s，并不会影响式(7.5.27)等号左边的函数值(Herrmann et al., 1981)。因此，要

求解上述方程，还需要引进额外的约束。一种方法是固定其中一次事件的震源参数，这相当于主事件定位；另外一种方法则是固定其中某个台站上的台站校正为0，或是假定所有台站校正的均值为0。除了需要引入额外的约束以外，当需要同时定位很多事件时，需要的计算量和内存可能也会构成问题。为此，Jordan等(1981)将所有事件的位置分解为它们的质心位置矢量和相对于质心的相对位置矢量，在此基础上利用两个投影算子，将定位的每一步迭代分解为先确定相对位置矢量，再确定质心位置和台站校正两个相互独立的步骤。与此相对照，Pavlis 等(1983)和Pujol(1988)则采用了另外一种投影方法，先计算出台站校正值，然后利用得到的台站校正值确定各次事件的位置。

先根据Pujol(1988)简要介绍后一种方法的基本原理。通过矩阵的Lanczos分解[参见附录7.1 和徐果明(2003)]，式(7.5.25)中，矩阵$\boldsymbol{G}^{(j)}$ ($N_j \times M$维)可以被分解为

$$\boldsymbol{G}^{(j)} = \boldsymbol{U}_j \boldsymbol{\Lambda}_j \boldsymbol{V}_j^{\mathrm{T}} = \boldsymbol{U}_{jp} \boldsymbol{\Lambda}_{jp} \boldsymbol{V}_{jp}^{\mathrm{T}} \tag{7.5.31}$$

式中，

$$\boldsymbol{\Lambda}_j = \begin{pmatrix} \boldsymbol{\Lambda}_p & \boldsymbol{0} \\ \boldsymbol{0} & \boldsymbol{0} \end{pmatrix} \tag{7.5.32}$$

为$N_j \times M$维矩阵(注意不是方阵)；$\boldsymbol{\Lambda}_{jp} = \mathrm{diag}\{\lambda_1^2, \lambda_2^2, \cdots, \lambda_p^2\}$，其中$\lambda_1^2, \lambda_2^2, \cdots, \lambda_p^2$为矩阵$(\boldsymbol{G}^{(j)})^{\mathrm{T}} \boldsymbol{G}^{(j)}$，同时也是$\boldsymbol{G}^{(j)} (\boldsymbol{G}^{(j)})^{\mathrm{T}}$的$p$个非零本征值；$\boldsymbol{U}_j = [\boldsymbol{U}_{jp}\ \boldsymbol{U}_{jo}]$为由$\boldsymbol{G}^{(j)} (\boldsymbol{G}^{(j)})^{\mathrm{T}}$的归一化本征向量构成的$N_j \times N_j$维正交矩阵，其中$\boldsymbol{U}_{jp}$为$N_j \times p$维矩阵，其列向量对应于$\boldsymbol{G}^{(j)} (\boldsymbol{G}^{(j)})^{\mathrm{T}}$的$p$个非零本征值，$\boldsymbol{U}_{jo}$为$N_j \times (N_j - p)$维矩阵，其列向量对应于$\boldsymbol{G}^{(j)} (\boldsymbol{G}^{(j)})^{\mathrm{T}}$的$N_j - p$个零本征值。类似地，$\boldsymbol{V}_j = [\boldsymbol{V}_{jp}\ \boldsymbol{V}_{jo}]$为$(\boldsymbol{G}^{(j)})^{\mathrm{T}} \boldsymbol{G}^{(j)}$的归一化本征向量构成的$M \times M$维正交矩阵，$\boldsymbol{V}_{jp}$和$\boldsymbol{V}_{jo}$分别对应于它的$p$个非零本征值和另外$M$–$p$个零本征值。对于能够单独定位的事件，应有$p = M$、$\boldsymbol{V}_j = \boldsymbol{V}_{jp}$和$\boldsymbol{\Lambda}_j = \left(\boldsymbol{\Lambda}_{jp} \quad 0\right)^{\mathrm{T}}$。

根据矩阵本征向量的性质有①$\boldsymbol{U}_j \boldsymbol{U}_j^{\mathrm{T}} = \boldsymbol{U}_j^{\mathrm{T}} \boldsymbol{U}_j = \boldsymbol{I}^{(N_j)}$；②$\boldsymbol{U}_{jo}^{\mathrm{T}} \boldsymbol{U}_{jp} = \boldsymbol{0}$；③$\boldsymbol{U}_{jp}^{\mathrm{T}} \boldsymbol{U}_{jp} = \boldsymbol{I}^{(p)}$，$\boldsymbol{U}_{jo}^{\mathrm{T}} \boldsymbol{U}_{jo} = \boldsymbol{I}^{(N_j - p)}$。利用上述性质，用$\boldsymbol{U}_{jo}^{\mathrm{T}}$同时乘以式(7.5.25)的左右两边，忽略测量误差项，得到：

$$\boldsymbol{U}_{jo}^{\mathrm{T}} \boldsymbol{B}^{(j)} \boldsymbol{Z} = \boldsymbol{U}_{jo}^{\mathrm{T}} \boldsymbol{r}^{(j)} \tag{7.5.33}$$

对全部K个事件，式(7.5.33)可统一表示为

$$\boldsymbol{QZ} = \boldsymbol{R}_o \tag{7.5.34}$$

其中，

$$\boldsymbol{Q} = \begin{pmatrix} \boldsymbol{U}_{1o}^{\mathrm{T}}\boldsymbol{B}^{(1)} \\ \vdots \\ \boldsymbol{U}_{Ko}^{\mathrm{T}}\boldsymbol{B}^{(K)} \end{pmatrix}, \quad \boldsymbol{R}_o = \begin{pmatrix} \boldsymbol{U}_{1o}^{\mathrm{T}}\boldsymbol{r}^{(1)} \\ \vdots \\ \boldsymbol{U}_{Ko}^{\mathrm{T}}\boldsymbol{r}^{(K)} \end{pmatrix} \tag{7.5.35}$$

由式(7.5.34)可以得到各台站上的走时校正为

$$\boldsymbol{Z} = \boldsymbol{Q}^{+}\boldsymbol{R}_o \tag{7.5.36}$$

之后将其代入式(7.5.25)，对相关台站上的信号到时进行校正，再采用单次定位方法，就可以得到关于 E_j 震源参数的校正量。重复上述步骤，直到相邻两次迭代之间台站校正的变化很小，即 $\|\boldsymbol{Z}_{n+1} - \boldsymbol{Z}_n\|^2$ 小于事先指定的极小量。

与上述方法不同，Jordan 等(1981)给出了 JHD 的另外一种投影分解算法。该方法的基本思路是将各个事件的绝对位置分解为它们的质心位置矢量和相对于质心的相对位置矢量来进行求解。为此，假定所有事件分布在足够小的一个区域范围内，使得能够选取同一个震源参考值 $\boldsymbol{x}_0$ 来将地震信号的理论到时做泰勒展开，即

$$\hat{t}_i(\boldsymbol{x}^{(j)}) \approx \hat{t}_i(\boldsymbol{x}_0) + \frac{\partial \hat{t}_i}{\partial \boldsymbol{x}}\Delta\boldsymbol{x}^{(j)} \tag{7.5.37}$$

或

$$\hat{\boldsymbol{t}}^{(j)}(\boldsymbol{x}^{(j)}) \approx \hat{\boldsymbol{t}}^{(j)}(\boldsymbol{x}_0) + \boldsymbol{G}^{(j)}\Delta\boldsymbol{x}^{(j)} \tag{7.5.38}$$

式中，$\Delta\boldsymbol{x}^{(j)} = \boldsymbol{x}^{(j)} - \boldsymbol{x}_0$；$\boldsymbol{G}^{(j)}$ 为 E_j 对应的记录台站在 $\boldsymbol{x}_0$ 处的到时偏导数矩阵。需要说明的是，虽然不同事件的发震时间往往相差很大，不过因为到时和发震时间的关系是线性的，所以不会影响式(7.5.38)的成立。注意与式(7.5.23)和式(7.5.25)的不同。此时所有的偏导数矩阵都是在相同位置，即 $\boldsymbol{x}_0$ 处计算的。记所有台站的偏导数矩阵为 $\boldsymbol{G}^{(0)}$。利用之前已经定义过的台站抽样矩阵 $\boldsymbol{B}^{(j)}$，有

$$\boldsymbol{G}^{(j)} = \boldsymbol{B}^{(j)}\boldsymbol{G}^{(0)} \tag{7.5.39}$$

而

$$\boldsymbol{r}^{(j)} = \boldsymbol{t}^{(j)} - \hat{\boldsymbol{t}}^{(j)}(\boldsymbol{x}_0) = \boldsymbol{B}^{(j)}\boldsymbol{G}^{(0)}\Delta\boldsymbol{x}^{(j)} + \boldsymbol{B}^{(j)}\boldsymbol{Z} + \boldsymbol{e}^{(j)} \tag{7.5.40}$$

及

$$\boldsymbol{E} = \boldsymbol{R} - \boldsymbol{G}\Delta\boldsymbol{X} - \boldsymbol{BZ} \tag{7.5.41}$$

式中，$\boldsymbol{G}$、$\boldsymbol{R}$、$\boldsymbol{E}$、$\Delta\boldsymbol{X}$、$\boldsymbol{B}$ 的定义与式(7.5.26)相同。显然，式(7.5.40)和式(7.5.41)分别与式(7.5.25)和式(7.5.27)相对应，只是这里的 $\boldsymbol{r}^{(j)}$、$\boldsymbol{R}$ 和 $\Delta\boldsymbol{X}$ 等量的含义和前

面略有不同。

将待求的$\Delta\boldsymbol{x}^{(j)}$分解为

$$\Delta\boldsymbol{x}^{(j)} = \Delta\boldsymbol{x}_0 + \delta\boldsymbol{x}^{(j)} \tag{7.5.42}$$

式中，

$$\Delta\boldsymbol{x}_0 \equiv \frac{1}{K}\sum_{j=1}^{K}\Delta\boldsymbol{x}^{(j)} = \boldsymbol{x}_c - \boldsymbol{x}_0 \tag{7.5.43a}$$

$$\delta\boldsymbol{x}^{(j)} = \boldsymbol{x}^{(j)} - \boldsymbol{x}_c \tag{7.5.43b}$$

$$\boldsymbol{x}_c \equiv \frac{1}{K}\sum_{j=1}^{K}\boldsymbol{x}^{(j)} \tag{7.5.43c}$$

式(7.5.42)将各次事件相对于$\boldsymbol{x}_0$的位置，即$\Delta\boldsymbol{x}^{(j)}$分解为它们的质心$\boldsymbol{x}_c$相对于$\boldsymbol{x}_0$的位置和各次事件相对于质心的位置。显然，$\delta\boldsymbol{x}^{(j)}$反映了各次事件之间的相对位置，并满足条件：

$$\sum_{j=1}^{K}\delta\boldsymbol{x}^{(j)} = 0 \tag{7.5.44}$$

式(7.5.42)可以统一表示为

$$\Delta\boldsymbol{X} = \Delta\boldsymbol{X}_0 + \delta\boldsymbol{X} = \boldsymbol{H}\Delta\boldsymbol{x}_0 + \delta\boldsymbol{X} \tag{7.5.45}$$

式中，

$$\boldsymbol{H} = \begin{pmatrix} \boldsymbol{I}^{(M)} \\ \boldsymbol{I}^{(M)} \\ \vdots \\ \boldsymbol{I}^{(M)} \end{pmatrix}, \quad \delta\boldsymbol{X} = \begin{pmatrix} \delta\boldsymbol{x}^{(0)} \\ \delta\boldsymbol{x}^{(1)} \\ \vdots \\ \delta\boldsymbol{x}^{(K)} \end{pmatrix} \tag{7.5.46}$$

因为$\boldsymbol{H}^{\mathrm{T}}\boldsymbol{H} = K\boldsymbol{I}^{(M)}$，所以$\boldsymbol{H}^{+} = K^{-1}\boldsymbol{H}^{\mathrm{T}}$。定义算子$\boldsymbol{P}_H = \boldsymbol{H}\boldsymbol{H}^{+} = K^{-1}\boldsymbol{H}\boldsymbol{H}^{\mathrm{T}}$和$\boldsymbol{L}_H = \boldsymbol{I}^{(M_T)} - \boldsymbol{P}_H$。由于

$$\boldsymbol{H}^{\mathrm{T}}\delta\boldsymbol{X} = \sum_{j=1}^{K}\delta\boldsymbol{x}^{(j)} = 0$$

有

$$\Delta\boldsymbol{X}_0 = \boldsymbol{P}_H\Delta\boldsymbol{X}, \quad \delta\boldsymbol{X} = \boldsymbol{L}_H\Delta\boldsymbol{X} \tag{7.5.47}$$

类似地，定义$\boldsymbol{P}_B = \boldsymbol{B}\boldsymbol{B}^{+} = \boldsymbol{B}(\boldsymbol{B}^{\mathrm{T}}\boldsymbol{B})^{-1}\boldsymbol{B}^{\mathrm{T}}$和$\boldsymbol{L}_B = \boldsymbol{I}^{(N_T)} - \boldsymbol{P}_B$。将$\boldsymbol{P}_B$、$\boldsymbol{L}_B$分别作用于式(7.5.41)左右两边，注意：

$$G\Delta X_0 = BG^{(0)}\Delta x_0$$

$$P_B G\Delta X_0 = (BB^+)(BG^{(0)}\Delta x_0) = BG^{(0)}\Delta x_0 \text{，} \quad P_B BZ = BB^+ BZ = BZ \text{，}$$

$$L_B G\Delta X_0 = BG^{(0)}\Delta x_0 - P_B G\Delta X_0 = \mathbf{0} \text{，} \quad L_B BZ = BZ - BZ = \mathbf{0}$$

有

$$E_H = P_B E = P_B R - BZ - BG^{(0)}\Delta x_0 - P_B G\delta X \tag{7.5.48}$$

$$E_C = L_B E = L_B R - L_B G\delta X \tag{7.5.49}$$

显然 $E = E_H + E_C$，且 $E_H \cdot E_C = 0$。

式(7.5.48)和式(7.5.49)是将各次事件的相对位置从事件群的质心位置和台站校正中分离开来，从而给出了另外一种关于 JHD 的投影分解算法，即假定各次事件的质心位置 x_0，计算相应的 R、$G^{(0)}$、G 等。然后根据式(7.5.49)，得到各次事件之间的相对位置：

$$\delta X = [(L_B G)^{\mathrm{T}}(L_B G)]^{-1}(L_B G)^{\mathrm{T}}(L_B R) \tag{7.5.50}$$

将得到的 δX 代入式(7.5.48)，令

$$Q = [I^{(N)}\ G^{(0)}] \text{，} \quad A = [BI^{(N)}\ BG^{(0)}] = BQ$$

则

$$\begin{pmatrix} Z \\ \Delta x_0 \end{pmatrix} = (A^{\mathrm{T}}A)^{-1}A^{\mathrm{T}}P_B(R - G\delta X) = [(BQ)^{\mathrm{T}}BQ]^{-1}(BQ)^{\mathrm{T}}(R - G\delta X) \tag{7.5.51}$$

用得到的 Δx_0 校正 x_0，重复以上步骤，直到相应的 δX 或 Z 收敛不再变化。

需要说明的是，为简单起见，上面在介绍两种投影分解算法时都默认 $C_E = \sigma^2 I$。更一般的情况，当 $C_E^{-1} = W^{\mathrm{T}}W$ 时，应先用 W 来将资料归一化。

7.5.4 双差和 JHD 混合定位

从 7.5.3 小节的介绍可以看出，JHD 利用各次事件的绝对到时确定事件的位置，包括它们之间的相对位置。相比之下，无论是主事件定位还是双差定位，都可以利用事件之间相对到时的直接测量结果。由于波形互相关等方法得到的相对到时测量精度远高于一般绝对到时的测量精度，由此得到的事件相对位置远比传统 JHD 的结果精确。因此，一个自然的想法就是，能否将双差定位结果纳入 JHD 中,更准确的说法是能否将相互独立的相对到时和绝对到时测量结果综合在一起，在精确确定事件的相对位置的同时，更加精准地确定事件群的质心位置和各台站的走时校正。

一种将双差定位结果纳入 JHD 的简单方法是在 Jordan 等(1981)的投影分解算

法中，直接将由双差方法确定的相对位置 $\delta \boldsymbol{X}_{\mathrm{DD}}$ 代入式(7.5.51)，得到：

$$\begin{pmatrix} \boldsymbol{Z} \\ \Delta \boldsymbol{x}_0 \end{pmatrix} = (\boldsymbol{A}^{\mathrm{T}}\boldsymbol{A})^{-1}\boldsymbol{A}^{\mathrm{T}}\boldsymbol{P}_B(\boldsymbol{R}-\boldsymbol{G}\delta\boldsymbol{X}_{\mathrm{DD}}) = [(\boldsymbol{BQ})^{\mathrm{T}}\boldsymbol{BQ}]^{-1}(\boldsymbol{BQ})^{\mathrm{T}}(\boldsymbol{R}-\boldsymbol{G}\delta\boldsymbol{X}_{\mathrm{DD}}) \quad (7.5.52)$$

图 7.5.2 的数值仿真结果(韩业丰，2018)可以说明这一方法对提高绝对位置估算精度的作用。图中可见，在采用了更加精准的相对位置之后，事件绝对位置的估算精度在不同情况下都有明显提高。除此以外，上述方法也有利于更加准确地估算台站校正项。

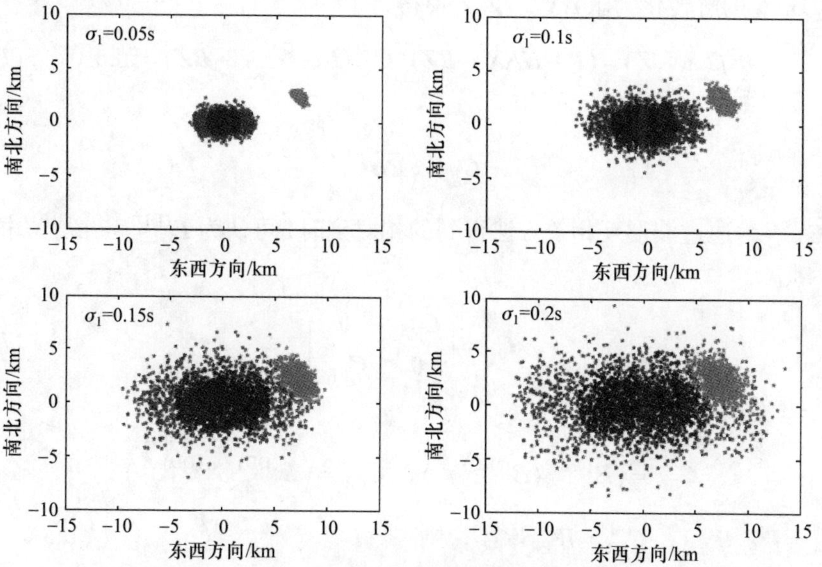

图 7.5.2　JHD 定位(红色)、JHD-DD 混合定位(蓝色)和单次定位结果(绿色)误差分布比较(后附彩图)

图中结果是在一个虚拟区域台网(8 个台站，震中距为 70～440km，方位角间隙约为 160º)条件下通过数值模拟得到的。模拟时固定各台站的上台站校正项(方差约为 0.89s)，而为各次事件的相对位置矢量和绝对到时加上随机误差。图中模拟结果取相对位置矢量的误差在 150m 以内，而到时测量误差的方差σ_1 分别取 0.05s、0.10s、0.15s 和 0.20s。图中可见 JHD 和 JHD-DD 都能有效消除单次定位时明显的系统偏差，而 JHD-DD 给出的绝对位置的精度高于单纯 JHD 方法的结果

更一般的方法是综合利用式(7.5.17)和式(7.5.27)联合求解。注意两式中 $\Delta \boldsymbol{X}$ 的含义相同，而 $\boldsymbol{G}$ 、$\boldsymbol{R}$ 、$\boldsymbol{E}$ 的含义并不相同，为避免混淆，这里将两式分别重写为

$$\boldsymbol{R}^{(\mathrm{DD})} = \boldsymbol{G}^{(\mathrm{DD})}\Delta\boldsymbol{X} + \boldsymbol{E}^{(\mathrm{DD})} \quad (7.5.53)$$

$$\boldsymbol{R}^{(\mathrm{JHD})} = \boldsymbol{G}^{(\mathrm{JHD})}\Delta\boldsymbol{X} + \boldsymbol{B}^{(\mathrm{JHD})}\boldsymbol{Z} + \boldsymbol{E}^{(\mathrm{JHD})} \quad (7.5.54)$$

或统一写为

$$\begin{pmatrix} \boldsymbol{R}^{(\mathrm{JHD})} \\ \boldsymbol{R}^{(\mathrm{DD})} \end{pmatrix} = \begin{pmatrix} \boldsymbol{G}^{(\mathrm{JHD})} \\ \boldsymbol{G}^{(\mathrm{DD})} \end{pmatrix} \Delta \boldsymbol{X} + \begin{pmatrix} \boldsymbol{B}^{(\mathrm{JHD})} \\ \boldsymbol{0} \end{pmatrix} \boldsymbol{Z} + \begin{pmatrix} \boldsymbol{E}^{(\mathrm{JHD})} \\ \boldsymbol{E}^{(\mathrm{DD})} \end{pmatrix} \tag{7.5.55}$$

式中，$\boldsymbol{G}^{(\mathrm{DD})}$、$\boldsymbol{R}^{(\mathrm{DD})}$、$\boldsymbol{E}^{(\mathrm{DD})}$的含义见式(7.5.15)，而$\boldsymbol{G}^{(\mathrm{JHD})}$、$\boldsymbol{R}^{(\mathrm{JHD})}$和$\boldsymbol{E}^{(\mathrm{JHD})}$的含义见式(7.5.26)。记

$$\tilde{\boldsymbol{R}} = \begin{pmatrix} \boldsymbol{R}^{(\mathrm{JHD})} \\ \boldsymbol{R}^{(\mathrm{DD})} \end{pmatrix}, \quad \tilde{\boldsymbol{G}} = \begin{pmatrix} \boldsymbol{G}^{(\mathrm{JHD})} \\ \boldsymbol{G}^{(\mathrm{DD})} \end{pmatrix}, \quad \tilde{\boldsymbol{B}} = \begin{pmatrix} \boldsymbol{B}^{(\mathrm{JHD})} \\ \boldsymbol{0} \end{pmatrix}, \quad \tilde{\boldsymbol{E}} = \begin{pmatrix} \boldsymbol{E}^{(\mathrm{JHD})} \\ \boldsymbol{E}^{(\mathrm{DD})} \end{pmatrix}$$

则式(7.5.55)的解转化为求$\Delta \boldsymbol{X}$、$\boldsymbol{Z}$，使得

$$f(\Delta \boldsymbol{X}, \boldsymbol{Z}) = (\tilde{\boldsymbol{R}} - \tilde{\boldsymbol{G}} \Delta \boldsymbol{X} - \tilde{\boldsymbol{B}} \boldsymbol{Z})^{\mathrm{T}} \boldsymbol{C}_{\tilde{E}}^{-1} (\tilde{\boldsymbol{R}} - \tilde{\boldsymbol{G}} \Delta \boldsymbol{X} - \tilde{\boldsymbol{B}} \boldsymbol{Z}) = \min \tag{7.5.56}$$

式中，

$$\boldsymbol{C}_{\tilde{E}} = \left\langle \tilde{\boldsymbol{E}} \tilde{\boldsymbol{E}}^{\mathrm{T}} \right\rangle \tag{7.5.57}$$

假定$\boldsymbol{E}^{(\mathrm{DD})}$为通过波形互相关方法得到的相对到时，可认为$\boldsymbol{E}^{(\mathrm{DD})}$和$\boldsymbol{E}^{(\mathrm{JHD})}$相互独立，因此

$$\boldsymbol{C}_{\tilde{E}} = \begin{pmatrix} \boldsymbol{C}_{\mathrm{EA}} & \boldsymbol{0} \\ \boldsymbol{0} & \boldsymbol{C}_{\mathrm{ER}} \end{pmatrix} \tag{7.5.58}$$

式中，

$$\boldsymbol{C}_{\mathrm{EA}} = \left\langle \boldsymbol{E}^{(\mathrm{JHD})} (\boldsymbol{E}^{(\mathrm{JHD})})^{\mathrm{T}} \right\rangle, \quad \boldsymbol{C}_{\mathrm{ER}} = \left\langle \boldsymbol{E}^{(\mathrm{DD})} (\boldsymbol{E}^{(\mathrm{DD})})^{\mathrm{T}} \right\rangle$$

令$\boldsymbol{C}_{\mathrm{EA}}^{-1} = \boldsymbol{W}_{\mathrm{EA}}^{\mathrm{T}} \boldsymbol{W}_{\mathrm{EA}}$，$\boldsymbol{C}_{\mathrm{ER}}^{-1} = \boldsymbol{W}_{\mathrm{ER}}^{\mathrm{T}} \boldsymbol{W}_{\mathrm{ER}}$，则

$$\boldsymbol{C}_{\tilde{E}}^{-1} = \boldsymbol{W}_{\tilde{E}}^{\mathrm{T}} \boldsymbol{W}_{\tilde{E}} = \begin{pmatrix} \boldsymbol{W}_{\mathrm{EA}} & \boldsymbol{0} \\ \boldsymbol{0} & \boldsymbol{W}_{\mathrm{ER}} \end{pmatrix}^{\mathrm{T}} \begin{pmatrix} \boldsymbol{W}_{\mathrm{EA}} & \boldsymbol{0} \\ \boldsymbol{0} & \boldsymbol{W}_{\mathrm{ER}} \end{pmatrix} \tag{7.5.59}$$

将式(7.5.59)代入式(7.5.56)，得到：

$$\begin{pmatrix} \boldsymbol{W}_{\tilde{E}} \tilde{\boldsymbol{G}} & \boldsymbol{W}_{\tilde{E}} \tilde{\boldsymbol{B}} \end{pmatrix} \begin{pmatrix} \Delta X \\ \boldsymbol{Z} \end{pmatrix} = \boldsymbol{W}_{\tilde{E}} \tilde{\boldsymbol{R}} \tag{7.5.60}$$

注意式(7.5.60)和式(7.5.30)的形式完全相同，因此可以采用相同的方法来求解。需要注意的是，式(7.5.60)和式(7.5.30)一样是欠定的，需要引进额外的约束，如指定某个台站上的台站校正或所有台站校正的均值为0等。

假定：

$$\boldsymbol{C}_{\mathrm{EA}} = \sigma_1^2 I^{(N_1)}, \quad \boldsymbol{C}_{\mathrm{ER}} = \sigma_2^2 I^{(N_2)} \tag{7.5.61}$$

式中，N_1和N_2分别为$\boldsymbol{E}^{(\mathrm{JHD})}$和$\boldsymbol{E}^{(\mathrm{DD})}$的维数；$\sigma_1^2$和$\sigma_2^2$分别为绝对到时和相对到

时测量误差的方差，通常 $\sigma_1^2 \gg \sigma_2^2$。此时式(7.5.60)可简化为

$$\begin{pmatrix} \sigma_1^{-1}\boldsymbol{G}^{(\mathrm{JHD})} & \sigma_1^{-1}\boldsymbol{B}^{(\mathrm{JHD})} \\ \sigma_2^{-1}\boldsymbol{G}^{(\mathrm{DD})} & 0 \end{pmatrix} \begin{pmatrix} \Delta\boldsymbol{X} \\ \boldsymbol{Z} \end{pmatrix} = \begin{pmatrix} \sigma_1^{-1}\boldsymbol{R}^{(\mathrm{JHD})} \\ \sigma_2^{-1}\boldsymbol{R}^{(\mathrm{DD})} \end{pmatrix} \tag{7.5.62}$$

由于

$$\begin{aligned} \Delta\boldsymbol{x}^{(i)} &= \boldsymbol{x}^{(i)} - \boldsymbol{x}_0^{(i)} = (\boldsymbol{x}^{(i)} - \boldsymbol{x}^{(c)} + \boldsymbol{x}^{(c)}) - (\boldsymbol{x}_0^{(i)} - \boldsymbol{x}_0^{(c)} + \boldsymbol{x}_0^{(c)}) \\ &= (\boldsymbol{x}^{(c)} - \boldsymbol{x}_0^{(c)}) + [(\boldsymbol{x}^{(i)} - \boldsymbol{x}^{(c)}) - (\boldsymbol{x}_0^{(i)} - \boldsymbol{x}_0^{(c)})] \end{aligned}$$

式中，$\boldsymbol{x}^{(c)} \equiv \dfrac{1}{K}\sum_{i=1}^{K}\boldsymbol{x}^{(i)}$ 仍为各次事件的质心。定义：

$$\Delta\boldsymbol{x}_0 = (\boldsymbol{x}^{(c)} - \boldsymbol{x}_0^{(c)})\,,\quad \boldsymbol{x}_r^{(i)} = \boldsymbol{x}^{(i)} - \boldsymbol{x}^{(c)},\quad \boldsymbol{x}_{r0}^{(i)} = \boldsymbol{x}_0^{(i)} - \boldsymbol{x}_0^{(c)},\quad \Delta\boldsymbol{x}_r^{(i)} = (\boldsymbol{x}_r^{(i)} - \boldsymbol{x}_{r0}^{(i)}) \tag{7.5.63}$$

则可以将 $\Delta\boldsymbol{X}$ 表示为与式(7.5.45)相同的形式，即

$$\Delta\boldsymbol{X} = \Delta\boldsymbol{X}_0 + \Delta\boldsymbol{X}_r = \boldsymbol{H}\Delta\boldsymbol{x}_0 + \Delta\boldsymbol{X}_r \tag{7.5.64}$$

式中，$\boldsymbol{H}$ 的定义与(7.5.46)中相同；

$$\Delta\boldsymbol{X}_r = \begin{pmatrix} \Delta\boldsymbol{x}_r^{(1)} \\ \vdots \\ \Delta\boldsymbol{x}_r^{(K)} \end{pmatrix} \tag{7.5.65}$$

式(7.5.64)将每一次迭代过程中各次事件相对于它们各自初始位置的变化分解为质心位置的变化 $\Delta\boldsymbol{x}_0$ 和各次事件之间相对位置 $\Delta\boldsymbol{X}_r$ 的变化两部分。由于

$$\sum_{i=1}^{K}\Delta\boldsymbol{x}_r^{(i)} = \sum_{i=1}^{K}\boldsymbol{x}_r^{(i)} - \sum_{i=1}^{K}\boldsymbol{x}_{r0}^{(i)} = 0$$

$\Delta\boldsymbol{X}_r$ 满足条件：

$$\boldsymbol{H}^{\mathrm{T}}\Delta\boldsymbol{X}_r = 0 \tag{7.5.66}$$

将式(7.5.64)代入式(7.5.62)，有

$$\boldsymbol{G}^{(\mathrm{JHD})}(\Delta\boldsymbol{X}_0 + \Delta\boldsymbol{X}_r) + \boldsymbol{B}^{(\mathrm{JHD})}\boldsymbol{Z} = \boldsymbol{R}^{(\mathrm{JHD})} \tag{7.5.67a}$$

$$\boldsymbol{G}^{(\mathrm{DD})}(\Delta\boldsymbol{X}_0 + \Delta\boldsymbol{X}_r) = \boldsymbol{R}^{(\mathrm{DD})} \tag{7.5.67b}$$

由双差定位原理可知，式(7.5.67b)中的 $\Delta\boldsymbol{X}_r$ 与 $\Delta\boldsymbol{X}_0$ 几乎无关。由式(7.5.67b)和式(7.5.66)得到：

$$\begin{pmatrix} \boldsymbol{G}^{(\mathrm{DD})} \\ \lambda\boldsymbol{H}^{\mathrm{T}} \end{pmatrix} \Delta\boldsymbol{X}_r = \begin{pmatrix} \boldsymbol{R}^{(\mathrm{DD})} - \boldsymbol{G}^{(\mathrm{DD})}\Delta\boldsymbol{X}_0 \\ \boldsymbol{0} \end{pmatrix} \tag{7.5.68}$$

记

$$\boldsymbol{A}_{\mathrm{DD}}=\begin{pmatrix}\boldsymbol{G}^{(\mathrm{DD})}\\ \lambda\boldsymbol{H}^{\mathrm{T}}\end{pmatrix},\quad \boldsymbol{A}_{\mathrm{DD}}^{+}=(\boldsymbol{A}_{\mathrm{DD}}^{\mathrm{T}}\boldsymbol{A}_{\mathrm{DD}})^{-1}\boldsymbol{A}_{\mathrm{DD}}^{\mathrm{T}}=[\boldsymbol{Q}_1\ \boldsymbol{Q}_2]$$

则

$$\Delta\boldsymbol{X}_r=\boldsymbol{Q}_1(\boldsymbol{R}^{(\mathrm{DD})}-\boldsymbol{G}^{(\mathrm{DD})}\Delta\boldsymbol{X}_0) \tag{7.5.69}$$

代入式(7.5.67a)，得到：

$$\boldsymbol{G}^{(\mathrm{JHD})}[\boldsymbol{I}-\boldsymbol{Q}_1\boldsymbol{G}^{(\mathrm{DD})}]\Delta\boldsymbol{X}_0+\boldsymbol{B}^{(\mathrm{JHD})}\boldsymbol{Z}=\boldsymbol{R}^{(\mathrm{JHD})}-\boldsymbol{G}^{(\mathrm{JHD})}\boldsymbol{Q}_1\boldsymbol{R}^{(\mathrm{DD})} \tag{7.5.70}$$

或

$$[\boldsymbol{B}^{(\mathrm{JHD})},\ \boldsymbol{G}^{(\mathrm{JHD})}(\boldsymbol{I}-\boldsymbol{Q}_1\boldsymbol{G}^{(\mathrm{DD})})\boldsymbol{H}]\begin{pmatrix}\boldsymbol{Z}\\ \Delta\boldsymbol{x}_0\end{pmatrix}=\boldsymbol{R}^{(\mathrm{JHD})}-\boldsymbol{G}^{(\mathrm{JHD})}\boldsymbol{Q}_1\boldsymbol{R}^{(\mathrm{DD})} \tag{7.5.71}$$

实际求解时，可以从各个事件的初始位置出发，计算相应的$\boldsymbol{G}^{(\mathrm{DD})}$和$\boldsymbol{G}^{(\mathrm{JHD})}$，先由式(7.5.71)求出$\Delta\boldsymbol{x}_0$和$\boldsymbol{Z}$，再将$\Delta\boldsymbol{x}_0$代入式(7.5.69)求出$\Delta\boldsymbol{X}_r$。利用求出的$\Delta\boldsymbol{x}_0$和$\Delta\boldsymbol{X}_r$更新各次事件的绝对位置，重新计算$\boldsymbol{G}^{(\mathrm{DD})}$和$\boldsymbol{G}^{(\mathrm{JHD})}$，如此反复，直到收敛。

参考文献

韩业丰, 2018. JHD-DD 联合定位方法研究以及 LLNL-G3Dv3 模型的验证和应用[D]. 西安：西北核技术研究所.

李学政，雷军, 2001. 近场爆炸地震优化定位方法研究[J]. 地震学报, 23(3): 328-333.

潘常周，靳平，徐雄，等, 2014. 对朝鲜 2006 年、2009 年和 2013 年 3 次地下核试验的相对定位[J]. 地震学报, 36(5): 910-918.

苏亚军，靳平，潘常周，等, 2010. 基于克里金方法的区域震相走时标定技术研究[J]. 地震学报, 32(4): 445-456.

王家华，高海余，周叶, 1998. 克里金绘图技术[M]. 北京：石油工业出版社.

徐果明, 2003. 反演理论及其应用[M]. 北京：地震出版社.

徐雄, 2012. 地震数据库中重复地震事件搜索方法研究及应用[D]. 西安：西北核技术研究所.

张慧民, 2001. IASP91 地震体波走时表计算[J]. 试验与研究, 24(1): 72-84.

张慧民，靳平，刘文学，等, 2013. 基于局部一维模型与走时标定的区域三维速度模型构建技术研究[J]. 地震学报, 35(2): 229-237.

ANTOLIK M, EKSTRÖM G, DZIEWONSKI A M, 2001. Global event location with full and sparse data sets using three-dimensional models of mantle P-wave velocity[J]. Pure appl. Geophys., 158: 291-317.

BALLARD S, HIPP J R, BEGNAUD M L, et al., 2016. SALSA3D-Atomographic model of compressional wave slowness in the earth's mantle for improved travel time prediction and travel time prediction uncertainty[J]. Bull. Seism. Soc. Am., 106(6): 2900-2916.

BILLINGS S D, 1994. Simulated annealing for earthquake location[J]. Geophys. J. Int., 118(3): 680-692.

BILLINGS S D, KENNETT B L N, SAMBRIDGE M S, 1994. Hypocentre location: Genetic algorithms incorporating problem-specific information[J]. Geophys. J. Int., 118(3): 693-706.

BONDÁR I, MYERS S C, ENGDAHL E R, 2014. Earthquake Location[M]//BEER M, KOUGIOUMTZOGLOU I A, PATELLI E, et al., Encyclopedia of Earthquake Engineering, Heidelberg: Springer.

BONDÁR I, MYERS S C, ENGDAHL E R, et al., 2004. Epicenter accuracy based on seismic network criteria[J]. Geophys. J. Int., 156(3): 483-496.

BONDÁR I, NORTH R G, 1999a. Development of calibration techniques for the Comprehensive Nuclear-Test-Ban Treaty(CTBT) international monitoring system[J]. Phys. Earth Planet. Int., 113: 11-24.

BONDÁR I, NORTH R G, BEALL G, 1999b. Teleseismic slowness-azimuth stations corrections for the International Monitoring System seismic network[J]. Bull. Seism. Soc. Am., 89: 989-1003.

BONDÁR I, YANG X, NORTH R G, et al., 2001. Location calibration data for CTBT monitoring at the prototype International Data Center [J]. Pure appl. Geophys., 158(1): 19-34.

BOTTONE S, FISK M D, MCCARTOR G D, 2002. Regional seismic event characterization using a Bayesian formulation of simple kriging[J]. Bull. Seism. Soc. Am., 92(6): 2277-2296.

BRATT S R, BACHE T C, 1988. Locating events with a sparse network of regional arrays[J]. Bull. Seism. Soc. Am., 78(2): 780-798.

BULAND R, 1976. The mechanics of locating earthquakes[J]. Bull. Seism. Soc. Am., 66(1): 173-187.

BULAND R, CHAPMAN C H, 1983. The computation of seismic travel times [J]. Bull. Seism. Soc. Am., 73(5): 1271-1302.

CASELLA G, BERGER R L, 2009. Statistical Inference[M]. 2nd Edition. 张中占，傅莺莺，译. 统计推断，北京：机械工业出版社.

CROTWELL H P, OWENS T J, RITSEMA J, 1999. The TauP Toolkit: Flexible seismic travel-time and ray-path utilities[J]. Seism. Res. Lett., 70(1): 154-160.

DEWEY J W, HERRON E, KORK J O, 1999. Recent calibration events in the United States[C]// Proceedings of 21st Seismic Research Symposium, Las Vegas: LA-UR-99-4700.

DOUGLAS A, 1967. Joint epicentre determination [J]. Nature, 215: 47-48.

DOUGLAS A, BOWERS D, YOUNG J B, 1997. On the onset of P seismograms[J]. Geophys. J. Int., 129(3): 681-690.

DOUGLAS A, YOUNG J B, BOWERS D, et al., 2005. An analysis of P travel times for Nevada Test Site explosions recorded at regional distances[J]. Bull. Seism. Soc. Am., 95(3): 941-950.

DZIEWONSKI A M, GILBERT F, 1976. The effect of small, aspherical perturbations on travel times and a re-examination of the corrections for ellipticity[J]. Geophys. J. R. Astr. Soc., 44(1): 7-17.

EVERNDEN J F, 1969a. Identification of earthquakes and explosions by use of teleseismic data[J]. J. Geophys. Res., 74(15): 3828-3856.

EVERNDEN J F, 1969b. Precision of epicenters obtained by small numbers of world-wide stations[J]. Bull Seism. Soc Am., 59(3): 1365-1398.

FISK M D, 2002. Accurate locations of nuclear explosions at the Lop Nor test site using alignment of seismograms and IKONOS satellite imagery[J]. Bull. Seism. Soc. Am., 92(8): 2911-2925.

FISK M, BOTTONE S, MCCARTOR G, 2000. Regional seismic event characterization using a Bayesian kriging approach[C]//Proceedings of the 22nd Seismic Research Symposium, New Orleans: 23-34.

FLINN E A, 1965. Confidence regions and error determinations for seismic event location[J]. Rev. Geophys., 3(1): 157-185.

GEIGER L, 1910. Herdbestimmung bei Erdbeben ans den Ankunftzeiten[J]. K. Gessell. Wiss. Goett., 4: 331-349.

GIBBONS S J, PABIAN F, NÄSHOLM S P, et al., 2017. Accurate relative location estimates for the North Korean nuclear tests using empirical slowness corrections[J]. Geophys. J. Int., 208(1): 101-117.

GITTERMAN Y, SHAPIRA A, 2001. Dead Sea seismic calibration experiment contributes to CTBT monitoring[J]. Seism. Res. Lett., 72(2): 159-170.

HERRMANN R, PARK S, WANG C, 1981. The Denver earthquakes of 1967-1968[J]. Bull. Seism. Soc. Am., 71(3): 731-745.

ISAAKS E H, SRIVASTAVA R M, 1989. Applied Geostatistics[M]. New York: Oxford University Press.

JORDAN T H, SVERDRUP K A, 1981. Teleseismic location techniques and their application to earthquake clusters in the south-central Pacific[J]. Bull. Seism. Soc. Am., 71(4): 1105-1130.

KENNETT B L N, 1992. Locating oceanic earthquakes-the influence of regional models and location criteria[J]. Geophys. J. Int., 108(3): 848-854.

KENNETT B L N, 2005. Seismological Tables: ak135[R]. Canberra: Research School of Earth Sciences, The Australian National University.

KENNETT B L N, ENGDAHL E R, 1991. Traveltimes for global earthquake location and phase identification[J]. Geophys. J. Int., 105(2): 429-465.

KENNETT B L N, GUDMUNDSSON O, 1996. Ellipticity corrections for seismic phases[J]. Geophys. J. Int., 127(1): 40-48.

KIRKPATRICK S C, GELATT D, VECCHI M P, 1983. Optimisation by simulated annealing [J]. Science, 220(4598): 671-680.

KNAPMEYER M, 2004. TTBox: A MatLab toolbox for the computation of 1D teleseismic travel times[J]. Seism. Res. Lett., 75(6): 726-733.

LEES J M, CROSSON R S, 1989. Tomographic inversion for three-dimensional velocity structure at Mount St. Helens using earthquake data[J]. J. Geophys. Res., 94(B5): 5716-5728.

LEONARD M, 2000. Comparison of manual and automatic onset time picking[J]. Bull. Seism. Soc. Am., 90(6): 1384-1390.

LIN G, SHEARER P, FIALKO Y, 2006. Obtaining absolute locations for quarry seismicity using remote sensing data[J]. Bull. Seism. Soc. Am., 96(2): 722-728.

METROPOLIS N, ROSENBLUTH M N, ROSENBLUTH A W, et al., 1953. Equation of state calculations by fast computing machines[J]. J. Chem. Phys., 21(6): 1087-1092.

MYERS S C, BEGNAUD M L, BALLARD S, et al., 2010. A crust and upper-mantle model of Eurasia and north Africa for Pn travel-time calculation[J]. Bull. Seism. Soc. Am., 100(2): 640-656.

MYERS S C, FORD S R, MELLORS R J, et al., 2018. Absolute locations of the North Korean nuclear tests based on differential seismic arrival times and InSAR [J]. Seism. Res. Lett., 89(6): 2049-2058.

MYERS S C, SCHULTZ C A, 2000. Improving sparse network network location with Bayesian Kriging and teleseismically constrained calibration events[J]. Bull. Seism. Soc. Am., 90(1): 199-211.

MYERS S C, SIMMONS N A, JOHANNESSON G, et al., 2015. Improved regional and teleseismic P-wave travel-time prediction and event location using a global 3D velocity model[J]. Bull. Seism. Soc. Am., 105(3): 1642-1660.

OMRE H, 1987. Bayesian kriging-merging observations and qualified guesses in kriging[J]. Math. Geol., 19(1): 25-39.

OMRE H, HALVORSEN K B, 1989. The Bayesian bridge between simple and universal kriging[J]. Math. Geol., 21(7): 767-787.

PAVLIS G L, BOOKER J R, 1983. Progressive multiple event location (PMEL)[J]. Bull. Seism. Soc. Am., 73(6): 1753-1777.

PRUGGER A, GENDZWILL D, 1989. Microearthquake location: A non-linear approach that makes use of a Simplex stepping procedure[J]. Bull. Seism. Soc. Am., 78(2): 799-815.

PUJOL J, 1988. Comments on the joint determination of hypocenters and stations corrections[J]. Bull. Seism. Soc. Am., 78(3): 1179-1189.

RABINOWITZ N, 1988. Microearthquake location by means of nonlinear simplex procedure[J]. Bull. Seism. Soc. Am., 78(1): 380-384.

REBBI C, 1984. Monte Carlo calculations in lattice gauge theory[M]//BINDER K. Applications of the Monte Carlo Method in Statistical Physics, New York: Springer-Verlag.

ROTHMAN D H, 1986. Automatic estimation of large residual static corrections[J]. Geophysics, 51(2): 332-346.

SAMBRIDGE M S, GALLAGHER K, 1993. Earthquake hypocenter location using genetic algorithms[J]. Bull. Seism. Soc. Am., 83(5): 1467-1491.

SAMBRIDGE M S, KENNETT B L N, 1986. A novel method of hypocenter location[J]. Geophys. J. Astr. Soc., 87(2): 313-331.

SAMBRIDGE M S, KENNETT B L N, 2001. Seismic event location: Nonlinear inversion using a neighbourhood algorithm[J]. Pure appl. Geophys., 158: 241-257.

SCHULTZ C A, MYERS S C, HIPP J, et al., 1998. Nonstationary Bayesian kriging: A predictive technique to generate corrections for detection, location, and discrimination[J]. Bull. Seism. Soc. Am., 88(5): 1275-1288.

SIMMONS N A, MYERS S C, JOHANNESSON G, et al., 2012. LLNL-G3Dv3: Global P wave tomography model for improved regional and teleseismic travel time prediction[J]. J. Geophys. Res., 117(B10): B10302.

SPRINGER D L, KINNAMAN R L, 1971. Seismic source summary for U.S. underground nuclear explosions, 1961–1970[J]. Bull. Seism. Soc. Am., 61(4): 1073-1098.

SPRINGER D L, KINNAMAN R L, 1975. Seismic source summary for U.S. underground explosions, 1971–1973[J]. Bull. Seism. Soc. Am., 65(2): 343-349.

SPRINGER D L, PAWLOSKI G A, RICCA J L, et al., 2002. Seismic source summary for all U.S. below-surface nuclear explosions [J]. Bull. Seism. Soc. Am., 92(5): 1806-1840.

SULTANOV D D, MURPHY J R, RUBINSTEIN K-H D, 1999. A seismic source summary for Soviet peaceful nuclear explosions[J]. Bull. Seism. Soc. Am., 89(3): 640-647.

WALDHAUSER F, ELLSWORTH W L, 2000. A double-difference earthquake location algorithm: method and application to the Northern Hayward Fault, California [J]. Bull. Seism. Soc. Am., 90(6): 1535-1368.

WALDHAUSER F, RICHARDS P G, 2004. Reference events for regional seismic phases at IMS stations in China[J]. Bull. Seism. Soc. Am., 94(6): 2265-2279.

YANG X, BONDÁR I, MCLAUGHLIN K, et al., 2001a. Path dependent regional phase travel-time corrections for the International Monitoring System in North America[J]. Bull. Seism. Soc. Am., 91(6): 1831-1850.

YANG X, BONDÁR I, MCLAUGHLIN K, et al., 2001b. Source specific station corrections for regional phases at Fennoscandian stations[J]. Pure appl. Geophys., 158(1-2): 35-57.

YANG X, NORTH R, ROMNEY C, et al., 2003.Worldwide nuclear explosions[M]// LEE W H, KANAMORI H, JENNINGS P, et al. International Handbook of Earthquake and Engineering Seismology, New York: Academic Press.

ZHAO L S, 1993. Lateral variations in Pn velocities beneath Basin and Range province[J]. J. Geophys. Res., 98(B12):

22,109-22,122.

ZHAO D, LEI J, 2004. Seismic ray path variations in a 3D global velocity model[J]. Phys. Earth. Planet. Int.,141(3): 153-166.

ZHAO L S, XIE J, 1993. Lateral variations in compressional velocities beneath the Tibetan Plateau from Pn travel time tomography [J]. Geophys. J. Int., 115(3): 1070-1084.

附　　录

附录 7.1　矩阵的 Lanczos 分解

对于一般的线性方程组：

$$\boldsymbol{Gm} = \boldsymbol{d} \tag{A7.1.1}$$

式中，$\boldsymbol{d}$、$\boldsymbol{m}$ 分别为 N 维和 M 维的列向量；$\boldsymbol{G}$ 为 $N \times M$ 维的矩阵。引入：

$$\boldsymbol{S} = \begin{pmatrix} 0 & \boldsymbol{G} \\ \boldsymbol{G}^{\tilde{\mathrm{T}}} & 0 \end{pmatrix} \tag{A7.1.2}$$

式中，$\boldsymbol{G}^{\tilde{\mathrm{T}}} = (\boldsymbol{G}^*)^{\mathrm{T}}$ 为 $\boldsymbol{G}$ 的复共轭转置矩阵。显然，$\boldsymbol{S}^{\tilde{\mathrm{T}}} = \boldsymbol{S}$ 。这样的矩阵称为埃尔米特(Hermitian)矩阵，其本征值应为实数，相应的本征矢量相互正交。记 $\boldsymbol{S}$ 的 $N+M$ 个本征值为 $\lambda_i (i = 1, 2, \cdots, N + M)$ ，相应的本征矢量为 $\boldsymbol{x}^{(i)}$ ，则有

$$\boldsymbol{S}x^{(i)} = \lambda_i \boldsymbol{x}^{(i)} \tag{A7.1.3}$$

只考虑 $\boldsymbol{G}$ 、$\boldsymbol{d}$、$\boldsymbol{m}$ 都是实数的情况。此时 $\boldsymbol{G}^{\tilde{\mathrm{T}}} = \boldsymbol{G}^{\mathrm{T}}$ 。由于 $\boldsymbol{x}^{(i)}$ 是 $N+M$ 维的列向量，可将其分解为如下形式：

$$\boldsymbol{x}^{(i)} = \begin{pmatrix} \boldsymbol{u}^{(i)} \\ \boldsymbol{v}^{(i)} \end{pmatrix} \tag{A7.1.4}$$

式中，$\boldsymbol{u}^{(i)}$ 为 N 维列向量；$\boldsymbol{v}^{(i)}$ 为 M 维列向量。将式(A7.1.4)代入式(A7.1.3)，得到：

$$\left.\begin{aligned} \boldsymbol{G}\boldsymbol{v}^{(i)} &= \lambda_i \boldsymbol{u}^{(i)} \\ \boldsymbol{G}^{\mathrm{T}}\boldsymbol{u}^{(i)} &= \lambda_i \boldsymbol{v}^{(i)} \end{aligned}\right\} \tag{A7.1.5}$$

当 $\lambda_i \neq 0$ 时，因为

$$\boldsymbol{G}\boldsymbol{v}^{(i)} = -\lambda_i(-\boldsymbol{u}^{(i)}),\ \ \boldsymbol{G}^{\mathrm{T}}(-\boldsymbol{u}^{(i)}) = -\lambda_i \boldsymbol{v}^{(i)}$$

所以 $-\lambda_i$ 也是 $\boldsymbol{S}$ 的本征值，对应的本征矢量为 $\begin{pmatrix} -\boldsymbol{u}^{(i)} \\ \boldsymbol{v}^{(i)} \end{pmatrix}$。这一结果表明，$S$ 非零本征值必然为偶数个。当 $\lambda_i = 0$ 时，则因为

$$\boldsymbol{G}\boldsymbol{v}^{(i)} = 0,\ \boldsymbol{G}^{\mathrm{T}}\boldsymbol{u}^{(i)} = 0$$

相应的 $\boldsymbol{u}^{(i)}$、$\boldsymbol{v}^{(i)}$ 相互独立。

不失一般性，假定 $\boldsymbol{S}$ 的前 $2p$ 个本征值不为 0，而后 $N+M-2p$ 个本征值等于 0。对非零本征值 $\pm\lambda_i$ 和对应的本征矢量 $\begin{pmatrix} \pm\boldsymbol{u}^{(i)} \\ \boldsymbol{v}^{(i)} \end{pmatrix}$，由式(A7.1.5)可得

$$\left.\begin{aligned} \boldsymbol{G}^{\mathrm{T}}\boldsymbol{G}\boldsymbol{v}^{(i)} &= \lambda_i^2 \boldsymbol{v}^{(i)} \\ \boldsymbol{G}\boldsymbol{G}^{\mathrm{T}}\boldsymbol{u}^{(i)} &= \lambda_i^2 \boldsymbol{u}^{(i)} \end{aligned}\right\} \tag{A7.1.6}$$

因此，$\boldsymbol{v}^{(i)}$、$\boldsymbol{u}^{(i)} (i = 1, \cdots, p)$ 分别为矩阵 $\boldsymbol{G}^{\mathrm{T}}\boldsymbol{G}$ 和 $\boldsymbol{G}\boldsymbol{G}^{\mathrm{T}}$ 的本征向量，λ_i^2 为相应的本征值。由于 $\boldsymbol{G}^{\mathrm{T}}\boldsymbol{G}$ 和 $\boldsymbol{G}\boldsymbol{G}^{\mathrm{T}}$ 也都为埃尔米特矩阵，其中 $\boldsymbol{G}^{\mathrm{T}}\boldsymbol{G}$ 的维数为 $M \times M$，$\boldsymbol{G}\boldsymbol{G}^{\mathrm{T}}$ 的维数为 $N \times N$，它们各自应有 M 和 N 个本征值和对应的相互正交的本征矢量。可以证明，$\lambda_i^2 (i = 1, \cdots, p)$ 是 $\boldsymbol{G}^{\mathrm{T}}\boldsymbol{G}$，同时也是 $\boldsymbol{G}\boldsymbol{G}^{\mathrm{T}}$ 仅有的 p 个非零本征值。

根据线性代数理论，矩阵 $\boldsymbol{G}^{\mathrm{T}}\boldsymbol{G}$、$\boldsymbol{G}\boldsymbol{G}^{\mathrm{T}}$ 和 $\boldsymbol{G}$ 都具有相同的秩，这里记为 p。p 应分别等于矩阵 $\boldsymbol{G}$ 的独立行向量或列向量的个数，即所谓的行秩或列秩。按方阵 $\boldsymbol{S}$ 的结构，包含在 $\begin{pmatrix} 0 & \boldsymbol{G} \end{pmatrix}$ 中的 N 个行向量与包含在 $\begin{pmatrix} \boldsymbol{G}^{\mathrm{T}} & 0 \end{pmatrix}$ 中的 M 个行向量相互独立，它们各自有 p 个独立的行向量，因此 $\boldsymbol{S}$ 的秩应为 $2p$。任何方阵的秩等于其非零本征值的个数，现在已知 S 的 $2p$ 个本征值为 $\pm\lambda_i (i = 1, \cdots, p)$，且 $\lambda_i^2 (i = 1, \cdots, p)$ 为 $\boldsymbol{G}^{\mathrm{T}}\boldsymbol{G}$ 和 $\boldsymbol{G}\boldsymbol{G}^{\mathrm{T}}$ 的本征值，因此除 p 个本征值以外，$\boldsymbol{G}^{\mathrm{T}}\boldsymbol{G}$ 和 $\boldsymbol{G}\boldsymbol{G}^{\mathrm{T}}$ 不存在其他的非零本征值。

令 $\boldsymbol{G}^{\mathrm{T}}\boldsymbol{G}$ 的归一化本征值为 $\boldsymbol{v}^{(i)} (i = 1, \cdots, M)$，$\boldsymbol{v}^{(i)} = (v_{1i}, \cdots, v_{Mi})^{\mathrm{T}}$，则 $(\boldsymbol{v}^{(i)})^{\mathrm{T}} \boldsymbol{v}^{(j)} = \delta_{ij}$。定义：

$$\boldsymbol{V} = \begin{pmatrix} \boldsymbol{v}_1 & \cdots & \boldsymbol{v}_M \end{pmatrix} = \begin{pmatrix} v_{11} & \cdots & v_{1M} \\ \vdots & & \vdots \\ v_{M1} & \cdots & v_{MM} \end{pmatrix} \tag{A7.1.7}$$

则

$$\boldsymbol{V}^{\mathrm{T}}\boldsymbol{V} = \boldsymbol{V}\boldsymbol{V}^{\mathrm{T}} = \boldsymbol{I}_M \tag{A7.1.8}$$

类似地，令 $\boldsymbol{G}\boldsymbol{G}^{\mathrm{T}}$ 的归一化本征值为 $\boldsymbol{u}^{(i)} (i = 1, \cdots, N)$，$\boldsymbol{u}^{(i)} = (u_{1i}, \cdots, u_{Ni})^{\mathrm{T}}$。定义：

$$\boldsymbol{U}=\begin{pmatrix}\boldsymbol{u}_1 & \cdots & \boldsymbol{u}_M\end{pmatrix}=\begin{pmatrix}u_{11} & \cdots & u_{1N}\\ \vdots & & \vdots\\ u_{N1} & \cdots & u_{NN}\end{pmatrix} \tag{A7.1.9}$$

则

$$\boldsymbol{U}^{\mathrm{T}}\boldsymbol{U}=\boldsymbol{U}\boldsymbol{U}^{\mathrm{T}}=\boldsymbol{I}_N \tag{A7.1.10}$$

根据前面的分析，$\boldsymbol{G}^{\mathrm{T}}\boldsymbol{G}$ 和 $\boldsymbol{G}\boldsymbol{G}^{\mathrm{T}}$ 拥有共同的非零特征值，即 $\lambda_i^2\,(i=1,\cdots,p)$。不失一般性，令 $\boldsymbol{v}^{(i)}\,(i=1,\cdots,p)$ 和 $\boldsymbol{u}^{(i)}\,(i=1,\cdots,p)$ 为这些非零本征值对应的本征向量，并令

$$\boldsymbol{V}_p=\begin{pmatrix}\boldsymbol{v}^{(1)} & \cdots & \boldsymbol{v}^{(p)}\end{pmatrix},\quad \boldsymbol{V}_0=\begin{pmatrix}\boldsymbol{v}^{(p+1)} & \cdots & \boldsymbol{v}^{(M)}\end{pmatrix} \tag{A7.1.11}$$

$$\boldsymbol{U}_p=\begin{pmatrix}\boldsymbol{u}^{(1)} & \cdots & \boldsymbol{u}^{(p)}\end{pmatrix},\quad \boldsymbol{U}_0=\begin{pmatrix}\boldsymbol{u}^{(p+1)} & \cdots & \boldsymbol{u}^{(N)}\end{pmatrix} \tag{A7.1.12}$$

则

$$\boldsymbol{V}=\begin{pmatrix}\boldsymbol{V}_p & \boldsymbol{V}_0\end{pmatrix} \tag{A7.1.13}$$

$$\boldsymbol{U}=\begin{pmatrix}\boldsymbol{U}_p & \boldsymbol{U}_0\end{pmatrix} \tag{A7.1.14}$$

根据式(A7.2.5)和式(A7.2.6)，应有

$$\left.\begin{aligned}\boldsymbol{G}\boldsymbol{V}_p&=\boldsymbol{U}_p\boldsymbol{\varLambda}_p\\ \boldsymbol{G}^{\mathrm{T}}\boldsymbol{U}_p&=\boldsymbol{V}_p\boldsymbol{\varLambda}_p\end{aligned}\right\} \tag{A7.1.15a}$$

此外，应有

$$\left.\begin{aligned}\boldsymbol{G}\boldsymbol{V}_0&=\boldsymbol{0}\\ \boldsymbol{G}^{\mathrm{T}}\boldsymbol{U}_0&=\boldsymbol{0}\end{aligned}\right\} \tag{A7.1.15b}$$

式(A7.1.15b)可用反证法来证明。令 $\boldsymbol{X}=\boldsymbol{G}\boldsymbol{V}_0$，因为 $\boldsymbol{G}\boldsymbol{G}^{\mathrm{T}}\boldsymbol{X}=\boldsymbol{G}(\boldsymbol{G}^{\mathrm{T}}\boldsymbol{G}\boldsymbol{V}_0)=\boldsymbol{0}$，所以 $\boldsymbol{X}$ 中的每一个列向量都能够表示为 $\boldsymbol{u}^{(i)}\,(i=p+1,\cdots,N)$ 的线性组合，即 $\boldsymbol{X}=\boldsymbol{U}_0\boldsymbol{A}$。假定 $\boldsymbol{A}\neq\boldsymbol{0}$，于是

$$\boldsymbol{G}\boldsymbol{V}=\boldsymbol{G}\begin{pmatrix}\boldsymbol{V}_p & \boldsymbol{V}_0\end{pmatrix}=\begin{pmatrix}\boldsymbol{U}_p\boldsymbol{\varLambda}_p & \boldsymbol{U}_0\boldsymbol{A}\end{pmatrix}=\begin{pmatrix}\boldsymbol{U}_p & \boldsymbol{U}_0\end{pmatrix}\begin{pmatrix}\boldsymbol{\varLambda}_p & 0\\ 0 & \boldsymbol{A}\end{pmatrix}$$

从而有

$$\boldsymbol{G}=\boldsymbol{U}\begin{pmatrix}\boldsymbol{\varLambda}_p & 0\\ 0 & \boldsymbol{A}\end{pmatrix}\boldsymbol{V}^{\mathrm{T}}$$

使得 $\boldsymbol{G}$ 的秩大于 p，与之前的假设相矛盾。因此应有 $\boldsymbol{A}=\boldsymbol{0}$，即 $\boldsymbol{G}\boldsymbol{V}_0=\boldsymbol{0}$。类似地，

有 $\boldsymbol{G}^{\mathrm{T}}\boldsymbol{U}_0=\boldsymbol{0}$。

利用 $\boldsymbol{U}$、$\boldsymbol{V}$ 和 $\boldsymbol{\varLambda}_p$ 可将 $\boldsymbol{G}$ 表示为

$$\boldsymbol{G}=\boldsymbol{U}\begin{pmatrix}\boldsymbol{\varLambda}_p & 0\\ 0 & 0\end{pmatrix}\boldsymbol{V}^{\mathrm{T}}=\boldsymbol{U}_p\boldsymbol{\varLambda}_p\boldsymbol{V}_p^{\mathrm{T}} \tag{A7.1.16}$$

显然，所有资料 $\boldsymbol{d}$ 都在由 $\boldsymbol{u}^{(i)}(i=1,\cdots,N)$ 张成的空间 $\mathcal{U}$ 中，而模型 $\boldsymbol{m}$ 则位于由 $\boldsymbol{v}^{(i)}(i=1,\cdots,M)$ 张成的空间 $\mathcal{V}$ 中。进一步用 $\mathcal{U}_p$ 和 $\mathcal{U}_0$ 表示由 $\boldsymbol{u}^{(i)}(i=1,\cdots,p)$ 和 $\boldsymbol{u}^{(i)}(i=p+1,\cdots N)$ 张成的空间，用 $\mathcal{V}_p$ 和 $\mathcal{V}_0$ 代表由 $\boldsymbol{v}^{(i)}(i=1,\cdots,p)$ 和 $\boldsymbol{v}^{(i)}(i=p+1,\cdots,M)$ 张成的空间。对任何观测资料 $\boldsymbol{d}$，假定其在 $\boldsymbol{u}^{(i)}$ 上的分量为 d_i，令 $\boldsymbol{d}_p=\sum_{i=1}^{p}d_i\boldsymbol{u}^{(i)}\in\mathcal{U}_p$，$\boldsymbol{d}_0=\sum_{i=p+1}^{N}d_i\boldsymbol{u}^{(i)}\in\mathcal{U}_0$，由于 $\boldsymbol{d}=\sum_{i=1}^{N}d_i\boldsymbol{u}^{(i)}=\boldsymbol{d}_p+\boldsymbol{d}_0$，$\boldsymbol{d}_p$、$\boldsymbol{d}_0$ 分别为 $\boldsymbol{d}$ 在 $\mathcal{U}_p$ 和 $\mathcal{U}_0$ 中的投影。类似地，可以将任何模型矢量分解为 $\boldsymbol{m}_p$ 和 $\boldsymbol{m}_0$ 两部分，其中 $\boldsymbol{m}_p\in\mathcal{V}_p$，$\boldsymbol{m}_0\in\mathcal{V}_0$。式(A7.1.15)表明，$\mathcal{U}_p$ 和 $\mathcal{V}_p$ 是通过矩阵 $\boldsymbol{G}$ 相互一一对应的，即对任何完全落在 $\mathcal{U}_p$ 中的资料 $\boldsymbol{d}_p$，在 $\mathcal{V}_p$ 中都存在 $\boldsymbol{m}_p$，使得 $\boldsymbol{G}\boldsymbol{m}_p=\boldsymbol{d}_p$。与此相对照的是，完全位于 $\mathcal{V}_0$ 中的模型不会对资料产生任何影响，而资料在 $\mathcal{U}_0$ 中的投影部分无法用任何模型来解释。

第 8 章　震级测量与地下爆炸当量估算

测定地震的震级是地震监测的重要内容。对于地下爆炸，除震级外，人们通常对其威力，即当量大小更感兴趣。地震监测中，估算地下爆炸当量的方法大体可以分为基于震级-当量经验关系的方法和基于震源模型的方法。本章首先介绍地震震级的基本概念和测量方法，其次介绍地下核爆炸的震级-当量关系，最后介绍基于震源模型的当量估计方法。

8.1　地 震 震 级

第 1 章已经简要介绍过地震震级的基本概念。这一概念看似非常简单，但在实际监测过程中，不同名称的震级和对同一名称震级的不同测量方法，常常令人感到困惑。之所以会出现这种情况，既有历史也有具体实践方面的原因。本节在 1.1 节的基础上，结合核爆炸地震监测的需要，进一步介绍 M_L、m_b、M_s 等常用地震震级的定义、测量方法及实际应用时需要注意的一些问题。关于更多类型震级的概念和测量方法，推荐读者进一步阅读 Bormann 等(2002)和刘瑞丰等(2015)等参考文献。

8.1.1　近震震级

近震震级 M_L 也称里式震级或地方震级。它是 Richter(1935)在研究美国南加利福尼亚州地震时引入的，是地震学中最早出现的震级概念，也可以说是所有震级之源。其定义为

$$M_L = \lg A_{max}^{(H)} - \lg A_0 \tag{8.1.1}$$

式中，$A_{max}^{(H)}$ 为 Wood-Anderson 标准地震仪(简称 WA 标准地震仪，静态放大倍数为 2800 倍，周期为 0.8s，阻尼系数为 0.8)记录的地震图在水平两分量上最大振幅(单峰值)的平均值，即 $A_{max}^{(H)} = 0.5(A_{max}^{(N)} + A_{max}^{(E)})$，单位为 mm；$A_0$ 为参考事件，即零级地震在同一震中距上的“标准”幅值。零级地震的定义：在震中距 $\Delta = 100$km 处，WA 标准地震仪若记录到的两水平分量最大振幅的均值为 1μm，则相应的地震为零级。

测量或应用 M_L 时需要注意以下几点：①M_L 是基于 WA 标准地震仪来定义的。

如果实际记录的地震仪不是 WA 标准地震仪，应通过仿真的方式将信号转换为 WA 标准地震仪的输出。②WA 标准地震仪是一种短周期地震仪，其通带的低频截止频率约为 1Hz。对震级较大(M_S为 7 级以上)的地震，这样测定的震级将会出现震级饱和现象。对此，8.1.5 小节将做进一步介绍。③对 M_L，测量的最大信号幅值一般不要求区分震相[①]。区域震距离上，天然地震信号的最大幅值大多出现在包括 Lg 波在内的广义 S 波窗口中，相应的度规函数 $R(\Delta)=-\lg A_0$ 反映的是对 S 波衰减的补偿。然而，对地下爆炸，信号的最大幅值常常出现在 P 波窗口。因此，用标准的 M_L 来反映地下爆炸的震源强度，理论上不完全合适。④M_L 实际上是用 100km 距离上的平均信号幅值来表征一次事件的震级大小。这样定义的震级不足以很好地反映源的相对强弱。例如，对于地下爆炸，其源区尺度一般不超过 1km。从 1km 到 100km，地震波的衰减可能因为不同地区地质结构的差异而存在明显区别。这意味着，对不同地区的地下爆炸，即便当量和源区耦合条件完全相同，对应的 M_L 也会出现差别。针对这一问题，Hutton 等(1987)建议用 $\Delta=17$km 处的位移大小来定义 M_L，即规定当 $\Delta=17$km 处 WA 标准地震仪记录的水平分量最大平均位移为 10mm 时，对应的 M_L 为 3 级。对美国南加州，这一定义和 Richter 的原始定义相一致[②]。对其他地区，则可以更好地避免 $\Delta<100$km 范围内的地震波幅值衰减差异对 M_L 测量结果的影响。⑤原始定义的 M_L 要求利用 $A_{\max}^{(H)}$ 来测定，实践中也可以采用垂向上的最大幅值 $A_{\max}^{(Z)}$ 进行测定。在使用 $A_{\max}^{(Z)}$ 测定 M_L 时，需要加上一个记录分量修正因子 K，其中 K 为 $\lg\left(A_{\max}^{(H)}/A_{\max}^{(Z)}\right)$ 的统计平均值，其大小约为 0.1 震级单位(m.u.)。⑥M_L 震级用质点的位移值来计算，而地震波的能量理论上和质点速度的平方成正比。因此用速度记录的最大幅值 $V_{\max}$ 或等价地用位移记录的 $(A/T)_{\max}$ (其中 T 代表信号周期)来计算震级更能反映震源的相对强弱。对于这一点，一般的解释是，由于仪器通带的限制及大地衰减的低通滤波作用，在 WA 标准地震仪记录的地震图上，具有最大幅值的信号对应的优势周期变化不大，使得用 $A_{\max}$ 来代替 $(A/T)_{\max}$ 对震级测量结果的影响有限。

根据式(8.1.1)，M_L 的度规函数 $R(\Delta)=-\lg A_0$。M_L 测定时一般不考虑震源深度对地震信号幅值的影响，因此 R 只是震中距 Δ 的函数。按标准 M_L 的定义，令 $\Delta_0=100\text{km}$。假定对某一地区，地震图上的最大幅值随震中距的衰减为

$$A_{\max}(\Delta)/A_{\max}(\Delta_0)=G(\Delta/\Delta_0) \tag{8.1.2}$$

根据 M_L 零级地震的定义，$A_{\max}(\Delta_0)=1\mu\text{m}=1\times10^{-3}\,\text{mm}$，则

① 中国地震局要求用 S 波(包括 Lg 波)的幅值来测定 M_L。

② 按照 Richter 公布的距离校正因子，$\Delta=17$km 处 WA 标准地震仪上 10mm 的位移对应的震级为 2.64 级，但 Hutton 等(1987)指出 Richter 给出的距离校正因子在 $\Delta<30$km 时不准确，Bakun 等(1984)曾得出过类似结论。

$$R(\Delta)=-\lg A_0=3-\lg G(\Delta/100\mathrm{km}) \tag{8.1.3}$$

图 8.1.1 是不同地区 M_L 度规函数的比较，其中包括 Richter(1958)发布的关于美国南加州地区的结果。可以看出，不同地区的 M_L 度规函数存在很大差别。尽管如此，实践中，在缺乏当地标定资料的情况下，Richter 关于南加州的研究结果常常被不适当地借用，这可能导致 M_L 台站震级明显依赖于震中距大小。

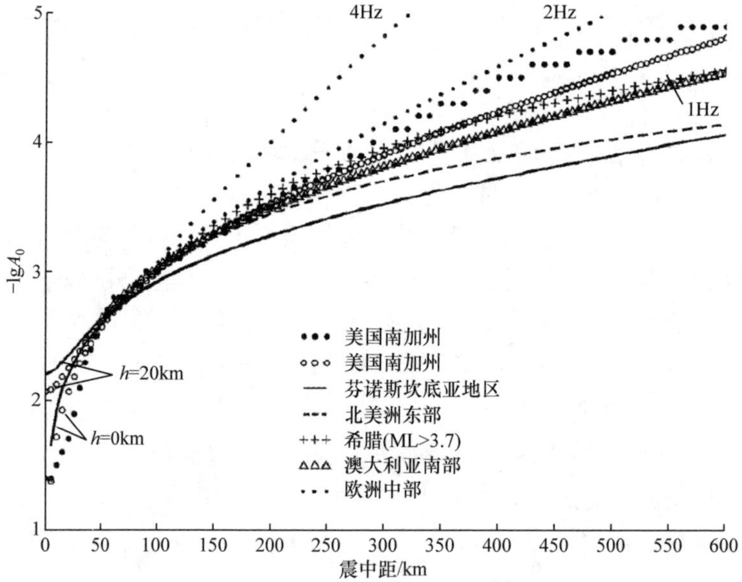

图 8.1.1　不同地区 M_L 度规函数的比较(Bormann, 2002)

我国近震震级的测定基本沿用了 Richter 的方法。不过，由于在模拟记录时代我国主要采用的是源自苏联的中长周期的基式地震仪(即 Kirnos SKD 地震仪，幅频响应曲线参见图 6.1.2)和短周期的 62/63 型地震仪等，为利用这些地震仪记录的信号幅值来测定震级，基于不同震中距上的地震在这些地震仪上的优势周期及这些优势周期对应的 WA 标准地震仪的放大倍数，对 Richter 的原始度规函数进行了修正。举例说明，假定一次地震的震中距为 Δ，用基式地震仪记录的地面位移的最大幅值为 $A_{\max}^{(K)}$，单位为 μm，$A_{\max}^{(K)}$ 对应的周期为 T_K，则在 WA 标准地震仪上，相应的信号幅值被认为是

$$A=\frac{A_{\max}^{(K)}\cdot V_{WA}(T_K)}{1000}(\mathrm{mm}) \tag{8.1.4}$$

式中，$V_{WA}(T_K)$是 WA 标准地震仪在周期为 T_K 时的放大倍数，代入式(8.1.1)，得到：

$$M_L=\lg A_{\max}^{(K)}+\lg\frac{V_{WA}(T_K)}{1000}-\lg A_0 \tag{8.1.5}$$

根据统计得到 T_K 随震中距的变化 $T_K = T_K(\Delta)$，最后得到采用基式地震仪来测定 M_L 时的度规函数为

$$R_K(\Delta) = \lg \frac{V_{WA}(T_K)}{1000} - \lg A_0 \tag{8.1.6}$$

图 8.1.2 是 $R_K(\Delta)$ 与 $R(\Delta) = -\lg A_0$ 的比较。

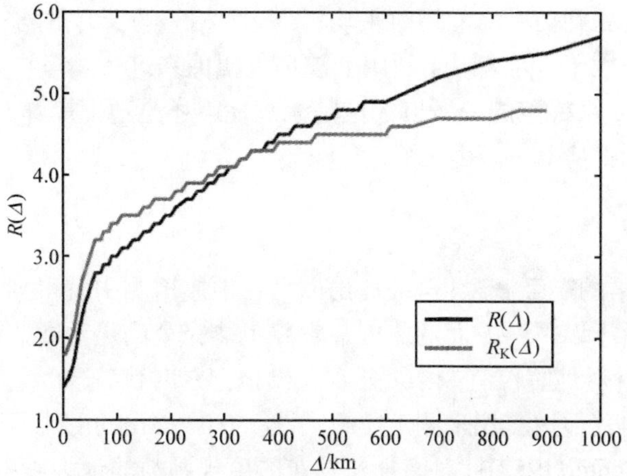

图 8.1.2　$R_K(\Delta)$ 与 $R(\Delta) = -\lg A_0$ 的比较

尽管上述方法在我国已经应用了数十年，却存在一个不容忽视的问题，即在相当于宽频带的基式地震仪上，地震信号的优势周期不仅依赖于震中距，也强烈地依赖于震级本身。但这种对震级的依赖性在得到 $R_K(\Delta)$ 的过程中被忽略了。实际上，所谓的优势周期随震中距的变化曲线 $T_K(\Delta)$，主要是利用较强地震得出的，它在中低震级以及爆炸的情况下不一定适用。一般来讲，由于大地震的源拐角频率较低，除了震中距很小的情况外，基式地震仪记录到的信号优势周期都大于 WA 标准地震仪的截止周期，使得 $V_{WA}(T_K)$ 显著小于 WA 标准地震仪在其通带内的放大倍数(约为 2800 倍)。但是，对中低震级地震，特别是地下爆炸，情况并非如此。由于此时事件的源拐角频率较高，即使存在大地滤波的低通效应的影响，基式地震仪上的信号优势周期常常还是小于 WA 标准地震仪的截止周期，使得 $V_{WA}(T_K)$ 接近于后者在其通带内的放大倍数。此时，如继续使用由大地震的 $T_K(\Delta)$ 得出度规函数 $R_K(\Delta)$，将会导致 M_L 的测定结果严重偏低。

在数字记录时代，只要严格采用将信号仿真为 WA 标准地震仪输出的方法，上述问题很容易避免。实际上，中国地震局的震级测量规范(中国地震局监测预报司，2003)也明确过，测定 M_L 时应将信号仿真为 WA 标准地震仪等短周期地震仪的输出，而不能仿真为中、长周期地震仪的输出。但令人不解的是，在同一规范中指明采用的度规函数却仍是基式地震仪对应的度规函数。

最后，还需要指出的是，虽然 IDC 发布的 REB 中也有地震事件的 M_L，但其测定方法完全不同于传统方法。根据 IDC 发布的关于地震、次声和水声数据的用户手册(Beall et al., 1999)，其测量方法是针对震源深度在 40km 以内的浅源地震，利用震中距 20°以内的台站上的 P 波或 Pn 波，有

$$M_L = 0.5\lg(\text{stav}^2 - \text{latv}^2) + C(\Delta) \tag{8.1.7}$$

式中，stav 为检测到信号时的短时平均；latv 为相应的长时平均；$C(\Delta)$ 为按台站标定的距离校正因子。因为限于利用 P 波信号幅值来进行测量，加上 $C(\Delta)$ 实际是参考体波震级 m_b 来标定的，所以无论是天然地震还是地下爆炸，IDC 测量的 M_L 在统计的意义上都应和 m_b 相一致。

8.1.2 面波震级

M_L 作为最早的震级概念，自被提出以来在地震监测中就得到了迅速的推广和应用。不过，由于以下两方面的原因，它并不能完全满足地震监测的需要。一方面，M_L 震级测量对地震仪有严格要求。在模拟记录时代，这严重限制了用 WA 标准地震仪以外的其他地震仪来测定震级。另一方面，M_L 的度规函数能覆盖的震中距范围较小。Richter(1958)针对南加州发布的度规函数的最大震中距只有 600km。其他一些地区的度规函数覆盖的震中距范围一般也不超过 1000km。之所以如此，一个可能的原因是 M_L 实际上是根据 S 波幅值来进行测定的。当 $\Delta > 1000\text{km}$ 时，即便是对天然地震，WA 标准地震仪记录的地震图上幅值最大的震相也逐渐从 S 波演变为 P 波。

因为上述两方面的限制，地震学中又逐渐发展出多种震级测量方法。其中之一就是面波震级 M_s。Gutenberg(1945)建立了用远震台站上的长周期面波来估算 M_s 的方法，即

$$M_s = \lg A_{\text{H}\max} + 1.656\Delta + 1.818 + S_c \tag{8.1.8}$$

式(8.1.8)称为面波震级测量的 Gutenberg 公式，适用于 $15° < \Delta < 130°$ 的浅源地震。式中，震中距 Δ 的单位为°；S_c 为可能的台站校正；$A_{\text{H}\max}$ 为瑞利面波引起的“真实”地面位移在水平方向上的幅值(峰峰值的 1/2，单位为 μm)，其中 $A_H = \sqrt{A_N^2 + A_E^2}$ 。式(8.1.8)要求 $A_{\text{H}\max}$ 对应的周期为 $T = (20 \pm 2)\text{s}$ 。这是因为在多数具有大陆地壳的地区，这一周期范围对应于艾里相。

国际地震学和地球内部物理学协会(International Association of Seismology and Physics of the Earth Interior, IASPEI)推荐布拉格公式(Karnik et al., 1962; Vaněk et al., 1962)，即

$$M_s = \lg(A/T)_{\max} + 1.66\Delta + 3.3 \tag{8.1.9}$$

作为标准的 M_s 计算公式。该公式可用于震源深度 $h < 50\text{km}$，震中距 $2° < \Delta < 160°$ 的地震记录。式中，A 为瑞利波引起的地面位移；T 为相应的信号周期。按 IASPEI 最新的推荐标准(Bormann et al.，2014)，式(8.1.9)中的 $(A/T)_{\max}$ 应该在仿真的世界标准地震台网(World-Wide Standard Seismograph Network, WWSSN)长周期记录上进行测量。目前，国际地震中心(International Seismological Centre，ISC)和美国地质调查局(U.S. Geological Survey，USGS)国家地震信息中心(National Earthquake Information Center，NEIC)都使用式(8.1.9)来测量 M_s。测量时，两者都要求地震的震源深度不超过 60km，实际允许的震中距范围为 20°～160°。不过，ISC 允许的面波周期范围为 10～60s，且 $(A/T)_{\max}$ 既可以在垂向，也可以在水平向上测量。USGS 允许的面波周期严格限制在 18～22s，且只允许使用垂向上的测量结果。

IDC 使用第三种方法，即

$$M_s = \lg(A/T)_{\max} + \frac{1}{3}\lg\Delta + \frac{1}{2}\lg(\sin\Delta) + 0.0046\Delta + 5.370 \tag{8.1.10}$$

来计算 M_s。式(8.1.10)由 Rezapour 等(1998)给出。它假定观测到的瑞利波对应于艾里相，$(1/3)\lg\Delta$ 是对频散造成的信号幅值衰减的补偿，$(1/2)\lg(\sin\Delta)$ 是对几何扩散衰减的补偿，0.0046Δ 则是对信号非弹性衰减的补偿。Rezapour 等(1998)以 ISC 的数据为基础得到式(8.1.10)，因此式中的 $(A/T)_{\max}$ 应该和 ISC 一致。尽管如此，IDC 在测量 M_s 时，要求将原始记录统一转换为 KS360000 长周期地震仪的输出，并要求面波信号的周期在 18～22s。

上述三种 M_s 测量方法都要求用固定的长周期地震仪，或是将其他地震仪记录的信号仿真成相应地震仪的输出后直接进行测量。Russell(2006)提出一种基于窄带滤波的变周期面波震级 $M_{s(b)}$ 计算公式。在此基础上，Bonner 等(2006)建立了变周期最大幅值面波震级 $M_s(V_{\max})$ 测量方法。该方法也逐渐为从事核爆炸地震监测研究的学者所接受和应用(Patton, 2016；Selby et al., 2012)。对典型大陆地壳，Russell 的 $M_{s(b)}$ 计算公式为

$$\begin{aligned} M_{s(b)} = {} & \lg a_b + \frac{1}{2}\lg\Delta + \frac{1}{2}\lg(\sin\Delta) + 0.0031\left(\frac{20}{T}\right)^{1.8}\Delta \\ & - 0.66\lg\frac{20}{T} - \lg f_c - 0.43 \end{aligned} \tag{8.1.11}$$

其中，

$$f_c \leqslant \frac{0.6}{T\sqrt{\Delta}} \tag{8.1.12}$$

为计算 $M_{s(b)}$，要求先用通带从 $1/T - f_c$ 到 $1/T + f_c$ 的三阶 Butterworth 零相位滤波器来对经过仪器响应校正的数据进行滤波，在滤波过后的波形上测量最大幅值 a_b，然后代入式(8.1.11)进行计算。为了得到最终的 $M_s(V_{\max})$，则是对 8～25s 的

18 个周期所对应的中心频率，确定最大的 $\lg a_b - \lg f_c$ 所对应的周期 $T_{\max A}$，然后将 $M_{s(b)}(T_{\max A})$ 作为 $M_s(V_{\max})$。这里，之所以选择 $M_{s(b)}(T_{\max A})$ 而非所有 $M_{s(b)}(T)$ 的平均值是某些震源机制(如 45°倾滑地震)的地震激发的瑞利波会伴随有频谱零点，相应周期上的 $M_{s(b)}$ 可能会显著拉低平均的 $M_{s(b)}(T)$。

和传统的 M_s 震级测量方法相比，$M_s(V_{\max})$能排除非频散的艾里相对 M_s 测量结果的影响。同时，$M_{s(b)}$ 的计算是基于严格的时间域中面波信号幅值和周期的理论关系。根据 Okal(1989)和 Russell(2006)的研究，在未进行窄带滤波的情况下，假定面波信号的幅值为 A、周期为 T，则 M_s 应和 $\lg(A \cdot T)$ 线性相关，而非 $\lg(A/T)$。因此，$M_s(V_{\max})$能更好地适用于面波信号周期不在 20s 附近时的情形。因为相关情形多发生在区域震时，采用 $M_s(V_{\max})$有助于提高对中、低震级事件的监测能力。

用上述不同方法得到的 M_s 相互之间可能存在一定的系统偏差。其中，USGS 应用布拉格公式计算的 M_s 比用 Gutenberg 公式计算的测量结果系统偏高约 0.18 级(Abe, 1981)，同时 USGS 的测量结果比 IDC 的测量结果系统偏高约 0.1 级(Murphy, 1997)，而 USGS 和 ISC 的结果则基本一致(Rezapour et al., 1998)。至于 $M_s(V_{\max})$，在远震的情况下，它与式(8.1.9)或式(8.1.10)估计的 M_s 误差在 0.1 震级单位以内。

8.1.3　体波震级

短周期体波震级 m_b 的基本定义为

$$m_b = \lg(A/T)_{\max} + Q(\Delta, h) \tag{8.1.13}$$

式中，A 为 P 波信号幅值；T 为相应的信号周期；$Q(\Delta, h)$ 为相应的度规函数(Murphy et al., 2003; Veith et al., 1972; Gutenberg et al., 1956a)。

式(8.1.13)只是 m_b 的一般定义。在具体实践中，关于 $(A/T)_{\max}$ 如何测量，采用什么样的度规函数更为合适，国际上并无统一的规范和标准。其中，具有代表性的是 IASPEI 的推荐方法(Willmore, 1979)和 USGS、IDC 实际采用的方法。为方便起见，记三种方法对应的震级分别为 m_b(P)、m_b(NEIC)和 m_b(IDC)。三者在信号频率窗口(图 8.1.3)、时间窗口和距离-震源深度修正等方面互不相同，导致三种方法特别是 IDC 方法和另外两种方法的 m_b 测量结果存在一定的系统偏差(Granville et al., 2005，2002)。例如，Murphy(1997)发现，与 m_b(NEIC)相比，m_b(IDC)系统偏低约 0.4 个震级单位(图 8.1.4)。由于 m_b 在核爆炸地震监测中具有非常重要的作用，如许多重要的震级当量关系是通过它来表征的，同时 m_b:M_s 也是主要的事件识别判据之一，理解不同的 m_b 测量方法及相互之间的区别，对地下核爆炸的当量估计和事件识别十分重要。

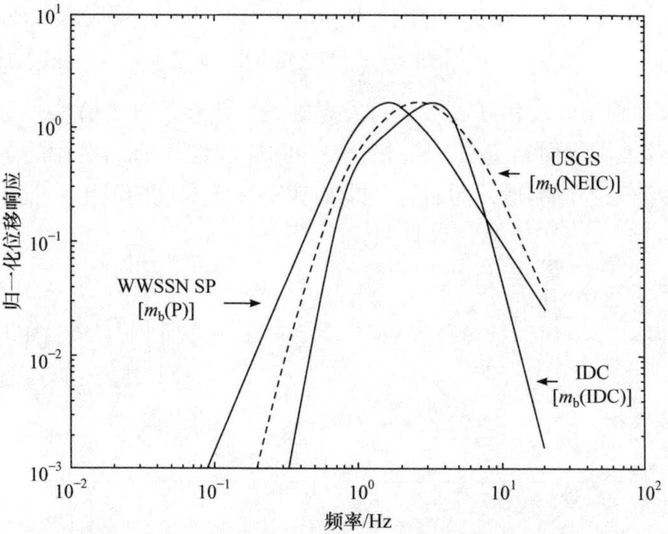

图 8.1.3　三种不同的 m_b 测量方法所使用的信号频率窗口比较(Granville et al.，2005)

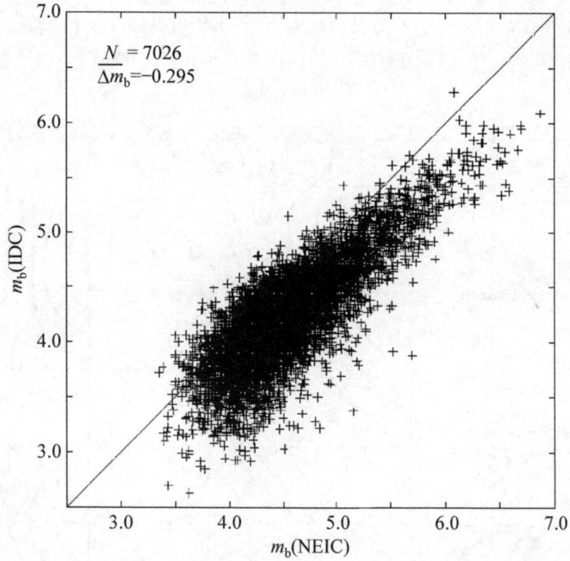

图 8.1.4　m_b(NEIC)和 m_b(IDC)比较(Murphy, 1997)

IASPEI 的推荐方法继承了早期利用 WWSSN 台网短周期地震仪模拟信号记录来测量 m_b 的方法。将实际记录的数字地震信号仿真成 WWSSN 短周期的输出，然后从 P 波初动到时算起，在 15s 或 20s 的时间窗口[①]内按图 8.1.5 示意的方法测

① 早期 IASPEI 规范要求为 15s，后来修改为 20s，而最新标准要求是在包括 P、pP、sP、PcP 和 PP 在内的整个 P 波波列。

量垂向分量上的最大信号幅值 A(单位为 μm)和周期 T，将其代入式(8.1.13)，并应用 Gutenberg 等(1956a)为中周期 P 波计算的度规函数，这里记为 $Q_{\mathrm{PV}}^{(\mathrm{GR})}(\Delta,h)$(图 8.1.6)，来得到相应的台站震级。有意思的是，该 $Q_{\mathrm{PV}}^{(\mathrm{GR})}(\Delta,h)$ 实际上是为另一种被称为 m_{B} 的体波震级而制定的。m_{B} 和 m_{b} 之间的区别是，前者利用的是 0.5～12s 的中周期远震体波来进行测量，而后者，即 WWSSN 短周期的输出一般在 1s 左右。

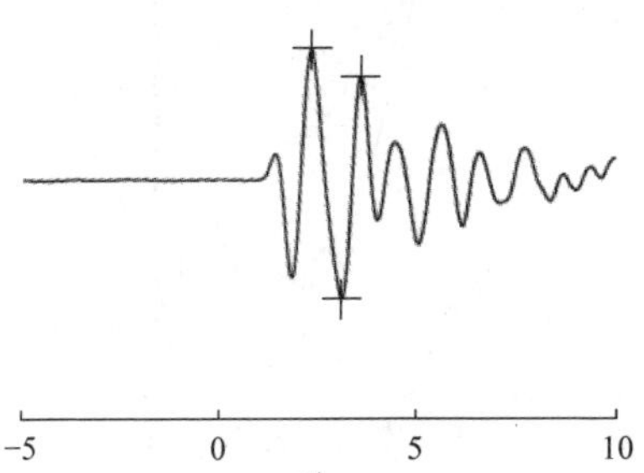

(a) m_{b}(P)和m_{b}(NEIC)　　(b) m_{b}(IDC)

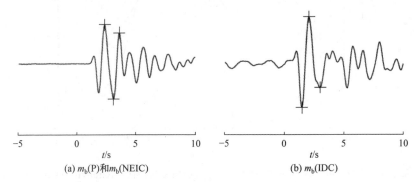

图 8.1.5　m_{b} 幅值测量方法示意图

测量时，以波形中的最大峰峰值[从峰到谷(左)或从谷到峰(右)]的 1/2 为信号的单峰值。在 m_{b}(P)和 m_{b}(NEIC)的情况下，信号周期被取为图中第 1～3 个“+”号对应的时间差，而在 m_{b}(IDC)的情况下，信号周期被取为第 1 和 2 个“+”对应的时间差的 2 倍

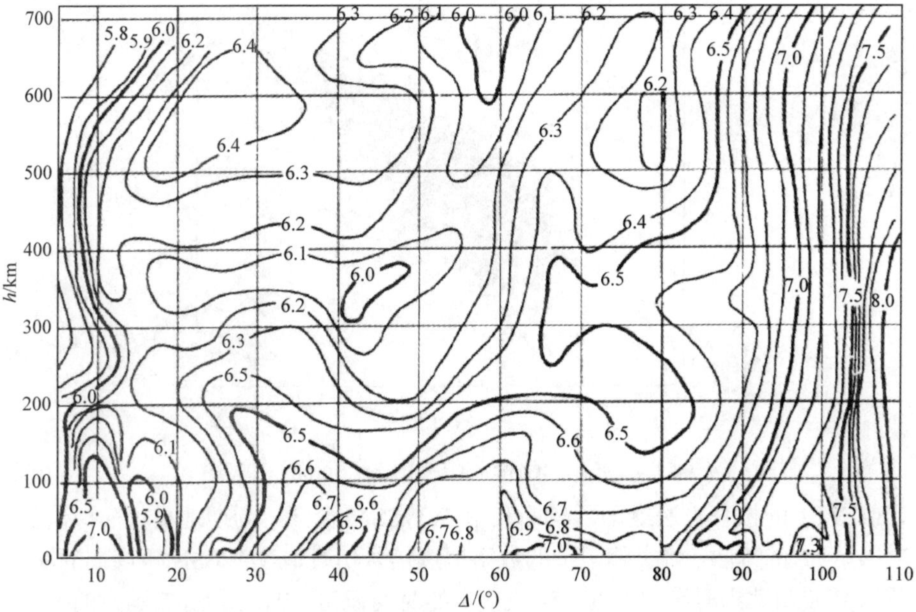

图 8.1.6　m_{b}(P)与 m_{b}(NEIC)使用的度规函数 $Q_{\mathrm{PV}}^{(\mathrm{GR})}(\Delta,h)$ (Bormann et al., 2002)

USGS 同样应用 $Q_{\mathrm{PV}}^{(\mathrm{GR})}(\Delta,h)$ 来计算 m_{b}(Granville et al., 2005)。与 IASPEI 推荐

方法不同的是，USGS 的自动处理程序在测量$(A/T)_{max}$时，首先直接采用两个通带分别为 1.05～2.65Hz 和 0.5～6.5Hz 的 2 阶 Butterworth 带通滤波器来对宽频带速度记录滤波，其次在从初动到时开始的 10 个信号周期的时间窗口内，计算最大峰峰值的 1/2(单位 μm)及相应的周期 T，再次根据 T 的大小对施加的两个带通滤波器的衰减做补偿，最后除以地震计在周期 T 时的位移响应，得到以 nm 为单位的幅值 A。除上述要求外，对大地震，USGS 允许分析员忽视 10 个周期时间窗口的限制，在最长 60s 的窗口内重新测量信号幅值，以代替自动测量的结果。

IDC 使用的 m_b 测量方法在其关于波形数据处理的技术文档(Beall et al., 1999)中有详细介绍。其方法是用一个通带为 0.8～4.5Hz 的 3 阶 Butterworth 滤波器对原始的速度记录接连进行正向滤波和反向滤波。采用这一滤波方法的初衷是消除滤波引起的信号相位畸变。然后在从 P 波到时前 0.5s 开始的，长度为 6s 的时间窗口内，测量最大峰峰值及相应的信号周期 T。对相应周期的位移响应做校正，得到需要的幅值 A(单位 nm)。此外，非常重要的一点，IDC 不是用 $Q_{PV}^{(GR)}(\Delta,h)$，而是用 Veith 等(1972)给出的度规函数，这里记为 $Q_P^{(VC)}(\Delta,h)$ (图 8.1.7)来计算 m_b。与 $Q_{PV}^{(GR)}(\Delta,h)$ 原本是为中周期 P 波信号制定的有所不同，$Q_P^{(VC)}(\Delta,h)$ 是在全球 19 个地方 43 次大当量地下核爆炸的观测数据的基础上，直接针对短周期 P 波而量身定制的。最后，读者需要特别记住的是，当使用 $Q_P^{(VC)}(\Delta,h)$ 进行距离-震源深度校正时，A 应为峰峰值，单位为 nm；而如果是用 $Q_{PV}^{(GR)}(\Delta,h)$，则 A 为峰峰值的 1/2，

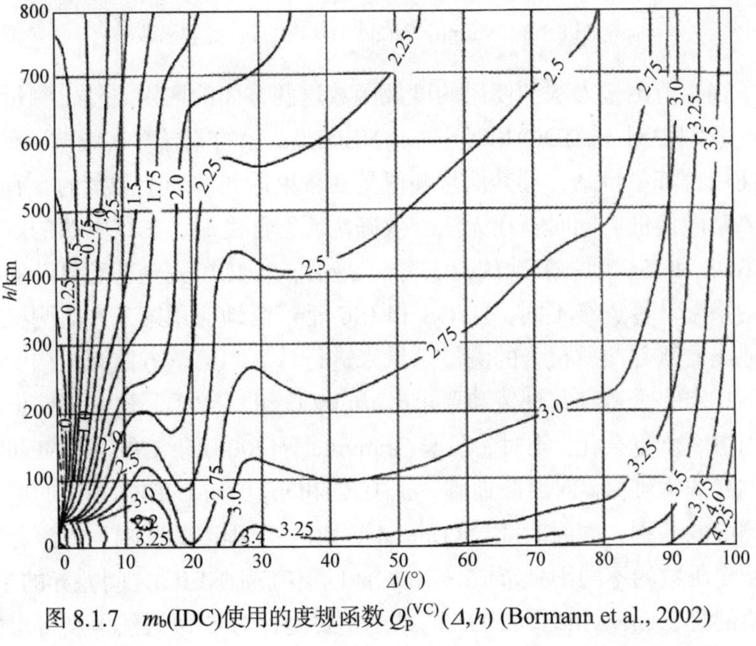

图 8.1.7　m_b(IDC)使用的度规函数 $Q_P^{(VC)}(\Delta,h)$ (Bormann et al., 2002)

单位为 μm。除上述两种用于 m_b 计算的度规函数外，Murphy 等(2003)进一步给出了一种修正的 m_b 度规函数(图 8.1.8)。新的度规函数在 23°～92°的震中距范围内和 Veith 等(1972)的结果相同，但对 23°以下的震中距范围做了较大修正，同时将度规函数的震中距范围扩展到了 180°。

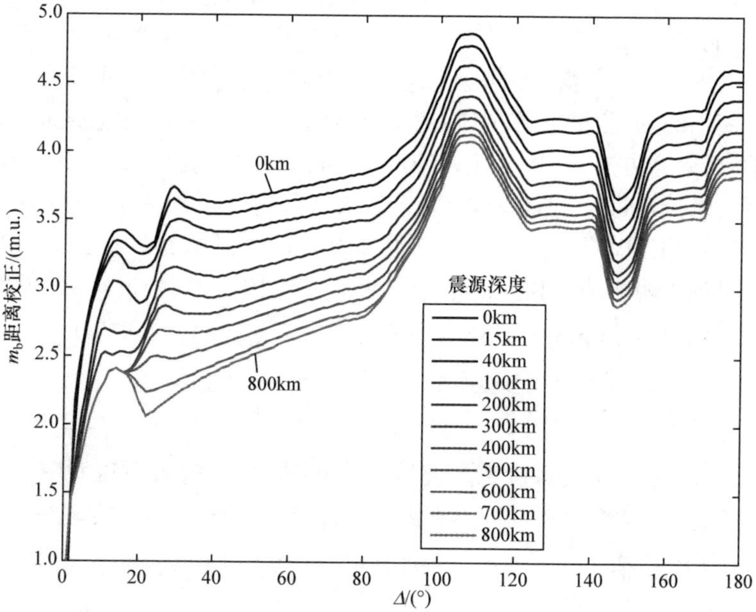

图 8.1.8　Murphy 等(2003)修正的 m_b 度规函数

除了在幅值测量方法和使用的度规函数这两方面的区别之外，测量过程中的其他一些差别也对 m_b(IDC)相对于 m_b(NEIC)/m_b(P)的差异存在影响。例如，IDC 更多地使用台阵型台站，且其信号幅值是在聚束后的波形上测量的，有可能使得测量结果略微偏低。同时，在无法有效确定震源深度时，IDC 默认的震源深度为 0km，USGS 和 ISC 则一般默认为 33km。最后，与 IDC 完全基于自己的幅值和周期测量结果来计算震级不同，USGS 和 ISC 都广泛地应用第三方监测机构，如其他国家地震监测部门所报告的测量结果来进行计算。第三方监测机构所报告的测量结果不一定完全遵守其规范和要求(Murphy et al., 2003)，这些都使出现系统偏差的原因进一步复杂化。不过，根据 Granville 等(2005)的结果，m_b(NEIC)和 m_b(P)之间的差异非常细微。对浅源地震，m_b(IDC)和 m_b(P)/m_b(NEIC)之间的差异主要源于频率响应的差别，同时时间窗口的不同也有一定程度的影响。在深源地震的情况下，度规函数的不同则是造成 m_b(IDC)和 m_b(P)/m_b(NEIC)之间差异的主要原因。需要说明的是，Granville 等(2005)的结论主要是针对 5 级天然地震得出的。如果是地下核爆炸，则情况还会有所不同。首先，地下核爆炸时，远震 P 波的最大幅值几乎总是在到时后的前 5s 以内；其次，对 150kt 以下的地下核爆炸，P 波的源拐角频率基本在 1Hz 以上，使得频率响应和时间窗口的差异对 m_b 测量的影响远不如 5 级以上浅源地震那么显著(图 8.1.9)。

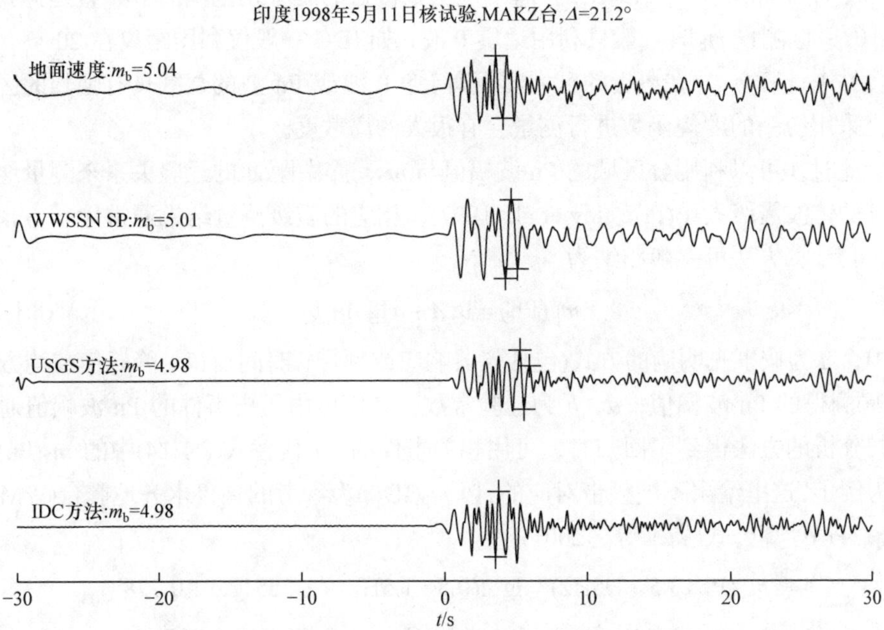

图 8.1.9　核试验情况下信号处理方法对 m_b 测量结果的影响

图中显示的是印度 1998 年 5 月 11 日核试验在哈萨克斯坦 MAKZ 台上记录的用不同处理方法处理之后的波形及相应的台站 m_b 测量结果，其中 m_b 的计算统一采用度规函数 $Q_P^{(VC)}(\Delta,h)$ 。可以看出这种情况下不同信号处理方法对 m_b 测量结果的影响很小

需要说明的是，中国地震局实际采用的 m_b 测量方法不同于上述任何一种测量方法。根据中国地震局的震级测量规范(刘瑞丰等，2015；Bormann et al., 2007；中国地震局监测预报司, 2003)，中国地震局在测定 m_b 时虽然也使用 $Q_{PV}^{(GR)}(\Delta,h)$ 来进行震中距修正，但对震中距的要求放宽至 5°～100°，且在测量 $(A/T)_{max}$ 时要求将信号仿真为 DD-1 地震仪的输出。由于 DD-1 地震仪的带宽明显超过 WWSSN 短周期地震仪的带宽(图 6.1.2)，对 4.0 级以下的地震，中国地震局测量的 m_b 明显偏高(Bormann et al., 2007)。

上面仔细描述了 m_b 测量的不同方法。事实上，在数字化地震仪早已普及的今天，这些测量方法显得有些过时和没有必要。因为 m_b 计算公式中的 A/T 理论和地面运动的速度大小是等价的，所以直接在经过仪器响应校正后的速度波形上测

量 $V_{\max}$，并用 $V_{\max}/2\pi$ 来代替其中的 $(A/T)_{\max}$，更能符合震级的本来定义。图 8.1.9 给出了用这种方法来测量的一个例子，和传统方法的测量结果基本一致。

8.1.4　区域体波震级

尽管 Veith 等(1972)给出的 m_b 度规函数覆盖的震中距范围向下一直延伸到了 $\Delta = 0°$，但测量 m_b 时一般只利用远震 P 波，如 IDC 一般仅利用距离在 20°～105° 的台站来计算 m_b。在更近的区域震距离上，P 波或 Pn 波的衰减具有强烈的区域性，采用统一的度规函数进行测量会有很大的离散度。

此时，可以利用分区域的 Pn 波幅值与 m_b、震中距 Δ 的经验关系来测量地震事件的体波震级大小(Priestley et al., 1997)，相应的震级测量结果通常用 m_b(Pn)表示，其计算方法可一般归纳为

$$m_b(\text{Pn}) = \lg A + a\lg\Delta + b \tag{8.1.14}$$

式中，A 为按事先明确的方式(包括仪器响应或频带、时间窗口、峰峰值或均方根值等)测得的 Pn 波幅值；a、b 为经验常数，它们可由历史事件的 Pn 波幅值通过回归分析的方法得到。回归时，可用相关事件的 m_b 代替式(8.1.14)中的 m_b(Pn)。作为例子，这里给出不同频带对应的，以 m_b(IDC)为参考的乌鲁木齐地震台(WMQ)的 m_b(Pn)计算公式(靳平等，2001)：

$$m_b(\text{Pn}\,|\,0.5\sim1.5\text{Hz}) = \lg A(0.5\sim1.5\text{Hz}) + 1.255\lg\Delta + 0.778$$

$$m_b(\text{Pn}\,|\,1\sim2\text{Hz}) = \lg A(1\sim2\text{Hz}) + 1.517\lg\Delta + 0.007$$

$$m_b(\text{Pn}\,|\,2\sim4\text{Hz}) = \lg A(2\sim4\text{Hz}) + 1.845\lg\Delta - 1.008$$

$$m_b(\text{Pn}\,|\,0.5\sim4\text{Hz}) = \lg A(0.5\sim4\text{Hz}) + 1.750\lg\Delta - 0.9$$

式中，A 为速度记录经相应频带 3 阶 Butterworth 带通滤波后的 Pn 波最大峰峰值(单位 μm/s)。图 8.1.10 的结果显示，在不同频带内测量的 m_b(Pn)具有较好的一致性。

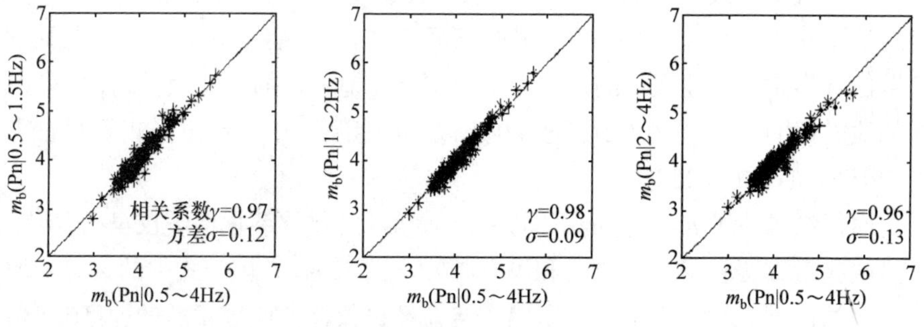

图 8.1.10　WMQ 台上由不同频带测量的 m_b(Pn)比较(靳平等，2001)

除 m_b(Pn)外，另一种或许更为重要的区域性短周期体波震级是 m_b(Lg)。在稳定大陆地壳的情况下，Lg 波一般是区域地震图上发育最明显的震相。对天然地震，Lg 波的辐射不像 P 波那样具有强烈的方向性(Street et al., 1975)，因此用 Lg 波测定的地震震级在台与台之间的离散度更小。同时，相较于 m_b，m_b(Lg)与地下核爆炸当量具有更好的相关性，且相应的震级当量关系理论上不存在与上地幔衰减有关的场地偏差，故而被广泛地应用于地下核爆炸的当量估计中(Zhao et al., 2016，2008；Zhang et al., 2013; Israelsson, 1994; Ringdal et al., 1992; Hansen et al., 1990; Nuttli, 1988,1987,1986a,1986b)。

m_b(Lg)的测量方法最早由 Nuttli(1973)提出，利用 WWSSN 短周期地震仪所记录的 Lg 波的第三峰值，根据 Lg 波随震中距的衰减规律将其折算到 10km，即

$$A(10) = A(\Delta)\cdot(\Delta/10)^{1/3}\cdot[\sin(\Delta/111.1)/\sin(10/111.1)]^{1/2}e^{-\gamma(\Delta-10)} \tag{8.1.15}$$

式中，$A(\Delta)$ 为距离 Δ 处(单位为 km)的 Lg 波第 3 峰值(单位为 μm)；$[\sin(\Delta/111.1)/\sin(10/111.1)]^{1/2}$ 、$(\Delta/10)^{1/3}$ 、$e^{-\gamma(\Delta-10)}$ 分别是对几何扩散、频散、非弹性衰减影响的校正；$\gamma=\pi fU/Q(f)$ 为 Lg 波的非弹性衰减系数，$Q(f)$ 为 Lg 波优势频率对应的品质因子，U 为相应的群速度。定义：

$$m_b(\mathrm{Lg}) = 5.0 + \lg[A(10)/C] \tag{8.1.16}$$

式中，C 为 m_b 5.0 级地震在 10km 上的 Lg 波名义幅值。对东北美地区，Nuttli 发现 $C=110\mu\mathrm{m}$ 。

上述方法可以推广到均方根 Lg 波幅值的情况(Patton et al.，2005)。此时，利用折算到 10km 的 Lg 均方根波幅值 $A_{\mathrm{rms}}(10)$ ，并令 C_{rms} 为 m_b 5.0 级地震在 10km 上的名义幅值，则

$$m_b(\mathrm{Lg,rms}) = 5.0 + \lg[A_{\mathrm{rms}}(10)/C_{\mathrm{rms}}] \tag{8.1.17}$$

式中，在东北美地区 $C_{\mathrm{rms}}=90\mu\mathrm{m}$ ；

$$A_{\mathrm{rms}}(10) = A_{\mathrm{rms}}(\Delta)\cdot(\Delta/10)^{1.0}e^{-\gamma(\Delta-10)} \tag{8.1.18}$$

如果严格按照上述 m_b(Lg)定义，则对不同的区域或场地，都需要确定当地的标定常数 C，使得对 5.0 级地震，m_b(Lg)=m_b。但也可以考虑用固定的 C 来计算全球所有地方的 m_b(Lg)，这相当于直接采用 $\Delta=10$km 处的名义 Lg 波幅值来衡量震源强度。这样定义的 Lg 波震级更加符合震级的本义，国际上实际应用的 Lg 波震级采用的正是这种方法。例如，在新的 IASPEI 推荐标准中(Bormann et al.，2014)，Lg 波震级的测量方法为

$$m_b(\mathrm{Lg}) = \lg[A(\Delta)] + 0.833\lg\Delta + 0.4343\gamma(\Delta-10) - 0.87 \tag{8.1.19}$$

式中，A 的单位为 nm；Δ 的单位为 km。式(8.1.19)实际上是固定 $C = 110\mu m = 1.1\times 10^5 nm$ 后由式(8.1.15)和式(8.1.16)得到的。这样测量的 $m_b(Lg)$ 不再和 m_b 绑定，而且因为不同地区或传播路径之间的衰减差异已经通过 γ 在其测量过程中得到校正，所以相应的 $m_b(Lg)$ 震级当量关系理论上不存在因路径衰减不同而导致的场地偏差。

8.1.5 震级饱和与矩震级

前面介绍的各种震级都是利用特定频率窗口内的、距离归一化的信号幅值来反映事件的震源强度。但地震学中反映震源强度的绝对物理量是地震矩 M_0。那么震级和地震矩之间的关系是什么呢？再有，在监测中常常会遇到随着震源强度的增大，特定定义的震级，尤其是 m_b 在达到一定大小后就逐渐不再随震源强度的增大而增大，即存在所谓的震级饱和现象，这又是为什么呢？

首先回答第二个问题。图 8.1.11 是不同 M_s 大小天然地震的源频谱示意图，图中纵坐标是地震矩 M_0 的大小。图中可见地震的源拐角频率随 M_0 的增大而减小。对特定频率的信号，当地震事件的源拐角频率高于该频率时，该频率上的信号幅值近似和 M_0 成正比；而当源拐角频率低于该频率时，相应的信号幅值对 M_0 的变化就不再敏感。传统定义的震级正是利用特定频率附近的信号幅值来衡量震源强度，如 m_b 利用的是 1Hz 附近的信号幅值，M_s 利用的是 20s 附近的信号幅值，当 M_0 增大到一定程度，使得源拐角频率显著低于这些震级对应的信号频率时，相应的震级基本上就不再随 M_0 的增大而增大。换句话说，对每一种在有限频率上定义的震级，都存在一个震级上限，无论地震的实际源强度有多大，实际测量的震级基本不会超过该限值。这一现象为震级饱和，相应的震级上限为饱和震级。m_b、M_L 和 M_s 的饱和震级分别约为 6.5 级、7 级和 8.5 级。需要指出的是，如图 8.1.11 中的虚线所示，在 M_0 相同的情况下，地下核爆炸的源拐角频率显著高于天然地震的源拐角频率，因此，对地下核爆炸，m_b 的饱和震级不止 6.5 级。

不同于各种传统震级，地震矩 M_0 是反映地震事件绝对源强度的客观物理量。无论是天然地震还是地下爆炸，M_0 都和具体的源物理参数，如天然地震时的断层面错动面积与位错大小、地下爆炸时的空腔体积等有明确的理论关系。尽管如此，由于震级的概念早已得到普及并为人熟悉和习惯，相比之下地震矩的概念过于专业化，为在更大范围内推广和应用地震矩的测量结果，有必要将其换算为震级的形式，并使换算出的震级大小和由传统方法测定的震级大小大体相当。这种由地震矩大小直接换算而来的震级，就是矩震级，在地震学中用

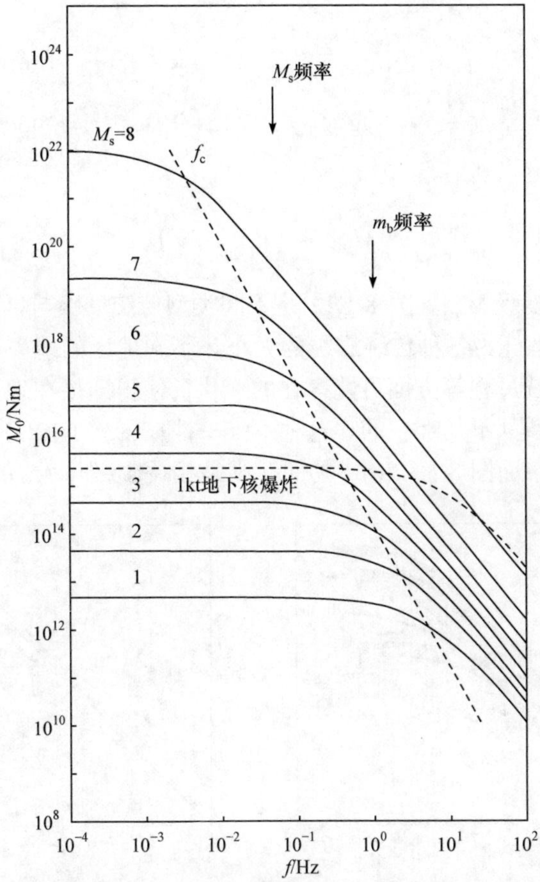

图 8.1.11　不同 M_s 大小天然地震的源频谱示意图(Bormann et al., 2002)

符号 M_W 来表示。

为得到满足上述条件的 M_0 和 M_W 之间的换算关系，可以利用地震矩与地震能量之间的理论关系和面波震级与地震能量之间的经验关系。Kostrov(1974)证明，天然地震辐射的地震波能量为

$$E_s \approx \Delta\sigma\bar{D}A/2 \tag{8.1.20}$$

式中，$\Delta\sigma$ 为断层面上的应力降；$\bar{D}$ 为错动位移；A 为断层面面积。代入 $M_0 = \mu\bar{D}A$，得到：

$$E_s \approx (\Delta\sigma/2\mu)M_0 \tag{8.1.21}$$

根据 Bormann 等(2002)，强震的应力降一般变化不大(2～6MPa)，利用地壳和上地幔中岩石的剪切模量 3～6×10^4 MPa，平均的 $E_s \approx 5\times10^{-5}M_0$。将其代入 E_s 与 M_s 的经验关系(Gutenberg et al., 1956b)，即

$$\lg E_s = 4.8 + 1.5M_S \quad (8.1.22)$$

得到：

$$\lg M_0 = 1.5M_s + 9.1 \quad (8.1.23)$$

根据这一关系，定义：

$$M_w = \frac{2}{3}(\lg M_0 - 9.1) \quad (8.1.24)$$

即得到需要的矩震级 M_w。图 8.1.12 是不同类型传统震级与 M_w 的关系。图中横坐标为 M_w，纵坐标为各种传统震级的大小。不同地区的地震在应力降大小、断层几何形状、破裂过程等方面可能存在的变化，使得即便在理论上，每一种传统震级与 M_w 的关系都不是唯一的。这种不唯一性在图 8.1.12(a)中由相关关系的不确定范围来反映，而图 8.1.12(b)中的曲线则是相关震级与 M_w 的平均关系。

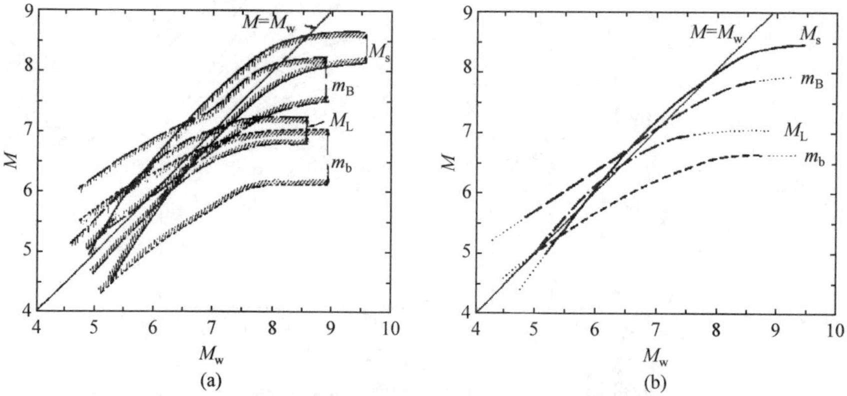

图 8.1.12　不同类型传统震级与 M_w 的关系(Kanamori, 1983)

图中纵坐标为各种传统震级的大小，图(a)中每种关系的不确定度范围反映各种传统震级与 M_w 的关系是非唯一的，而图(b)中的曲线代表相应的平均关系

图 8.1.12 除了反映各种传统震级与 M_w 的关系外，也更加清晰地反映了震级饱和现象。图中可见，虽然各种传统震级的大小总体上随 M_w 的增加而增加，但增加的趋势却随 M_w 的增大而越来越缓，并最终趋于饱和。其中，m_b 的饱和震级平均约为 6.5 级，M_L 的饱和震级平均约为 7 级，m_B 的饱和震级接近于 8 级，而 M_s 的饱和震级接近于 8.5 级。至于 M_w，由于是地震震源强度的真实反映，理论上不存在震级饱和的问题。

8.1.6　最大似然震级

对于一次地震事件，监测机构报告的震级大小通常是台网中各台站测量结果的简单平均。假定一次地震的真实震级为 m，其台站震级服从 $N(m,\sigma^2)$ 的高斯分

布，则普通的台网平均震级为

$$\overline{m} = \frac{1}{N_D}\sum_{i=1}^{N_D} m_i \tag{8.1.25}$$

式中，m_i 为第 i 个台站上的台站震级；N_D 为实际报告震级的台站数。上述估计的不确定度大小可用 $\overline{m}$ 的方差，即

$$\text{var}(\overline{m}) = E(\overline{m} - m)^2 = \frac{1}{N_D}\sigma^2 \tag{8.1.26}$$

来反映。σ^2 一般是未知的，实践中常用 m_i 的标准差，即

$$s^2 = \frac{1}{N_D - 1}\sum_{i=1}^{N_D}(m_i - \overline{m})^2 \tag{8.1.27}$$

来代替。

式(8.1.25)理论上只适用于震级足够大、所有台站都能检测到信号的情形。对一般中小震级的地震，能检测到信号的往往是幅值偏高的台站，简单的台网平均可能使得事件的震级大小被高估。针对这一问题，Ringdal (1976)提出了最大似然震级。假定全球台网均匀分布，并假定一次地震的台站震级服从 $N(\mu,\sigma^2)$ 的高斯分布。另外，相对于该地震的震源位置，记第 i 个台站上的本底噪声幅值对应的震级大小为 a_i。假定只有信号幅值高于噪声幅值时在相应台站上才能检测到信号，则第 i 个台站能够检测到信号的概率为

$$P_i^{(D)} = P(m_i \geqslant a_i \mid \mu,\sigma) = \Phi\left(\frac{\mu - a_i}{\sigma}\right) \tag{8.1.28}$$

检测不到信号的概率为

$$1 - P_i^{(D)} = P(m_i < a_i \mid \mu,\sigma) = \Phi\left(\frac{a_i - \mu}{\sigma}\right) \tag{8.1.29}$$

其中，

$$\Phi(x) = \int_{-\infty}^{x}\phi(v)\mathrm{d}v,\quad \phi(x) = \frac{1}{\sqrt{2\pi}}e^{-\frac{x^2}{2}} \tag{8.1.30}$$

现在，假定台网中所有台站上的台站震级为 $m_1, m_2, \cdots, m_N$，N 为台站总数。记 $\mathcal{D}$ 为台网中所有检测到信号，即 $m_i \geqslant a_i$ 的台站的集合，而对不属于 $\mathcal{D}$ 的台站，有 $m_i < a_i$。发生这种情况的似然函数为

$$L(m_1, m_2, \cdots, m_n \mid m,\sigma) = \prod_{i\in\mathcal{D}}\frac{1}{\sigma}\phi\left(\frac{m_i - m}{\sigma}\right)\cdot\prod_{i\notin\mathcal{D}}\Phi\left(\frac{a_i - m}{\sigma}\right) \tag{8.1.31}$$

最大似然震级就是求 $\hat{m}$ (假定 σ 先验已知)，使得 L 最大。如果忽略式中 $i \notin \mathcal{D}$ 的部分，相应的解就是式(8.1.25)，即简单平均。因为式(8.1.31)等号右边的第二个因子是 m 的单调减函数，所以最大似然震级总是小于等于简单台网平均时的结果(图 8.1.13)。

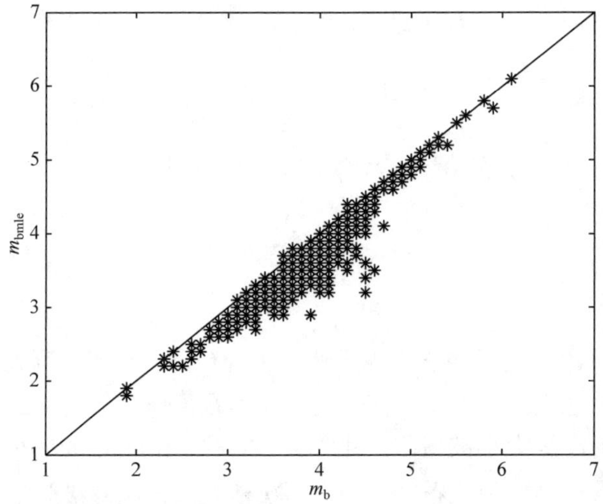

图 8.1.13　2000 年和 2001 年 IDC 测量的 m_b 和最大似然体波震级 m_{bmle} 的比较

式(8.1.31)定义的最大似然解可以通过方程：

$$\frac{\partial L(m_1, m_2, \cdots, m_n \mid m, \sigma)}{\partial m} = 0 \tag{8.1.32}$$

来数值求解。根据 Ringdal (1976)的研究，这样得到的最大似然估计具有渐进无偏、方差最小和服从正态分布的性质，且其方差大小为

$$\operatorname{var}(\hat{m}) = \sigma^2 \left[\sum_{i=1}^{N} \left(z_i \phi(z_i) + (1 - \Phi(z_i) + \frac{[\phi(z_i)]^2}{\Phi(z_i)} \right) \right]^{-1} \tag{8.1.33}$$

其中，

$$z_i = \frac{a_i - m}{\sigma} \tag{8.1.34}$$

8.2　震级-当量关系

8.2.1　体波震级-当量关系

实际观测结果表明，在同一场地和相同源区介质中，地下爆炸的震级 m 和当

量 W 之间的关系近似具有下列形式：

$$m = a\lg W + b \tag{8.2.1}$$

式中，a、b 为经验常数，a 反映与 m 相对应的信号幅值和当量之间的比例关系，而 b 对应于 1kt 爆炸的震级大小。

核爆炸地震监测中，应用最多的是体波震级 m_b 与当量的关系，其中包括 m_b(Pn) 和 m_b(Lg)与当量的关系等。这些关系大多根据公开的，主要是美国和苏联的地下核试验数据通过回归分析得到。表 8.2.1 是不同场地地下核试验 m_b/lg$W$ 关系汇总。其中 Marshall 等(1979)结果中的 m_Q 是 m_b 经上地幔衰减校正的震级，其定义为

$$m_Q = m_b + \mathrm{RC}(T) + \mathrm{SC}(T) + \mathrm{DC}(T) \tag{8.2.2}$$

式中，RC 和 SC 分别为台站和场地处的上地幔衰减校正；DC 为与 pP 干涉相关的深度校正，它们都是信号周期 T 的函数。

表 8.2.1　不同场地地下核试验 m_b/lg$W$ 关系汇总

文献	m_b/lg$W$ 关系
Murphy et al., 1971	m_b=3.5+0.85lg$W$ 凝灰岩和花岗岩，当量范围为 2～900kt
Murphy, 1977	m_b=3.79+0.85lg$W$ 少量凝灰岩/流纹岩样本，当量范围为 1.7～1200kt
Murphy, 1981	m_b=3.92+0.81lg$W$ 水饱和凝灰岩和花岗岩
Marshall et al., 1979	m_Q=(4.43±0.06)+(0.74±0.04)lg$W$ 全球范围高耦合介质中的地下核试验，当量范围为 3～4000kt
	m_Q=(4.30±0.06)+(0.78±0.03)lg$W$ 美国 Amchita、NTS Pahute 台地、Yucca 坪核试验，其中包括部分 Pahute 台地含水层以上核试验，当量范围为 3～4000kt
	m_Q=(4.23±0.15)+(1.05±0.06)lg$W$ 美国、苏联、法国在花岗岩和盐岩中地下核试验，当量范围为 3～200kt
Nuttli, 1986b	m_b(Lg)=(4.307±0.067)+(0.765±0.027)lg$W$ NTS 水饱和介质，5.2≤ m_b ≤6.7 m_b(Lg)=(4.228±0.135)+(0.796±0.135)lg$W$ NTS 花岗岩和水饱和介质，5.2≤ m_b ≤6.7 m_b(Lg)=(3.965±0.049)+(0.833±0.048)lg$W$ NTS 水不饱和介质，5.2≤ m_b ≤6.7
Patton,1988	m_b (Lg)=(3.52±0.04)+(0.95±0.03)lg$W$ 内华达含水层以上 120 次核试验，当量范围为 1～200kt
	m_b (Lg)=(4.07±0.03)+(0.80±0.02)lg$W$ 内华达含水层以下 91 次试验，当量范围为 1～1000kt
	m_b(Lg)=4.13+0.75lg$W$−0.025Gp m_b(P)=4.03+0.74lg$W$−0.025Gp 含水层以上凝灰岩爆炸, m_b (P)由 Marshall 私人通讯提供

续表

文献	m_b/lg$W$ 关系
Marshall et al., 1990	m_b=(3.45±0.23)+(0.91±0.18)lg$W$ 早期(1961～1963 年)NTS 含水层以上地下核试验，当量范围为 0.5～105kt 的 20 个样本，其中 m_b 包括区域台站上标定过的 m_b (Pn)、m_b(Pg)和 m_b (Lg)测量结果
Vergino et al.,1990	m_b(Pn)=(3.80～3.88)+0.9lg$W$−0.027Gp 适用于 NTS 所有(包括含水层上、下，凝灰岩和冲积层)介质，其中截距在 NTS 各亚区域间有微小变化
Murphy, 1996	m_b=4.45+0.75lg$W$(高耦合介质、低衰减场地) m_b=4.05+0.75lg$W$(高耦合介质、高衰减场地) m_b=3.7+0.75lg$W$(低耦合介质、低衰减场地) m_b=3.3+0.75lg$W$(低耦合介质、高衰减场地)
Murphy et al., 2001	m_b=4.45+0.75lg$W$(塞米巴拉金斯克、新地岛、罗布泊等) m_b=3.93+0.89lg$W$(法国撒哈拉试验场，花岗岩) m_b=4.38+0.83lg$W$(苏联 Azgir 试验场，盐岩)

表 8.2.1 的结果显示，除个别结果外，回归分析得到的 m_b/lg$W$ 关系的斜率 a 基本在 0.7～1.0。相比之下，m_b/lg$W$ 关系中截距 b 的变化更大。影响 b 大小的主要因素包括源区介质的耦合性质和试验场所在地区的上地幔衰减。关于源区介质的影响，Murphy(1996)总结了美国和苏联地下核试验的数据认为，硬岩和其他水饱和介质具有基本一致的 m_b/lg$W$ 关系(图 8.2.1)，黏土和水中爆炸的 m_b 会

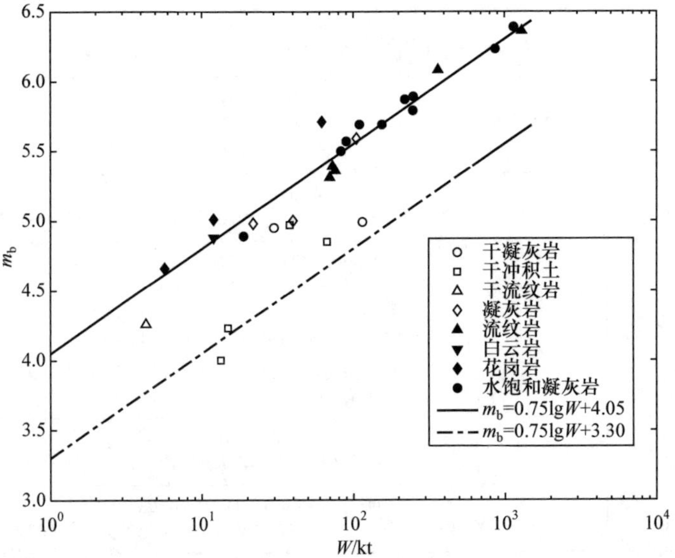

图 8.2.1 内华达核试验场部分已知当量地下核爆炸的 m_b 和当量

图中各次爆炸的当量、震级和源区介质类型主要参考 Douglas 等(1996)，部分爆炸源区介质含水情况同时参考 Springer 等(2002)

偏高(0.50±0.25)级，干燥多孔介质中的爆炸则会偏低(0.50±0.25)级。更定量地，Vergino 等(1990)根据内华达核试验的 m_b(Pn)发现，源区介质的耦合主要和介质的干孔隙率有关。干孔隙率每增加一个百分点，m_b 降低约 0.027 级。在对干孔隙率进行校正之后，所有爆炸都有基本一致的 $m_b/\lg W$ 关系。在此之前，Patton (1988)利用内华达核试验的 m_b(Lg)也曾得到相似的结论。

上述 $m_b/\lg W$ 关系的观测结果可以用地下核爆炸震源理论加以解释。首先，关于 $m_b/\lg W$ 关系的斜率 a，理论上主要与 m_b 频率窗口内的源频谱幅值和当量的比例关系有关。如图 8.2.2 所示，对于从 1kt 到 1000kt 的地下核爆炸，相应的源拐角频率正好落在测量 m_b 的信号频率窗口附近，使得爆炸的稳态折合位移势、源拐角频率、源频谱过冲随当量的变化都在不同程度上对 $m_b/\lg W$ 关系的斜率具有影响。表 8.2.2 是不同模型下 $m_b/\lg W$ 关系斜率的模拟计算结果，具体模拟方法详见附录 8.1，这里简单说明如下：针对不同的地下爆炸震源模型假设(MM71 模型或 DJ91 模型，固定埋深或正常比例埋深，不同的 pP 反射系数 r_{pP} 和 pP-P 时间差因子 F_{tpP})和介质非弹性衰减常数 t^*，计算 1～1000kt 爆炸对应的理论地震图，按 m_b(P)的要求测量相应的震级，然后通过回归分析得到 $m_b/\lg W$ 关系的斜率 a。

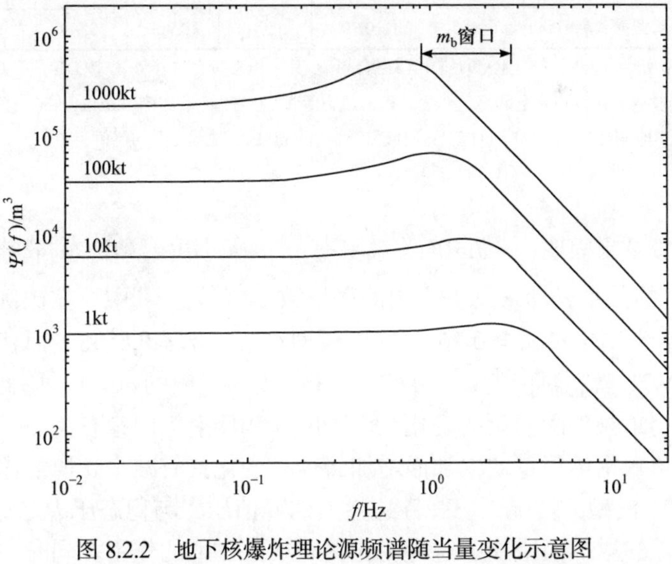

图 8.2.2　地下核爆炸理论源频谱随当量变化示意图

表 8.2.2　不同模型下 $m_b/\lg W$ 关系斜率的模拟计算结果

模型	斜率 a					
	MM71			DJ91①		
	r_{pP}=0	r_{pP}=0.3 F_{rpP}② =1	r_{pP}=0.3 F_{tpP}=2	r_{pP}=0	r_{pP}=0.3 F_{tpP}=1	r_{pP}=0.3 F_{tpP}=2
1. 比例埋深③、固定 f_e=20Hz, p_{0s}/p_{0c}=4、t^*=0.01	0.76	0.57	0.66	0.85	0.66	0.76

续表

模型	斜率 a					
	MM71			DJ91[①]		
	r_{pP}=0	r_{pP}=0.3 $F_{tpP}^{②}=1$	r_{pP}=0.3 F_{tpP}=2	r_{pP}=0	r_{pP}=0.3 F_{tpP}=1	r_{pP}=0.3 F_{tpP}=2
2. 花岗岩、比例埋深、固定 p_{0s}/p_{0c}=4、 t^*=0.01	0.51	0.49	0.43	0.60	0.59	0.52
3. 花岗岩、比例埋深、固定 p_{0s}/p_{0c}=1、 t^*=0.01	0.46	0.48	0.39	0.56	0.57	0.49
4. 花岗岩、比例埋深、t^*=0.01	0.64	0.63	0.66	0.66	0.64	0.58
5. 花岗岩、比例埋深、t^*=0.3	0.72	0.81	0.77	0.77	0.86	0.77
6. 花岗岩、比例埋深、t^*=0.5	0.78	0.87	0.84	0.84	0.93	0.87
7. 花岗岩、比例埋深、t^*=0.8	0.83	0.92	0.90	0.90	0.99	0.96
8. 凝灰岩、比例埋深、t^*=0.5	0.68	0.76	0.75	0.75	0.83	0.74
9. 凝灰岩、比例埋深、t^*=0.8	0.73	0.82	0.80	0.80	0.90	0.81
10. 盐岩、比例埋深、t^*=0.5	0.72	0.81	0.72	0.72	0.82	0.73
11. 盐岩、比例埋深、t^*=0.8	0.77	0.86	0.78	0.78	0.87	0.81
12. 花岗岩、固定埋深、h=1000m、t^*=0.5	0.91	0.99	1.01	1.01	1.06	1.03
13. 凝灰岩、固定埋深、h=1000m、t^*=0.5	0.79	0.90	0.90	0.90	1.02	0.91

① DJ91 模型实际为 3.4 节中的 MM71+DJ91a 混合模型，其中稳态折合位移势 ϕ_∞ 按 DJ91 模型计算(Denny et al., 1991)，而源本征频率和弹性边界上的峰值压力、稳态压力等按 MM71 模型计算(Mueller et al., 1971)；

② F_{tpP} 为模拟时实际使用 pP-P 到时差与弹性理论预测的 pP-P 到时差之间的比值；

③ 表中所有比例埋深都取 $h/W^{1/3}$=122m/kt$^{1/3}$。

模拟计算结果表明，m_b/lg$W$ 关系斜率 a 的大小主要和稳态折合位移势 ϕ_∞ 依赖于当量 W 的关系，即 $\phi_\infty \propto W^{a_0}$ 中的幂指数 a_0 有关。其中，在比例埋深的条件下，MM71 模型对应的 $a_0 = 0.76$，DJ91 模型对应的 $a_0 = 0.8538$；而在固定埋深的条件下，MM71 模型对应的 $a_0 = 0.87$，DJ91 模型对应的 $a_0 = 1$。除此以外，a 的大小还与源拐角频率随当量的变化、t^*大小、pP 反射等因素有关。一方面，地下爆炸的源拐角频率随当量的增加而增加，这种变化具有减小 a 值的作用；另一方面，在 MM71 模型的情况下，弹性边界上的峰值压力与稳态压力之比，即 p_{0s}/p_{0c} 随当量和埋深的增加而增加，这种变化具有增大 a 值的作用。同时，由于介质的非弹性衰减导致信号在 m_b(P)频率窗口中的高频成分相对减少，客观上也会起到增大 a 值的作用。上述三方面的影响相互抵消，使得在正常的 t^*范围内($0.3 < t^* < 0.8$)，a 的大小与相应条件下的 a_0 值相差不是很大。

模拟得到的 m_b/lg$W$ 关系的斜率大小与表 8.2.1 中的实际观测结果基本相符。同时，模拟结果表明，当 t^*相同时，花岗岩对应的 a 值要略大于凝灰岩中的 a 值大小，这种区别应该与 MM71 模型中源频谱的过冲在花岗岩时较大，而在凝灰岩时较小有关。另外，计算结果表明，具有较低衰减的花岗岩场地的 a 值和具有较高衰减的凝灰岩场地的 a 值较为接近，这可以解释为什么苏联 STS 的核试验和美国 NTS 的核试验具有近似相同的 $m_b/\lg W$ 斜率。

为进一步从理论上分析源区介质性质对地下爆炸 m_b 震级-当量关系的影响，图 8.2.3 进一步给出了模拟计算的 $t^*=0.8$ 时花岗岩、盐岩和水饱和凝灰岩中 m_b 随当量的变化。计算结果表明，对 100kt 以下的爆炸，无论是 MM71 模型还是 DJ91 模型，它们预测的花岗岩中爆炸的 m_b 与水饱和凝灰岩中爆炸的 m_b 非常接近，但盐岩中爆炸的 m_b 则明显偏高。第一点与美国 NTS 的实际观测结果基本一致，后一点与 Murphy(1981)的结果一致，但似乎和美国 Salmon 试验的结论不相符。Salmon 是美国两次盐岩填实地下核试验中的一次，另一次为 Gnome。Gnome 和 Salmon 的当量分别为 3kt 和 5.3kt，埋深分别为 361m 和 826m。Gnome 缺少可靠的 m_b 测量结果，但 Salmon 的震级约为 4.6(Selby, 2012; Yang et al., 1999)，并不明显高于按水饱和凝灰岩震级当量经验关系，即 $m_b=3.92+0.81\lg W$ 的预测结果。不过，图 8.2.3 中是按 $122\text{m/kt}^{1/3}$ 的比例埋深计算的，而 Salmon 的实际比例埋深约为 $474\text{m/kt}^{1/3}$，这能够部分解释为何 Salmon 的 m_b 并不偏高。最后，关于干孔隙率对震级-当量关系的影响，虽然 MM71 模型并未考虑干燥多孔介质的问题，但 DJ91 模型认为地下爆炸的折合位移势 $\phi_\infty \propto 10^{-0.034\text{GP}}$，从定性的角度，这与干孔隙率每增加一个百分点，$m_b$ 降低约 0.027 级的经验结果基本一致。

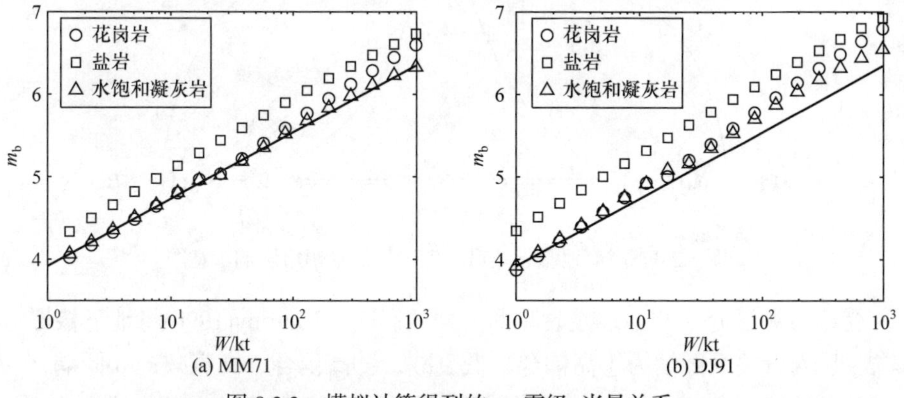

图 8.2.3　模拟计算得到的 m_b 震级-当量关系

图中直线为 Murphy(1981)中关于内华达水饱和凝灰岩的震级-当量关系 $m_b=3.92+0.81\lg W$。计算时比例埋深统一为 $h=122W^{1/3}$(m)，pP 反射系数 $r_{pP}=0.3$，$t^*=0.8$，爆炸源参数和源区介质参数参考 Stevens 等(1985)，即表 3.3.1。为和实际的震级-当量关系进行比较，固定凝灰岩中 1kt 爆炸的 m_b 为 3.92 级。注意对图中所有模拟结果(包括 DJ91 模型下的结果)，源本征频率都按 MM71 模型计算

关于上地幔衰减影响 m_b 震级-当量关系的证据，Douglas 等(1996)进行了较系统全面的回顾。早期的观测结果来源于 m_b:M_s 识别判据的研究。相关研究表明，

在 M_s 相同的情况下，美国 NTS 进行的地下核爆炸的 m_b 比在苏联 STS 和新地岛核试验场进行的 m_b 低 0.3～0.4 个震级单位。因为 M_s 震级-当量关系对源区介质和场地结构都不敏感(Stevens et al., 2001；Marshall et al., 1979)，所以 NTS 和其他核试验场在 m_b:M_s 关系上的差别意味着 NTS 的 $m_b/\lg W$ 关系不同于其他核试验场。类似结论在以 m_b(Lg)为参考时同样存在(Nuttli, 1988, 1987, 1986b)。同 M_s 一样，m_b(Lg)对场地的介质结构不敏感。学术界将 NTS 在 m_b 震级-当量关系上表现出的相对于 STS 的偏差称为 NTS 偏差，并认为主要是由 NTS 所处的美国西部地区的上地幔衰减较大而引起的(图 8.2.4)。1988 年，美、苏之间为《限当量核试验条约》核查的需要，各自在对方的试验场进行了地下核爆炸联合核查实验(joint verification experiment，JVE)。双方都采用流体力学方法来测定实验当量，并和地震方法的估计结果进行对比。JVE 最终证实了 NTS 偏差的存在，其大小与早前的纯地震学研究结果基本一致。

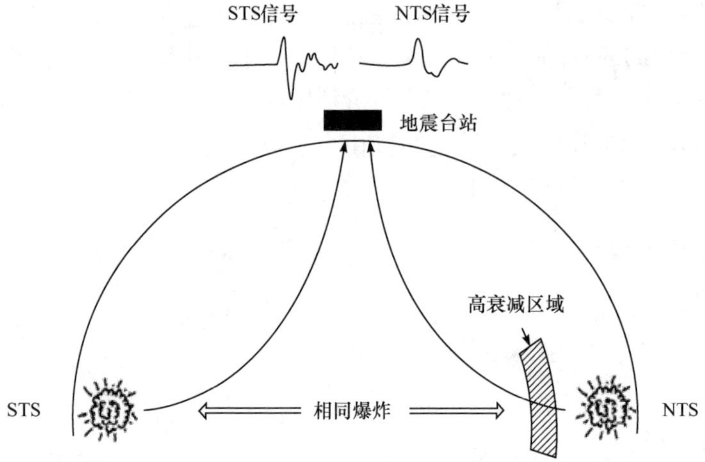

图 8.2.4　高上地幔衰减对地震体波信号幅值影响示意图

受综合源区介质和上地幔衰减两方面的影响，Murphy(1996)将地下核爆炸的 m_b 震级-当量关系归纳为①高耦合、低衰减；②高耦合、高衰减；③低耦合、低衰减；④低耦合、高衰减 4 种类型，并分别用图 8.2.5 所示的 4 条直线来代表。这里，高耦合介质主要包括各种硬岩和水饱和多孔介质，低耦合介质主要是干燥多孔介质。根据 Marshall 等(1979)的研究，低衰减场地通常位于大陆上稳定的地盾或地台区域，而高衰减场地的地质特征包括较薄的地壳，上地幔具有较高的热流、电导率和较低的岩石密度、地震波波速等。在已知的核试验场中，苏联塞米巴拉金斯克、新地岛为典型的低衰减场地，美国内华达、苏联在贝加尔裂谷和早期法国在撒哈拉沙漠的核试验场则为典型的高衰减场地。

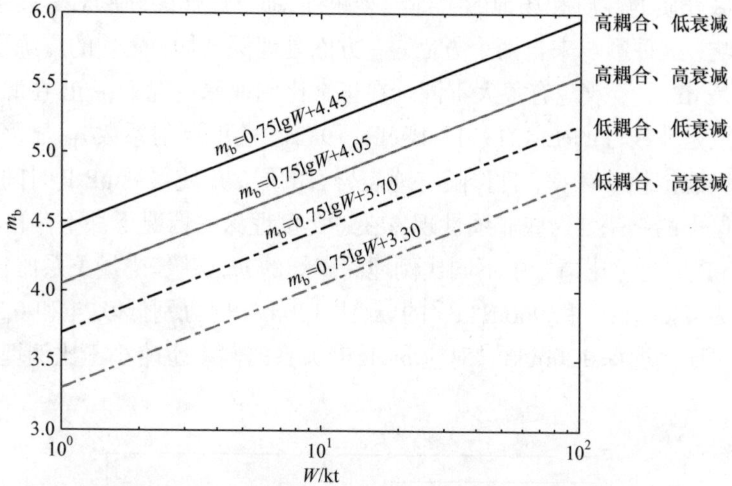

图 8.2.5　Murphy(1996)提出的 4 种 m_b 震级-当量关系

需要指出的是，上述 4 种类型的 m_b 震级-当量关系只是一种大致分类。特别是其中作为参考的高耦合、低衰减场地下的震级-当量关系，即 $m_b = 0.75\lg W + 4.45$，其出处并不非常清楚。根据 Murphy(1993)和 Murphy 等(2001)的研究，该关系式是 Murphy 等于 1984 年通过谱分析推断出来的适合于 STS 的 m_b 震级-当量关系。在 1989 年 Bocharov 等公布了部分 STS 地下核试验的当量之后(Bocharov et al., 1989)，他们将该关系式和公布的爆炸当量进行对比，发现符合得较好。但是，Murphy 等并未发表过他们得出这一关系的细节。根据 Murphy 等(2001)的研究，其过程应该是以 NTS 已知当量的地下核爆炸为参考，采用台网平均 P 波频谱方法(Murphy et al., 1989a,1989b)，估计 STS 地下核试验的当量，然后将估算当量和 m_b 进行回归。Murphy 等(2001)用类似方法给出了法国撒哈拉核试验场花岗岩中地下核试验的 m_b 震级-当量关系。

假定 Vergino 等(1990)给出的 m_b(Pn)与干孔隙率之间的关系也适用于 m_b，并假定记录台站分布均匀使得台站所在地区上地幔衰减对 m_b 测量的影响可以相互抵消，则可以将不同场地和源区介质中的震级-当量关系统一为

$$m_b = 0.75\lg W + 4.45 - S_C - 0.027\text{GP} \tag{8.2.3}$$

式中，S_C 为场地上地幔衰减校正项，可以根据场地所在地区上地幔的等效品质因子 $\overline{Q}_\alpha$ 来估算；GP 为介质的干孔隙率。要强调的是，式(8.2.3)中的 S_C 源于测量 m_b 时没有考虑不同地区上地幔的衰减差异。如果是 m_b(Lg)，则 S_C 应该恒等于 0。这是因为在 m_b(Lg)的测量方法中，路径衰减的影响在理论上已经点对点地

扣除过了。

除源区介质的性质和场地的上地幔衰减外，地下爆炸的埋深对其震级-当量关系也有影响，这种影响来自两个方面。一方面是埋深增加，爆炸的震源强度减小；另一方面是 pP 干涉效应有很大不同。在正常比例埋深情况下，pP 在源区地表的反射实际上是非线性的(Lay, 1991；Bache, 1982)。不但反射系数 r_{pP} 显著小于弹性理论值并可能依赖于频率，且伴随有地表岩石的层裂，使得视 pP-P 时间差显著大于弹性理论下的结果。这些非线性现象在过比例埋深的情况下都不存在。图 8.2.6 是不考虑 pP 影响时花岗岩中不同比例埋深爆炸的 m_b 震级-当量关系比较。1kt 时，比例埋深为 480m/kt$^{1/3}$ 和 960m/kt$^{1/3}$ 的 m_b 比 120m/kt$^{1/3}$ 分别低 0.24 和 0.35 个震级单位，同时比例埋深 120m/kt$^{1/3}$ 对应 m_b/lg$W$ 关系的斜率也略小于比例埋深较大时的斜率。

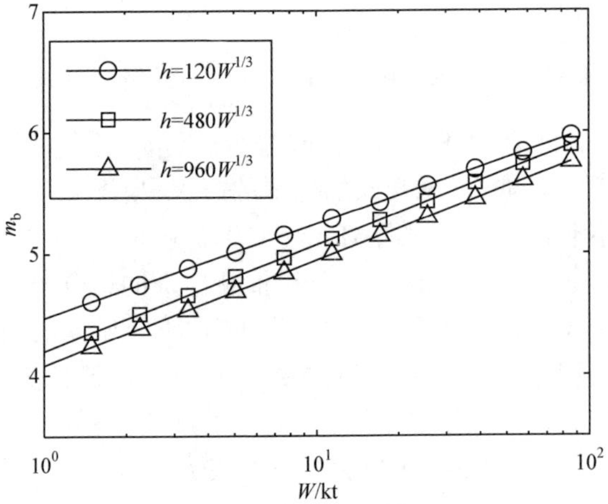

图 8.2.6 不考虑 pP 影响时花岗岩中不同比例埋深爆炸的 m_b 震级-当量关系比较

m_b 震级-当量关系的另一个问题是，由大当量地下核试验得到的震级-当量经验关系是否适用于低当量的情况。对这一问题同样有两方面的因素需要考虑。一方面是对地下核试验，出于对不发生放射性核素泄漏方面的安全考虑，对再小当量的试验，也要求埋深在某个数值(如 200m)以上；另一方面，如表 8.2.2 所示，地下爆炸源拐角频率的变化对 m_b 震级-当量关系的斜率有一定的影响。对 1kt 以上的地下爆炸，其源拐角频率在测量 m_b 的频率窗口附近。随着当量的减小，爆炸的源拐角频率将显著地高于这一窗口。从图 8.2.7 可见，上述两种效应都会使得由 1kt 以上爆炸得出的 m_b 震级-当量关系在应用于低当量时出现不同程度的偏差。

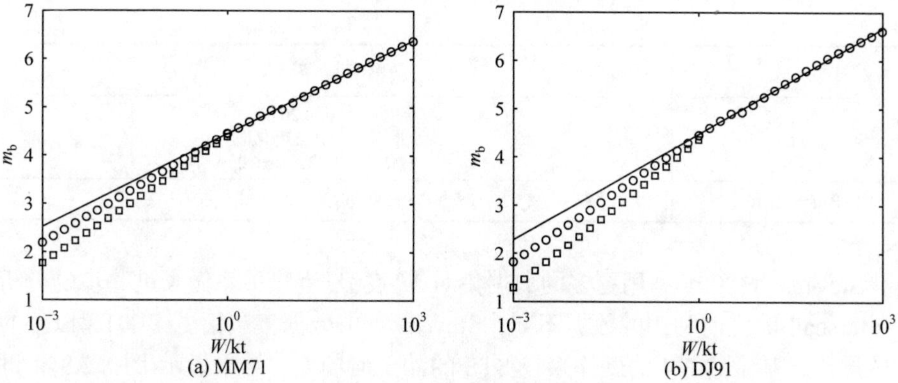

图 8.2.7　由大当量爆炸数据回归的 m_b 震级-当量关系在小当量时的适用性

图中“o”代表比例埋深为 122m/kt$^{1/3}$ 条件下模拟计算的 m_b 大小(花岗岩，r_{pP}=0，t^*=0.5s)，直线代表用 1kt 以上计算结果线性回归得到的 m_b 震级-当量关系，“□”代表埋深固定为 200m 条件下的 m_b 数值

8.2.2　面波震级-当量关系

Evernden 等(1971)比较美国 NTS 和 Amchitka 两个试验场的震级-当量关系时发现，尽管两者的 m_b 震级-当量关系有所不同，却有基本相同的 M_s 震级-当量关系。根据这一发现，他们认为利用 M_s 能更准确地估计地下核试验的当量。同年，Marshall 等(1971)根据 31 次核试验(包括 21 次 NTS 核试验和 10 次非 NTS 核试验)的数据，认为在所有固结岩石中，有

$$M_s = 2.0 + \lg W \tag{8.2.4}$$

Marshall 等(1979)进一步用全球范围内的 43 次地下核试验(其中包括了更多的非 NTS 核试验)数据来对 M_s 和当量之间的关系进行回归分析，得到的 $M_s/\lg W$ 关系的斜率也近似地等于 1，且除了 NTS Yucca 坪含水层以上干燥多孔介质中的核试验外，其他介质中的核试验的 $M_s/\lg W$ 关系与式(8.2.4)基本一致(表 8.2.3)，而干燥多孔介质中爆炸的 M_s 则比式(8.2.4)的结果偏低 0.5～0.7 个震级单位。

表 8.2.3　文献中的 $M_s/\lg W$ 关系汇总

文献	$M_s/\lg W$ 关系
Marshall et al., 1971	M_s=2.0+lg$W$(固结岩石，包括凝灰岩、盐岩、花岗岩、安山岩、砂岩等)
Murphy, 1977	M_s =0.84lg$W$+2.14 (W<100kt) M_s =1.33lg$W$+1.20 (W>100kt)
Marshall et al., 1979	M_s =1.88±0.14+(1.06±0.07)lg$W$ (全部爆炸) M_s =2.16±0.10+(0.97±0.04)lg$W$ (花岗岩/盐岩/所有含水层以下爆炸) Fisk 等(2002)简化为 M_s =2.0+lg$W$
Bache, 1982	M_s =2.05±0.21+lg$W$ (使用和 Marshall 等(1979)相同的数据)

续表

文献	M_s/lg$W$ 关系
Stevens et al., 2001	M_s =lg$W$+2.10±0.26 (M_s Ave) M_s =lg$W$+1.98±0.27 (M_s MLE) lgM_0= lg$W$ +13.91±0.25
Patton, 2016	M_s =(0.80±0.05)lg$W$+2.50±0.08 (硬岩)

Stevens 等(2001)利用更多的数据集对 M_s 震级-当量关系做了进一步的分析。与 Marshall 等之前利用的数据不同，Stevens 等的数据集包括更多 NTS 以外的地下核爆炸，其中约 3/4 的爆炸来自 STS 的沙干河场地。结果显示(图 8.2.8)，世界不同地方核试验的 M_s 震级-当量关系非常接近，并有

$$M_s = (2.1 \pm 0.26) + \lg W \tag{8.2.5}$$

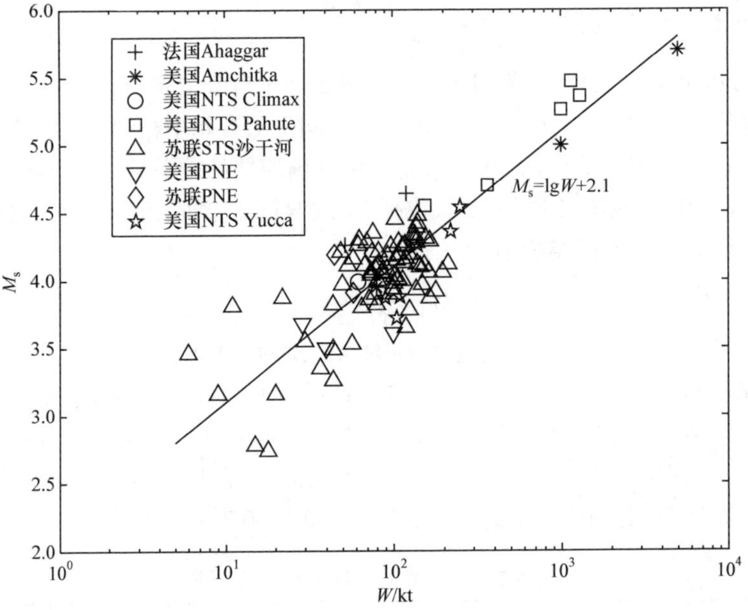

图 8.2.8　不同场地地下核试验的 M_s 震级-当量关系(Stevens et al., 2001)

尽管 M_s 震级-当量关系与源区介质类型和试验场位置的关系不大，但 Marshall 等(1979)和 Stevens 等(2001)的结果都表明，M_s 震级-当量关系具有很大的离散度，且这种离散度并不会因为把数据局限在特定场地和特定介质中就明显减小。Stevens 等(2001)认为这与构造应力释放的影响有关。Jin 等(2017)对朝鲜核试验瑞利波幅值比的观测和理论分析结果也表明，瑞利波幅值容易受构造应力释放和与晚期岩石损伤有关的 CLVD 源的影响，用 M_s 估计当量不会优于 m_b。此外，按照

核爆炸震源理论，对正常比例埋深的地下核试验，M_s 震级-当量关系的斜率应该近似等于 0.8，而实际观测结果并非如此。Patton(2012)认为这与 CLVD 的相对源强度，即 K 指数随当量的变化有关。不过，Patton(2016)进一步认为，只有在凝灰岩等力学强度较弱的介质中，M_s 震级-当量关系的斜率才近似为 1。对硬岩中的地下核爆炸，他利用 Selby 等(2012)提供的 M_s 测量结果，得到：

$$M_s = 2.5 + 0.8\lg W \tag{8.2.6}$$

关于产生这种差异的原因，Patton 的推测是，在硬岩中，正常比例埋深时，CLVD 的相对源强度与当量的关系不大，使得 M_s 震级-当量关系的斜率接近于纯爆炸源的结果。相反，在凝灰岩等介质的情况下，CLVD 的相对强度随当量的增加而减小。由于 CLVD 具有抑制地下爆炸长周期瑞利波的作用，其相对强度与当量的负相关性使得 M_s 震级-当量关系的斜率明显大于纯爆炸源的预测结果。不过，由于历史上通常只有数万吨以上的地下核试验才有比较准确的 M_s 测量结果，而对于 10～1000kt 的地下核试验，式(8.2.5)和式(8.2.6)预测的 M_s 之间的差别并不大。因此，关于硬岩和凝灰岩在 M_s 震级-当量关系斜率上的差别，并不存在充分的实际观测结果方面的证据。

8.2.3　震级-当量关系估计当量的不确定度

本节讨论由震级-当量关系估计当量时的不确定度。这种不确定度主要来源于三个方面：①源区介质能量耦合的不确定性；②由有限样本线性回归所得到的震级-当量关系的偏差；③震级本身的测量不确定度。

对于实际的地下核试验，即使是在同一类型的介质中，不同试验对应的源区介质的性质也不会完全相同。这使得爆炸的地震耦合具有一定的随机性，这种随机性可以表示为

$$m = a\lg W + b + \varepsilon \tag{8.2.7}$$

式中，ε 为震级的随机涨落，可假定它与当量无关，并服从均值为 0、方差为 σ 的正态分布。

式(8.2.7)中，系数 a 、b 一般无法准确知道，通常由有限的样本通过线性回归的方式得到。假定用于回归的样本为 $(x_i, m_i) = (\lg W_i, m_i)$ ，$i = 1, 2, \cdots, n$ 。根据线性回归理论，则 a 、b 的最小二乘估计和方差分别为(滕素珍等，2005)

$$\begin{cases} \hat{a} = l_{xy}/l_{xx}, \ \mathrm{var}(\hat{a}) = \sigma^2/l_{xx} \\ \hat{b} = \bar{m} - \hat{a}\bar{x}, \ \mathrm{var}(\hat{b}) = \sigma^2\left(\dfrac{1}{n} + \dfrac{\bar{x}^2}{l_{xx}}\right) \end{cases} \tag{8.2.8}$$

式中，

$$l_{xx}=\sum_{i=1}^{n}(x_i-\overline{x})^2\text{，}\ l_{xy}=\sum_{i=1}^{n}(x_i-\overline{x})(m_i-\overline{m}) \tag{8.2.9}$$

对给定的当量W，用这样得出的震级-当量关系来预测一次爆炸的震级时可能存在误差。记$\delta m=\hat{m}-m$，其中$\hat{m}=\hat{a}\lg W+\hat{b}$为估算震级，$m$为真实震级，则

$$\mathrm{var}(\delta m)=\sigma^2\left[1+\frac{1}{n}+\frac{(x-\overline{x})^2}{l_{xx}}\right] \tag{8.2.10}$$

注意var(δm)，即δm的方差依赖于x，即当量(图 8.2.9)。

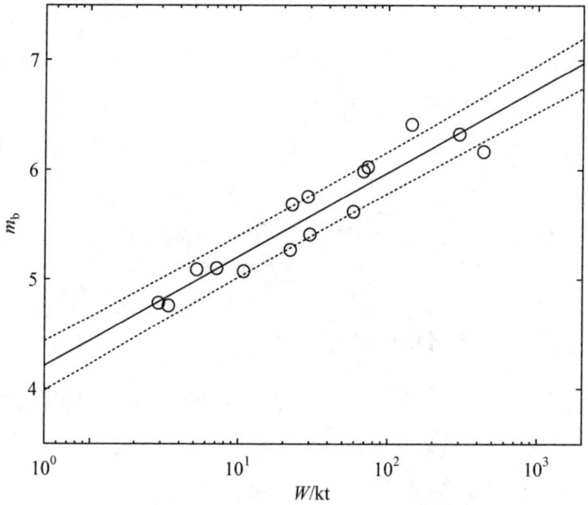

图 8.2.9　根据回归分析得到的震级-当量关系来预测震级时的不确定度示意图
图中○代表回归分析时采用的样本，中间的实线为回归结果，上下两条虚线代表用回归分析结果预测震级时的不确定度(1 倍方差)

对于核爆炸监测，通常面临的问题是如何通过已知爆炸的震级及相应的不确定度，估计当量的大小及相应的不确定度。记爆炸的真实当量和震级分别为W和m，实测的震级为$\tilde{m}$，震级测量误差$e=\tilde{m}-m$的方差为σ_1^2。根据$(\hat{a}\lg W+\hat{b})-m=\delta m$，有

$$(\hat{a}\lg W+\hat{b})-\tilde{m}=\delta m-e$$

简单整理可以得到：

$$\lg\tilde{W}-\lg W=\frac{1}{\hat{a}}[e-\delta m] \tag{8.2.11}$$

式中，$\lg\tilde{W}=(\tilde{m}-\hat{b})/\hat{a}$。显然，测量误差$e$和预测误差$\delta m$是相互独立的，因此，

$$\sigma_x^2=\mathrm{var}(\lg\tilde{W}-\lg W)=\frac{1}{\hat{a}^2}[\sigma_1^2+\sigma_2^2] \tag{8.2.12}$$

式中，$\sigma_2^2 = \mathrm{var}(\delta m)$ 由式(8.2.10)给出。利用估计的 σ_x，可以得到在 $(1-\alpha)\times 100\%$ 的置信范围内，当量估计的不确定度为 $10^{u_{\alpha/2}\sigma_x}$ 倍，这里 $u_{\alpha/2}$ 为标准高斯分布的上侧 $\alpha/2$ 分位数。

8.3　基于震源模型的当量估计方法

8.3.1　台网平均 P 波频谱法

用经验的 m_b 震级-当量关系来估计地下核爆炸当量通常只对已知和标定过的场地有较好的应用效果。实际监测通常面临的是未标定场地的当量估计问题。这时，如何将已知场地的、经过标定的震级-当量关系应用到目标场地，非常令人棘手。台网平均 P 波频谱法(Murphy et al., 2001, 1989a, 1989b)可以解决这一问题。

台网平均 P 波频谱法的基本原理如下。频率域中，特定场地的第 i 次地下核试验在第 j 个地震台站上的振幅谱可以表示为

$$A_{ij}(f) = S_i(f)G(\Delta_{ij})e^{-\pi f t_{ij}^*}\xi_{ij}(f) \tag{8.3.1}$$

式中，$S_i(f)$ 为爆炸源频谱；$G(\Delta_{ij})$ 为几何扩散因子；Δ_{ij} 为第 j 个台站的震中距；$e^{-\pi f t_{ij}^*}$ 为非弹性衰减因子；

$$t_{ij}^* = \int_{\mathrm{Path}} \frac{\mathrm{d}s}{\alpha Q} \tag{8.3.2}$$

为到第 j 个台站的非弹性衰减时间常数，α 和 Q 分别为沿传播路径的地震波波速和品质因子；$\xi_{ij}(f)$ 为与场地和台站有关的随机扰动。对不同的台站，可以假定其对数服从期望值为 0 的正态分布。

定义：

$$m_{ij}(f) = \lg A_{ij}(f) + \lg[G(\Delta_0)/G(\Delta_{ij})] \tag{8.3.3}$$

式中，Δ_0 为参考距离。将式(8.3.1)代入式(8.3.3)，有

$$m_{ij}(f) = \lg S_i(f) + \lg G(\Delta_0) - \pi f t_{ij}^* \lg e + \lg \xi_{ij}(f) \tag{8.3.4}$$

对第 i 次爆炸求台网平均，则

$$m_i(f) = \lg S_i(f) + \lg G(\Delta_0) - \pi f \overline{t_i^*} \lg e + \frac{1}{N}\sum_{i=1}^{N} \lg \xi_{ij}(f) \tag{8.3.5}$$

式中，

$$\overline{t_i^*} = \frac{1}{N_i}\sum_{j=1}^{N_i} t_{ij}^* \tag{8.3.6}$$

N_i 为台网中实际记录到第 j 次爆炸的台站数。上述结果表明，经几何扩散校正过后的台网平均频谱既依赖于爆炸源频谱，也依赖于爆炸对应的平均非弹性衰减时间常数 $\overline{t}_i^*$。

在记录台站地理分布较为均匀的情况下，可以认为 $\overline{t}_i^*$ 的变化主要和试验场下方的上地幔衰减的性质有关。大量的观测结果表明，远震时 t^* 的大小与震中距的关系不大(Lay et al.，1995；周惠兰，1990)，而主要受场地和台站下方上地幔性质的影响。当台站分布较为均匀时，台站下方上地幔衰减差异对 $\overline{t}_i^*$ 的影响相互抵消，使得 $\overline{t}_i^*$ 的大小主要与场地下方的上地幔衰减有关。为此，可以认为对同一场地内的地下爆炸，其对应的 t^* 平均值相同，并可忽略 $\overline{t}_i^*$ 中的下标"i"。

现在假设 A、B 两个场地内的两次地下核爆炸的当量和埋深相同，源区介质也相同。此时，它们应该具有相同的源频谱，而在台网平均 P 波频谱方面的差异主要源于它们在 $\overline{t}^*$ 上的差异，即

$$m_A(f) - m_B(f) = -\pi f \Delta\overline{t}^* \lg e \tag{8.3.7}$$

式中，$\Delta\overline{t}^* = \overline{t}_A^* - \overline{t}_B^*$。现在假定对每一个频率 f，$m(f)$ 和 m_b 或是 $\lg W$ 的关系都是线性的，且对 A 场地这种关系是已知的，即

$$m_A(f) = \alpha_W(f)\lg W + \beta_W(f) \tag{8.3.8}$$

或

$$m_A(f) = \alpha_m(f) m_\text{b} + \beta_m(f) \tag{8.3.9}$$

将式(8.3.8)代入式(8.3.7)，得到：

$$m_B(f) = \alpha_W(f)\lg W + \beta_W(f) + \pi f \Delta\overline{t}^* \lg e \tag{8.3.10}$$

由式(8.3.10)可以同时求解出 $\lg W$ 和 $\Delta\overline{t}^*$。类似地，如果将式(8.3.9)代入式(8.3.7)，则得到：

$$m_B(f) = \alpha_m(f) m_\text{b}^{(A)} + \beta_m(f) + \pi f \Delta\overline{t}^* \lg e \tag{8.3.11}$$

注意 $m_\text{b}^{(A)}$ 并非 B 场地内爆炸的实际震级，而是假定它在 A 场地内进行时的名义震级。在得到 $m_\text{b}^{(A)}$ 后，原则上就可以用 A 场地内的震级-当量关系来估算其当量。另外，因为 m_b 近似是在 1Hz 的频率上测量的，利用求解出的 $\Delta\overline{t}^*$，可以估计 B 场地内进行的地下核试验要比在 A 场地内进行相同当量试验时高约 $\pi\Delta\overline{t}^* \lg e$ 级。

Murphy 等(1989a,1989b)对内华达核试验的台网平均 P 波频谱进行了研究。在这项研究中，他们采用了一种时间域方法来测量远震 P 波频谱。首先，将原始波形数据经仪器响应校正转换为位移记录。用中心频率 f_c 在 0.5～2.5Hz、间隔为

0.25Hz 的系列高斯滤波器分别对信号进行滤波。之所以将数据限制在 0.5～2.5Hz，主要是因为对多数核试验，远震 P 波在这一频带范围内才有足够的信噪比。根据附录 8.2 的分析，对每个中心频率 f_c，如果取滤波器的响应为

$$\hat{g}(f,f_c)=\frac{1}{2}\sqrt{\frac{\pi}{\alpha}}e^{-\frac{\pi^2(f-f_c)^2}{\alpha}} \tag{8.3.12}$$

则滤波后输出的包络线峰值将等于相应信号在 f_c 处的谱振幅。根据 Murphy 等(1989a)给出的滤波器①响应的相对幅值，他们采用的滤波器应正比于 $e^{-16\pi(f-f_c)^2}$ (见附录 8.2 图 A8.2.1)，对应的 $\alpha=\pi/16$。这样的滤波器在频率域和时间域中的分辨率分别约为 0.14Hz 和 2.26s。图 8.3.1 是由高斯滤波方法计算的信号振幅谱与 FFT 计算结果的比较。图中可见，除了显得较为光滑外，由高斯滤波方法测得的振幅谱无论是在谱的形状，还是绝对幅值方面都和 FFT 的结果相符合。

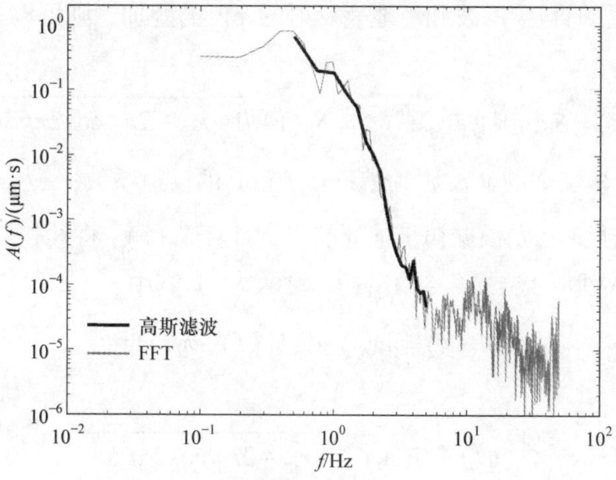

图 8.3.1　由高斯滤波方法计算的信号振幅谱与 FFT 计算结果的比较

对滤波过后的波形，取 P 波初动后 5s 内的包络线峰值作为频率 f_c 处的谱振幅值，得到不同爆炸在不同台站的 P 波频谱 $A_{ij}(f)$。用 Veith 等(1972)的 m_b 度规曲线将 $A_{ij}(f)$ 校正到 $\Delta_0=60°$，得到相应的 $m_{ij}(f)$。为减小式(8.3.4)中的随机干扰项对台网平均测量结果的影响，可假定：

$$m_{ij}(f)=m_i(f)+\chi_j(f)+\varepsilon_{ij}(f) \tag{8.3.13}$$

---

① Murphy 等(1989a)对其使用的高斯滤波器的描述：对每个中心频率 f_c，相应的品质因数，即 Q 值等于 $12f_c$，对应的频率分辨率约为 0.1Hz，时间分辨率约为 2s。但这样 Q 值的高斯滤波器的响应曲线与他们在论文中所给的滤波器响应相对幅值并不相符。

式中，$m_i(f)$ 为第 i 次爆炸的台网平均 P 波频谱；$\chi_j(f)+\varepsilon_{ij}(f)=\lg\xi_{ij}(f)$，$\chi_j(f)$ 为 P 波频谱的台站校正因子；$\varepsilon_{ij}(f)$ 为随机干扰因子。在

$$\sum_{j=1}^{N}\chi_j(f)=0 \tag{8.3.14}$$

约束下，可以通过最小二乘法来同时求解 $m_i(f)$ 和 $\chi_j(f)$。在此基础上，利用各次爆炸的实际震级和当量，通过线性回归，可以得到 $m_i(f)$ 与当量或震级的经验关系。

Murphy 等(2001)以内华达核试验场的台网平均 P 波模型为基础，对包括塞米巴拉金斯克、新地岛在内的其他核试验场地下核试验的当量进行了估计。他们在由式(8.3.10)或式(8.3.11)估计出的当量的基础上，进一步通过源频谱拟合的方式，对当量、pP 延迟时间和反射系数进行了迭代求解。假定远震台站上的 P 波记录是地下核爆炸产生的直达 P 波和经地表反射的 pP 的叠加，则可以将式(8.3.1)中的 $S(f)$ 表示为

$$S(f)=S_{\rm P}(f)\,|1-r_{\rm pP}{\rm e}^{{\rm i}\omega\Delta t_{\rm pP}}|=S_{\rm P}(f)\sqrt{1+r_{\rm pP}^2-2r_{\rm pP}\cos 2\pi f\Delta t_{\rm pP}} \tag{8.3.15}$$

式中，$S_{\rm P}(f)$ 为核爆炸的 P 波源频谱；$r_{\rm pP}$ 为 pP 的反射系数；$\Delta t_{\rm pP}$ 为 pP 相对于 P 的时间延迟。迭代时，先根据初步估计的当量计算 $S_{\rm P}(f)$，将其和 $\overline{t}_B^*=\overline{t}_A^*-\Delta\overline{t}^*$(假定 $\overline{t}_A^*$ 已知) 代入式(8.3.5)，并令 $A_{c-S}(f)=10^{\Delta m(f)}$，其中，

$$\Delta m_S(f)=m(f)-\lg S_{\rm P}(f)+\pi f\overline{t}^*\lg e \tag{8.3.16}$$

则

$$A_{c-S}(f)=G(\varDelta_0)\sqrt{1+r_{\rm pP}^2-2r_{\rm pP}\cos 2\pi f\Delta t_{\rm pP}} \tag{8.3.17}$$

理论上，$A_{c-S}(f)$ 应该在

$$f_{\min}=1/\Delta t_{\rm pP} \tag{8.3.18}$$

处具有最小值 $A_{\min}=G(\varDelta_0)(1-r_{\rm pP})$，而 $A_c(f)$ 的最大值为 $A_{\max}=G(\varDelta_0)(1+r_{\rm pP})$，因此

$$r_{\rm pP}=\frac{A_{\max}-A_{\min}}{A_{\max}+A_{\min}} \tag{8.3.19}$$

Murphy 等(2001)的方法是在 0.5～2.5Hz 寻找 $A_{c-S}(f)$ 的最小值 $A_{\min}$ 及其对应的频率 $f_{\min}^{(0)}$，然后分别在 $f<f_{\min}^{(0)}$ 和 $f>f_{\min}^{(0)}$ 的频率范围内求 $A_{c-S}(f)$ 的最大值，将二者的平均值作为 $A_{\max}$ 的估计，并由式(8.3.19)估计出 $r_{\rm pP}^{(0)}$。考虑到图 8.3.2 所示的

高斯滤波器的频率分辨率约为 0.1Hz，在 $(f_{\min}^{(0)} \pm 0.15)$Hz 、$r_{\mathrm{pP}}^{(0)} \pm 0.1$ 的范围内搜索 $f_{\min}$ 和 r_{pP}，使

$$\varepsilon^2 = \left|\Delta m_S(f_i) - \frac{1}{2}\lg[1 + r_{\mathrm{pP}}^2 - 2r_{\mathrm{pP}}\cos(2\pi f_i / f_{\min})] - C\right|^2 = \min \tag{8.3.20}$$

式中，

$$C = \frac{1}{N_f}\sum_{i=1}^{N_f}\left\{\Delta m_S(f_i) - \frac{1}{2}\lg\left[1 + r_{\mathrm{pP}}^2 - 2r_{\mathrm{pP}}\cos(2\pi f_i / f_{\min})\right]\right\} \tag{8.3.21}$$

为给定 $f_{\min}$ 和 r_{pP} 情况下关于 $\lg G(\Delta_0)$ 的最佳估计。在用这种方法求得 $\Delta t_{\mathrm{pP}} = 1/f_{\min}$ 和 r_{pP} 之后，将 $m(f)$ 对 pP 干涉效应进行修正，即求

$$\Delta m_{\mathrm{pP}}(f) = m(f) - \frac{1}{2}\lg[1 + r_{\mathrm{pP}}^2 - 2r_{\mathrm{pP}}\cos(2\pi f\Delta t_{\mathrm{pP}})] - \lg G(\Delta_0) + \pi f t^* \lg e \tag{8.3.22}$$

理论上

$$\Delta m_{\mathrm{pP}}(f) = \lg S_{\mathrm{P}}(f) \tag{8.3.23}$$

求当量使得 $\Delta m_{\mathrm{pP}}(f)$ 的拟合误差最小。重复以上过程，直至收敛，则可以得到关于单次试验的当量、pP 反射系数和时间延迟的最优估计。

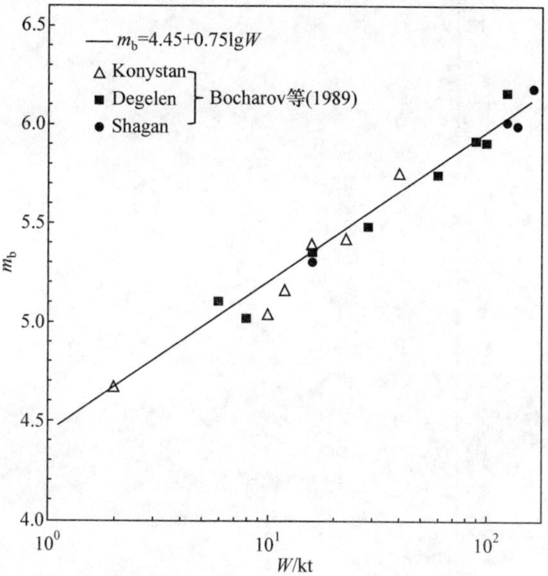

图 8.3.2　由 P 波谱方法得到的 STS 震级-当量关系与核试验实际震级、当量的比较(Murphy et al, 2001)

图中 Konystan、Degelen 和 Shagan 为 STS 的三个亚区域

以上是 Murphy 等实际采用的台网平均 P 波频谱当量估计方法。他们采用这一方法，以 NTS 水饱和凝灰岩中地下核爆炸的台网平均 P 波频谱经验模型和 MM71 爆炸源模型(Mueller et al., 1971)为基础，估计了在其他地方进行的地下核试验的当量。由于其他地方核试验场的源区介质大多为花岗岩等硬岩，为应用凝灰岩中的台网平均 P 波频谱模型，他们根据 MM71 模型计算了相同当量情况下不同源区介质之间的源频谱传递函数。图 8.3.2 是由 P 波谱方法得到的 STS 震级-当量关系与核试验实际震级、当量的比较，图中直线为 Murphy 等采用台网平均 *P* 波谱方法得到的 STS 的 m_b 震级-当量关系，而空心三角形、实心正方形和实心圆点三种符号分别表示 STS 中三个亚区域内地下核试验的实际当量(Bocharov et al., 1989)和震级大小。图中可见由台网平均 P 波频谱得出的震级-当量关系和 STS 地下核试验的实际震级、当量符合得很好。关于 Δt_{pP} 的估计，尽管 Murphy 等(1989b)得到的凝灰岩核试验的 Δt_{pP} 与埋深有很好的线性相关性(图 8.3.3)，但 Murphy 等(2001)估计的硬岩地下核试验的 Δt_{pP} 明显偏大。这中间存在的一个问题是，凝灰岩中的 P 波波速相对较小，加上 Murphy 等(1989b)实际分析的核试验的当量和埋深都比较大，使得相应的 $1/\Delta t_{pP}$ 基本上能够落在 0.5～2.5Hz。然而，对花岗岩等

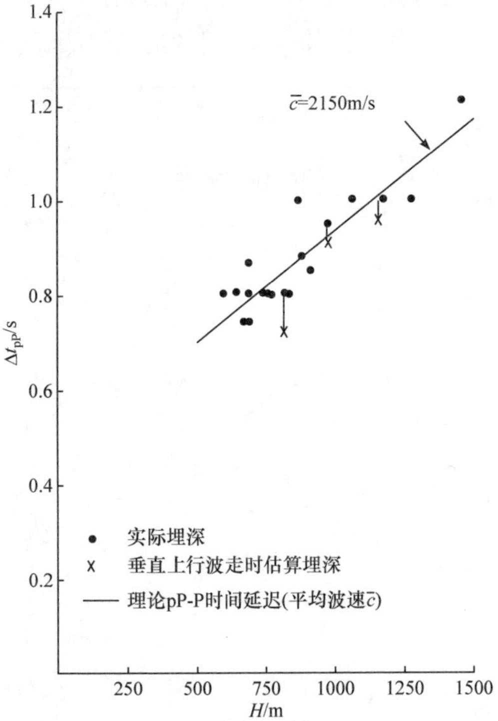

图 8.3.3　由谱分析方法得到的 NTS 核试验 Δt_{pP} 和埋深 *H* 之间的关系(Murphy et al., 1989b)

硬岩中的地下核试验，因为源区上方地震波的平均波速较高，使得相应的$1/\Delta t_{pP}$不一定在 0.5～2.5Hz(Jin et al.,2019)。在这种情况下，上述迭代求解过程可能是无意义的。此外，根据 Lay(1991)的研究，地下核爆炸地震波在源区地表的反射涉及复杂的非线性过程。这种非线性过程使得观测到的被认为是 pP 的信号只是一种视 pP 信号。这种视 pP 信号相对于 P 波的时间延迟通常显著大于弹性理论值，而相应的反射系数却明显地小于弹性理论值，且可能依赖于频率。从这个意义上，式(8.3.15)只是一种理论近似，其适用性需要进一步研究。

最后，还需要指出是，式(8.3.8)或式(8.3.9)中的台网平均 P 波频谱模型不一定完全需要通过回归分析的方式来建立。因为$\alpha(f)$反映的是不同频率的源频谱幅值和当量之间的比例关系，所以可以根据震源理论来进行计算。在此基础上，只需要有一次核试验的台网平均 P 波频谱，即可得到相应场地的$\beta(f)$。作者曾利用这一方法，成功地将某场地的震级-当量关系应用到其他场地核试验的当量估算。

8.3.2 区域震相振幅谱反演

和震级相比，地下爆炸的地震矩能更直接地反映其震源强度。因此，测量和反演地下核爆炸的地震矩，然后利用地震矩和当量之间的关系来估计当量，也是一种常用方法。由 Lg 波或 Pn 波等区域震相的振幅谱来反演地震事件的地震矩、源拐角频率和传播路径的品质因子是众多地震矩测量方法中较简便易行的一种(靳平等, 2004；Xie, 1998, 1993；Xie et al.,1996；Sereno et al., 1988) 。

类似于式(8.3.1)，地下爆炸在特定地震台站上的 Pn 波或 Lg 波振幅谱可以表示为

$$A(f)=S(f)G(\varDelta)\exp\left[-\frac{\pi f\tau}{Q(f)}\right]\varepsilon(f) \tag{8.3.24}$$

式中，$S(f)$为爆炸的源频谱；$\varDelta$为爆炸的震中距；$G(\varDelta)$为几何扩散因子；τ为信号平均传播时间；$Q(f)=Q_0 f^{\varsigma}$，其中Q_0为相应传播路径在 1Hz 时的品质因子，ς为Q的频率指数；$\varepsilon(f)$为随机干扰。

关于$S(f)$，类似于 Sereno 等(1988)的研究，可采用一种简化的 Mueller/Murphy 模型来表示

$$S(f)=\frac{S_0}{[1-2(1-2\eta_s)f^2/f_c^2+f^4/f_c^4]^{1/2}} \tag{8.3.25}$$

式中，f_c为源拐角频率；$\eta_s=\beta_s/\alpha_s$，α_s和β_s为源区介质的 P 波和 S 波速度。对 Pn 波：

$$S_0^{\exp}(\mathrm{Pn})=\frac{M_0^{\exp}}{4\pi\rho\alpha_{\mathrm{s}}^3} \tag{8.3.26}$$

式中，$M_0^{\exp}$ 可以理解为空腔膨胀引起的爆炸源的地震矩大小。对 Lg 波，按 Sereno 等(1988)的研究，有

$$S_0^{\exp}(\mathrm{Lg})=\frac{cM_0^{\exp}}{4\pi\rho\beta_{\mathrm{c}}^3}=\frac{M_0^{\exp}(\mathrm{Lg})}{4\pi\rho\beta_{\mathrm{c}}^3} \tag{8.3.27}$$

式中，β_{c} 为地壳中的平均 S 波速度，一般为 3.5km/s；c 为经验常数；$M_0^{\exp}(\mathrm{Lg})=cM_0^{\exp}$，可以理解为 Lg 波的等效地震矩。

对 Lg 波，式(8.3.24)中的 $G(\varDelta)=(\varDelta_0\varDelta)^{-1/2}$，其中 $\varDelta_0$ 为参考距离并可取 $\varDelta_0=100\mathrm{km}$。至于 Pn 波，其几何扩散受上地幔速度梯度等因素的影响较为复杂，Sereno 等(1988)假定其具有 $G(\varDelta)=\varDelta_0^{-1}(\varDelta/\varDelta_0)^{-m}$ 的形式，其中 $\varDelta_0=1\mathrm{km}$，m 为 Pn 波的几何扩散指数，可以根据经验或相关区域内的地下介质结构模型以数值模拟的方法得到。

利用上述源频谱模型和信号几何扩散模型，地下爆炸的地震矩、源拐角频率、Q 值等可以通过适当的反演方法来求解。假定总共有 N 个事件和 J 个台站，对第 i 个事件、j 个台站和第 k 个频率样点记

$$r_{ijk}=\ln\frac{A_{ij}(f_k)}{S_i(f_k)G(\varDelta_{ij})}+\frac{\pi f_k^{1-\varsigma_j}\tau_{ij}}{Q_{0j}(f_k)} \tag{8.3.28}$$

则问题转化为求解 $\boldsymbol{m}=[M_{01},f_{c1},\cdots,M_{0N},f_{0N},Q_{01},\varsigma_1,\cdots,Q_{0J},\varsigma_J]^{\mathrm{T}}$，使得

$$R^2=\sum_{i=1}^{N}\sum_{j=1}^{J}\sum_{k=1}^{K}r_{ijk}^2=\min \tag{8.3.29}$$

式中，K 为频率抽样点数。关于式(8.3.29)的具体求解方法，单事件时可参见 Xie(1993)，多事件时可参见靳平等(2004)。

对于由 Pn 波得到的地震矩，可以直接采用地下爆炸地震矩与当量、埋深之间的关系来估算爆炸当量。由于

$$M_0^{\exp}=4\pi\rho_{\mathrm{s}}\alpha_{\mathrm{s}}^2\phi_\infty \tag{8.3.30}$$

按 DJ91 模型：

$$\phi_\infty=\frac{3.4\times10^9W}{\beta_{\mathrm{s}}^{1.1544}(\rho_{\mathrm{s}}gh)^{0.4385}10^{0.0344\mathrm{GP}}} \tag{8.3.31}$$

假定源区介质的参数是已知的，对给定的 M_0 反演结果，可以得到 W 和埋深 h 之

间的关系。

尽管由 Pn 波得到的地震矩和爆炸源强度之间的关系较为明确，但应用更多的却是由 Lg 波反演得到的地震矩。这主要是因为 Lg 波的几何扩散比较简单，由 Lg 波得到的地震矩更加稳定。更重要的，则是因为地下爆炸 Lg 波幅值和当量具有良好的线性相关性。相比之下，Pn 波的幅值容易受上地幔顶部结构包括速度梯度和莫霍面起伏的影响(Wang et al.,2017)，反演结果可能出现较大的离散度。不过，Lg 波反演结果在解释时也会存在问题，如式(8.3.27)中的 $M_0^{\exp}(\mathrm{Lg})$ 和 $M_0^{\exp}$ 究竟是何关系，或者其中的 c 值应该是多大。对斯堪的纳维亚半岛上的工业爆破，Sereno 等(1988)曾得到：

$$M_0^{\exp}(\mathrm{Lg}) = 0.27 M_0^{\exp}$$

但将这一结果应用到核试验却明显不合适。可能的一种情况是，$M_0^{\exp}(\mathrm{Lg})$ 和 $M_0^{\exp}$ 之间的关系依赖于场地，对不同的场地，需要对 $M_0^{\exp}(\mathrm{Lg})$ 和 $M_0^{\exp}$ 之间的关系进行标定。

图 8.3.4(a)是利用 Lg 波振幅谱反演得到的朝鲜地下核试验的 Lg 波地震矩①和体波震级之间的关系。图 8.3.4(b)是假定 c=1 时，由第 6 次朝鲜核试验的 M_0(Lg) 得到的当量与埋深之间的折中关系。假定此次朝鲜核试验的埋深为 800m，则对应的当量在 220kt 左右，和其他由 P 波方法得到的结果非常接近(Jin et al.,2019; Voytan et al., 2019；Chaves et al., 2018)。

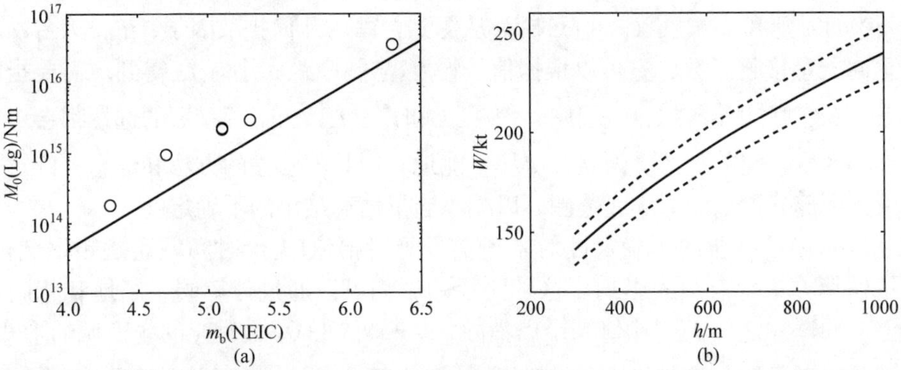

图 8.3.4　由 Lg 波地震矩估算朝鲜地下核试验当量

(a)由振幅谱反演得到的朝鲜核试验 M_0(Lg)和 m_b 之间的关系，其中直线为 Xie 等(1996)得到的中亚地区地下核试验的 m_b/M_0 经验关系，可见相同 m_b 时朝鲜核试验的 M_0(Lg)更大；(b)由 DJ91 模型来估计第 6 次朝鲜地下核试验的当量(取 ρ_s=2700kg/m^3，α_s=5500km/s, $\alpha_s/\beta_s=\sqrt{3}$, GP=2)。图中两条虚线对应 M_0(Lg) 反演结果的不确定度

① 王红春，私人通讯。

8.3.3 其他当量估算方法

除上面所述两种方法外，还有其他一些基于源模型的地下爆炸当量估算方法，如基于波形拟合的方法、谱比值拟合方法等。

忽略次要源成分的影响，时间域中地下爆炸激发的、经仪器响应校正过后的地面位移理论上可以表示为

$$\hat{u}(t)=S(t;W,h)\otimes G(t;\boldsymbol{x},\xi)\otimes A(t;t*) \tag{8.3.32}$$

式中，$S(t;W,h)$ 为爆炸的源时间函数，它与爆炸当量 W、埋深 h 等因素有关；$G(t;\boldsymbol{x},\xi)$ 为格林函数，一般情况下与从源位置 $\boldsymbol{\xi}$ 到台站 $\boldsymbol{x}$ 的介质结构模型有关；$A(t;t*)$ 为信号的非弹性衰减算子(Minster, 1978; Futterman, 1962)。理论上 $G(t;\boldsymbol{x},\xi)$ 可根据介质结构模型计算得到，波形拟合的基本思想是假设不同的 W、h，使得理论预测的信号幅值与波形和实际观测结果相符合。鉴于长周期地震面波易受次要震源成分的影响，而区域地震信号的传播路径较为复杂，一般多采用拟合远震 P 波的方式来进行(Chaves et al., 2018；Ni et al., 2010)。此时，地下爆炸的 P 波信号可以被近似为直达 P 和视 pP 的叠加，信号的垂向分量可以表示为

$$\hat{u}_z(t)=\frac{\dot{M}_0(t;W,h)}{4\pi[\rho(\boldsymbol{x})\rho(\xi)\alpha(\boldsymbol{x})\alpha^5(\xi)]^{1/2}\mathcal{R}(\boldsymbol{x},\xi)}\otimes R_{\mathrm{PZ}}(\delta(t)+r_{\mathrm{pP}}\delta(t-t_{\mathrm{pP}}))\otimes A(t;t^*) \tag{8.3.33}$$

式中，$\dot{M}_0(t;W,h)=4\pi\rho_{\mathrm{s}}(\xi)\alpha_{\mathrm{s}}^2(\xi)\psi(t)$，$\psi(t)$ 为爆炸的折合速度势；t_{pP}、r_{pP} 分别为 pP 的时延和反射系数；$\mathcal{R}(\boldsymbol{x},\xi)$ 为从源到台站的几何扩散因子；R_{PZ} 为台站处的垂向分量接收函数，它可以根据信号慢度(与震中距大小有关)得到。需要指出的是，在实际的波形拟合过程中，埋深 h 和 t^*、t_{pP}、r_{pP} 等参数的选择都会对当量大小产生一定的影响。因此，应尽可能地利用其他独立的方法和信息，确定这些或其中部分参数的大小或范围，以减小当量估算结果的不确定度。

传播路径性质的不确定性对基于信号绝对幅值(无论时间域还是频率域)的当量估算方法都有很大影响。这种路径的影响可以通过计算同一场地和相同台站上不同爆炸之间的谱比值来予以消除。将式(8.3.33)写为对应的频率域的形式，由于此时对不同的事件 R_{PZ} 和 t^* 都相同，简单起见，进一步假定源区介质也相同，则有

$$\frac{U_1(\omega)}{U_2(\omega)}=\frac{\psi_1(\omega;W_1,h_1)}{\psi_2(\omega;W_2,h_2)}\times\frac{(1+r_{\mathrm{pP}}^{(1)}\mathrm{e}^{-\mathrm{i}\omega t_{\mathrm{pP}}^{(1)}})}{(1+r_{\mathrm{pP}}^{(2)}\mathrm{e}^{-\mathrm{i}\omega t_{\mathrm{pP}}^{(2)}})} \tag{8.3.34}$$

式中，$U_i(\omega)$ 和 $\psi_i(\omega)$ 分别为第 i 次事件的信号振幅谱和源频谱；$t_{\mathrm{pP}}^{(i)}$ 和 $r_{\mathrm{pP}}^{(i)}$ 分别为

相应的 pP 时延和反射系数。当两次爆炸的 t_{pP} 显著不同时，它们的谱比值将会出现明显的涨落(图 8.3.5)。根据涨落对应的峰和谷的频率及相对幅度，可以求得 t_{pP} 和 r_{pP} 大小。当 pP 反射为弹性时，由 t_{pP} 的大小可以求得相应的爆炸埋深。此外，从图 8.3.5 可见，谱比值不仅反映了两次事件在不同频率上的相对源强度，还包含两次事件源拐角频率绝对大小的信息。因为源拐角频率的大小依赖于当量和埋深，所以对比值的拟合可以求得爆炸的当量大小。需要指出的是，地下爆炸的 pP 反射通常是非弹性的，因此除非是比例埋深足够大的爆炸，否则难以直接利用 t_{pP} 估算爆炸的真实埋深大小。其次，爆炸的源拐角频率和当量的立方根成正比，而低频时的 $S(\omega)$ 近似和当量成正比，因此谱比值反映的两次爆炸的相对当量要比它们各自的绝对当量更为准确。尽管如此，因为谱比值完全消除了路径不确定性对当量估算结果的影响，所以在特定条件下能得到很好、几乎无需对场地和传播路径做任何假设的当量估算结果(Jin et al., 2019；Murphy et al., 2013)。

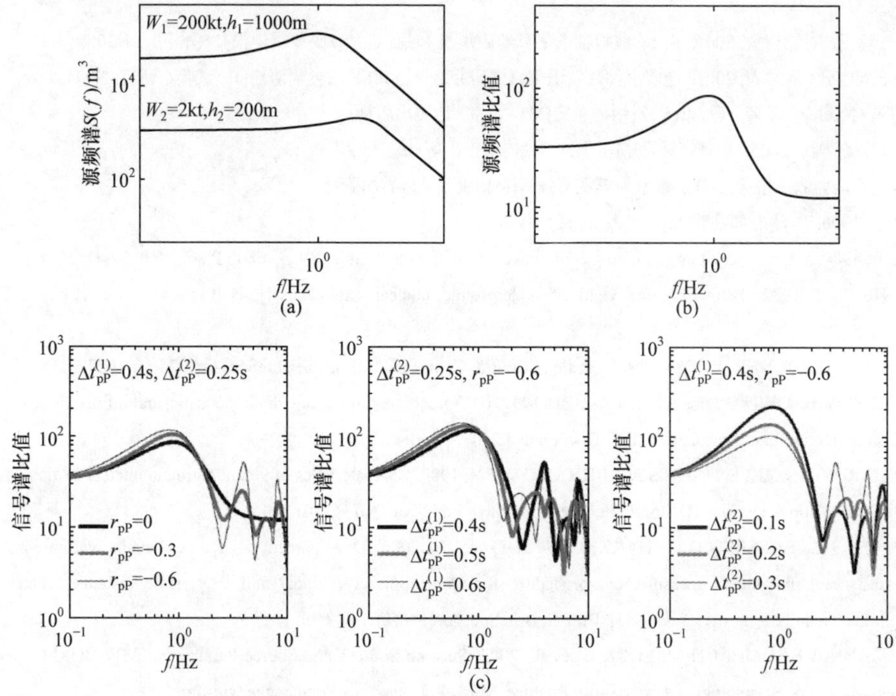

图 8.3.5　用谱比值估算地下核试验当量和埋深原理示意图

(a)两次不同当量地下核试验的源频谱；(b)它们的源频谱比值；(c)不同 pP 反射情况下的信号谱比值。两次试验的当量、埋深和 pP 参数都包含在观测到的信号谱比值中(根据 Jin et al., 2019 修改)

如果将上述谱比值方法的原理应用于时间域波形，即可得到波形同等化方法

(Voytan et al., 2019)。根据式(8.3.34)，对一次爆炸，令等效源函数为

$$S_{\mathrm{E}}(\omega)=\psi(\omega)(1+r_{\mathrm{pP}}\mathrm{e}^{-\mathrm{i}\omega t_{\mathrm{pP}}}) \tag{8.3.35}$$

则在相同的台站上，有

$$S_{\mathrm{E1}}(\omega)U_2(\omega)=S_{\mathrm{E2}}(\omega)U_1(\omega) \tag{8.3.36}$$

将式(8.3.35)和式(8.3.36)表示为时间域中的形式，分别为

$$S_{\mathrm{E}}(t)=\psi(t)\otimes[\delta(t)+r_{\mathrm{pP}}\delta(t-t_{\mathrm{pP}})] \tag{8.3.37}$$

$$S_{\mathrm{E1}}(t)\otimes u_2(t)=S_{\mathrm{E2}}(t)\otimes u_1(t) \tag{8.3.38}$$

所谓的波形同等化方法，即在已知其中一次爆炸的当量和埋深情况下，利用式(8.3.38)求解另一次爆炸的当量和埋深。

参考文献

靳平, 肖卫国, 段克敏, 2004. 由 Lg 波振幅谱估算地震矩及 Lg 波 Q 值[J]. 地震学报, 26(增刊): 21-30.

靳平, 周青云, 潘常周, 2001. 地震事件区域识别判据研究之一: SP/LP 信号幅值比[J]. 试验与研究, 24(1): 1-13.

刘瑞丰, 陈运泰, 任枭, 等, 2015. 震级的测定[M]. 北京: 地震出版社.

滕素珍, 冯敬海, 2005. 数理统计学[M]. 大连: 大连理工出版社.

中国地震局监测预报司, 2003. 数字地震观测技术[M]. 北京: 地震出版社.

周蕙兰, 1990. 地球内部物理[M]. 北京: 地震出版社.

ABE K, 1981. Magnitudes of large shallow earthquakes from 1904 to 1980[J]. Phys. Earth Planet. Int., 27(1): 72-92.

BACHE T C, 1982. Estimating the yield of underground nuclear explosions[J]. Bull. Seism. Soc. Am., 72(6B): S131-S168.

BAKUN W H, JOYNER W, 1984. The M_{L} scale in Central California[J]. Bull. Seism. Soc. Am., 74(5): 1827-1843.

BEALL G W, BROWN D J, CARTER J A, et al., 1999. IDC processing of seismic, hydroacoustic, and infrasonic data [R]. Vienna: International Data Centre, IDC Document 5.2.1.

BOCHAROV V S, ZELENTSOV S A, MIKHAILOV V N, 1989. Characteristics of 96 underground nuclear explosions at the Semipalatinsk test site[J]. Atomic Energy (Atomnaya Energiya), 67(3): 210-214.

BONNER J L, RUSSELL D R, HARKRIDER D G, et al., 2006. Development of a time-domain, variable-period surface-wave magnitude measurement procedure for application at regional and teleseismic distances, Part Ⅱ: Application and M_{s}-m_{b} performance[J]. Bull. Seism. Soc. Am., 96(2): 678-696.

BORMANN P, BAUMBACH M, BOCK G, et al., 2002. Seismic Sources and Source Parameters [M]// BORMANN P. New Manual of Seismological Observatory Practice, Vol.1, Potsdam: GeoForschungsZentrum.

BORMANN P, DEWEY J W, 2014. The new IASPEI standards for determining magnitudes from digital data and their relation to classical magnitudes[M]//BORMANN P. New Manual of Seismological Observatory Practice 2 (NMSOP-2), Potsdam: GeoForschungsZentrum.

BORMANN P, LIU R, REN X, et al., 2007. Chinese national network magnitudes, their relation to NEIC magnitudes, and recommendations for new IASPEI magnitude standards[J]. Bull. Seism. Soc. Am., 97(1): 114-127.

CHAVES E J, LAY T, VOYTAN D P, 2018. Yield estimate (230 kt) for a Mueller - Murphy model of the 3 September 2017, North Korean nuclear test (m_bNEIC = 6.3) from teleseismic broadband P waves assuming extensive near - source damage[J]. Geophys. Res. Lett., 45(19): 10314-10322.

DENNY M D, JOHNSON L R, 1991. The explosion seismic source function: Models and scaling laws reviewed[M]//TAYLOR S R, PATTON H J, RICHARDS P G. Explosion Source Phenomenology, Washington D.C.: the America Geophysical Union.

DOUGLAS A, MARSHALL P D, 1996. Seismic source size and yield for nuclear explosions[M]// HUSEBYE E S, DAINTY A M. Monitoring a Comprehensive Test Ban Treaty, Dordtrecht: Kluwer Academic Publishers.

EVERNDEN J F, FILSON J, 1971. Regional dependence of surface-wave versus body-wave magnitudes[J]. J. Geophys. Res., 76(14): 3303-3308.

FISK M D, JEPSEN D, MURPHY J R, 2002. Experimental seismic event-screening criteria at the Prototype International Data Center[J]. Pure appl. Geophys., 159(4): 865-888.

FUTTERMAN W I, 1962. Dispersive body waves[J]. J. Geophys. Res., 67(13): 5279-5291.

GRANVILLE J P, KIM W Y, RICHARDS P G, 2002. An assessment of seismic body-wave magnitudes published by the prototype International Data Centre[J]. Seism. Res. Lett., 73(6): 893-906.

GRANVILLE J P, RICHARDS P G, KIM W Y, et al., 2005. Understanding the differences between three teleseismic m_b scales[J]. Bull. Seism. Soc. Am., 95(5): 1809-1824.

GUTENBERG B, 1945. Amplitudes of surface waves and magnitudes of shallow earthquakes[J]. Bull. Seism. Soc. Am., 35(1): 3-12.

GUTENBERG B, RICHTER C F, 1956a. Magnitude and energy of earthquakes[J]. Annali di Geofisica, 9(1): 1-15.

GUTENBERG B, RICHTER, C F, 1956b. The energy of earthquakes[J]. Q. J. Geol. Soc. London, 112(1): 1-14.

HANSEN R A, RINGDAL F, RICHARDS P G, 1990. The stability of RMS Lg measurements and their potential for accurate estimation of the yields of Soviet underground nuclear explosions[J]. Bull. Seism. Soc. Am., 80(6): 2106-2126.

HUTTON L K, BOORE D M, 1987. The M_L scale in southern California[J]. Bull. Seism. Soc. Am., 77(6): 2074-2094.

ISRAELSSON H, 1994. Analysis of historical seismograms-root mean square Lg magnitudes, yields and depths of explosions at the Semipalatinsk test range[J]. Geophys. J. Int., 117(3): 591-609.

JIN P, XU H, WANG H, et al., 2017. Secondary seismic sources behind amplitude ratios between the first 2016 and 2013 North Korean nuclear tests[J]. Geophys. J. Int., 211(1): 322-334.

JIN P, ZHU H F, XU X, et al., 2019. Seismic spectral ratios between North Korean nuclear tests: Implications for their seismic sources[J]. J. Geophys. Res.-Solid Earth, 124(5): 4940-4958.

KANAMORI H, 1983. Magnitude scale and quantification of earthquakes[J]. Tectonophysics, 93: 195-199.

KARNIK V, KONDORSKAYA N V, RIZNICHENKO JU V, et al., 1962. Standardization of the earthquake magnitude scale[J]. Studia Geoph. et Geod., 6(1): 41-48.

KOSTROV B, 1974. Seismic moment and energy of earthquakes, and seismic flow of rock[J]. Izv. Acad. Sci., USSR, Phys. Solid Earth (Engl. Transl.), 1(1): 23-40.

LAY Y, 1991. The teleseismic manifestation of pP: Problems and paradoxes[M]//TAYLOR S R, PATTON H J, RICHARDS P G. Explosion Source Phenomenology. Washington D.C.: the America Geophysical Union.

LAY T, WALLACE T C, 1995. Modern Global Seismology[M]. San Diego: Academic Press.

MARSHALL P D, DOUGLAS A, HUDSON J A, 1971. Surface waves from underground nuclear explosions[J]. Nature, 234: 8-9.

MARSHALL P D, LILWALL R C, FARTHING J, 1990. Estimates of the teleseismic magnitudes of some early Nevada Test Site explosions[R]. London: Atomic Weapons Establishment, AWE Report No. O 13/90.

MARSHALL P D, SPRINGER D L, RODEAN H C, 1979. Magnitude corrections for attenuation in the upper mantle[J]. Geophys. J. R. Astr. Soc., 57(3): 609-638.

MINSTER J B, 1978. Transient and impulse responses of a one dimensional linearly attenuating medium-I. Analytical results [J]. Geophys. J. R. Astr. Soc., 52(3): 479-501.

MUELLER R A, MURPHY J R, 1971. Seismic characteristics of underground nuclear detonations, Part Ⅰ. Seismic spectrum scaling[J]. Bull. Seism. Soc. Am., 61(6): 1675-1692.

MURPHY J R, 1977. Seismic source functions and magnitude determinations for underground nuclear explosions[J]. Bull. Seism. Soc. Am., 67(1): 135-158.

MURPHY J R, 1981. P wave coupling of underground explosions in various geologic media[M]// HUSEBYE E S, MYKKELTVEIT S. Identification of Seismic Sources-Earthquake or Underground Explosion (NATO Advanced Study Institutes Series, Series C, Vol. 74). Dordrecht: D. Reidel Publishing Company.

MURPHY J R, 1993. Comment on 'Q for short-period P waves: Is it frequency dependent?' by A. Douglas[J]. Geophys. J. Int., 113(2): 535-540.

MURPHY J R, 1996. Types of seismic events and their source descriptions[M]// HUSEBYE E S, DAINTY A M. Monitoring a Comprehensive Test Ban Treaty. Dordtrecht: Kluwer Academic Publishers.

MURPHY J R, 1997. Calibration of IMS magnitudes for event screening using the M_s/m_b criterion[C]. Proc. Event Screening Workshop, Beijing, China.

MURPHY J R, BARKER B W, 2001. Application of network-averaged teleseismic P-wave spectra to seismic yield estimation of underground nuclear explosions[J]. Pure appl. Geophys., 158(11): 2133-2157.

MURPHY J R, BARKER B W, 2003. Revised distance and depth corrections for use in the estimation of short-period P-wave magnitudes[J]. Bull. Seism. Soc. Am., 93(4): 1746-1764.

MURPHY J R, BARKER B W, O'DONNEILL A, 1989a. Network-averaged teleseismic P-wave spectra for underground explosions. Part Ⅰ. Definitions and examples[J]. Bull. Seism. Soc. Am., 79(1): 141-155.

MURPHY J R, BARKER B W, O'DONNEILL A, 1989b. Network-averaged teleseismic P-wave spectra for underground explosions. Part Ⅱ. Source characteristics of Pahute Mesa explosions[J]. Bull. Seism. Soc. Am., 79(1), 156-171.

MURPHY J R, MUELLER R A, 1971. Seismic characteristics of underground nuclear detonations, Part Ⅱ. Elastic energy and magnitude determinations[J]. Bull. Seism. Soc. Am., 61(6): 1693-1704.

MURPHY J R, STEVENS J L, KOHL B C, et al., 2013. Advanced seismic Analyses of the Source characteristics of the 2006 and 2009 North Korean nuclear tests[J]. Bull. Seism. Soc. Am., 103(3): 1640-1661.

NI S, HELMBERGER D, PITARKA A, 2010. Rapid source estimation from global calibrated paths[J]. Seism. Res. Lett., 81(3): 498-504.

NUTTLI O W, 1973. Seismic wave attenuation and magnitude relations for eastern North America[J]. J. Geophys. Res., 78(5): 876-885.

NUTTLI O W, 1986a. Yield estimates of Nevada Test Site explosions obtained from seismic Lg waves[J]. J. Geophys. Res., 91(B2): 2137-2151.

NUTTLI O W, 1986b. Lg magnitudes of selected East Kazakhstan underground explosions[J]. Bull. Seism. Soc. Am., 76(5): 1241-1251.

NUTTLI O W, 1987. Lg magnitudes of Degelen, East Kazakhstan, underground explosions[J]. Bull. Seism. Soc. Am.,

77(2): 679-681.

NUTTLI O W, 1988. Lg magnitudes and yield estimates for underground Novaya Zemlya nuclear explosions[J]. Bull. Seism. Soc. Am., 78(2): 873-884.

OKAL E A, 1989. A theoretical discussion of time domain magnitudes: The Prague formula for M_s and the mantle magnitude M_m[J]. J. Geophys. Res., 94(B4): 4194-4204.

PATTON H J, 1988. Application of Nuttli's method to estimate yield of Nevada test site explosions recorded on Lawrence Livermore National Laboratory's digital seismic system[J]. Bull. Seism. Soc. Am., 78(5): 1759-1772.

PATTON H J, 2012. Modeling M_s-yield scaling of Nevada Test Site nuclear explosions for constraints on volumetric moment due to source - medium damage[J]. Bull. Seism. Soc. Am., 102(4): 1373-1387.

PATTON H J, 2016. A physical basis for M_s-yield scaling in hard rock and implications for late-time damage of the source medium[J]. Geophys. J. Int., 206(1): 191-204.

PATTON H J, SCHLITTENHARDT J, 2005. A transportable m_b(Lg) scale for central Europe and implications for low-magnitude M_s–m_b discrimination[J]. Geophys. J. Int., 163(1): 126-140.

PRIESTLEY K F, PATTON H J, 1997. Calibration of m_b(Pn), m_b(Lg) scales and transportability of the M_0: m_b discriminant to new tectonic regions[J]. Bull. Seism. Soc. Am., 87(5): 1083-1099.

REZAPOUR M, PEARCE R G, 1998. Bias in surface-wave magnitude M_s due to inadequate distance corrections[J]. Bull. Seism. Soc. Am., 88(1): 43-61.

RICHTER C F, 1935. An instrumental earthquake magnitude scale[J]. Bull. Seism. Soc. Am., 25(1): 1-32.

RICHTER C F, 1958. Elementary Seismology[M]. San Francisco: W. H. Freeman and Company.

RINGDAL F, 1976. Maximum-likelihood estimation of seismic magnitude[J].Bull. Seism. Soc. Am., 66(3): 789-802.

RINGDAL F, MARSHALL P D, ALEWINE R W, 1992. Seismic yield determination of Soviet underground nuclear explosions at the Shagan River test site[J]. Geophys. J. Int., 109(1): 65-77.

RUSSELL D R, 2006. Development of a time-domain, variable-period surface-wave magnitude measurement procedure for application at regional and teleseismic distances, Part I: Theory[J]. Bull. Seism. Soc. Am., 96(2): 665-677.

SELBY N D, MARSHALL P D, BOWERS D, 2012. mb: Ms event screening revisited[J]. Bull. Seism. Soc. Am., 102(1): 88-97.

SERENO T J, BRATT S R, BACHE T C, 1988. Simultaneous inversion of regional wave spectra for attenuation and seismic moment in Scandinavia[J]. J. Geophys. Res., 93(B3): 2109-2036.

SPRINGER D L, PAWLOSKI G A, RICCA J L, et al., 2002. Seismic source summary for all U.S, below-surface nuclear explosions[J]. Bull. Seism. Soc. Am., 92(5): 1806-1840.

STEVENS J L, DAY S M, 1985. The physical basis of m_b: M_s and variable frequency magnitude methods for earthquake/explosion discrimination[J]. J. Geophys. Res., 90(B4): 3009-3020.

STEVENS J L, MURPHY J R, 2001. Yield estimation from surface-wave amplitudes[J]. Pure appl. Geophys., 158(11): 2227-2251.

STREET R L, HERRMANN R B, NUTTLI O W, 1975. Spectral characteristics of the Lg wave generated by central United States earthquakes[J]. Geophys. J. R. Astr. Soc., 41(1): 51-63.

VANĚK J, ZATOPEK A, KARNIK V, et al., 1962. Standardization of magnitude scales[J]. Bull. Acad. Sci. USSR, Geophys. Ser., 2: 108-111.

VEITH K F, CLAWSON G E, 1972. Magnitude from short-period P-wave data[J]. Bull. Seism. Soc. Am., 62(2): 435-452.

VERGINO F S, MENSING R W, 1990. Yield estimation using regional m_b(Pn)[J]. Bull. Seism. Soc. Am., 80(3): 656-674.

VOYTAN D P, LAY T, CHAVES E J, et al., 2019. Yield estimates for the six North Korean nuclear tests from teleseismic P wave modeling and intercorrelation of P and Pn recordings[J]. J. Geophys. Res.- Solid Earth, 124(5): 4916-4939.

WANG H, NI S, JIN P, et al., 2017. Anomalous Pn amplitudes through the southeastern Tarim basin and western Tien Shan along two profiles: Observations and interpretations[J]. Bull. Seism. Soc. Am., 107(2): 760-769.

WILLMORE P L, 1979. Manual of Seismological Observatory Practice [R]. Boulder: World Data Center A for Solid Earth Geophysics, Report SE-20.

XIE J, 1993. Simultaneous inversion for source spectrum and path Q using Lg with application to three Semipalatinsk explosions[J]. Bull. Seism. Soc. Am., 83(6): 1547-1562.

XIE J, 1998. Spectral inversion of Lg from earthquakes: A modified method with applications to the 1995, western Texas earthquake sequence[J]. Bull. Seism. Soc. Am., 88(6): 1525-1537.

XIE J, CONG L, MITCHELL B J, 1996. Spectral characteristics of the excitation and propagation of Lg from underground nuclear explosions in central Asia[J]. J. Geophys. Res., 101(B3): 5813-5822.

YANG X, NORTH R, ROMNEY C, 1999. PIDC nuclear explosion database (Revision 2)[R]. Arlington: Centre for Monitoring Research, CMR-99/16.

ZHANG M, WEN L, 2013. High-precision location and yield of North Korea's 2013 nuclear test[J]. Geophys. Res. Lett., 40(12): 2941-2946.

ZHAO L F, XIE X B, WANG W M, et al., 2008. Regional seismic characteristics of the 9 October 2006 North Korean nuclear test[J]. Bull. Seism. Soc. Am., 98(6): 2571-2589.

ZHAO L F, XIE X B, WANG W M, et al., 2016. Seismological investigation of the 2016 January 6 North Korean underground nuclear test[J]. Geophys. J. Int., 206(3): 1487-1491.

附　录

附录 8.1　模拟 m_b 震级-当量关系斜率

假定地下核爆炸的稳态折合位移势：

$$\phi_\infty \propto W^x / h^y \tag{A8.1.1}$$

在比例埋深的情况下，$\phi_\infty \propto W^{x-y/3}$。按 MM71 模型，$x=0.87$，$y=0.33$，$\phi_\infty \propto W^{0.76}$；而按 DJ91 模型，$x=1$，$y=0.4385$，$\phi_\infty \propto W^{0.85}$，基本接近实际观测的 $m_b/\lg W$ 关系的斜率。

但是，ϕ_∞ 反映的只是低频信号的源强度，而 m_b 则是在 1Hz 附近测量的。如图 8.2.2 所示，在 1～1000kt 这一传统地下核试验的当量范围内，m_b 对应的测量窗口正好在它们的源拐角频率附近。源拐角频率和源频谱的过冲比随当量的变化势必会影响 $m_b/\lg W$ 关系的斜率。此外，pP 和 t^* 大小也可能对 $m_b/\lg W$ 的斜率产生影响。

为验证这一点，可在不同模型假设条件下，按 m_b(P)测量方法对 1～1000kt 的 $m_b/\lg W$ 关系斜率进行模拟计算。计算时，假定远震台站上的 P 波为 P 和准弹性 pP 的叠加。根据式(1.5.15)，并注意到地下爆炸的地震矩 $M_0(t)=4\pi\rho_s\alpha_s^2\phi(t)$，可将地下爆炸在 WWSSN 短周期地震仪上的 P 波记录表示为

$$u(t)=\frac{\rho_s^{1/2}}{\left(\rho_r\alpha_r\alpha_s\right)^{1/2}\mathcal{R}}\dot{\phi}(t)\otimes[\delta(t-t_P)+r_{pP}\delta(t-t_{pP})]\otimes a(t,t^*)\otimes I(t) \tag{A8.1.2}$$

式中，ρ_s 和 ρ_r 分别为源区和接收点处的介质密度；α_s 和 α_r 为相应的 P 波波速；$\mathcal{R}$ 为几何扩散因子；$\phi(t)$ 为爆炸的折合位移势；$a(t,t^*)$ 为非弹性衰减的冲击响应；$I(t)$ 为 WWSSN 短周期地震仪的仪器响应。因为对固定的场地位置和接收台站，远震时 $\alpha_s\mathcal{R}$ 近似为常数[参见式(1.5.12)]，所以

$$u(t)=\frac{U(t)}{C}=\frac{(\rho_s\alpha_s)^{1/2}}{C}\dot{\phi}(t)\otimes[\delta(t-t_P)+r_{pP}\delta(t-t_{pP})]\otimes a(t,t^*)\otimes I(t) \tag{A8.1.3}$$

式中，C 为常数。根据这一结果，可以假定不同的震源参数模型和 t^*，计算 $U(t)$，测量相应的幅值 A 和周期 T，并将得到的 $\lg(A/T)_{max}$ 与当量 $\lg W$ 进行回归，就能得到理论上的 $m_b/\lg W$ 斜率。表 8.2.2 是不同假设情况下的模拟计算结果。计算时取当量 W 为 1～985.3kt 对数均匀分布的 18 个样点，除埋深固定为 1000m 的情况外，取 h=122m/kt$^{1/3}$ 的比例埋深。在所有情况下，假定 $\phi(t)$ 具有 MM71 模型的函数形式，即

$$\phi(t)=\phi_\infty\left\{\begin{aligned}&\left[1-\left(\cos\sqrt{1-\eta^2}\,\omega_e t+\frac{\eta}{\sqrt{1-\eta^2}}\sin\sqrt{1-\eta^2}\,\omega_e t\right)e^{-\eta\omega_e t}\right]\\&+\frac{(p_{0s}-p_{0c})/p_{0c}}{(1-\eta^2)+(\chi-\eta)^2}\left[e^{-\chi\omega_e t}-\left(\cos\sqrt{1-\eta^2}\,\omega_e t-\frac{\chi-\eta}{\sqrt{1-\eta^2}}\sin\sqrt{1-\eta^2}\,\omega_e t\right)e^{-\eta\omega_e t}\right]\end{aligned}\right\} \tag{A8.1.4}$$

式中，$\omega_e=2\pi f_e=2\beta_s/r_{el}$ 为爆炸的源本征频率，其中 r_{el} 为弹性半径，β_s 为介质 S 波波速；$\eta=\beta_s/\alpha_s$；$p_{0s}=1.5\rho_s gh$ 为爆炸在 $r=r_{el}$ 时的峰值压力；$p_{0c}=4\rho_s\beta_s^2\phi_\infty/r_{el}^3$ 为相应处的稳态压力；$\chi=k/2\eta$，其中 k 是另一个只和介质有关的常数。在表 8.2.2 中，MM71 表示 ϕ_∞ 按 MM71 模型计算，DJ91 表示 ϕ_∞ 按 DJ91 模型计算，计算时不同介质中爆炸的源参数包括介质参数见表 3.3.1，并在 DJ91 模型中统一取介质的干孔隙率 GP=2。无论在 MM71 模型还是 DJ91 模型的情况下，除声明被固定的情况外，式(A8.1.4)的 f_e 和 p_{0s}/p_{0c} 统一按 MM71 模型计算。另外，在式(A8.1.3)中，为考虑 pP 反射非弹性的影响，除了 r_{pP} 的取值显著小于弹性理

论值外，取 $t_{\mathrm{pP}}=F_{\mathrm{tpP}}\times t_{\mathrm{pP}}^{(\mathrm{e})}$，其中 $t_{\mathrm{pP}}^{(\mathrm{e})}\approx 2h/\alpha_{\mathrm{s}}$ 为 pP-P 延时的弹性理论值，F_{tpP} 为非弹性效应因子。

表 8.2.2 的结果表明，实际观测到的 $m_{\mathrm{b}}/\lg W$ 关系的斜率是多种因素共同作用的结果。特别是除了比例埋深条件下折合位移势和当量的比例关系外，源拐角频率、峰值压力/稳态压力比随当量的变化及 pP 的干涉作用和 t^*大小都有一定的影响。此外，无论按 MM71 模型还是 DJ91 模型，不同类型源区介质中 $m_{\mathrm{b}}/\lg W$ 关系的斜率可能存在区别，如花岗岩的斜率要大于凝灰岩的斜率。这种区别主要与 RDP 的过冲比在花岗岩中时较大，在凝灰岩中时较小有关。Marshall 等(1979)[①]的回归分析结果和 Murphy(1981)[②]的理论计算结果也都存在这样的差异。

附录 8.2 基于高斯滤波的谱振幅测量

对时间域中的高斯函数：

$$g_{\alpha}(t)=\mathrm{e}^{-\alpha t^{2}} \tag{A8.2.1}$$

其傅里叶变换为频率域中的高斯函数：

$$\hat{g}_{\alpha}(\omega)=\int_{-\infty}^{\infty}\mathrm{e}^{-\alpha t^{2}}\mathrm{e}^{\mathrm{i}\omega t}\mathrm{d}t=\mathrm{e}^{-\frac{\omega^{2}}{4\alpha}}\int_{-\infty}^{\infty}\mathrm{e}^{-\alpha[t-(\mathrm{i}\omega/2\alpha)]^{2}}\mathrm{d}t=\sqrt{\frac{\pi}{\alpha}}\mathrm{e}^{-\frac{\omega^{2}}{4\alpha}} \tag{A8.2.2}$$

更一般地，令

$$g_{\alpha}^{(0)}(t,\omega_{\mathrm{c}})=\mathrm{e}^{-\alpha t^{2}}\mathrm{e}^{-\mathrm{i}\omega_{\mathrm{c}}t} \tag{A8.2.3}$$

$$g_{\alpha}^{(\mathrm{c})}(t,\omega_{\mathrm{c}})=\mathrm{e}^{-\alpha t^{2}}\cos\omega_{\mathrm{c}}t=\frac{\mathrm{e}^{\mathrm{i}\omega_{\mathrm{c}}t}+\mathrm{e}^{-\mathrm{i}\omega_{\mathrm{c}}t}}{2}\mathrm{e}^{-\alpha t^{2}} \tag{A8.2.4}$$

$$g_{\alpha}^{(\mathrm{s})}(t,\omega_{\mathrm{c}})=\mathrm{e}^{-\alpha t^{2}}\sin\omega_{\mathrm{c}}t=\frac{\mathrm{e}^{\mathrm{i}\omega_{\mathrm{c}}t}-\mathrm{e}^{-\mathrm{i}\omega_{\mathrm{c}}t}}{2\mathrm{i}}\mathrm{e}^{-\alpha t^{2}} \tag{A8.2.5}$$

对应的傅里叶变换分别为

$$\hat{g}_{\alpha}^{(0)}(\omega,\omega_{\mathrm{c}})=\int_{-\infty}^{\infty}\mathrm{e}^{-\mathrm{i}\omega_{\mathrm{c}}t}\mathrm{e}^{-\alpha t^{2}}\mathrm{e}^{\mathrm{i}\omega t}\mathrm{d}t=\sqrt{\frac{\pi}{\alpha}}\mathrm{e}^{-\frac{(\omega-\omega_{\mathrm{c}})^{2}}{4\alpha}} \tag{A8.2.6}$$

$$\hat{g}_{\alpha}^{(\mathrm{c})}(\omega,\omega_{\mathrm{c}})=\frac{1}{2}\left[\hat{g}_{\alpha}^{(0)}(\omega,\omega_{\mathrm{c}})+\hat{g}_{\alpha}^{(0)}(\omega,-\omega_{\mathrm{c}})\right] \tag{A8.2.7}$$

---

① MARSHALL P D, SPRINGER D L, RODEAN H C, 1979. Magnitude corrections for attenuation in the upper mantle[J]. Geophys. J. R. Astr. Soc., 57(3): 609-638.

② MURPHY J R, 1981. P wave coupling of underground explosions in various geologic media[M]// HUSEBYE E S, MYKKELTVEIT S. Identification of Seismic Sources-Earthquake or Underground Explosion (NATO Advanced Study Institutes Series, Series C, Vol. 74). Dordrecht: D. Reidel Publishing Company.

$$
\begin{aligned}
\hat{g}_{\alpha}^{(\mathrm{s})}(\omega,\omega_{\mathrm{c}}) &= \frac{1}{2\mathrm{i}}\left[\hat{g}_{\alpha}^{(0)}(\omega,-\omega_{\mathrm{c}}) - \hat{g}_{\alpha}^{(0)}(\omega,\omega_{\mathrm{c}})\right] \\
&= \frac{1}{2}\left[\hat{g}_{\alpha}^{(0)}(\omega,\omega_{\mathrm{c}})\mathrm{e}^{\mathrm{i}\pi/2} + \hat{g}_{\alpha}^{(0)}(\omega,-\omega_{\mathrm{c}})\mathrm{e}^{-\mathrm{i}\pi/2}\right]
\end{aligned} \tag{A8.2.8}
$$

此外，由上述关系，应有

$$
\hat{g}_{\alpha}^{(0)}(\omega,-\omega_{\mathrm{c}}) = \hat{g}_{\alpha}^{(0)}(-\omega,\omega_{\mathrm{c}}) \tag{A8.2.9}
$$

而当 $\omega_{\mathrm{c}}^2/4\alpha \gg 1$ 时，有

$$
\hat{g}_{\alpha}^{(\mathrm{c})}(\omega,\omega_{\mathrm{c}}) \approx \begin{cases} \dfrac{1}{2}\hat{g}_{\alpha}^{(0)}(\omega,\omega_{\mathrm{c}}) \ (\omega>0) \\ \dfrac{1}{2}\hat{g}_{\alpha}^{(0)}(\omega,-\omega_{\mathrm{c}}) \ (\omega<0) \end{cases} \tag{A8.2.10}
$$

现在假设有信号 $s(t)$，其傅里叶变换为

$$
\hat{s}(\omega) = \int_{-\infty}^{\infty} s(t)\mathrm{e}^{\mathrm{i}\omega t}\mathrm{d}t \tag{A8.2.11}
$$

取频率域中的滤波器窗口为

$$
h(\omega,\omega_{\mathrm{c}}) = \frac{1}{2}\hat{g}_{\alpha}^{(0)}(\omega,\omega_{\mathrm{c}}) \tag{A8.2.12}
$$

令 $u(t)$为滤波后的输出，对应的傅里叶变换为$\hat{u}(\omega)$，则按实际的滤波过程，应有

$$
\hat{u}(\omega) = \begin{cases} \dfrac{1}{2}\hat{g}_{\alpha}^{(0)}(\omega,\omega_{\mathrm{c}})\hat{s}(\omega) & (\omega>0) \\ \left[\dfrac{1}{2}\hat{g}_{\alpha}^{(0)}(-\omega,\omega_{\mathrm{c}})\hat{s}(-\omega)\right]^* = \dfrac{1}{2}\hat{g}_{\alpha}^{(0)}(\omega,-\omega_{\mathrm{c}})\hat{s}(\omega) & (\omega<0) \end{cases} \tag{A8.2.13}
$$

因此

$$
\begin{aligned}
u(t) &= \frac{1}{2\pi}\int_{-\infty}^{\infty}\hat{u}(\omega)\mathrm{e}^{-\mathrm{i}\omega t}\mathrm{d}\omega \\
&= \frac{1}{4\pi}\left[\int_{-\infty}^{0}\hat{g}_{\alpha}^{(0)}(\omega,-\omega_{\mathrm{c}})\hat{s}(\omega)\mathrm{e}^{-\mathrm{i}\omega t}\mathrm{d}\omega + \int_{0}^{\infty}\hat{g}_{\alpha}^{(0)}(\omega,\omega_{\mathrm{c}})\hat{s}(\omega)\mathrm{e}^{-\mathrm{i}\omega t}\mathrm{d}\omega\right] \\
&\approx \frac{1}{4\pi}\left[\int_{-\infty}^{\infty}\hat{g}_{\alpha}^{(0)}(\omega,-\omega_{\mathrm{c}})\hat{s}(\omega)\mathrm{e}^{-\mathrm{i}\omega t}\mathrm{d}\omega + \int_{-\infty}^{\infty}\hat{g}_{\alpha}^{(0)}(\omega,\omega_{\mathrm{c}})\hat{s}(\omega)\mathrm{e}^{-\mathrm{i}\omega t}\mathrm{d}\omega\right] \\
&= \frac{1}{2}\left[g_{\alpha}^{(0)}(t,-\omega_{\mathrm{c}})\otimes s(t) + g_{\alpha}^{(0)}(t,\omega_{\mathrm{c}})\otimes s(t)\right] \\
&= g_{\alpha}^{(c)}(t,\omega_{\mathrm{c}})\otimes s(t) = \int_{-\infty}^{\infty}s(\tau)\cos\omega_{\mathrm{c}}(t-\tau)\mathrm{e}^{-\alpha(t-\tau)^2}\mathrm{d}\tau
\end{aligned} \tag{A8.2.14}
$$

令

$$v(t) = H(u(t)) \tag{A8.2.15}$$

为 $u(t)$ 的 Hilbert 变换，类似于式(A8.2.14)，容易得到：

$$v(t) = g_{\alpha}^{(\mathrm{s})}(t,-\omega_{\mathrm{c}}) \otimes s(t) = \int_{-\infty}^{\infty} s(\tau)\sin\omega_{\mathrm{c}}(t-\tau)\mathrm{e}^{-\alpha(t-\tau)^2}\mathrm{d}\tau \tag{A8.2.16}$$

令 $a(t) = u(t) - \mathrm{i}v(t)$ ，则 $u(t)$ 的包络线：

$$A(t) = |a(t)| \tag{A8.2.17}$$

由于

$$\begin{aligned} a(t) = u(t) - \mathrm{i}v(t) &= \int_{-\infty}^{\infty} s(\tau)\cos\omega_{\mathrm{c}}(t-\tau)\mathrm{e}^{-\alpha(t-\tau)^2}\mathrm{d}\tau - \mathrm{i}\int_{-\infty}^{\infty} s(\tau)\sin\omega_{\mathrm{c}}(t-\tau)\mathrm{e}^{-\alpha(t-\tau)^2}\mathrm{d}\tau \\ &= \int_{-\infty}^{\infty} s(\tau)\mathrm{e}^{-\mathrm{i}\omega_{\mathrm{c}}(t-\tau)}\mathrm{e}^{-\alpha(t-\tau)^2}\mathrm{d}\tau = \int_{-\infty}^{\infty}\left[\frac{1}{2\pi}\int_{-\infty}^{\infty}\hat{s}(\omega)\mathrm{e}^{-\mathrm{i}\omega\tau}\mathrm{d}\omega\right]\mathrm{e}^{-\mathrm{i}\omega_{\mathrm{c}}(t-\tau)}\mathrm{e}^{-\alpha(t-\tau)^2}\mathrm{d}\tau \\ &= \frac{1}{2\sqrt{\alpha\pi}}\int_{-\infty}^{\infty}\hat{s}(\omega)\mathrm{e}^{-\frac{(\omega-\omega_{\mathrm{c}})^2}{4\alpha}}\mathrm{e}^{-\mathrm{i}\omega t}\mathrm{d}\omega \end{aligned} \tag{A8.2.18}$$

假定 $\hat{s}(\omega)$ 在 $\hat{g}_{\alpha}^{(0)}(\omega,\omega_{\mathrm{c}})$ 的窗口范围内变化缓慢，则

$$a(t) = \frac{1}{2\sqrt{\alpha\pi}}\hat{s}(\omega_{\mathrm{c}})\int_{-\infty}^{\infty}\mathrm{e}^{-\frac{(\omega-\omega_{\mathrm{c}})^2}{4\alpha}}\mathrm{e}^{\mathrm{i}\omega t}\mathrm{d}\omega = \hat{s}(\omega_{\mathrm{c}})\mathrm{e}^{-\mathrm{i}\omega_{\mathrm{c}}t-\alpha t^2} \tag{A8.2.19}$$

而信号包络线及包络线峰值分别为

$$A(t) = |\hat{s}(\omega_{\mathrm{c}})|\,\mathrm{e}^{-\alpha t^2} \tag{A8.2.20}$$

$$A_{\max} = |\hat{s}(\omega_{\mathrm{c}})| \tag{A8.2.21}$$

在 Murphy 等(1989)[①]中，实际使用的频率域中的窗口函数[图 A8.2.1(a)] $h(\omega,\omega_{\mathrm{c}}) \propto \mathrm{e}^{-16\pi(f-f_{\mathrm{c}})^2}$ ，相应的 $\alpha = \pi/16$ ，对应的高斯滤波窗口函数为

$$h(\omega,\omega_{\mathrm{c}}) = \frac{1}{2}\hat{g}_{\alpha}^{(0)}(\omega,\omega_{\mathrm{c}}) = 2\mathrm{e}^{-\frac{(\omega-\omega_{\mathrm{c}})^2}{4\alpha}} \tag{A8.2.22}$$

可以计算上述方法的时间分辨率、频率分辨率、3dB 带宽和品质因数(Q 值)。对于分别由式(A8.2.3)和式(A8.2.6)定义的时间和频率窗口函数，它们的时间和频率分辨率分别为下面定义的窗口半宽度 Δ_t 、 Δ_{ω} 的两倍，其中，

① MURPHY J R, BARKER B W, O' DONNEILL A, 1989. Network-averaged teleseismic P-wave spectra for underground explosions. Part Ⅰ. Definitions and examples[J]. Bull. Seism. Soc. Am., 79(1): 141-155.

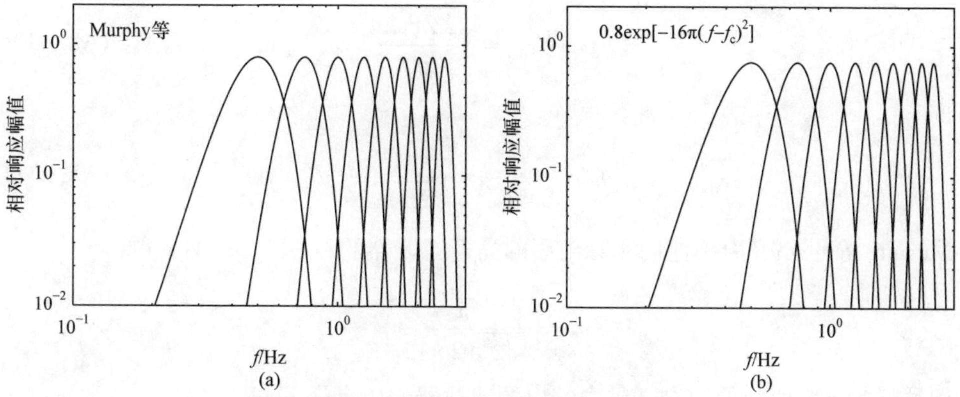

图 A8.2.1　Murphy 等实际使用的高斯滤波器

(a)Murphy 等所给的滤波器相对响应幅值图；(b)$\alpha=\pi/16$ 时高斯滤波器对应的相对响应幅值。图中的相对响应曲线为 $0.8\exp[-16\pi(f-f_c)^2]$，而根据式(A8.2.22)，此时实际响应的绝对值应为 $2\exp[-16\pi(f-f_c)^2]$

$$\Delta_t=\frac{1}{\left\|g_\alpha^{(0)}(t,\omega_c)\right\|_2}\left[\int_{-\infty}^{\infty}t^2\,|\,g_\alpha^{(0)}(t,\omega_c)\,|^2\,\mathrm{d}t\right]^{1/2} \tag{A8.2.23}$$

$$\Delta_\omega=\frac{1}{\left\|\hat{g}_\alpha^{(0)}(\omega,\omega_c)\right\|_2}\left[\int_{-\infty}^{\infty}(\omega-\omega_c)^2\,|\,\hat{g}_\alpha^{(0)}(\omega,\omega_c)\,|^2\,\mathrm{d}t\right]^{1/2} \tag{A8.2.24}$$

$$\left\|g_\alpha^{(0)}(t,\omega_c)\right\|_2=\left[\int_{-\infty}^{\infty}|\,g_\alpha^{(0)}(t,\omega_c)\,|^2\,\mathrm{d}t\right]^{1/2}=\left(\frac{\pi}{2\alpha}\right)^{1/4} \tag{A8.2.25}$$

$$\left\|\hat{g}_\alpha^{(0)}(\omega,\omega_c)\right\|_2=\left[\int_{-\infty}^{\infty}|\,\hat{g}_\alpha^{(0)}(\omega,\omega_c)\,|^2\,\mathrm{d}\omega\right]^{1/2}=\left(\frac{2}{\alpha}\right)^{1/4}\pi^{3/4} \tag{A8.2.26}$$

分别将式(A8.2.3)、式(A8.2.25)代入式(A8.2.23)，式(A8.2.6)、式(A8.2.26)代入式(A8.2.24)，并利用定积分：

$$\int_0^{\infty}x^{2n}\mathrm{e}^{-ax^2}\mathrm{d}x=\frac{(2n-1)!!}{2^{n+1}}\sqrt{\frac{\pi}{a}}\quad(n\geqslant 0\text{ 且为整数，}a>0) \tag{A8.2.27}$$

容易求得

$$\Delta_t=\frac{1}{2\sqrt{\alpha}} \tag{A8.2.28}$$

$$\Delta_\omega=\sqrt{\alpha} \tag{A8.2.29}$$

带通滤波器的 3dB 带宽 $\mathrm{BW_{3dB}}$ 等于滤波器 3dB 上限频率和下限频率之差，而 Q 值则为滤波器中心频率与 $\mathrm{BW_{3dB}}$ 之间的比值。令 $\mathrm{e}^{-\frac{(\omega-\omega_c)^2}{4\alpha}}=\mathrm{e}^{-\frac{\pi^2(f-f_c)^2}{\alpha}}=1/\sqrt{2}$，容易得到：

$$\mathrm{BW}_{3\mathrm{dB}} = \frac{\sqrt{2\alpha \ln 2}}{\pi} \tag{A8.2.30}$$

而

$$Q = \frac{f_{\mathrm{c}}}{\mathrm{BW}_{3\mathrm{dB}}} = \frac{\pi f_{\mathrm{c}}}{\sqrt{2\alpha \ln 2}} \tag{A8.2.31}$$

Murphy 等(1989)[①]声称他们实际使用的高斯滤波器的 $Q = 12 f_{\mathrm{c}}$，对应的

$$\alpha = \left(\frac{\pi}{\sqrt{2 \ln 2} \times 12} \right)^2$$

但这样的 α 取值和他们在文献中给出的滤波器响应完全不符。

① MURPHY J R, BARKER B W, O'DONNEILL A, 1989. Network-averaged teleseismic P-wave spectra for underground explosions. Part Ⅰ. Definitions and examples[J]. Bull. Seism. Soc. Am., 79(1): 141-155.

第 9 章　地震事件识别

9.1　核爆炸地震监测中的事件识别问题

地震事件识别是核爆炸地震监测的核心问题之一。就核爆炸监测暨 CTBT 核查的根本要求而言，事件识别需要判断一次事件是否为核爆炸。由于仅利用地震监测并不能从物理上区分核爆炸和集中化学爆炸(Bowers et al., 2009；Goldstein et al., 1994；Stump et al., 1994；Rodean, 1981)，地震事件识别主要研究如何区分地下爆炸和天然地震，以及如何识别工业上常用的微差爆破等。尽管如此，地震事件识别对核爆炸监测仍具有重要意义。首先，可靠的事件识别可以过滤掉大量与核爆炸无关的天然事件和工业爆破，使得监测者能将精力聚焦到有可能是核爆炸的少数事件上。在每年发生的、可以被全球或区域台网记录到的天然地震和工业爆破数以万计的情况下，高效准确地识别事件是任何一个能够实际应用的监测系统必须具备的能力。其次，对任何一次可疑事件，CTBT 允许通过现场视察来收集是否违约的证据。通常，申请现场视察需要正当的怀疑理由。事件识别的作用之一就是为提出或拒绝此类申请提供依据。最后，地震监测虽然不能从物理上区分核爆炸和化学爆炸，但当爆炸威力足够大时，结合其他方面的信息(如爆炸地点、爆炸现场遥感图像等)，依然可以做出合理推断。

在 CTBT 核查场景下，要认定或排除一次事件是可疑事件，需要严格的举证。因此，地震核查技术在英文文献中常被称为“forensic seismology”，即取证地震学。这一名称很好地反映了 CTBT 核查对地震事件识别的要求。按照 CTBT 关于现场视察请求的规定，对有争议的地震事件性质的认定原本就是一种法律程序。争议双方需要分别列举证据来支持自己的观点。相关证据应尽可能是基于被国际科学界广泛接受的、物理机理清晰、经过实际验证的判据，而应避免简单的黑箱式的识别结果。此外，即便不是在条约核查，而是在自主监测的场景下，对一次事件性质的正式认定通常也需要这样的证据作为基础。

由于地球上每天都有大量的天然地震和工业爆破发生，日常监测过程中很难对每个地震事件都详细地进行分析。因此，基于一些容易测量、鲁棒性较好的事件特征，结合一些先验信息来对地震事件进行初步筛选或过滤也很重要。例如，在 IDC，系统会根据地震事件的震中位置、震源深度、m_b:M_s 震级差等判据，将置信度在 95%以上的天然地震筛选出来，帮助缔约国避免将注意力放在与核试验无关的普通天然地震或其他一些事件上。这种筛选对震级较大的事件是比较有效的。不过，因为在 IMS 台网条件下，震源深度、m_b:M_S 判据等事件特征只有在震级足够大的情况下才能可靠的测量，加上 IDC 作为一个国际组织的技术部门，不允许它先验地认为哪些国家或地区更可能进行违约试验，所以多数的中低震级事件难以被有效地过滤掉。相比之下，对特定的一个缔约国，它可以将注意力聚焦到少数一些最有可能进行核试验的敏感区域或场地，这样可以极大地提高监测效率。即便如此，在地震活动性较强的地区，依然会有大量的天然地震和可能的工业爆破对核爆炸监测构成干扰，需要通过适当的判据和方法来高效并高置信度地加以筛选过滤。

那些未被宣布为地下核爆炸，但在不同程度上具有爆炸的信号特征，无法通过筛选的地震事件构成事件识别分析中的特殊事件。在核爆炸地震监测的历史上，曾经多次发生这样的事件(Selby et al., 2005；Richards et al., 1997；Marshall et al., 1989)。对于这样的特殊事件，怀疑方通常需要证明它们值得怀疑，如相关信号特征不能用深度为数千米以上的天然震源来进行解释。否认方则需要证明该事件不是地下核爆炸，如证明其实际上是天然地震或是化学爆炸等。9.8 节将对部分典型案例做专门介绍，这里不再赘述。

9.2 震源特性差异与可归因于源原则

在介绍具体的识别判据和方法之前，先简要归纳地下核爆炸和天然地震在震源上的主要区别。这种区别可以分为三个方面，即震源深度、震源机制和源频谱。震源深度上，地下核爆炸的埋深相对于天然地震一般很小。迄今为止人类的最大钻探深度大约为 10km，而地下核爆炸的埋深实际上远小于这一数值。例如，根据 Springer 等(2002)，在美国进行的近千次地下核试验中，最大埋深为 2568m(1969 年 10 月 9 日，Rulison 试验)，而埋深在 1km 以上的试验总共只有 19 次。相比之下，天然地震的最大深度可达 700km。就算是所谓的浅源地震①，其震源深度一般也在数千米以上。地震事件识别过程中，震源深度的差异并非只有通过定位才能反映出来。许多事件识别判据，如 P 波波形复杂度、m_b:M_S，甚至 Pn/Lg 震相幅值比等，都有震源深度差异的影响。震源机制方面，如图 9.2.1 所示，地下爆炸一般可近似为球对称体积膨胀源，激发 P 波的能力较强而激发 S 波的能力较弱。相比之下，天然地震一般为剪切位错源，激发 S 波的效率更高。最后，在源频谱方面，在辐射相同能量的情况下，单次集中地下爆炸的源区尺度通常远小于天然地

① 天然地震按震源深度分为深度 300km 以上的深源地震、深度 70～300km 的中源地震和深度小于 70km 的浅源地震。

震的源区尺度，加上集中地下爆炸的源时间过程更加短暂，使得地下爆炸激发的地震波具有更高的源拐角频率和更加丰富的高频成分。此外，天然地震的源时间函数除了和断层面上每个质点的错动过程有关外，还和错动沿断层面的破裂扩展过程有关(Lay et al., 1995)，使得相应的源时间函数更为复杂，如对应的源频谱理论上存在周期性涨落(魏富胜等，2003；魏富胜，2000)。

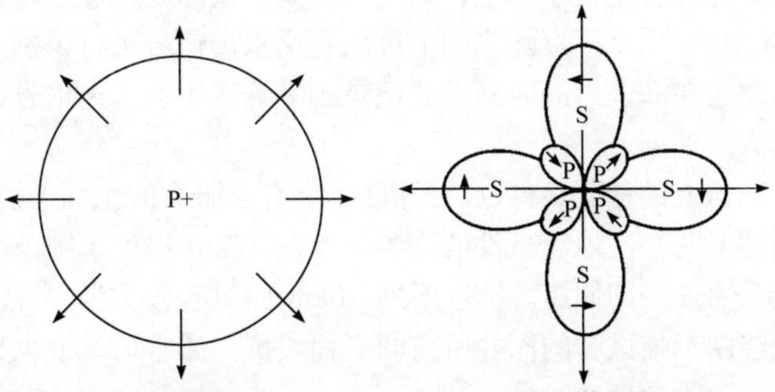

图 9.2.1　地下爆炸和天然地震震源机制与地震波辐射特性对比

常用的地震事件识别判据都与地下爆炸和天然地震在上述三方面的区别有关(表 9.2.1)，对其中的部分判据，9.3 节将做进一步介绍。这里要着重强调的是，地震事件的识别应遵循可归因于源的原则，即可靠的事件识别判据最终都应该能够归因于不同性质的事件在震源深度和震源特性上的差异，并排除对应的信号特征差异实际上是由于不同事件在震中位置、震级和震中距大小、传播路径等方面的差异所导致的可能性。

表 9.2.1　地震事件主要识别判据及其与震源特性差异的关系

判据特征	相关物理机制
P 波初动	震源机制
P 波波形复杂度	震源深度、震源机制
$m_b : M_s$	源频谱、震源机制、震源深度
P/S 震相幅值比	震源机制、源频谱、震源深度
SH 波激发	震源机制
Lg/Rg 幅值比	震源深度、震源机制
高阶面波激发	震源机制、震源深度
信号谱比值	源频谱
三阶矩频率	源频谱

9.3　主要识别判据

9.3.1　位置和深度

如果一次事件的震中位于海上，则它要么是一次海底地震，要么是一次水下爆炸(Evernden, 1975)。水下爆炸原则上可以利用水声信号进行识别。如果能证明一次事件肯定发生在海上，同时又没有记录到爆炸产生的水声信号，则可以认为相应的事件为天然地震。

对发生在陆地上的地震事件,震源深度是更有说服力的识别天然地震的判据。通常，如果能够证明一次地震事件的震源深度在 10km 以上，则该事件可以很肯定地排除为人工爆炸。即便震源深度不到 10km 而只有数千米，考虑到钻探一口如此深的，能够用于核试验的深井所需的工程代价，通常情况下也足以使人相信相关事件是地震而不是爆炸。

实际监测中，震源深度的估计一般具有非常大的不确定度(>10km)。这是将其作为事件识别判据时面临的最主要困难。造成这一困难的主要原因在于地震台站之间的 P 波到时差对震源深度较不敏感。通常，比较准确地确定一次地震的震源深度，需要有震中距和震源深度相当的近距离台站上的 S-P 到时差，或者能从远震地震图上判读出经地表反射的 pP、sP 等深度震相。前一条件需要非常密集的地方台网，对核爆炸监测难以实现。相比之下，利用远震台站上的深度震相在很多情况下更加可行。这些震相的一个非常重要的性质是它们和直达 P 波之间的到时差对震源深度非常敏感，而对震中距的变化不敏感(图 9.3.1)。通常，在有深度震相参与定位的情况下，震源深度的不确定度可以减小到 2～3km。不过，pP 和 sP 等震相的识别并不是一件简单的事情，需要排除相关信号实际是同一位置上两次或多次事件的可能性。排除的方法一是利用 pP-P 或 sP-P 到时差随震中距的增加稍稍增大的现象，即英文文献中所谓的 move-out 或 step-out(Anderson et al., 2007)；二是采用相对幅值法等方法，证明存在特定的地震断层面机制解，使得有关台站上的 P、pP、sP 组合之间的相对幅值与其是相容的(王红春等, 2009；Wang et al., 2009；Pearce, 1980, 1977)。

9.3.2　P 波初动方向

P 波初动判据的基本原理非常简单，即地下爆炸作为膨胀体积源，其 P 波初动理论上应该为正(垂向向上，径向向外)；而天然地震大多作为剪切位错源，则依赖于震源机制，在某些方向的台站上可能为负。因此，当一次事件在一个或多个台站上的 P 波初动确认为负时，可以认为该事件是地震而非爆炸，但反过来的结论不成立。即便所有记录到信号的台站上的 P 波初动都向上，相关事件仍有可

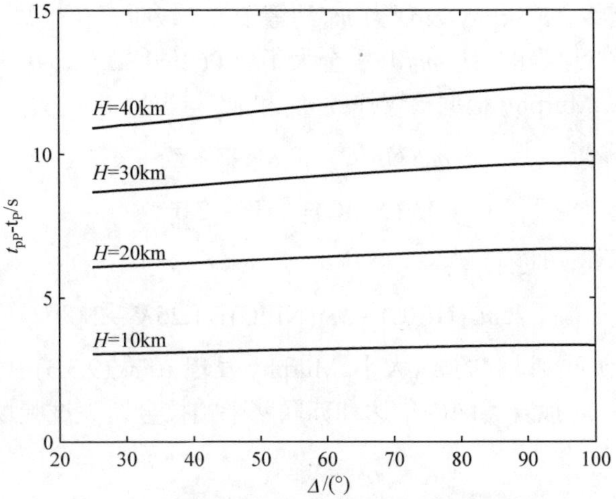

图 9.3.1　pP-P 到时差随震中距和震源深度的变化

能是天然地震。这是因为实际的地震台站分布，特别是远震台站分布通常只能采集震源球上非常小的一部分区域，某些特殊震源机制的地震，如 45°逆冲地震，它们的 P 波初动在这些台站上可能正好都为正。此外，需要注意的是，低信噪比信号的 P 波初动方向往往难以准确判断，而普通的带通滤波因为会扭曲信号，对提高初动方向的判断能力往往无益。此外，对维护不好的台网，台站本身的极性和方向错误也是需要谨慎对待的问题。

因为上述 P 波初动判据的局限和不足，加上 P 波初动完全依赖于震源机制，但又难以对其充分反映，所以更好的选择是进行震源机制反演。这方面的详细情况参见 9.6 节。尽管如此，作为一种简单判据，P 波初动在日常监测的事件快速识别中仍具有重要作用。

9.3.3　震级差

m_b:M_s，即震级差判据的发现被认为是早期地震事件识别技术研究的主要成就之一 (Pomeroy et al., 1982; Douglas, 1981)。很多学者对此做出过贡献 (Marshall et al., 1972；Evernden, 1969；Liebermann et al.，1969；Brune et al., 1963)。相关研究发现，与浅源地震相比，地下爆炸激发长期面波的能力较弱，利用 m_b 和 M_s 的相对大小，可以较好地区分地下爆炸和浅源地震。

尽管很早就认识到了 m_b:M_s 可以区分地下爆炸和天然地震，但因为不同地震监测机构在震级测量方面的不一致性，直到 20 世纪 90 年代中期，国际上都没有规范的判别式。为建立 IDC 的事件筛选标准，Murphy(1997)提出了基于 IDC 震级测量结果的 m_b:M_s 判别式。Murphy(1997)的研究细节反映在 Fisk 等(2002)研究中。根据 NEIC 测量的 1981～1996 年全球 66 次地下核爆炸和 1991～1997 年的 2260

次浅源地震的震级，Murphy 发现当 m_b 约等于 5.5 级时，核爆炸的 M_s-m_b 几乎全小于−1.0，而天然地震的 M_s-m_b 几乎全大于−1.0(图 9.3.2)。为将这一结果外推到其他 m_b 的情况，Murphy 根据核爆炸的 m_b 和 M_s 与当量 W 的关系，即

$$m_b(\text{NEIC}) = 0.8\lg W + K \tag{9.3.1}$$

$$M_s(\text{NEIC}) = \lg W + 2.0 \tag{9.3.2}$$

认为对地下核爆炸，应有

$$1.25m_b(\text{NEIC}) - M_s(\text{NEIC}) = 1.25K - 2.0 \tag{9.3.3}$$

式中，K 为 1kt 地下核试验的 m_b 大小。Murphy 发现，在式(9.3.3)中，分别取 $K=4.0$ 和 $K=4.4$ 能很好地拟合美国内华达和苏联塞米帕拉金斯克试验场地下核爆炸的

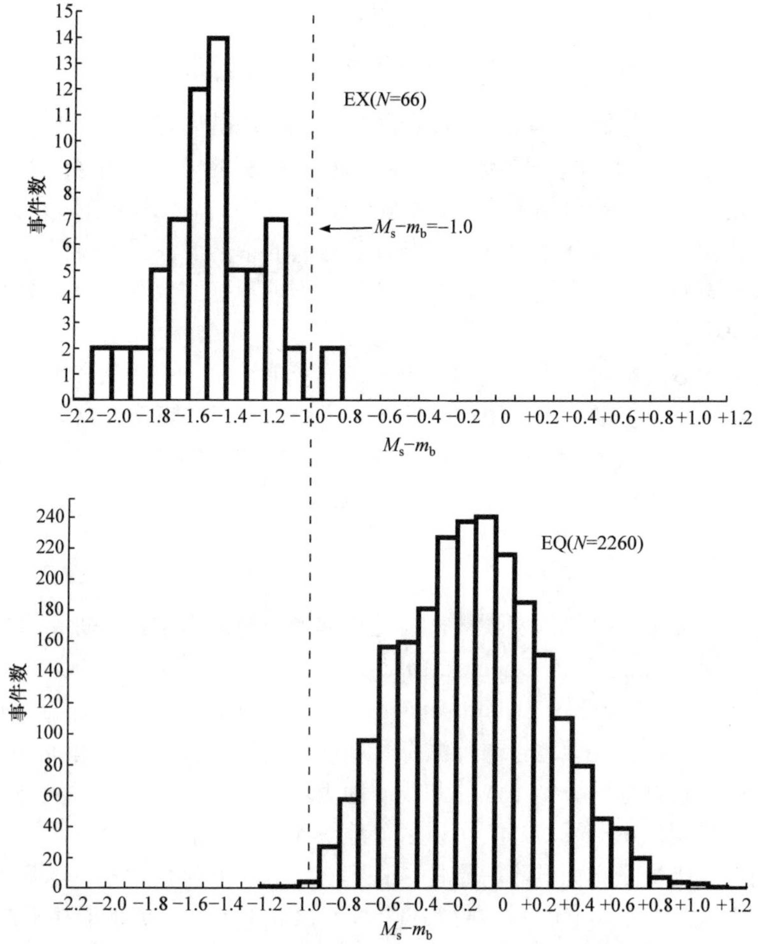

图 9.3.2　地下核爆炸(EX)和天然地震(EQ)的 M_s-m_b 统计结果(Fisk et al., 2002)

m_b 和 M_s 之间的关系，且对所有地下核爆炸，有

$$1.25m_b(\text{NEIC}) - M_s(\text{NEIC}) > 2.6 \tag{9.3.4}$$

另外，Murphy 发现无论是 m_b 还是 M_s，IDC 和 NEIC 的测量结果都存在一定的系统偏差，即

$$m_b(\text{NEIC}) \approx m_b(\text{IDC}) + 0.4 \tag{9.3.5}$$

$$M_s(\text{NEIC}) \approx M_s(\text{IDC}) + 0.1 \tag{9.3.6}$$

将式(9.3.5)和式(9.3.6)代入式(9.3.4)，得到对地下核爆炸应该有

$$1.25m_b(\text{IDC}) - M_s(\text{IDC}) > 2.2 \tag{9.3.7}$$

与之相对照的是，对绝大部分浅源天然地震，有

$$1.25m_b(\text{IDC}) - M_s(\text{IDC}) < 2.2 \tag{9.3.8}$$

从假定内华达试验场的 K=4.0 来看，Murphy 在得到式(9.3.4)时应该没有考虑干燥多孔介质中的地下核爆炸。尽管如此，该试验场干燥多孔介质中的核试验基本上也满足式(9.3.7)(图 9.3.3)。此外，式(9.3.5)实际上是 Murphy(1997)根据天然地震的数据得到的。他认为 NEIC 和 IDC 在 m_b 测量结果上的系统偏差同样适用于地下核爆炸，但实际情况并非如此。仿真分析结果(图 8.1.9)和对 1998 年以后的地下核试验的实际测量结果都表明，对地下核爆炸，NEIC 和 IDC 的 m_b 测量结果之间的系统偏差要明显小于浅源地震时二者的系统偏差(Bowers et al., 2002；Granville

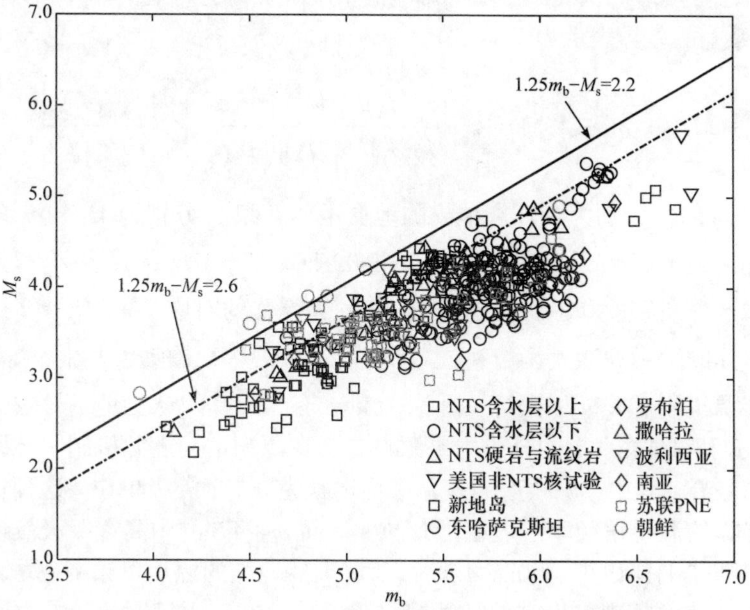

图 9.3.3　不同地区地下核试验的 m_b/M_s 分布(后附彩图)

除最后 4 次朝鲜核试验外，图中所有的 m_b、M_s 数据都根据 Selby 等(2012)

et al., 2002)。因此，假定式(9.3.4)成立，则式(9.3.7)的右边等号应该不止大于 2.2。不过，更大样本集的结果表明情况并非如此。如图 9.3.3 所示，部分核试验的 $1.25m_{\mathrm{b}}-M_{\mathrm{s}}$ 非常接近甚至小于 2.2，其中包括部分内华达核试验、两次南太平洋核试验、部分苏联小当量和平核试验和前 5 次朝鲜核试验。

实际应用 m_{b}:M_{s} 判据时，需要考虑判别式(9.3.7)、式(9.3.8)左边的不确定度。为方便起见，这里记 M=1.25m_{b}–M_{s}，假定 m_{b}、M_{s} 单台测量结果的方差分别为 σ_{b}、σ_{s}，参与测定台网平均震级的台站数据分别为 N_{b}、N_{s}，则 M 的方差为

$$\sigma_M^2 = 1.25^2 \frac{\sigma_{\mathrm{b}}^2}{N_{\mathrm{b}}} + \frac{\sigma_{\mathrm{s}}^2}{N_{\mathrm{s}}} \tag{9.3.9}$$

根据这一结果，曾被推荐给 IDC 的 m_{b}–M_{s} 天然地震筛选标准为

$$1.25m_{\mathrm{b}}(\mathrm{IDC}) - M_{\mathrm{s}}(\mathrm{IDC}) + 2\sigma_M < 2.2 \tag{9.3.10}$$

以保证在 97.5%的置信范围内，$1.25m_{\mathrm{b}}(\mathrm{IDC}) - M_{\mathrm{s}}(\mathrm{IDC}) < 2.2$。按照这一筛选标准，已知的包括朝鲜核试验在内的所有地下核试验，都不会被当作天然地震而被过滤掉。

尽管 m_{b}:M_{s} 判据看起来适用于世界不同地方的天然地震和绝大多数的地下核试验，但关于其物理机制的认识并不充分。Stevens 等(1985)曾对此进行过分析。在没有考虑核爆炸的次要震源成分影响的情况下，他们将地下爆炸和天然地震在 m_{b}:M_{s} 关系上的差异表示为

$$(m_{\mathrm{b}}^x - M_{\mathrm{s}}^x) - (m_{\mathrm{b}}^q - M_{\mathrm{s}}^q) = \lg\left[\left|\frac{M_x(f_2)M_q(f_1)}{M_x(f_1)M_q(f_2)}\right|\left(\frac{\rho_q\alpha_q^3}{\rho_x\alpha_x^3}\right)^{1/2}\left|\frac{\chi_q(f_1)}{F_p\chi_x(f_1)}\right|\right] \tag{9.3.11}$$

式中，M_x 和 M_q 分别为爆炸和地震的地震矩；f_1 和 f_2 分别为 M_{s}、m_{b} 的测量频率，按标准的 m_{b} 和 M_{s} 测量方法，$f_1 \approx 0.05\mathrm{Hz}$，$f_2 \approx 1\mathrm{Hz}$；$\rho_q$ 和 α_q 分别为地震对应的源区介质密度和 P 波波速；ρ_x 和 α_x 为爆炸的对应结果；χ_q 和 χ_x 分别为地震和爆炸的瑞利波激发函数；F_p 为地震的 P 波辐射图案，其中 χ_q 和 F_p 都和地震的震源机制有关。根据这一理论，Stevens 等(1985)认为地下核爆炸和天然地震在 m_{b} 和 M_{s} 关系上的分离主要源自二者在源频谱、震源机制、源区介质参数方面的差异。其中，源频谱的差异平均贡献为 0.5 个震级单位。这种贡献源于地下核爆炸的源拐角频率一般在 1Hz 以上，而 m_{b}>4.5 的中高震级天然地震的源拐角频率则在 1Hz 以下。当 m_{b}<4.5 时，随着天然地震的源拐角频率也增大到 1Hz 以上，这种和源频谱差异有关的贡献趋于消失。在震源机制的影响方面，天然地震平均偏高约 0.35m.u.，但同时为天然地震的 m_{b} 和 M_{s} 分布增加了±0.5m.u.的离散度。有意思的是，不同于一般的直观想象，天然地震和地下爆炸在震源深

度上的显著差异对长周期面波的激发，即 M_s 的大小总体上没有影响。相反，由于短周期 P 波幅值与源区介质的 $(\rho\alpha^3)^{1/2}$ 成反比，天然地震震源深度较大，对应的源区介质的密度和波速较高，而地下爆炸对应的源区介质密度和波速相对较小，使得在相同的地震矩或 M_s 的情况下，地下爆炸倾向于具有更大的 m_b。容易估计，对波速较低的软岩介质，这种源区介质性质的差异对 m_b–M_s 的贡献可以达到 0.5 个震级单位。除上述三个方面的影响以外，Stevens 等(1985)也分析了 pP 干涉作用的影响，认为它有利于埋深较大，但不利于埋深较小的地下爆炸与天然地震的分离。

显然，Stevens 等(1985)的理论是不完整的，没有考虑地下爆炸伴随的次要震源成分的影响。对正常比例埋深的地下爆炸，特别是低当量爆炸，通常会伴随一个正的、与晚期岩石损伤有关的 CLVD 源。根据第 4 章的内容，这种与晚期岩石损伤有关的 CLVD 源对 m_b 的影响不大，但会抑制地下爆炸的瑞利波，降低 M_s 的大小。这一机制显然有利于地下爆炸和天然地震的分离。但对于过比例埋深的地下爆炸，上述 CLVD 源可能缺失，使其 M_s 相对于正常比例埋深的地下爆炸偏大。有观点认为(Patton et al., 2014, 2008)，m_b:M_s 判据之所以不能将朝鲜核试验和天然地震完全区分开来，原因就在于此。除 CLVD 源外，逆断层性质的构造应力释放也具有抑制地下核爆炸瑞利波的作用，同样有利于地下核爆炸和天然地震的分离。例如，苏联塞米巴拉金斯克核试验场和中国罗布泊的地下核试验的构造应力释放通常具有逆断层性质(Bukchin et al., 2001; Ekström et al., 1994)，因此能更好地被 m_b:M_s 判据识别(图 9.3.3)。

与 m_b:M_s 判据物理机制有关的一个问题是相应的筛选线的斜率。为充分说明这一问题，不失一般性，将该筛选线表示为

$$M_s = \beta m_b + \alpha \tag{9.3.12}$$

与此同时，可以将地下爆炸和天然地震的 m_b 和 M_s 关系分别表示为

$$M_s = \beta_x m_b + \alpha_x + \varepsilon_x(m_b) \tag{9.3.13a}$$

$$M_s = \beta_q m_b + \alpha_q + \varepsilon_q(m_b) \tag{9.3.13b}$$

根据 Murphy(1997)的研究，$\beta_q > \beta_x$。这实际上和两者在源频谱上的差异有关。另外，IDC 事件筛选的出发点是要在避免将核爆炸误判为天然地震的前提下过滤掉确定的天然事件。从这个意义上讲，在 m_b 和 M_s 分布图中，筛选线应该是地下爆炸分布的上边界。假定式(9.3.13a)中的 ε_x 与震级无关，则理论上筛选线的斜率应等于地下爆炸的斜率。按照经典的爆炸源理论，对地下爆炸，m_b 和 M_s 之间的斜率应该近似于 1。但基于经验的 m_b、M_s 震级-当量关系，Murphy(1997)给出的式(9.3.3)中，M_s 与 m_b 关系的斜率为 1.25。正如 8.2.2 小节中提到过的那样，Patton (2016)

认为式(9.3.2)中的 M_s 震级-当量关系主要来自美国内华达核试验场的经验，并认为这只是一个特例，和内华达核试验伴随的 CLVD 源相对强度，即 K 值大小随当量的增加而减小有关。在一般硬岩场地的情况下，m_b、M_s 震级-当量关系应该具有基本相同的斜率。类似于这种观点，Selby 等(2012)基于地下核爆炸 m_b 和 M_s 关系的实际回归结果和经典的爆炸源模型，也认为假定地下核爆炸的 M_s 和 m_b 之间的斜率为 1 更为妥当，并认为应该采用 m_b–M_s 而非 $1.25m_b$–M_s 的大小来筛选天然地震。他们对全球 400 多次历史地下核爆炸的 m_b–M_s 大小的分布进行了统计(图 9.3.4)，得到的平均值为 1.63m.u.，标准偏差为 0.32m.u，而所有历史核爆炸的最小值为 0.86m.u.。根据这一结果，在要求核爆炸被当作地震过滤掉的概率不高于 0.1%的前提下，CTBTO 筹委会 B 工作组波形专家组于 2010 年同意将 IDC 的 m_b:M_s 筛选线修改为

$$m_b - M_s = 0.64 \tag{9.3.14}$$

考虑到可能的震级测量不确定度，实际的天然地震筛选准则为

$$m_b - M_s + 2\sigma_M < 0.64 \tag{9.3.15}$$

式中，

$$\sigma_M^2 = \frac{\sigma_b^2}{N_b} + \frac{\sigma_s^2}{N_s} \tag{9.3.16}$$

这一修改的后果是，对 IDC 检测到的 m_b 3.5 级以上的事件，筛选率从原来的 87%降至 42%。

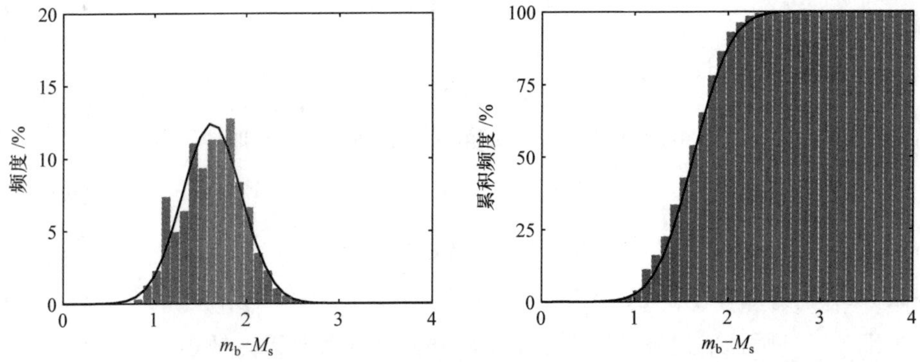

图 9.3.4　历史地下核爆炸的 m_b–M_s 频度和累积频度分布(修改自 Selby et al., 2012)
图中黑实线为根据均值和方差计算的高斯分布曲线

即便不考虑 IDC 事件筛选准则背后极端保守的初衷，m_b:M_s 判据的一个明显问题就是它很难适用于低震级地震事件。一方面，由于式(9.3.13)中 $\beta_q > \beta_x$，使得在震级减小到约 m_b4.5 级时，地震和地下爆炸的 m_b 和 M_s 分布开始重叠；另一

方面，低震级地震的 M_s 往往难以测量。二者都限制了 m_b:M_s 判据被应用于低震级事件的识别。对于天然地震和地下爆炸的 m_b 和 M_s 分布在低震级情况下相互重叠的问题，一个解决办法是提高测量 m_b 的频率，但这通常需要在区域震距离上进行测量(靳平等, 2001a；Stevens et al., 1985)。同样，对于低震级事件 M_s 难以测量的问题，解决的办法也是在更近的距离上进行测量，且不限定测量的周期为 20s (Bonner et al., 2006；Russell, 2006；靳平等，2001a；Marshall et al., 1972)。此外，深震的 M_s 一般偏小，也不能用 m_b:M_s 判据来进行识别。但这样的地震通常可以根据震源深度来加以区分，并不会为 CTBT 监测带来严重的挑战。

9.3.4　区域震相幅值比

地下核爆炸和天然地震在震源机制上的差异使得前者激发 P 波，后者激发 S 波的能力相对较强(图 9.3.5)。因此，一种想法是利用 P 波和 S 波之间的幅值比，其中包括 Pn/Sn、Pn/Lg、Pg/Sn、Pg/Lg 等，来区分地下核爆炸和天然地震。

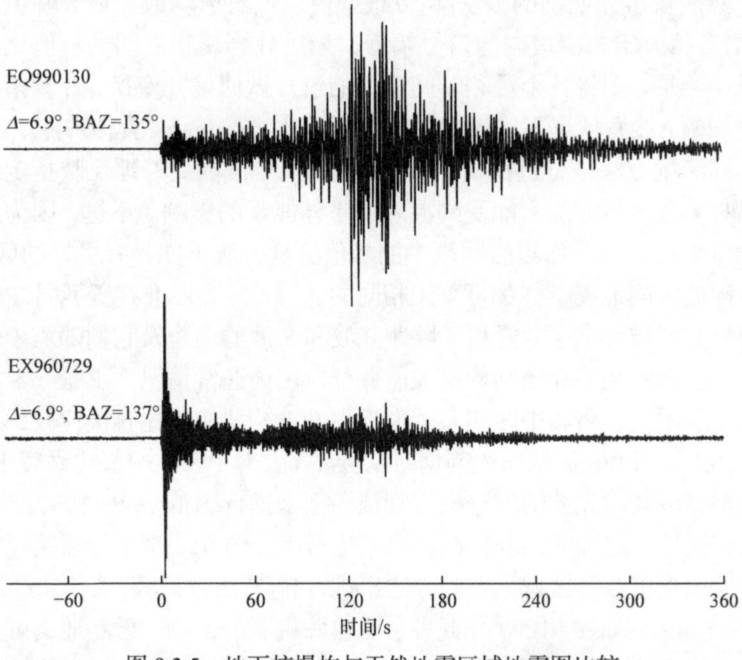

图 9.3.5　地下核爆炸与天然地震区域地震图比较

图中为中国罗布泊核试验场一次地下核试验(1996 年 7 月 29 日，m_b5.1)和一次天然地震(1999 年 1 月 30 日，m_b 5.3)在同一台站上的记录，其中 BAZ 表示后方位角

早期的区域性 P/S 波幅值比判据研究主要基于 WWSSN 短周期地震仪，即 1Hz 左右的信号记录来进行。这些研究表明，低频的 P/S 波幅值比并不如预期的那样能很好地区分天然地震和地下爆炸(Taylor et al., 1989；Bennet et al., 1986；Pomeroy et al., 1982)。从 20 世纪 80 年代中后期开始，研究的重点开始转向高频的(f >2Hz 甚至 5Hz) P/S 波幅值比，结果是令人乐观的。在绝大多数地区，高频的 P/S 波幅值比展现出了较好地区分天然地震和爆炸的能力(Bowers et al., 2009；潘常周等，2007a；Fisk, 2006; 靳平等，2001b；Hartse et al., 1997; Kim et al., 1997, 1993; Walter et al., 1995; Dysart et al., 1990)。

实际应用的 P/S 波幅值比一般为垂向分量上的测量结果，尽管 Kim 等(1997)表明三分量 P/S 波幅值比的识别效果会略好一些。根据 Bowers 等(2009)，在散射强烈的情况下，在何种分量上来测量 P/S 波幅值比影响不大，而在弱散射的情况下，基于三分量的 P/S 波幅值比测量结果较垂向测量结果可以更好地利用地震和爆炸在 SH 波辐射能力上的差别。具体测量时，P/S 波幅值比可以在时间域中测量，也可以在频率域中测量。无论采用哪种测量方法，首先都需要明确定义具体的 P 波和 S 波时间窗口，如 Pn 时间窗口、Pg 时间窗口、Sn 时间窗口或 Lg 时间窗口等。在时间域中测量时，使用指定的频带对经过仪器响应校正的波形进行窄带滤波，然后按事先明确的方法(均方根幅值、绝对值均值、最大峰值或包络线峰值等)测量相应震相窗口内的信号幅值，最后计算震相之间的幅值比。如果是在频率域中测量，则将各个震相时间窗中的信号做傅里叶变换，计算指定频带内的平均谱振幅，然后计算不同震相之间的幅值比。Rodgers 等(1997)曾对 P/S 波幅值比的不同测量方法进行过比较。认为频域测量方法能更好地反映指定频带内的结果，而时间域测量方法可能受到混入的带外能量的影响。不过，因为地下爆炸的 P 波通常更加尖锐，所以时间域中的峰值测量方法可能具有更好的区分效果。

与不同地区的地震事件都可采用相同的 m_b:M_s 分类标准有所不同，P/S 波幅值比具有明显的区域性。这主要和区域性 P 波和 S 波的发育及它们随震中距的衰减强烈依赖于传播路径的介质结构有关。此外，因为通常情况下 P 波、S 波随震中距的衰减速度不同，将震中距相差较大事件的 P/S 波幅值比直接比较，会提高误识率，所以在应用 P/S 波幅值比判据时，通常需要对 P/S 波幅值比做震中距校正。震中距校正可以利用先验的信号幅值衰减模型来进行(Kim et al., 1997)，也可以利用天然地震或地下爆炸的经验回归结果来进行(图 9.3.6)。至于传播路径差异的影响，一般采用克里金等区域标定的方法来进行扣除(潘常周等，2007b；Bottone et al.，2002；Rodgers et al., 1999)。此外，受震源机制的影响，天然地震可能在某些方向上辐射强烈的 P 波，而 S 波很弱。在条件允许的情况下，最好能够采用台网平均的 P/S 波幅值比。

与 P/S 波幅值比有关的一个基础性问题是地下爆炸的 P/S 波幅值比是否与震级有关。这一问题涉及能否将较大震级情况下得出的 P/S 波幅值比判据用于识别低震级事件。与该问题相关的一个典型案例是 1997 年 8 月 16 日发生在新地岛附近海域的一次 m_b 3.3 级的地震事件。对该事件，多数地震学家认为这是一次天然

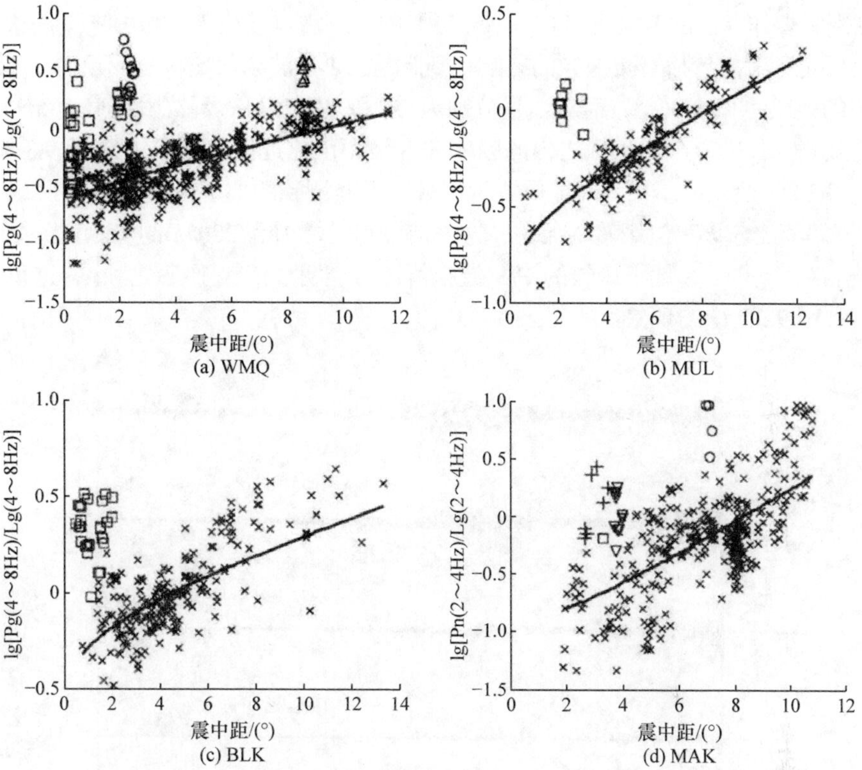

图 9.3.6　中亚地区部分台站上天然地震和地下爆炸 P/S 波幅值比随震中距的变化(潘常周等，2007a)

×：天然地震；○：罗布泊核试验；△：塞米巴拉金斯克核试验；
▽：塞米巴拉金斯克化爆；+：新疆集中化爆；□：新疆工业爆破

地震，基于的判据除了这次事件确定是发生在海上以外，就是在相同的一个台站(KEV)上，其 P/S 波幅值比明显小于苏联在新地岛进行的地下核试验的 P/S 波幅值比，落入了邻近地区天然地震的 P/S 波幅值比的分布中(Hartse, 1997; Richards et al., 1997)。不过，问题并不这么简单。例如，Ringdal 等(2002) 根据新地岛地下核试验在 NOSAR 台阵上的记录指出，地下核试验的 P/S 波幅值比可能与震级有关，并随震级的减小而减小(图 9.3.7)。由于能够和 1997 年 8 月 16 日事件对比的新地岛地下核试验的最小震级都在 m_b 4.5 级以上，Ringdal 等认为这种不同震级之间的对比不足以说明前者为天然地震。

地下爆炸 P/S 波幅值比依赖于频率和震级的现象与 S 波源拐角频率明显小于 P 波源拐角频率有关。Xie 等(1999)和 Xie (2002)根据中亚地区地下核爆炸 Pn 波和 Lg 波源频谱参数的反演结果，认为 S 波源拐角频率 $f_c(\mathrm{S})$ 只有 P 波源拐角频率 $f_c(\mathrm{P})$ 的 1/4。Fisk (2007, 2006)同样认为 $f_c(\mathrm{S}) < f_c(\mathrm{P})$，但认为 $f_c(\mathrm{S}) / f_c(\mathrm{P}) = \beta / \alpha$，其中$\alpha$和

β分别为爆炸源区的 P 波和 S 波波速。Fisk 的这一观点被称为 Fisk 猜想。按这一猜想，假定不考虑传播衰减差异的影响，则高频的 P/S 波幅值比将是低频的 P/S 波幅值比的 3 倍[图 9.3.8(a)]，而对当量分别为 W_1 和 W_2 的两次爆炸(假定 $W_1 < W_2$)，除去区间 $(f_c(S|W_2), f_c(P|W_1))$ 之内的频率，P/S 波幅值比近似与震级无关[图 9.3.8(b)]。按图 9.3.8(a)所示的结果，对能够在远区域震上监测到的地下爆炸，在 4Hz 以上，P/S 波幅值比应该和震级基本无关，这一结果和潘常周等(2007a)的实际观测结果相一致。在 1～3Hz，地下爆炸的 P/S 波幅值比可能明显依赖于震级大小，这正好可以解释图 9.3.7 中的现象。

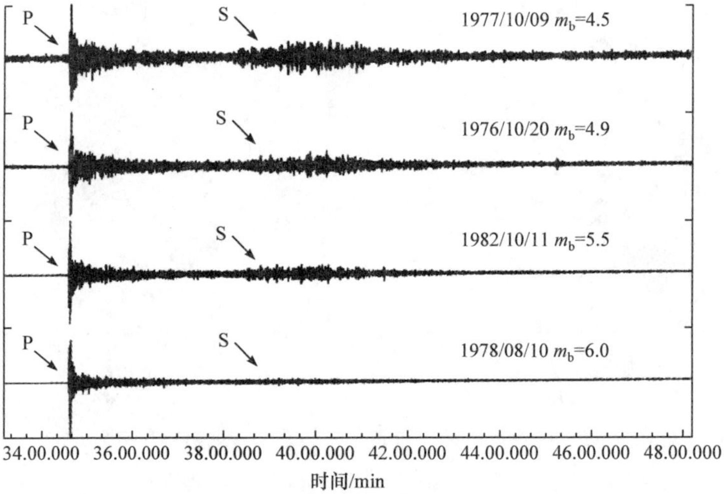

图 9.3.7　NOSAR 台阵(子台 NAO01)记录的 4 次新地岛地下核试验的波形对比(Ringdal et al., 2002)

图中波形都经过 1～3Hz 的带通滤波。由于 NOSAR 台阵到新地岛核试验场的距离超过了 2200km，更高频带上难以记录到 S 波

尽管上述分析表明地下爆炸的高频 P/S 波幅值比显著大于低频时的比值，但这还不能解释为什么高频的 P/S 波幅值比能更好地区分地下爆炸和天然地震，因为类似于地下爆炸的情形，对天然地震也有 $f_c(S)/f_c(P)=\beta/\alpha$ 。一种可能是天然地震的源拐角频率较低，使得在较低频率(约为 1Hz)就达到了较高的 P/S 比值，而此时地下爆炸还处于相对较低的 P/S 比值；另一种可能是，地下爆炸的低频和高频 S 波具有不同的激发机制，高频时的 S 波更多的是爆炸源主导，而低频时的 S 波更多的是次要源成分主导。对此问题还需要进一步研究。

与 P/S 波幅值比判据有关的另一个基础性问题是地下核爆炸 S 波的产生机制。该问题除了涉及为何高频 P/S 波幅值比能更好地区分爆炸和天然地震外，还涉及核爆炸 S 波的源强度与 P 波源强度的关系以及 S 波频谱和 P 波源频谱是否真的存

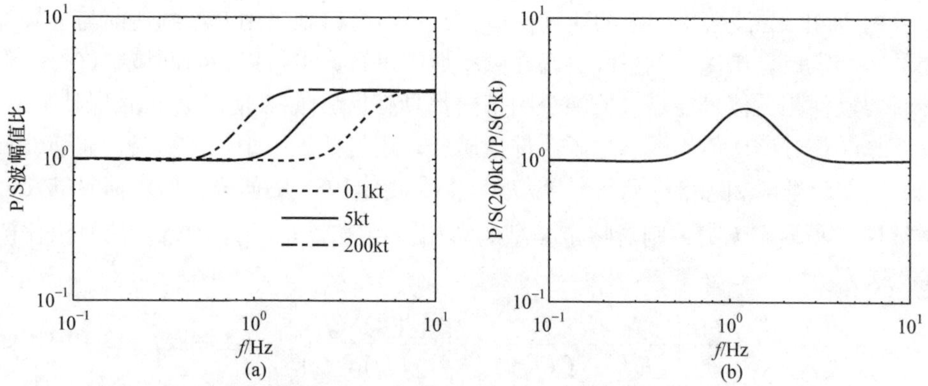

图 9.3.8　由 MM71 模型和 Fisk 猜想预测的花岗岩中地下爆炸 P/S 波幅值比与当量和频率的关系

(a)不同当量地下爆炸的 P/S 波幅值比随频率的变化；(b)200kt 和 5kt 地下核爆炸的 P/S 波幅值比之比。图中假定 P 波和 S 波具有相同的折合位移势，且爆炸按 122m/kt$^{1/3}$ 的比例埋深

在相似性。如上面提到的 Fisk 猜想，尽管得到了一系列的实际观测数据的支持(Jin et al.，2019；Murphy et al.,2009)，但其物理机制并不明确。关于地下爆炸 S 波，特别是作为区域 S 波震相之一的 Lg 波究竟是如何产生的，学者们提出过多种机制，其中包括层裂(McLaughlin et al., 1990; Taylor et al., 1989)、Rg 波散射(Myers et al., 1999；Gupta et al., 1998, 1992; Patton et al., 1995)、爆炸引起的源区介质破裂或错动直接产生的 S 波(Vorobiev et al., 2018, 2015; Stevens et al., 2009, 2006, 2004; Gupta et al., 1998)、地表或其他边界上的 P→S 波转换(Stevens et al., 2004; Gupta et al., 1998)和 S*震相(Vogfjörd, 1997)等。不过，在这些机制中，是否存在某种普适性的主导机制，或者这些机制是否都对地下核爆炸 S 波的产生具有不特定的、与源区条件相关的贡献，目前并无定论。另外，实际观测到的核爆炸 S 波，特别是 Lg 波现象，包括 Lg 波和地下核爆炸当量良好的相关性、Lg 源频谱和 P 波源频谱的相似性、过比例埋深地下爆炸的 Lg 波激发效率与正常比例埋深的 Lg 波激发效率相当、垂向分量 Lg 波常常具有频谱低谷点而横向分量上的 Lg 波却缺少这种低谷点、极近距离上就存在 S 波、爆炸 Lg 波具有比天然地震 Lg 波更快的高频衰减、爆炸 Lg 波的群速度偏低及其随震源深度的变化等，也很难用单一机制来合理地解释(Baker et al.,2012a,2012b)。

9.3.5　谱比值

地震信号的谱比值指同一震相的信号在高、低两个互不重叠的频带之间的幅值比大小。常用的信号谱比值可以是远震 P 波的谱比值或 Pn、Pg、Lg 等区域震相的谱比值，它一般利用记录的垂向分量来进行测量。测量前应首先明确信号的时间窗口和噪声窗口。通常，Pn 波和远震 P 波采用长度不超过 10s 的固定时间窗口，Pg 波和 Lg 波采用固定的速度窗口，而噪声窗口则采用 P 波到达前与信号等长的时间窗口。谱比值测量既可以在频率域中进行，也可以在时间域中进行。测量时要确保相关信号在高、低两个频带内都具有足够(如 2 倍以上)的信噪比。

影响信号谱比值的因素除了事件性质外，还包括震中距、传播路径非弹性衰减、震级、埋深和源区介质等。类似于 Taylor 等(1988)的研究，假定信号的几何扩散因子和频率无关，则对特定类型的震相，在频率 f_1、f_2 附近，信号谱比值可以表示为

$$\lg\frac{A(f_1)}{A(f_2)}=-\frac{\pi\lg e}{c}\left(\frac{f_1}{Q(f_1)}-\frac{f_2}{Q(f_2)}\right)x+\lg\frac{\chi(f_1)S(f_1)}{\chi(f_2)S(f_2)} \quad \text{(区域震)} \tag{9.3.17a}$$

或

$$\lg\frac{A(f_1)}{A(f_2)}=-\pi\lg e\left[f_1t^*(f_1)-f_2t^*(f_2)\right]+\lg\frac{\chi(f_1)S(f_1)}{\chi(f_2)S(f_2)} \quad \text{(远震 P 波)} \tag{9.3.17b}$$

式中，$A(f)$ 为信号振幅谱；$Q(f)$ 为介质品质因子；t^* 为衰减时间常数；x 为震中距；c 为信号传播速度；$S(f)$ 为源频谱；$\chi(f)$ 为激发效率函数，其中可能包含了 pP、sP、次要震源成分及埋深的影响等。在区域震的情况下，假定一个地区的 Q 值与路径无关，则 $\lg[A(f_1)/A(f_2)]$ 与震中距具有线性关系，并可以通过经验或是利用先验的 Q 值模型来进行校正。震级对谱比值的影响隐含在 $S(f_1)/S(f_2)$ 中，并且是非线性的。研究时，应尽可能在震级相当的事件之间进行比较。

关于谱比值实际识别效果的研究主要在 2000 年之前。其中多数研究发现，P 波谱比值能一定程度地区分核爆炸和天然地震，且和天然地震相比，核爆炸激发的 P 波信号通常具有更丰富的高频成分，使得在低频比高频的情况下(如 0.75～1.5Hz/3～6Hz)，天然地震的谱比值整体上或是平均而言高于核爆炸的谱比值(潘常周等，2001；Gitterman et al., 1999；Hartse et al., 1997；Taylor et al., 1991) 。相比之下，Lg 波谱比值至少是在中亚地区的识别能力很差(潘常周等，2001；Hartse et al.，1997)，难以区分地震和爆炸。然而，对 NTS 的地下核爆炸和美国西部的天然地震而言，情况正好相反。例如，Taylor 等(1989，1988)利用 1～2Hz/6～8Hz 的比值发现，在 m_b<4.5 级以下时，天然地震信号具有更丰富的高频成分，且 Lg 波谱比值的区分能力比 Pg、Pn 的区分能力更好。当 m_b>5.0 级时，天然地震和爆炸的差异趋于消失。关于 NTS 地下核试验谱比值异常的原因，迄今为止也未很好地被理解。因此，实际的谱比值判据更多是基于经验。要想将其推广应用于其他地区，需要首先理解并理论重现 NTS 和其他地区之间的这种差异。

9.3.6　P 波波形复杂度

P 波波形复杂度判据可以追溯到 20 世纪 60 年代英国原子能管理局(United

Kingdom Atomic Energy Agency, UKAEA)科学家的工作(Douglas et al., 1973)。利用 UKAEA 在世界不同地方设计建造的地震台阵①上的记录，他们发现在很多情况下，地下核爆炸的 P 波波形非常简单，信号在最前面的 1～2 个周期呈现出相对较大的幅值，其后的信号幅值很小。这与多数浅源地震的 P 波波形呈现出鲜明的对比(图 9.3.9)。针对这一差异，UKAEA 的地震学家引入了 P 波波形复杂度这一概念。不过后续的研究表明，大多数情况下地下核爆炸也会产生相当复杂的远震 P 波(Douglas et al., 1973, 1971b)，使得单个台站上的波形复杂度难以可靠地区分爆炸和浅源地震。这一判据在 20 世纪 70 年代以后很少再被重视。但是，2000 年后的一些新的研究表明(Taylor et al., 2009; Koch et al., 2002)，相对于单个台站的测量结果，两个或多个台站上的 P 波波形复杂度能够显著降低误识率。而且，如果将 P 波波形复杂度与 m_b:M_S 识别判据联合使用，在相应的特征空间内，爆炸、浅震和深震呈现出明显不同的分布范围。

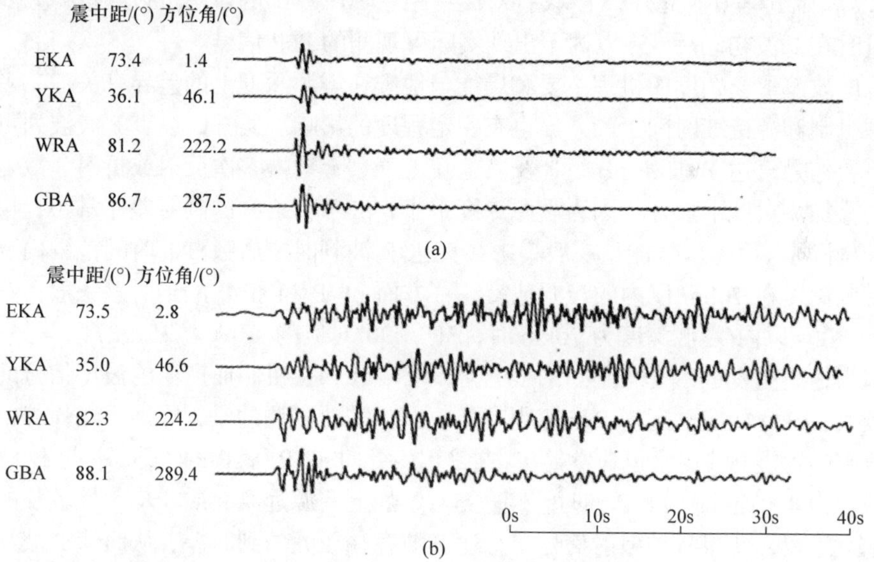

图 9.3.9　典型的地下核爆炸和浅源地震远震 P 波波形比较

(a)美国 Long Shot 核试验(51.4°,179.2°)在 4 个 UKAEA 台阵上的聚束信号；(b) Long Shot 核试验附近地区一次地震(51.5°,−178.4°)的聚束信号

P 波波形复杂度一般用远震 P 波最开始 5s 与之后 20～30s 两段时间窗口内的信号能量之比来衡量。记前 5s 时间窗口的信号能量为 E_1，后面较长时间窗口内的信号能量为 E_2，Douglas 等(1973)定义的 P 波波形复杂度为

① 包括位于苏格兰的 EKA、加拿大的 YKA、澳大利亚的 WRA 和印度的 GBA 共 4 个台阵，这些台阵都具有十字形或 L 形结构，孔径在 10～20km，一般被称为 UKAEA 型台阵。

$$F_{\mathrm{C}}=\frac{E_2}{E_1} \tag{9.3.18}$$

此外，Taylor 等(2009)采用F_{C}的对数，即

$$\beta_{\mathrm{CF}}=\lg\left(E_2/E_1\right) \tag{9.3.19}$$

来度量 P 波波形复杂度。为规范F_{C}的测量，同时尽可能消除噪声对测量结果的影响，IDC 有关手册(Beall et al., 1999)给出的 P 波波形复杂度的具体计算方法为

$$F_{\mathrm{C}}=\frac{S(5,35)-N}{S(0,5)-N} \tag{9.3.20}$$

式中，$S(t_1,t_2)$为实际记录信号先后经过台阵聚束、0.8～2.0Hz 带通滤波、平方、光滑(常数 1.5s 的指数窗口)后的曲线与时间窗口(t_1,t_2)所围成的面积；N为 P 波到时前的噪声功率①。计算时，如果$S(0,5)-N<0$，则$F_{\mathrm{C}}=-1$；如果$S(5,35)-N<0$，则$F_{\mathrm{C}}=0$。此外，F_{C}仅针对震中距在 30°～90°的台站进行测量，并要求测量时在 P 波初动后 35s 以内不出现实际可观测的 PcP 信号。

P 波波形复杂度的机理主要和爆炸与地震在震源深度上的差异有关，二者在震源机制和源持续时间上的差异也有一定程度的影响。通常，远震 P 波波列可以简单看作是直达 P 波和 pP、sP 及其他在地壳、上地幔多次反射或折射、散射信号的叠加。对地下爆炸，因为震源深度很小，pP-P、sP-P 的到时差非常小，再加上 sP 很弱，使得信号能量一般集中在直达 P 波到时之后数秒的时间范围内。对于震源深度在 70km 以内的浅源地震，一方面 pP-P 和 sP-P 的到时差一般在数秒以上、30s 以内(震源深度为 70km 时，30°～90°对应的 sP-P 为 25～27s)；另一方面因为地震激发的 S 波较强，使得经各种 S→P 转换机制而产生的波尾信号的能量较大，并使相应的远震 P 波显得较为复杂。需要强调的是，除地下爆炸外，深源地震的远震 P 波通常也非常简单，这是因为此时 pP-P 和 sP-P 的到时差足够大(震源深度为 300km 时，pP-P 到时差超过 57s)，加上震源远离介质非均匀性较强的地壳和上地幔，使得各种散射信号与直达 P 波存在较大的到时差，从而使 P 波波列看起来非常简单。

但凡事都有例外。就在 P 波波形复杂度判据提出后不久，就有人发现地下核爆炸和深源地震的远震 P 波不一定都很简单(Barley，1977；Douglas et al, 1973, 1971a；Thirlaway, 1966)，而浅源地震的远震 P 波也不一定都很复杂(Selby et al., 2005; Bowers, 1996)。关于浅源地震可能具有简单 P 波或深源地震具有复杂 P 波的情况都被认为和震源机制有关。对于浅源地震，如果一个台站位于直达 P 波辐

① IDC 手册中的公式如式(9.3.20)。实际上分子、分母中的 N 应分别为 $30N_{\mathrm{av}}$ 和 $5N_{\mathrm{av}}$，其中 N_{av} 为单位时间内的噪声功率。

射很强，而 pP 波、sP 波辐射很弱的方向上，则相应的 P 波波形可呈现出类似于爆炸的简单波形。反之，在深源地震的情况下，如果台站对应的直达 P 波的离源方向因为处于辐射图案的节面附近，从而使得幅值显著偏低，而波尾中的信号因为主要属于散射成分，其平均幅值并不会因此明显降低，就会产生看似复杂的 P 波波形。相对于简单的浅源地震图和复杂的深源地震图，复杂的地下核爆炸地震图更难令人理解。相关的解释包括台站附近的信号散射(Key, 1968)、源区附近的散射(Greenfield, 1971)、源区上地幔中倾斜岩石圈板块造成的 P 波信号影区(Davies et al., 1972)、直达 P 波经历更大的非弹性衰减(Douglas et al., 1973)、P 波在源-台之间的强散射(Simpson et al., 1977)等。其中台站附近的信号散射无法解释台阵观测结果，源区附近的散射则无法解释为什么波形复杂度偏大的台站通常伴随着 m_b 的偏小。对于倾斜岩石圈板块的假说，针对美国 Long Shot 核爆炸计算的影区范围与幅值异常偏低的台站分布不一致。对于 Douglas 等(1973)提出的直达 P 波可能较其他一些到时稍晚的信号经历了更大的非弹性衰减的假说，Simpson 等(1977)认为缺乏地幔 Q 值结构方面的依据，并与实际观测的 P 波波尾的持续情况不符。尽管如此，Snowden (2003)依然认为 Douglas 等的观点可能更为合理，因为如果不是那样，地壳和地幔中潜在的散射体很难产生与直达 P 波幅值相当，甚至更强的散射信号。不过，相较于 Douglas 等(1973)的研究，Snowden (2003)并未提供进一步证据来支持这一观点。

Koch 等(2002)利用德国 GRF 和 GERESS 台阵的记录，按 IDC 的规范，对 1970 年以后全球近 200 次地下核爆炸的 P 波波形复杂度进行了测量和统计分析。结果显示，除少数几次在 NTS 和一次在 STS 进行的地下核试验外，其他核试验在 GRF 台阵上的 P 波波形复杂度都不超过 0.3。尽管许多天然地震的波形复杂度也低于这一数值，但有 25%的天然地震波形复杂度在 0.7 以上。一般来讲，不能根据波形复杂度低就确定一次事件是爆炸，因为深源地震和部分浅源地震也会产生简单的远震 P 波(Selby et al., 2005)。但反过来，如果一次事件在多数台站上的波形复杂度都很高，则可以认为其是浅源地震。此外，Taylor 等(2009)发现，利用两个以上不在同一个地区的台阵上的波形复杂度，其区分地下爆炸和浅源地震的能力接近于 m_b:M_s。联合应用波形复杂度与 m_b:M_s，则呈现出将爆炸和浅源地震及深源地震同时区分开来的趋势(图 9.3.10)。

9.3.7　其他判据

除前面讨论的几种主要判据外，地震事件识别历史上还曾提出过一些其他判据(Pomeroy et al., 1982；Press et al., 1963)。其中的一些判据，如 P 波第二个半周

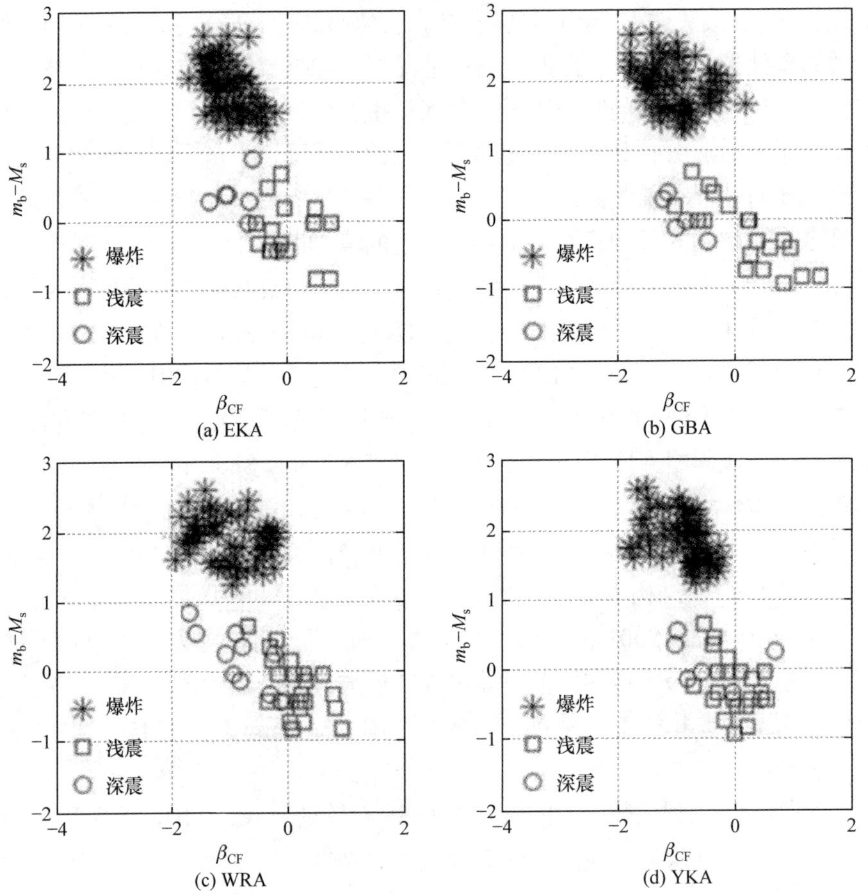

图 9.3.10　联合应用波形复杂度和 m_b:M_s 来区分地下爆炸和天然地震(Taylor et al., 2009)

期(P^2)与第一个半周期(P^1)之间的幅值比、Lg 波群速度或不同速度窗口之间的幅值比、长周期勒夫波的优势频率等，已被证明无效。另外一些判据，如三阶矩频率、短周期 SH 波激发、Sn 波激发、Lg/Rg 幅值比、勒夫波/瑞利波幅值比、高阶面波相对于其他信号成分的相对幅值等，则一度被认为具有较好的应用前景。Taylor 等(1989)利用内华达核试验和美国西部地震对其中一些短周期判据的区分效果进行了初步分析。结果表明，根据短周期 SH 波的激发几乎无法区分爆炸和天然地震；因为 Sn 波在美国西部本来就很难观测，所以区分效果很差；Lg/Rg 幅值比判据由于 Rg 波传播效率很差也存在类似问题；而根据高阶面波测量的面波震级，即 M_s^h 因为和 M_s 有很强的相关性，所以并不能如预期的那样与之互补。

尽管如此，因为迄今为止缺少关于这些判据的基于大规模样本集的统计分析，所以对这些判据的有效性及在地震事件识别中的贡献多少仍有待研究验证。

9.4　核爆与化爆的区别

9.3 节讨论的各种判据主要用于区分地下爆炸和天然地震。但对于核爆炸监测，需要进一步关心的是能否区分核爆和化爆。因此，很自然的一个问题就是核爆和化爆在地震信号特征上是否存在差别？如果有，这种差别能否被用于核爆炸的识别？

将考虑的对象限制为地下填实核爆炸和集中化学爆炸。如第 2 章所阐述的，此时，二者之间的主要区别在于爆炸的初始能量密度不同。在核爆炸的情况下，因为初始能量密度非常高，导致核反应释放出的能量在最初始时主要以 X 射线的形式存在。X 射线沉积在爆前原始空腔周围的岩石中，导致岩石汽化、熔化，形成充满高温高压岩石蒸汽的爆后初始空腔。该空腔在高压气体的驱使下，快速向外膨胀，在岩石中产生冲击波。冲击波造成岩石的压实、压碎、破裂等非弹性破坏与损伤，逐渐衰减演化成为地震波。与核爆炸相比，化学爆炸的初始能量密度要低得多。化学反应释放出的能量主要以热能和动能的形式沉积在爆炸产物中。因为爆炸产物的温度和压力不足以使岩石汽化和熔化，所以爆炸前的原始空腔也就是爆炸后的初始空腔，而充斥初始空腔的也不再是岩石蒸汽而是炸药经相关化学反应后产生的各种气体。之后的过程就与核爆时的情形相同，即空腔在高压气体的驱使下向外膨胀，最终在岩石中激发出地震波。

从上述分析可以看出，核爆和集中化爆在震源机制上不存在差别，可能的区别存在于能量耦合效率和源频谱方面。对于事件识别，重要的是后者。针对核爆、化爆是否能够用地震信号来加以区分及 CTBT 核查中的其他一些问题，美国于 1993 年进行了“不扩散实验”(non-proliferation experiment, NPE)的化爆实验。NPE 包括两次化爆实验，都在 NTS Rainier 台地地下 390m 深处的同一爆心位置上进行。第一次化爆实验采用 300 磅的军用 C4 炸药，目的是为第二次千吨级实验的分析提供经验格林函数。第二次化爆实验采用 1.29kt 的铵油炸药(ANFO)，其释放的能量相当于 1.07kt 的 TNT。在距 NPE 数百米的范围内，历史上曾进行过多次核试验，其中的三次试验，即 Misty Echo(1988)、Mineral Quarry(1990)和 Hunter Trophy(1992)无论是绝对埋深，还是源区介质都与 NPE 基本相同，非常有利于消除源区介质和传播路径差异的干扰，以研究源的差异对地震信号的影响。

图 9.4.1 反映了 NPE 在震源特性方面最主要的结论。该图根据 Goldstein 等(1994)的结果重新编辑而成。图 9.4.1(a)是根据自由场测量得到的 NPE 的源频谱与其附近一次核试验的当量归一化的源频谱的比较。可以看出，NPE 的低频源强度大约是核爆炸的 2 倍，而高频源强度与核爆炸基本相同。按图 9.4.1(a)所示，核爆、

化爆在源频谱上看似存在一定差别，但这种差别对实际监测的意义不大。实际监测时，因为并不知道爆炸的实际当量，所以不应该将 NPE 的源频谱与相同当量的核爆炸的源频谱进行比较，而是应该将其与源强度相当的核爆炸的源频谱进行比较。为此，按当量立方根折合关系，即

$$\phi(f,W)=W\phi_0(f/W^{1/3}) \tag{9.4.1}$$

使核爆炸的低频源强度与 NPE 的低频源强度相当。式中，$\phi_0(f)$ 和 $\phi(f,W)$ 分别为核爆炸在当量为 1kt 和 W 时的折合速度势，从而得到当量约 2kt 时的核爆炸源频谱。如图 9.4.1(b)所示，1kt 的 NPE 与 2kt 核爆炸在源频谱上的区别非常细微。作为对比，图 9.4.1(c)是不同源区介质中当量归一化的核爆炸源频谱的比较。可以看出，与不同源区介质的核爆炸之间的差别相比，NPE 和附近核爆炸之间的差别微不足道。考虑到很难获得准确的关于源区介质的先验信息，加上源频谱反演本身具有的不确定性，这种细微差别很难区分核爆和化爆。最后，图 9.4.1(d)是 NPE 与附近 4 次核爆炸在区域台站上的时间域波形比较。图中所有波形都已折算到同一震级大小。可以看出，NPE 和核试验的信号几乎完全相同。

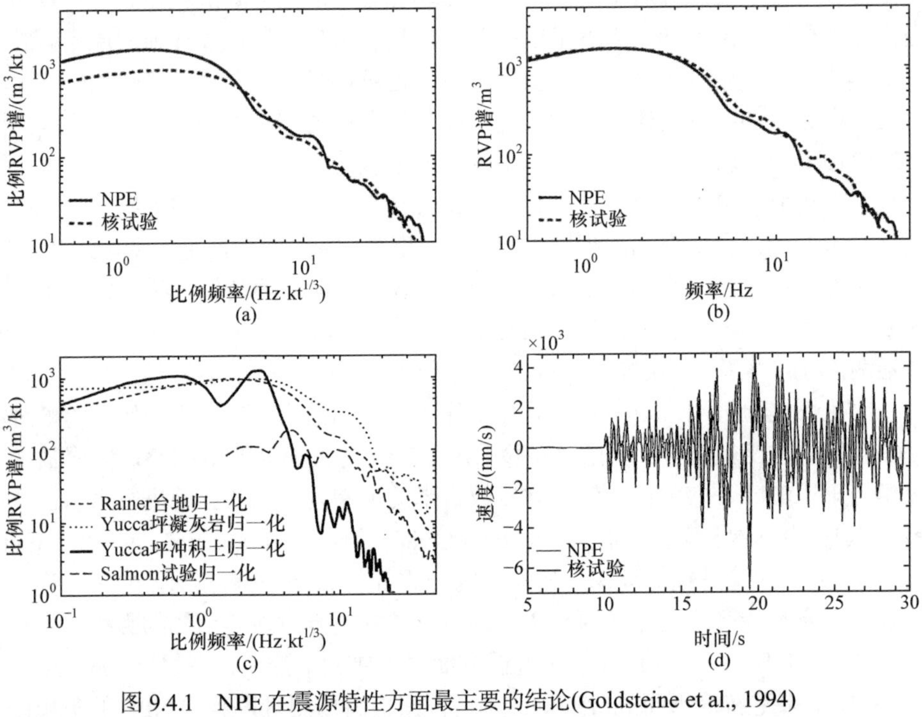

图 9.4.1　NPE 在震源特性方面最主要的结论(Goldsteine et al., 1994)

(a)NPE 和折算的相同介质中 1kt 核爆炸源频谱比较；(b)NPE 和折算的相同介质中 2kt 核爆炸源频谱比较；(c)不同源区介质中折算的 1kt 核爆炸源频谱比较；(d)相同台站上 NPE 实验和附近 4 次核爆炸时间域波形比较

NPE 结果表明，集中方式填实地下化爆相当于相同条件下约 2 倍当量的填实

地下核爆。关于化爆比核爆能更有效地激发地震波的原因，Glenn 等(1994)认为与核爆的初始能量密度远大于化爆的初始能量密度有关。他们认为多数核爆的初始比例空腔半径 $r_0/W^{1/3}$ 不到 1m/kt$^{1/3}$，甚至低至 0.1m/kt$^{1/3}$；TNT 爆炸的 $r_0/W^{1/3}$ 不小于 5.27m/kt$^{1/3}$，NPE 实际的 $r_0/W^{1/3}$ 约为 6m/kt$^{1/3}$。按他们的说法，核爆在 $r_0/W^{1/3}\approx 3$m/kt$^{1/3}$ 时 ϕ_∞/W，即当量归一化的震源强度达到最大，并与填实化爆的 ϕ_∞/W 相当。但随着核爆的 $r_0/W^{1/3}$ 减小，ϕ_∞/W 也随之减小。按 Glenn (1993)在 Grüneisen 状态方程下的计算结果，当 $r_0/W^{1/3}=0.1$m/kt$^{1/3}$ 时，对应的 ϕ_∞/W 不到其最大值时的 1/2。除能量密度的差异外，爆炸产物在等效比热比方面的区别，核爆时有部分能量(对裂变弹约为 15%)以核辐射的形式释放出来等原因也会对核爆、化爆在地震能量耦合方面的差别有一定的影响。

与科学研究不同，工业上更多采用微差方式爆炸。所谓微差爆炸，指由间隔在数毫秒到上百毫秒的逐个延时起爆的一系列小爆炸构成的爆炸。这样的爆炸因为其源的多重性，会导致与时间无关的信号谱频率调制(Gittermann et al., 1993; Baumgardt et al.,1988)。如图 9.4.2 所示，假定延迟爆炸由当量和耦合条件相同的 N 个爆炸沿一条直线排列而成，爆心之间的距离间隔为 l，爆炸以 τ 的时间间隔顺序起爆。假定单个爆炸在台站上产生的信号为 $u(t)$，且各次爆炸之间的非线性相互影响可忽略(Hinzen, 1988; Stump et al., 1988)，则延迟爆炸的记录可以表示为(Gittermann et al., 1993)

$$s(t)=\sum_{k=1}^{N}u(t-t_k) \tag{9.4.2}$$

式中，

$$t_k=(k-1)\Delta t \tag{9.4.3}$$

$$\Delta t=\tau-l\cos\alpha/v \tag{9.4.4}$$

式中，α 为从爆破方向到台站所在方向的夹角；v 为地震波传播速度。通常情况下，$|l\cos\alpha/v|\ll\tau$，使得不同方向上 Δt 的变化小于 10%。由式(9.4.2)有

$$S(f)=U(f)H(f) \tag{9.4.5}$$

式中，

$$H(f)=\sum_{k=1}^{N}\mathrm{e}^{-\mathrm{i}2\pi fk\Delta t} \tag{9.4.6}$$

容易证明：

$$|H(f)|=\left|\frac{\sin(N\pi f\Delta t)}{\sin(\pi f\Delta t)}\right| \tag{9.4.7}$$

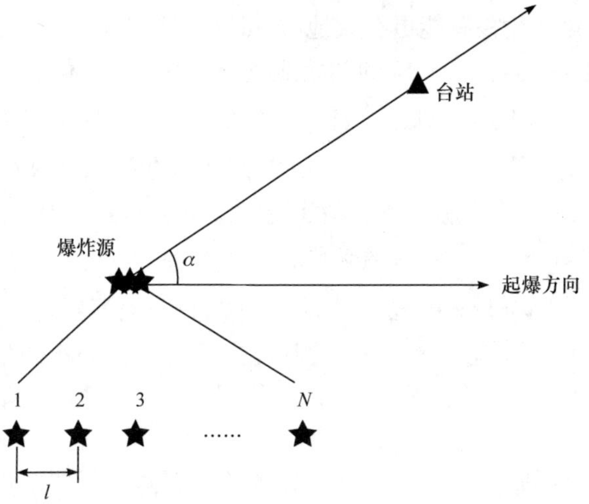

图 9.4.2　微差爆炸示意图

$|H(f)|$的性质如图 9.4.3 所示。可以看出，当 $f\Delta t = n$，即 $f_{\max}^{(n)} = n/\Delta t$，$n = 0,1,2,\cdots$ 时，$|H(f)|$具有最大值 N；当 $f_{\min}^{(n,k)} = (n + k/N)/\Delta t$，$k = 1,\cdots,N-1$ 时，$|H(f)|$

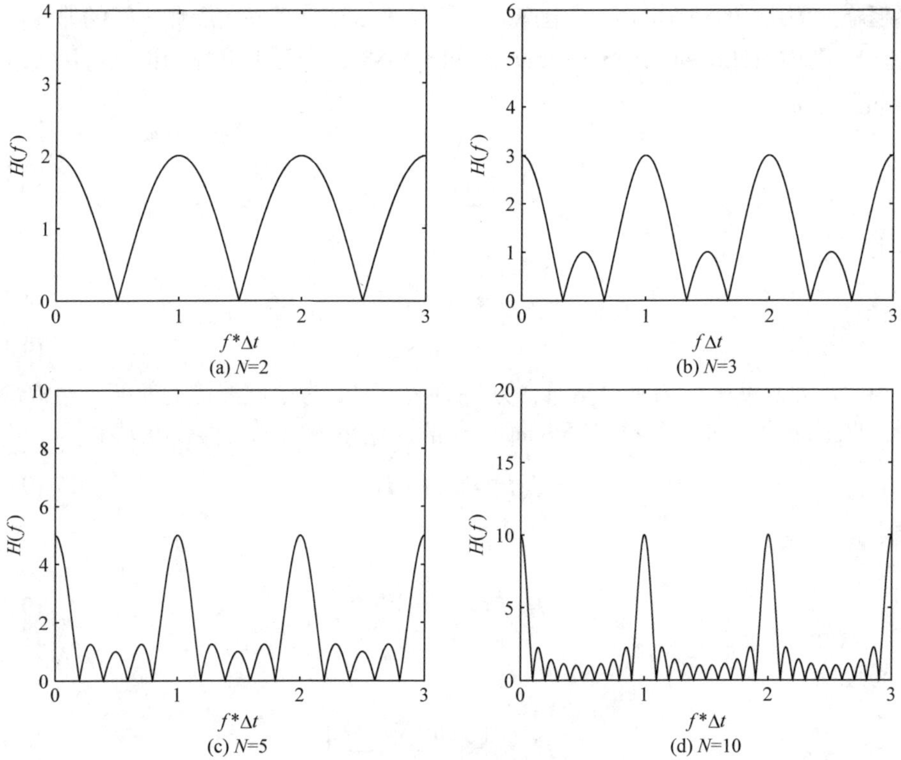

图 9.4.3　$|H(f)|$性质示意图

具有最小值 0；而当 $f_{\max}^{(n,k)}=(n+k/N+1/2)/\Delta t$，$k=1,\cdots,N-2$ 时，$|H(f)|$ 具有局部最大值。基于 $|H(f)|$ 的上述性质，延迟爆炸的信号谱会出现周期性的频率调制现象。与路径效应引起的频率调制不同，延迟爆炸的频率调制与时间窗口和震相无关，因此可以利用不同震相的倒谱峰值(Baumgardt et al.，1988)的一致性(图 9.4.4)，或是时频分析方法(Hedlin, 1998；Hedlin et al., 1990)来进行识别(图 9.4.5)。需要指出的是，当 $\Delta t<0.1\text{ms}$ 时，$f_{\max}^{(1)}=1/\Delta t>10\text{Hz}$。此时，由于信噪比和仪器带宽的限制，可能只能观测到爆炸在 $f<f_{\max}^{(1)}$ 的频谱，从而难以观测到频谱中周期为 $1/\Delta t$ 的主要调制成分。但在 $N>2$ 的情况下，在 0～$f_{\max}^{(1)}$ 的周期为 $1/(N\Delta t)$ 的次级调制成分仍可能被观测到。

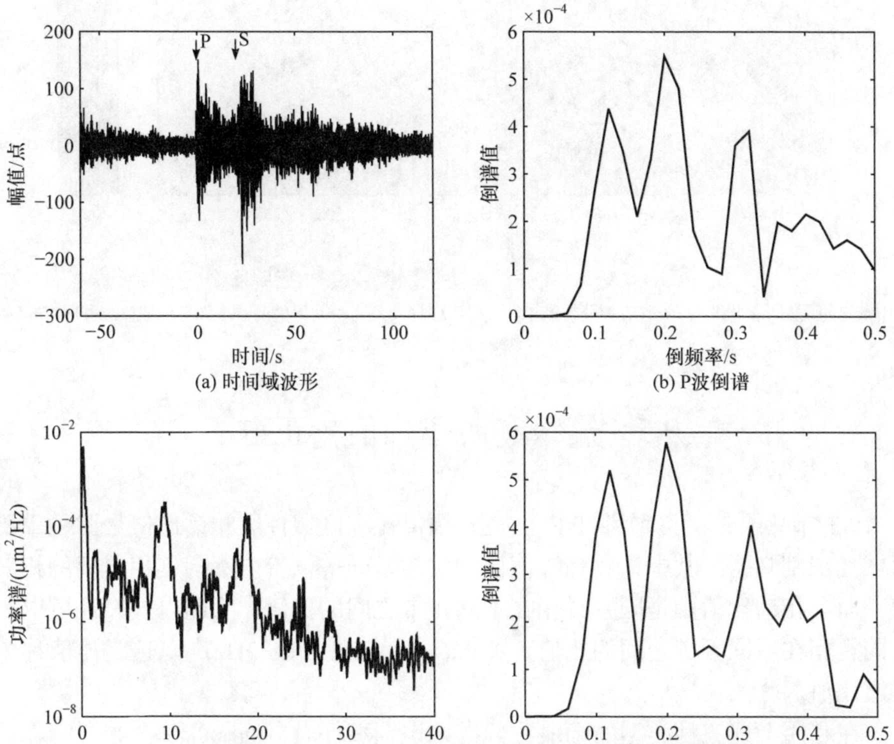

图 9.4.4　倒谱分析方法识别微差爆炸

图中为 2016 年 4 月 4 日新疆富蕴县附近的一次微差爆炸在青河台(QHE)上的宽频带垂向记录的分析结果。从信号功率谱中可见约 9.3Hz、18.6Hz 和 27.9Hz 处的谱峰值，而 P 波、S 波的倒谱分析结果在约 0.1s、0.2s、0.3s 等倒频率处都具有峰值，说明它们与传播路径无关，而与源的多重性有关

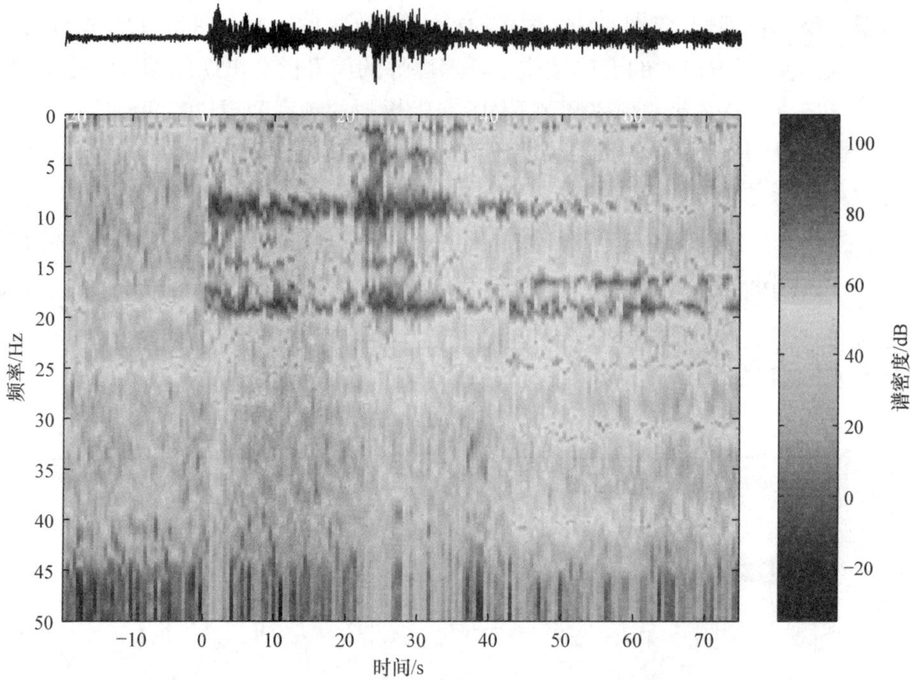

图 9.4.5　时频分析方法识别微差爆炸(后附彩图)

图中给出的是图 9.4.4(a)中信号的时频分析结果，可以清楚地看到与时间无关的频率调制现象。这种现象是微差爆炸的典型时频特征

9.5　震级和距离幅值校正方法

9.3 节中介绍的区域性 P/S 波震相幅值比和区域性震相谱比值是两种重要的区域性识别判据。其中，震相幅值比利用的是同一频带内不同震相之间的相对幅值，而震相谱比值则是同一震相在不同频带之间的比值。除此以外，还可以利用不同震相在不同频带之间的比值，如 Pn(4～8Hz)/Lg(1～2Hz)等，这类比值称为交叉谱比值。

在利用上述三种类型的幅值比判据来识别事件时，面临的一个共同问题是如何消除震级、距离和传播路径差异对判据的影响，以保证判据特征的差异是由震源类型的差异而非其他因素引起的。为解决这一问题，Taylor 等(2002)提出了震级和距离幅值校正(magnitude and distance amplitude correction，MDAC)方法。本节简要介绍这一方法，以及建立在这一方法基础之上的区域性 P/S 波比值二维格点识别方法(Fisk et al.，2009，2008)。

MDAC 方法的基本思想是建立能预测天然地震信号幅值，更准确地说是信号振幅谱的唯像模型,其中包括信号的源频谱模型和信号在介质中传播的衰减模型。对需要识别的事件，假定它是一次天然地震，根据其震级大小、震源位置和台站位置，可计算其理论振幅谱，并计算经震级和距离校正过后的频谱，即实际观测的振幅谱与理论振幅谱之间的残差。这一修正方法可应用于不同类型的区域震相。因为相关的频谱预测模型是针对天然地震建立的，所以如果被测试的事件确实是天然地震，则对每一震相和每一频率，相应的残差都应该很小，即在 0 附近。如果相应事件实际为地下爆炸，则会呈现出较大的残差。这种方法的优点是利用校正过后的频谱，可以灵活地构建各种幅值比判据，不但包括各种震相的幅值比、谱比值和交叉谱比值等，而且也可以更加灵活地选择作为分子、分母的信号幅值所对应的频带。

下面介绍具体的 MDAC 方法原理。对特定台站和特定类型的震相，频率域中，其第 i 个事件的信号谱 $A_i(f)$ 可以表示为

$$A_i(f)=G(\boldsymbol{x},\xi_i)S_i(f)\exp\left[-\frac{\pi f}{Q_i(f)v}r_i\right]P(f)\varepsilon_i(f) \tag{9.5.1}$$

式中，$S_i(f)$ 为源频谱；$G(\boldsymbol{x},\xi_i)$ 为几何扩散因子；$\boldsymbol{x}$ 为台站位置；ξ_i 为源位置；r_i 为震中距；$Q_i(f)$ 为传播路径品质因子；$P(f)$ 为台站场地效应；$\varepsilon_i(f)$ 为随机扰动因子。在式(9.5.1)的等号两边同时取对数，得到：

$$\lg A_i(f)=\lg G(\boldsymbol{x},\xi_i)+\lg S_i(f)-\frac{\pi f\lg e}{Q_i(f)v}r_i+\lg P(f)+\lg\varepsilon_i(f) \tag{9.5.2}$$

假定已知关于源频谱、几何扩散因子、非弹性衰减和台站场地因子的物理或经验模型 $\hat{S}_i(f)$、$\hat{G}(\boldsymbol{x},\xi_i)$、$\hat{Q}_i(f)$ 和 $\hat{P}(f)$，令

$$A_i^{(\mathrm{p})}(f)=\hat{G}(\boldsymbol{x},\xi_i)\hat{S}_i(f)\exp\left[-\frac{\pi f}{\hat{Q}_i(f)v}r_i\right]\hat{P}(f) \tag{9.5.3}$$

则经校正过后的频谱为

$$A_i^{(\mathrm{c})}(f)=A_i^{(\mathrm{o})}(f)/A_i^{(\mathrm{p})}(f) \tag{9.5.4a}$$

或

$$\lg A_i^{(\mathrm{c})}(f)=\lg A_i^{(\mathrm{o})}(f)-\lg A_i^{(\mathrm{p})}(f) \tag{9.5.4b}$$

模型 $\hat{S}_i(f)$、$\hat{G}(\boldsymbol{x},\xi_i)$、$\hat{Q}_i(f)$ 和 $\hat{P}(f)$ 可以根据历史数据来建立。对 $\hat{G}(\boldsymbol{x},\xi_i)$，通常假定它只与震中距 r 有关，且

$$G(r)=\begin{cases}r^{-1}, & r<r_0\\ r_0^{-1}(r_0/r)^{\eta}, & r\geqslant r_0\end{cases} \tag{9.5.5}$$

式中，r_0 为参考距离。关于 $\hat{Q}_i(f)$，Taylor 等(2002)忽略了不同传播路径在 Q 值上的差别，认为

$$Q_i(f)=Q_0 f^{\gamma} \tag{9.5.6}$$

式中，Q_0 为 1Hz 时的 Q 值；γ 为 Q 值依赖于频率的幂指数。关于 $\hat{S}_i(f)$，对天然地震，根据 Brune(1970)和 Aki 等(1980)的研究，有

$$S_i(f)=\frac{M_{0i}R_{\theta\phi}}{4\pi(\rho_{\rm s}\rho_{\rm r}c_{\rm s}^5c_{\rm r})^{1/2}\left[1+\left(f/f_{{\rm c}i}\right)^2\right]} \tag{9.5.7}$$

式中，M_{0i} 为事件 i 的地震矩；$f_{{\rm c}i}$ 为源拐角频率；$\rho_{\rm s}$ 和 $\rho_{\rm r}$ 分别为源和台站处的介质密度；$c_{\rm s}$ 和 $c_{\rm r}$ 分别为源和台站处的地震波波速；$R_{\theta\phi}$ 为源辐射因子。一般情况下，$R_{\theta\phi}$ 是未知的。实际应用时，根据 Boore 等(1984)的结果，P 波时取 $R_{\theta\phi}=0.44$，S 波时取 $R_{\theta\phi}=0.60$。因为通常情况下地震的源强度越大，源拐角频率越低，所以为减少需要的模型参量，令 $S_i(f)$ 在 $f=0$ 时的幅值为

$$S_{0i}=S_i(0)=\frac{M_{0i}R_{\theta\phi}}{4\pi(\rho_{\rm s}\rho_{\rm r}c_{\rm s}^5c_{\rm r})^{1/2}}=KM_{0i} \tag{9.5.8}$$

并假定 $f_{\rm c}$ 与 S_0 具有指数依赖关系，即

$$f_{\rm c}=aS_0^{-\kappa}=a(KM_0)^{-\kappa} \tag{9.5.9}$$

对 Brune(1970)位错模型，有

$$f_{\rm c}=0.49c_{\rm s}\left(\frac{\sigma_{\rm b}}{M_0}\right)^{1/3} \tag{9.5.10}$$

式中，$\sigma_{\rm b}$ 为地震的应力降，在 Brune 模型中被认为与 M_0 无关，此时有 $\kappa=1/3$ 而

$$a=0.49c_{\rm s}\left(K\sigma_{\rm b}\right)^{1/3} \tag{9.5.11}$$

不过，有观测结果表明天然地震的 $\kappa\neq 1/3$，而接近于 1/4(Cong et al., 1996；Mayeda et al.,1996；Nuttli, 1983)。此时，$\sigma_{\rm b}\propto M_0^{1-3\kappa}$，而 a 仍为与 M_0 无关的常数。

为建立能根据震级和震中距来预测不同震相信号振幅谱的模型，Taylor 等(2002)采用的具体方法如下：对固定台站，首先利用指定的一种震相(一般为 Lg 波)来计算其地震矩。为此，对该震相，通过格点搜索的方法搜索最佳的 $\sigma_{\rm b}$、η、Q_0、γ 参数组合，使得理论计算的信号振幅谱与实际观测结果之间的残差最小。搜索时，对给定的 $\sigma_{\rm b}$、η、Q_0、γ，反演各个事件的地震矩，然后计算相应的振幅谱残差，并将所有事件的平均残差作为此时 $P(f)$ 的估计。在求得最佳的

MDAC 模型参数组合，即($\sigma_b, \eta, Q_0, \gamma$)及各个事件的地震矩之后，对其他震相，采用已经求得的地震矩和 σ_b 求解相应震相对应的距离衰减参数(η, Q_0, γ)及相应的台站因子 $P(f)$。最后，为应用这些参数来进行震级和震中距校正，还需要建立地震矩 M_0 和体波震级 m_b 之间的比例关系。Taylor 等(2002)采用的比例关系形式为

$$m_b = \lg M_0 - \lg\left\{1 + \left[\frac{F_{mb}(KM_0)^{\kappa}}{a}\right]^2\right\} + A_{mb} \tag{9.5.12}$$

式中，F_{mb} 为 m_b 的测量频率；A_{mb} 为 $M_0 = 1\text{Nm}$ 时的体波震级大小。求 F_{mb} 和 A_{mb} 使得由式(9.5.12)预测的 m_b 与实际的 m_b 之间的残差最小，而最后得到的 MDAC 模型参数为 F_{mb}、A_{mb}、σ_b 和各个震相对应的 η、Q_0、γ。

由于上述方法采用固定的 σ_b，难以直接应用于 $\kappa \neq 1/3$ 时的情形。此时，可令

$$\sigma_b = \sigma_{br}\left(M_0/M_{0r}\right)^{1-3\kappa} \tag{9.5.13}$$

并用 σ_{br} 代替 σ_b 来进行建模。另外，Taylor 等(2002)的方法假定信号的 Q 值与传播路径无关，这在很多情况下并不符合实际。再有，前述方法是对不同台站分别建模，使得 σ_b、M_0 和 f_c 的反演结果依赖于具体的台站，而理论上这些源模型参数应该与台站无关。针对这些问题，可考虑基于区域的多台站联合建模，建立不依赖于台站的源频谱模型和二维 Q 值模型 (潘常周，2016)。最后，由于低震级事件的 m_b 难以测量，可以考虑用 M_L 或 m_b(Lg)等区域性震级与 M_0 的关系来代替式(9.5.12)。

一旦建立关于天然地震的振幅谱模型，就可以用其对未知事件的信号进行震级和震中距校正。校正时，根据事件的震级大小，由式(9.5.12)估算相应的地震矩，再由式(9.5.9)估算 P 波和 S 波的源拐角频率，然后利用式(9.5.3)～式(9.5.7)得到校正过后的振幅谱。利用这些校正过后的振幅谱，可以得到两种不同震相(如 Pn/Sn)之间的幅值比随各自信号频率的变化。这种变化可以用图 9.5.1 的形式可视化。对天然地震，如果源和距离的衰减校正是充分的，则在所有频率格点上，相应的幅值比的对数都应当接近于 0[图 9.5.1(a)]。相反，如果当前事件实际上是爆炸，相应的幅值比会在某些频率窗口上出现明显偏离。

利用上述经过震级和距离校正后的谱振幅，可以方便地建立各种形式的区域震相谱比值判据。不失一般性，假定 X、Y 各是 Pn、Pg、Sn、Lg 四种区域震相中任何一种，记 $A_X^{(c)}(f)$、$A_Y^{(c)}(f)$ 分别为 X、Y 经 MDAC 方法校正的频谱，而

$$R_{X/Y}(f_X, f_Y) = \lg\frac{A_X^{(c)}(f_X)}{A_Y^{(c)}(f_Y)} \tag{9.5.14}$$

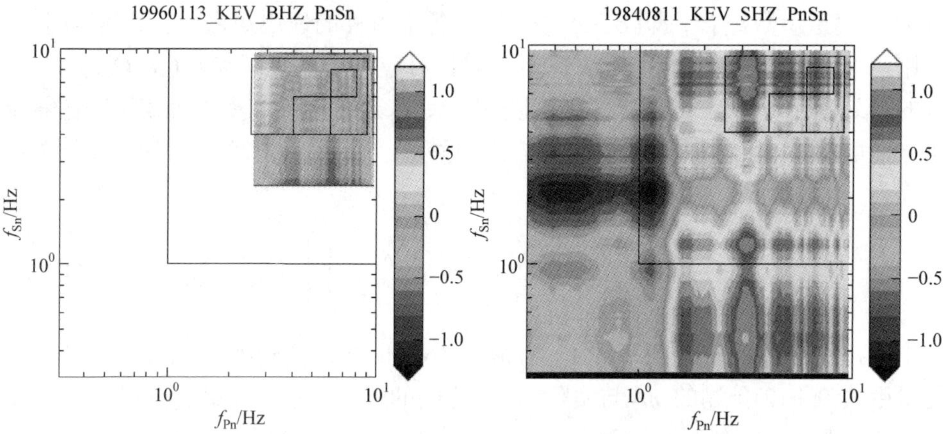

(a) KEV台上一次天然地震的结果　　(b) KEV台上一次新地岛地下核试验的结果

图 9.5.1　用震级和距离校正过后的二维 Pn/Sn 格点识别地震事件(Fisk et al., 2009)(后附彩图)

为 X、Y 之间的幅值比随它们各自的信号频率 f_X、f_Y 的变化。对(f_X, f_Y)空间中由 $f_{L1} < f_X < f_{H1}$、$f_{L2} < f_Y < f_{H2}$ 定义的任一矩形窗口 W，计算该频率窗口内 $R_{X/Y}$ 的平均值：

$$\bar{R}_{X/Y}(f_{L1} \sim f_{H1}, f_{L2} \sim f_{H2}) = \frac{1}{N_W} \sum_{(f_X, f_Y) \in W} R_{X/Y}(f_X, f_Y) \tag{9.5.15}$$

式中，N_W 为 $R_{X/Y}$ 在 W 中的样点数。当 X 为 Pn 或 Pg，Y 为 Sn 或 Lg，且 $f_{L1} = f_{L2}$、$f_{H1} = f_{H2}$ 时，相应的 $\bar{R}_{X/Y}(f_{L1} \sim f_{H1}, f_{L2} \sim f_{H2})$，即为 9.3.4 小节中的 P/S 波震相幅值比。如果 $f_{L1} \neq f_{L2}$ 或 $f_{H1} \neq f_{H2}$，则 $\bar{R}_{X/Y}(f_{L1} \sim f_{H1}, f_{L2} \sim f_{H2})$ 为 X、Y 在相应频带上的交叉谱比值。最后，如果 X、Y 是同一种震相，而 $f_{L1} \sim f_{H1}$、$f_{L2} \sim f_{H2}$ 是互不重叠的两个频带，则 $\bar{R}_{X/Y}(f_{L1} \sim f_{H1}, f_{L2} \sim f_{H2})$ 为相应震相在频带 $f_{L1} \sim f_{H1}$、$f_{L2} \sim f_{H2}$ 的谱比值。需要注意的是，经 MDAC 方法校正后，$f_{L1} \sim f_{H1}$、$f_{L2} \sim f_{H2}$ 不再局限于窄带，也可以是宽带。在传统的震相幅值比或谱比值判据中，因为信号的优势频率随震级或震中距会呈现出比较大的变化，为确保测量结果在指定的频率范围内以便按相应的频率进行幅值比的校正，通常只能选择窄带来进行幅值比的测量。Fisk 等(2009，2008)的研究表明，与窄带的 P/S 波震相幅值相比，在 MDAC 方法的基础上，采用宽带的 P 波、S 波交叉谱比值，能显著提高地下爆炸和天然地震之间的分离程度，从而提高筛选识别结果的效率。

需要说明的是，基于一维模型，即式(9.5.5)和式(9.5.6)的 MDAC 方法对传播衰减的校正往往是不充分的。一种权宜的处理方法是采用克里金方法进行传播路径的校正。未来更进一步的方法是基于三维地球速度和 Q 值模型。此外，与 MDAC 方法近似等价的一种方法(潘常周，2016)是对时间域中的窄带信号幅值分震相建立如下形式的经验关系：

$$\lg A(f_1-f_2\mid X)=am_{\mathrm{b}}+R(\varDelta,X)+C_{\mathrm{s}}(X) \tag{9.5.16}$$

式中，X 为震相类型；a 为震级系数；$R(\varDelta,X)$ 为距离衰减因子；C_{s} 为台站校正项。上述关系同样是用天然地震数据来建立。然后对需要识别的事件，根据上述关系按震相和频带计算震级：

$$m_X(f_1-f_2)=[\lg A(f_1-f_2\mid X)-R(\varDelta,X)-C_{\mathrm{s}}(X)]/a \tag{9.5.17}$$

然后计算：

$$m_X(f_{\mathrm{L1}}-f_{\mathrm{H1}})=\sum_{(f_1,f_2)\subset(f_{\mathrm{L1}},f_{\mathrm{H1}})} m_X(f_1-f_2) \tag{9.5.18}$$

$$m_Y(f_{\mathrm{L2}}-f_{\mathrm{H2}})=\sum_{(f_1,f_2)\subset(f_{\mathrm{L2}},f_{\mathrm{H2}})} m_Y(f_1-f_2) \tag{9.5.19}$$

则对 $m_X(f_{\mathrm{L1}}-f_{\mathrm{H1}})-m_Y(f_{\mathrm{L2}}-f_{\mathrm{H2}})$，天然地震应分布在 0 附近，而地下爆炸则会出现明显的偏离。

9.6　多判据识别方法

9.6.1　基于贝叶斯定理的多判据综合识别原理

前面介绍了多种地震事件识别判据。本节进一步介绍综合利用多判据来进行识别的方法。用 X、Q 分别表示爆炸和天然地震两类事件。为简单起见，假定一个事件要么属于 X，要么属于 Q，两种情况的先验概率分别为 π_X、π_Q。假定一个事件的特征可以用维数为 p 的随机向量 $\boldsymbol{Z}=(Z_1,Z_2,\cdots,Z_p)^{\mathrm{T}}$ 来表示，而 $\boldsymbol{z}=(z_1,z_2,\cdots,z_p)^{\mathrm{T}}$ 为一次事件的实际特征。用 $f_X(\boldsymbol{z})$ 和 $f_Q(\boldsymbol{z})$ 来表示 $\boldsymbol{Z}$ 分别在爆炸和地震情况下的条件概率密度。根据贝叶斯定理，对实际特征为 $\boldsymbol{z}$ 的事件，其属于 X 和 Q 的概率分别为

$$p_X=P(X\mid \boldsymbol{z})=\frac{\pi_X f_X(\boldsymbol{z})}{\pi_X f_X(\boldsymbol{z})+\pi_Q f_Q(\boldsymbol{z})} \tag{9.6.1}$$

$$p_Q=P(Q\mid \boldsymbol{z})=\frac{\pi_Q f_Q(\boldsymbol{z})}{\pi_X f_X(\boldsymbol{z})+\pi_Q f_Q(\boldsymbol{z})} \tag{9.6.2}$$

需要说明的是，以上结果仅在 $\boldsymbol{z}$ 的测量不确定度相对于 $\boldsymbol{Z}$ 本身的分布范围足够小，且 $f_X(\boldsymbol{z})$ 和 $f_Q(\boldsymbol{z})$ 在 $\boldsymbol{z}$ 的测量不确定度范围内变化足够平缓的情况下方才成立。对于其他情况，将在 9.6.4 小节中进一步讨论。

可采用以下准则来判断 $\boldsymbol{z}$ 是属于 X 还是 Q，即

$$\begin{cases} z \in X, \text{如果 } p_X > c \\ z \in Q, \text{如果 } p_X \leqslant c \end{cases} \tag{9.6.3}$$

相应的判别式为

$$\frac{f_X(z)}{f_Q(z)} - C_0 = 0 \tag{9.6.4}$$

式中，

$$C_0 = \frac{c\pi_Q}{(1-c)\pi_X} \tag{9.6.5}$$

用$V_X(c)$、$V_Q(c)$来表示由式(9.6.4)解出的分别属于X和Q的区域，注意$V_Q(c)$应是$V_X(c)$的绝对补集，则爆炸、地震两类事件被误识的概率分别为

$$F_X = P(Q \mid X) = \int_{V_Q(c)} f_X(z)\mathrm{d}z \tag{9.6.6a}$$

$$F_Q = P(X \mid Q) = \int_{V_X(c)} f_Q(z)\mathrm{d}z \tag{9.6.6b}$$

如果用$C(Q \mid X)$、$C(X \mid Q)$来分别代表将爆炸误识为地震或是将地震误识为爆炸的代价，则可以通过：

$$C = \pi_X P(Q \mid X) C(Q \mid X) + \pi_Q P(X \mid Q) C(X \mid Q) = \min \tag{9.6.7}$$

来求得式(9.6.3)中阈值c的最优化值。

以上是基于贝叶斯定理的多判据识别方法的基本原理。现在假定$f_X(z)$、$f_Q(z)$均服从正态分布，且它们的均值、协方差分别为$\boldsymbol{\mu}_X$、Σ_X和$\boldsymbol{\mu}_Q$、Σ_Q，则

$$f_X(\boldsymbol{x}) = \frac{1}{(2\pi)^{p/2}\left|\Sigma_X\right|^{1/2}} \exp\left\{-\frac{1}{2}(z-\boldsymbol{\mu}_X)^{\mathrm{T}} \Sigma_X^{-1} (z-\boldsymbol{\mu}_X)\right\} \tag{9.6.8a}$$

$$f_Q(\boldsymbol{x}) = \frac{1}{(2\pi)^{p/2}\left|\Sigma_Q\right|^{1/2}} \exp\left\{-\frac{1}{2}(\boldsymbol{x}-\boldsymbol{\mu}_Q)^{\mathrm{T}} \Sigma_Q^{-1} (\boldsymbol{x}-\boldsymbol{\mu}_Q)\right\} \tag{9.6.8b}$$

将式(9.6.8a)和式(9.6.8b)代入式(9.6.4)，得到：

$$(z-\boldsymbol{\mu}_Q)^{\mathrm{T}} \Sigma_Q^{-1} (z-\boldsymbol{\mu}_Q) - (z-\boldsymbol{\mu}_X)^{\mathrm{T}} \Sigma_X^{-1} (z-\boldsymbol{\mu}_X) = 2\ln\frac{C_0\left|\Sigma_X\right|^{1/2}}{\left|\Sigma_Q\right|^{1/2}} \tag{9.6.9}$$

式(9.6.9)等号左边为z与$\boldsymbol{\mu}_Q$、$\boldsymbol{\mu}_X$的马氏距离(Mahalanobis distance)的平方差。当$\Sigma_Q \neq \Sigma_X$时，相应的X与Q之间的分界面为二次曲面，对应的识别方法被称为二次判别分析(quadratic discriminant analysis, QDA)方法。当$\Sigma_Q = \Sigma_X = \Sigma$时，式(9.6.9)

可以简化为

$$2(\boldsymbol{\mu}_X-\boldsymbol{\mu}_Q)^{\mathrm{T}}\Sigma^{-1}\boldsymbol{z}-(\boldsymbol{\mu}_X-\boldsymbol{\mu}_Q)^{\mathrm{T}}\Sigma^{-1}(\boldsymbol{\mu}_X+\boldsymbol{\mu}_Q)=2\ln C_0 \tag{9.6.10}$$

相应的分界面为平面，对应的识别方法被称为线性判别分析(linear discriminant analysis，LDA)方法。

9.6.2　LDA 的性质

式(9.6.9)和式(9.6.10)中等号左边均为从 p 维特征向量空间到一维空间的投影。在 LDA 的情况下，记相应的线性投影函数为

$$g(\boldsymbol{z})=2(\boldsymbol{\mu}_X-\boldsymbol{\mu}_Q)^{\mathrm{T}}\Sigma^{-1}\boldsymbol{z}-(\boldsymbol{\mu}_X-\boldsymbol{\mu}_Q)^{\mathrm{T}}\Sigma^{-1}(\boldsymbol{\mu}_X+\boldsymbol{\mu}_Q) \tag{9.6.11}$$

定义：

$$S=\frac{E\left[g(\boldsymbol{z})\,|\,X\right]-E\left[g(\boldsymbol{z})\,|\,Q\right]}{\sqrt{D}} \tag{9.6.12}$$

式中，

$$D=\mathrm{var}\left[g(\boldsymbol{z})\,|\,X\right]=\mathrm{var}\left[g(\boldsymbol{z})\,|\,Q\right] \tag{9.6.13}$$

为 $g(\boldsymbol{z})$ 在同类事件情况下的方差。显然，S 表示爆炸和地震两类事件在被投射到一维空间后的归一化分离程度。容易证明(靳平等, 2007)：

$$S=\sqrt{(\boldsymbol{\mu}_X-\boldsymbol{\mu}_Q)^{\mathrm{T}}\Sigma^{-1}(\boldsymbol{\mu}_X-\boldsymbol{\mu}_Q)} \tag{9.6.14}$$

在 Z 的各个分量相互独立，即 $\Sigma_{ij}=\Sigma_i\delta_{ij}$ 时：

$$S=\sqrt{\sum_{i=1}^{p}(\mu_X^{(i)}-\mu_Q^{(i)})^2/\Sigma_i}=\sqrt{\sum_{i=1}^{p}S_i^2} \tag{9.6.15}$$

式中，

$$S_i=\frac{\left|\mu_X^{(i)}-\mu_Q^{(i)}\right|}{\sqrt{\Sigma_i}} \tag{9.6.16}$$

为仅考虑第 i 个判据时的可分离程度。显然 $S\geqslant\max(S_i)$，即综合判据的识别效果肯定优于单个判据的识别效果。

值得指出的是，除相差一个常数项 $-(\boldsymbol{\mu}_X-\boldsymbol{\mu}_Q)^{\mathrm{T}}\Sigma^{-1}(\boldsymbol{\mu}_X+\boldsymbol{\mu}_Q)$ 外，式(9.6.11)正是 $\Sigma_Q=\Sigma_X=\Sigma$ 时 Fisher 方法的结果。Fisher 方法(边肇祺等，2000)是求解最佳的从 p 维特征向量空间到一维空间的线性投影：

$$y(\boldsymbol{z})=\boldsymbol{w}^{\mathrm{T}}\boldsymbol{z} \tag{9.6.17}$$

使得在相应的一维空间中，Fisher 准则函数：

$$J_{\mathrm{F}}(\boldsymbol{w})=\frac{\left\{E\left[y\mid X\right]-E\left[y\mid Q\right]\right\}^{2}}{\operatorname{var}\left[y\mid X\right]+\operatorname{var}\left[y\mid Q\right]}=\frac{\boldsymbol{w}^{\mathrm{T}}S_{\mathrm{b}}\boldsymbol{w}}{\boldsymbol{w}^{\mathrm{T}}S_{\mathrm{w}}\boldsymbol{w}} \tag{9.6.18}$$

最大。其中，

$$S_{\mathrm{b}}=(\boldsymbol{\mu}_X-\boldsymbol{\mu}_Q)(\boldsymbol{\mu}_X-\boldsymbol{\mu}_Q)^{\mathrm{T}} \tag{9.6.19}$$

$$S_{\mathrm{w}}=\Sigma_X+\Sigma_Q \tag{9.6.20}$$

利用 Lagrange 乘子法，可以得到使得 $J_{\mathrm{F}}(\boldsymbol{w})$ 具有最大值的解为

$$\boldsymbol{w}=S_{\mathrm{w}}^{-1}(\boldsymbol{\mu}_X-\boldsymbol{\mu}_Q) \tag{9.6.21}$$

显然，当 $\Sigma_X=\Sigma_Q=\Sigma$ 时，$\boldsymbol{w}^{\mathrm{T}}$ 为式(9.6.11)中 $\boldsymbol{z}$ 的系数。值得注意的是，当 $\Sigma_X\neq\Sigma_Q$ 时，Fisher 方法是最佳的线性判别分析方法，但不是最佳的判别分析方法。此外，在实际应用中，因为 $\boldsymbol{\mu}_X$ 、$\boldsymbol{\mu}_Q$ 、Σ_X 、Σ_Q 都是未知的，此时可分别用它们的样本均值和样本协方差矩阵来代替(见 9.6.3 小节)。

9.6.3　正则化判别分析方法

式(9.6.8a)和式(9.6.8b)中统计参数 $\boldsymbol{\mu}_X$ 、$\boldsymbol{\mu}_Q$ 、Σ_X 和 Σ_Q 的真实值通常是未知的。在样本充足的情况下，它们可以利用训练样本来进行估计，例如

$$\hat{\boldsymbol{\mu}}_Q=\frac{1}{N_Q}\sum_{i=1}^{N_Q}\boldsymbol{x}_i^{(Q)} \tag{9.6.22}$$

$$\hat{\Sigma}_Q=\frac{S_Q}{N_Q}=\frac{1}{N_Q}\sum_{i=1}^{N_Q}(\boldsymbol{x}_i^{(Q)}-\hat{\boldsymbol{\mu}}_Q)(\boldsymbol{x}_i^{(Q)}-\hat{\boldsymbol{\mu}}_Q)^{\mathrm{T}} \tag{9.6.23}$$

式中，$\boldsymbol{x}_i^{(Q)}$ 为训练样本中的第 i 个天然地震样本；N_Q 为相应的样本数。理论上，也可以类似地估计 $\hat{\boldsymbol{\mu}}_X$ 、$\hat{\Sigma}_X$ 。$\hat{\boldsymbol{\mu}}_Q$ 、$\hat{\boldsymbol{\mu}}_X$ 称为特征向量 $\boldsymbol{x}$ 的样本均值，$\hat{\Sigma}_Q$ 、$\hat{\Sigma}_X$ 称为样本协方差矩阵。在实践中，训练样本数，特别是地下爆炸的训练样本数常常不足，导致得到的样本协方差矩阵是病态或奇异的。此外，根据 Friedman (1989)的研究，样本协方差矩阵并非真实协方差矩阵的无偏估计。对协方差矩阵的特征值，它会导致大的偏大，小的偏小，从而加剧样本协方差矩阵的奇异性。

由于基于样本协方差矩阵的 QDA 方法可能是不稳定的，Anderson 等(2002)将正则化判别分析(regularized discriminant analysis，RDA)方法引入到地震事件的识别中。关于 RDA，详细的介绍可参见 Friedman (1989)。其基本思路之一是通过式(9.6.23)来估计各类事件的样本协方差矩阵的同时，估计所有类型事件的平均样

本协方差矩阵，然后对特定的一类事件，用它自身的样本协方差矩阵与平均协方差矩阵之间的加权平均作为其协方差矩阵的估计。这一过程数学上可以表示为

$$\hat{\boldsymbol{\Sigma}}_k(\lambda)=\frac{\boldsymbol{S}_k(\lambda)}{N_k(\lambda)} \tag{9.6.24}$$

$$\boldsymbol{S}_k(\lambda)=(1-\lambda)\boldsymbol{S}_k+\lambda\boldsymbol{S}_a \tag{9.6.25}$$

$$\boldsymbol{S}_k=\sum_{i=1}^{N_k}(\boldsymbol{x}_i^{(k)}-\hat{\boldsymbol{\mu}}_k)(\boldsymbol{x}_i^{(k)}-\hat{\boldsymbol{\mu}}_k)^{\mathrm{T}} \tag{9.6.26}$$

$$N_k(\lambda)=(1-\lambda)N_k+\lambda N_a \tag{9.6.27}$$

$$\boldsymbol{S}_a=\sum_k \boldsymbol{S}_k \tag{9.6.28}$$

$$N_a=\sum_k N_k \tag{9.6.29}$$

式中，下标 $k=1,2$ 分别为地震和爆炸两类事件；$0\leqslant\lambda\leqslant1$ 为调节参数。当 $\lambda=0$ 时，$\hat{\boldsymbol{\Sigma}}_k(\lambda)$ 就是纯粹的样本协方差矩阵，$\lambda=1$ 则对所有的类都有

$$\hat{\boldsymbol{\Sigma}}_k(\lambda=1)=\boldsymbol{\Sigma}_a=\frac{\boldsymbol{S}_a}{N_a} \tag{9.6.30}$$

上述方法在某一类型的样本数很少时对改善样本协方差矩阵的奇异性是有益的。但在总的样本数都不足时，$\boldsymbol{\Sigma}_a$ 自身也可能是病态或奇异的。为此，RDA 方法的另一个思路是进一步用上面得到的 $\hat{\boldsymbol{\Sigma}}_k(\lambda)$ 与单位矩阵之间的加权平均 $\hat{\boldsymbol{\Sigma}}_k(\lambda,\gamma)$ 来代替 $\boldsymbol{\Sigma}_k$，其中，

$$\hat{\boldsymbol{\Sigma}}_k(\lambda,\gamma)=(1-\gamma)\hat{\boldsymbol{\Sigma}}_k(\lambda)+\frac{\gamma}{p}\mathrm{tr}\left[\hat{\boldsymbol{\Sigma}}_k(\lambda)\right]\boldsymbol{I} \tag{9.6.31}$$

式中，$0\leqslant\gamma\leqslant1$ 为另一个调节参数。这一调节参数可以在一定程度上抵消样本协方差估计伴随的本征值偏差所造成的影响，而 Smidt 等(1976)提出的岭判别分析(ridge discriminant analysis)方法是式(9.6.31)的方法在 $\lambda=0$ 时的特殊情况。

此外，可采用交叉验证法来优化 λ、γ 的取值。具体方法是将 $0\leqslant\lambda\leqslant1$，$0\leqslant\gamma\leqslant1$ 的范围划分为格点。对固定的 λ、γ 值，采用留一法来估计各类事件的误识率，即式(9.6.7)中的 $P(Q|X)$ 和 $P(X|Q)$，然后计算相应的代价：

$$C(\lambda,\gamma)=\pi_X P(Q|X)C(Q|X)+\pi_Q P(X|Q)C(X|Q) \tag{9.6.32}$$

当 $C(\lambda,\gamma)=C_{\min}$ 最小时，对应的 λ、γ 值就是相应的优化值。Anderson 等(2002)曾指出，实际应用时，$C_{\min}$ 对应的 λ、γ 并不是唯一的。他们建议从中选取能使地震和爆炸两类事件的分离程度最大的 λ、γ 值作为它们的优化值。其中，地震

和爆炸的分离程度可以用 Kullback 信息指数，即

$$D(X:Q)=\int\left[\lg\frac{f_X(z)}{f_Q(z)}\right]f_X(z)\mathrm{d}z \tag{9.6.33}$$

来进行衡量。根据贝叶斯定理：

$$\lg\frac{f_X(z)}{f_Q(z)}=\lg\frac{P(X\mid z)}{P(Q\mid z)}-\lg\frac{\pi_X}{\pi_Q} \tag{9.6.34}$$

因此，$D(X:Q)$ 可以解释为特征向量 $\boldsymbol{x}$ 所包含的区分 $\boldsymbol{X}$ 和 $\boldsymbol{Q}$ 两类事件的平均信息(Soofi, 1994)。

9.6.4　例外事件检测

地震事件识别中的一种常见情况是，对被监测地区，历史上只有天然地震数据，而没有地下爆炸的数据。对于这种情况，更适合采用例外事件(outlier)检测的思路，即不是试图识别一个新的事件是天然地震还是爆炸，而是检查其特征 z_U 是否和历史地震事件的特征不相符(Taylor et al., 1997；Fisk et al., 1996)。为此，可以由式(9.6.8b)计算 $f_Q(z_U)$。当 $f_Q(z_U)<\varepsilon$ 时，则认为相应的事件是一个例外事件。令

$$d_Q(z)=(z-\hat{\boldsymbol{\mu}}_Q)^{\mathrm{T}}\hat{\Sigma}_Q^{-1}(z-\hat{\boldsymbol{\mu}}_Q) \tag{9.6.35}$$

$$\xi=-2\ln\left(\varepsilon\sqrt{(2\pi)^p\left|\hat{\Sigma}_Q\right|}\right) \tag{9.6.36}$$

式中，$\hat{\boldsymbol{\mu}}_Q$、$\hat{\Sigma}_Q$ 是由 n 个天然地震训练样本得到的 $\boldsymbol{\mu}_Q$、Σ_Q 的最大似然估计。因为 $P(f_Q(z_U)<\varepsilon)=P(d_Q(z_U)>\xi)$，所以相应的判据可以表示为

$$\begin{cases}d_Q(z_U)>\xi,\ \text{例外事件}\\ d_Q(z_U)\leqslant\xi,\ \text{正常地震}\end{cases} \tag{9.6.37}$$

根据 Anderson 等(2002)的研究可知：

$$F_{p,n-p}=\frac{(n-p)}{p(n+1)}d_Q(z) \tag{9.6.38}$$

应服从自由度 p 和 $n-p$ 的 F 分布。因此，在 $(1-\alpha)\%$ 的置信度范围内，如果

$$F_{p,n-p}(z_U)>F_\alpha(p,n-p) \tag{9.6.39}$$

则认为相应的事件为一个例外事件。需要强调的是，例外事件并不一定是爆炸。它只是和普通的天然地震相比，相关特征不太寻常，需要引起关注和进一步的分析。

在 $\boldsymbol{z}$ 的相关性很强时，样本协方差矩阵 $\hat{\boldsymbol{\Sigma}}_Q$ 可能是奇异的。此时可用 $\boldsymbol{\Sigma}_Q$ 的岭

估计，即

$$\hat{\boldsymbol{\Sigma}}_Q(\gamma) = (1-\gamma)\hat{\boldsymbol{\Sigma}}_Q + \frac{\gamma}{p}\mathrm{tr}\left[\hat{\boldsymbol{\Sigma}}_Q\right]\boldsymbol{I} \tag{9.6.40}$$

来代替 $\hat{\boldsymbol{\Sigma}}_Q$。分别对应于式(9.6.35)和式(9.6.38)，记

$$d_Q(\boldsymbol{z},\gamma) = (\boldsymbol{z}-\hat{\boldsymbol{\mu}}_Q)^{\mathrm{T}}\hat{\Sigma}_Q^{-1}(\gamma)(\boldsymbol{z}-\hat{\boldsymbol{\mu}}_Q) \tag{9.6.41}$$

$$F_{p,n-p}(\boldsymbol{z}_U,\gamma) = \frac{(n-p)}{p(n+1)}d_Q(\boldsymbol{z}_U,\gamma) \tag{9.6.42}$$

注意 $F_{p,n-p}(\boldsymbol{z}_U,\gamma)$ 不再服从 F 分布或其他已知的理论分布。对给定的 γ 值，通常需要采用留一法来确定 $F_{p,n-p}(\boldsymbol{z}_U,\gamma)$ 的阈值，使得相应的虚警率不高于指定的数值 $\alpha\%$。

9.6.5　一般情况下的多判据识别分析

前面的分析假设所有事件特征都服从正态分布。但在实践中，这一假设未必成立。更重要的是，前面的分析均未考虑事件特征的测量不确定度。在实际问题中，特征参数本身的不确定度往往是必须考虑的(如震源深度的不确定度)。

首先，可以将任何具有连续分布的随机变量转化为正态分布的随机变量。假定随机变量 Z 的累积概率为 $P(z) = P(Z<z)$，则变量：

$$Y = \Phi^{-1}(P(Z)) \tag{9.6.43}$$

也是一个随机变量，并服从均值为 0、方差为 1 的正态分布。在实践中，如果有必要，可以利用上述变换将所有的非正态分布的事件特征量转换为具有正态分布的特征量。

根据式(9.6.1)和式(9.6.2)，分别定义：

$$p_X(\boldsymbol{z}) = P(X\,|\,\boldsymbol{z}) = \frac{\pi_X f_X(\boldsymbol{z})}{\pi_X f_X(\boldsymbol{z}) + \pi_Q f_Q(\boldsymbol{z})} \tag{9.6.44}$$

$$p_Q(\boldsymbol{z}) = P(Q\,|\,\boldsymbol{z}) = \frac{\pi_Q f_Q(\boldsymbol{z})}{\pi_X f_X(\boldsymbol{z}) + \pi_Q f_Q(\boldsymbol{z})} \tag{9.6.45}$$

式中，$p_X(\boldsymbol{z})$、$p_Q(\boldsymbol{z})$ 为给定 $\boldsymbol{z}$ 时事件是爆炸或地震的概率。在实际问题中，由于噪声的存在或其他方面的原因，事件的实际特征无法被精确测量，而只能确定它的可能分布范围，即分布密度 $g(\boldsymbol{z})$。此时，当前事件为爆炸或地震的概率分别为

$$P_X = \int p_X(\boldsymbol{z})g(\boldsymbol{z})\mathrm{d}\boldsymbol{z} \tag{9.6.46}$$

$$P_Q = \int p_Q(z)g(z)\mathrm{d}z \tag{9.6.47}$$

实际应用时，式(9.6.46)和式(9.6.47)等号右边的积分可能难以计算。为此，用$V_{1-\alpha}$表示z的 1−α 置信度范围，即$\int_{V_{1-\alpha}} g(z)\mathrm{d}z = 1-\alpha$。另外用$\tilde{V}_{1-\alpha}$表示 p 维特征向量空间中除$V_{1-\alpha}$以外的区域。根据式(9.6.44)和式(9.6.45)，由于$0 \leqslant p_X(z), p_Q(z) \leqslant 1$，不难得到：

$$P_X = \int_{V_{1-\alpha}} p_X(z)g(z)\mathrm{d}z + \int_{\tilde{V}_{1-\alpha}} p_X(z)g(z)\mathrm{d}z \leqslant \max_{V_{1-\alpha}}(p_X)(1-\alpha) + \alpha \tag{9.6.48}$$

$$P_Q = \int_{V_{1-\alpha}} p_Q(z)g(z)\mathrm{d}z + \int_{\tilde{V}_{1-\alpha}} p_Q(z)g(z)\mathrm{d}z \leqslant \max_{V_{1-\alpha}}(p_Q)(1-\alpha) + \alpha \tag{9.6.49}$$

注意$P_X + P_Q = \int g(z)\mathrm{d}z = 1$，进一步有

$$P_X = 1 - P_Q \geqslant (1-\alpha)[1 - \max_{V_{1-\alpha}}(p_Q)] \tag{9.6.50}$$

$$P_Q = 1 - P_X \geqslant (1-\alpha)[1 - \max_{V_{1-\alpha}}(p_X)] \tag{9.6.51}$$

上述结果表明，如果在z足够高的置信范围(相当于足够小的α对应的$V_{1-\alpha}$)内，当前事件为爆炸的后验概率都很小，则当前事件为爆炸的概率也将很小。反之，如果在相应的置信范围内事件为地震的后验概率很小，则当前事件为爆炸的概率会很高。

9.6.6 关于事件识别中的 *p* 值方法的讨论

Anderson 等(2007)提出一种基于 p 值的多种远震判据综合识别方法。其主要思想是将震源深度、m_b:M_s震级、P 波初动方向等方面的观测值转换为p值，进而转换为近似服从正态分布的标准判据，然后采用类似于 RDA 的方法进行综合判别。为理解这一方法及其中可能隐藏的陷阱，本节先简要回顾p值的概念及科学界围绕p值的争议，再具体介绍 Anderson 等的方法及存在的问题。

p 值是假设检验中的一个概念。在假设检验问题中，通常需要根据随机量 X 的一组观测样本$\boldsymbol{X} = (X_1, X_2, \cdots, X_n)$，通过一定的法则，在原假设 H_0 和备择假设 H_1 之间做出判断，其中原假设和备择假设应该是互补的，即如果 H_0 不真，则 H_1 就必然成立，反之亦然。假设检验有不同的方法(Casella et al., 2009)。常用的一种方法是，从给定的观测样本 $\boldsymbol{X}$ 出发，构建一个统计量$Z = Z(\boldsymbol{X})$，在假定 H_0 为真的前提下，对指定的显著性水平 1−α，其中α是一个很小的量(常取 0.05)，计算 Z 的置信范围Z_α。对 X 的一次实际观测结果$\boldsymbol{x} = (x_1, x_2, \cdots x_n)$，假定$z = Z(\boldsymbol{x})$超出了

置信范围 Z_α，则拒绝原假设 H_0 而应考虑备择假设 H_1。

在很多假设检验问题中，会设法选择统计量 Z，使得当 $Z = Z(\boldsymbol{X})$ 本身或其绝对值很大时，倾向拒绝 H_0 而接受 H_1。此时，可以直接使用 p 值来对 H_0 进行检验。对一次实际观测结果 $\boldsymbol{x}$，如果当 $z = Z(\boldsymbol{x})$ 本身很大才倾向拒绝 H_0 时，p 值的定义为

$$p = \int_z^{\infty} f(z \mid H_0) \mathrm{d}z \tag{9.6.52a}$$

而当 z 的绝对值很大就倾向拒绝 H_0 时，p 值的定义为

$$p = \int_{-\infty}^{|z|} f(z \mid H_0) \mathrm{d}z + \int_{|z|}^{\infty} f(z \mid H_0) \mathrm{d}z \tag{9.6.52b}$$

式中，$f(z \mid H_0)$ 表示 H_0 为真时 z 的分布密度。根据上述定义，p 值可以理解为当原假设 H_0 为真时，Z 出现当前及较之更极端的观测值时的理论概率。鉴于此，p 值可以看作是不利于 H_0 证据的一种度量。实际应用时，如果 p 值低于一定阈值 α，可认为观测结果与 H_0 不相容，并拒绝 H_0。但反之并不成立，即无论 p 值有多大，都不足以说明 H_0 为真。同时，根据 p 值的定义，它也不是 H_0 不真的概率。

p 值在科学文献中常常被滥用或误用，使其一直备受争议(Greenland et al., 2016；Wasserstein et al., 2016；Nuzzo, 2014；Vermeesch, 2009；Schervish, 1996)，甚至有科技期刊禁止其使用(Trafimow et al., 2015)。美国统计协会(American Statistical Association, ASA)曾为此专门发表声明(Wasserstein et al., 2016)，对 p 值的作用意义进行澄清，指出 p 值除了能够显示数据和特定统计模型的相容程度以外，它既不是 H_0 为真的概率，也不是观测结果随机出现的概率。同时对于有关的模型或假设，p 值本身不是对相关证据的一种好的度量，因此相关的科学结论和判断不能仅仅根据 p 值和特定阈值的相互大小来得出，而应该报告完整的数据来源、推理分析过程和假设。Greenland 等(2016)在更详细地列举围绕 p 值常常出现的种种误解的同时，指出在 p 值的计算过程中，除了假定目标假设 H_0 为真以外，通常还包括了许多附加假设(如假定观测数据中的噪声服从某种分布等)。在这种情况下，除了不能因为 $p > \alpha$ 说明 H_0 为真以外，也不能因为 $p < \alpha$ 就拒绝 H_0。只能说明在 p 值很小时，当前观测数据和包括 H_0 在内的所有数据模型不相符，而不一定是因为 H_0 不成立。

在了解了 p 值的定义及围绕它的争议之后，下面继续了解 Anderson 等(2007)提出的基于 p 值的多种远震判据综合识别方法。简单地说，Anderson 等的方法是对不同的远震判据，针对相应的原假设(表 9.6.1)，计算对应的 p 值，再将 p 值通过反正弦变换转换为近似服从正态分布的标准判据 Y。记第 i 个判据的 p 值和 Y 值分别为 p_i 和 Y_i，Anderson 等认为可以采用 9.6.3 小节介绍的正则化方法对 Y_i 进

行综合。不过，他们虽然给出了各种判据对应的 p 值计算方法，包括各自对应的实例，但并未给出任何多判据识别的例子。

表 9.6.1　Anderson 等(2007)中判据与原假设一览表

判据名称	观测数据	原假设
深度判据	各台站震相到时	震源深度 $h \leqslant h_0$
pP 判据	各台站上的 $\delta t_{pP}=t_{pP}-t_P$	没有可证实的 pP 震相
m_b:M_s	事件 m_b 与 M_s 大小	$m_b-M_s \geqslant m_0$
P 波初动方向	可判断 P 波初动方向的台站总数与初动方向为正的台站数目	当前事件为点爆炸源

尽管 Anderson 等(2007)给出的关于震源深度、pP 真实可靠性、P 波初动和 m_b:M_s 判据的 p 值计算方法具有一定的理论参考价值，但他们提出的基于 p 值的多判据综合方法却值得商榷。首先，Anderson 等声称用来综合不同判据 p 值的正则化方法本身是以贝叶斯定理为基础的。但在贝叶斯多判据综合方法中，有一个基本的要求，就是对参与综合的所有判据，它们都应基于相同的事件分类，如将事件都分为爆炸和天然地震。但在 Anderson 等(2007)的方法中，不同判据所基于的事件分类各不相同。其中，震源深度 $h \leqslant h_0$ 的事件包括爆炸和深度在 z_0 以下的浅源地震。$m_b-M_s \geqslant m_0$ 的事件则可能是爆炸、深源地震或某些特殊震源机制的浅源地震。观测不到 pP 震相的事件不一定是因为相应事件是爆炸或其震源深度很小，还包括 pP 幅值较弱从而淹没在了 P 波波尾中的地震。在这种情况下，综合的 Y 值或 p 值究竟有什么意义，它和真正的目标假设，即 H_0:当前事件为一次爆炸之间的关系是什么，并不清楚。

其次，Anderson 等(2007) 认为 p 值是根据事件识别判据计算的，因此 p 值也是判据。它是对原假设真实性的度量，可以看作是标准判据。但正如前面介绍 p 值概念时所指出的那样，即便不考虑原假设 H_0 之外的其他附带假设的真实性，p 值最多也只是一个单向判据，即它只能排除而不能证明 H_0 的真实性。因此，将 p 值看作判据，尤其看作是对原假设 H_0 真实性的度量缺乏理论依据，属于最典型的对 p 值的误解之一(Greenland et al., 2016)。很典型的一个例子就是 P 波初动方向判据。当根据 P 波初动不能拒绝当前事件为点爆炸源这一原假设时，并不意味着当前事件就一定是爆炸。有许多天然地震因为其震源机制或记录台站的分布使得实际记录到的 P 波初动也都向上，从而不能根据 P 波初动就排除其为天然地震。此外，由于 p 值并不是直接观测到的，其计算通常还包括复杂的推理过程及推理过程中的许多假设。例如，在表 9.6.1 中，对于深度判据，相

应的 p 值计算就包含了对信号到时测量误差和模型误差的假设等。这些假设的正确与否对 p 值的计算都会产生较大的影响，使得 p 值不可能是对原假设真实性的度量。

最后，值得注意的是，Anderson 等(2007)方法中各个原假设都是指向当前事件为爆炸，从某种意义上，这相当于一种有罪推论。由于他们声称 p 值是对原假设真实性的度量，是区分爆炸和天然地震的标准化判据，这意味着，如果不能根据 p 值排除一次事件是爆炸，则它就应该是爆炸，但事实显然并非如此。

9.7 利用震源机制解识别地震事件

地下爆炸和天然地震最根本的区别在于震源机制的区别。如表 9.2.1 所示，最主要的一些地震事件识别判据都与二者在震源机制上的差别有关。因此，震源机制反演在地震事件识别中具有独特的作用。本节简要介绍震源机制反演的基本原理，然后介绍震源类型图及其在地震事件识别中的应用。

9.7.1 震源机制反演方法概述

最经典也是最简单的一种确定天然地震震源机制，即断层面解的方法是 P 波初动解方法。该方法通过震源球球极平面投影(图 9.7.1)或天顶等面积投影，将不同台站对应的直达 P 波出射方向投影到震源球的赤道面上，然后利用 P 波初动方向与断层面之间的关系，求解能够将具有不同初动方向的台站分隔开来的断层面

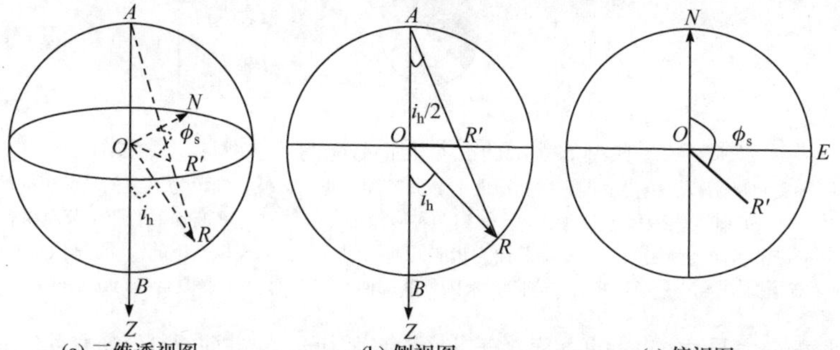

(a) 三维透视图 (b) 侧视图 (c) 俯视图

图 9.7.1 球极平面投影示意图

投影时将地震波的出射方向(方位角 ϕ_s、离源角 i_h)映射到震源球赤道面上的一点 R'。图中 A 为震源球球顶，O 为震源球中心，OR 为地震波出射方向，其中 R 位于震源球的球面上，R' 为连线 AR 与赤道面的交点，$|OR'| = \tan(i_h/2)$。当 $i_h > 90°$，即 R 位于震源球的上半部分时，用 R 在下半球的对跖点，即出射方向($\phi_s + 180°$，$180° - i_h$)的投影点来代替。天顶等面积投影与球极平面投影基本相同，区别在于前者的 $|OR'| = \sin(i_h/2)$。关于两种投影方法更详细的解释，参见 Aki 等(1980)

解。该方法的详细内容可参见 Baumbach 等(2002)的研究，其结果常用“沙滩球”的形式来形象表示(图 9.7.2)。该方法的优点是简单易掌握，缺点是对地震信号的信息利用率低，主要适合于较大震级的地震或是台网密度较大的情况。此外，该方法主要用于确定天然地震的断层面解，对于具有非 DC 源成分的其他地震事件不太适合。

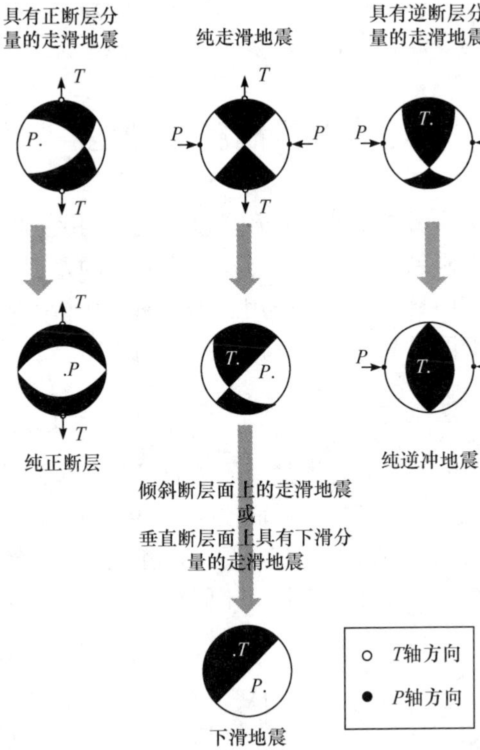

图 9.7.2　典型的断层面震源机制对应的“沙滩球”示意图

对图中的每一种震源机制，黑色代表震源球赤道面上 P 波初动为正的区域，白色为 P 波初动为负的区域。T 轴代表最大张应力方向，P 轴代表最大压应力方向。黑白两种区域的分界线对应 P 波辐射的两个节面在震源球赤道面内的投影，其中一个节面为断层面，另一个节面为相应的辅助面。该辅助面以断层的错动方向为法向。根据地震断层的 P 波辐射图案，仅凭 P 波初动方向无法区分断层面和它的辅助面(修改自 Baumbach et al.，2002)

相对幅值法是更有效的一种确定地震震源机制的非波形反演方法。除了利用各个台站上的 P 波初动方向以外，它同时利用远震台站上 pP、sP 和 P 波之间的相对幅值来约束地震的震源机制(王红春等, 2009; Pearce, 1980, 1977)。如图 9.7.3 如示，除了需要额外经历从源到地表的往返及在地表的反射以外，浅源时 pP、sP 具有和直达 P 波基本相同的传播路径。另外，由于 P、pP 反映了不同离源方向上的 P 波辐射强度，sP 更反映了相应离源方向上 S 波的辐射强度，三者之间的相对幅值强烈地依赖于震源机制，而受介质结构模型变化的影响较小。该方法不需要精确的地球速度结构模型，台网非常稀疏时也能较好地约束地震的震源机制(Douglas, 1999)，因此从提出以来就广泛地应用在特殊争议事件，尤其是中低震级事件的识别和澄清分析中(参见 9.8 节)。除用来确定天然地震可能的震源机制外，相对幅值法的另外一个重要作用是确认 pP、sP 等地表反射震相的正确性。当相关信号不是真正的地表反射震相时，找到一种恰好能拟合它们在不同台站上的信号幅值比的断层面机制可能性非常小。

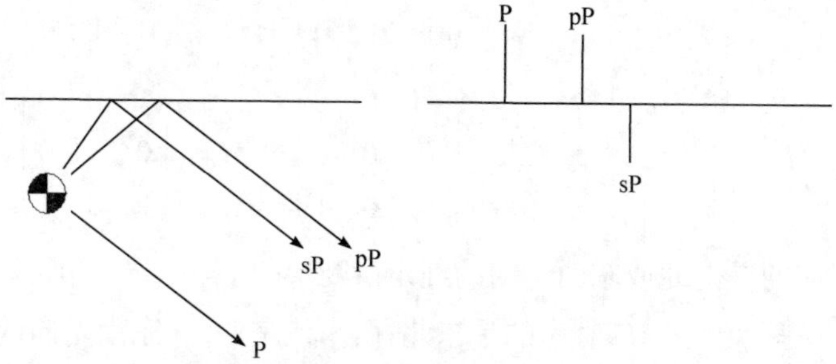

图 9.7.3　相对幅值法原理示意图

更一般地确定地震事件震源机制的方法是利用波形来进行反演。根据式(1.3.15)，当可以将震源看作点源时，一个台站在第 i 个方向上的质点位移可以表示为

$$u_i(\boldsymbol{x},t)=M_{pq}(t)\otimes G_{ip,q}(\boldsymbol{x},\boldsymbol{\xi},t) \tag{9.7.1}$$

或是在频率域中

$$u_i(\boldsymbol{x},\omega)=M_{pq}(\omega)G_{ip,q}(\boldsymbol{x},\boldsymbol{\xi},\omega) \tag{9.7.2}$$

式中，$\boldsymbol{x}$ 和 $\boldsymbol{\xi}$ 分别为台站位置和震源位置；$u_i(\boldsymbol{x},t)$ 为台站上的位移；$u_i(\boldsymbol{x},\omega)$ 为相应的振幅谱；M_{pq} 为二阶对称地震矩张量；$G_{ip,q}(\boldsymbol{x},\boldsymbol{\xi},t)$ 为介质格林函数，它可以根据已知的介质结构模型来计算。反演既可以在频率域，也可以直接在时间域中进行。在时间域中进行时，需要假定所有的地震矩分量有相同的源时间函数 $s(t)$，即

$$M_{pq}(t)=M_{pq}s(t) \tag{9.7.3}$$

这样

$$u_i(\boldsymbol{x},t)=M_{pq}[s(t)\otimes G_{ip,q}(\boldsymbol{x},\boldsymbol{\xi},t)] \tag{9.7.4}$$

如果是在频率域中进行，则无须这一假设，这时得到的 $M_{pq}(t)$ 将具有不同的时间依赖。

地震矩张量只有 6 个独立分量。实际反演需要将式(9.7.2)或式(9.7.3)表示为独立分量的组合。一种方法是将地震矩张量分解为 6 种基本矩张量的组合(Kikuchi et al., 1991)，即

$$\boldsymbol{M}=\sum_{n=1}^{6}a_n\boldsymbol{M}_n \tag{9.7.5}$$

其中，

$$\boldsymbol{M}_1=\begin{pmatrix}0&1&0\\1&0&0\\0&0&0\end{pmatrix};\quad \boldsymbol{M}_2=\begin{pmatrix}1&0&0\\0&-1&0\\0&0&0\end{pmatrix};\quad \boldsymbol{M}_3=\begin{pmatrix}0&0&0\\0&0&1\\0&1&0\end{pmatrix}$$

$$\boldsymbol{M}_4=\begin{pmatrix}0&0&1\\0&0&0\\1&0&0\end{pmatrix};\quad \boldsymbol{M}_5=\begin{pmatrix}-1&0&0\\0&0&0\\0&0&1\end{pmatrix};\quad \boldsymbol{M}_6=\begin{pmatrix}1&0&0\\0&1&0\\0&0&1\end{pmatrix}$$

式中，$\boldsymbol{M}_1$对应的是南北或东西走向的纯走滑断层($\phi_f=0°,\delta=90°,\lambda=0°$或$\phi_f=90°,\delta=90°,\lambda=180°$)；$\boldsymbol{M}_2$对应的是东北-西南或是西北-东南走向的纯走滑断层($\phi_f=45°,\delta=90°,\lambda=180°$或$\phi_f=-45°,\delta=90°,\lambda=0°$)；$\boldsymbol{M}_3$、$\boldsymbol{M}_4$分别对应的是南北或东西走向的垂直倾滑断层($\boldsymbol{M}_3$：$\phi_f=0°,\delta=90°,\lambda=-90°$；$\boldsymbol{M}_4$：$\phi_f=90°,\delta=90°,\lambda=90°$)；$\boldsymbol{M}_5$对应的是东西走向的 45°倾滑断层($\phi_f=90°,\delta=45°,\lambda=90°$)；$\boldsymbol{M}_6$对应的是纯爆炸源。上述基本矩张量对应的等面积投影图如图 9.7.4 所示。令$\boldsymbol{M}_k(k=1,2,\cdots,6)$在第 i 个台站的第 j 个分量(j=1,2,3)上产生的位移为U_{ijk}，则该台站在第 j 个方向上的实际位移记录u_{ij}可以表示为

$$u_{ij}=\sum_{k=1}^{6}a_kU_{ijk} \tag{9.7.6}$$

式(9.7.6)可以表示为

$$\boldsymbol{d}=\boldsymbol{Gm} \tag{9.7.7}$$

的标准形式。式中，$\boldsymbol{m}=[a_1,a_2,\cdots,a_6]$；$\boldsymbol{d}$和$\boldsymbol{G}$分别为$u_{ij}$和$U_{ijk}$的适当排列。注意，当在频率域中进行反演时，不同频率对应的方程是相互独立的。但在时间域中反演时，因为要对整个波形进行匹配，所以需要同时对不同的时间样点进行排列。

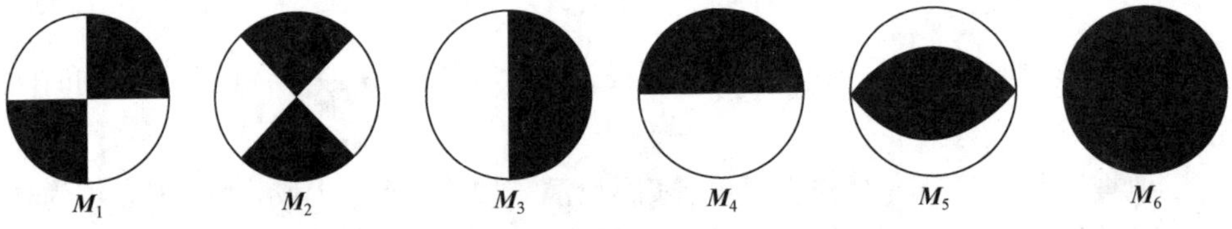

图 9.7.4　基本矩张量对应的等面积投影图(Kikuchi et al., 1991)

以上是地震事件震源机制反演的基本原理。在实际问题中，考虑到事件定位结果和介质速度结构模型的不确定度，实际的反演过程远比上面介绍的内容复杂。通常，在一维模型的情况下，需要假定不同的震源深度来进行搜索，得到拟合误差最小的深度及对应的震源机制解。在考虑地形起伏的三维模型情况下，可以进一步对震源位置进行格点搜索，即在反演震源机制的同时进行更精确的定位。至于速度结构模型误差的问题，主要的方法是采用较长周期的信号来进行反演，以降低结构模型误差对反演结果的影响。但这将导致反演结果的分辨率降低，且使得相关的反演方法仅能应用于震级较大、长周期体波或面波的信噪比足够高的事件。因此，提高震源机制反演能力的主要途径是提高介质结构模型的分辨率。此外，因为介质模型误差对震源机制反演的主要影响之一在于理论地震图中各种震相的绝对和相对走时与实际情况不完全相同，使得即便震源机制完全正确，理论计算和实际观测的信号也无法很好地匹配。对此，震源机制反演时通常需要允许理论计算的信号相对于实际观测信号在一定的时间范围内偏移(Ford et al., 2009)，且在使用全波形来进行反演时，可以将地震图拆分成信号类型相对单一的信号段(如 Pnl 段和面波段)，对不同的信号段分别进行拟合，然后计算某种形式的综合拟合误差(Zhu et al., 1996; Zhao et al., 1994)。

9.7.2　震源成分分解和事件类型识别

在确定一次事件的震源机制后，可用 Hudson 等(1989)提出的方法来分析其源成分并识别相应的事件类型。为此，令一次事件的地震矩张量的三个特征值为 M_1、M_2、M_3，对应的特征向量分别为 $\boldsymbol{e}_1$、$\boldsymbol{e}_2$、$\boldsymbol{e}_3$。在 $\boldsymbol{e}_1$、$\boldsymbol{e}_2$、$\boldsymbol{e}_3$ 构成的直角坐标系下，有

$$\boldsymbol{M}=\begin{pmatrix} M_1 & 0 & 0 \\ 0 & M_2 & 0 \\ 0 & 0 & M_3 \end{pmatrix}=M_{\text{ISO}}\begin{pmatrix} 1 & 0 & 0 \\ 0 & 1 & 0 \\ 0 & 0 & 1 \end{pmatrix}+\begin{pmatrix} M_1' & 0 & 0 \\ 0 & M_2' & 0 \\ 0 & 0 & M_3' \end{pmatrix} \tag{9.7.8}$$

式中，

$$M_{\text{ISO}}=\frac{1}{3}(M_1+M_2+M_3) \tag{9.7.9}$$

$$M_i'=M_i-M_{\text{ISO}}\ \ (i=1,2,3) \tag{9.7.10}$$

为唯一地确定 M_1、M_2、M_3，要求 $|M_1'|\leqslant|M_2'|\leqslant|M_3'|$。采用 Knopoff 等(1970)的方法，进一步将地震矩张量中的偏张量分解为 DC 源和 CLVD 源两部分，并使 CLVD 源的对称轴与绝对值最大的偏张量元素对应的 $\boldsymbol{e}_3$ 方向重合，则利用 $M_1'+M_2'+M_3'=0$，有

$$\begin{pmatrix} M_1' & 0 & 0 \\ 0 & M_2' & 0 \\ 0 & 0 & M_3' \end{pmatrix} = M_{\text{DC}} \begin{pmatrix} 0 & 0 & 0 \\ 0 & -1 & 0 \\ 0 & 0 & 1 \end{pmatrix} + M_{\text{CLVD}} \begin{pmatrix} -1/2 & 0 & 0 \\ 0 & -1/2 & 0 \\ 0 & 0 & 1 \end{pmatrix} \tag{9.7.11}$$

式中，$M_{\text{DC}} = M_1' - M_2'$；$M_{\text{CLVD}} = -2M_1'$；$M_3' = M_{\text{DC}} + M_{\text{CLVD}}$。定义：

$$\begin{cases} k = \dfrac{M_{\text{ISO}}}{|M_{\text{ISO}}| + |M_{\text{DC}} + M_{\text{CLVD}}|} = \dfrac{M_{\text{ISO}}}{|M_{\text{ISO}}| + |M_3'|} \\ \varepsilon = \dfrac{1}{2} \dfrac{M_{\text{CLVD}}}{|M_{\text{DC}} + M_{\text{CLVD}}|} = \dfrac{-M_1'}{|M_3'|} \end{cases} \tag{9.7.12}$$

由式(9.7.8)可以得到：

$$\tilde{\boldsymbol{M}} = \frac{\boldsymbol{M}}{|M_{\text{ISO}}| + |M_3'|} = k \begin{pmatrix} 1 & 0 & 0 \\ 0 & 1 & 0 \\ 0 & 0 & 1 \end{pmatrix} + (1 - |k|) \begin{pmatrix} -\varepsilon & 0 & 0 \\ 0 & \mp 1 + \varepsilon & 0 \\ 0 & 0 & \pm 1 \end{pmatrix} \tag{9.7.13}$$

其中对于等号右边第二项对角线上的第二个元素值$\mp 1 + \varepsilon$和第三个元素值± 1，当$M_3' > 0$时取第一个符号，当$M_3' < 0$时取第二个符号。注意由于$M_2' = -(M_1' + M_3')$，$|M_1'| \leqslant |M_2'| \leqslant |M_3'|$，$M_1'$和$M_3'$必定异号。因此，$M_3' > 0$时必然有$\varepsilon > 0$，反之则$\varepsilon < 0$。当$M_3' = M_2' = M_1' = 0$时，规定$\varepsilon = 1$。

上述分解是唯一的，其中 k 代表整个地震矩张量中体积源的比例，ε代表偏张量成分中 CLVD 源的比例。$k = \pm 1$分别对应于纯爆炸源和内爆源；$k = 0$，$\varepsilon = 0$对应于纯 DC 源；$k = 0$，$\varepsilon = \pm 1/2$对应于纯 CLVD 源。在一般情况下，有$-1 \leqslant k \leqslant 1$和$-1/2 \leqslant \varepsilon \leqslant 1/2$。

Hudson 等(1989)曾引入两种不同绘图方式来表示地震的震源类型，即图 9.7.5(a)所示的菱形 τ-k 图和 9.7.5(b)所示的斜菱形 u-v 图。其中，

$$\tau = -2\varepsilon(1 - |k|) = -\frac{M_{\text{CLVD}}}{|M_{\text{ISO}}| + |M_3'|} \tag{9.7.14}$$

反映了整个地震矩张量中 CLVD 源的相对大小。关于参数 u、v，Hudson 等(1989)给出的原始定义非常复杂，不过根据 Vavryčuk(2015)的研究，有如下简单结果：

$$u = -\frac{M_{\text{CLVD}}}{\max(|M_i|)}, \quad v = \frac{M_{\text{ISO}}}{\max(|M_i|)} \tag{9.7.15}$$

因此，按照 Vavryčuk(2015)的研究，参数 u、v 具有和参数 τ、k 相同的含义，两者都表示归一化的 CLVD 源强度和各向同性源强度，只是前者取地震矩张量特征值的最大绝对值为归一化因子，后者取

$$M = |M_{\text{ISO}}| + |M_3'| = |M_{\text{ISO}}| + |M_{\text{DC}} + M_{\text{CLVD}}| \tag{9.7.16}$$

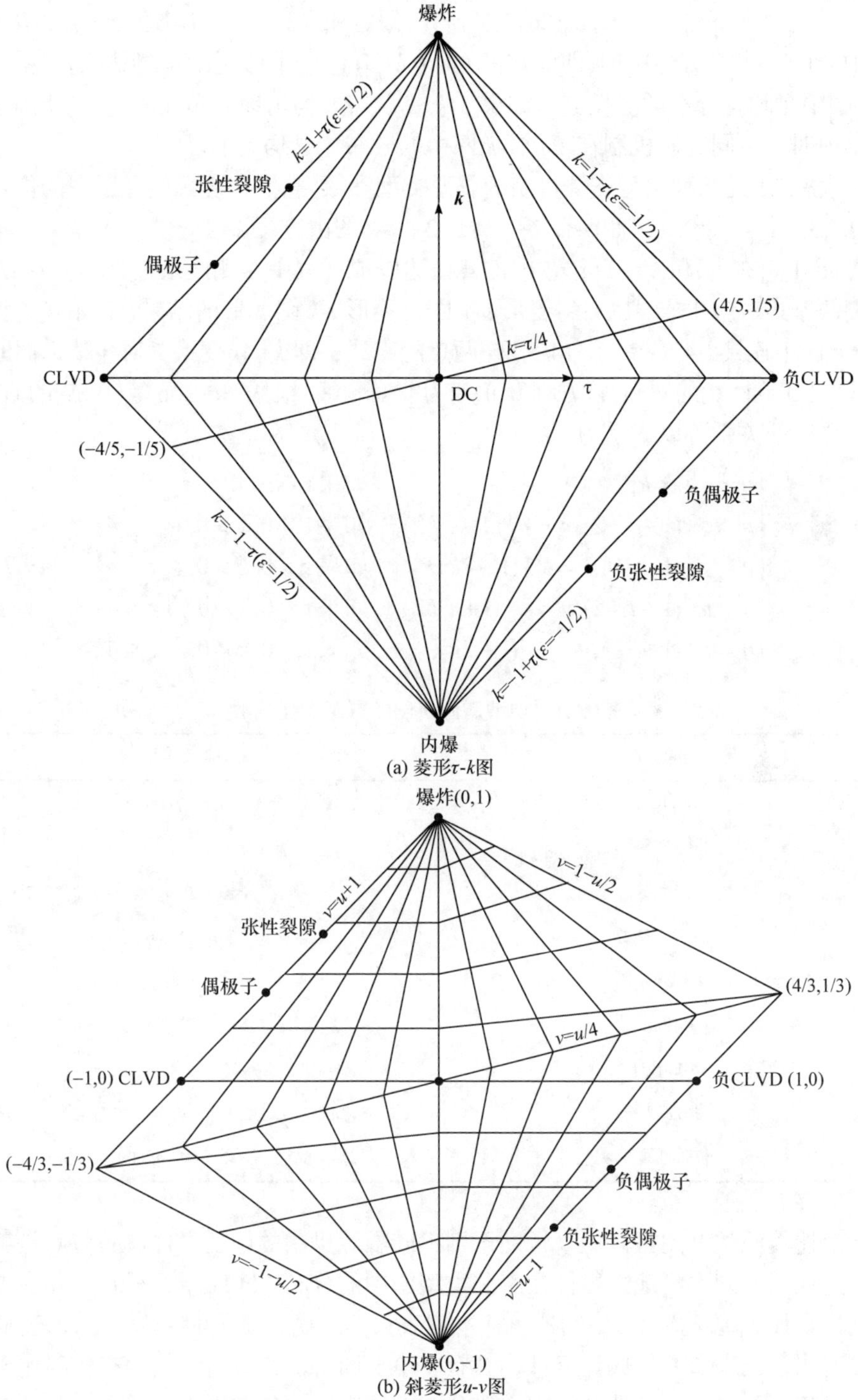

(a) 菱形τ-k图

(b) 斜菱形u-v图

图 9.7.5　Hudson 震源类型图

为归一化因子。根据 Vavryčuk(2015)的研究，假定 M_1、M_2、M_3 均匀地分布在以(0,0,0)为中心的一个立方体中时(即固定的 $\max(|M_i|)$)，不同类型的震源机制在斜菱形 *u-v* 图中是均匀分布的。反之，如果 M_1、M_2、M_3 均匀地分布在固定 M 所确定的边界内时，不同震源机制在菱形 τ-k 图中的分布才是均匀的。

表 9.7.1 是几种典型震源机制的震源类型参数。它们在震源类型图中的位置见图 9.7.5。由于式(9.7.14)和 $-1/2 \leqslant \varepsilon \leqslant 1/2$，$\tau$-$k$ 图由方程 $k=1+\tau$(左上)、$k=-1+\tau$(右上)、$k=1-\tau$(右下)和 $k=-1-\tau$(左下)的 4 条边围成，其中左侧两条边对应于 $\varepsilon=1/2$，右侧两条边对应于 $\varepsilon=-1/2$。斜菱形 *u-v* 图是菱形 τ-k 图变形的结果，它相当于将菱形 τ-k 图中连接(−4/5,−1/5)、(4/5,1/5)两点的直线，即 $k=4\tau$ 变换为对角线，而原来的从(−1,0)到(1,0)的对角线(方程 $k=0$)变为非对角线。根据 Hudson 等(1989)的研究，两者之间的关系可以表示为

$$\begin{cases} u=\tau, v=k, & \text{如果}\ \tau\cdot k\leqslant 0 \\ u=\tau/(1-\tau/2), v=k/(1-\tau/2), & \text{如果}\ \tau>0, k>0, \text{且}\ \tau\leqslant 4k \\ u=\tau/(1-2k), v=k/(1-2k), & \text{如果}\ \tau>0, k>0, \text{且}\ \tau>4k \\ u=\tau/(1+\tau/2), v=k/(1+\tau/2), & \text{如果}\ \tau<0, k<0, \text{且}\ \tau>4k \\ u=\tau/(1+2k), v=k/(1+2k), & \text{如果}\ \tau<0, k<0, \text{且}\ \tau\leqslant 4k \end{cases} \tag{9.7.17}$$

表 9.7.1　典型震源机制的震源类型参数

震源类型	震源类型参数
纯 DC 源	k=0, ε=0, τ=0, u=0, v=0
爆炸源	k=1, ε=0, τ=0, u=0, v=1
内爆源	k= −1, ε=0, τ=0, u=0, v= −1
正 CLVD 源	k=0, ε=1/2, τ= −1, u= −1, v=0
负 CLVD 源	k=0, ε= −1/2, τ=1, u=1, v=0
偶极子	k=1/3, ε=1/2, τ= −2/3, u= −2/3, v=1/3
负偶极子	k= −1/3, ε= −1/2, τ=2/3, u=2/3, v= −1/3
张性裂隙	k=5/9, ε=1/2, τ= −4/9, u= −4/9, v=5/9
负张性裂隙	k= −5/9, ε= −1/2, τ=4/9, u=4/9, v= −5/9

上述震源类型图可以用来帮助识别不同震源机制的地震事件。图 9.7.6 是美国内华达地区不同类型地震事件在震源类型图中的分布(Ford et al., 2009)。其中顶部红色样本代表地下爆炸，中间紫色样本代表天然地震，右下部绿色样本代表塌陷。可以看出，几乎所有的爆炸事件都具有 v>0.5 的特征，表明它们含有较高比例的膨胀体积源的成分。天然地震则主要分布在代表纯 DC 源的坐标原点(u=0,v=0)附

近，表明以剪切位错源为主。所有的塌陷则集中在负张性裂隙点，即 u=4/9，v=−5/9 附近。

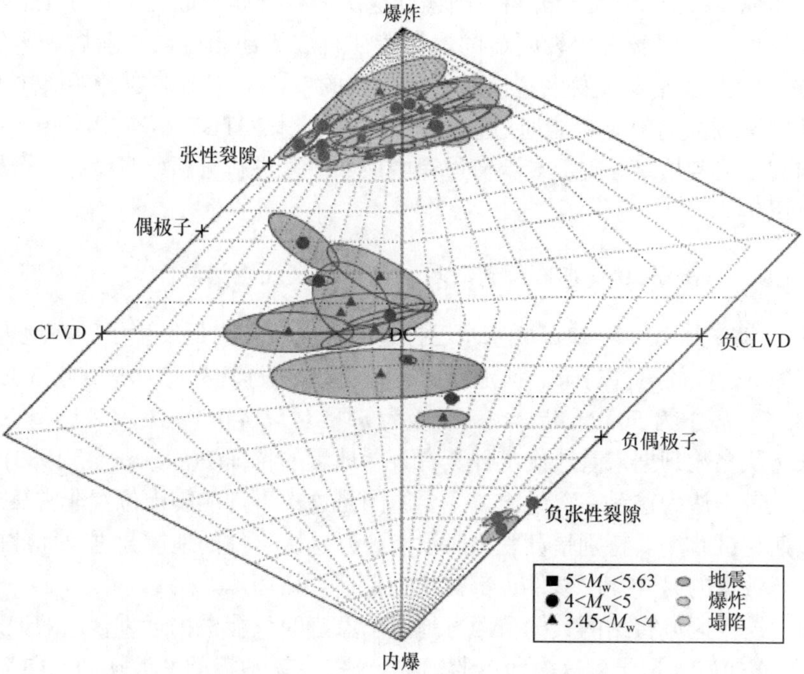

图 9.7.6　美国内华达地区不同类型地震事件在震源类型图中的分布(Ford et al., 2009)(后附彩图)

需要强调的是，和地震事件的其他属性测量结果一样，震源机制反演结果也有一定的不确定度，其来源包括介质结构模型不确定度、定位不确定度和数据本身的不确定度等，通常需要针对具体的问题和方法通过数值仿真和台站抽样的方法进行评估。其中一种特殊情况发生在用长周期面波信号来反演震源深度很小的地震事件，如爆炸的震源机制时。在 4.5.2 小节中曾阐述过，此时由于自由表面上的应力为 0，所有与 z 方向，即垂向有关的地震矩张量元素，包括 M_{xz}、M_{yz} 和 M_{zz} 的反演结果都会变得不稳定，并会出现 $M_{xx}+M_{yy}$ 和 M_{zz} 之间的折中。尽可能充分地利用地震图中的信息，包括综合利用体波和面波信号，提高介质结构模型的分辨率，进而提高用于震源机制反演的信号频率等都有助于缓解这种不稳定性。

9.8　禁核试核查中的特殊地震事件

本节中所谓的特殊地震事件，指禁核试核查意义下容易引起关注而需要在日常监测分析结果基础上进行更为深入的综合分析，以进一步判断究竟是地下爆炸还是天然地震的地震事件。一般包括发生在敏感地区(如核试验场)，具有一定程度非天然地震特征，但又未被当事国公开承认为核爆炸的地震事件和虽然不是发生在敏感地区，但表现出较明显的爆炸特征且震级超出一般工业爆破震级大小的事件。历史上曾多次发生这样的引起关注的事件。本节简要介绍其中几个有代表性的案例。期望读者能通过这些案例，对未来 CTBT 核查中哪些地震事件容易引起争议和质疑，质疑或澄清过程中该如何来进行分析举证，有一个较为直观的认识。

1. 1976 年 3 月 20 日东哈萨克斯坦事件：地震还是爆炸？

1976 年 3 月 20 日，在苏联塞米巴拉金斯克试验场附近发生了一次地震事件。根据美国 NEIC 的事件目录，该地震的震源参数是发震时间为 1976 年 3 月 20 日 04:30.39.3；震中为 50.0N, 77.34E；震级为 m_b 5.1, M_s 4.0。

虽然从多数判据来看这次事件具有天然地震的特征(Pooley et al., 1983)，但部分西方学者不认为这是一次地震。主要原因是这次事件的震中位置非常靠近塞米巴拉金斯克试验场。特别是苏联当时没有公开这次事件的地震数据，而此前苏联没有公开数据的另外几次事件也都被认为是地下核爆炸。

由于缺少区域台站的数据，西方地震学家当时只能根据远震台站的记录来进行分析。在较好地记录到这次地震的远震台站上，该地震的 P 波初动方向都为正。但是，如图 9.8.1 所示，在加拿大 YKA 等台站上，在直达 P 波后面 1～2s 有另外一个信号 *A*1，在 P 波之后 6s 和 9s 另有两个信号 *A*2 和 *A*3，且 *A*2 的偏振方向看起来和直达 P 波的偏振方向相反。对这些记录最直接的解释是，该地震为天然地震，震源深度约为 20km，*A*2 和 *A*3 分别为 pP 和 sP。

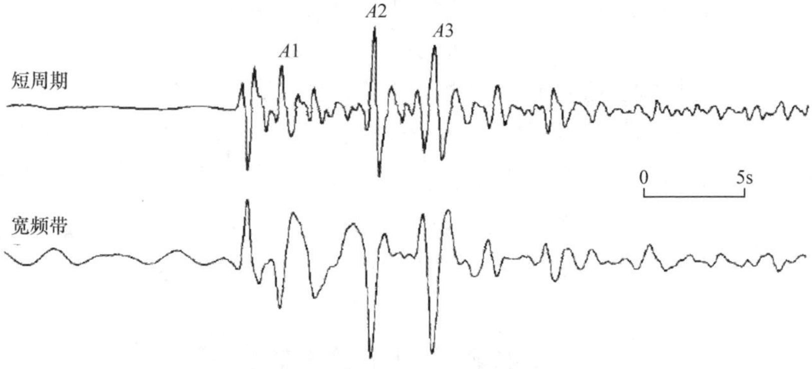

图 9.8.1　1976 年 3 月 20 日东哈萨克斯坦地震在加拿大 YKA 台上的记录(Pooley et al., 1983)

但是，部分西方科学家拒绝接受这样一种简单合理的解释。为了支持该事件是地下核爆炸的说法，Landers 等(1977)认为这次事件是精心设计的多次爆炸。他们假定这次事件是不同当量(当量比为 8:3:7:4:5)按不同延时(0s、4s、4.7s、5.1s 和 7.5s)进行的 5 次爆炸，比较逼真地模拟了 YKA 等台站上的短周期 P 波记录。

Pooley 等(1983)针对这一怀疑，通过模拟计算多次爆炸信号和利用相对幅值法反演震源机制等方法，证明多次爆炸的假设解释不了实际观测的宽频带地震信号。他们认为相关事件应该是一次走滑地震，图 9.8.1 中的 *A*2 和 *A*3 正是 pP、sP。*A*1 则可能与莫霍面上从 S 到 P 的转换波有关。此次事件给人们的启示是，对发生在敏感地区附近的，即便是具有明显天然地震特征的事件，也有可能被怀疑为地下核爆炸。质疑者可能会绞尽脑汁地设想出一些不可思议的爆炸场景，来解释被观测到的信号。对于这样的事件，除了及时公布地方和区域台网的监测数据外，还要通过针对性的分析和信号模拟计算，来证伪质疑者精心设计的假设。

2. 1997 年 8 月 16 日新地岛事件

1997 年 8 月 16 日世界时 2 点 11 分左右，在俄罗斯新地岛核试验场附近发生了一次 m_b 3.3 级的地震。PIDC、USGS、芬兰 NDC 和挪威地震监测机构 NORSAR 等确定这次事件的震中位于新地岛外的 Kara 海中，震中误差椭圆和陆地也没有重叠。此外，该事件在区域地震台上的记录所反映出来的 Pn/Sn 波幅值比显著小于新地岛历史核爆炸的 Pn/Sn 波幅值比(图 9.8.2)，表明该事件具有天然地震的波形特征(Richards et al., 1997)。

尽管这是一次较为典型的天然地震事件，却被美国媒体炒作成俄罗斯在新地岛进行的一次小当量地下核试验。美国政府称这次事件具有爆炸特征，并正式要求俄罗斯对此予以解释。直到 11 月 3 日，美国政府才撤回对该事件的指控，但仍然声称该事件并不能完全肯定就是天然地震。

因为此次事件引起了国际政治关注，加上此次事件确实为检验 CTBT 地震监测能力提供了一次非常好的实践机会，许多西方科学家对这次事件进行了分析。Richards 等(1997)根据该地震的定位结果和区域台站上的 Pn/Sn 震相幅值比认为这次事件不可能是地下核爆炸，并对美国政府要求俄罗斯对该事件予以澄清的行为进行了冷嘲热讽。Hartse (1997)采用一种特殊方法对这次事件的震中位置进行了分析。他利用新地岛多次地下爆炸和 1997 年 8 月 16 日事件在 KEV 和 KBS 两个台站上的 S-P 到时差，证明这次事件的震中位置肯定是在核试验场以东的海上。同时，根据 KEV 地震台上的 Pn/Sn 震相幅值比，Hartse 也认为这次事件具有天然地震而非地下爆炸的信号特征。不过，由于这次事件的震级远小于新地岛历史核爆炸的震级，Ringdal 等(1999)认为将大震级事件总结出的 P/S 波幅值比判据应用到此次事件时并不可靠。为此，Bowers (2002)进一步采用改进的相对幅值法，对

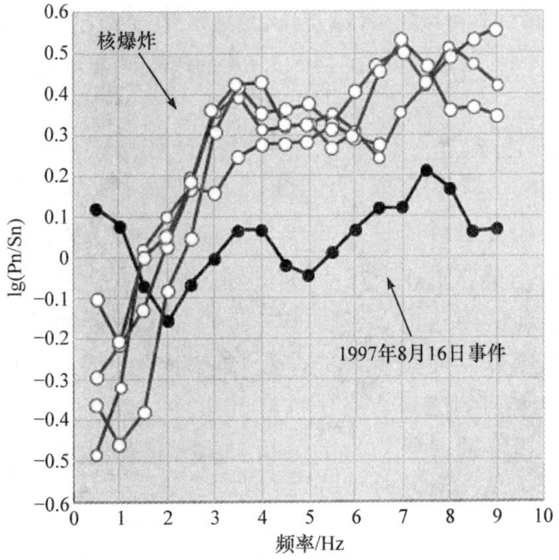

图 9.8.2　1997 年 8 月 16 日事件与新地岛地下核试验 Pn/Sn 波幅值比比较(Richards et al., 1997)(后附彩图)

此次事件的震源机制进行了分析。他们的结果表明，此次地震的震源机制和 1986 年 8 月 1 日发生在同一地区 m_b4.3 级事件的震源机制非常相近，该 m_b4.3 级事件在当时也曾引起怀疑，但后来被证明为天然地震(Marshall et al., 1989)。Bowers 根据他得到的 1997 年 8 月 16 日地震的断层面解，解释了为什么这次事件在挪威的一些台站上的 P 波波形较为简单，而这正是该事件在一开始被炒作成可疑事件的主要根据之一。

3. 1998 年 8 月 22 日塞米巴拉金斯克 100t 地下化爆

1998 年 8 月 22 日，在塞米巴拉金斯克核试验场进行了一次 100t 的化爆标定试验。试验前哈萨克斯坦政府向全面禁核试条约组织筹委会做了通报。有多个 IMS 地震台站记录到了这次爆炸，其中最远的位于澳大利亚的 ASAR 台站，距这次爆炸近 1 万公里。原型国际数据中心(Prototype International Data Center，PIDC)确定此次事件的发震时间为 1998 年 8 月 22 日 05:00:18.7，震中 49.7566°N, 77.8273°E，震级 m_b3.8 级。为验证 CTBT 核查技术的有效性，Douglas (1999)对这次事件进行了识别分析，以检验该事件是否有可能被识别为天然地震。

首先，因为没有任何台站记录到此次事件的长周期面波，PIDC 没能测量出这次爆炸的面波震级。但是，Douglas 等认为，假如这是一次地震，按 m_b:M_s 判据，这次事件的面波震级平均应在 M_s 3.5 级。震中距仅 6°的俄罗斯 ZAL 台没有记录到面波，表明这次事件的面波震级小于 M_s2.3 级。从这一点来看，这次事件具有爆炸特征。不过，Douglas 等也意识到，仅凭这一点是不充分的。特别是东哈萨克斯坦历史上确实有一些天然地震因 M_S 偏小而表现出类似于地下爆炸的特征。

为此，他们进一步检验了这次事件的远震 P 波(图 9.8.3)是否和某种天然地震的断层面解相符合。假定这是一次深度在几千米以上的天然地震，则在 P 波波尾中应该存在能区分直达 P 波的地表反射震相 pP 和 sP，除非台站处在 pP 和 sP 辐射因子为 0 的节面附近。按照假定的深度，他们分析了 pP、sP 相对于 P 的幅值，

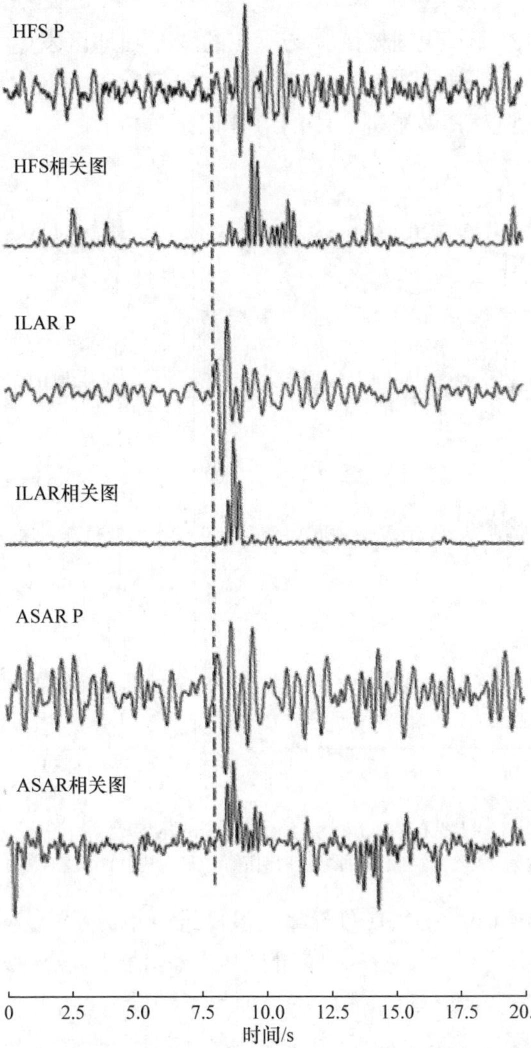

图 9.8.3　1998 年 8 月 22 日塞米巴拉金斯克化爆在部分 IMS 台站上的信号(Douglas, 1999)

并采用相对幅值法来逐个搜索与实际记录相符合的断层面解，结果没有任何一个深度达到几千米以上的断层面解和所有台站的远震 P 波特征相符合。换句话说，这肯定是一个震源深度非常小的事件，深度震相和直达 P 波之间的到时差小于 1.7s，相当于深度最多不超过 5km。

根据这样一些分析，Douglas(1999)认为，如果哈萨克斯坦事先没有通报，仅从地震学的角度来看，这是一次非常值得怀疑的事件。

4. 2003 年 3 月 13 日罗布泊地震

2003 年 3 月 13 日，我国核试验场所在的罗布泊地区发生了一次 m_b4.8 级地震。此次地震在所有远震台站上的 P 波初动方向都为正，且波形简单(图 9.8.4)。为此，Selby 等(2005)对其做了进一步的综合识别分析。

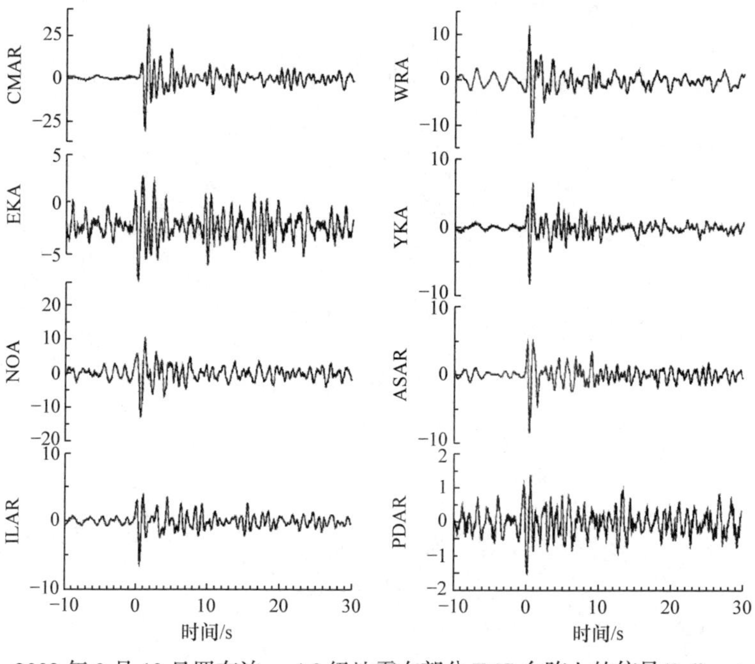

图 9.8.4　2003 年 3 月 13 日罗布泊 m_b4.8 级地震在部分 IMS 台阵上的信号(Selby et al., 2005)
图中给出的是未去除仪器响应的原始短周期记录波形，其中的幅值刻度为 nm@1Hz

Selby 等(2005)从以下几个方面对此次事件进行了分析：①将远震短周期台阵上的信号转换为宽频带记录，检测可能的 pP 或 sP 信号。处理结果表明，在多数台站上，直达 P 波之后 2～3s，都存在一个频率稍低一些的到达信号，如果该信号是 pP，则其震源深度为 6～7km。②采用相对幅值法搜索与上述疑似 pP 信号相容的震源机制解，确定其是否有可能是 pP。结果表明，任何走向的 45°逆冲地震都能产生与观测结果相符的远震 P 波。尽管如此，Selby 等认为相关结果只是说明这次事件的信号与这样的位错源机制相容，却不足以排除这次事件为爆炸的可能性。③m_b:M_S 判据分析。利用区域台站测量的 M_S 震级可知，此次地震在 m_b/M_S 分布图上处于天然地震样本中。然而，Selby 等(2005)认为，只有纯爆炸和天然地震在 m_b:M_S 上的区别才已经在理论上被充分理解，而对于有可能伴随有构造应力释放的地下爆炸，m_b:M_S 是否适用，以及该判据能否被应用到低震级事件，并不清楚。④面波振幅谱拟合。相对幅值法的结果表明，这次事件的震源机制可能接近于倾角 45°的逆冲断层。这样的地震瑞利波的振幅谱会有一个频谱低谷点，其频率与震源深度和台站的方位角有关(Douglas, 1971a；Tsai et al., 1970)。为此，Selby 等进一步利用区域台站上的长周期面波振幅谱反演了此次事件的震源机制和震源深度，并根据反演结果，将理论的瑞利波和勒夫波振幅谱与相应的观测结果进行对比。由面波反演得到的震源机制和震源深度与相对幅值法的结果相容，相关结果在多数台站上预测的理论振幅谱，其中包括在部分台站上预测的瑞利波频谱低谷点，也与实际观测结果基本一致。对于个别理论预测与实际观测结果不一致的台站，Selby 等认为可能和路径效应有关。⑤乌鲁木齐地震台(WMQ，震中距约为 250km)上的波形拟合。Selby 等(2005)认为最能说明此次事件为天然地震的证据是基于 WMQ 台数据进行的波形反演和面波波形拟合。他们采用全波形反演得到的震源机制解(45°逆冲地震)和震源深度(6km)与远震 P 波的结果完全一致。更重要的是，他们发现实际观测和按反演结果计算的瑞利波在 0.06Hz 以下时与按爆炸源计算的结果有 180°的相位差，而在更高的频带上，这种相位差则不存在(图 9.8.5)。他们认为瑞利波的这种极性反转是由 45°逆冲断层的瑞利波低谷点造成的，即当频率从低谷点频率之下变化到低谷点频率之上时，45°逆冲断层激发的瑞利波伴随有 180°的相位反转。如果是爆炸源，则不会出现这样的情况。⑥全球 P 波叠加。所有的证据都表明此次事件可能为深度 6km 左右的 45°逆冲地震。这样的地震辐射的远震 P 波近似是圆对称的，加上震源深度很小，pP-P 之间的到时差随震中距的变化可以忽略。因此，Selby 等将不同台站上的远震 P 波对齐后进行叠加，以增强 pP 的信噪比。Selby 等认为它们的结果是正向的，即叠加之后的信号上出现了和预期 pP 基本一致的信号。基于以上分析，他们认为可以比较充分地证明此次事件的确为天然地震。

上述几个案例说明，在未来的 CTBT 核查，特别是相关争议事件的磋商澄清过程中，要将一次地下爆炸辩称为天然事件是一件非常困难的事情。反之，对于具有一定特征异常的天然地震，要充分证明它们是天然而非人工事件也不容易。通常，单纯的经验判据的适用性可能会被质疑，相关事件的异常特征需要得到合理的解释。因此，黑箱式的识别方法很难适用于这一场景，而应尽可能严格举证，构筑相互自洽、经得起推敲的证据链才是关键。

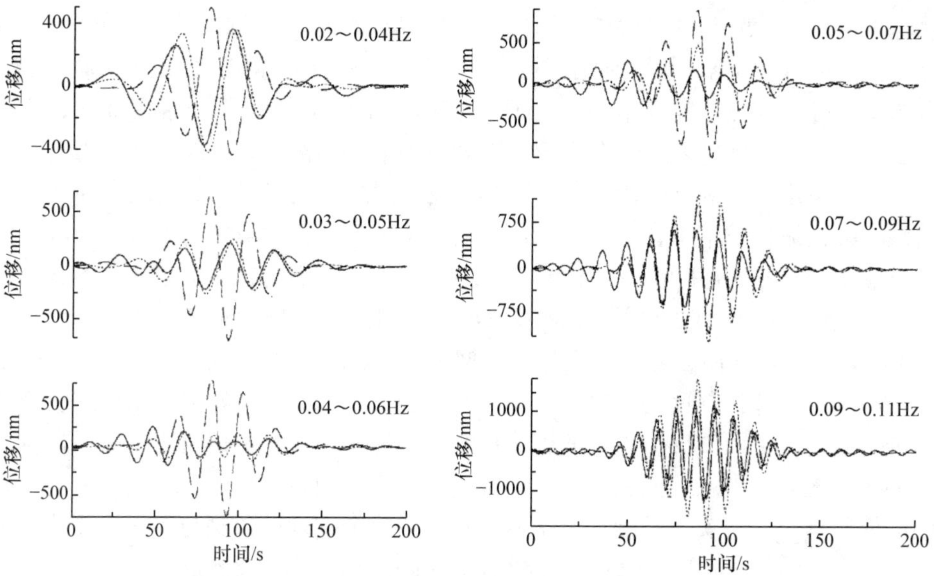

图 9.8.5　WMQ 台上 2003 年 3 月 13 日罗布泊地震瑞利波理论计算结果与实际观测结果比较(Selby et al., 2005)

图中实线为观测结果，点型虚线为根据反演得到的震源机制解(φ=135°, δ=45°, λ=90°)的理论计算结果，短横式虚线为假定爆炸源时的理论计算结果

参 考 文 献

边肇祺, 张学工, 等, 2000. 模式识别[M]. 北京: 清华大学出版社.

靳平, 潘常周, 肖卫国, 2007. 基于贝叶斯原理的爆炸识别判据综合技术研究[J]. 地震学报, 29(5): 529-536.

靳平, 周青云, 潘常周, 2001a. 地震事件区域识别判据研究之一: SP/LP 信号幅值比[J]. 试验与研究, 24(1): 1-13.

靳平, 周青云, 潘常周, 2001b. 地震事件区域识别判据研究之二: P/S 震相幅值比[J]. 试验与研究, 24(1): 14-28.

潘常周, 2016. 区域地震信号特征建模及其在核爆炸监测中的应用[D]. 西安: 西北核技术研究所.

潘常周, 靳平, 王红春, 2007a. P/S 震相幅值比判据对低震级地震事件的适用性检验[J]. 地震学报, 29 (5): 521-528.

潘常周, 靳平, 肖卫国, 2007b. 利用克里金技术标定新疆及附近地区 P/S 震相幅值比及其在地震事件识别中的应用[J]. 地震学报, 29(6): 625-634.

潘常周, 靳平, 周青云, 2001. 地震事件区域识别判据研究之三: 信号谱比值[J]. 试验与研究, 24(1): 29-37.

王红春, 靳平, 潘常周, 等, 2009. 用改进的相对幅值法反演震源机制及其在核爆炸地震事件识别中的应用[J]. 地震学报, 31(1): 19-31.

魏富胜, 2000. 识别震源性质的一种新方法[J]. 地震地磁观测与研究, 21(6): 32-38.

魏富胜, 黎明, 2003. 震源性质的倒谱分析[J]. 地震学报, 25(1): 47-54.

AKI K, RICHARDS P G, 1980. Quantitative Seismology: Theory and Methods[M]. San Francisco: W. H. Freeman and Company.

ANDERSON D N, FAGAN D K, TINKER M A, et al., 2007. A mathematical statistics formulation of the teleseismic explosion identification problem with multiple discriminants[J]. Bull. Seism. Soc. Am., 97(5): 1730-1741.

ANDERSON D N, TAYLOR S R, 2002. Application of regularized discrimination analysis to regional seismic event identification[J]. Bull. Seism. Soc. Am., 92(6): 2391-2399.

BAKER G E, STEVENS J L, XU H, 2012a. Explosion shear-wave generation in high-velocity source media[J]. Bull. Seism. Soc. Am., 102(4): 1301-1319.

BAKER G E, STEVENS J L, XU H, 2012b. Explosion shear-wave generation in low-velocity source media[J]. Bull. Seism. Soc. Am., 102(4): 1320-1334.

BARLEY B J, 1977. The origin of complexity in some P seismograms from deep earthquakes[J]. Geophys. J. R. Astr. Soc., 49(3): 773-777.

BAUMBACH M, GROSSER H, 2002. Determination of fault-plane solutions[M]// BORMSN P. New Manual of Seismological Observatory Practice, Potsdam: GeoForschungsZentrum.

BAUMGARDT D R, ZIEGLER K Z, 1988. Spectral evidence for source multiplicity in explosions: Application to regional discrimination of earthquakes and explosions[J]. Bull. Seism. Soc. Am., 78(5): 1773-1795.

BEALL G W, BROWN D J, CARTER J A, et al., 1999. IDC Processing of Seismic, Hydroacoustic, and Infrasonic Data [R]. Vienna: International Data Centre, IDC Document 5.2.1.

BENNET T J, MURPHY J R, 1986. Analysis of seismic discrimination capabilities using regional data from western United States events[J]. Bull. Seism. Soc. Am., 76(4): 1069-1086.

BONNER J L, RUSSELL D R, HARKRIDER D G, et al., 2006. Development of a time-domain, variable-period surface-wave magnitude measurement procedure for application at regional and teleseismic distances, Part Ⅱ: Application and M_s–m_b performance[J]. Bull. Seism. Soc. Am., 96(2): 678-696.

BOORE D M, BOATRIGHT J, 1984. Average body-wave coefficients[J]. Bull. Seism. Soc. Am., 74(5): 1615-1621.

BOTTONE S, FISK M D, MCCARTOR G D, 2002. Regional seismic-event characterization using a Bayesian formulation of simple kriging[J]. Bull. Seism. Soc. Am., 92(6): 2277-2796.

BOWERS D, 1996. On the probability of mistaking an earthquake for an explosion using the simplicity of P[J]. Bull. Seism. Soc. Am., 86(6): 1925-1934.

BOWERS D, 2002.Was the 16 August 1997 seismic disturbance near Novaya Zemlya an earthquake? [J]. Bull. Seism. Soc. Am., 92(6): 2400-2409.

BOWERS D, DOUGLAS A, SELBY N D, et al., 2002. Seismological identification of the 1998 May 28 Pakistan nuclear test[J]. Geophys. J. Int., 150(1): 153-161.

BOWERS D, SELBY N D, 2009. Forensic seismology and the Comprehensive Nuclear-Test-Ban Treaty[J]. Annu. Rev. Earth Planet. Sci., 37: 209-236.

BRUNE J N, 1970. Tectonic stress and spectra of seismic shear waves from earthquakes[J]. J. Geophys.Res, 75(26): 4997-5009.

BRUNE J N, ESPINOSA A, OLIVER J, 1963. Relative excitation of surface waves by earthquakes and underground explosions in California-Nevada region[J]. J. Geophys. Res., 68(11): 3501-3513.

BUKCHIN B G, MOSTINSKY A Z, EGORKIN A A, et al., 2001. Isotropic and nonisotropic components of earthquakes and nuclear explosions on the Lop Nor Test Site, China[J]. Pure Appl. Geophys., 158(8): 1497-1515.

CASELLA G, BERGER R L, 2009. Statistical Inference[M]. 2nd ed. 张中占, 傅莺莺, 译. 统计推断. 北京: 机械工业出版社.

CONG L, XIE J, MITCHELL B J, 1996. Excitation and propagation of Lg from earthquakes in central Asia with implications for explosion/earthquake discrimination[J]. J. Geophys. Res., 101(B12): 27779-27789.

DAVIES D, JULIAN B R, 1972. A study of short period P-wave signals from longshot[J]. Geophys. J. R. Astr. Soc., 29(2): 185-202.

DOUGLAS A, 1981. Seismic source identification: A review of past and present research efforts[M]//HUSEBYE E S, MYKKELTVEIT S. Identification of Seismic Sources-Earthquake or Underground Explosion, Dordrecht: D. Reidel Publishing Company.

DOUGLAS A, 1999. Putting nuclear test monitoring to the test[J]. Nature, 398: 474-475.

DOUGLAS A, HUDSON J A, KEMBHAVI V K, 1971a. The relative excitation of seismic surface and body waves by point sources[J]. Geophys. J. R. Astr. Soc., 23(4): 451-460.

DOUGLAS A, MARSHALL P D, CORBISHLEY D, 1971b. Absorption and the complexity of P signals[J]. Nature Phys. Sci., 233: 50-51.

DOUGLAS A, MARSHALL P D, GIBBS P G, et al., 1973. P signal complexity re-examined[J]. Geophys. J. R. Astr. Soc., 33(2): 195-221.

DYSART P S, PULLI J L, 1990. Regional seismic event classification at the NORESS Array: Seismological measurements and the use of trained neural networks[J]. Bull. Seism. Soc. Am., 80(6B): 1910-1933.

EKSTRÖM G, RICHARDS P G, 1994. Empirical measurements of tectonic moment release in nuclear explosions from teleseismic surface waves and body waves[J]. Geophys. J. Int., 117(1): 120-140.

EVERNDEN J F, 1969. Identification of earthquakes and explosions by use of teleseismic data[J]. J. Geophys. Res., 74(15): 3828-3856.

EVERNDEN J F, 1975. Further studies on seismic discrimination[J]. Bull. Seism. Soc. Am., 65(2): 359-391.

FISK M D, 2006. Source spectral modeling of regional P/S discriminants at nuclear test sites in China and the former Soviet Union[J]. Bull. Seism. Soc. Am., 96(6): 2348-2367.

FISK M D, 2007. Corner frequency scaling of regional seismic phases for underground nuclear explosions at the Nevada Test Site[J]. Bull. Seism. Soc. Am., 97(3): 977-988.

FISK M D, GRAY H L, MCCARTOR G D, 1996. Regional event discrimination without transporting thresholds[J]. Bull. Seism. Soc. Am., 86(5): 1545-1558.

FISK M D, JEPSEN D, MURPHY J R, 2002. Experimental seismic event-screening criteria at the prototype International Data Center[J]. Pure appl. Geophys., 159(4): 865-888.

FISK M D, TAYLOR S R, PATTON H J, et al., 2008. Applications of a next-generation MDAC discrimination procedure using two-dimensional grids of regional P/S spectral ratios[C]//Proceedings of 30th Monitoring Research Review: Ground-Based Nuclear Explosion Monitoring Technologies, LA-UR-08-05261: 583-592.

FISK M D, TAYLOR S R, WALTER W R, et al., 2009. Seismic event discrimination using two-dimensional grids of regional P/S spectral ratios: Applications to Novaya Zemlya and the Korean Peninsula[C]//Proceeding of 31st Monitoring Research Review: Ground-Based Nuclear Explosion Monitoring Technologies, LA-UR-09-05276: 465-474.

FORD S R, DREGER D S, WALTER W R, 2009. Identifying isotropic events using a regional moment tensor inversion[J]. J. Geophys. Res., 114(B1): B01306.

FRIEDMAN J H, 1989. Regularized discriminant analysis[J]. J. Am. Stat. Assoc., 84(405): 165-175.

GITTERMAN Y, PINSKY V, SHAPIRA A, 1999. Spectral discrimination analysis of Eurasian nuclear tests and earthquakes recorded by the Israel Seismic Network and the NORESS array[J]. Phys. Earth Planet. Int., 113: 111-129.

GITTERMAN Y, VAN ECK T, 1993. Spectra of quarry blasts and microearthquakes recorded at local distances in Israel[J]. Bull. Seism. Am. Soc., 83(6): 1799-1812.

GLENN L, 1993. Energy-density effects on seismic decoupling[J]. J. Geophys. Res., 98(B2): 1933-1942.

GLENN L, GOLDSTEIN P, 1994. Seismic decoupling with chemical and nuclear explosions in salt[J]. J. Geophys. Res., 99(B6): 11723-11730.

GOLDSTEIN P, JARPE S, 1994. Comparison of chemical and nuclear-explosion source spectra from close-in, and regional seismic data[C]//DENNY M D. Proceedings of the symposium on the non-proliferation experiment(NPE): Results and Implications for Test Ban Treaties, Rockville, Maryland: 6.98-6.106.

GRANVILLE J P, KIM W Y, RICHARDS P G, 2002. An assessment of seismic body-wave magnitudes published by the prototype International Data Centre[J]. Seism. Res. Lett., 73(6): 893-906.

GREENFIELD R J, 1971. Short-period P-wave generation by Rayleigh wave scattering at Novaya Zemlya[J]. J. Geophys. Res., 76(32): 7988-8002.

GREENLAND S, SENN S J, ROTHMAN K J, et al., 2016. Statistical tests, P values, confidence intervals, and power: A guide to misinterpretations[J]. Eur. J. Epidemiol., 31(4): 337-350.

GUPTA I N, CHAN W W, WAGNER R A, 1992. A comparison of regional phases from underground nuclear explosions at east Kazakh and Nevada test sites[J]. Bull. Seism. Soc. Am., 82: 352-382.

GUPTA I N, WAGNER R A, 1998. Study of low and high frequency Lg from explosions and its application to seismic monitoring of the CTBT[R]. Hansom: Air Force Research Laboratory, AFRL-VS-HA-TR-98-0038.

HARTSE H E, 1997. The 16 August 1997 Novaya Zemlya seismic event as viewed from GSN stations KEV and KBS[J]. Seism. Res. Lett., 69(3): 206-215.

HARTSE H E, TAYLOR S R, PHILLIPS W S, et al., 1997. A preliminary study of regional seismic discrimination in central Asia with emphasis on western China[J]. Bull. Seism. Soc. Am., 87(3): 551-568.

HEDLIN M A, 1998. A global test of a time-frequency small-event discriminant[J]. Bull. Seism. Soc. Am., 88(4): 973-988.

HEDLIN M A, MINSTER J B, ORCUTT J A, 1990. An automatic means to discriminate between earthquakes and quarry blasts[J]. Bull. Seism. Am. Soc., 80(6): 2143-2160.

HINZEN K G, 1988. Modelling of blast vibrations[J]. Int. J. Rock Mech. Min. Sci. & Geomech. (Abstract), 25: 439-445.

HUDSON J A, PEARCE R G, ROGERS R M, 1989. Source type plot for inversion of the moment tensor[J]. J. Geophys. Res., 94(B1): 765-774.

JIN P, ZHU H F, XU X, et al., 2019. Seismic spectral ratios between North Korean nuclear tests: Implications for their seismic sources[J]. J. Geophys. Res.-Solid Earth, 124(5): 4940-4958.

KEY F A, 1968. Some observations and analyses of signal generated noise[J]. Geophys. J. R. Astr. Soc., 15(4): 377-392.

KIKUCHI M, KANAMORI H, 1991. Inversion of complex body waves – Ⅲ[J]. Bull. Seism. Soc. Am., 81(6): 2335-2350.

KIM W Y, AHARONIAN V, LERNER-LAM A L, et al., 1997. Discrimination of earthquakes and explosions in southern Russia using regional high-frequency three-component data from the IRIS/JSP Caucasus network[J]. Bull. Seism. Soc. Am., 87(3): 569-588.

KIM W Y, SIMPSON D W, RICHARDS P G, 1993. Discrimination of earthquakes and explosions in the eastern United States using regional high-frequency data[J]. Geophys. Res. Lett., 20(14): 1507-1510.

KNOPOFF L, RANDALL M J, 1970. The compensated linear-vector dipole: A possible mechanism for deep earthquakes[J]. J. Geophys. Res., 75(26): 4957-4963.

KOCH K, SCHLITTENHARDT J, 2002. The use of teleseismic P-wave complexity for seismic event screening–Results determined from GRF and GERESS array data[J]. J. Seismol., 6(2): 183-197.

LANDERS T E, SHIELDS M W, 1977. A multiple event at Semipalatinsk[R]//Seismic Discrimination, March, Semi-annual Technical Summary, Lexington: Lincoln Laboratories.

LAY T, WALLACE T C, 1995. Modern Global Seismology[M]. San Diego: Academic Press.

LIEBERMANN R C, POMEROY P W, 1969. Relative excitation of surface waves by earthquakes and underground explosions[J]. J. Geophys. Res., 74(6): 1575-1590.

MARSHALL P D, BASHAM P W, 1972. Discrimination between earthquakes and underground explosions employing an improved M_s scale[J]. Geophys. J. R. Astr. Soc., 28(5): 431-458.

MARSHALL P D, STEWART R C, LILWALL R C, 1989. The seismic disturbance on 1986 August 1 near Novaya Zemlya: A source of concern?[J]. Geophys. J. R. Astr. Soc., 98(3): 565-573.

MAYEDA K, WALTER W R, 1996. Moment, energy, stress drop, and source spectra of western United States earthquakes from regional coda envelopes[J]. J. Geophys. Res., 101(B5): 11195-11208.

MCLAUGHLIN K L, BARKER T G, DAY S M, 1990. Implications of explosion-generated spall models: Regional seismic signals[R]. Hanscom : Geophysics Laboratory, GL-TR-90-0133.

MURPHY J R, 1997. Calibration of IMS magnitudes for event screening using the M_s/m_b criterion[C]// Proc. Event Screening Workshop, Beijing, China.

MURPHY J R, BARKER B W, SULTANOV D D, et al., 2009. S-wave generation by underground explosions: Implications from observed frequency-dependent source scaling[J]. Bull. Seism. Soc. Am., 99: 809-829.

MYERS S, WALTER W, MAYEDA K, et al., 1999. Observations in support of Rg scattering as a source for explosion S waves: Regional and local recordings of the 1997 Kazakhstan depth of burial experiment[J]. Bull. Seism. Soc. Am., 89(2): 544-549.

NUTTLI O W, 1983. Average seismic source-parameter relations for mid-plate earthquakes[J]. Bull. Seism. Soc. Am., 73(2): 519-535.

NUZZO R, 2014. Statistical errors[J]. Nature, 506(7487): 150-152.

PATTON H J, 2016. A physical basis for M_s-yield scaling in hard rock and implications for late-time damage of the source medium[J]. Geophys. J. Int., 206: 191-204.

PATTON H J, PABIAN F V, 2014. Comment on "Advanced Seismic Analyses of the Source Characteristics of the 2006 and 2009 North Korean Nuclear Tests" by J. R. Murphy, J. L. Stevens, B. C. Kohl, and T. J. Bennett[J]. Bull. Seism. Soc. Am., 104(4): 2104-2110.

PATTON H J, TAYLOR S R, 1995. Analysis of Lg spectral ratios from NTS explosions: Implications for the source mechanism of spall and the generation of Lg waves[J]. Bull. Seism. Soc. Am., 85(1): 220-236.

PATTON H J, TAYLOR S R, 2008. Effects of shock-induced tensile failure on m_b-M_s discrimination: Contrasts between historic nuclear explosions and the North Korean test of 9 October 2006[J]. Geophys. Res. Lett., 35: L14301.

PEARCE R G, 1977. Fault plane solutions using relative amplitudes of P and pP[J]. Geophys. J. R. Astr. Soc., 50(2): 381-394.

PEARCE R G, 1980. Fault plane solutions using relative amplitudes of P and surface reflections: further studies[J]. Geophys. J. R. Astr. Soc., 60(3): 459-487.

POMEROY P W, BEST W J, MCEVILLY T V, 1982. Test ban treaty verification with regional data-A review[J]. Bull. Seism. Soc. Am., 72(6B): S89-S129.

POOLEY C I, DOUGLAS A, PEARCE R G, 1983. The seismic disturbance of 1976 March 20, east Kazakhstan:

Earthquake or explosions?[J]. Geophys. J. R. Astr. Soc., 74(2): 621-631.

PRESS F, DEWART G, GILMAN R, 1963. A study of diagnostic techniques for identifying earthquakes[J]. J. Geophys. Res., 68(10): 2909-2928.

RICHARDS P G, KIM W Y, 1997. Testing the Nuclear Test-Ban Treaty[J]. Nature, 389: 781-782.

RINGDAL F, KREMENETSKAYA E, 1999. Observed characteristics of regional seismic phases and implications for P/S discrimination in the Barents/Kara sea region[R]. Kjeller: NORSAR Sci. Rep. 2-98/99.

RINGDAL F, KREMENETSKAYA E, ASMING V, 2002. Observed characteristics of regional seismic phases and implications for *P*/*S* discrimination in the European Arctic[J]. Pure Appl. Geophys., 159(4): 701-719.

RODEAN H C, 1981. Inelastic processes in seismic wave generation by underground explosions[M]//HUSEBYE E S, MYKKELTVEIT S. Identification of Seismic Sources-Earthquake or Underground Explosions(NATO Advanced Study Institutes Series, Series C, Vol. 74), Dordrecht: D. Reidel Publishing Company.

RODGERS A J, LAY T, WALTER W R, et al., 1997. A comparison of regional-phase amplitude ratio measurement techniques[J]. Bull. Seism. Soc. Am., 87(6): 1613-1621.

RODGERS A J, WALTER W R, SCHULTZ C A, et al., 1999. A comparison of methodologies for representing path effects on regional P/S discriminants[J]. Bull. Seism. Soc. Am., 89(2): 394-408.

RUSSELL D R, 2006. Development of a time-domain, variable-period surface-wave magnitude measurement procedure for application at regional and teleseismic distances, Part I: Theory[J]. Bull. Seism. Soc. Am., 96(2): 665-677.

SCHERVISH M J, 1996. P values: What they are and what they are not[J]. Amer. Stat., 50(3): 203-206.

SELBY N D, BOWERS D, DOUGLAS A, et al., 2005. Seismic discrimination in southern Xinjiang: The 13 March 2003 Lop Nor earthquake[J]. Bull. Seism. Soc. Am., 95(1): 197-211.

SELBY N D, MARSHALL P D, BOWERS D, 2012. m_b: M_s event screening revisited[J]. Bull. Seism. Soc. Am., 102(1): 88-97.

SIMPSON D W, CLEARY J R, 1977. P-signal complexity and upper mantle structure[J]. Geophys. J. R. Astr. Soc., 49(3): 747-756.

SMIDT R K, MCDONALD L L, 1976. Ridge discriminant analysis[R]. Laramie: University of Wyoming, Technical Report No. 108.

SNOWDEN C B, 2003. The complexity of teleseismic P-waves[D]. Edinburgh: A thesis submitted in fulfillment of the requirements for the degree of Doctor of Philosophy to the University of Edinburgh.

SOOFI E S, 1994. Capturing the intangible concept of information[J]. J. Am. Stat. Assoc., 89(428): 1243-1254.

SPRINGER D L, PAWLOSKI G A, RICCA J L, et al., 2002. Seismic source summary for all U.S, below-surface nuclear explosions[J]. Bull. Seism. Soc. Am., 92(5): 1806-1840.

STEVENS J L, BAKER G E, XU H, et al., 2004. The physical basis of Lg generation by explosion sources[R]. San Diego: Science Applications International Corporation, Final Report submitted to the National Nuclear Security Administration under contract DE-FC03-02SF22676.

STEVENS J L, BAKER G E, XU H, 2006. The physical basis of the explosion source and generation of regional seismic phases[C]//Proceedings of the 28th Seismic Research Review Symposium, Orlando, Florida, LA-UR-06-5471: 681-692.

STEVENS J L, DAY S M, 1985. The physical basis of m_b:M_s and variable frequency magnitude methods for earthquake/explosion discrimination[J]. J. Geophys. Res., 90(B4): 3009-3020.

STEVENS J L, XU H, BAKER G E, 2009. An upper bound on Rg to Lg scattering using modal energy conversion[J].

Bull. Seism. Soc. Am., 99(2A): 906-913.

STUMP B W, REINKE R E, 1988. Experimental confirmation of superposition from small-scale explosions[J]. Bull. Seism. Soc. Am., 78(3): 1059-1073.

STUMP B W, REINKE R E, 1994. Stochastic source comparisons between nuclear and chemical explosions detonated at Rainier Mesa, Nevada test site[C]//DENNY M D. Proceedings of the Symposium on the Non-proliferation Experiment(NPE): Results and Implications for Test Ban Treaties, Rockville, Maryland: 6.136-6.149.

TAYLOR S R, 1989. Regional discrimination between NTS explosions and western U. S. earthquakes[J]. Bull. Seism. Soc. Am., 79(4): 1142-1176.

TAYLOR S R, ANDERSON D N, 2009. Rediscovering signal complexity as a teleseismic discriminant[J]. Pure appl. Geophys., 166(3): 325-337

TAYLOR S R, HARTSE H E, 1997. An evaluation of generalized likelihood ratio outlier detection to identification of seismic events in western China[J]. Bull. Seism. Soc. Am., 87(4): 824-831.

TAYLOR S R, MARSHALL P D, 1991. Spectral discrimination between Soviet explosions and earthquakes using short-period array data[J]. Geophys. J. Int., 106(1): 265-273.

TAYLOR S R, RANDALL G E, 1989. The effects of spall on regional seismograms[J]. Geophys. Res. Lett., 16(2): 211-214.

TAYLOR S R, SHERMAN N W, DENNY M D, 1988. Spectral discrimination between NTS explosions and western United States earthquakes at regional distances[J]. Bull. Seism. Soc. Am., 78(4): 1563-1579.

TAYLOR S R, VELASCO A A, HARTSE H E, et al., 2002. Amplitude corrections for regional seismic discriminants[J]. Pure appl. Geophys., 159(4): 623-650.

THIRLAWAY H I S, 1966. Interpreting array records: Explosion and earthquake P wave trains which have traversed the deep mantle[J]. Proc. R. Soc. A, 290: 385-395.

TRAFIMOW D, MARKS M, 2015. "Editorial" [J]. Basic Appl. Soc. Psych., 37: 1-2.

TSAI Y B, AKI K, 1970. Precise focal depth determination from amplitude spectra of surface waves[J]. J. Geophys. Res., 75(29): 5729-5743.

VAVRYČUK V, 2015. Moment tensor decompositions revisited[J]. J. Seismol., 19(1): 231-252.

VERMEESCH P, 2009. Lies, Damned Lies, and Statistics (in Geology)[J]. EOS., 90: 443-443.

VOGFJÖRD K, 1997. Effects of explosion depth and earth structure on the excitation of Lg waves: S* revisited[J]. Bull. Seism. Soc. Am., 87(5): 1100 -1114.

VOROBIEV O, EZZEDINE S, ANTOUN T, et al., 2015. On the generation of tangential ground motion by underground explosions in jointed rocks[J]. Geophys. J. Int., 200(3): 1651-1661.

VOROBIEV O, EZZEDINE S, HURLEY R, 2018. Near-field non-radial motion generation from underground chemical explosions in jointed granite[J]. Geophys. J. Int., 212(1): 25-41.

WALTER W R, MAYEDA K M, PATTON H J, 1995. Phase and spectral ratio discrimination between NTS earthquakes and explosions. Part I: Empirical observations[J]. Bull. Seism. Soc. Am., 85(4): 1050-1067.

WANG H, JIN P, PAN C, et al., 2009. Inversion of focal mechanism and events identification using an improved relative amplitude method[J]. Earthq. Sci., 22(1): 13-20.

WASSERSTEIN R L, LAZAR N A, 2016. The ASA's statement on p-values: Context, Process, and Purpose[J]. Amer. Stat., 70(2): 129-133.

XIE J, 2002. Source scaling of Pn and Lg spectra and their ratios from explosions in central Asia: Implications for the identification of small seismic events at regional distances[J]. J. Geophys. Res., 107(B7): 2128.

XIE J, PATTON H J, 1999. Regional phase excitation and propagation in the Lop Nor region of central Asia and implications for the physical basis of P/Lg discriminants[J]. J. Geophys. Res., 104(B1): 941-954.

ZHAO L S, HELMBERGER D V, 1994. Source estimation from broadband regional seismograms[J]. Bull Seism. Soc. Am., 84(1): 92-104.

ZHU L, HELMBERGER D V, 1996. Advancement in source estimation techniques using broadband regional seismograms[J]. Bull. Seism. Soc. Am., 86(5): 1634-1641.

彩　　图

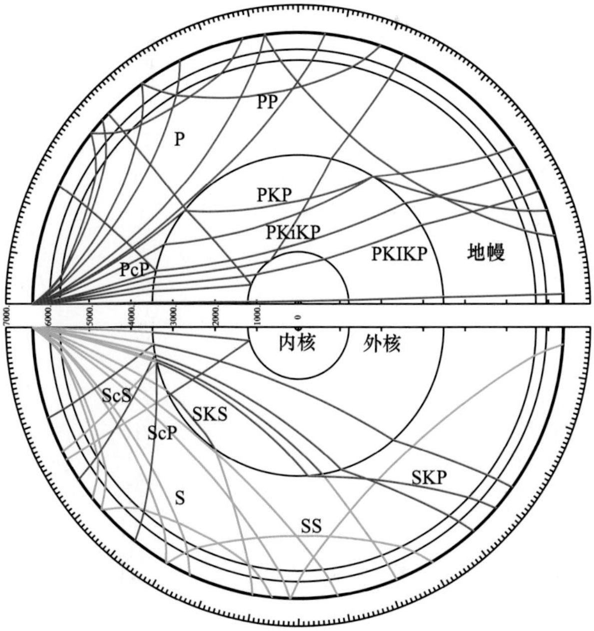

图 1.1.5　远震震相传播路径示意图(Kennett, 2005)

图中英文标注为震相名称，相关传播路径中的红色部分表示信号以 P 波方式传播，绿色部分表示信号以 S 波方式传播

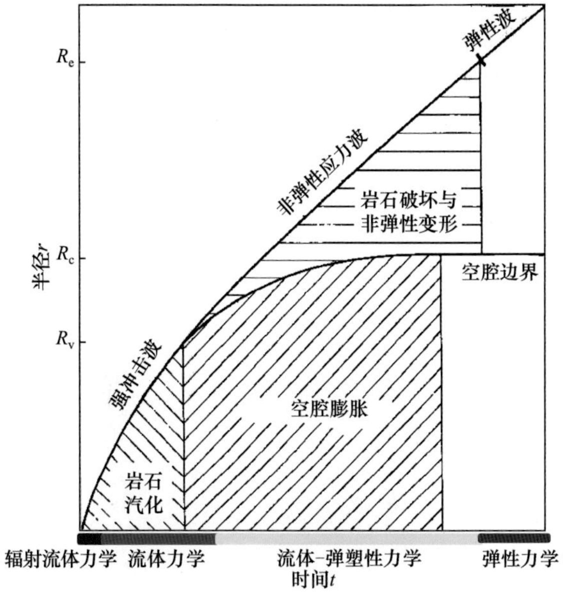

图 2.2.1　地下核爆炸基本源物理过程示意图(修改自 Rodean，1981)

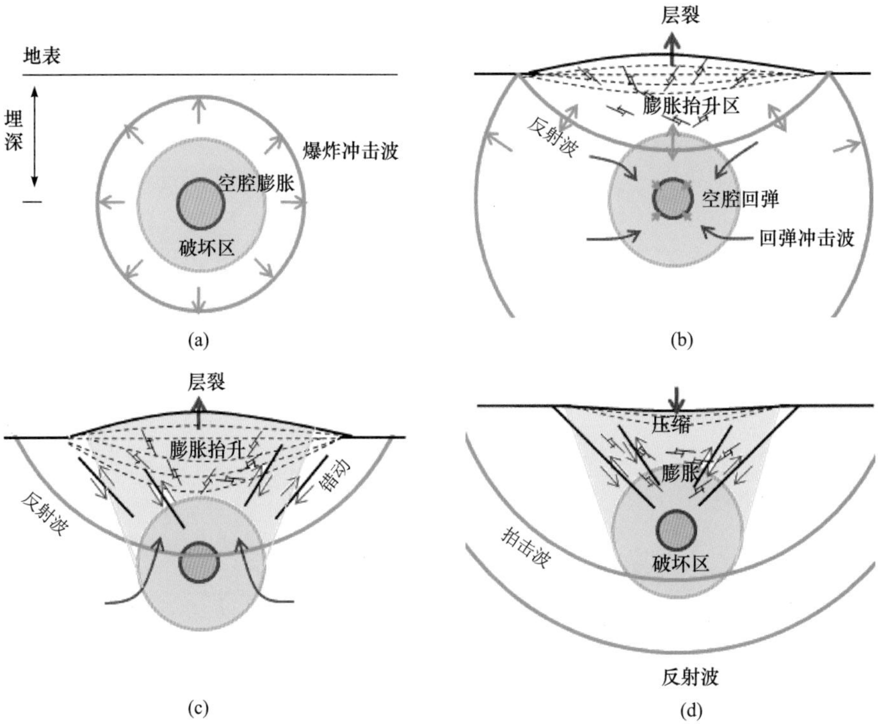

图 4.2.1　地下爆炸岩石破坏损伤过程示意图(靳平等, 2017)

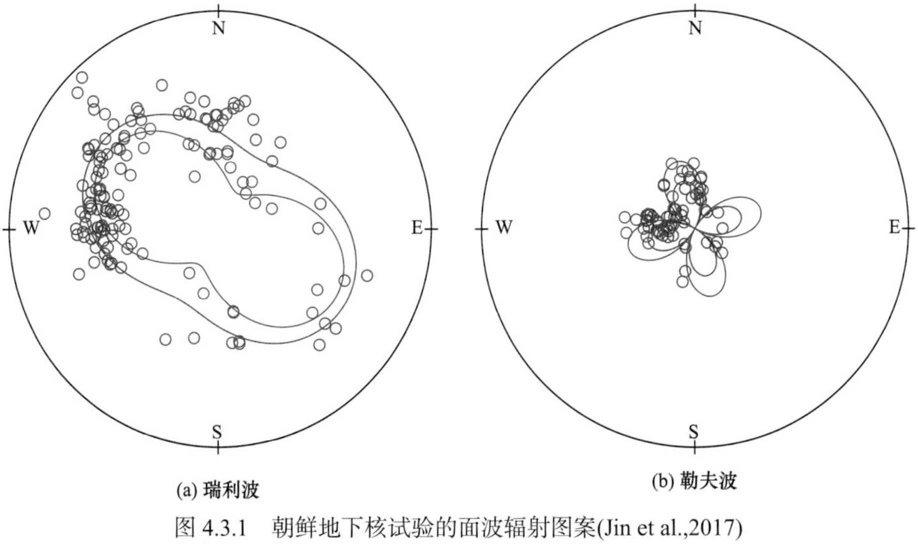

图 4.3.1　朝鲜地下核试验的面波辐射图案(Jin et al.,2017)

图中圆圈代表距离归一化的 20s 周期的实测信号幅值，其中红色代表 2013 年 2 月 13 日朝鲜第三次核试验观测结果，蓝色代表 2016 年 1 月 6 日第四次核试验的观测结果，红色和蓝色曲线为对应的理论拟合结果

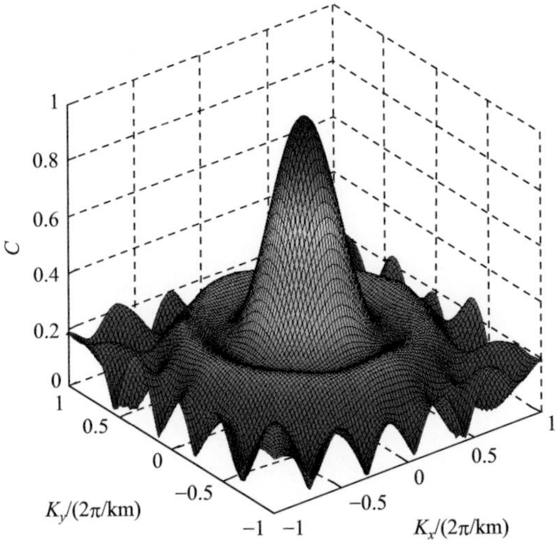

图 6.2.3　NORESS 台阵的传递函数

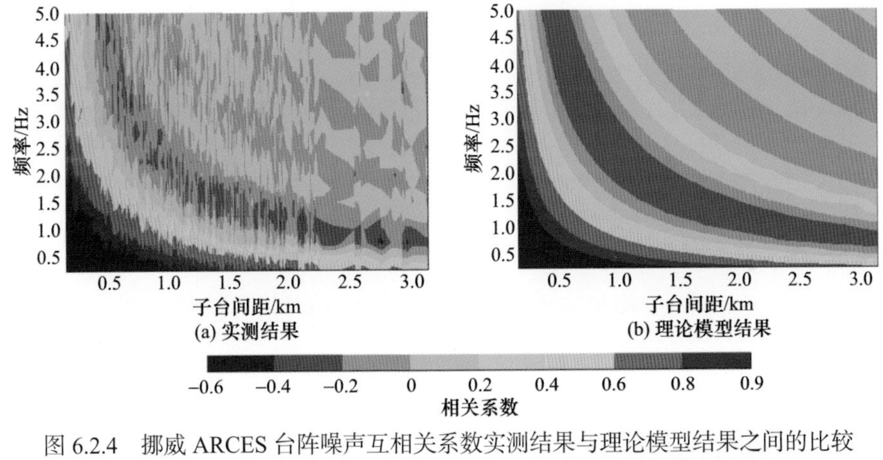

图 6.2.4　挪威 ARCES 台阵噪声互相关系数实测结果与理论模型结果之间的比较

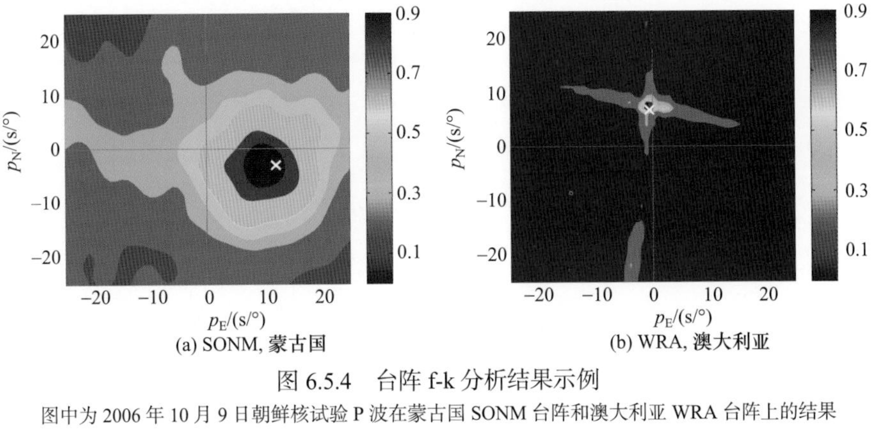

图 6.5.4　台阵 f-k 分析结果示例

图中为 2006 年 10 月 9 日朝鲜核试验 P 波在蒙古国 SONM 台阵和澳大利亚 WRA 台阵上的结果

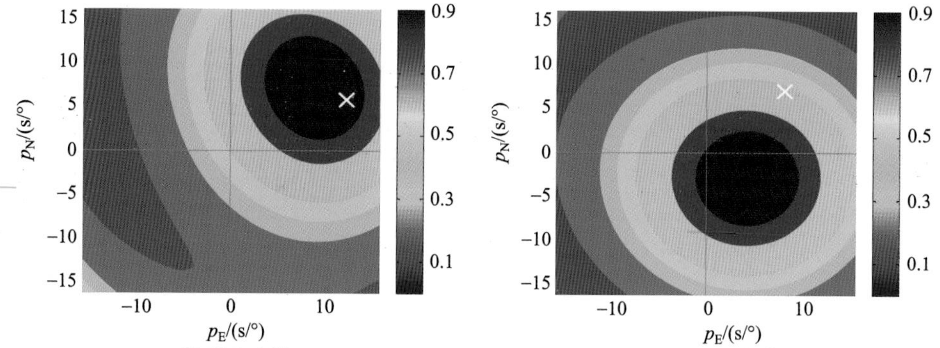

(a) DL2, **大连**　　(b) ENH, **恩施**

图 6.5.5　三分量台站 f-k 分析结果示例

图中为 2006 年 10 月 9 日朝鲜核试验 P 波在大连(DL2)和恩施(ENH)地震台上的结果，其中恩施地震台估计的方位角与理论值之间存在明显偏差

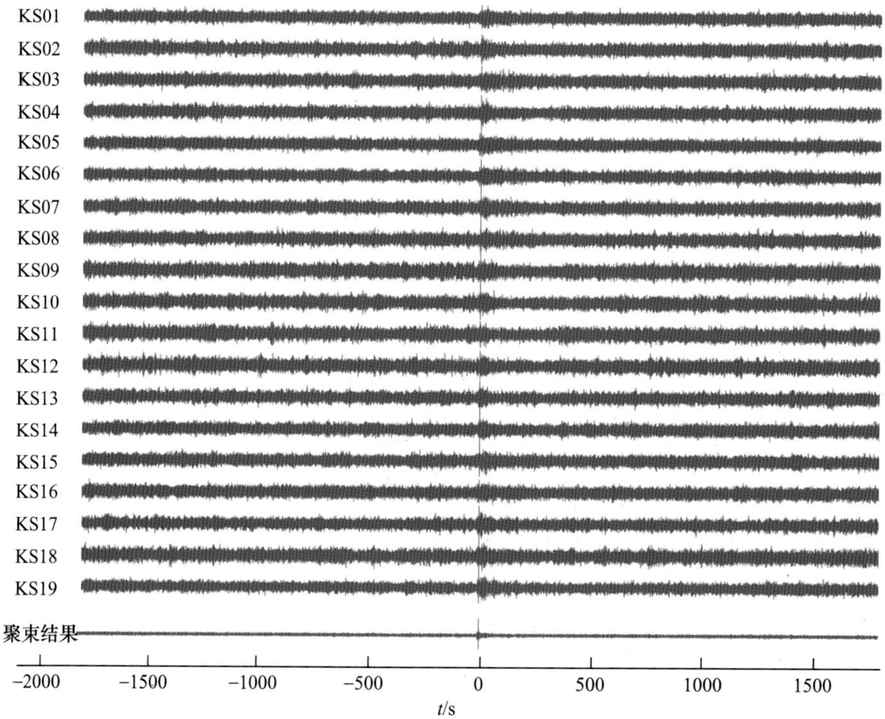

(a)